动物训练

——正强化理论指导下的动物管理技术

Animal Training

Successful Animal Management Through Positive Reinforcement

[美] 肯·拉米雷斯　著
(Ken Ramirez)
张长群　郝玉江　译

化学工业出版社
·北京·

内容简介

《动物训练——正强化理论指导下的动物管理技术》被业内称为训练界的“圣经”。自从该书于 1999 年出版来，其后没有类似的工具书可以与之媲美或取代其不可撼动的地位。书中所阐述的内容，日久弥新。虽然训练行业多次重组升级，但书中很多核心观点和关键技术，在出版后的 26 年间，依旧常用常新，熠熠生辉。

该书内容极其丰富，原书共有 13 章，578 页。笔墨着重于以操作制约为导向的训练原则（即操作性条件反射），通过深入浅出的讲解和随后的名家文章或者实例来带给读者深刻的印象。作者结合自身多年的从业经验和对行业发展史的深刻理解，给读者展示了如何从整体层面制定动物训练策略；呈现了创新且行之有效的动物训练方法；解释了操作制约原则在饲养和训练过程中的应用；收录了众多人类与动物正向强化互动及训练的真实案例；提供了动物训练方面的权威研究和详尽文档的合集。其中所收录文章的作者们，现在大都是训练界公认的“名人堂”中的人士。

本书的汉语版出版，不仅得到了原版作者肯·拉米雷斯的直接的大力支持。也赢得了汉语训练员的鼓舞和敦促。本书内容层次合理，既面向专业动物训练员，又适合所有动物饲养和行为管理从业者。期望该书的翻译出版，给中国水族馆和海洋馆带来应有的正强化推动作用。

Published by Karen Pryor Clicker Training, Sunshine Books, Inc.
177 Huntington Avenue Suite 1703
PMB 31921
Boston, MA 02115 USA
www.clickertraining.com

北京市版权局著作权合同登记号：01-2025-2929

图书在版编目（CIP）数据

动物训练 ： 正强化理论指导下的动物管理技术 / （美）肯·拉米雷斯（Ken Ramirez）著 ; 张长群，郝玉江译. -- 北京 ： 化学工业出版社，2025. 10. -- ISBN 978-7-122-48666-0

Ⅰ. Q95

中国国家版本馆CIP数据核字第2025HR1855号

责任编辑：李　丽　　　文字编辑：武一帆
责任校对：边　涛　　　装帧设计：刘丽华

出版发行：化学工业出版社
（北京市东城区青年湖南街 13 号　邮政编码 100011）
印　　装：三河市航远印刷有限公司
710mm×1000mm　1/16　印张 37　字数 753 千字
2026 年 1 月北京第 1 版第 1 次印刷

购书咨询：010-64518888　　　售后服务：010-64518899
网　　址：http://www.cip.com.cn
凡购买本书，如有缺损质量问题，本社销售中心负责调换。

定　　价：198.00元

序一

欣闻张长群博士与郝玉江博士联袂翻译的《动物训练——正强化理论指导下的动物管理技术》即将出版，在此，向二位译者致以由衷的祝贺！

回溯中国水族馆近百年的发展历程，场馆展示实现了从单一物种到生态系统复原、从观光游览到科普科研并重的深刻转型。然而，随着行业规模扩大与物种丰富度提升，如何科学管理馆养动物，确保其身心健康，并在此基础上有效开展公众教育、行为研究与保育实践，始终是行业面临的重要课题。

Animal Training-Successful Animal Management Through Positive Reinforcement 是动物训练领域的经典之作。作者 Ken Ramirez 作为世界顶级的动物行为训练专家，拥有逾 40 年从业经验。他立足自身理论积淀与数十年实践，系统阐述了正强化训练的理论基础、操作原则与实践技巧，并汇集大量案例，以生动语言详细解析各项技术的操作步骤，极具实操指导价值。

两位译者历时数载，反复推敲，使译文既准确流畅，又深入浅出。本书既可为动物驯养师提供实用指南，也可为场馆管理者制定动物管理制度提供理论参考依据，同时助力科研人员与教育工作者深入理解动物行为，从而设计更具成效的研究项目与科普活动。

本书的出版，不仅系统引进了国际先进的动物行为管理理念，更对中国水族馆行业提升动物福利水平、深化科研内涵、拓展教育功能，具有重要的现实意义。

期待此书的出版在中国水族馆事业迈向更高质量、更具国际影响力的进程中，发挥应有的价值。让我们共同努力，推动基于尊重与科学的动物管理理念在行业中深深扎根，为构建人与自然和谐共生的美好未来贡献力量。

中国自然科学博物馆学会水族馆专业委员会 秘书长

2025 年 12 月

序二

很高兴中文版《动物训练——正强化理论指导下的动物管理技术》（以下简称《动物训练》）一书在中国科学院水生生物研究所的努力下与广大动物爱好者见面，这是每一位动物爱好者的福音。

在 20 世纪 70 年代末，我加入香港海洋公园这个大家庭，直至 2018 年初离开，与动物一起工作已有数十个年头。我亲身经历了香港海洋公园动物训练的发展过程，也曾为现代动物训练的推广及培训做了多年的工作，《动物训练》一书就是我们系统培训中使用的重要教材之一。

2004 年，香港海洋公园邀请了《动物训练》的原著作者 Ken Ramirez（肯·拉米雷斯）来公园为我们进行系统培训，我有幸获得了 Ken Ramirez 亲笔签名的英文版 *Animal Training-Successful Animal Management Through Positive Reinforcement* 一书，更有幸的是，从此之后我多次在世界各地参与由 Ken Ramirez 所主持的培训课程。这些系统的培训真是令人醍醐灌顶，解答了我多年来遇到的问题，很多技术难题都迎刃而解了。通过这些学习所获得的知识不仅在海洋动物训练方面得到应用，而且在陆生动物训练方面也令我受益良多。

Ken Ramirez 是我学习现代动物训练理念的重要导师之一，如果没有他在此书中总结出来的理论和技术，我是不可能学习到这一系列有关动物训练的现代知识的。

退休后的我仍在大力推广现代动物训练理念，仍在帮助内地不同机构开展员工培训，并尝试针对不同物种动物的训练。

此书的每一篇章都需要我们仔细阅读了解，此书从了解动物开始，直至高级训练项目。在每一章节中，作者都引用了很多的文献来进一步解释此章节的主题内容。我们常使用的“目标八法”也就是来自于此书。

此书中还有动物训练常用的术语表，认真细读后可更好地运用训练的技巧。在专业的训练者交流时，多数都会用术语来解说动物训练中的问题及方法。

此书是一本教科书，学习者要按照循序渐进的方式去学习，再逐步地将所学知识应用在实际操作之中，操之过急是难以达到目标的。

中文版《动物训练——正强化理论指导下的动物管理技术》一书的出版，对我国现代动物训练技术和理论的发展将发挥重要作用，也将为系统培训专业动物训练员提供重要参考。

祝我们的动物护理和训练工作在现代理念指导下更上一层楼！

一位老学员

2025 年 6 月

译者序一

我 2003 年到中国科学院水生生物研究所读博士，选的课题是长江江豚的繁殖生理学研究，需要通过训练采集江豚的粪便、尿液以及少量的血液。虽然我们当时的训练员们基本都完成了这些基础医疗训练动作，能够采集到一定数量的粪便和尿液样本，但是稳定性并不是很好，且采血训练进展不大。大家总结原因主要为江豚很敏感，不好训练，这也逐渐成为了大家的“共识”，所以之后很长时间也没有大的进展。

2006 年我到澳大利亚的珀斯（Perth）参加一个培训会议，途经香港转机，有幸第一次观看了香港海洋公园的海豚表演，毫不夸张地讲，我被震撼到了，全场表演没有训练员在舞台上，只有三头海豚在水池中表演，它们用自己的行为语言“讲述”了它们与大海的故事，我几乎被这几头海豚感动得流泪了。这场表演甚至让我觉得海豚和我们人类一样有深刻的思想、丰富的情感和超凡的环保意识。当然后来，随着我对动物训练的逐步了解，才渐渐明白我是被海洋公园训练员们卓越的训练技术给“蒙骗”了。海豚固然聪明，但是它们的表演实际上是在训练员的指令下完成的一系列复杂动作的高级组合，是这些优秀训练员通过海豚表演对海洋环境及海洋生命保护理念的生动表达。此行期间，海洋公园的首席兽医 Paolo Martelli 博士还邀请我参观了他们“海豚学校”的 B 超训练、采血训练、采精训练以及正在开展的一些行为研究实验训练。毫不讳言，我确实被他们高超的动物训练技术折服了，原来海豚还可以训练到这个水平！

之后，我们邀请了香港海洋公园的吴乃江老师给我们的训练员做培训，我也开始逐渐了解动物训练的基本原理和技术，吴老师给我们介绍了经典条件作用（classical conditioning）和操作条件作用（operant conditioning）两种动物训练理论的区别和基本思路，当然也介绍了 Ken Ramirez 的重要著作 *Animal Training-Successful Animal Management Through Positive Reinforcement*（简称 *Animal Training*）。随着自己对动物训练工作的了解，也开始使用“挑剔”的眼光来审视我们的训练工作。当然，随着我们研究工作的不断发展，对动物训练也提出了更高的要求。

2013 年我招收了我的第一名硕士研究生，他很有个性，思维敏捷，执着坚毅，他就是本书的另一位译者张长群博士。我交给他的课题也是与江豚繁殖和保育相关的内容，安排他观察江豚的繁殖行为，并与训练员一起参与江豚的饲养训练。正是从那时候起，长群接触到了动物训练，并开始翻阅学科组图书资料室的一些相关书籍，Ken 的这本 *Animal Training* 就成了他最喜欢的一本书。2016 年，长群硕士毕业后远赴美国得州[1]农工大学（Texas A&M University at Galveston）攻读博士，他的英语水平也不断提高。读博期间他回来开展了江豚呼吸代谢方面的训练和实验。当时还聘请了美国资深训练员 Traci Kendall 女士进行指导协助，但训练过程依然充满了困难和挑战。在此期间长群认识到我们训练水平的不足，同时也看到了训练员对阅读英文原著的“抵触”，这也促使他决心要翻译这本长达 80 万字的动物训练工具书。

我当时已经是我国水族馆专业委员会委员，对我国水族馆行业发展相对比较了解，觉得确实有必要做这项工作，这对提高我国水族馆动物训练水平以及提升馆养动物福利都具有积极意义。不过这个近六百页的“大部头”还是很让人望而却步的，而且我知道博士研究很忙。结果是长群又一次带给我惊喜。2019 年，长群从美国给我打来越洋电话，说他翻译的初稿完成了。虽然我知道他具有很强的上进心和意志力，但依旧惊讶于他的执行力。对初稿做了浏览后，我感觉整体翻译还是很不错的。我参照原文对整个翻译稿逐一做了校对和修改，这个过程是一个学习过程，也是考验人毅力的过程。随后，我把修订的翻译稿交给我们的训练员进行参考，并请他们提出修改意见，还咨询了国内海洋馆一些训练员的修改意见。经数次修改，直至在整体和细节上都比较满意了，我觉得有必要将这个译稿正式出版，让其发挥更大的作用。我随后请教了我们水族馆专业委员会秘书长王士莉女士，王秘书长也认为很有必要出版，这本书会对我国水族馆以及动物园行业发展发挥积极作用。不过很不凑巧，自 2019 年年底开始，新冠疫情肆虐全球，与其他行业一样，我国水族馆行业也遭受重大影响，出版一事也只好按下了暂停键。

直到 2022 年，涅槃重生的水族馆行业再次焕发出生机，这也再次点燃我出版此书的心愿。随后我开始联系国内出版社，并通过邮件与本书作者 Ken 以及原著出版商讨论版权转让事宜，Ken 得知此事后非常高兴，他希望通过此书能够促进中国水族馆以及动物园动物饲养训练的发展和动物福利的提高。虽然历经波折，最终我们还是推动了这本书的正式出版，在此谨向所有为这本译著做出贡献的老师、朋友们表示衷心感谢！

---

[1] 得克萨斯州，简称得州。

相信所有业内人士对 Ken 的这本动物训练专著并不陌生，很多人将其称作动物训练的“圣经”，这本书的写作风格确实与《圣经》有些类似，不仅对动物训练原理、定义做了全面细致的解释，还提供了很多生动的训练案例和故事，同时还加入了很多训练员的讨论、问答和思考，非常具有实践参考意义。

尽管我们一直努力提升这本书的翻译质量，避免任何可能的错误，但是限于能力和水平，其中瑕疵恐怕还是难以完全避免，还请广大读者批评指正，英文较好的读者也可以与原文对照，如有疑问，欢迎与我们直接沟通。但愿此书能够对促进我国水族馆、动物园工作人员以及动物爱好者们更好地与我们的动物相处提供一些帮助！

2024 年 1月，于武汉

译者序二

随着国民经济的高速发展，以及民众对动物热爱程度和保护意识的提高，只是引进更多数量和品种的动物以及增加饲养场馆面积等这样的传统饲养和管理意识已经落伍。通过使用成熟的训练技术，人工环境中的动物管理、医疗体检和表演展出都可以在动物完全自愿配合的情况下进行。传统的饲养和训练方式常常存在暴力束缚、饥饿惩罚和环境单调等消极因素。这些不仅损害了动物的健康和福利，也会遭到愈加强烈的舆论争议。不可否认的是，动物园和海洋馆等场所提供的动物饲养、表演和展示给人民群众提供了不可多得的认识并了解野生动物的机会，并在大众教育、动物保护和精神娱乐等重要方面做出了巨大的贡献。但随着更多民众动物保护意识的觉醒，以及动物保护运动的发展，商业性的动物园和水族馆内长期存在的一些问题也越来越多地受到业内外人士的诟病。这些专业且合理的苛责既是一种外在压力也是一种内在动力。这要求动物的商业展出和表演要更多遵循动物的生物学特点，充分考虑动物在人工环境中的福利需求，尤其要采用更为科学有效且能为大众接受的、符合动物福利要求的饲养、训练和管理技术，以促进这个行业的健康、有序和可持续发展。毫无疑问，采用基于正强化理论的训练技术开展人工饲养动物的训练，以满足医疗护理、科普展示以及野化适应的需要，是目前对待人工饲养动物的最好的选择之一。

欧美发达国家对海洋哺乳动物的饲养和研究起步较早，其中的佼佼者又属美国。早在 1959 年，美国海军就成立了海豚研究部门，并秘密训练海豚（之后也有海狮和海豹）用于军事目的和作战用途，如扫雷排爆、反潜预警、拍照侦查、打捞物体、保护港口等。随着饲养技术的成熟，这些之前难以一见的海洋动物也逐渐进入大众的视野，并因其神秘的外衣和可爱的外表而受到大众的追捧。20 世纪 80 年代美国各地海洋馆如雨后春笋般兴起，来参观的游人如织，这些海洋馆也自然日进斗金。在内部有识之士和外部舆论批评的双重压力下，很多动物学理论被开发出来并用于训练人工饲养的动物，让它们配合日常的饲养护理、医疗检查和表演展示，同时还用于减少因为单调环境和不当照料造成的动物死亡。此书原著写于美国动物饲养和训练的黄金时代，作者在本书中不仅概括了他对动物训练理论和技术的理解，同时还揽括了许多同时代发表的优秀论文。书中所描述的技术虽然开发在30年前，但之后训练技术未有大的变局，这些技术依旧广泛应用于现代社会动物管理的各个方面，尤其在宠物训练中逐渐兴起。

尽管英语在中国已经非常普及，但是通读一部专业著作也并非易事。因此一些专业书籍或工具书籍的翻译仍具有重要现实意义。对于很多从事专业工作的人员来说，其大部分时间都用于磨炼专业技巧，少有时间会通读原版著作。对于本书面向的对象——专业训练员来说，其主要精力都用于照顾动物，思考训练技巧，且其工作环境几乎只需汉语，因此直接阅读晦涩的英文原著会在烦琐的工作之余平添额外的负担。

为方便各位训练员和爱动物的朋友，译者将原著由英文译成中文。本译文离“信，达，雅”的标准可能还有不小的距离，但本书的译者和编辑已尽力让原著的意思忠实且准确地表达出来。不同于小说和美文，工具书的语意表达比文字优美更重要。我们最大限度地尊重作者意愿和原来的表达方式，因此不得已在语句通顺上做出一些让步，同时文中一些美式幽默，汉语文化中没有对应内容，只能寄希望于大家自己能领悟到。如果可以，译者尽量用汉语中的成语和俗语来概括作者长句中的意思。短短四个字（俗语可能多一些）所表达的是典故或故事在千百年内的沉淀。这也是汉语语言精练但表达内容力透纸背的原因之一。同时，对仗、押韵也是汉语的特色和精华，但英语中这方面强调的相对来说少一些。毋庸置疑，进行英汉转换需要极强的概括能力、语言功底，以及敏锐的觉察力和意志力。译者力虽不足，但心向往之。

本译文致敬吴乃江、黄薇菁、姚梅林等在这方面做出杰出贡献的老师，他们的精神让后人钦佩。本书参考了诸位老师的著作和博客，以便在很多专业词汇上连贯一致。本译文从序言到第十三章均为译者独自完成，所有责任均由译者承担。第十四章部分基于吴乃江和姚梅林老师前期完成的工作，为了尊重版权及贡献，与原文相同的部分本译文几乎全部引用，与原文不同的部分则由本译者重新翻译。其他前辈和老师的工作可以说是精益求精，许多意译有着画龙点睛之效，但由于译本受限，只能完全遵照原版翻译，还烦请读者相互参考。

在成书的过程中，各位训练员也给予了重要的帮助或建设性意见。他们是中国科学院水生生物研究所的寇章兵、邓正宇和王超群等。

任何事情都有从粗糙到完美的过程，本译本作为原石一块，希望起到抛砖引玉的作用，期望各位有志同行的宝贵意见。由于本人水平有限，文中疏漏在所难免，希望读者多有海涵。

最后，译者能坚持三年之久，将八十万字的内容译出，除了对动物的真挚热爱和对训练员朋友的承诺外，最大动力还有亲子情。子女教育是每位做父母的头等大事和令父母头疼的大事，聪明的娃总是会不停地试探父母的底线——这是娃的学习方式！其中表现形式之一就是各种“出格”的行为，甚至包括完全不对、不可容忍的行为。每当此时，传统文化里的“棍棒底下出孝子”“打是亲，骂是爱”“慈母多败儿”等箴言可能会牢牢抓住无计可施的父母。确实，译者亲身经历表明，父母的“收拾一下”确实会有立竿见影的效果，但猛药的副作用也很明显（不然也不会被吐槽到现在）。娃在完全蜕变成具有社会属性的人之前，其很多行为都有着动物的属性。因此，训练动物的科学方法（如正强化、操作控制、区别刺激等），自然应该在更聪明的人类的娃上发挥其应有的和无穷的威力。正如著名教育家陶行知先生所说“行是知之始，知是行之成”，纸卷之上的坐而论道，终究还需诸位有志者躬行。

谨以此书献给我的女儿米麒麟（Michelle）。

她及其他所有的小朋友，都有着小动物的可爱、聪明和好学的特点，但也有调皮、捣蛋和恼人的时候。通过正强化的方式，不会说话的小动物们不用训斥打骂即可“令行禁止”，会说话的人类幼崽更可以“训练有素”。

张长群

2020 年 1 月，于休斯顿

前 言

关于动物训练的书还不够吗？为什么有人想看这个？老实说，现在市面上有数以百计的关于动物训练的书籍，从大众图书（如：《如何治愈拆房子的小狗》）到操作制约在动物行为训练中的应用等专业书籍或科学丛书。每本书都有自己的重点和目标受众。本书是专门为海洋哺乳动物训练员所编写的，侧重讨论和使用已被证实的操作制约原则。我希望专业的动物训练员能认可这本书是有用的参考和教学工具。本书虽然大篇幅是以海洋哺乳动物（鲸鱼、海豚、海豹和海獭）为对象和案例，但海洋动物的训练概念和技巧也可以很好地应用到其他各种动物（如家里的小狗和动物园里的大象），本书也会给出一些相关的、成功的案例。

我作为专业动物训练员已经超过 20 个年头了，也就是说，我有着 20 多年的动物训练从业经验。但作为一名合格的专业动物训练员，不仅仅是拿着工资教动物表演一些神奇的戏法或做一些好看的动作，更要对动物的天性和行为有广泛的了解和认知，并且在此基础上发展出符合动物天性并能改变动物行为的训练技能。因此，即便最有成就的生物学家或行为学家也不一定能成为一名优秀的动物训练员。事实上，动物训练是一门独特且专业的学科，它不仅需要训练员具有广博的知识和专业的技能，而且要有丰富的经验和技巧，以使饲养动物的行为更为丰富。

这本书的起源可以追溯到 1981 年，当时我还是一名年轻的训练员，却突然被推上了海洋哺乳动物项目主管的位置。此时，我训练海豚已经快四年了，在训练中我有机会经历并收获了很多不为人知的宝贵体验。即便如此，我觉得我还没做好准备负责整个训练项目。我也很幸运地参与了为视力障碍者训练导盲犬的工作，很快我就完全被这项工作迷住了。因此，为了更好地认知和训练动物，我学习了心理学、行为学、生物学以及许多其他学科。同时，我把自己所学的新内容跟每天的动物训练融合在一起，这也是我这些年来最主要的收获。在我的主管辞职，我顶替他出任训练主管和首席训练员时，我发现自己所学还完全不够，无论是掌控全局，还是带领一群年轻且新入行的训练员，尤其他们把我当作学习榜样，每次想到这些，我都寝食难安。

当我试图迎接这个新的挑战时，我跑遍了当地的图书馆，但发现相关信息和书籍特别稀少。仅有的一些关于操作制约训练的技术文档又晦涩难懂，以至于我觉得光为了看懂标题，就需要个博士学位。当然，书店里有无数关于训练宠物狗的书，但很少有人讨论为什么他们的方法有效。他们只是给了你完成目标的步骤。从此以后，我开始收集一些关于海豚、海狮、鸟类及其他动物的训练的文章。与此同时，我还和许多才华横溢的训练员合作过，所以我带着一种紧迫感回顾了我保存的笔记本，上面写着他们的“智慧话语”“训练秘密”以及他们对我说过的关于训练的所有事情。我意识到，其实我已经开始编辑自己的动物训练专著了！

随后发生了两个风马牛不相及但却非常重要的事件。第一件事是我读了凯伦·布莱尔（Karen Pryor）的一本名为《追风的小伙子》（*Lads Before the Wind*）的书，这本书讲述了她如何临危受命，成为一名海洋哺乳动物训练项目负责人的经历。而在此之前，她几乎没有任何相关背景和经验。当然我对此感同身受。第二件事，我了解到一个名为国际海洋动物训练员协会（IMATA）的组织，该组织是由一群海洋哺乳动物专业训练员发起和组成的，他们在会议上分享和讨论有关如何走上训练员职业道路以及我所热爱的受训练动物的信息。至此我突然发现，很多关于动物训练的非常有用的信息全部汇集起来了，尤其是关于海洋哺乳动物训练的信息。我毫不犹豫地加入了国际海洋动物训练员协会，如饥似渴地阅读他们的季刊《探索》（*Soundings*）。1984 年，我终于第一次参加了梦寐以求的国际海洋动物训练员协会会议，而且它立刻让我上了瘾。自从第一次参会以来，我从未缺席过任何一次会议。你可能会说我过火了，但是我其实是上火了。我加入了委员会，在这个组织中变得活跃起来，甚至有幸担任了国际海洋动物训练员协会的主席。通过国际海洋动物训练员协会，我结识了新朋友，和同事们分享了我对海洋哺乳动物训练的热情和知识。此后，我像完全变了个人一样。

在这一过程中，我面临着一个越来越大的挑战，那就是怎么去教热心但又年轻的训练员学会照顾和训练动物的技能。显而易见，国际海洋动物训练员协会是宝贵的资源，国际海洋动物训练员协会上发表的文章百家争鸣，这些文章和我个人的心得是自我学习和教授他人的最好材料之一。此外这些文章涵盖了海洋哺乳动物训练领域的新趋势和新应用，因此开卷有益，常读常新。与此同时，凯伦·布莱尔的另一本书《别毙了那只狗》（*Don't Shoot the Dog*）出版了（此书对本书成稿贡献尤其多）。我立马就把布莱尔的书列为我手下员工的必读书目之一。时隔多年，这本书在解释如何使用操作制约方面，仍然是最通俗易懂的入门读物。

同时作为一名顾问，我有机会前往许多各色各样的水族馆和动物园。在这些地方，我发现年轻的训练员和当年的我一样，脑海中充满着相似的疑问并努力寻找着答案。为了帮助他们正确理解和应用操作制约的训练手段，我将《别毙了那只狗》和我多年来从国际海洋动物训练员协会及其他地方收集的文章，作为这些年轻训练员的参考资料。这本书正是这些资料的合订本，同时还加入了我自己的解释，以及如何将这一理论和经验结合成一个有凝聚力的训练计划。1996 年，西伊利诺伊大学（Western Illinois University）邀请我开设动物训练的研究生课程。我将这本书籍作为授课资料，本书汇集了我为自己的员工写的训练项目和这些年积累的参考文章。从本质上讲，这本书是一本教科书，也是我用来指导我的员工在芝加哥约翰 · 谢德水族馆（John G. Shedd Aquarium）工作的训练材料。最后，它也是一本参考书或文稿集，收集了一些我认为与训练有关的最重要的文章。

我不想尝试重新解释别人已经写得很好的资料，而是直接在本书中转载了 100 多篇文章（总计 150 多名作者），这些转载都经过原作者的许可。我尝试把每一篇文章放在一个特定背景下，以解释为什么我相信每一篇文章都是值得转载的。我编辑这些资料的顺序和方式当然是出于我自己的主观观点，但我希望这些汇总的资料能帮助到动物训练领域的所有人。对我来说，这将是一项永无止境的工作，因为新的技术不断出现，新的文章也年年发表。有一天，我希望后人也能汇编类似的文档，并把他们最喜欢的文章和他们自己对如何实施和管理训练计划的看法分享给大家。因为只有通过这种知识的积累和分享，我们才会成为更好的训练员，而且会直接且更好地惠及我们关心和照顾的动物们。

肯 · 拉米雷斯
（Ken Ramirez）
芝加哥，伊利诺伊州
（Chicago，Illinois）
1999 年 6 月

致谢

尽管编写这本书一直是我多年来执着追求的目标，但如果没有多位朋友付出自己宝贵的时间和才能来帮助我实现这个梦想，它可能永远不会实现。在此必须特别感谢四个人，他们阅读了整个文稿，并提出了宝贵和专业的建议。在这些人中，我想要特别感谢谢丽尔·梅辛格（Cheryl Messinger）、约翰·柯特兰（John Kirtland）和兰迪·布里尔（Randall L. Brill）。这三个人都是才华横溢的训练员，也都曾担任过国际海洋动物训练员协会的主席，他们审阅了整本书稿并提供了诸多宝贵的反馈，他们的无尽鼓励是我完成此项目的源源动力。我想特别感谢的第四个人是丽莎·高琪（Lisa Takaki）。她阅读这本书的次数比任何人都多，几乎每天都提供实用层面和技术层面上的反馈。在整个历程中，丽莎一直是我的助理、朋友、同事和同伴，如果没有她专业的支持，本书永远不可能完成。

我感谢书中引用的所有文章的作者和出版商，他们的支持使这本书得以成形。我也非常依赖国际海洋动物训练员协会的各种出版物，感谢国际海洋动物训练员协会的董事会及其编辑，允许我们使用他们众多出版物中的文章。我非常感谢巴德·克雷姆斯（Bud Krames）和泰德·特纳（Ted N. Turner）在担任主席期间多次安排董事会议并听取我的要求。

麦格劳·希尔（McGraw Hill）旗下的卡洛琳·多纳尔逊（Carolyn Donaldson）在整个写作过程中提供了专业的指导和建议，并促使我一直朝着正确的方向前进。编辑、校对、索引和反复阅读这些材料的烦琐任务落在了九个人的肩上，他们自愿投入了无数时间来完成这项艰巨的任务。我将永远感激他们：珍妮弗·戴勒（Jennifer Dailer）、莉斯·戴瑟奇（Liz Deatherage）、丽莎·吉伯勒（Lisa Gibler）、杰西卡·麦克卢尔（Jessica McClure）、艾琳·麦克尔蒂（Erin McEntee）、吉尔·莫伊塞（Jill Moyse）、萨拉·波特切布特（Sarah Potchebout）、乔什·罗森博格（Josh Rosenberg）和克里斯蒂娜·威尔希蒙（Kristina Wilhemon）。我衷心感谢克拉伦斯·彼得森（Clarence Petersen），感谢他花费宝贵的时间来处理令人生畏的专业编辑事务。

同样重要的还有那些在这个项目开始和结束时发挥了重要作用的人。我必须感谢西伊利诺伊大学的珍妮特·托马斯博士（Dr. Jeanette Thomas）首先激励我将这本资料集作为一本书出版。珍妮特对我教授动物训练的研究生课程的鼓励，是真正启动这个项目的原因之一。还有，由于约翰·谢德（John Shedd）的经费和其他方面的支持，让这本书的出版变得容易多了，尤其值得一提的是总裁兼首席执行官泰德·比蒂（Ted Beattie）和信息管理总监简·鲍尔斯（Jan Powers）的领导能力和远见，对推动项目完成发挥了最重要的作用。

我还必须感谢无数同事，他们加深了我对操作制约的理解，并在我的整个职业生涯中指导了我，这些人的名字可以写满整整一章。我所接触过的每一个同事都在让我成为一个更好的训练员方面发挥了很大的作用。当然，谢德水族馆的训练员应得到我最诚挚的感谢。我们每个人都受到环境的影响，在过去的十年里，我一直在水族馆工作，没有任何地方比谢德水族馆有更好的工作场所或更敬业的训练员。当然，最后，如果不是我多年来有幸认识的许多可爱的动物们，我什么都不会学到，因此也什么都写不出来。仅以此书献给以上每一个人以表达我最大的感激之情。本文中的任何错误都由我个人负责。

肯·拉米雷斯

目　录

概述

本书使用指南

逻辑和流程

本书讲述了从动物训练中最简单、最基本的概念到最复杂、最先进的概念。本书内容安排跟我们在教动物护理人员时所使用的一系列训练内容相一致，因此所阐述的许多理论和原则都有部分重叠。基于此，这些概念被放到本书的前半部分，尽可能让训练员早些熟悉相关概念。为了减少冗余，如果一个主题或概念与多个部分有关，则仅在涉及的最主要内容中做解释。对该主题的所有其他引用都将参考首先提供的详细解释。

碎片化管理

就像正在学习训练内容的动物一样，循序渐进对我们也是最好的学习方法之一。因此，本书中的每个主题都以很小的、容易理解的形式呈现。每个部分（在许多情况下是每个段落）都有一个标题，以便您能预期接下来的内容。这也为以后回头查找信息提供了便利。本书并不能包罗万象，它最初是为我们的海洋哺乳动物训练团队设计的，旨在与研讨会、实践课程、演示和其他文本相结合。训练是一个动态的过程，而且必须不断地进行。任何人都无法通过只读一本书而立马成为一个合格的训练员。然而，本书的主旨是尽可能为初学者以及经验丰富的训练员提供更多和更好的参考，其前提是假定本书不是读者唯一的参考资料。

《别毙了那只狗》

凯伦·布莱尔（Karen Pryor）的畅销书《别毙了那只狗》是介绍和解释正强化训练的最好的著作之一。该书是谢德水族馆中海洋哺乳动物训练员的必读书目之一，而且要求从头到尾通篇阅读。凯伦的写作很有趣，也很容易理解。她的书是为任何想学习并有效地使用正强化技术的人设计的，而且对普通动物（甚至人）都适用。她的书从头到尾都充满了硬核的、有用的信息，因此我们将会在本书中无数次提到布莱尔的这本经典之作，为了方便引用，我们将这本书简单地昵称为“训犬书”。例如，如果我想让你读她写的这本书的前言，以了解她著书的原因，我将以这个参考作为提示，（《训犬书》，页码 ix/xv）。1999 年夏天，凯伦修订并更新了她的书，因此本书所有的引用页码都与最新的修订版相对应。对于那些只有《别毙了那只狗》原版的人来说，好消息是章节主题保持不变，然而凯伦已经重写了文本的很多重要部分，因此我强烈推荐最新的版本。很难相信她竟然还能让已经非常优秀的书变得更好！1999 年的最新修订版中用词更准确，同时保留了她活泼的写作风格和优秀的实例。你很可能想多次阅读这本书，并在整个训练生涯中经常参考它，至少我知道我肯定是会的。

说到凯伦·布莱尔，她1975年出版的《追风的小伙子》是另一本很好的参考书，其中记录了她在夏威夷海洋生物公园（Sea Life Park Hawaii）的经历。在20世纪60年代初公园开业时，她负责海洋哺乳动物训练项目。虽然她当时没有任何与此相关的训练背景，但她成功建立并运行了该项目，为她后来关于正强化的写作铺平了道路。《追风的小伙子》是本非常有趣的书，而且书中讲述了大量有关训练技术及其应用的精彩故事。

其他参考工具书

在每一章的末尾，我都从许多优秀的书籍和其他专业训练资料中选取了一些文章，这些文章有些是技术性的，有些是流行性的。年轻的训练员有时会发现，将这些不同来源的信息应用于具体的训练是一个挑战。在这里，我特地选择了一些描述特定技术、术语、概念或问题的文章。我不一定赞同这些文章所阐述的所有技术或描述，但基于他们的成功训练，我相信他们介绍的方法都是可行且有益的。每当我提到书中的一篇文章时，我都会用文章的标题来引导读者，并提供可以找到该文章的页码。

每一章的结尾都有与该章描述的主题相关的文章。我对每篇文章都做了介绍性评论，说明我为什么认为这篇文章值得阅读。你会注意到某些文章被频繁地提及，下面是对主要文章的描述。

国际海洋动物训练员协会（IMATA）——这是一个专业训练员的组织，其成员是动物训练技术及其应用方面的领军专家。该组织出版了各种文章资料，并在整本书中都有参考。

“会议论文集”（*Conference Proceedings*）——每年国际海洋动物训练员协会都会举行会议，来自世界各地的训练员在会上分享训练经验。本书中引用了这些会议的许多记录。

《训练员论坛》（*Trainer's Forum*）——这是国际海洋动物训练员协会季刊《探索》上的一个定期问答专栏。读者可以提交问题，或者寻求关于训练特定行为或解决特定问题的建议。我最喜欢这个栏目的原因是它提供了一个可以让不同训练员和训练机构发声和讨论的平台（虽然有些观点是相互矛盾的）。我鼓励你阅读所有的条目，比较各训练项目之间的异同。

“专题文章”（*Feature Articles*）——《探索》经常刊登国际海洋动物训练员协会会员撰写的训练文章。这些文章通常包含有趣和有价值的训练信息。

《海洋哺乳动物：公众展览与科学研究》（*Marine Mammals*: *Public Display and Research*）——这是国际海洋动物训练员协会出版的一份相对较新的同行评议杂志。

美国动物园和水族馆协会（AZA）会议记录——美国动物园和水族馆协会是一个专业的动物学机构组织。他们的年度会议侧重动物园管理和动物护理的各个方面。虽然训练不是该组织的重点，但经常有关于在动物园环境中训练的文章。

凯伦·布莱尔的《论行为》（*On Behavior*）系列丛书——除了《别毙了那只狗》，

凯伦还写过无数关于训练的文章。《论行为》是她关于行为的一些优秀文章的集合。

盖瑞·威尔克斯（Gary Wilkes）的《行为样本》（*A Behavior Sample*）——盖瑞是一位获奖众多的宠物专栏作家，他用操作制约的原理来解释宠物行为和训练。《行为样本》是他的作品集，我强烈建议阅读整本书。他的文章短小精悍，读起来非常有趣，而且提供了合理的行为建议。

行为分析协会（ABA）——致力于在许多应用场合使用行为分析手段。它的大部分书籍和文章都是关于通过行为分析来研究和教导人们训练动物的。该组织内有一个特殊的兴趣小组，专门研究行为分析在动物身上的应用。

理论与应用

这两个术语在整本书中都有出现，虽然它们是相辅相成的，但了解理论和应用之间的区别是很重要的。就我们的目的而言，理论包括操作原则和概念，而应用是指技术和方法。

经验是最好的老师

必须指出的是，无论你对本书中的概念理解得多么透彻，单凭书本知识并不能使你成为一名优秀的训练员。了解一种技术并不意味着你能够正确地应用它。一位训练员通常需要很多年的实践之后，才能被公认为是合格的。训练是一个动态的过程，优秀的训练员最终会在实践中学习。更重要的是，他们需要认识到自己有很多不足，并且需要通过增加训练知识和经验以使自己变得更好。

动物训练发展史

豢养动物

至少在有历史记录以来，我们人类就已经开始与动物互动了。事实上，有证据表明，人们一直对所有类型的动物都很着迷。古代的国王和法老豢养着很多大型动物作为他们财富和权力的象征。这种豢养虽然与现代动物园相差甚远，但也是饲养和照料野生动物的早期范例。

动物驯化

随着时间的推移，越来越多的动物被人饲养，以作为食源性动物或劳役性动物，动物驯化的过程在此期间不知不觉地发生了。随着人类社会的发展，人们逐步有选择地培育并强化我们眼中的“理想”性状（驯服性、速度、力量等），直到动物们完全变成我们现在所说的被家养驯化的样子。通过这种互动，动物无一例外地在人类面前变得乖巧，人们也自然会寻求与这些动物更密切的互动方式。

劳役动物

几个世纪以来，人类一直在训练动物来协助自己的日常生活。狗被训练用来猎取猎物或放养牲畜。马、骆驼和牛被训练用来骑乘和拉货，鸟类被训练为信使。为协助人类而进行的动物训练，其种类和范围只受限于训练者的想象。有人说，一个有才能的训练员可以训练任何动物做它们在精神上和身体上能够做的事情。盖瑞·威尔克在《动物学习的惊人成就》（*Amazing Feats of Animal Learning*）中介绍了一些更现代、更不寻常的动物训练应用。

表演动物

有一些迹象表明，动物被用来娱乐人们的时间几乎与它们被训练成劳役动物的时间一样长。马戏团、博览会和嘉年华使用动物作为表演者已有数个世纪。对更多娱乐性和独特"技巧"的需求，最终提高了训练员的技能水平。但是每当一个新的训练技术出现时，这些技术便立刻成为机密，因为训练员不希望他们的对手学会他们"一夜成名"的绝招，这在马戏团圈子里仍是不成文的规矩。

与此同时，动物园也变得越来越受欢迎。现在的动物园与初期的动物园相比，已经更多地倾向于科学研究和娱乐大众等方面。早期的动物园在动物训练方面做得很少，而鲸豚类则是开启先河的动物。海豚的现代训练直到 20 世纪 40 年代末才开始，但在相对较短的时间内，海洋哺乳动物训练员在这种神奇的动物训练方面取得了重大的、全新的突破。海豚的本性是不允许其被禁锢或强迫的，因此，许多开创性的训练技术被发明出来，用于克服在其他动物训练和表演上很少遇到的难题。

动物研究

这些体形巨大、天生野性且完全生活在水里的哺乳动物是不能也无法进行任何胁迫或强制性的训练的，为此训练界开始了一场训练革命。这些动物甚至被训练得可以配合训练员护理自己。它们也可以被训练来配合各种科学研究项目，而这些将有助于人们更多地了解它们的生理机能、解剖构造和自然行为。从本质上讲，海洋哺乳动物训练对动物管理的方法创新起到了重要作用，比如训练动物参与自己的护理。这种变化并不是一夜之间发生的，事实上，它是一个缓慢的发展过程。

动物福利

也许动物训练最重要的一方面就是它能够为动物提供全面的身体和精神福利。我们将在后面的章节中讨论一个成功的训练项目的益处。然而需要指出的是，并不是每个人都能理解或认识到训练对动物护理是有益的。你会在本书中读到许多关于将训练引入动物种群的文章。

关于训练的重要性，我最喜欢的一个故事是 20 世纪 70 年代由伦敦的一个人道协会委托进行的一项研究。

该协会决心关闭英国的巡回马戏团，声称训练“贬低”了动物。因此，该协会委托剑桥大学的一个科学家团队对动物园和马戏团中的动物进行了比较研究。他们希望表明动物园里的动物比马戏团里的动物更健康。研究完成后，结论是马戏团里的动物在各方面都要健康得多。马戏团里的动物比大多数动物园里的动物体重更匀称，身体更健康；它们的眼睛更明亮，精神更饱满；它们几乎没有表现出刻板的行为（我想说的是，我不知道当时英国的巡回马戏团的情况。也许他们应该被关闭，但肯定不是因为他们训练了他们的动物；训练是马戏团可以为他们的动物做的最好的事情之一）。剑桥大学的研究报告特别提到，对动物的训练是改善动物状况的最重要的一个方面。然而人道协会却选择不发表这项研究成果。

毫无疑问，在今天的人工饲养环境中，训练不只是为了娱乐性表演，而是已经发展到通过训练让动物配合进行体检护理。这一转变并不容易，也不是计划中的，但最终证明它对动物是有益的。现代训练已经成为良好动物护理项目的基础。

现代训练概论

尽管如此，我们对动物训练的认识和理解仍处于起步阶段。随着我们开始更多地了解动物的行为方式和原因，我们的认知将不断地拓展。海洋哺乳动物训练者通常被认为是先进动物训练技术的引领者和渐进式动物训练技术的开创者。然而，操作制约技术并不是由海洋哺乳动物训练员首先发明的，而是由行为心理学家斯金纳博士（Dr. B. F. Skinner）在 20 世纪 30 年代定义的。海洋哺乳动物训练员甚至不是首先将这些技术准确地应用于动物训练的人，但海洋哺乳动物训练员是首先将这些技术推广到动物界的人。事实上，这些技术中有许多技术在整个社会中并没有被广泛应用，泰德·特纳在他的文章《警惕我们的人道主义》（*Letting Go of Our Humanism*）中对此有很好的评论。

什么是训练？

训练动物的方法可能和试图完成这项任务的训练员一样多。使我们的头脑更加混乱的是，书中有许多方法来训练动物的行为，而且这些方法都各有各的道理。同样地，也有许多错误的方法和可能犯错误的地方。重要的是，训练员要认识到，在成功训练的过程中会有许多误区，认识到并避免这些误区是成为一名优秀训练员的关键。本书会尽可能多地给您一些建议，以帮助您避免这些陷阱。

训练的定义

在我们走得更远之前，我们应该给“训练”这个词下个定义。每个人的定义肯定会有所不同。事实上，您在本书中读到的大部分内容只是我们称之为训练的一种过程、方式或哲学。如果您是一位训练员或行为学家，您将通过自己的经验获得更多的见解，并最终发展出自己的理论。最终，正是通过综合许多训练员的经验和理念，新的哲学性的观点才得以形成和确立。从长远来看，这对我们所照顾的动物来说是最有利的。

那么什么是训练？简单地说，训练就是教学。当然，许多关于训练、心理学、操作制约或行为分析的书籍会提供一个更复杂的定义。这些定义虽然在技术上是准确的，但往往会使我们偏离真正的目标——动物护理。稍后，我们将探讨更详细的定义并讨论条件反射理论。然而，我们永远不应该忽视对“训练”一词最简单的定义：训练就是教动物。

我们教动物如何在新环境中生活，这跟教学校里的孩子们没有什么不同，虽然孩子们受到的教育是学会如何在人类的世界中生活。而在动物园或水族馆里，我们则是动物的老师、父母和医生。我们的动物期待我们满足它们的许多需求，我们必须学会如何满足它们的需求。实现这一点的一个方法是教动物们配合各种训练。

注解：有一些人对这个训练的定义提出异议，认为调节和教导是完全不同的。他们认为，教导意味着某些认知过程，而这些过程在生物体被调节时可能并不总是存在。尽管这种说法是没有错的，甚至在技术上也是准确的，但它使训练过程显得冷酷和机械。训练这个词其实意味着训练员和动物之间存在共同的经验和目标。我认为这意味着训练员在训练过程中采取的恰当态度是至关重要的。

训练的目的

作为教师或训练员，我们必须知道我们为什么要训练。我们所做的事情背后必须有一个目的——希望我们中没有人在不知道为什么的情况下却依旧在训练动物。如果有人问游客：“你觉得为什么要训练海豚？”通常的回答往往是：“这样它们就可以跳圈圈，做表演！”没有什么可以或应该与该事实相去甚远。当然，如果一头动物要表演，它必须接受训练，但这不应该是建立一个良好的训练计划的主要目的。

训练的更重要的目的应该是直接有利于训练的对象——动物。其他的目的也很重要（如有益于促进我们人类提高自身的认知），但不是我们做训练的主要目的。最关键的是，训练员要明确自己的优先事项。只要我们的优先事项是正确的，我们总是可以确保为我们的动物提供尽可能好的照顾。

训练的首要目的

让我们先来看看训练的主要目的。它们可分为三类：

- 身体上的锻炼
- 精神上的刺激
- 训练动物的配合行为

这三个目的对动物的健康是如此重要，以至于很难相信有些动物园会没有为它们的动物提供行为丰容（behavioral enrichment）项目。训练是为动物提供更充实生活的一种手段。我们这些从事动物行为学研究的人，并不把训练看作一种浮夸展示或附带的好处；它是动物生活中的一个重要组成部分。

身体上的锻炼——当我们建造一座动物园或水族馆时，我们会优先考虑到动物的需要。但是，无论动物园或水族馆有多大，它都不会是太平洋、非洲大草原或巴西雨林，这也不是动物园或水族馆的出发点。在野外，当一头动物长途跋涉时，它通常是为了寻找食物、更好的气候，或者是为了躲避捕食者。在水族馆或动物园的保护性照料下，动物不会面临这些问题。出于这个原因，我们必须找到其他的方法来为我们的动物提供锻炼。训练为我们提供了一种手段，以一种丰富的和具有挑战性的方式提供动物所需的运动量。我们将在本书中更详细地讨论这个问题。

精神上的刺激——正如前段所述，自然界中的动物面临着许多问题，在野外生活是不容易的。在排除我们的动物所面临的生存问题的同时，我们会让它们自由地以喜欢的方式生活。作为训练员，我们必须不断地给它们的环境和生活提供新的和有趣的刺激。训练本身为我们的动物带来了挑战。富有想象力的训练员可以通过我们在本书中探讨的方式来提高动物的生活质量。

训练动物的配合行为——许多训练员会把训练动物的配合行为称为“饲养行为”“医疗行为”或“兽医程序”。然而，“训练动物的配合行为”这一术语本身虽然不那么具体，但却更能说明问题。为了给我们的动物提供最好的照顾，我们必须能够提供医疗服务，将它们从一个地方移到另一个地方，或者在必要时将它们分开。如教它们如何献血或如何从一个围栏移到另一个围栏，这样对动物和训练员来说，生活都会更容易。训练动物的配合行为是良好动物护理的一个重要组成部分。第六章专门讨论饲养和其他训练动物的配合行为。

训练的次要目的

训练的次要目的是什么？它们在什么地方合适？次要目的通常是那些对公众来说比较明显的目的：娱乐、教育、研究、工作。

请不要将这些训练的次要目的与对外展览的目的混淆。训练中出现的许多事情都是为了进一步实现动物园和水族馆所设定的非常真实和重要的目标。向公众展示可以让公众了解他们不常见的动物，这也是动物认知的科普教育，并提供了让公众了解这些动物野外生存困境的机会。这有助于在世界各地开展的动物保护工作。虽然以上这些不属于本书的范畴，但我们必须要有一定的了解。作为训练员，我们必须深切理解照顾动物的目的。我们必须同样意识到我们扮演的是动物护理专家的角色，以及将动物的个体需求放在首位的重要性。因此，我们必须了解训练的主要目的和次要目的之间的区别。

娱乐和教育——公众可能认为娱乐是我们训练动物的主要目的。有些人认为我们训练动物的唯一目的是让它们表演，表演当然有其价值，但我们要知道，训练的真实目的远不止简单地教动物一些“小把戏”。不过，尽管公开表演是训练的次要目的，但引人入胜的表演在公众科普教育方面还是发挥重要作用的。

动物研究——这个词常常让人联想到实验室动物被解剖以进行科学研究的画面。然而，一些最好的研究是观察性的或基于行为的研究，根本没有伤害性。事实上，我们今天对许多动物的了解，大部分是通过我们对动物园和水族馆的动物进行观察和训练得来的。训练作为一种手段，不仅教会我们很多知识，而且通过相关研究，最终可以反过来可以帮助保护野外动物种群和人工饲养的其他个体。

其他目的——很明显，这个类别涵盖了你可能想到的训练动物的任何其他目的。在某些情况下，我们训练动物来帮助我们或为我们工作，如导盲犬协助残疾人，牛马犁地等。动物也被训练来参与体育赛事，如赛马和赛狗。这些训练目的主要针对家养动物。

尽管许多其他的训练也有其目的，但它们不会成为本书的重点（参考文献中列出了几本好书，可以告诉你更多关于训练动物的其他目的）。

目的解析

训练的类型和目的不胜枚举。然而作为训练员，我们必须牢记我们在这里的目的，什么是我们所照顾的动物的最佳利益。牢记训练的主要目的可以明确训练的优先事项。

专业训练员的要求

很明显，训练员的工作是一项复杂的工作。如果你想要成功地教你的动物适应动物园或水族馆的生活环境，你必须保证它们每天都是快乐的、健康的。训练员必须知道的不仅仅是行为理论。要成为一名优秀的训练员，你必须了解动物的自然历史和生物学知识。你还必须了解兽医护理、营养和饮食需求、水质管理和维持，以及动物护理的所有其他方面。你是一位训练员，一位生物学家，一位哺乳动物学家，一位伦理学家，以及更多。从本质上讲，训练员必须是一个全能的动物护理专业人员。

训练入门指导（简版）

在我们一头扎进对训练方法、术语和理论的详细叙述之前，暂停一下并对训练的概念进行简单的回顾应该是明智之举。事实上，本节内容刻意经过简化。目的是用通俗易懂的语言对训练野生动物（这里以海豚为案例）做一个总体概述。因为新人在自己的训练中会有不同的天赋、背景和与动物打交道的经验，因此简化和回顾可能是一个好方法。对于初学者来说，本节将作为一个入门简介，介绍动物训练的基本知识。对于更资深的训练员来说，它可以作为一个概述，可以帮助你向公众解释什么是训练。由于本节是为新手设计的，许多重要的训练步骤将被跳过，术语也将保持简单化，在某些情况下内容不免会过于拟人化。

熟悉动物

那么，如何开始训练像海豚这样的动物呢？首先，我们必须尽可能多地了解我们的动物。我们不仅必须了解动物的本性及好恶，而且必须了解动物的自然历史和生物学知识。我们应该不断地问自己我们照顾的每一种动物的如下问题。

- 它通常生活在哪里？
- 它的社群结构是怎样的？
- 它吃什么？
- 它在野外会遇到什么动物，它们是如何互动的？
- 还有哪些它生活中的重要因素？

这类问题的重要性是第二章“动物认知”的主题。当你开始与你的动物互动时，这些信息将对你具有极其重要的价值。

操作制约

本书中所讨论的动物训练的技术是以心理学和行为分析科学为基础的。我们用来训练动物的许多复杂原则被称为操作制约（operant conditioning），并将在第四章“操作制约的基本训练”中给出定义和描述。

赢得动物的信任

与海豚积极互动的第一步是获得它的信任。这可以通过日常的喂养、玩耍和照顾来实现。就像第一印象一样，建立信任的第一步是至关重要的。动物是非常敏感和敏锐的生物，而信任是一条双向的道路。你必须相信它们不会咬你，正如它们必须相信你不会伤害它们一样。这种信任将随着时间的推移在你与动物的互动中建立起来。

训练游戏的规则

一旦建立了信任，你就可以开始教海豚认识训练的工具和训练游戏的规则。在谢德水族馆，我们喜欢把训练当作一种游戏。从这个角度看，我们很容易记住，要想训练成功，就应该有乐趣。因此，我们必须找到一些方法让海豚知道它自己做得很好，或者说它的行为是正确的。我们通过使用口哨来做到这一点。每次我们吹口哨，都是在说“好”或“你做得很好”或“这非常好”。

正强化

但动物怎么知道口哨的意思是“好”呢？ 在训练的早期阶段，我们通过将口哨与动物喜欢的东西（如食物）配对来教它口哨的意思。这是正强化（positive reinforcement）训练的开始，也就是说，每次我们吹口哨时，我们都会在口哨的声音之后立即给动物一条鱼。因为我们知道海豚喜欢鱼，所以我们称这条鱼为初级强化物（primary reinforcer）。随着我们对这头海豚了解的加深，我们了解到它似乎还喜欢和享受其他东西。许多海豚喜欢被揉搓背部或腹部；它们有时喜欢被抓挠舌头，或者它们喜欢玩玩具。这些也可以作为强化物（reinforcer），它们被称为次级强化物（secondary reinforcer）。

信号

每次你吹口哨的时候，都要紧接着给予正强化物（如食物）。过不了多久，动物就会意识到，每次听到口哨，就会有好事发生。我们把这种口哨称为信号刺激（bridging stimulus），或者简单地称为信号（bridging）。关于“信号”这一词条，我们将在后面解释。选择口哨作为信号是有些随意的因素在里面。凡是动物能一直正确识别的东西，都可以作为信号，从而让动物知道它做得很好。我们使用口哨是因为它可以被每位训练员使用，而且口哨这种信号有着连贯的特性，不容易受人为因素的影响。并且声音在水中也传播得很好，可以很好地被海洋哺乳类动物清晰地听到。

行为不是戏法

一旦你的海豚准确无误地理解了口哨的含义，你就可以开始教它各种行为了。请君注意，我们使用的是“行为”而不是“戏法”这个词。戏法是魔术师做的一些神奇的障眼法（如用一副牌）。我们训练海豚做的事情其实并没有什么神奇之处。大多数训练的行为是自然行为的延伸。当我们看到一个人站立、说话、走路或跑步时，我们不会说：“嘿！那是一个好酷的戏法！”当然不会，这些都是我们能够很自然地做出的事情。同样，海豚跳跃、旋转、出水、甩尾或发出声音，也是它们自然的行为或自然行为的衍生。

扫描捕捉法

训练海豚在口哨提示下表现出自然行为的方法之一，就是简单地坐在后面看海豚玩耍，看它自然地跳跃、旋转和翻转。我们把这称为“行为扫描”或“行为捕捉”。当你看动物玩耍时，你会看到它表现出你想让它在口哨提示下固定下来的行为。例如，如果你想让动物跳起来，每次动物跳到空中时，就吹口哨。由于动物已经知道口哨意味着“好”，它很可能会游过去吃鱼，也就是它的强化物。起初动物可能没有意识到口哨已经被吹响，因为它正在专注于跳动和玩耍。但之后海豚开始有规律地跳动，如果你在它每次跳动时都吹响口哨的话，它很快就会把口哨和跳动联系起来。不久之后，海豚就会开始越跳越多，因为它希望能听到口哨声，更希望得到鱼。

海豚可以学多快?

海豚学习一个动作（如上述的跳跃行为）通常需要多长时间？这完全取决于海豚的情况。如果海豚是年轻的，而且刚接触训练游戏，可能需要很长的时间；如果动物比较有经验，而且知道“训练游戏的规则”，它几乎能立即在其行为和口哨之间建立起联系。在任何一种情况下，口哨的强化时机都是至关重要的。在准确的时刻给信号，你就等于告诉海豚你想让它做什么。

刺激控制

通过将该行为与某种声音、视觉或触觉提示配对，动物很快会将提示与该特定行为联系起来。一旦海豚理解了这个提示意味着“跳”，你就可以开始强化海豚的跳跃行为，前提是你要首先给出这个提示（如口哨声）。这就是所谓的刺激控制（stimulus control）下的行为。提示的选择，无论是视觉的、听觉的还是触觉的，都可以有一定的随机性。最重要的是，你要选择一个你可以持续改良的提示，并且动物能够与其他提示区分开。

目标训练

扫描捕捉法是一种非常有趣又有效的训练手段，但它可能需要很长的时间。因为有许多行为可能不在动物日常的行为谱（repertoire）中，因此我们需要通过发明游戏来鼓励新的行为。最有用的游戏之一就是我们所说的“目标训练”。目标训练是指教动物将身体的某些部分接触到另一个物体。一个例子是教海豚用它的喙（或吻）接触我们的手。教导目标训练的最简单方法是：你先做目标训练，伸手下去，用你的手触摸海豚的背鳍部位。当你触摸海豚时，吹口哨，然后再加强。重复这个动作几次后，海豚就会意识到，你每次触摸它的喙时，它都会听到口哨声。当你比较确定海豚明白了这个意思时，就把手伸下去，但在离它的喙 1 英寸（1 英寸 = 2.54 厘米）的地方停下。当海豚意识到你不打算触摸它的喙时，它通常会游过来去触碰你的手。当这种情况发生时，你的训练就成功了。

逐次逼近法

当海豚学会上述动作，开始主动触碰你的手，或者说“目标”时，你就有了训练许多其他行为的基础。在这种情况下，你的手已经成为一个有价值的训练工具。你可以用手作为目标来引导海豚做出许多不同的行为。例如，你可以开始将你的手移到海豚头部周围的各个位置，你可以开始慢慢地把你的手抬高，也可以用手抓一个球或浮标，让海豚习惯于将其他物体作为目标。你还可以将浮标固定在一根长杆上，然后引导海豚一步一步地升到空中。这种方法被称为逐次逼近法（successive approximation）。最终，当你把浮标（目标）高高举出水面时，海豚会开始跳跃，以触碰浮标。通过创造性地利用浮标的运动，你可以引导海豚进行更多的跳跃或翻转。

充满创意

目标训练可以通过海豚身体的任何部位进行，目标可以是任何物体或道具。只要对训练充满想象力，训练内容就有无限的可能性。而且训练是一个明显的动态过程，它不是一个单向的活动。作为一位训练员，你必须敏锐地意识到你的动物对训练的态度。也许成功训练最关键的是让海豚和你都感到有趣。千万不要让一次训练持续太长时间，否则会变得索然无味。让你的动物对训练保持充足的兴趣，它就会期待每一次训练。

总结

简而言之，以上这些就是训练方式的简介，充其量是一种不精确的训导。实际上训练过程要复杂得多。每头动物和每位训练员的不同性格会增加训练过程的复杂程度。有许多好的规则可以使训练更容易。对这些规则的应用要因物种而异，但基本的操作制约概念是大同小异的。因此，无论你是在家里训练你的狗，还是在水族馆训练海豚，抑或在动物园训练老虎，甚至在学校训练孩子，一旦你学会了这些规则，你就会融会贯通，理解其中求同存异的精髓。当然，训练永远是充满挑战和乐趣的事情，其中最重要的是：训练可以提高受训练动物的生活质量。

文章精选

《行为样本》（盖瑞·威尔克斯），这里简要介绍了让动物帮助人类的一些不寻常的训练方法。这篇文章表明，只要有一点想象力，你几乎可以训练一切。

动物学习的惊人成就

盖瑞·威尔克斯（Gary Wilkes）

在伊拉克海湾战争期间，新闻节目中充斥着高科技“智能炸弹”的影像，这些炸弹能准确无误地击中目标。可能会让你更惊讶的是，在第二次世界大战期间，一群科学家其实早已发明了历史上第一个“智能炸弹”，它可以自我制导到达目标。

50多年前，行为科学家开发了一种炸弹，在“非人类”控制下的精确度超过90%。这一精确度比当时最好的轰炸机投弹手还要高出30%。将军们一开始就完全被科学家展示的这种“智能炸弹”迷住了，后来科学家们揭晓了其中的秘密：炸弹内藏有三只训练有素的鸽子，它们被训练去不停啄击屏幕中心的目标，这种不停的啄击通过传感器可以不断校准炸弹的飞行方向。当了解真相后，将军们不愿意再继续研发这种炸弹，因为他们觉得公众可能会质疑这些鸽子的大脑肯定不是唯一可被用于制导的鸟类大脑。

虽然这个“智能炸弹”项目被认为是一个古怪的想法，但理论上它是非常的成功。当人类将良好的训练技术与动物的“本性”结合起来时，许多惊人的事情便可以实现。鸽子炸弹这种概念的一个延伸就是海上救援，利用一只鸟来发现在茫茫大海上失踪的飞行员的黄色救生衣。这只鸟被放在海军搜救飞机上的一个小观察窗里。当这只鸟发现黄色的东西时，它就会啄一下屏幕来提醒飞行员。因为鸽子可以看到远超人眼识别范围的黄色。

鸽子并不是唯一被训练用来做不寻常事情的动物。调查纵火案的最新技术包括训练狗来嗅出和鉴定易燃物燃烧后的残骸。这些狗可以协助调查人员迅速确定起火点和调查的重点，从而节省数百个工时。犬类灵敏的鼻子还有很多其他新的用途，包括白蚁侦测和海关违禁品检测，如美国海关用狗来检测旅客行李中的违禁水果、蔬菜和植物。

还有一个利用动物的天赋来执行非常规任务的例子，就是利用海豚和海豹来寻找水下的物体。海洋哺乳动物可以在水下800英尺（1英尺 = 0.3048米）以上的深度轻松且准确地识别物体。在此基础上，通过行为训练可以使海豚携带微型摄像机，使人类在海面上也可以实时准确地看到动物们在水下看到的东西。海豹和海豚可以在一天之内覆盖一个人类潜水员需要数周才能搜索的区域。

这种人与动物之间的合作并不完全取决于人类。巴西大西洋沿岸有一小群海豚会把鱼赶到渔民布下的渔网里，渔民从来没有告诉海豚这么做，更没有人去训练过这些海豚，但这种现象已经存在100多年了。很有可能是海豚首先发起并主导了这种互利关系。数个世代的海豚和捕鱼人都把这种行为传给了他们各自的后代。

在人类社会中为动物设立新的角色并非没有争论。在澳大利亚，人们训练鸽子识别残次品的特征，然后鸽子们能从生产线上挑出残次产品。这个项目的开发是为了将工人从繁重的工作中解脱出来。但后来这个项目被抗议者阻止了，他们说让鸟类做如此烦琐的工作是不人道的。其结果是，人类被重新雇佣来接手这项“不人道”的工作。

另一个例子是一个为政府工作的训练团队训练了一只可以跟随红色激光点飞行的乌鸦，这只乌鸦身上携带一个微型相机，因此可以悄无声息地拍摄激光红点处的任何人或事物。当需要召回该乌鸦时，只需放一个蓝色的气球，这样乌鸦和其身上的胶片就可以回到训练员手上了。在另一个类似的项目中，一只鸟被训练戴上一个装有微型话筒和信号发射器的背带。鸟儿会飞到红色激光点所指定的任何地方，如被监视的人附近的窗台。鸟儿会飞到该地点，通过遥感控制将发射器释放在窗台上。因此，无论嫌疑人在任何地方，只要鸟儿可以飞到都可以被“窃听”，因为很少有人会怀疑突然飞过的乌鸦竟然是间谍。

随着现代训练技术训练出更多、更巧妙的动物技能，人类与动物的社会接触将会增加。在医院里可以看到用动物进行辅助治疗或公共场合里服务犬帮助它们的主人，这已不再是什么了不起的事了。这种发展既可以提高我们的生活水平，也可以为日常发生的事情赋予新意。以后当有人说“一只小鸟告诉我说……”[1]，这可能就是事实。

《探索》杂志（*SOUNDINGS*）1998年第23卷第3期。下面的文章发表在“主席专栏”，这是国际海洋动物训练员协会杂志《探索》上的一个固定栏目。1998年国际海洋动物训练员协会主席泰德·特纳先生写了这篇非常有洞察力的文章，讲述了我们的动物训练可以有哪些积极的方法，这与我们在处理人类行为时的消极方式形成对比。这篇文章直接指出正强化之所以成为一种特殊而有效的核心工具，是因为太多人没有在互动中使用正强化工具，这种情况实在是太糟糕了。这些都写在了本书的导言中，因为泰德把我们的职业和训练技术的重要性写出来了，而且写得非常好。

警惕我们的人道主义

泰德·特纳（Ted Turner）

我们很小的时候就被灌输过二分法的概念和世界观。某件事情要么是“正确的”，要么是“错误的”，这样非黑即白的鲜明对比也是这些人生导师希望我们懂得的，这些人包括我们的老师、父母和同龄人。当我们开始吸收这些信息时，我们会不自觉地试图实践和复制这些我们反复观察和体验的技能。作为成年人，我们通过应用学习原则来操控我们的环境，使人们注意和关注不正确、不适当或反社会的行动和行为。我们制定了一套政策、规则和法律体系，为那些行为模式不符合要求的人提供惩罚性后果。我们相信这将阻止“不正确”和“不适当”的行为发生。

我们一直对这一原则坚信不疑，这给了我们安慰和安全感。同时，由于学习任务的艰巨性，留给我们思考的时间不多，无法制定一个类似的激励、动员和奖励制度。随着我们逐渐成熟，我们对这套理论也越来越应用自如，自然在发现和指出“错误”方面变得异常熟练。这些技能在一些工作场所进一步得到了完善，因此以试图保持“合规”为驱动力所产生的管理风格也充满了紧张和压力。与此同时，当越来越多的行为问题出现时，就会导致更多的规则、政策和纪律被采用，并形成恶性循环。

对于我们这些有幸走出传统的工作岗位，进入动物训练和研究领域的人来说，我们正在经历的是一种无与伦比的满足感：所有的时间都用在与我们动物的互动

---

[1] 小鸟在英语文化中是信息来源的代名词。——译者注

上。我发现动物和人类一样，也有相同的二分法行为。大多数时候，某一动物表现出的行为对该特定物种来说是天性自然的。然而，我们也观察到一些个别动物的“不恰当”行为。同行经常采用我们根深蒂固的人文主义方法来压制和控制这些不恰当的做法让我感到非常不安，因为这有时候甚至是破坏性的行为模式。但除此之外，我们还能做什么？

海洋哺乳动物训练一直是动物训练领域的一个谜。大多数海洋哺乳动物行为学家所采用的训练原则跟传统的动物训练原则格格不入。事实上，海洋哺乳动物训练中缺乏纪律和惩罚的做法在过去已经招致了同行的很多批评。然而，对于海洋哺乳动物训练在行为领域的各个方面所取得的巨大成功，很多人并不能给出解释。从正式的表演到饲养，从出生和繁殖到与游客们的亲密接触，海洋哺乳动物训练员不断为积极、丰富和有效的动物训练项目设定新的标准。我们的成功很容易解释：我们专注于积极的、纯粹的和简单的动物训练。我们建立了多样化应用的、正强化法则的项目。我们让我们的动物在学习中获得乐趣，消除对“不正确”的关注。当被问及“当动物做错事时，你会怎么做？”时，我们大多数人的回答都很简单：“什么都不做。”这通常会使我们被误解，而让问问题的人感到非常焦虑（但我们却很高兴）。

但我们的积极方案正在被各种形式和各种动物的动物训练所研究、复制和利用。我们的训练员参与训练了每一种已知的圈养动物，我们所坚持的正强化原则仍然是减少动物做出不适当行为的最有效的方法，同时，也增加了正确动作的成功次数。我们已经克服了“抓住它们做错的事不放”的人文主义习惯，而是“抓住它们做对的事并鼓励”。我们已经打破了人文主义的恶性循环，这最先受益的自然是我们的动物。虽然对我们大多数人来说这是一件很难克服的事情，甚至对我们中的一些人来说是不可能的，但是祝贺国际海洋动物训练员协会，你们是一个特殊的训练员群体，你们做到了。

认知动物

虽然本章的主题是关于提供良好动物护理的最关键因素，但本章讨论的大多数原则都是动物园或水族馆饲养协议的一部分。例如，在谢德水族馆，我们严格执行我们的《饲养和日常程序规范》。本章会在此简要介绍这些原则，因为它们对于任何成功的训练计划都是必不可少的。事实上，在训练开始之前，这些必须做到位。

认知你的动物

在你试图训练一头动物之前，你应该尽可能多地了解该物种的自然历史、组成结构和生理机能知识。你对它的自然栖息地、社群结构、采食习惯和自然行为了解得越多，你就越有能力为动物提供一个安全和舒适的环境。尽管这看起来很简单，但假设你明白狗天生喜欢挖掘，而大多数鸟类喜欢飞行，你就不可能浪费时间去教你的狗飞行。每个物种都有其特定的行为，这些行为对它们来说就是它们的本能（instinct）和天性。每种行为差异都是源于它们的组成结构、生理机能或自然历史的不同。对比两个品种的狗或两个品种的海豚之间的差异，相比认识到狗不会像鸟一样飞需要有更深刻的理解。这里有几个基本的例子：

鳍足类

海狮和海豹通常是动物园和一些马戏团中最受大众欢迎的表演动物。然而，常被游客们称为“海豹”的动物实际上是海狮。这两种动物虽然关系密切，但在解剖学上是非常不同的，而且它们的许多自然行为也明显不同。如果不了解这些基本知识，你很容易使你和你的动物陷入沮丧的境地，正如《你训练的动物是海豹还是海狮？》（T. Forum，1989）中所展示的那样。

白鲸

由于白鲸（*Delphinapterus leucas*）的自然游泳速度相对较慢而且体形巨大，它们不能像大多数海豚那样成为杂技高手。教它们跳跃和翻转也并非不可能，但它们永远不会达到海豚那样的高度，也不会表现出海豚那样的能量。如果你不了解这些基本事实，你可能会浪费宝贵的训练时间去试图教白鲸去完成一个困难或不可能的任务。

海獭 / 水獭（河獭）

海獭 / 水獭（Otters）是一种精力充沛、高度可训的动物。就像海豚和海狮一样，它们可以很快学会跟随动作，并用鼻子触碰目标。事实上，由于它们非常依赖自己的嗅觉，它们自然会先用鼻子检查物体（如目标）。然而，当我们试图向阿拉斯加海獭介绍新目标时，我们发现它们的自然觅食和探索本能是首先使用爪子。教它们用鼻子触碰目标需要更长的时间，而教它们用爪子触碰目标则轻而易举。了解一个物种的自然能力和倾向将极大地提高训练员的成功概率。

动物的圈养史和行为记录

当你已经从整体上了解了这个物种，你就必须开始了解具体的个体。在不了解个体历史的情况下开始训练并非不可能，但这肯定会使训练变得很难。许多老师经常会了解他们学生的背景，以帮助理解他们在课堂上出格的行为。对于动物来说，这种信息获得相对而言非常困难，因为你不能向动物询问它们的过去并期望得到回答。即使面对学生时，你也不能总是指望得到一个诚实或完整的答案。

动物入园史

一头动物如何、何时、从何而来，对训练员来说都是至关重要的信息。这些信息可以帮助你了解动物行为的许多方面。

野外出生的动物——了解动物在什么年龄被带入人工环境是很重要的。年龄越大，它拥有的经验可能就越多，这将极大影响你在该动物繁殖或预测它对其他物种的反应时所作出的决策。

人工环境下出生的动物——动物的出生和幼年时的养育细节对其一生都有影响，了解这些信息对训练员也有很大的帮助。例如，该动物是由其母亲养大的还是人工饲养的？

康复的动物——所有被救助的搁浅或受困动物，在被转移到人工饲养环境后可能会有特殊的医疗需求。康复过程中的动物受到人类照料的程度可能会极大地影响它与人的互动，同样，饲养的宠物也是如此。这些表明我们需要尽可能多地了解动物的经历。

从其他机构转来的动物——对于接手动物，上述所有信息以及动物以前的护理和训练细节都是至关重要的。尽可能多地去了解一头动物的过去，这一点无论怎么强调都不为过。

先前训练记录

即使一头动物一生都在同一个场所中，对它过去的训练和护理有一个很好的理解和认识也是极其重要的。你不能依靠笼统的物种信息或个别训练员的近期记忆来了解动物近期可能的需要或经历的所有事情。以下通过两个例子来说明这一点：

麦哲伦游戏时间：在一些海洋世界公园（Sea World Parks），动物护理人员会选择一些最近孵化的麦哲伦企鹅（Magellanic penguin），并亲手养育它们。这些年轻的企鹅会无一例外地对这些训练员产生印随行为（imprinting behavior），因此很容易与人相处和训练。这些企鹅被用在海洋世界的许多教育推广项目中。当海洋世界的一位训练员来谢德水族馆的企鹅展区进行参观时，我们向他们展示了我们的跳岩企鹅（Rockhopper penguin），当我开始摸挠跳岩企鹅的脖子时，这位海洋世界的训练员说：“哦，我不相信跳岩企鹅，它们太凶了！我更喜欢麦哲伦企鹅。”当他这样说时，他的手正伸出去抚摸我们的一只麦哲伦企鹅。我大叫一声，及时阻止了他，不然他就要失去一根手指头了！我们的麦哲伦企鹅不是人工饲养的，而且相当具有攻击性，它们的嘴又非常尖。相对而言，跳岩企鹅已经成为我们训练项目中不可或缺的一部分。因为当它们被触摸时，它们非常温柔。下面是不了解动物历史所导致尴尬的一个例子。

退休的海豚莎莎（Zsa Zsa）：得州海洋世界（Sea World of Texas）有一头名叫莎莎的退休的老海豚，它已经多年没有表演任务了。为了让它有事可做，我们鼓励年轻的训练员与它一起玩耍，为它提供尽可能多的行为丰容。与训练员一起游泳似乎是莎莎最喜欢的消遣方式之一。训练员跟莎莎一起游泳时，总是穿着全套制服（Polo 衫和短裤），之所以这么做，一部分原因是为了遵守公司严格的着装规定。一位较新的女训练员决定在公园游客不多的时候下水与莎莎游泳玩。她脱下了她的 Polo 衫，里面穿了一件比基尼上衣，后面系着绳子。这位新训练员不知道莎莎之前擅长的行为之一是拔河比赛，它会抓住任何水池中的绳子，然后拖拽，直到哨响才释放。因此这位年轻的女训练员刚下水，莎莎就拉开了她的比基尼上衣，并拖着内衣一直游。更糟糕的是，一群年轻的男孩碰巧来到这里，因此他们盯着这位赤裸上身的女训练员看了好几分钟，直到另一名资深训练员过来解围。你看！了解你的动物的历史是多么重要（遵守公司的规定也是必要的）。

行为观察和行为谱建立

通过系统的日常观察可以获得动物的行为规律。一个完善的、经过科学设计的观察记录，即所谓的行为谱，可以为训练员提供关于动物行为的宝贵数据。然而，即使是非正式的观察也是非常有用的。关于敏锐观察的重要性的讨论可以在第五章“非正式互动”中找到。

适当的食谱与营养

动物健康才会快乐

动物的幸福也许无法去准确地量化，但可以肯定的是，一头茶饭不思的动物肯定是不健康或不快乐的。训练项目成功的关键之一是有一头健康的、吃得好的动物。动物必须在饥饿的情况下才能表现良好的想法是不正确的。当然，一头超重和吃得过多的动物可能缺乏做好动作的动力，而且超重的动物也不健康。当我们吃得太多的时候，自己也没有动力去做任何事情，只想打个盹是不是？许多动物也是如此。动物护理人员的职责是保持一个适当的平衡。

基本食谱

对于大多数动物，我们应该给它们提供超出其基本营养需求的食物，这就像我们饭后吃的甜点或薯条。动物的基础饮食需要经过精心的计算，能为每个个体提供适当的总重量、热量、蛋白质和脂肪。动物每天的基本饮食是非常重要的。但是，由于大多数动物是机会主义的捕食者，只要有食物它们就会进食：对其健康而言，一个月的平均日摄入量比某一天的摄入量更重要。出于这个原因，每头动物的每日消耗量在一定范围内出现波动是正常的。

食谱多样化

我们应该为所有动物提供多样化的饮食，包括一种以上的食物。为动物提供丰富多样、营养均衡的饮食，能够确保在某一特定食物无法获得的情况下，有其他食物可以替代。

食谱质量

一般我们给海洋哺乳动物提供的食物参照的是人类的食用标准。我们的新鲜度和质量水平甚至是大多数餐馆都无法比拟的。在使用任何种类的食物之前，标准做法是对其进行分析和测试，以确定营养成分、热量值、蛋白质和其他重要的饮食参数。

营养添加剂

由于给海洋馆或动物园里大多数动物提供的食物都不是鲜活的，所以维生素的补充非常必要。同时，活鱼身上往往有很多寄生虫，这些寄生虫会危害海洋哺乳动物的健康，使它们变得体弱多病。通过对捕获的活鱼进行迅速冷冻，可以杀死大多数寄生虫。在冷冻和随后的解冻过程中可能损失的任何营养物质都可以通过维生素补充剂来补充。

饲养环境调节

动物所处的环境是它们一生中最重要和最恒定的影响因素，不舒服或不愉快的环境不利于动物的学习和训练，更重要的是，也不利于动物的健康。

饲养空间

为你饲养的每一头动物创造足够的空间是空间安排中一个需要重点考虑的因素。动物的大小和数量是很重要的参数，考虑以后小动物的出生或新动物的引进也同样重要。你需要了解该物种在自然栖息地的活动范围和对自然栖息地的使用情况。其他安置过该物种的场馆的相关信息也是至关重要的。

不是野生环境的完全复制：有时人们会错误地认为，动物园应该尽量复制动物自然栖息地。这不仅是不现实的，而且是不明智的。动物自然栖息地中有很多对动物有利的因素，但是栖息地中也有捕食者、污染，并且需要寻找食物。这些都是海洋馆和动物园中不需要或不可能复制的。训练能够为动物提供它们在野外需要的所有精神刺激和身体锻炼。

了解自然行为：尽管有的动物有着洄游几千英里（1 英里 = 1.61 千米）的习性或习惯，在非常深的大洋中生活，但这并不总是意味着这些条件是至关重要的。例如在加拿大马尼托巴省（Manitoba, Canada）丘吉尔河过夏的白鲸。在夏天到来时，这些白鲸会在河里待上几个月，这些河流有些地方的水深不到半米。当河水在冬季结冰时，白鲸被迫离开，不仅是为了避免被正在形成的冰层困住，也是为了追寻作为它们食物来源的鱼类的轨迹。在水族馆里，我们经常让白鲸随意选择四个模拟鲸类栖息地中的任何一个。它们总是选择较小的、较浅的水池，这表明它们可能并不需要馆中最大的、最深的水池。

社群结构

动物的社群结构和需求是确定栖息地大小和为动物创造合适环境的一个重要因素。这个话题将在第七章“社群性动物”中进行深入阐述。动物种群的大小、繁殖计划、性别比例和分离能力是确定动物社会需求的重要因素。

水质管理

对于水生动物来说，健康的水质是其生存环境中一个最基本的组成部分。整个水环境的循环系统必须由专业机构精心设计和建造。每天必须监测的几个关键参数包括盐度、温度、细菌（大肠菌群）、pH 值和一些化学成分（氯气、臭氧、铜、铁、银等）。无论向水中添加什么，都必须定期监测，动物对环境的需求越挑剔，监测就要越详细。虽然水的透明度不一定表现为健康问题，但它肯定是一个审美问题。浑浊的水可能是潜在问题的一个迹象，也是一个不利于观察和训练动物的因素。

其他环境条件

除了水以外，还必须考虑天气和所有其他的环境条件，特别是对于陆地动物。照明不仅是室内栖息地的一个特别重要的因素，它对室外栖息地也很重要。我们还必须为动物提供不受外界影响的条件，如果动物需要躲避阳光、风或雨，应该有足够的遮蔽物。温度方面的考虑也很重要，特别是在一年中的某些季节可能遭受极端天气的地方尤其要注意。

景观设计

动物栖息地的景观设计对所有物种都很重要，包括鸟类、陆生和水生动物，这也是更好地照顾动物们的一个重要因素。树木、灌木、泥土、沙子、山丘、山谷以及其他所有使栖息地完整的元素都不仅仅是装饰性的。每个物种都有其特定的需求，这可以通过栖息地设计来解决。

训练员的经验

理想情况下，动物训练员应深入参与到动物栖息地的设计中。当然，动物训练员最熟悉他们每天所照顾动物的需求。即使是在一个老旧的设施中与动物打交道的训练员，也应该熟悉所有这些环境需求。训练员必须对影响受训动物的环境因素非常熟悉，充分了解其栖息环境的优缺点，这将非常有助于训练员与动物的互动。

公众需求

在设计动物栖息地的过程中，需要满足便于公众观赏动物的功能，同时必须特别关注公众和动物的安全。同样重要的是，当动物需要时，应给它们一个远离公众的安静空间。

法律法规

现代动物园雇用的动物护理人员都致力于动物的健康和发展。大多数动物园和水族馆都有动物护理和健康委员会，他们负责监督动物活动，并自我审查。在更大范围内的专业组织，如美国动物园和水族馆协会、海洋哺乳动物公园和水族馆联盟为成员制定了应遵循的准则和标准。也已经成立了一些政府机构以规范和监督动物护理。《动物福利法》（The Animal Welfare Act）的颁布，为许多种类的野生动物的照料、饲养和转运提供了指导。这些相关法律严格规定了许多物种的最低栖息地大小和其他护理标准。例如，美国的海洋哺乳动物设施定期接受美国农业部（U.S. Department of Agriculture, USDA）下属的动植物卫生检验局（Animal & Plant Health Inspection Service, APHIS）的突击检查。因此，熟悉所有动物管理相关的护理和饲养法律法规是很重要的。

训练记录和文档管理

在讨论训练的重要因素时，一个经常被忽视的领域是良好的记录系统。无论你是在家里训练你的狗，还是在水族馆训练海豚，认真的记录会帮助你确定趋势，跟踪动物在训练中的进展。对于在人工饲养环境中工作的大量训练员来说，记录对于沟通和保持一致也很重要。没有两个训练项目记录的方式完全相同，不过，会有共同的几个要素。在谢德水族馆，我们保留了 50 多种记录。虽然这可能看起来有点多，但这有助于我们对很多训练员照顾的大型动物进行跟踪了解。以下是我们最重要的记录的一些要点。

非训练文档保管

训练员必须敏锐地意识到他们动物生活的各个方面。可用的信息越多，你就可以用越多的工具来解决问题和做出合理的决定。这些关键的非训练记录的几个例子如下。

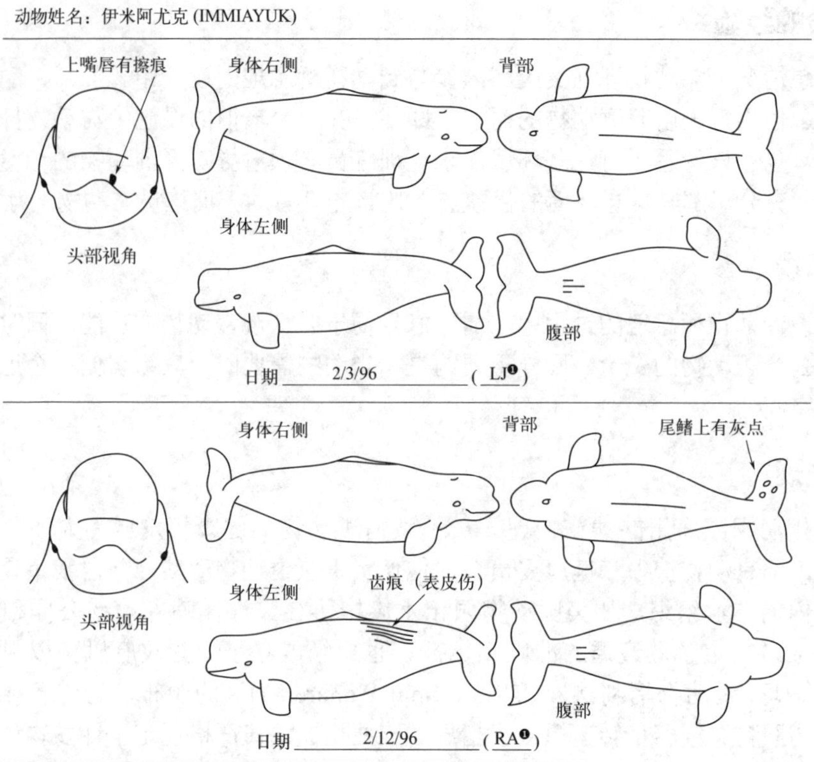

白鲸钉耙（Rake）日志：

该日志是谢德水族馆为监测鲸豚类常见的皮肤擦伤或病变而编写的。这些痕迹中有许多是来自其他动物的齿痕（像钉耙伤痕）。这些疤痕记录有助于我们监测群体关系发展，并跟踪其愈合过程。

环境记录：环境对动物健康的重要性在前面已经描述过了，训练员应该意识到影响动物的环境的变化趋势或剧烈变化，这些环境因素包括温度、水质、盐度或任何其他可能影响动物的因素。

医疗记录：兽医通常会保留详细的医疗记录，但训练员也应该保留自己的医疗记录。这对于跟踪和预测可能影响动物行为的伤病恢复情况来说非常重要。训练员应该保留的健康记录包括动物的体重记录、呼吸记录、蜕皮记录或咬痕记录（见上面的样本）。

观察记录：一般的观察记录有助于在动物不参加训练时对它们进行监控。这将在第五章“非正式互动”中进行详细讨论。

训练文档保管

有很多信息都对日常监控动物行为有帮助。最重要的内容会在下面章节中做详细介绍。下一页包括了我们每周的动物日志和行为日志的样本，这可以使读者对每个要素都有更清楚的了解。

❶ 训练员名字的缩写，详情请见后两页。——译者注

日期——很明显，你要记录日期，这样你就可以监测训练项目已经花了多长时间。有时这将帮助你确定季节性趋势，或找出良好或不良行为的模式。

时间——一天中的时间在监测趋势方面可能很重要。通过时间记录可以知道哪些动物在每天的哪个时间段工作得最好。

训练员——哪位训练员喂养或训练哪头动物一定要明确并记录下来。当几位训练员同时轮流训练一头动物工作时，这一点尤其重要。

地点——即使训练都在一个水池或场馆，还是应当努力记录下每次训练的具体位置，比如哪个水池，甚至是这个水池或笼舍的哪个部位。我认识一些宠物主人，他们发现他们的狗在房间里某个特定的地方进行新的训练时表现得更好，一开始这些主人并没有注意到这一点，直到他们开始精确地做记录才发现。

动物训练部门

斑纹海豚 / 白鲸 / 海狮

目标动物：伊米阿尤克　　训练周：5/6～5/12/96

训练员	喂食情况	维生素添加 / 医疗检查	观察记录 / 备注信息[1]		
周一 (5/6) 约翰(JD) 琳达(LJ) 瑞克(Rick (RD)) 旺达(Wanda (WK))	11.0kg鲱鱼 7.5kg柳叶鱼，补0.5kg 1.0kg鱿鱼 20.0kg	维生素添加 YES☑ NO ☐ 11:30医疗检查	07:15 (JD)投喂维生素。WH, SSO。动物情况良好。 10:30 (LT)脱敏训练。WH, NSO。动物表现完美。新的饲养行为训练进展顺利*。 11:00 (LJ / RS)医疗检查。IM。结果很好*。	采集血样和超声波检查 13:00 (WK)专项训练SB。行为表现很好。 15:00 (JD)玩耍时间。SB。一切良好。志愿者带领动物玩耍互动。	16:00 (LJ/WK)专项训练～MP/SB 。过闸训练结果很好*。 17:30 (WK)专项训练～SB。热辐射实验的初级训练，进展顺利*。
周二 (5/7) 旺达(WK) 罗恩(RS)	10.0kg鲱鱼 9.5kg柳叶鱼 1.5kg鱿鱼 21.0kg	维生素添加 YES☑ NO ☐ 食谱调整	07:15 (WK)投喂维生素。SB。动物情况良好。 09:10 (RO)过闸训练。SB / MP。表现良好。过闸方向为从SB → MP/SK，一同训练的有动物普吉(Puiji)	10:30 (RS)脱敏训练。WH, CI 。动物行为受到窗户清洁活动的影响 12:00(WK) 行为观察与动物娜雅(Naya)进行社会互动。 15:00 (WD) 脱敏训练。WH, NSO。动物情况良好。	16:00 (RO) MP/SB过闸专项训练。 17:00 (RO)投喂食物。SB。自由投喂，不做训练。

动物周日志：这只是这个记录的一个片段。它包含了某一周内每一次互动的信息。特别说明 (*) 表示要查看行为日志或医疗日志以了解更多细节。

行为评级——通过建立一个客观的评级系统来监测动物的行为是非常有益的。为一个训练日程评定一个等级，将有助于监测动物的注意力和对训练日程的兴趣，并评估相应的趋势。虽然这种评级是主观的，但应尽最大努力制定一个客观的标准，并成为所有训练员共同工作的标准。

评论——最后，重要的是花时间详细描述课程中遇到的所有进展或挫折，而且应包括任何在未来回顾时可能用到的内容。评论应该足够清晰，清晰到当十年后的人读到这些评论时，感觉就像写完的第二天一样容易理解。

---

[1] 该栏目中的WH、SSO、NSO、IM、SB、MP、SK、CI为缩写，是对特定时期、特定场馆、特定人物等的记录，已跟作者核对，具体内容已不可考，实际应用中可自行掌握如何记录。——译者注

动物行为记录日志			目标动物：伊米阿尤克(5/6 - 5/12/96)
日期	记录人[1]	时间 / 事件	行为记录 & 情况备注
1996/5/6	LT	10:30 / 脱敏训练	进行温度计脱敏训练，使用提供的温度计含探头，并在该次训练中成功读取数据。期间，动物很稳定，探头插入深度有30多公分，在体内停留足足有60秒(>1分钟)。非常成功，动物非常棒！
1996/5/6	RA	11:30 / 医疗检查	整个医疗检查期间，伊米阿尤克都非常的稳定和平静。期间进行了血样采集，粪便采集，呼吸孔采样，胃容物采样等操作。
1996/5/6	LT	16:00 / 专项训练	过闸训练：让四头白鲸依次进行从MP到SB的过闸训练。将动物分为两组，伊米阿尤克和普吉为一组在IM处定位。另外一组为纳卢阿克(Naluark)和娜雅，在CI处定位。 将纳卢阿克和娜雅分别依次带过闸门回到SB。然后同理，训练伊米阿尤克和普吉过闸门。期间，所有四头动物的状态都很稳定，并且保持着定位和注意力。当闸门关上时，也没有脱队的情况。

行为日志：这种类型的日志是训练员根据自己的需要写下的某个训练计划的详细计划。行为日志左边的部分与前面的动物周日志相对应。

你能保留很多的记录吗：很难让人相信，一个人可以保留很多的记录。因此，良好的训练记录和文档保管的一个重要方面是能够在需要时方便快捷地获取信息。如果有大量的数据，就必须对其进行组织，使其容易被查阅和引用。此外，如果训练记录和文档的保管变得过于烦琐，它将给维护带来麻烦，更容易被掩盖或跳过。因此保持简单对管理文档有很大的好处。

规划和总结文档保管

系统化的训练记录和文档保管的优势之一，是可以用这些资料来计划未来或回顾过去。下面两页是这类记录的两个例子。

训练前计划 / 目标表——对训练行为进行计划是训练的一个重要步骤。它像一张路线图（训练前计划），你在训练时将遵循它。就像任何旅程一样，沿途可能会有一些弯路，但地图是你的指南。当你改变计划时，你可以在目标表上记录这些变化。在谢德水族馆，我们在训练前计划和目标表上使用同样的表格。第一部分是对建议步骤进行概述，第二部分是对计划和实际做的事情进行现实描述。

[1] LT、RA 等字母是训练员名字的缩写。LT 对应上表的琳达，RA 对应上表的瑞克。——译者注

【训练 / 目标 / 行为】进度表

☒ 训练前计划
☐ 目标细分表
☐ 完成行为复盘表

目标动物： 迪克(TIQUE)

目标行为： 胸前波浪 / 胸鳍击水

关键信号：

批准记录

详细步骤：(如果用作目标进度表，请使用日期作为开头)	领队	主管	主任
1. 先让迪克熟悉超声波检查所需的姿势和体位			
2. 用手触碰迪克胸鳍的最边缘，并用信号强化该动作。			
3. 引导迪克，使其胸鳍跟随着手移动，在移动过程中，并逐步脱离			
直接接触，并慢慢在胸鳍跟随过程中，扩大手与胸鳍的距离。			
4. 强化迪克意识：自己的胸鳍需要跟着手移动，且需要跟着			
手抬到最高。此时，开始尝试强化胸鳍回落入水的动作。			
5. 轮流且间断强化动物击水行为：胸鳍高举然后落下击水，			
身体任何大幅度动作后击水，或者仅仅击水。			
6. 一但举起胸鳍落下击水动作开始定型，开始慢慢增加该动			
作的次数，使其从一次性就奖励的动作，到多次重复才奖励。			
7. 在不断增加6所述动作频次的期间，开始增加胸鳍往前运动			
的趋势，一但动物意识到往前的运动，则在此基础上增加击水的			
动作。然后强化这一合并的行为。			
8. 等待上诉动作成熟后，慢慢取消手的引导动作和手的出现。			
并用桥接信号代替手的存在和引导。			
9. 当一只胸鳍的动作定型后，用同样的方法，训练另一只胸鳍			
类似的动作。最后将两只胸鳍的动作统一的集合起来。			

训练前计划：这是对谢德水族馆的一只海豚进行“胸前波浪”训练的计划样本。每当计划一个新行为的时候，训练员都应该制定一个路线图或一个训练员本人希望遵循的详细步骤。训练员可以在训练过程中改变计划，但在训练前做计划的工作就是让他们在脑海中开始训练过程。当训练的行为最终完成时，训练员应填写一份目标表。下一页是“胸前波浪”训练的目标表的例子。

月度饮食总结——评估动物的整体进展，取决于对发展趋势的判定。健康和营养是受训动物总体状态的关键方面。对受训动物的日常饮食发展趋势进行月度总结会很有益处（参见后文内容）。

【训练 / 目标 / 行为】进度表

☐ 训练前计划
☒ 目标细分表
☐ 完成行为复盘表

目标动物：迪克(TIQUE)

目标行为：胸前波浪 / 胸鳍击水

关键信号：

详细步骤：(如果用作目标进度表，请使用日期作为开头)	批准记录 领队	 主管	 主任
1. (1-17-94) 动物定位在超声波检查的姿势(头在左侧)，训练员用右手去抓取和引导动物伸出的左鳍。且不断强化这种接触行为，固定这种接触反应。			
2. (1-24-94) 当如上接触行为基本成型后，将手脱离接触，置于动物可轻易够着的附近，并对动物任何自主接触手的行为进行强化。需要注意，必须要接触手才行。			
3. (1-25-94) 此后，逐渐拉远手距胸鳍的距离，引导胸鳍主动前来跟手接触。			
4. (3-5-94) 在上诉行为成熟后，每次给侧躺信号时，有意识的逐渐较少手的引导动作。最终目标是完全用刺激信号替代手的实际引导和物理动作。			
5. (3-9-94) 对于任何趋近胸前波浪的行为，要大胆的使用强信号。直到动物意识到一整套动作：侧翻就位，胸鳍伸出，跟随手掌，保持接触。并减轻侧躺信号比重。			
6. (3-20-94) 行为退化：当侧躺信号，即让动物进入超声波检查的姿势，逐渐被弱化，以为可取消的时候。此时，动物跟接触手的行为信号混淆。行为出现退化。			
7. (4-10-94) 重新强化侧躺的信号，之后再次逐渐弱化。这次动作过程更慢。			
8. (4-27-94) 当动物理解胸鳍要始终跟随手往上移动时，增加手从高处回落的动作。并强化动物动物胸鳍跟随手回落到水面的行为。并随机和中断强化胸鳍跟随手上举，和跟随收回落到水面的动作。			
9. (5-2-94) 待上诉动作成熟且被动物良好理解后，引导并增加动物往前移动的动作。同时重点强化动物胸鳍跟随手往前移动，回落的动作。直到这一套动作熟练。			
10. (5-5-94) 一但动物熟练上诉一整套动作，及时减少手上动作的幅度，并降低到外人无法察觉的程度。并专注用刺激信号来调控整套动物，实现动物胸鳍击水的行为。			
11. (5-15-94) 暂停训练，因为有新动物引入			

目标表：这是目标表的第一页，用于对上一页训练前计划中所列出的行为进行实际训练。正如大家所注意到的，训练前计划只是作为训练员的指南，而目标表则是在训练的每个步骤中填写的。它允许训练员对每个训练目标进行规划。之后，当行为训练完成后，就会有一份关于每个行为训练的所有步骤、进展和挫折的准确记录。

18. (1-19-95)渐近的增加动作的连续性，等动作可以连续完成后再给予强化。如果动物能连续衔接上动作，给予足够的强化。反之，则持续引导和耐心等待。

19. (2-8-95) 行为退化：行为再次退化，再次使用手作为目标，引导动物进行前行且击打水面的行为。多次反复训练，再次固定这一整套行为。

20. (2-22-95) 等动作再次定型，取消手的引导。如有需要，则再次出手。

21. (3-1-95)行为退化：将引导动物前行击水的手势，稍加变化，以便与尾鳍击水的手势信号分开。切记，不要同时训练两种行为。最好先暂停尾鳍击水的训练。

22. (3-18-95)常规化，例行化的训练上述定型的行为动作。

23. (4-5-95)尝试将动作序列反过来，即将上述动作从尾到头的过一遍。观察动物的反应，并增加丰容性。

目标表可以延续很多页，记录训练的持续进展。以上的部分是上述目标表第二页的一部分。

约翰·谢德水族馆　　斑纹海豚食谱每月统计表　　动物 伊米阿尤克　月份 1994年10月

天	食谱食量 鲱鱼	柳叶鱼	胡瓜鱼	鱿鱼	维生素添加	总量(kg)
1	5.0	5.0	1.0	1.0	有	12.00
2	5.0	5.0	1.0	1.0	有	12.00
3	5.0	5.0	1.0	1.0	有	12.00
4	5.0	4.2	1.0	1.0	有	11.20
5	5.0	5.0	1.0	1.0	有	12.00
6	5.2	5.0	1.0	1.0	有	12.20
7	5.0	5.0	1.0	1.0	有	12.00
8	5.2	5.2	1.0	1.0	有	12.40
9	5.0	5.0	1.0	0.6	有	11.60
10	5.0	5.0	1.0	1.0	有	12.00
11	5.0	5.0	1.0	1.0	有	12.00
12	5.0	5.0	1.0	1.0	有	12.00
13	5.0	5.0	1.3	1.1	有	12.40
14	5.0	5.0	1.0	1.2	有	12.20
15	5.0	5.0	1.0	1.0	有	12.00
16	5.0	5.0	1.0	1.0	有	12.00
17	5.0	5.0	0.8	1.0	有	11.80
18	4.2	5.0	1.0	1.0	有	11.20
19	5.0	5.0	1.0	1.0	有	12.00
20	3.3	5.1	0.0	0.4	无	8.80
21	4.0	4.2	0.0	0.7	有	8.90
22	4.0	4.5	0.5	0.2	有	9.20
23	4.0	4.0	0.5	1.0	有	9.50
24	5.0	3.0	0.8	1.0	有	9.80
25	5.0	5.0	1.0	1.0	有	12.00
26	5.0	5.0	1.0	1.0	有	12.00
27	4.8	5.0	1.0	1.0	有	11.80
28	5.0	5.2	1.0	1.0	有	12.20
29	5.0	5.0	1.2	1.2	有	12.40
30	5.0	5.0	1.0	1.0	有	12.00
31	5.0	5.0	1.0	1.0	有	12.00

月总量 = 357.60 kg

日平均 = 11.54 kg

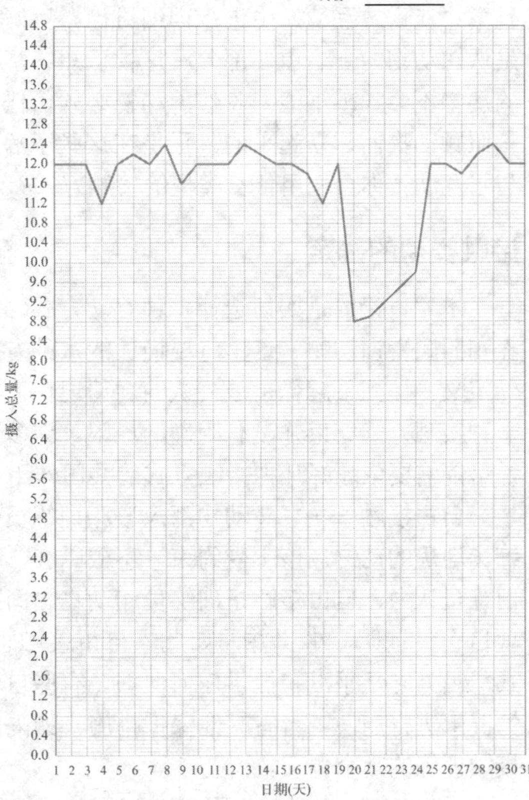

文档数字化管理

进入 21 世纪，计算机对我们保存记录的方式产生了巨大的影响，数字化记录已经彻底改变了动物监测系统。行为或健康的变化趋势可以被更早地发现并进行自动化跟踪，数据的交叉引用也更容易，通过按一个按钮就可以调出历史记录。图片、视频和声音都可以被数字化，它在未来的应用将只受到人们想象力的限制。尽管一些海洋哺乳动物机构正在用计算机跟踪动物行为，但这一趋势似乎进展得很慢。随着年轻训练员进入这个领域，计算机正在成为一种生活方式，计算机的运行速度、存储能力和灵活性将提高我们照顾动物的能力。

通过互动建立信任

信任是关系建立的必经之路

跟每一头受训动物建立起良好的关系是了解受训动物最重要但又难以说明白的一件事。有些训练员对此过于深信，而有些训练员则完全不在乎。这些差异将在第五章“非正式互动”中进行详细讨论。良好的关系虽然不能取代良好的技术，但它是认知动物的一个重要部分。这种认知的基础是信任——相互信任。你必须信任你的动物不会（或不能）咬你；动物必须信任你不会伤害它。信任是通过喂养、玩耍和照顾动物而建立起来的。正是在这些了解动物的早期阶段，你必须明确你会如何与它互动。你会使用什么类型的接触方式？

接触类型的确定

本章讨论的是如何选择一种互动方式和互动程度，以使你能够安全地训练、喂养和照顾受训动物。这里将要描述的六种方式中，没有一种方式有着行业公认的明确定义，但相关解释是被公认的。请记住，训练应该以哪一种接触方式开始或以哪一种接触方式结束并没有明确的界限。许多训练项目需要的接触方式不止一种，而是可能需要依赖好几种接触方式的共同作用。

自由接触——每头动物都应该和训练员一样，有平等的机会进入训练区域。训练场地里的动物应该不受约束，不戴嘴套，不戴锁链，不受任何方式的限制。一些训练员认为，自由接触是训练员和动物之间建立真正信任的唯一途径。但许多训练项目已经证明，事实并非如此。自由接触也可能是与野生动物互动的最危险的方式，因为它几乎没有提供任何保护。有些自由接触训练是在明确建立了逃跑路线的情况下进行的，或者有其他保护措施（如隔离门）供训练员随时使用。以下是自由接触训练的几个例子。

- 狗和猫：大多数人可以在家里或院子里不受约束地训练他们的宠物。动物们可以随意攀爬、舔舐和触摸它们的训练员。这是自由接触训练的极致。许多其他的家养动物也是以这种方式训练的。

- 海豚：任何时候训练员与动物一起下水都可以被认为是自由接触训练。
- 竞技场小丑：当牛仔竞技场中的斗牛士从牛身上摔下来时，小丑（他们的工作是帮助分散牛的注意力，避免牛仔受伤）会在牛的前面跑来跑去以吸引牛的注意力。这种看似愚蠢的做法绝对是自由接触的互动，虽然其间没有任何正式的训练，但是通常会有一些逃跑的路线提供给小丑以备不时之需，包括容易攀爬的栅栏和一个带垫子的桶。

半保护式接触（半自由接触）——这是一种相当常见的接触方式，训练员被部分保护或完全与动物隔绝，这一方式高度的灵活性为互动训练创造了绝好的条件。举例如下。

- 绳索和嘴套——这些装置都会不同程度地限制动物的行动并在一定程度上预防动物咬人。根据动物的体形大小、力量和速度，动物仍然可以在被拴住和带嘴套的情况下伤人。即使这样，仍然可以进行大量的接触，训练也可以在相对较少的限制下进行。
- 海豚训练——海豚和训练员之间的大部分互动都是在两种不同的媒介之间进行的——动物在水中，训练员在陆地上。动物不能离开水，而训练员大部分时间都在陆地上，他们的接触被视为半自由接触。动物仍然可以咬或撞到训练员，但由于这种类型的训练通常是为了方便，而不是为了保护，所以强调的是“半自由”而不是“半保护”。这些概念是基本相同的，只是看问题的角度不同。

保护式接触——在这种类型的接触中，训练员受到完全的保护，完全不会被动物伤害到。训练员每次只与动物身体的一部分进行接触。动物将其身体的一部分对着和训练员互动的窗口（例如栅栏或小窗户或门），训练员通过这个小窗口跟动物进行互动。这种类型训练的近期创新已经证明，设计良好的保护式接触系统在提供保护的同时，可以允许动物和训练员进行互动。关于大象的保护式接触训练的几篇文章收录在第十二章“综合性训练和应用”中。

限制性接触——这种形式会引起动物的不适反应，通常是为医疗操作而设定的。限制性接触可以和其他任何一种接触方式一起使用。动物可以被转移到一个隔离池、隔离笼或其他封闭空间中。这通常可以通过适当的调节技术来完成。隔离装置包括鲸豚类的担架、针鼹鼠隔离笼和大象隔离槽等。化学束缚（如全身麻醉）也被一些人归类到隔离的范畴。

不用手的训练——这无疑是一种保护性的互动形式（一些训练员称之为保护式接触），它不需要任何形式的身体接触。然而，声音接触和眼神接触仍然可以进行，关系和信任仍然可以建立。术语“无接触训练”有时被用于讨论“不用手的训练”。然而，这一术语有时也被用于指远程训练，如下所述。许多动物园使用这种“不用手的训练”技术来将动物从一个围栏移动到另一个围栏。这个过程中没有任何身体接触，但训练员可以通过向动物投喂食物、叫它们的名字、用眼神交流来完成训练内容。因此没有身体接触并不妨碍训练的正常进行。

远程训练——这是真正的无接触训练。在远程训练中，我们努力将训练中人的因素完全移除。毋庸置疑的是，这种类型的训练难以发展人与动物的关系或信任（尽管可以在其他时间发展）。远程训练常常使用在开发动物自动喂食装置或丰容装置时。例如，当动物用爪子抵住一棵树时，就会触发一个机制导致食物从上面释放下来，这一机制可以是随机的，也可以是受控制的。再比如当某个动物越过一束光时，就会触发一条鱼被放入水中。盖瑞 · 普瑞斯特（Gary Priest）在一篇文章中对这种类型的训练进行了描述，该文章被收录于第十一章“训练问题解决指南”中。

认知动物的喜好

在接触动物的早期阶段，它的许多偏好对观察者来说会很明显。最喜欢的食物，最喜欢的休息场所，最喜欢跟哪种动物作伴，以及它消磨时间的细节，这些都是非常重要的数据，对训练计划的实施是非常宝贵的参考。虽然这个观察过程应该贯穿你与每头动物的感情培养过程，但这些信息在训练的初级阶段是最有价值的。

相互信任需要时间

正如你将在后面的章节中所要看到的，信任不是在一夜之间形成的。关系的建立需要时间，这是一个动态过程。你赢得动物信任的多少将与你投入的努力程度成正比。这一主题将在以后的章节中再次讨论。

文章精选

《训练员论坛》（*Trainer's Forum*）1989 年第 14 卷第 3 期。你可能不相信，下面这个问题是非常严肃地提交给《训练员论坛》的。公众可能不知道海豹和海狮的区别，这是可以理解的，但是训练员是理所当然且必须要知道的。这个问题强调了了解动物的自然历史、组成结构和生理机能的重要性。下面的第一个答案以严肃的方式回答了这个问题，而第二个答案则比较幽默。

你训练的动物是海豹还是海狮？

问：两年多来，我一直试图让我们 7 岁的海豹做其他动物园里大多数海豹所做的经典的前脚蹼行走。我不认为她超重了或太年轻，但它的脚蹼似乎太小了。它会抬起它的尾鳍，但之后无论怎么努力都没有任何进展。国际海洋动物训练员协会的会员们有什么提示吗？

答 1：在思考了这个问题之后，我想知道这头动物是否有可能是海狮而不是海豹。虽然海狮可以很容易地进行前脚蹼站立（行走），但我从未见过或听说过真正的海豹有这样的能力。从解剖学上讲，海豹可能不具备用前脚蹼支撑自身体重所需的肌肉和骨骼特性。

如果这种动物是海狮或其衍生物种，那么通过力量调节的训练计划，前脚蹼站立是很容易达到的训练目标。我们发现让动物站在座位或台座上，然后开始这种行为的训练会更容易。当它在座位上时，让它用胸部作为支点，用一个目标物引导它的后肢从座位上抬起。一旦动物理解了在触及目标物时抬起后肢的原则，就把这种行为转移到甲板上。在这一点上，加强胸部肌肉是至关重要的。每天短暂的训练可以加强它的上半身，很快它就可以具备完成动作所需要的耐力。需要注意的是：保持动物的头部向上，胸部离开地面，前脚蹼紧贴胸部，并尝试将动物的体重直接分布在前脚蹼上。

帕特·巴科·特利 [Pat (Bucko) Turley]
美国非洲海洋世界（Marine World Africa, USA）

答 2：把你的海豹带到附近的保龄球馆，然后让它站在保龄球道中间，当别人打保龄球的时候，告诉它用前脚蹼站起来。如果这个没有效果，你可以告诉它用后脚蹼站起来。

吉姆·亚历山大（Jim Alexander）
圣路易斯动物园（St. Louis Zoo）

训练中人的因素

在真正开始训练动物之前，我们必须认识到，我们会不自觉地给训练课程引入许多成见。有些是个人的，有些则是人们不可避免的。这本不是一件坏事，但我们必须知道如何识别成见，并了解成见会如何影响动物训练。本章会触及几个重要而有趣的话题，我称其为训练中人的因素。

动物智力的因素

很多时候，新手训练员会惊讶地发现，动物的智力（intelligence）与它的可训练程度并没有直接关系。然而，动物的智力是我们人类一直痴迷的，也是科学家们经常争论的话题。训练员在成功地训练了动物一种新的行为后，常常会夸耀动物是多么的聪明！但是，动物是否真的很聪明？是动物表现出了它真正的智慧行为，还是训练员只是使用了良好的操作制约技术所导致的行为？抑或两者兼而有之，还是训练员将动物过于拟人化了？我们将在本章后面讨论拟人化的问题，但由于智力的话题似乎让我们很感兴趣，所以让我们先来探讨一下它。

动物智力的定义

关于动物智力的最大争论始于人们在术语表述上无法达成一致。像智力、思考和理性这样的词似乎有很多解释。依据《美国传统词典》（*The American Heritage Dictionary*）第二版，以下定义和解释似乎是最常见的。

智力——“获得和应用知识的能力；思考和推理的能力；优越的心智能力。”即使是这些基本的定义也可以进行解释。

思考——“在头脑中形成；推理，思考，决定。”思考通常意味着有意识的思考，一种具有分析性质的思考。

理智——“理性思考、推理或辨别的能力。”

动物智力的研究

对动物智力的调查已经发展成为一个严肃的科研领域。然而，对这个领域的研究意味着在很大程度上必须采用人类的视角和方法。人们发现，一些曾被认为是人类独有的特征（也是我们智力的标志），如使用工具、玩游戏、受训动物的配合行为、欺骗、创造和语言等，实际上是许多其他动物所共有的。以上这些行为在多种动物身上有着不同程度的表现，其中常见的动物有蜜蜂、蛇和乌鸦等，这引起了许多科学家的注意，并促使我们开始重新审视我们对动物智力的认知。

动物自我认知研究

对动物自我认知的研究似乎是最让人着迷的领域之一，其中又以对灵长类动物和鲸豚类的自我意识研究最为盛行。这类研究对动物训练员也有着特别的吸引力，因为有些研究直接涉及动物训练和动物本身。关于这个主题的文章均收录在第十二章“综合性训练和应用”中。其中最著名的动物自我认知研究有卢·赫尔曼（Lou Herman）对瓶鼻海豚（*Tursiops truncatus*）的研究，罗恩·舒斯特曼（Ron Schusterman）对加州[1]海狮（*Zalophus californianus*）的研究，艾琳·佩珀伯格（Irene Pepperberg）对非洲灰鹦鹉（*Psittacus erithacus*）的研究，以及许多教灵长类动物手语的研究。这些研究是动物行为学领域中最引人注目的智力研究，但它们也受到了最多的质疑：这些动物是在表现智力行为，还是它们只是被训练得非常好？

动物皆可习得训练

尽管所有的动物都有学习的能力，但问题是它们是如何学习的以及为什么学习？我们开发的智力测试系统都会在某种程度上有偏差，而挑战在于如何确定每个测试的真正含义或意义。有两个主要因素会影响对动物智力测试解读的准确性：对动物自然历史的理解和对测试局限性的理解。动物会自然而然地展示出它野外生存需要或经常使用的能力。如果一个人生活在森林里，从很小的时候就需要打猎获取食物，那么这个人可以发展出一种狩猎的能力，而在城市里生活了一辈子的人可能永远不会获得这种能力。这两个人可能有相同的智力，但前者会在需要追踪野生动物的测试中取得更好的成绩，而后者则可能在大城市的地铁系统中表现出色。每个测试要么偏向于这个人要么偏向于那个人。几乎不可能开发出一个公平且考虑到物种差异和个人经验的测试。

过往经验对个体在测试中的评估起着很大的作用。当训练员训练动物进行认知研究时，研究人员经常会问关于动物训练状况的问题。动物做得好是因为训练员在使用操作性技术方面特别熟练吗？如果不考虑不同训练员的训练水平、动物个体的过往经验或它们的物种特性，那两头动物的智力是否真的可以进行比较？但有时这些并不是研究人员需要回答的问题。有时研究人员只是想了解认知过程，或发现一种动物是否能以某种方式学习。

海豚有多聪明？

凯伦·布莱尔在她1981年发表的文章《为什么海豚训练员不是海豚爱好者》（*Why Porpoise Trainers are not Dolphin Lovers*，参见41页文章精选）中采取了一种独特的方式来回答这个问题。海豚有多聪明？我们这些与海豚打交道的人经常会遇到这样的问题：“海豚的智力与人类、黑猩猩或其他动物相比如何？”这不是一个简单的问题。在谢德水族馆，我们的回答是：科学家和教育家还没有就如何衡量和测量人类的智力达成一致。教育家们对各种测试技术的优点争论不休，比如说智商测试。如果我们不能就量化人类智力的系统达成一致意见，我们又如何能开始准确评估与我们如此不同的动物的智力？我们所知道的是，为了生存，每一种动物都是在其自然栖息地中足够聪明的动物。

---

[1] 加利福尼亚州，简称加州。

海豚身上有很多秘密，其中之一就是：它们特别喜欢把游客搞湿，尤其是那些拿着昂贵照相机的游客。

多角度看待动物智力

玛丽安·布瑞兰·贝利（Marian Breland Baily）和鲍勃·贝利（Bob Bailey）在文章《每一种动物都是最聪明的》（*Every Animal is the Smartest*，参见46页文章精选）中写到了以下这个观念。动物拥有它们在野外生存所需的所有技能。智力可以被看作另一种适应性特征，如视觉、嗅觉和速度，动物根据其特定环境的需要在不同程度上拥有这些特征。因此，关于动物智力的争论或问题似乎是要把动物放在某种预先设想的位置或等级上。仿佛对智力问题的回答会使动物的存在意义变得更加重要，但所有的动物都有内在的价值。每一种动物都是生态系统的重要组成部分，应该根据其自身的优点进行评价，而不是基于与人类或其他动物的比较或对比。智力研究不应该使一种动物比另一种动物更重要或更不重要。

虽然动物智力这个话题会永远吸引着我们并将继续成为一个值得研究的领域，但训练员不应该让智力问题掩盖使用良好操作制约技术的重要性和有效性。不要忘记，这些技术已经被证明无论对最简单的蚯蚓还是最聪明的哈佛大学毕业生都是有效的。

拟人化（训练员最大的绊脚石）

拟人化的定义

拟人化就是把人类的品质、特征或动机赋予动物。大众会这样做，训练员会这样做，一些科学家也会这样做。然而，我们发现自己一直在与使用拟人化语言的冲动作斗争。我们经常被告知这样做是不好的。为什么会这样呢？我相信这是因为拟人化的思维是训练员最大的绊脚石。奥托·法德（Otto Fad）在他 1994 年发表的文章《拟人主义，内心的天敌》（*Anthropomorphism, the Natural Enemy Within*?，参见 51 页文章精选）中详细解释了这个问题。

与动物换位思考

我一直很惊讶有些训练员经常会说，“动物知道我想要什么”或“我认为动物觉得我将会做这样那样的事情，所以我……”虽然我们都会说这些话，但在我们的训练中使用这些话是一个重大错误。我们不能根据自己认为的动物的想法来做决定，这有 95% 的概率会使我们适得其反。训练之所以成功，是因为我们强化了良好的行为，而不是通过强化良好的想法或意图。

考虑动物的难处

当我们试图用一个善意的借口来为动物的失误或错误行为辩护时，类似的情况也会发生。下面的说法在一些训练员中太常见了。

- “动物身体不舒服，但它已经很努力了。”
- “我认为我的提示不是很清楚，所以我认可它的迟疑。”
- “我加强了它错误的行为，是因为另一头动物挡住了路，这不是它的错。”

虽然这些借口可能确实是事出有因的，但它们并不能成为强化不良行为的理由。当我们基于这样的借口来强化一个不正确的行为时，我们就犯了拟人化的错误。这种错误的强化法则认为：动物会认可你对它不合格行为的强化。因此，当你后来期望动物的表现达到你所要求的更好、更正确的标准时，动物可能会变得困惑或沮丧。

关注动物的健康

如果我们知道动物真的生病了，并由此导致训练行为或动作不合格时，我们应该怎么办？在这种情况下，我们只需避免强化错误的动作和行为，直到障碍（疾病或讨厌的其他动物）得到妥善解决。我们甚至可以给动物其他机会来接受强化法则。但是，我们不应该因为动物生病而强化不正确的行为，这最终会给动物带来混乱的信号。我们还应该注意避免根据拟人思维来做饲养方面的决定。正如盖瑞·威尔克斯在他的文章《拟人主义：错误的身份认定》（*Anthropomorphism*: *A Case of Mistaken Identity*，参见 54 页文章）中指出的那样：拟人化思维是导致我们在训练领域经常做出错误决定的原因。

“三人行”综合征

每当我想到训练员因为拟人化给自己带来的各种问题时，我便想起了 20 世纪 70 年代流行的电视情景喜剧《三人行》（*Three's Company*）。这部喜剧的每一集都是源于各种各样的误解。“他觉得她因为你在进门时皱着眉而认为你不高兴，所以他辞职了！”这就是其中一整集的情节。每一集内容都充满了有趣的误解，而最后都得到了解决。每一集都围绕着误解和基于一个角色假设另一个角色的想法而采取的行动展开。

关键是，我们经常因为误解一个表情或一个眼神而与朋友、伙伴和同事发生争执和分歧。如果我们不能准确判断其他人的想法或意图，我们怎么能假装理解动物的想法呢？我们至少不应该在试图强化动物行为的时候做这样的尝试。

挥之不去的拟人化

为什么我们永远也摆脱不了拟人化？简单地说，因为这很容易，因为我们是人类。事实是，我们就是试图将动物行为与他人行为联系起来的人。试想，能有什么描述动物行为的概念和语言比我们人类的感觉、情感和思想更容易理解呢？所以，说这两只狗在玩耍比说这两只狗在进行互动行为更容易。“玩耍”让人联想到一个我们都能理解的形象。然而，许多野生动物所从事的行为并不容易用人类的术语来定义。正是在这样的情况下，我们必须小心谨慎。

折中与妥协

也许最好的解决办法是折中或妥协。只有我们理解了为什么拟人化是有害的，并在充分了解我们正在做什么的情况下运用它，我们才可以避免大多数的陷阱。这个话题会引发争议，但这通常是由于对使用拟人手法的利弊缺乏了解。作为训练员，我们仍然可以对我们照顾的动物表现出同情和感情，如果我们愿意，我们甚至可以通过拟人化给我们参考或提示，但我们不能根据拟人化的思维来做出有悖强化法则的决定。

对动物的同情心和情感

本节将重点讨论人类最不稳定的因素：情绪和情感。同时我将极力避免讨论动物情感的话题，因为即使是最好的训练员也会对这个问题有相反的看法。前面关于拟人化的部分中，我提到了强化行为过程中运用情感等无形元素的想法。不过，训练员的情绪状态会对训练的成功产生巨大的影响。

同情心是好的

大多数动物训练员都是非常有同情心的人。我们进入这个行业是因为我们对动物有着深深的爱心。我们非常关心我们所照顾的每一头动物，几乎可以为这些动物做任何事情。与宠物打交道的训练员常常公开地表达他们对动物的爱，常常把他们的情感挂在嘴边（我指的是最好的情感）。在动物学界，我们有一个由科学家、教育家、行为学家、兽医和许多其他学科的专家组成的特别团体来共同照顾动物。在这个特别团体中，每个人都用不同的方式来看待和谈论动物。关于拟人化有害的警告常常让年轻的训练员手足无措，不知道对动物说什么或感受什么是合适的。

我已经成为国际海洋动物训练员协会成员多年，我可以告诉你我接触到的每位海洋哺乳动物训练员都热爱他们的动物。你可以在国际海洋动物训练员协会聚会上听到训练员们热切地谈论他们的动物。科学需要客观性，因此出于研究目的观察动物时或明确界定塑造行为的标准时，我们需要最大限度地去掉我们自己的情感因素。然而，科研之外我们可以与动物快乐地玩耍，严肃的科学和平时的乐趣之间没有冲突。一位好的训练员可以胜任不同的角色以应对不同的情况。事实上，最好的训练员往往都具有多面手的属性。我们将在第五章“非正式互动”中更详细地探讨这个话题。

个人情感要控制

我们富有同情心的优点也可以很不幸地使我们成为高度情绪化的动物。情绪是我们每个人体内的强大力量，一旦失控，就会毁掉训练课程。人性中的同情心和爱心能使我们成为更好的训练员，但同情心和爱心也可能给我们的训练带来负面作用。我们都知道，有些父母非常关心他们的孩子，但有时当他们的孩子忘记打扫房间、宵禁后回家或在学校没有取得好成绩时，他们会很生气。这些父母觉得自己对孩子的生活如此投入，以至于他们有时会把孩子的失败视为自己的过错。这些反应可能是如此情绪化，以至于良好的决策被抛到了脑后。训练员也可能会犯同样的错误。

操作制约的效果很好，因为它不是基于情绪化的决策，恰恰相反，它是用科学的原则来塑造行为。训练员如果在训练中感到愤怒或沮丧，很可能会让情绪影响他们的决策能力。即使训练员的情绪状态与被训练的动物没有关系，也会出现问题。一位训练员如果与他的老板发生了分歧，在上班的路上经历了严重的交通堵塞，或者接到了来自亲人的情绪化的电话，那么他就可能因为分心忘吹响口哨而错过塑造动物行为的最佳时机。在训练动物时，我们必须控制好自己的情绪。

即使是积极和快乐的事件也会造成情绪过载，使训练员无法集中注意力，并导致强化不良行为。几年前，水族馆的一位训练员的男朋友问我们是否可以在我们的一次海豚表演中向他的女朋友求婚。我们同意了，并精心安排了这个环节以给她一个惊喜。求婚让她大吃一惊，她满脑子都是这种情绪，完全忘记了她面前还有一头动物等待她的关注和指令。几分钟后，当她隐约意识到一头海豚正盯着她看时，她把一把鱼扔进了水里，同时仍旧眼巴巴地盯着她的未婚夫。那些漫不经心丢下去的鱼无形中强化了海豚的行为，但她却不知道海豚刚刚做了什么！ 幸运的是，我们已经预见到了她的反应，及时让另一位训练员介入并接管了那头海豚。每位训练员都必须意识到我们每个人心中都有强大的情感力量，并要准备好如何应对它。

文章精选

在凯伦·布莱尔的《论行为》(*On Behavior*)一书的前言中，爱伦·瑞丝(Ellen P. Reese)评论说:“虽然标题很糟糕，但信息很重要。”我对此非常赞同。凯伦在纽约科学院的动物交流会议上发表了该论文，并作了演讲。她的愿望是消除众多流行的关于海豚的神话。重要的是，介绍先进的操作制约技术的成果，这是我们所认为的跟动物正确交流以及更好地了解受训动物的方式。

为什么海豚训练员不是海豚爱好者：操作性环境中的真实和虚假沟通

凯伦·布莱尔(Karen Pryor)

海豚爱好者比比皆是，甚至包括每个在电视上看过海豚“鳍”(Flipper)的人，参观过海洋馆的人，或者读过约翰·利利(John Lilly)的书的人，都认为海豚是可爱的、俏皮的、友好的、无害的，对同类和人都很亲切。它们会救溺水的人，而且它们拥有非凡的智慧和复杂的沟通系统，它们的沟通系统甚至可以和我们人类相媲美。

但海豚训练员却不这么认为(许多训练员喜欢用“porpoise”而不是“dolphin”这个词，以将海洋哺乳动物与一种深海鱼类 *Coryphaena hippurus* 区分开，后者又被称为“海豚鱼”或“鲯鳅”)，新手训练员用不了几天就能领会到海豚的攻击性，有时候这些攻击性非常厉害。海豚是高度社会性的动物，对它们来说，等级顺序是一个相当重要的问题。海豚之间的攻击性通常发生在争夺支配权期间。它们攻击的方式包括用尾鳍击打、用牙齿咬、用嘴或喙冲撞，而且常常会给另一头豚造成严重的伤害，如导致被冲撞动物的肋骨或椎骨断裂或肺部刺穿。习惯了人类的海豚会毫不犹豫地通过威胁和击打来挑战人类的统治地位；一个人如果和具有攻击性的海豚一起在水中，就会处于危险之中。人们认为这些动物是无害的，至少部分原因是它们通常在水中，而我们通常在船上或陆地上，它们无法接近我们。

在训练场上与海豚互动的训练员通常是站在水池旁的，这也使他们对海豚智力的吹嘘受到了认真彻底的审查。一项对资深训练员的调查表明，和多个物种的多头动物一起工作五年以上的训练员，都不认为海豚的智力水平在狗之上，但参与调查的大多数训练员认为海豚的智力“介于狗和黑猩猩之间，而且更接近于黑猩猩”(绝不等于或高于大型灵长类的智力)。

这个调查问卷有一个根本性的偏差，就是参与调查的训练员脑海中海豚的概念其实都来源于一种鲸类——瓶鼻海豚(*Tursiops truncatus*)。大西洋瓶鼻海豚是大多数海洋馆中常见的海洋哺乳动物。这种鲸类是一个近海物种，环境适应性强，行为可塑性强，是一个机会主义的捕食者。而其有明显的玩耍和操纵物体的倾向，并对孤独有一定的容忍度。其他海豚属动物，如领航鲸、白鲸，以及白边海豚、飞旋海豚和斑点鼠海豚，却有着相当不同的行为特征。例如，长吻飞旋海豚(*Stenella longirostris*），很少显示出玩耍的倾向，并极力回避陌生的事物。因此很难训练它们去穿越障碍物，而且很少会容许（更不用说寻求）人类的触摸，如果与同类隔离，它们会变得食欲不振而且会迅速死亡。也许不幸的是，人们对海豚的好感大部分是来自瓶鼻海豚，而事实上，瓶鼻海豚是一种行为相当反常的鲸类成员。

然而，无论对象是不善表现的领航鲸、非常活跃但胆小的飞旋海豚，还是胆大好斗的瓶鼻海豚，训练员都可以训练它——不是通过爱它，而是通过操作制约（Defran & Pryor，1980），虽然训练员对有些海豚又爱又恨。

人们经常询问职业训练员关于海豚“交流”方面的问题。约翰·利利认为海豚的交流方式跟人有很多差异之处（Lilly，1961），从而给大众心中植入了一种明显的、不可动摇的神秘感。对此最轻描淡写的回答是：任何人用口哨和一桶鱼都足以和海豚进行交流。

事实上与其他经常被训练的动物相比，海豚的与众不同之处在于它们的训练方式与其他动物大相径庭。让动物产生厌恶感的训练方法几乎都是不管用的。对于这种在受到惊吓时可以随时游走的动物，海豚训练员无法让诸如锁链、马刺、象钩、牛刺棒甚至是拳头在训练时发挥作用。由于它们不能“触及”我们，我们也不能“触及”它们。

待在实验室的心理学家们可能会转而设计一些不为人知的处罚方法。事实上，惩罚是不必要的。除了短暂中断训练课程的轻微负强化法之外，海豚训练员完全可以通过正强化法则来实现高度规范和复杂的行为训练。

海洋馆中海豚表演的蓬勃发展以及训练有素的海豚在海洋工作中的应用，与斯金纳博士所提出的操作制约法则的逐渐流行在时间进展上是平行且高度一致的。与传统的动物训练员不同，海豚训练员不仅接受这些法则，还本能地意识到这些科学规律的重要性，并有意识地使用这些法则。海豚训练员跟科学家使用同样的、精确的行话：逐次逼近法、条件刺激（conditioned stimuli）、可变强化时制等。与在实验室条件下工作的研究人员不同，海豚训练员除了在很大程度上严格地执行正强化法则之外，还需要与动物进行互动。因为他们可以看到动物，动物也可以看到他们，而且任何一方都可以在训练过程中引入随机变量。这是一种既严格又具有一定随意性的情况，类似于一个游戏。

游戏的双方都要遵循这样一个“规则”：“我只对你跳过且没有碰到圈圈的行为进行强化训练”“我期待的是每跳三次或四次就至少有一条鱼，如果你让我跳八次或十次都没有得到鱼的奖励，那我就不干了”。这是一个从头到尾都是挑战的游戏，因为满脑子都是各种训练技巧的训练员必须随时准备提高奖励标准或引入新的奖励机制，但是，至少在有经验的训练员手中，在这个游戏中最终获胜的总是动物。

狗或马是通过学习各种人类想要它们做的行为来避免厌恶刺激。斯金纳盒子里的鸽子必须不断做出特定行为以避免挨饿；当我们训练人时，我们通常使用积极和消极、赞扬和胁迫的混合手段，即使这些手段有时候不是那么明显。然而在海豚与训练员的互动中，几乎没有胁迫（甚至剥夺食物也是禁止的，很少使用），这样的游戏规则对训练员和动物都有深远的影响。动物是在“训练”训练员给鱼，因此被塑造成不断激发新的方法来得到鱼。事实上，它被塑造出创新性的反应。反过来，训练员也可能成为斯金纳法的一个非常熟练和富有想象力的使用者。海豚训练员之间的行话（与我们说的赛马训练员的行话相反）一般都是谈论那些巧妙塑造行为的程序，或对操作制约技术的新使用，而不是个别动物的个性或成就。是游戏的魅力让海豚训练员年复一年地从事着艰苦的、低薪的工作，而不是动物本身的魅力。事实上，也有很多喜欢稳定可靠的鳍足类的训练员，有些训练员非常喜欢训练鸟类，这是另一种不能通过避免厌恶刺激来训练的群体。

这并不是说每一位海豚训练员都是斯金纳法则的活字典。受教育程度较低的训练员，或者自学成才的训练员，可能充满了迷信行为（“你必须穿白色的衣服，海豚喜欢白色”），或者无法说出他是如何提示他的动物的，从而成为聪明汉斯现象的受害者。例如，坚持认为他的动物是以心灵感应完成这些动作的。当然，动物们也会很快形成迷信行为。例如，只对穿着白色衣服的训练员做出反应。

游客或观众在与海豚互动时也容易产生误解，尤其在海豚行为语言解释方面。例如把海豚张开的下巴解释为“微笑”，这其实是鲸豚类群体中被广泛识别的一种威胁的信号，或者把触摸和推搡解释为亲昵的游戏，而事实上这种行为往往是挑战统治地位的表现。利利博士在她的书中讲述了很多关于雄性海豚向人类雌性示好的轶事，但其实圈养的雄性瓶鼻海豚几乎对任何东西都会表现出性行为；而且这种像发情的狗一样的滥情行为，任何人知道后，无论如何都不会认为这是聪明或可爱的表现（Lilly，1978）。

互动的、积极强化的训练是熟悉陌生物种社会性语言含义的绝佳方式。你不需要数月或数年的观察，只需要采用上述方法就能发现受训动物哪些是攻击姿态，哪些是臣服行为等。例如，对飞旋海豚来说，极其响亮的回声定位信号是一种威胁。这在你第一次与飞旋海豚一起游泳时可能并不会在意，但如果紧接着它用背鳍猛击你的上臂，你在第二次听到时就会明白，并应该准备好相应的回避措施。

在操作性环境的训练中，大多数大型哺乳动物会迅速将它们种群内的社会信号表达给训练员。它们不是在乞讨，因为乞讨不起作用，而是在表达可能的挫折感，或做出顺从或攻击的样子等，这个过程既给予信息又获得信息。最常见的指向训练员的动物语言之一是突然的眼神接触，这好像动物在问“我做的对不对啊？”。在确认训练员正在看之后，动物会更加努力地做出强度更高或持续时间更长的行为，该行为从此得到强化并非常稳定。这种突然的眼神接触并不只在海豚身上出现，尽管海豚比其他动物更需要眼神接触，也更频繁地尝试进行这种沟通，但很多其他动物如大象、狼、鬣狗、北极熊和灵长类动物都有这种特殊的动物语言交流方式。

明智的训练员会善于利用他认为可以准确解读的动物语言，动物也同时会利用这种交流进行联系。例如，海豚可能并不关心我们对它们的看法，而且根据吉须（Gish）的说法，在它们自己内部的声学语言中，提高音量不一定是用来表示强调的意思。然而，海豚可以理解人类提高音量的含义：大叫是意味着“我是认真的！”。因此人类大吼之后，海豚能从之前的训练互动中收集到适当的信息并做出适当的反应，而不是像狗一样，要么惊恐要么渴望取悦（Gish，1979）。

在操作场景中可获得更加丰富且详细的信息，这会使人与动物之间的交流远远超过通常互动的水平。例如，海豚训练员可以通过改变箱子的位置，表明他什么时候需要先前的条件反应（conditioned responses），以及动物何时可以通过新的反应获得强化。海豚可以通过一系列完全错误的反应来表明鱼的质量令它不满意。这种机制在研究用喂食机喂养的动物中很常见，因为投喂的食物有可能会变干或变质。海豚通过行动和眼神接触故意测试训练员的标准，例如凯伦所描写的一个案例（Pryor，1975）：

两头伪虎鲸（*Pseudorca crassidens*）曾被训练同时反方向跳过一个障碍。由于训练员的粗心大意，这种已经很稳定且公开表演多次的行为已经恶化变形了。其中一头鲸总是跳得太晚，破坏了半空中相互交错的舞台效果。为此我们进行了如下的纠正训练：

1. 训练员给出提示（水下的声音）。两头动物都接近障碍物。动物 A 从左边跳起，哨声响起，然后关闭提示，动物 B 从右边跳起。动物 A 得到一把鱼。动物 B 回到训练员身边，但没有鱼。
2. 训练员给出提示。两头动物都向跳台游去，同时向相反的方向跳，听到口哨声，提示关闭，两头动物都获得了 2 磅（1 磅 = 453.6 克）的鱼，2 磅的鱼（>10 条）被直接倒入动物的大嘴中。这是一次非常强的正强化。
3. 训练员给出提示（水下的声音），重复 1 中的动作，动物 B 跳得很晚，提示关闭后，没有得到口哨，也都没有鱼。
4. 训练员给出提示，动物 B 做了一件前所未有的事情，它换了个方向，与动物 A 从同一侧同步跳跃，听到了提示和口哨，但两头动物都没有得到鱼。
5. 训练员给出提示（水下的声音）。两头动物都跳了起来，而且是从相反的方向，动物 B 只是稍微晚了一点。动物 A 得到 2 磅鱼，而动物 B 只得到一条 2 盎司（1 盎司 = 28.3 克）的小鱼。动物 B 有点吃惊，并与训练员进行了眼神交流。
6. 训练员给出提示。动物 B 增加了游泳速度，并做出完美的跳跃，与动物 A 方向相反，并与之同步，两头动物都得到了 4 磅的奖励。此后，两头动物都能正确地做出反应，每天 8 次都准确无误。

这是否证明了这些大型鲸类的“智慧”？也许吧，但我们不会指望对飞旋海豚进行如此有条不紊的测试，因为飞旋海豚的行为方式一般比伪虎鲸的更为有限和僵化。然而，这则轶事可以证明这种成功的交流是通过纯粹的操作制约和灵活使用正强化实现的。在“规则”中没有任何内容表明，一半的强化应该传达这样的信息：“你说对了一半。”但是，不管这种信息含义是否与事实相符，在这个不常见的弱强化方式中的确存在着信息，而这一信息从实际应用层面上看，是会被动物认识到并注意到的。

葛雷格里·贝特森（Gregory Bateson）曾说，操作制约是一种与外来物种交流的方法［与贝特森（Bateson）私人通信］。另一些人认为，与猿进行的各种语言习得体验只不过是美化的操作制约。

猿所做的事情是否与语言有关，就像我们使用语言一样，对训练员来说是无关紧要的。像海豚一样，对猿的训练也是基于精心设计的操作制约，训练员会尽可能创造一个有利于双方信息交流的环境，环境标准虽然严格但会许可双方的自然属性。这样的训练环境在世界的其他地方是很少有的。黑猩猩有能力学习大量的信号和条件刺激，如果愿意的话，你甚至可以为这些信号附加一些含义。一只会说话的黑猩猩，甚至一只会一些手语的猿（比如在国家动物园的一些大猩猩），都有能力和人类训练员进行信息的交流。这种交流比人与宠物或其他笼养动物之间通常所传达的信息要微妙得多。因此一些沟通模式在这个过程中被开发出来：这些模式不属于语言类，而是一种高级的沟通模式。

有能力进行行为创新和交流沟通，可能并不意味着一个物种很聪明或接近人类的能力，有可能只是人为的操作制约技术进步（“美化的”，如果你喜欢）的效果。由此可以打开其他物种，也许是许多其他物种与人类之间沟通的途径，这种沟通包括双向沟通和没有经过预先策划的交流。

参考文献

1. Defran, R.H. and K. Pryor. 1980. The behavior and training of cetaceans in captivity. In Cetacean Behavior, L. Herman, Ed., Wiley-Interscience, New York, N.Y.
2. Gish, S.I., 1979. Quantitative Analysis of two-way Acoustic Communication between Captive Atlantic Bottlenosed Dolphins (Tursiops truncatus Montagu). Ph.D. dissertation. Univ. of California at Santa Cruz.
3. Lilly, J. 1961. Man and Dolphin. Doubleday and Co., New York, N.Y.
4. Lilly, J. 1978. Communication Between Man and Dolphin. Crown, New York, N.Y.
5. Pryor, K. 1975. Lads Before the Wind. Harper & Row, New York, N.Y. [Also 1987, Sunshine Books, North Bend WA]

玛丽安·布瑞兰·贝利（Marian Breland Bailey）和她已故的丈夫凯勒·布瑞兰（Keller Breland）于1946年在阿肯色州的温泉城（Hot Springs, Arkansas）共同组建了一家名为“动物行为研究中心（Animal Behavior Enterprise, ABE）”的特色公司。凯勒去世后，玛丽安与鲍勃·贝利（他们是整个行业最具创新性的动物训练员之一）继续从事她的创造性动物训练。几十年来，他们最引人注目的成就不断在州博览会上展现，比如“玩井字游戏的鸡”“打篮球的浣熊”或“弹钢琴的兔子”。然而，在训练界，他们更出名的是其具有创新性的、出色的训练技能。因此他们经常被聘为顾问去协助训练动物完成一些非常困难的任务。他们接触了许多不同类型的动物，各种各样的训练项目，再加上他们对动物行为的研究，使得他们特别有资格讨论动物智力问题。下面这篇文章来自《动物的智力：对动物心灵的见解》（*Animal Intelligence*: *Insights into the Animal Mind*）一书。这篇文章通俗易懂，没有太多晦涩的科学术语，使其成为这类主题描述最清晰的文章之一。

每头动物都是最聪明的：智力与生态位

玛丽安·布瑞兰·贝利，罗伯特·贝利[1] 动物行为研究中心

（Marian Breland Bailey, Robert E. Bailey）

首先容我提出一个问题：鸟的筑巢、狗的摇尾、人类的工具使用和蜜蜂的舞蹈之间有什么共同之处？以上每一个都是动物为了更好地生存对于环境特别的适应性行为。当然，适应性行为有很多种类。正如古尔德（Gould）、贝克（Beck）和本书中其他人所多次阐述过的：许多高度适应性的行为是由基因决定的，不能被视为"智力因素"。尽管智力行为很难定义，但其总是会体现在动物对自然生存环境的适应性行为中。

这些行为包括分辨能力：能将一个物体和另一个物体区分开来，或者在某种情况下做出正确的反应，这就是我们所说的判断力。另外还有记忆能力和使用符号的能力，这些都被认为是智力的一部分，而且都是对不同环境的适应性行为。除此之外，另一个能使动物在竞争中占据生态位优势的因素是灵活性。灵活性是字典中对智力的定义之一。它基本上就是心理学家所说的概括能力，也就是面对不断变化且影响环境的因素而相应地改变行为，并将在其他情况下学到的有用的知识应用到新的条件下，或者理解一组刺激和另一组刺激之间的相似性的能力。例如，一头海豚经过训练从水底捞起一枚戒指后，就会很容易训练它捞起一顶帽子、一个娃娃玩具或水下的任何类似物体。如果训练海豚用喙投掷篮球，它很快也会使用胸鳍或尾鳍来投篮。从长远来看，当需要进行行为上的快速变化以适应环境的变化时，具有灵活性的动物则有很大的优势能在新的环境中生存下来。

自 1947 年以来，我们公司（动物行为研究中心）一直在调控（或"训练"，正如大多数人所说的）动物对不同种类的刺激做出反应。这种训练往往是"依照指令"进行的。客户可能会问："你能训练一只猫打开电视机或弹钢琴吗？"或"你能训练一头海豚在开放的海洋中运送包裹吗？"

我们在过去的 36 年里碰到了许许多多类似的问题。其中最常见的两个问题是："你认为哪头动物是最聪明的？"和"什么种类的动物最容易训练？"当然，这两个问题几乎是同一个问题的不同形式，而且这两个问题几乎都没有统一的标准答案，如前所述。对于第二个问题，我们总是会反问道："训练做什么？"而对于第一个问题，我们的首选答案总是："每一种动物在它所生活的生态位里面都是最聪明的，如果它不是，它就无法在那里生存下去。"我承认这是个过度简化的说法，但请容我们在接下来的内容里详细解释一下。

在人类最开始思考动物有没有智力的时候，动物的智力就是被设定在人类自身行为的大背景下考虑的——这当然是一种相当拟人化的思维方式。如果动物能够学习人类为它设定的任务，并解决人类的问题，它就被认为是聪明的；如果它不能，我们就认为它是愚蠢的。但众所周知，动物在许多方面的能力都优于人类。仅举几

[1] 全名为Robert E. Bailey，人称Bob，也写作Robert (Bob) Bailey或Bob Bailey，与前文鲍勃·贝利为同一人。为玛丽安的第二任丈夫。——译者注

例，狗、猫、老鼠、蝙蝠和海豚，它们能听到比我们高得多的音调；蝙蝠能发出非常高音调的声音并能分析其回声，通过这样精准的超声定位，蝙蝠能在漆黑的环境里捕捉飞虫并在飞行中完美地避开障碍物；狗能嗅出在我们视线和听觉之外的猎物的踪迹。所有这些特征都影响着人们对动物智力的看法。

在将刺激与反应联系起来的能力（可连接性）方面，个体和该个体所属物种之间也有差异。对于普通的观察者来说，这些差异并不像我刚才提到的动物感觉器官和运动能力的差异那样明显。然而，如果一只狗能学会在听到某种口哨时来到主人身边，而且几乎总是这样做，那么这只狗就被认为是“聪明的”；如果它不能，它就被认为是“愚蠢的”。猪有时被认为是“愚蠢的”，因为它们很“顽固”，也就是说，它们并不总是朝着农场主希望的方向努力。因此，可连接性似乎是“智力”和适应性的一个重要部分。

许多行为心理学家曾经认为，只要使用正确的方法，任何动物都可以学习任何东西，而且物种之间的差异是微不足道的。斯金纳博士（B. F. Skinner）指出，在某些实验室条件下，所有动物都会产生非常相似的模式或反应。他写道：

鸽子、老鼠、猴子，哪个是哪个？这并不重要。一旦你考虑到它们与环境的接触方式（让它们做出反应的刺激）以及它们对环境的行为方式（做出的反应）的差异后，你就会发现它们的行为具有惊人的相似性（Skinner，1959）。

另一位行为科学家写道：

我们任意地从动物的行为谱中选择几种行为，并以食物、水或该动物特别想要的奖励来作为强化物……同样的行为可以用于任何强化……在任何操作性情境中，刺激、反应和强化物都是完全任意的和可互换的。这些因素之间都不存在生物学上的固定联系（Teitelbaum，1966）。

像这样的论调在20世纪50年代和60年代初很常见，这是因为他们的研究主要集中在少数的几个物种上，特别是白鼠和鸽子。许多早期行为学家甚至热切地相信所有动物和人类的行为都可以用几个基本原则来总结和解释。

在20世纪40年代末和50年代初，尽管凯勒·布瑞兰和我在我们的第一个提案中聪明地插入了“在动物的身体和精神极限内”的短语，我们仍像其他许多心理学家一样，自信地认为我们可以训练任何动物做任何事情。在提案中给自己留后路的做法后来被证明是正确的，因为在短短的几个月里我们就清楚地看到，并不是所有的动物都能以同样轻松的方式对某些刺激做出正确反应。各种训练书籍和笔记上记载了数不清的案例：猪会很容易地捡起东西，但不情愿把它们放下；牛不会急着去找食物，不管它们有多饿；很难要求鸡站立不动，因为它们就是靠不停地走来走去获得食物（为此我们用兔子代替鸡，兔子可以坐着不动）；浣熊总是会“洗”它们爪子上的每样东西，因此导致强化延迟；鸡老是去啄包裹食物的塑料胶囊而造成同样的强化延迟。我们在《美国心理学家》（*American Psychologist*）（Breland & Breland，1961）上发表的一篇论文中总结了这些“不良行为”。

当一切都在顺利进展时，大洋彼岸研究动物行为的动物学家和伦理学家们带来了一股“新鲜空气”。欧洲心理学家维尔普朗克（Verplanck）发表了一篇文章，介绍了伦理学家对动物本能行为模式的一些早期研究工作（Verplanck，1955）。在这里，我们的一些困惑终于有了一些科学的答案，而伦理学也从根本上改变了许多心理学家的观点。在过去的 20 多年里，人们普遍接受了这样一个概念：物种差异在行为上是有意义的。动物对某些刺激的反应能力不同，而且并非所有的动物都能有同样的反应。但最重要的是，人们已经认识到，把人类定义的“学习能力”用在动物身上的想法是不恰当的。已经很清楚的是，不同物种能形成的关联有着本质上的差异。有的动物可以很容易建立一些关联，而有些动物建立同样的关联则非常困难，甚至有些动物则根本没有这个能力。现代心理学主导下的实验案例和成果一直在稳步增加。加西亚（Garcia）和他的同事发现，老鼠可以很灵敏地使用味觉来区别食物，而且这个学习过程非常快。但如果教它们通过视觉或听觉刺激来区别特定食物，这一过程则非常慢（Garcia & Koelhing, 1966; Garcia et al, 1972）。鸟类研究人员发现了类似的结果，以视觉为导向的鸟类利用视觉信号能很快学会区别特定食物，但利用听觉信号则不然（Shettleworth, 1972）。

所有这些多方面来源的研究结果都对我们判断动物的智力都多少具有一定的影响。要成为“聪明”的动物，至少必须有能力进行关联，这关乎它能否在其生态位里成功地生存。如果一种动物不能轻松地建立某种关联，并不一定意味着这种动物是愚蠢的，也许在这种动物的生存环境中根本不需要这种关联。

自 20 世纪 60 年代以来，我们的动物行为研究中心每次在开始一项训练计划之前，都会定期对动物进行伦理学研究。我们会找出动物在其生存环境中常有的行为，并判断哪些行为是容易训练的，哪些是困难的。因此，我们利用有蹄类动物吃草的行为模式，来训练其吹口琴；训练猪通过在琴键上移动脚来“弹钢琴”（图 1）；训练鸭子划船；训练山羊“用头”摇铃。在蒙特利尔世界博览会上，加拿大政府要求我们向公众展示各种家畜是如何在一个共同的生态位（如畜牧场）中生活的。这些特殊的行为涉及训练各种动物跨越一条小河来获取食物，然后回家；一只鸽子飞过该小河，让一座小楼亮起灯（在那里摇铃），然后飞回来；一只鸡走过一根木头，追逐树上的一只蝴蝶，然后回到它的鸡舍；一只兔子通过圆木穿过小河，在花园里抓挠玩耍，然后回到它的洞穴里；一只鸭子从瀑布中滑下，在水池中捉着鱼，然后回到它的巢穴。所有这些都是完全“自动化的”——完全由定时器控制动物行为发生的顺序。

图 1　弹钢琴的猪

小猪用脚弹钢琴，然而在给予食物奖励时，它常常会有拱鼻和咬人的行为，并干扰脚的弹琴动作。
［插图：理查德 · 斯沃茨（Richard Swartz.）］

在此我们需要听取一些警告：在这样的情况下动物的自然行为并不一定表明动物有高度的智力，尽管人们通常倾向于这么认为。因为，动物聪明与否常常是由人的眼光来判断的。动物展出期间，我们常常听到这样的惊叹，“看那只聪明的猪在弹钢琴！”“我从来不知道鸡会聪明到使用电脑”等。

我们还可以利用某些动物更容易建立关联的特点，开展一些其他的训练项目。例如，美国陆军的一个项目涉及训练鸟类在车队前方的道路上飞行，用于探测埋伏在路边且伪装起来的部队。这里选择的鸟是归巢鸽，因为它有很强的飞行能力和天生具有返巢的倾向（移动鸽巢安装在车队的一辆卡车上）。在另一个陆军项目中，一只狗被训练来探测埋在地下的杀伤性地雷。有敏锐嗅觉的猎狗显然是最佳选择，这条狗被训练坐在它嗅出的地雷附近的位置。

几千年来，海鸟一直具有从空中搜索并寻找海洋表面的鱼类的自然行为。它们是否也可以被训练来搜索并寻找其他物体？例如，能否训练鲱鱼鸥（Herring gull）来寻找穿着救生衣的落水者？我们决定要找出答案。我们从刚孵化的雏鸟开始饲养和训练它们。寻找训练从飞行围栏里面开始，然后到小的海湾，最后到开放的海洋。我们的预感是正确的：由于鸟类具有强烈的自然狩猎行为，它们很容易被训练去寻找救生衣，通过我们的训练，它们将救生衣与食物联系了起来。

动物行为研究中心在行为训练方面的另一个优势体现在动物连接性与灵活性之间的关联，或者说概括能力上，这些我在前面已经提到过。动物生存的生态位越是多变，它们为了生存就需要建立更多类型的联系。我们都熟悉无数关于“聪明”的狗找到迷路的主人或其丢失的物品的故事。我们曾经训练一只乌鸦取回一个小东西，有一次，当它找不到那件物品时（那件物品不在那里），它多花了几分钟时间去寻找，最后带着另一件大小和形状相似的物品回来了。

多年来，我们研究和训练了许多动物，有些动物很灵活，有些动物很呆板。还有一些不呆板但也不太不灵活的鸟类，如雀鸟、天鹅和鲣鸟。鲣鸟的训练中充满了有趣的事情，因为尽管对于学习新的行为而言，这鸟显得比较迟钝，但它的飞行能力非常棒。一些最灵活的鸟类（人们很想说“最聪明的”）是乌鸦和它们的衍生种，以及鹦鹉类。在一项关于远距离图案视觉的比较研究中，乌鸦被证明能够很容易地掌握这个技巧，而海鸥也许有着非常相似的视觉能力，却完全是个“傻瓜”。

对两个不同的物种进行相同类型的反应训练，是一个有趣的对比。例如，一只鸡在面对五张牌时能做出精细的视觉辨别并挑选正确的那一张。然而，对金刚鹦鹉进行同样类型的辨别训练要困难得多，但金刚鹦鹉可以学会基本相同的触觉辨别行为（图 2）。鸡是通过识别卡片上不同的小黑点来识别不同的牌的，而金刚鹦鹉则是通过用舌头识别卡片上的小压痕来区别不同的牌。鸭子也可以学习精细的视觉辨别，不过在许多方面与鸡有很大的不同。例如，可以训练鸭子选择另一只同类鸭子的图片。这并不意味着鸭子真的把这幅二维图画看作一只真正的鸭子，它只是由于训练而对某种视觉模式做出了某种类型的综合反应。

事实上，辨别的能力似乎并不是智力的主要组成之一。许多人认为，鸡一定是

图 2　会打牌的鹦鹉

鹦鹉通过牌背后不同的凸起来识别对应的牌。这种识别是通过舌头触摸凸起实现的。

［插图：理查德 · 斯沃茨（Richard Swartz.）］

非常聪明的，因为它们可以被训练出出色的视觉辨别能力。我们觉得有归纳能力、灵活性和关联能力的动物应该比只会辨别的动物更“聪明”。在哺乳动物中，浣熊显示了这种行为的灵活性（图 3）。浣熊像猴类和猿类一样有一双非常灵巧的手，因此可以做许多技巧动作。但这种灵巧并不是灵活、“智力”行为的先决条件。对我们和公众来说，所有动物中最有趣的应该是鲸豚类：它们是上述优点的杰出综合体。它们的行为非常灵活，而且已经极其适应它们的水生环境。

图 3　打篮球的浣熊

浣熊是哺乳动物中比较好的代表。它们能被训练出大量的、多样且灵活的行为，并且可以像灵长类动物那样使用它们的手（或前爪）。

［插图：维查 · 马利库尔（Vichai Malikul）］

我不敢声称已经完成了所有关于动物智力的总结工作，但至少我已经成功地给大众传达了这个问题的复杂性。而且这里描述的动物本身已经告诉了我们它们有多“聪明”。当然，从长远来看，动物教给我们的比我们教给它们的更多。

参考文献

1. Alcock John. 1979. Animal behavior: An evolutionary approach. Sunderland, Mass.: Sinauer.

2. Breland K, and M Breland. 1961. The misbehavior of organisms. American Psychologist 16: 681-684.

3. Breland K, and M Breland. 1966. Animal behavior. New York and London: Macmillan.
4. Garcia J, and R A Koelling. 1966. Relation of cue to consequence to avoidance learning. Psychonomic Science 4:123-124.
5. Garcia J, B K McGowan, and K M Green. 1972. Biological constraints on conditioning. In Biological boundaries of learning, ed. M E P Seligman and L L Hager. New York: Appleton-Century-Crofts.
6. Lorenz K. 1952. King Solomon's ring. New York: Crowell.
7. Seligman M E P, and J L Hager, eds. Biological boundaries of learning. New York: Appleton- Century-Crofts.
8. Shettleworth S J. 1972. Conditioning of domestic chickens to visual and auditory stimuli: Control of drinking by visual stimuli and control of conditioned fear by sound. In Biological boundaries of learning, ed. M E P Seligman and J L Hager. New York: Appleton-Century- Crofts.
9. Skinner B F. 1959. A case history in scientific method. In Psychology - A study of a science, ed. S Koch. Vol. 2. New York: McGraw-Hill.
10. Teitelbaum P. 1966. The use of operant methods in the assessment and control of motivational states. In Operant behavior; Areas of research and application, ed. W K Honig. New York: Appleton-Century-Crofts.
11. Verplanck W. 1955. Since learned behavior is innate and vice versa, what now? Psychological Review 62:139-144.

SOUNDINGS

《探索》杂志1994年第19卷第4期。“把动物拟人化有什么大不了的？我们是否把这个问题看得太重了？”佛州[1]海洋世界（Sea World of Florida）的奥托·法德（Otto Fad）在这篇文章中详细探讨了这个话题的相关想法和争议。虽然不是所有的训练员都会同意这篇文章中讨论的观点，但你不得不承认文章中的一些有趣的思考。我认为这篇文章应该作为所有训练员的必读文章之一。

拟人主义，内心的天敌?

奥托·法德
佛州海洋世界

拟人化是指将人类的品质赋予动物或物体。既然“海豚主义”已经成为我们这个时代的图腾主义之一，我觉得有必要对此进行一些讨论。

我们作为人无法逃避人类意识形态的影响，这是我们从小就被灌输的。既然已经把它当作生活中的一部分加以接受了，想一下这个问题无伤大雅，反省一下我们在人类意识形态传播过程中的作用。

作为训练员，我们的生计建立在人类对其他物种的同情上，而且我们凭良心和专业为动物们提供尽可能好的照顾。但不得不说的是，我们也会不假思索地对动物进行拟人化。频繁的拟人化会损害我们的专业性，并让其他人质疑动物伦理学作为一门合法科学的可信度。

拟人化是一种公认的文化现象，作为个体，这样的思想灌输可以追溯到我们出生后的最初几个小时。在我们还没见过几头动物的时候，可爱的、大眼睛的毛绒玩具（通常是熊科动物）就被推到我们面前。当我们开始看动画片时，其中的主角往

[1] 佛罗里达州，简称佛州。

往是一只俏皮的像人一样的兔子或一只特别拉风并拿着枪的乌龟。当我们识字后，小人书中有猫头鹰博士和大灰狼先生，电影里的狮子被塑造成像人类的超级英雄（这种改编的好处值得怀疑）。当你被灌输的都是以上这些认知时，那认为牛会去学校上课、海豚特别聪明也就无伤大雅了。

对动物使用拟人化的语言是一把双刃剑。一方面，拟人化是丰富多彩的，容易被我们人类理解和接受。另一方面，拟人化凭空推断了动物的目的和意图，其实有些并不是动物真正的目的和意图。我们刚才用剑打了个比喻，人们常说“舞弄刀剑之人，必死于刀剑之下”（即“淹死的常常是会游泳的”）。对于训练员来说，用人类的语言跟不懂人话的动物交流，就是在舞弄这把“剑”。我说的就是那些喜欢使用可爱的、萌萌的等词语来形容动物的人。

用拟人化的语言来描绘我们的动物，也为动物维权的极端分子提供了极好的借口。海豚在我们的社会中是个明星般的存在，我们对海豚的热爱在有些人那里不幸被蒙上了宗教色彩。20 世纪 90 年代的保护信条开始了海豚的造神运动。正如一位作家（Vicchio，1986）所指出的那样：神化他人也就是妖魔化他人。海豚的神化与我们对老虎和鲨鱼等动物的妖魔化形成了鲜明对比。一些对老虎和鲨鱼等物种的娱乐性杀戮（无论是为了猎取战利品，消灭捕食者，还是其他一些婉转的说法），都因为人类认定这些动物是邪恶的化身而变得出奇的合理。即使是可爱的虎鲸（*Orcinus orca*），本质上只是大一点的海豚，也经常被人们射杀（这在世界某些地区正在发生），这些人给虎鲸起了一个明显带有人类厌恶情感的绰号“杀人鲸”。

尽管我们的讨论由于限于篇幅到此为止，但我们需要指出的是：拟人化并不是一个贬义词。当我们的祖先使用它时，它有助于回答关于世界和我们在其中的位置的问题；伟大的作家用它来描绘生动的画面。当用于天气或计算机时，拟人化可以帮助我们理解一些体系的工作原理。卡尔·萨根（Carl Sagan）和安·德鲁扬（Ann Druyan）曾在 1992 年用计算机模型和自由市场经济体系来解释人类意识的进化。奇怪的是，作家们会用 20 世纪的科技来与我们自己建立关联，这是因为拟人手法是向新手解释这些科技原理的最好方法。这也是所有拟人思想的出发点。

即使在海洋馆的训练员之间，拟人主义也不是洪水猛兽。例如，在海洋哺乳动物教学中学生的性格发展具有一席之地。毕竟如果你想教育人们，你必须吸引他们的注意力，而娱乐是抓住人们耳朵的一种好方式。类似于节目中对角色的拟人化刻画，这与我们大人展现给孩子的其他情况是一样的，完全没有必要担心。与其和我们的文化结构中无处不在的拟人化作斗争，不如“顺其自然”，毕竟即使是粗略的保护教育或对海洋生物的简要介绍也比什么都没有好。如果有些游客想要更深入地讨论海洋哺乳动物话题，我希望给他们提供足够的机会，以满足他们的好奇心。当然，这扇门也不应该拒绝只想简单接触和了解海洋哺乳动物的普通大众。实现这一目标的最佳时机之一是在演出结束后，训练员可以与游客见面并非正式地回答问题。在这个关键的时刻要避免过度的拟人。有些提问的游客可能充满好奇心，有些甚至可能是批判性的思考者，不相信他们在电视上看到的一切。

一些科学家也会在不知不觉中使用拟人化的语言，其中一些人是无意的，而另一些则是故意采取所谓的“模拟拟人”的策略，作家有时候也会明知故犯地进行拟人化（有时会有免责声明，有时没有免责声明），以试图简化解释。这凸显了其他“科学术语”的尴尬，行为学的术语就是一个很好的例子。我们中的许多人可能使用“拟人学”来走语言的捷径。为了不使我们人类的语言影响我们的思考，我们必须意识到这确实是我们每天都在做的事情。比如，当与其他不熟悉我们日常训练员术语的“门外汉”交谈时，我们应该发表声明表明这一点。然而，在专业的讨论中，应尽可能避免使用拟人化的术语。

在大多数情况下，拟人化是不科学的。我们容易为一个反应或一组反应赋予复杂的解释，而不是更简单的解释（如谈论“动机”而不是强化历史、强化的平衡、刺激的泛化等），我们不免会拟人化。不幸的是，完全使用学术术语可能会吓坏台下的观众。肯尼迪（J. S. Kennedy）已经将“新拟人主义”归因于对激进行为理论的强烈反对。

对我们来说，消除所有的拟人化术语可能不仅是一个不切实际的目标，也是一个不可取的目标。我们训练员中从事纯科学工作的很少。我们的职能非常具体：在科学和普通人之间架起桥梁。我们显然有必要同时熟悉伦理学家和动物园训练员的语言。福瑞斯特·伍德（Forrest G. Wood）作为资深媒体人，在《海洋哺乳动物与人》（*Marine Mammals and Man*）中讨论了大众媒体对约翰·利利（John Lilly）的工作进行的郑重报道，阐明了跨越“拟人化”的一些障碍。

当面对来游园的数百万观众时，我们是将信息从发送者（科学家）传递给接收者（公众）的媒介。对于我们这些从事海洋哺乳动物训练的人来说，这是美国《海洋哺乳动物保护法》（Marine Mammal Protection Act，MMPA）所规定的责任。但是，正如许多善意的政治家表明的那样，将一种语言翻译成另一种语言确实是危险的。

想想看，海豚“喜欢”某种特定的鱼与海豚对那种鱼“反应良好”之间的区别。二者想要传达的信息可能是相同的，但信息的解释却完全不同。前者将强化物（刺激物）的效力描述为有意识思维的产物，而后者则接受对相同或类似刺激物有既定强化经历这样的解释。

拟人化的一个必然结果是产生“训练是一门艺术，而不是一门科学”的心态。我们有令人羡慕的职业，但当我们把我们的工作神秘化时，这份高尚的工作就被玷污了。与任何工作一样，优秀的训练员都应具备一些专业的技能，包括敏锐的观察能力，对海洋哺乳动物自然历史的全面了解，对正强化理论的虔诚执行，以及批判和思考的头脑。当然，还包括个人发展的才能和特质，相信奉献和努力工作在长期内是有回报的。优秀的训练员需要掌握其他人不具有的跟动物沟通的能力。只有那些不思考的人才会觉得这是神奇的，才会把我们的工作神秘化。这不仅对我们自己没有好处，而且还给大众增加了“海豚是神秘的”这种错觉。

如果熟悉我们动物的自然历史，我们就能够从适应性的角度解释它们的行为。但是，以“如果我是一头海豚……”的思维方式做出的决定本身就是错误的。不科学的思维很快就把因果关系归结到不相关的或只存在时间关系的事件上。

当然，我们不能指望把拟人化“打入冷宫”，放弃我们熟悉的日常用语，并采用合理科学但是拗口的术语。其实，只要对拟人化术语的使用加以注意，产生误解和助长极端动物保护主义的风险就会减少。

以下是两位杰出的思考者对拟人化问题的看法：斯蒂芬·维基奥（Stephen J. Vicchio）（1986），“我想，对许多动物的拟人化缘于对它们缺乏了解……需要谨慎地避免动物训练项目中这些刻板印象和拟人化的情感”。肯尼迪（J.S. Kennedy）（1992）补充说，尽管拟人化“可能是通过遗传和文化传播的方式融入我们日常生活中的，但这并不意味着这种‘疾病’是不可治愈的”。

参考文献

1. Griffin, D.R., (1986). The Question of Animal Awareness. New York: Rockefeller University Press.
2. Kennedy, J.S., (1992). The New Anthropomorphism. Cambridge: Cambridge University Press.
3. Sagan, C. and A. Druyan，(1992). Shadows of Forgotten Ancestors. New York: Random House.
4. Vicchio, S.J., (1986). From Aristotle to Descartes: making animals anthropomorphic, in R.J. Hoage and L. Goldman (Eds.) Animal Intelligence (pp. 187-207). Washington, D.C.: Smithsonian.
5. Wood, F. G., (1973). Marine Mammals and Man. New York: Robert B. Luce.

A Behavior Sampler by Gary Wilkes

《行为样本》，盖瑞·威尔克斯（Gary Wilkes）经常使用拟人化的表达方式来向读者传达他的观点。他为狗或猫“着想”，通常很幽默地说明为什么某些训练技巧可行或不可行。然而，他在这里阐明了将拟人化做得太过火会产生的一种风险。使用拟人化的术语来描述或谈论动物行为，与使用这些相同的想法来做出重要的训练或饲养决定是完全不同的。

拟人主义：错误的身份认定

盖瑞·威尔克斯（Gary Wilkes）

几天前，一位男士跟我说他的公狗老喜欢在屋里抬腿撒尿。我问他是否考虑给狗做绝育手术并将此作为解决这个问题的第一步。他似乎对这个想法很反感，并告诉我：“我的任何动物都不会失去它的男子气概。”他的反应就像我建议他本人绝育，而不是给狗绝育一样。他显然不明白，狗本身就没有“男子气概”。

人类对待动物跟对待一个毛茸茸的小人是没有什么差别的。这种做法被称为“拟人”。通常情况下，拟人是无害的，就像你和你的宠物说话一样，例如，我们相信菲菲“完全知道我们在说什么”，因为它在听我们说话的时候会摇头。因为狗的头部姿势看起来完全像人类紧张倾听和集中注意力的姿势，所以我们认为它也一定明白自己听到的内容。当你开始把动物真的当作人类时，麻烦就开始了。

猫是拟人化最常见的受害者。因为人类认为猫是冷漠的、不可控制的，所以经常允许它们自由地游荡和繁殖。一只母猫可能完全是野生的、饥饿的、寄生虫横行的，但仍然被称赞为“好母亲”。因为它对小猫的行为似乎是在模仿人类的养育方式，它会得到很多人类观察者的同情。相反，如果这只动物抛弃了它的小猫，它就是一个“坏母亲”，哪怕这些小猫在遗传上有缺陷。

狗妈妈也不能幸免于人类的“我觉得”。为表示对母性的尊重，许多狗被迫生下一窝小狗。虽然人们普遍认为一窝小狗会让狗安静下来，但实际上绝育手术更有效。狗的母性实际上会唤醒不良行为，如为了保护幼崽而咬人。

狗的性生活也经常被视为与人类的欲望和天性完全相同。为了更好地理解为什么这是不恰当的，我们必须看一下驯养的过程。首先，狗不是自然生物。几千年来，它们通过选择性的繁殖被系统地塑造出来。它们在性行为上不仅不像人类，也不再像它们的祖先——狼。

当人们第一次开始饲养家犬时，他们遇到了一个大问题。大多数狼通常是终身一夫一妻制的。早期狗的育种师不能简单地将公狼们和母狼们混在一起。他们需要玩一种“爱情联结”式的游戏，以匹配两只合适的狗。因此，由选择性动物繁殖引起的第一个变化是使狗尽可能地滥交。如果一只狗愿意与任何其他狗交配，它就是一只主要的种狗。一万年后，这种行为被保留在雄狗的无休止的滥交性行为中。

所以，狗的性欲并不是它祖先的天性。这个必要的特征在现代社会反而成为累赘。当数以千计的狗挤在相对较小的区域内时，它们往往会因为这种性行为而做出疯狂的举动。公狗会跳过栅栏或在栅栏下挖掘，以寻找发情的母狗。性冲动的盲目，使狗更容易被车撞死，或是得病或被其他动物攻击。狗的主人也因此会失去心爱的宠物。

拟人化是所有人类要求中最危险的做法。用与人类相同的标准来要求动物，会使动物永远达不到要求。与其试图将宠物强行纳入人类的模式，不如欣赏它们的本来面目，赞美它们的不同之处。

第四章

操作制约的基本训练

本章将介绍基本训练所需的操作制约技术。这项技术是所有训练的基础。在谢德水族馆，我们的理念是在你已有的知识积累基础上循序渐进地传授给你这些概念和技巧。本书中的技术都是以这种模式展开的。如前所述，凯伦·布莱尔（Karen Pryor）已经针对这个概念写了很多精彩的文章。因此，建议你在继续阅读本章之前先阅读她的《别毙了那只狗》（*Don't Shoot the Dog*，《训犬书》）的前三章。下面是关于如何将这些信息应用于海洋哺乳动物训练的具体内容，并指出我们的理念可能存在的差异。

熟悉行话

技术和技巧

训练是一种技术也是一门科学。它有着科学上证伪的原则，也是一种改变动物行为的技术。如果应用得当，可以有效地改变动物的行为。通常，训练被认为是一门艺术或创造性的努力，因此行为背后的科学原理有时会被忽视。虽然一名优秀的训练员在训练方法上确实具有创造性和艺术性，但操作制约之所以有效，是基于科学原理。如果我们把这些原理看成一门科学，把其应用看成一项技术，那我们可能就不太可能忘记训练为什么会效果明显。然而，由于训练被用于许多不同的应用中，也就形成了许多不同的训练方式。并非所有的训练员都会从技术或科学的角度来思考训练，但这并不意味着他们没有东西可以教给我们。因此，人们必须精通这个领域的独特术语。

明确受众

讨论训练使用的术语往往因受众不同而不同。了解不同受众之间的差异，不仅有助于你识别各种术语的含义，也有助于你识别各种术语的意图。一般来说，训练术语可分为几类，了解所有这些术语是非常有益的。

技术性术语——这些是在教科书和科学杂志上定义的术语。它们来源于心理学实验室和操作性学习与行为分析的研究。不幸的是，心理学家对其中的许多术语仍有分歧，但这些分歧大多不在本书讨论范围之内。

专业性术语——在不同的动物训练领域都有专门与该领域有关的术语。为了精确起见，海洋哺乳动物训练领域正在努力协同越来越多的术语。然而，每个领域总是有其特定术语。驯马师会有他们工作中特有的术语，驯犬师、海洋哺乳动物训练员和许多其他专家也是如此。

通俗语言——大众所使用的话语是最广泛和通俗易懂的。凯伦·布莱尔在她的《别毙了那只狗》一书中既使用了专业术语，也使用了通俗语言。因为我们中的许多人都与公众打交道，所以我们也必须能够用通俗语言描述我们的工作。

俚语——俚语在不知不觉中进入了每个人的词汇表。它们是我们在本书中唯一要避免的词语。然而要认识到，几乎每个学科都会经常使用俚语，通常是作为较长单词或复杂短语的简写。

掌握基本术语

由于没有一套公认的术语，因此本书将我们认可的术语定义放在本章以及第十四章“专业词汇及术语”中。基本术语的介绍可以参考 1996 年的《训练员论坛》（*Trainer's Forum*）中的文章《海洋哺乳动物训练基本术语》（*Basic Marine Mammal Training Terminology*，参见 68、69 页）。你越熟悉各种术语，你就越容易与其他学科和机构的训练员沟通。

我记得有一位训练员在一个会议上说：“当我们的 KW 训练出现问题时，我们放弃了使用‘Rears’而改用‘CR’。”我会意地点点头，拼命地想处理我刚刚听到的内容，最后我说：“啊？”我发现，这位训练员将一个缩写的俚语与另一个缩写（一个不正确的缩写）结合起来，然后又用了另一个缩写：他成功地让我晕头转向了。“Rears”是“RIR”的俚语，即“随机和中断强化（random and interrupted reinforcement）”的缩写。“CR”应该是“CRF”，即常见的“连续强化（continuous reinforcement）”的缩写，但“KW”这个词真的把我难住了。结果是“杀人鲸”的缩写[1]。还好这个俚语还没有远远超出训练员的工作范围。幸运的是，大多数训练员不会使用那么多的俚语，至少不会在同一句话中使用。不过知道越多总是越好的。

操作制约与经典条件反射

这两种调节技术经常被公众混淆和误解。本书将要讨论的大多数训练都是以操作制约行为为基础的。

操作制约

这是一种学习机制。在这种学习中，行为会因随之而来的后果而改变。如果一只狗把鼻子伸进饮水机，被喷上冷水，并享受这种体验，它很可能会重复这种行为；如果喷出的冷水吓到或惹恼了狗，它就不太可能重复这种行为。这些反应就是操作制约的结果。斯金纳博士（B. F. Skinner）于 1938 年在他的《生物体的行为》（*The Behavior of Organisms*）一书中首次提出了这个术语。操作制约有时被称为斯金纳条件反射或工具性条件反射。被训练的动物或人是操作者，或操作性的。动物或人选择参与这项活动，因此称为“操作性的”。我们的大部分学习都是操作制约的结果；我们根据过去的经验对我们的行为做出选择。应用于动物训练的操作制约

[1] KW 是 Killer Whale 的缩写，虎鲸也称“杀人鲸”。——译者注

原则将是本书的重点。

经典条件反射

经典条件反射（classical or respondent conditioning）描述的是对刺激的非自愿反射或自动反射。这种类型的条件反射有时被称为反应性条件反射，或巴甫洛夫条件反射，这是巴甫洛夫用狗做的著名实验的结果。如果在铃声响起后立即给狗食物，狗就会开始期待食物的到来。在铃声响起时，狗可能开始流口水，尽管食物还没有被端上来。狗并没有主观选择流口水，因此，这是一种反射性反应，是经典的条件反射。这种类型的行为反应一直都在发生，但我们在本书中不会重点讨论它。我们的目标是教会动物对每一次我们与它们的互动做出有意识的反应。尽管如此，训练员了解经典反应以及它对动物行为的影响仍然是明智的。

正强化

正强化是所有条件反射的基础（《训犬书》，第 1 ～ 4 页），特别是对于海洋哺乳动物训练。对于许多训练员来说，最困难的事情是如何在无数的强化物中找到正确的、合适的那一个。

初级强化物

初级强化物是指动物认为有内在强化作用的东西。通常情况下，这是能满足基本生物需求的东西。因此，食物是我们最重要的初级强化物之一。

次级强化物

次级强化物是通过与初级强化物的联系而获得强化价值的东西。可以了解到，一旦野生动物将人的抚摸与对它们的喂养和照料联系起来，抚摸（和其他人类的互动）就变成了强化。了解次级强化物的概念和使用次级强化物是训练的一个重要部分，但这应该留给对操作制约技术有更全面理解的训练员。我们将在第九章“高阶技巧和概念”中更深入地探讨次级强化物的使用。

强化的时机

良好训练最重要的方面是精准的强化时机。为了使强化产生预期的效果，必须在动物出现预期行为的那一刻将其传递给动物。哪怕晚一秒钟或早一秒钟，你都有可能强化出一种不同的行为（《训犬书》，第 7 ～ 10 页）。

信号刺激

制约强化物

为了帮助把握强化的时机，应该教给动物一个制约强化物，即意思是“这很好”的信号。这样的信号向动物指出了它做出正确行为的准确时刻（《训犬书》，第 13 ～ 17 页）。在海洋哺乳动物领域，这种类型的制约强化物被称为信号刺激。信号刺激实际上是我们教给动物的第一个次级强化物。它是具有非常特殊含义的次级强化物，有些人称之为“事件标定器”，能够精确地指示（标记）正确的行为（事件）。

选择专属信号

口哨的声音可以很好地在水面上和水面下传播，因此经常被用在海洋哺乳动物的训练中。然而，信号刺激可以是听觉的、视觉的或触觉的。可以是任何动物容易分辨的且训练员可以及时提供的东西。在谢德水族馆，我们使用各种口哨作为信号刺激动物。无论选择什么样的信号，它都应该是独特的，并且在动物自然的环境中不存在，否则可能会使动物感到困惑。信号将动物的注意力从食物上引开，而集中在当前的工作上。使用信号刺激的另一个好处是让训练员之间的交接变得容易，不同的训练员可以无差别地告诉动物它做得很好。使用声音的信号，比如说“好”，也是很有效的，但是如果比原来的训练员说得更大声或有不同的口音，动物就不会马上认出这一信号。在选择信号时应考虑到所有这些因素。

明确信号意义

训练动物知道口哨的意思是“好”，是一个相对容易的过程，我们只需将口哨与初级强化物联结。随着时间的推移，动物会将口哨的声音与食物的传递联系起来。一旦产生了这种联想，这种信号就会成为一个非常有效的工具。从本质上讲，这就是为什么信号，即制约强化物，会成为次级强化物中最重要的一个。盖瑞·威尔克斯（Gary Wilkes）在他的文章《初级强化物和次级强化物：训练中的两大法宝》（*Primarily, Secondary Reinforcers End on a Good Note*，参见 73 页）中研究了对宠物使用信号刺激的好处。

信号的用途和内涵?

当你不能在你希望的准确时刻及时给出初级强化物（如食物）时，作为次级强化物（或条件强化物，conditioned reinforcer）的信号就显得特别重要，这是告诉动物行为完成得很好，可以提供初级强化。因为动物知道你吹口哨是表示好的意思，而且无论哪位训练员都会用口哨声作为信号，因此它也称为普遍强化物（generalized reinforcer）。在本书中我们称之为信号或口哨。强化的时机和信号的连贯使用是非常重要的，关于这两点有很多讨论可参考，详见《信号基础知识：如何维持连贯性》（*Bridging Basics: How to Maintain Consistency*，参见 74 页文章）的内容。关于更高阶的信号使用，特别是训练多种动物时的信号使用，请参考第七章“社群性动物”。

塑型训练

“塑型训练”指的是实际训练中的各种技巧（《训犬书》，第 35 ～ 67 页）。在阅读有关塑型训练的文章之前，应该先了解几个重要的术语。

连续渐进法

连续渐进法（successive approximation）指的是训练时一步一步朝着目标行为的方向发展的方法，其中的每一小步都是训练行为的渐近。如果你把训练想象成爬梯子，你应该一次爬一级，梯子的阶梯就是期望训练行为的连续渐进，最终到达顶端。盖瑞·威尔克斯在《大象训练：从胡萝卜加大棒到胡萝卜加响片》（*Elephants Go from Carrot and Stick to Carrot and Click*）一书中描述了大象训练过程中采用连续渐进法的例子。

选择性强化

选择性强化（selective reinforcement）是只强化那些朝着期望行为方向发展的过程或动作。在教动物爬梯子的时候你应该只强化向上爬梯子的动作，而忽略向下的动作。这就是选择性强化。

非黑即白（建立动作训练标准）

一种行为要么是对的要么是错的，即非黑即白，这在动物认知培养中很重要。虽然黑白之间有很多灰色地带，但我建议让资深训练员去判断那些介于黑白两者之间的灰色区域。详见第九章“高阶技巧和概念”。新入行的训练员应该明白，如果想让动物学好一个动作，你应该清楚地传达你的期望并且标准不能模糊不清。一个不断改变标准的训练员，会导致动物的动作学习失败。动物如果清楚地了解了你的期望和动作标准，它就会学得更快，更少受挫。

训练员人数要保证

本书中讨论的许多概念都是基于这样的大背景：一个大型动物园或海洋馆里面有很多展示动物，因此也有很多人员训练和照顾动物，即便会出现“人多嘴杂”的问题，但是在一个项目中保持足够多的训练员还是非常有必要的，这样可以避免由于某个主要训练员的离职导致的动物行为的恶化。当然也要做好训练员和动物的搭配，如果动物经常被不同的训练员训练，或者训练员经常换动物，即使最好训的动物也会很快变得乖张。如果你家里有宠物而且家里的每个人都想告诉宠物该怎么做，你就应该明白我在说什么。

新行为的训练——当一种行为第一次被训练时，应该为该行为指定一位训练员，直至行为训练完成。这对保证信号使用的连贯性至关重要。

行为维护——在一个大型机构中，一头动物不可避免地要被不同的训练员带领做表演和完成特定动作。每头动物在一天中可能会与两位或更多位训练员互动。由于这种互动的多样性，在行为维护方面的规则应该更严格。

相互沟通——行为会在不知不觉中随着时间的推移而演变，因此对动物的塑型训练在我们与动物的每一次互动中都会发生，即便我们只是在投喂动物也是如此。当多位训练员带一头动物时，训练员之间良好的沟通是至关重要的，这个问题在第二章“认知动物”中已详细讨论过。

塑型训练技巧

关于塑型训练各种技术的文献是相当全面的。目标训练是海豚训练员最常用的技术，但本书将介绍每一种可用于行为塑造的技术。

扫描捕捉法

这是一种强化动物自然行为的技术，而且往往被认为是老式的技术，这种技术只在某些类型的行为上成功使用过，并没有广泛被应用。在《行为扫描捕捉法：必要的工具，过时的技术，或失传的艺术？》（*Scanning or Capturing Behavior*: *A Necessary Tool*, *an Outdated Technique*, *or a Lost Art*, Ramirez, 1996，参见 81 页文章）中有关于扫描捕捉法更详细的说明。奥斯丁 · 麦迪威（Austin McDevitt）（1982）在《自发行为的随机强化》（*Random Reinforcement of Spontaneous Behavior*）中描述了这种技术的另一种应用。

目标训练

目标训练（targeting）是指训练动物将其身体的某个部位与指定物体相接触。目标训练的基本用途描述详见第六章“日常饲养与训练”。为了更好地理解这一概念，请阅读布莱尔的《训犬书》（第 58 ～ 62 页）和威尔克斯（Wilkes）的文章《推和拉的方式是“偏离目标”的训练》（*Training by Pushing and Tugging is “Off-Target”*）。

模拟

这种技术不经常用于训练海豚，但经常用于训练宠物。“模拟”通过向动物“展示”如何做这种行为，从而教会动物特定的动作。因为训练员会通过物理方式来塑造行为，因此这种方式被称为“塑型”。这种方法大量成功地用在猿猴的手语训练项目中，通过把动物的手放在所需的位置，然后强化这个动作以期望动物理解和掌握。这个方法在“目标训练”下所列的两本建议读物中也作了简要描述。

模仿

模仿（mimicry）的一个常见用途是训练鸟类说话。但模仿本身也可以是一种行为。教一头动物模仿另一头动物的行为已被用于很多训练中。年轻的动物常常会模仿年长的动物。1995 年《训练员论坛》中的文章《小海豚的模仿行为：是通过塑造还是捕捉？》（*Calf Mimicry: To shape or to Capture*?）对此进行了深度剖析。对于其他技术领域的人，模仿被认为是模拟的一种类型，但本书将这两个概念分开定义和讨论。

抽象学习

抽象学习是指第一次将两个或多个独立的概念放在一起，形成一个新的想法或行为。这是老师在学校里教学生时最常用的方法。这并不是真正意义上的塑型训练，实际上是一种教学模式。但塑型训练可以作为抽象学习的基础。本书不对这一主题进行探讨。

塑型训练之布莱尔十大法则

凯伦·布莱尔的《别毙了那只狗》中有对这些法则的独到见解和描述（第 38 ～ 52 页）。通过学习、了解这些规则，进而能够活学活用。由于动物和人不同，每个训练项目都会有自己的一套规则，但凯伦在她的书中非常好地总结了一些最重要的基础知识如下。

1. 一小步一小步地提高标准。使用连续渐进法，这样训练对象才有不断被强化的机会。
2. 每次只针对某项行为特征进行训练，不要企图同时塑型两项特征。训练目标保持清晰，记住非黑即白的原则。当我们训练海豚把尾鳍自愿地交给我们以便我们进行血样采集时，训练过程包含多步。海豚必须允许我们触摸它的尾鳍，然后在我们握住它的尾鳍时保持平静，允许我们长时间地触摸，接受对尾鳍的压力，并最终接受针头的插入。这些仅仅是其中的几个关键步骤，每个步骤都有自己的标准。我们必须小心，不要一下子改变太多，那样会压倒动物。
3. 在进入塑型的下一个步骤前，要先改变强化物。尽管我们不建议新的训练员在有一定经验之前使用完全可变强化时制（variable schedule of reinforcement）（见第九章“高阶技巧和概念”），但可变强化时制仍然是一个重要规则。改变强化的方式有很多，包括改变强化的程度，改变强化物的类型，或者要求持续更长时间或重复被训练的行为。

4. 当对某项行为特征提升强化标准时，暂时放宽其他特征的原有强化标准。当引入新要求时，动物不能达到所有以前学过的标准是很正常的，这在一开始是可以接受的。
5. 提前计划。制定一个培训计划，并明确最终目标。
6. 塑型中途不可更换训练员。让不同的人训练同一行为是极其不明智的。
7. 如果计划不起作用，就改变计划。训练是一个动态过程，所以如果需要，不要害怕改变计划。
8. 不要无缘无故地停止训练。训练时要全力以赴，不要分心，不可无故终止训练，这么做对动物来说意味着处罚。
9. 当行为恶化时，要倒退回去。动物会忘记或感到困惑。如果动物的行为表现越来越差，请回顾所有塑型的步骤，后退几步便可以刷新它们的记忆，让它们回到正确的轨道上。
10. 以积极的方式结束。保持训练的乐趣。如果动物感到沮丧，不要结束训练，要在训练成功时停下训练。

刺激控制

当你训练成功了某种行为，你会希望动物能在一个特定的提示或信号下做这个行为。这就是所谓的刺激控制行为（《训犬书》，第 68 ～ 97 页）。

区辨刺激

区辨刺激（discriminative stimulus）是关于提示或信号的技术名称。训练员经常把它被缩写为“SD.”，也常写作 S^D。

选择刺激信号

信号可以是听觉的、视觉的或触觉的。选择的依据应该是动物能够清楚地理解并不会与其他信号相混淆。正如盖瑞 · 威尔克斯在《名字里有什么？》（*What's in a Name*，参见 89 页）一书中写道，动物很容易误解我们给它们的提示。此外，刺激的选择可能取决于将要进行的行为方式。例如，为拍电影而训练的动物通常必须依靠视觉信号，因为训练员对动物的指令声不应该出现在屏幕里。

信号使用要连贯

与训练的所有要素一样，信号的连贯使用非常重要。信号的使用方式和信号的含义不应该随着时间的推移而变化。有些训练员在保持行为时往往会草率地给动物一个信号。草率的 S^D 就相当于语言沟通发生了障碍。人类语言轻微的发音变化通常能够被理解，然而语言障碍越严重，话语就越难理解。当动物难以理解时，它们往往会试图“猜测”我们的信号是什么意思。我们应该避免让我们的动物处于这种境地。

如果一定要改变信号

在训练过程中，有时你不得不改变正在使用的 S^D。这可以通过一个叫作“淡化”的过程来实现（《训犬书》，第 77 ～ 79 页）。

布莱尔刺激控制法则

凯伦·布莱尔给大家总结了一份非常好的刺激控制法则的描述清单，介绍一种行为是否真正处于刺激控制之下（《训犬书》，第 73 ～ 74 页）。以下是四条规则的概括：

1. 该行为总是在条件刺激信号出现时立即发生（狗在被要求时坐着）。
2. 在没有信号的情况下，该行为从不发生（在训练过程中，狗从不自发地坐下）。
3. 该行为从未在对其他信号的反应中发生（当你说“躺下”时，狗不会坐下）。
4. 这个信号不会触发其他反应（当你说“坐下”时，狗不会躺下）。

迷信行为

迷信行为（superstitious behavior）的现象在训练过程中时有发生（《训犬书》，第 26 ～ 29 页）。我们必须时刻注意迷信行为，盖瑞·威尔克斯的《迷信行为》（*Superstitious Behaviors*，参见 91 页文章）对迷信行为有着独到的见解。

混沌信号导致的

造成迷信行为的主要原因之一是错误时间发出的信号。一旦动物懂得了信号的含义，它就应该对这个信号做出非常精确的反应。如果信号出现的时间过早或过晚，就可能会得到不正确的行为。

错误的观察结果导致的

有时发生迷信行为是因为训练员没有仔细观察。在某些情况下，训练员可能无法看到不希望有的行为。一头海豚被训练侧卧以便进行医疗检查，在检查过程中可能无意中闭上了右眼。如果信号发生在眼睛闭合的时候，动物可能会在行为过程中一直闭合那只眼睛，尽管训练员从来没有想过要以这种方式塑造行为。

草率的信号导致的

当信号不明显时，模糊的信号可能会无意中成为新的提示。一段时间后，动物可能不再对原来的信号做出反应，从而产生迷信行为（新的模糊的提示代替实际的提示），这是一种无意的行为消退。

如何利用迷信行为？

一个无意中形成的行为，并不意味着它没有用。如果训练员意识到动物如何以及何时迷信地表现出一种特定的行为，就可能利用这种迷信行为。这是扫描捕捉法部分描述的方法之一。训练员有时候也经常会陷入迷信，通过一些迷信行为来试图重现动物以前的正确动作。我们和动物一样会出现迷信行为。

纠正动物的错误回应

忽略行为：最小强化刺激法

操作制约的一个基本原则是强化需要的行为，忽略不需要的行为。从理论上讲，实现这一目标的方法是在动物做出错误反应后，尽可能给予动物最小的强化刺激或不给任何刺激。然而许多训练员往往难以坐视动物的不良行为，他们对动物错误行为产生的情绪会妨碍他们的工作。许多机构成功开发了一种被称为 3 ～ 5 秒"无反应"（或中性反应）的技术。海洋世界的迈克 · 斯特普斯（Mike Scarpuzzi）和他的同事在 1991 年发表的文章《通过削弱法减少行为的频率》（*Decreasing the Frequency of Behavior through Extinction*，参见 93 页文章）中介绍了这个原则及其应用。其基本思想是：在动物做出不正确的反应之后，训练员不做任何反应。简而言之就是尽量在短暂的时间内（3 ～ 5 秒）尽可能少地改变动物的环境。尽管环境不变的绝对的中性反应是不存在的，但原则上还是应该在正常情况下要给予强化信号时尽可能地做出中性反应。

训练暂停

训练暂停（time out）就是不给予正强化的信号。这是训练和教学中，尤其是对陆生动物常用的技术，现在仍被许多训练员广泛使用。中性反应或最小强化刺激，实际上是一个非常简短的训练暂停。但是许多训练员觉得有必要对这两个术语进行区分。毫无疑问，训练暂停是有效的，但是传统的训练暂停经常被误用，这就需要一种更精确、更有效的技术，以便年轻的训练员容易理解和应用。通常情况下，训练员会通过背对着动物或离开训练现场来实施训练暂停。这有时会伴随着训练员的愤怒或沮丧的心态，最终结果并不总是有效的。最小强化刺激是试图定义一种特定类型的训练暂停，可以让训练团队中的每个人都能轻松实施。资深训练员可能会正确应用较长时间的训练暂停，但对于新手来说，过长的训练暂停通常会导致更坏的结果。有些情况需要更长的训练暂停，尤其是动物主动"提出来"的时候。如果一头动物选择不参与训练或经常离开，你不能强迫它，在这种情况下结束训练并离开（长时间暂停）是合适的。更多内容请参考《训练员论坛》1999 年的文章《正确使用训练暂停》（*Proper Use of a Time Out*，参见 98 页文章）。

不给食物不是好办法

食物是重要的初级强化物，因此年轻的训练员很容易误认为，如果动物不合作，“引起它的注意”的方法就是减少甚至不给动物食物。这种试图激励动物做出正确行为的方法被称为食物剥夺（food deprivation），这并不是纠正动物错误行为的正确技巧。尽管剥夺食物肯定会引起动物的注意，但它会导致严重的、厌恶性的后果，如动物焦虑、沮丧、产生攻击性或其他问题。训练员应该使用积极的方法来解决动物行为不端的问题。前面描述的最小强化刺激是一个很好的解决方案，因为它本质上是中性的。错误的反应不会被强化，动物的正确行为会在随后的训练中获得强化。所有训练员都要记住的是，动物每天都应该获得其基本所需的食物，这个不可剥夺。关于这个问题的其他观点将在第九章“高阶技巧和概念”中涉及。更多处理不良行为的解决方案将在第十一章“训练问题解决指南”中进行详细讨论。

负强化和处罚

负强化和处罚通常被习惯地作为纠正不正确行为的首要解决方案。然而，我们不建议新手训练员使用这两种方法，尤其是在获得更多的经验和彻底理解这些技术之前。事实上，我现在甚至不会给它们下定义，因为我认为需要对操作制约有更全面的了解，才能完全理解这些原则的细微差别。这些概念以及其他纠正问题行为的方法，将在第九章“高阶技巧和概念”和第十一章“训练问题解决指南”中进行详细讨论。

规划好训练

想好计划

正如第二章“认知动物”中所述，训练计划是非常重要的。遵循一个循序渐进的程序将保证你对目标有一个清晰的认识，这是成功训练的必经之路。许多资深训练员都是以逆向思维来制定训练计划的：假设行为已完成，然后逆向规划所需要的步骤。这种方法可以帮助他们避免将训练走进尴尬的角落或死胡同。

给自己留有余地

训练计划就像一张地图，仅仅是一个指南。训练是一个动态的过程，因此你需要对动物的反应随时做出调整。每头动物都会对不同的情况做出不同的反应，必须时刻做好调整计划的准备。盖瑞 · 威尔克斯在《如何让你的狗进入卡内基音乐厅》（*How to get Your Dog into Carnegie Hall*，参见 100 页文章）一文中详细阐述了计划的必要性（以及其他基本概念）。

训练时全神贯注

训练时需要全神贯注，不然很容易分心和偏离方向。如果想训练一个特定的行为，你必须时刻提醒自己，最终目标是什么。经常重温计划，必要时改变它，并重新评估训练过程和目标。

务必做好记录

这一点怎么提都不为过。记录训练过程中的每一个步骤、每一次挫折和每一次成功，即使在动作训练完成后，保存这样的记录也是有益的。系统的记录也可以让员工了解情况，并提供可以帮助其跟踪问题和分析训练发展走向的历史文档。

总结

这一章的重点内容是操作制约的基本技术和要领。这就是你需要知道的训练动物的全部内容，对吗？不完全是。学会了这一技术之后，还必须正确地运用它们。要做到这一点，训练员必须积累足够的经验。训练是一个互动的过程，必须及时回应动物所做出的任何反应，而且动物会不断向你提出新的挑战来试探你。如何应对这些挑战将作为后面章节的主题。

文章精选

Trainer's Forum

《训练员论坛》1996 年第 21 卷第 1 期。了解操作制约的术语是应用它和有效沟通的前提。下面这篇文章是《训练员论坛》为数不多的没有提出问题和提供答案的专栏文章之一。它是由来自海科集团（SAIC）、海洋世界（Sea World）、布鲁克菲尔德动物园（Brookfield Zoo）和谢德水族馆的训练员合作编制的视频介绍的文字版本。文章力求用简单的语言解释海洋哺乳动物训练中最重要的或经常使用的术语。

海洋哺乳动物训练中的基本术语

在 1995 年的拉斯维加斯会议上，动物训练咨询委员会提交了第一篇训练相关的论文。作为对会员的福利，这篇由委员会主席、海科集团的马克 · 比勒（Mark C. Beeler）引荐的《海洋哺乳动物训练基本术语和技术的定义与解释》发表于《训练员论坛》中。请记住，这是视频演讲的纸质版，我们的技术还没有发展到可以在杂志上介绍视频部分的程度。另外请记住，每个机构的训练方法各不相同，这里介绍的方法是跨领域的、共通的，而不是国际海洋动物训练员协会规定的训练方法。我们希望这些信息对您能有用。祝您阅读愉快。

海洋哺乳动物训练基本术语和技术的定义与解释

马克·比勒和国际海洋动物训练员协会动物训练咨询委员会
[特约撰稿人：埃里克·博格登（Eric Bogden），加州海洋世界；
皮特·戴维（Pete Davey），谢德水族馆；
蒂姆·沙利文（Tim Sullivan），布鲁克菲尔德动物园]

[马克·比勒]：了解基本的海洋哺乳动物训练和技术术语是海洋哺乳动物训练员的必修课，也是所有优秀训练员想在本行业取得成功的必要条件。本文是对新手训练员特别有用的常见术语和技术的定义和解释。

海洋哺乳动物训练员能否在事业上取得成功在很大程度上取决于他对操作制约基本概念的理解和实践经验的水平。正是这两者的结合提高了训练技术，从而有助于训练课程的成功。海洋馆及其他动物饲养设施有责任为新手训练员提供必要的学习和实践资源，以增加其知识和技能。但是对理论基础的学习需要训练员个人的主观能动性。这样的会议可以为训练员提供一个良好的学习机会。现在我们将去加州海洋世界，对他们的训练过程及关键要素一探究竟。

[视频文稿/埃里克·博格登]：嗨，我现在在加州海洋世界的动物驯养池边。理解基本的海洋哺乳动物训练技术对训练员而言至关重要。我想解释一些常见的术语，并向你展示它们是如何在我们的虎鲸身上使用的。

训练术语包括操作制约、初级强化、制约强化物、信号刺激、目标训练、连续渐进法和塑型训练。我们先来看看操作制约的定义。

操作制约是一种动物训练的模式，通过这种方法，动物某种行为出现的可能性会因后续情况而增加或减少。因此，我们可以说特定行为的可能性，或者说动物是否会重复一个期望的行为，取决于该行为之后发生的事情。

例如，这头虎鲸被要求做一个背部出水。虎鲸完成了这个行为并回到训练员身边，然后训练员会给予动物针对这个动作的判断信号。训练员给予的信号取决于训练员是想让该行为的频率增加还是减少。如果这个行为训练员很满意，希望虎鲸重复这一行为，训练员就会给虎鲸提供奖励信号（特定类型的强化）。强化物有不同类型，通过定义初级强化来进行确定。

初级强化是指对动物有内在奖励作用的刺激物提供的强化，这些刺激物通常是能满足生物的内在需求（如对食物和饮水的需求）。因此食物可以作为一种初级强化物。海洋哺乳动物喜欢吃鱼，鱼对这些动物来说是一种刺激，因此鱼对虎鲸来说是满足其内在需求的一种奖励。

食物（或初级强化物）只是众多奖励动物方式中的一种。其他类型的奖励也可以用来增加行为的频率。这些奖励属于制约强化物的范畴。

制约强化物是指可以与初级强化相关联而获得其强化效果的任何刺激物。制约强化物或次级强化物是指与初级强化搭配的刺激物。通过反复搭配和确认，新的刺激物最终具有了初级强化物的特性，成为次级强化物，如冰块、擦拭、玩具、水等。

使用强化物的时机也很重要，因为几秒钟的延迟就可能会意外地强化一个不想要的行为。由于不可能在动物表演过程中对其进行强化，因此我们需要引入信号以便告诉动物，它刚才的表演动作都是正确的，会得到奖励（如鱼），而这种奖励将进一步强化动物的正确行为。这种信号被称为桥接信号（bridge signal）。

桥接信号是一种制约强化物，它告诉动物正在进行的行为是正确的。这同时也是一种区辨刺激，告诉动物回到训练员身边接受奖励（如鱼）。桥接信号通常是口哨或对虎鲸的轻触，向动物传达"是的，你正在做正确的行为"。时机是我们使用桥接信号时非常重要的一点，就像射箭一样，要在弓拉得最满时放箭。如果信号给得太早，虎鲸就会在动作不到位的时候得到奖励，如果信号给得太晚，虎鲸就会在动作还原的过程中得到奖励。因此动物的行为将会改变，这种行为的恶化完全归咎于训练员在错误的时候使用了桥接信号。

到目前为止所讨论的术语都是关于增加行为频率方面的。现在我们来定义一些日常行为训练中的常用术语。

在海洋动物训练中有一个术语叫**目标训练**。目标训练是要求动物对着或顶着一个物体。这个物体可以是训练员的手或脚，也可以是安装有目标物的杆子（又被称为目标棒）。目标棒可以用来引导动物进行一系列的动作，从而逐渐完成一个复杂的行为。这种循序渐进的方法被称为连续渐进法。

连续渐进法是朝着期望的反应方向的行为上的小变化。例如，训练员想训练虎鲸向前俯冲，先要求动物跟随一个目标，通过奖励每一个更接近向前俯冲的小步骤（即对目标的预期反应），达到最后向前俯冲塑型训练的效果。

正如你所看到的，理解基本的海洋哺乳动物训练术语对训练员来说至关重要。这些术语包括操作制约、初级强化、次级强化、制约强化物、信号刺激、目标训练、连续渐进法和塑型训练。加州海洋世界的训练员与虎鲸互动时每天都在使用这些术语。

［马克 · 比勒］：为了让新手训练员继续了解这些术语和含义，我们现在来到芝加哥的布鲁克菲尔德动物园，这里的训练员会给我们演示训练术语和技术应用。

［视频文稿 / 蒂姆 · 沙利文］：嗨，来自风城芝加哥的国际海洋动物训练员协会。布鲁克菲尔德动物园下属的七海全景海洋馆（Seven Seas Panorama）的训练员和动物们很高兴为大家介绍下一个环节。我们将尝试定义并演示以下训练术语：选择性强化、差异性强化和强化时制。

从第一个术语开始，**选择性强化**是指只强化与期望行为相近的行为。例如，如果你在海狮看镜头时给它信号［在视频中演示］，而在它看向别处时不给信号，你就选择性强化了动物直接看镜头的行为。

我们的下一个术语是**差异性强化**，它涉及两个或多个物理上不同的行为：一个被强化，另一个被去除。［如视频所示，两位训练员将在海象身上进行自愿采血训练。当一位训练员把针扎进海象的胸鳍里面时，海象大叫一声，抬起尾鳍，将另一位训练员甩了出去，训练员一直飞到海岸线。］（这是一个虚拟的夸张特技，请不要自己尝试！）你不想强化这种行为，希望强化的行为是海象对针头保持放松，那么，当它这样做时，训练员就要给它信号以强化这个行为。而对于“把训练员甩到空中”这个行为，我们只能视而不见，从而不强化这个行为。这就是差异性强化。

我们的下一个术语是**强化时制**，也就是管理强化物传递的规则。当一个给定的时制生效时，只有满足该时制要求的行为才能获得强化。有两种基本类型的强化时制，即连续强化时制和间歇强化时制。第一种是传统的强化时制，所以我们先从这个开始。**连续强化时制**是指每次执行正确的行为时都会得到强化。例如，每次海象允许训练员对其受伤的耳部用药时，它的每一个放松的反应都会得到强化。

接下来的四个时制被归类为**间歇强化时制**。它们是：固定间隔时制（fixed interval schedule，FI）、可变间隔时制（variable interval schedule, VI）、固定比例时制（fixed ratio schedule, FR）和可变比例时制（variable ratio schedule, VR）。

固定间隔时制规定，只有在上一次强化后经过预定的时间，才能得到强化物。例如，你会在三秒钟的固定间隔时间内对动物进行强化。

可变间隔时制要求在每次强化之间经过不同的时间后才能得到强化。在这种情况下，每次间隔的时间会发生变化，但最终仍然是三秒钟的平均时间。

固定比例时制规定，在做出预定数量的反应后，就可以得到强化物。例如，海狮瞄准浮标，然后发声，再挥手。你在每三个行为之后进行强化，这是一个固定比例的间隔。

可变比例时制要求在不同数量的正确反应后提供强化物。于是，海狮吠叫，得到一个强化物，吠叫，然后挥手，然后触及海豚，得到一个强化物，以此类推。

有一种可变比例训练法的变种，它包括使用条件性或辅助性制约强化物。在20世纪70年代，RIR是**随机和间断强化**的意思。在80年代，它是指**以随机顺序间断地提供强化物**（仍然是RIR）；最近提出**强化物的可变比例**（VRRV），这基本上是在整个训练中使用初级强化物和次级强化物的波动组合。对于非常复杂但非常有效的可变比例强化方法来说，所有这些都过于简单化了，我们强烈建议大家在实施这项技术或其他技术之前做一些功课。

我们希望这个视频充分讲解了这些基本术语，并希望这对你来说是个有用的基本入门课程或不错的复习课程。谢谢。

［马克·比勒］：最后一段采访来自谢德水族馆，训练员通过过闸行为的训练，向我们展示前两个场景中介绍的基本术语和技术的应用。

［视频文稿/皮特·戴维］：基本的行为维护可以使训练员和动物的生活更加轻松。最常用的行为维护之一就是过闸行为训练。毕竟，当你需要让一头几吨重的白鲸从一个水池转移到另一个水池时，如果它可以自己游过去的话，那简直再好不过了！好的过闸行为也能预防竞相争夺闸门的行为，对于快速移动的海豚来讲，你肯定会跑不过它。过闸训练的基本概念就是让动物们通过闸门去另一个池子，无论是自己去还是我们要求它们去。从技术上讲，我们都希望将过闸训练置于刺激调控之下。

在我们实际操作之前，先定义几个技术术语。

刺激：任何可能改变生物体行为的事件、条件或物体。

刺激控制：指的是在有明显刺激的情况下，极有可能做出行为反应。

区辨刺激：指一种刺激物存在时一个特定的反应会被强化，结果是有这种刺激物存在时比没有这种刺激物的时候动物更有可能发生特定的反应。

明白了吗？好了，有了这些概念，让我们回到实际的行为训练上。我们想让某个海洋哺乳动物（鲸豚类、鳍足类或其他动物）从一个池子到另一个池子。我们训练的本质是要求动物从A点到B点，而中间恰好有一个开放的大门。这听起来很简单，对吗？如果用好训练技术，它可以非常简单。

第一步是教动物瞄准目标。目标呈现是我们在这一点上的关键刺激。请记住实际上还有许多其他的刺激物存在：大门、训练员、其他动物等。我们引入刺激物——目标，并用其触碰动物，为动物提供信号并强化这种情况的发生。我们重复这样做，直到动物明白，当这种刺激出现时，就是要它去触碰目标。

然后，我们可以把目标从动物身边移开，这样，无论我们在哪里给出这种特殊的刺激，动物都会做出触碰目标的反应。目标训练现在可以说是在刺激控制之下。

下一步是引入一个新的刺激，这将意味着“去找目标”。这可以通过引入第二位训练员来完成。主训练员可以指着动物，然后手臂向第二位训练员的方向扫去，第二位训练员通过拍打水面来呈现目标。通过这种方式，动物学会了移动几步来触碰目标并接受强化。动物将新的刺激（点扫手臂）与原始刺激（目标）的呈现联系起来。现在我们已经引入了一个区辨刺激。

一旦动物理解了区辨刺激意味着寻找和触碰目标，我们就建立了刺激控制。使用连续渐进法，我们可以慢慢增加从A点（第一位训练员）到B点（第二位训练员）的距离。同时，我们可以增加动物在返回A点之前在B点停留的时间。

在牢固建立了从A点到B点的行为后，我们必须增加一个关键的新刺激：通过一扇门。最终，动物必须从A点通过大门到B点，并在大门关闭时停留在新的地点。通过大门的移动可以通过连续渐进法来完成。B点可以逐渐向大门靠近，进入门槛或通道，最后通过大门。除了实际关闭大门之外，其余的行为都已经形成了条件控制。

虽然这些步骤看起来都很简单，但训练不仅仅是有好的技术就可以了。与每头动物建立积极的关系是非常重要的。关心动物，给它喂食，与它玩耍，并确保每一次训练都是积极的，这是建立信任和发展良好关系的关键。如果动物和训练员之间已经建立了积极的关系，那么通过大门可能就不会那么困难了。维护这种关系要做到不要太快推动一个新的行为，确保每一步都是积极的。

在进行正式的训练之前，让动物自己熟悉环境是非常重要的。如果动物能够自己探索并来回游过开着的大门，它就会更容易接受过闸训练的行为。一旦动物在刺激控制下通过闸门，在尝试关闭闸门之前，要让动物完全适应这一步骤。一旦你关闭闸门，只需短暂地关闭，然后立即再次打开。始终强化动物让门关闭的行为，决不能让动物感到自己被困住了。在整个过程中，动物应自愿移动并保持在刺激控制之下。让动物对与大门相关的噪声以及可能与大门关闭相关的环境中的任何其他变化进行脱敏。像这样的小步骤是很耗时的，但要保持正向性。只要有耐心，保证每一个小步骤都是正向的，过闸训练的行为就可以建立起来，并维持很多年。祝你好运！

［马克 · 比勒］：理解每个部分中解释的概念对新手训练员来说非常重要，因为它们将提供基本的训练工具，在整个职业生涯中，从助理训练员到训练主管都会反复使用。

为了进一步了解操作制约的术语和技术，我想对有兴趣的新手训练员给出这个建议：利用国际海洋动物训练员协会最重要的资源——人！向这个组织中众多优秀的训练员提出申请，介绍自己并要求占用他们一点时间。大多数人都会愿意答应的。然后，通过简单的问答对话，寻求增加你对海洋哺乳动物训练的了解。寻求是为了学习，学习是为了成长，成长是为了成功。

谢谢！

参考文献

1. A Primer of Operant Conditioning. G.S. Reynolds. Glenview, Illinois: Scott, Foresman, and Company. 1975 ed.

2. Schedules of Reinforcement. C.B. Ferster & B. F. Skinner. New York: Appelton-Century-Crofts. 1966.

A Behavior Sampler by Gary Wilkes

《行为样本》，对大多数海洋哺乳动物训练员来说，信号刺激（这是一种条件反射或次级强化物）的力量是显而易见的。然而许多宠物主人却并不了解这种技术。信号刺激的使用和强化时机的重要性将在下文中进行阐述。

初级强化物和次级强化物：训练中的两大法宝

盖瑞 · 威尔克斯

小明是一只雌性灰狗，它特别喜欢和主人比尔玩捡东西的游戏。它迅速地跑向主人抛出的任何物品，然后捡起来，但拒绝将其带回给主人。比尔无法召唤它带着东西回来是个老大难问题。它整个行为有一个好的开头，但捡到东西后行为就消失了，没有回到主人身边。比尔搞不清楚为什么它不回应召回的信号。解决办法很简单但很微妙：比尔必须停止鼓励它“去”的行为，并开始强化它“来”的行为。

你可能会想，停止鼓励狗“去”并强化狗“来”的行为，怎么能够制止它的上述的不良表现。这个问题的关键在于了解表扬和鼓励对于改变行为的作用。

当一种声音与实际的正强化相联系时，如食物或爱抚，它就具有了实际驯服物的部分或全部力量。伊万 · 巴甫洛夫（Ivan Pavlov）在 20 世纪初的研究就是这种现象的科学证实。他把铃铛的声音和食物的呈现联系起来。很快地，狗听到铃铛声就会开始流口水，即使没有食物出现。虽然铃铛不是动物渴望的实际物品，但它有能力在狗身上引发同样的复杂反应。当一种信号与实际的诱因相关联时，这种信号被称为次级强化物。

以下这一故事在 20 世纪 30 年代之前一直被当作一个新奇的小实验，后来斯金纳博士向世人展示了这些实验和相关的力量。斯金纳博士的实验表明了你能做的远不止用次级强化物让狗流口水。他发现虽然实际的食物强化物能提高行为发生的概率，但次级强化物在告诉动物哪种行为会被强化方面更加重要。

例如，当训练虎鲸香姆（Shamu）后空翻时，训练员不可能在它正确完成行为的那一刻往它嘴里塞一条鱼（实际强化物）。取而代之的是，训练员吹响了口哨（次级强化物），意思是“是的！我喜欢这样！”口哨弥补了从行为发生到动物获得实际奖励的时间差。

虽然这看起来像心理学上其他的很多废话，但正确应用这一理论在实践中会有很大好处。比尔与灰狗小明的问题是滥用“次级强化”的一个再好不过的例子。

当小明拿到球时，比尔试图通过说“好女孩”和“来吧”来鼓励它。对小明来说“好女孩”和“来吧”的声音意味着它做了一件正确的事情（拿到球），它可以期待某种奖励，而且这种行为已经结束。这就像虎鲸训练员的口哨。它把主人的赞美之词当成了香姆听到的口哨：“是的！我喜欢这样！”

由于比尔不了解次级强化物的作用，所以他不知道为什么狗不会回来。第一个问题是强化时机。比尔的强化时机一直是在狗拿到球开始回来的时候。当他说“好女孩”时，狗已经因为捡到了球而得到了强化。由于信号是在它回来之前，它无法理解比尔也在试图强化随后的这一行为。比尔无意中只强化了它开始的行为，但没有强化它完成的行为。

要解决这个问题，比尔必须等到该行为完成后再表扬它。他错误地认为高声鼓励会使它回到他身边，这实际上强化了它的远离。一个快速的解决方案是等到小明离他很近的时候说“来”，然后给它提供一些它非常喜欢的奖励。等到它再靠近一点，然后说“好女孩”。重复几次后，它就能对他的命令做出正确的反应：叼着东西一直走回来。通过准确地让它知道必须要做什么，才能被强化，这将抵消以前的无效训练。

表扬和鼓励是改变行为的有力工具。恰到好处的强化时机对于正确使用这些工具是不可或缺的。如果动物在完成一个行为的时候遇到了麻烦，可以尝试一下这个不可思议的建议：确保开始的训练有一个好的结局。

Trainer's Forum

1997 年第 22 卷第 3 期。恰到好处的信号给予是所有好的训练项目的一个基本组成部分。然而，一旦我们用口哨或响片来装备我们的训练员，我们有时就会忘记完善和监督他们对信号的使用。尤其重要的是，在一个机构中，所有训练员对口哨的使用要保持一致。对关于桥接信号以及如何将桥接信号介绍给新手训练员这样的大问题，这篇文章给出了五种不同的答案。

信号基础知识：如何维持连贯性

问：在海洋馆中，每个人在不同的时间都会有不同的桥接信号。狗哨常被用作一种信号。有的桥接信号短而精悍，而当一头动物刚刚学会新的东西时，信号可能会变得响而长。对于有些行为，我们会给桥接信号，有些则不给，因为它要么是一致的行为，要么给信号会分散动物动作的注意力。这是否会使动物们感到困惑？你的员工在给桥接信号时是否有规律可循？你什么时候允许新手训练员单独给动物桥接信号？

答1：在过去的一年中，我们海洋馆的训练员流动率达到100%。新训练员彼此间或跟动物之间没有任何历史渊源，因此我们需要建立清晰的沟通渠道，不仅是为了训练员，也是为了我们照顾的动物。信号使用要连贯是其中最重要的一点！为了实现这一目标，我们为动物所做的每一个行为建立具体的标准，然后对每一个符合或超过标准的反应和行为进行准确的强化。根据概念，桥接信号是次级强化物，是即时强化动物的信号，这种强化的时机和方法会影响动物的行为。是的，我们对每一个正确的反应都会给出信号，但并不总是只用口哨。根据不同的物种，我们已经建立了视觉信号（热情地指着动物）、触觉信号（轻轻拍打两下）和其他两种听觉信号（响片和口头的“好”）。通过交替使用这些信号，我们可以持续地强化动物的行为，同时避免你提到的一些不给信号的情况。

动物的行为是你的信号策略是否具有迷惑性的最清楚的指标。它们的行为是保持稳定还是经常性的崩溃？用连续渐进法训练一个新行为的过程是可预测的，其中会不会无缘无故地停顿？虽然我们知道有很多因素在起作用，但在处理训练中的挑战时，如何和何时给桥接信号肯定是我们首先要考虑的事情之一。

一般来说，短而精确的信号是首选，因为这可以让你在动物做出正确的行为时及时准确地进行加强。我想我们都会不时地使用令人兴奋的“长鸣”信号，但这是否有害要视情况而定。在训练海豚跳圈时持续使用长信号，可能会强化行为的开始、中间和结束，如果你试图增加跳圈的高度，就会出现问题。然而在海豚成功地用尾鳍击球后，立即对口哨进行长时间的吹奏，可能不会影响这种行为的预期标准。我们的训练员相对较少，所以我们还没有建立正式的信号交接准则。目前我们只是互相监督。我们会小心翼翼地让强化的时机不可预测，这样我们的动物就无法预知何时会听到信号：是在游泳的第4圈还是第10圈的旋转时；是在跳起时还是在周游3圈后；是在发声1秒还是3秒后；等等。我们什么时候允许新手训练员给信号完全取决于那个人、动物以及该动物展现某一特定行为的牢固程度。我们通常会让新手训练员先给行为区辨刺激，由更资深的训练员来衔接该行为，直到新手训练员能够熟悉掌握强化的时机和衔接的节奏。另一个增加强化多样性的方法是将桥接信号加入次级强化物中，在动物回到平台后接受强化。例如：海豚正确地完成了一个行为时，训练员给了口哨的信号，它回到平台后，你对着动物投出赞许的眼神（一个视觉信号）作为辅助。如果是海象，则在它的背上拍打两下作为刚才漂亮地完成行为的鼓励信号；或者当它回到站台时，你用响片作为辅助强化；等等。

当然，对于有些正确的行为，我们并不总是给信号。例如，当两头或更多的动物在进行同步行为时，其中一头动物没有达到标准，或者其中一头动物取回了一个物体，其他动物没有取回正确的物体等。

捍卫角动物园和水族馆
（Point Defiance Zoo and Aquarium）
特蕾西·贝尔廷（Tracy Belting）

答 2：使用得当的桥接信号恐怕是训练中最重要的工具。它不仅是次级强化物，而且在塑型训练行为中的重要性不亚于目标杆。在与海洋动物制片场里面的海豚合作训练时，我注意到训练员给信号的方式会被动物注意到。当塑型训练一个特定的行为时，只需使用正常的口哨声，除非动物的行为超出了预期，这时可以使用更大、更长的口哨声。

尽管海豚对更长的口哨声的反应似乎更热情，但也许上述高于标准的行为是由于一开始动物就有更高的能量或热情，这反过来会导致训练员更加兴奋，从而使信号更长、更响亮。但是，即使是小的行为，海豚的反应也与长信号情况下不同。

所有的训练员给信号的方式都有或多或少的不同，有些训练员在每个给定的行为之后都会给信号，有些训练员只在塑型训练时使用信号，有些人在随机时间、随机行为情况下给信号。大多数表演行为需要一个信号来终止所需的行为，如鞠躬、挥手、唱歌等（经过训练的行为会一直持续桥接信号）。我训练的海豚在塑型训练一个新的行为或改善一个旧的行为时，都要不断地给信号。对于那些已经学会的行为，则不需要用信号来终止。当要给那些动作做得特别棒的动物以巨大的鼓励时，以及训练中遇到真正的困难时，需要给出信号。我发现这对空翻、跳靶、旋转等行为都很有效。这些行为之后使用强化物的量（初级的和 / 或次级的）对动物来说是该行为质量的一个很好的指标。就我个人而言，我注意到，每一个行为都要信号刺激的动物，对信号的反应不如少用信号的动物好。我们的员工在使用信号时有严格的准则。资深训练员负责教新手训练员正确使用信号。一个新手训练员要花大量的时间来观察其他训练员如何给桥接信号。当他们开始自己训练动物，开始对一些简单行为给信号时，如定位、挥手等，首先会有资深训练员给他们信号。这使他们逐渐适应与动物一起工作，并积累经验。之后他们会在资深训练员的陪同下，开始接手跳圈等高难度的动作，努力盯准每一个跃起的最高点，通过与资深训练员长期合作，进行对视协调并制定桥接信号给予的标准。

新手训练员与资深训练员合作完成各种训练行为，随后会让他们慢慢加入行为矫正学习行列。学习信号使用最好的方法是观看和协助训练课程。通过让资深训练员解释每个信号的使用目的，新手训练员可以更好地理解塑型训练的过程，以及正确使用桥接信号（即使是对于已经完成的行为）的重要性。

海洋动物生产公司
蒂莫西·霍夫兰（Timothy Hoffland）

答 3：在我们的海洋馆中，我们使用狗哨作为桥接信号。当新手训练员接受培训后，在熟悉训练的行为时，他们会被允许独立使用信号。我们会向他们解释每个新行为的标准，并告诉他们什么时候应该给信号。通过对不同环节的监控，我们希望能抓住任何导致错误行为的混沌信号并加以纠正。

我们一般给予的口哨信号是一个简短的、清脆的“嘟嘟”声，但有时动物动作做得特别棒，也会给予长信号。我们对大多数行为都会给信号的，但当动物清楚地理解一个行为和它的标准之后，就不再给信号。例如动物已经熟练跳高并且击中了目标后，我们就不再给口哨信号了。这也适用于像穿铁环这样标准非常明确的行为。这些行为也是自我终止的，无论成功与否，所以不给口哨动物也不会无休止地努力去达到标准。

印第安纳波利斯动物园

海洋哺乳动物训练员

答 4：海豚研究中心（Dolphin Research Center）已经很多很多年没有引进和驯化野生海豚了。我们在过去有着与未经训练的海豚一起工作的经历，并练习了信号使用技术。一个从未学习过“训练游戏”的动物需要相当准确的信息。一般来说，我们只会让一到两位训练员与一头海豚一起工作，直到它理解了该信号的含义。甚至每天的训练时间都是一样的。这使我们给动物一种安全感，促进它对信号的理解并保持连贯性。

我不相信各种不同声音的桥接信号会影响到训练中的海豚。我们在海豚研究中心从对学生解释训练过程开始就使用警用口哨，这种口哨声音也更容易被观众听到。当培训新手训练员时，我们要求他们也吹出这种简短而响亮的爆炸声信号。正如问题中所描述的，精力旺盛的训练员会吹响一个“感叹号”口哨——一个比平时更长、更响的口哨，好像在说“是的，是的，就是这样！”我看到海豚对这些不寻常的信号有兴奋的反应。另一位训练员，她说话很轻，吹口哨也很轻。虽然我们一直提醒她，但她仍然是所有训练员中“口哨”吹得最柔和的。然而美妙的是，海豚知道这一点，并对她安静的口哨做出了同样的很好的回应。然而如果我也轻吹口哨，海豚们则会很困惑，并一直表现出“我什么都没听到，你呢？”这种行为。我非常感谢动物们理解我们的交流，我给了动物们很大的信任。我们有一些行为是通过口头或触摸来给予信号强化的，比如拥抱，触发信号往往是在脸颊上亲吻一下(本来就应该这样)。

我们从来没有练习过不给信号行为的技巧，因为动物们的行为一直是一致的。海豚听到信号似乎很兴奋，这是它们的期望，如果它们做得好，就会有信号。我认为这很公平。如果由于演示或拍摄的原因，一个行为不能给桥接信号，我们会在其他环节给予弥补，以进行专门的强化。在一些电影拍摄中，使用听觉上的信号是不现实的，我们取而代之用手势来结束这个行为，并把动物叫回工作站。当在电影拍摄中使用不同的信号时，我们的海豚最初有点困惑，但它们很快就明白了。现在我们确信，它们知道什么时候是“拍摄”。当它们看到大摄像机和所有的人在它们的池子周围转悠时，它们会非常兴奋。它们不再对电影的各种器材和布景感到困惑，似乎很快接受了这一切。

海豚研究中心的调节准则更多是基于你什么时候调节，而不是声音本身有多长或多短。新手训练员可以通过观看课程来学习不同海豚行为的标准。新手训练员可以先学习给予信号的标志或提示时机，而一名资深训练员在他们身后给予桥接信号。一旦他们熟练掌握了信号使用时机，他们便可以在自己的训练中给信号，资深训练员则在一旁观察并给予反馈。这个过程的长短取决于每个人的能力。训练员不仅在学习如何给信号，更重要的是学习如何与海豚互动。舒适地触摸海豚，与它们进行眼神交流，拥抱它们，与它们玩耍……这些都是我们在正式训练之前的必经之路。无论是新的行为还是海豚已经做了很多年的行为，良好的信号强化时机是非常重要的。如果不注意，很多已经训练出来的令人惊艳的行为就会逐渐变形消失，如动物的翻转会变得越来越走形，速度冲刺变得越来越短。我们都见过这种情形，而这都是由于不一致的信号导致的。如果一个行为因为一些因素（就像前面描述的拍电影）偶尔不能被信号强化，那么在其他环节中，需要给予足够的信号强化以提醒动物们什么是“完美”的行为，这一点很重要。

海豚研究中心
琳达（Linda S. Erb）

答 5：操作制约的科学表明，在行为正确完成的那一刻强化该行为会增加该行为的频率。如果我们认可这个事实，那么我们该用怎样的频率多久能给海豚一条鱼，或者在其翻身的时候给它抚摸？动物所做的许多行为的性质使我们无法在动物的行为发生时给它初级强化物，所以我们开发了一种信号用来及时告诉动物它做的是正确的。我们称这种信号为桥接信号，因为它在动物正确完成行为和获得强化物之间架起了桥梁。这是我们所拥有的最强大的训练工具之一，在一名优秀的训练员手中，它可以训练动物做出一些惊人的行为。但同样地，如果信号使用不当甚至不一致，它可以很快瓦解训练出的行为。

为了使桥接信号成为有效的训练工具，需要始终如一地使用它。口哨作为一种桥接信号，最常见的用法是短促而响亮的爆炸声。如果口哨的信号太长，动物听的是口哨的哪一部分？是开头，还是结尾？而你实际上是在强化什么？例如我们想教海豚跳高，我们需要在行为正确的时候，即在动物跳高的时候给信号。但如果我们不小心在动物开始跳时吹口哨，直到它们重新入水口哨声才结束，那么动物是被训练跳高，还是被训练跳水？只有进一步观察动物的行为才能知道口哨的标准是否是保持连贯的。我们发现通过尽可能缩短桥接信号的长度，同时保证动物足以听到它，行为训练会更加精确。请记住作为一个团体，所有的训练员都应该用同样的方式来传递信号。不一致的信号使用（有的长，有的短）不仅会导致行为的崩溃和动物的沮丧，甚至会导致动物产生攻击性。始终如一地使用信号可以使动物轻松快速地学习。当动物在信号召唤下返回你的身边时，你可以根据动物的行为来给予不同的强化类型和强化程度。当动物的行为不正确或行为低于标准时，它就不会得到信号。

在七大洋海洋馆，我们对动物所有正确的行为都会给信号。除了口哨，我们还会给鳍足类触觉信号（“好”）。但对于任何不正确的或低于标准的动作，动物都不会得到信号或只得到最小的强化，也就是3～5秒的无反应或中性反应。在这之后，我们可以选择再次让动物做这个行为，或者我们可以继续训练其他行为。我们尽可能努力让动物的学习非黑即白。

新手训练员在被允许训练动物和给行为信号前，需要理解基本操作的原则，能够正确和一致地使用区辨刺激，并知道行为标准。一般来说，新手训练员要观察和跟随资深训练员数周，然后才可以开始与一头动物进行基本的行为互动，并且需要有一名资深训练员在旁边指导。资深训练员主要是观察和评估信号的应用是否正确，是否与部门的指导方针一致。只有当资深训练员对新手训练员的能力感到满意时，新手训练员才能毕业，并单独对动物进行训练。在新手训练员第一年的工作中，他们不会被要求训练任何新的行为，而是要学习如何保持行为和信号的一致性。招收和培训新手训练员是一个非常缓慢的过程，保持一致的信号和沟通是我们训练项目成功的关键。

布鲁克菲尔德动物园

七大洋训练团队

A Behavior Sampler by Gary Wilkes

《行为样本》关于大象的保护式接触训练的完整描述可以在第十二章“综合性训练和应用”中找到。这篇短文是一个通过连续渐进法进行塑型训练的例子，用的是容易理解的术语。要找到简单又精确的描述操作性技术的文章是不容易的。在这方面，盖瑞（Gary）在他的所有文章中都做得很好。

大象训练：从胡萝卜加大棒到胡萝卜加响片

盖瑞·威尔克斯

问：在所有职业中，哪种职业最容易让你丧命？

需要提示吗？最危险的职业不是那些明显有风险的职业，如跳烟囱的人、特勤人员或狗仔队，在美国，最危险的工作是大象训练员。

从汉尼拔的战象到泰国的伐木作业，人类一直努力控制这些最大的陆地哺乳动物。几千年来，训练和控制大象的技术有了很大变化。一根短的、一端有小钩的木棒是目前主要的工具。训练员用钩子拉动动物的腿或躯干，让动物向一个特定的方向移动，或示意动物向左或向右转。通过将动物的脚拴住来实现对动物的限制。锁链仍然是控制圈养大象的一种流行方法。

虽然有些大象很容易适应这个系统，但有些大象却不适应。在过去，控制“坏”大象的主要手段是简单地增加伤害力量。这种技术的一个风险是，纠正大象所需要的力量接近于伤害动物的程度。虽然亲密接触可能在短期内有效，但关于大象记忆的老话似乎是真的：大象永远不会忘记那些伤害过它们的人。大象很容易“意外”地压死人，所以待在不喜欢你的大象身边不是一个好主意。失去信任的大象往往被长期拴着，或者干脆被隔离起来。

即使是被锁住的危险大象也需要偶尔接受适当的护理保健。在圣迭戈动物园

（San Diego Zoo），动物行为专家盖瑞·普瑞斯特（Gary Priest）一直在研究大象新的、人性化的训练方法。盖瑞·普瑞斯特面临的挑战之一是一头有严重攻击史的公象，而且这头大象的脚急需护理。人工饲养的大象的脚底会长出茧子。如果不定期清除这些老茧，动物最终将无法走动。

这头公象的脚已经将近十年没有清理过了。传统的去除老茧的方法需要训练员站在大象身下，用锋利的工具刮去老茧。在这样危险的位置，无论是意外还是故意，动物随时都有可能踩死训练员。而且这头动物会很乐意有机会“不小心”压扁一只小“人”。对于这样一头众所周知的危险大象，有必要采取新的方法。

首先，训练员在院子的一端建造了一扇 7 吨重的大铁门。在大门的中心挖出了一个大约有大象脚那么大的洞。在大门的另外站人一侧有一个钢制的马镫。现在所要做的就是让这头脾气暴躁的公象放松地把它的脚穿过这个洞，让奇怪的“小动物们”用刀子“砍”它的脚。这就是盖瑞·普瑞斯特和他的训练员所设想的。

和训练其他哺乳动物的方法一样，普瑞斯特的第一项工作是教给动物一个信号，意思是“好孩子”。一个小铁皮做的蟋蟀，或称响片，并与胡萝卜相关联。每当大象做对一件事的时候，它就会听到意味着“非常好！”的咔嚓声，然后得到一块胡萝卜。通过正确把握强化响片的时机，训练员逐渐塑造了这种信号和行为的联系。如果动物没有做对，响片不会响——它不会得到胡萝卜。

起初，动物只要靠近大门就会得到响片信号和胡萝卜。如果它站着不动几秒钟，就会得到另一次响片信号和胡萝卜。两秒变成了十秒，然后变成了二十秒。接下来，当动物的左前脚离开地面一英寸时，训练员就会点击响片。很快，这一英寸变成了六英寸，然后是两英尺的高度。再往左一点，动物的脚就在马镫里了。然后教大象把它其余的脚都放进洞里。很快，大象就会主动走到门前，一只脚接一只脚地伸进这个神秘的洞里。当训练员修剪它的脚垫和指甲时，它就会待在那里不动。

在对它的脚成功进行处理后，训练员又教大象把它的耳朵从门上的槽里伸出来。大象耳朵后面的静脉是个便于抽血的地方。现在训练员们可以更仔细地检查它的健康状况，同时对它进行定期清理。动物园的训练员也得到了一份意外的收获——动物的性情发生了变化，攻击性急剧减弱。它似乎喜欢上了每天的训练课程，不再冲撞大门了。

人们常常认为，训练动物的最佳方法是使用暴力和处罚。像圣迭戈动物园这样的行为项目不仅能解决眼前的问题，而且能全面改善动物的生活。对于大象，传统的“胡萝卜加大棒”的方法已经被更好的“胡萝卜加响片”所取代。

1996 年第 21 卷第 1 期。

SOUNDINGS

行为扫描是用于训练谢德水族馆大多数海豚空中行为的技术之一。下面的文章描述了如何利用这种训练技术。本文首次在巴哈马举行的第二十届国际海洋动物训练员协会年会上发表。

行为扫描捕捉法：必要的工具，过时的技术，或失传的艺术？

肯·拉米雷斯（Ken Ramirez），约翰（John G）
谢德水族馆

前言

当看到本文的标题时，人们可能会想到许多问题。首先，到底什么是行为扫描或行为捕捉？其次，一旦训练员意识到这是什么，他们往往会问，为什么我们要用这种方式进行训练！最后，我们为什么要写一篇关于行为扫描的论文？毕竟，这不是一种新的训练技术，它已经存在了很久。它当然不是训练大多数行为的最佳方式。然而，在谢德水族馆，我们选择对太平洋斑纹海豚（*Lagenorhynchus obliquidens*）广泛使用行为扫描捕捉法，特别是对它们的空中行为。这种训练方式有一些缺点，但我们也看到了一些真正的好处。

行为扫描捕捉法的用途

在20世纪60年代，凯伦·布莱尔和英格丽·康（Ingrid Kang）报告了对一头糙齿海豚（*Steno bredanensis*）的训练，声称它每节课都要发明一个新行为。总而言之，海豚在短暂的项目中创造了许多行为。现在许多海洋馆的训练员使用自我创新的方法训练动物，允许动物发挥自我创造力。有些设施甚至还有一个“创新”区辨刺激，让动物做任何它想做的事情，包括创造一种新的行为。这些概念就是行为扫描捕捉法的全部内容。

大多数训练员都使用某种形式的行为扫描。当训练动物发声时，人们通常会等待动物自己发声。当发声行为被展示出来时，它就会被强化。大多数动物很快就能掌握并开始经常发声。最后一步是将该行为与提示语配对。以这种方式训练的行为通常被称为行为捕捉或行为扫描。

当我在20世纪70年代中期第一次接触到海豚训练时，我是跟一个以这种方式训练的人学的。他坐在后面，嘴里含着口哨，椅子旁边放着一桶鱼，只是盯着池子看。如果海豚有任何类似于他所需行为的举动，他就吹响口哨，向海豚扔出一条鱼。通过利用这种选择性信号，他塑造了许多惊人的行为：尾行、跳跃、翻转、胸部拍打和尾部波浪。这个人眼前似乎没有一个目标，但从未离开过他的椅子。我无法确定他是天才还是懒惰。事实上，在很长一段时间里，我都没有看到他使用目标法。当我学会目标的用途时，就像有人刚刚发明了轮子，我什么训练都用目标法。直到许多年后我开始与太平洋斑纹海豚打交道，我才对那个坐在椅子上的人充满敬意。

太平洋斑纹海豚

在谢德水族馆开馆之前，我们的太平洋斑纹海豚被暂时安置在加州大学圣克鲁兹分校（University of California at Santa Cruz）的长海海洋实验室（Long Marine Lab）。海豚在该实验室待了两年多，并在那里进行了适应性训练和早期训练。由于我们与长海海洋实验室和诺瑞斯博士（Dr. Ken Norris）之间的协议，在海豚到达实验室的第一年内，我们不可以开始正式的训练。因为诺瑞斯博士的一名研究生正在进行一项社会模式研究，他们要求尽可能少地进行正式的训练。我们虽然受到种种限制，但还是渴望能拿出我们的目标并开始目标训练。

长达一年的观察期是一个绝佳的机会。事实证明，太平洋斑纹海豚是相当活跃和爱玩的动物。在一整天中，我们注意到很多空中活动。我们会看到翻转、冲刺、跳跃、桶状翻滚、高高跃起和快速掠过。有趣的是，这种空中活动是突发性的。一旦有一头动物开始跃起，它们就都加入进来。这些空中活动每次持续 10～30 分钟。

游戏计划

训练开始时，我们把注意力集中在基础上，集中在日常饲养训练上。桥接信号建立得很快，正式训练也进展迅速。在训练间隙，我们对太平洋斑纹海豚极高的活动水平和明显的跳跃热情印象深刻。我们最终决定尝试捕捉它们的空中行为。我们注意到它们的空中活动有一个模式，经常发生在一天中的特定时间。我们仔细观察了这些动物，并选择了一些特定的行为，如弓形跳或高高跃起和冲刺，我们觉得我们可以很容易地捕捉到它们的动作。然后，我们开始默默地观察它们，在它们有可能表现出空中活动的时候准备好鱼。

当一头海豚做出了所需的行为时，我们就给桥接信号并向它们扔鱼。起初这只是简单地打断了动物的行为，动物会停止它正在做的事情，游过来抢鱼并看着我们。为了缓解这个问题，我们即使是在强化的时候，也要保持在海豚视线之外。这使动物们不再关注我们，继续进行空中活动。我们一开始在一整段训练时间内只能得到一个期望的行为。

由于持续 20 分钟的空中活动很常见，我们每天都按照计划进行扫描观察。这些海豚成为我们每天生活中的亮点。海豚们很快就适应了这个游戏。一旦它们意识到它们因特定的跳跃或翻转而得到强化，它们就开始反复地做出这种行为。在这一点上，我们不再向它们扔鱼，而是等着它们过来接受强化。然后，我们引入了区辨刺激。

我们特意选择了明显而独特的手势。我们经常使用这种非常显眼的提示，以避免与既定的区辨刺激混淆。一旦动物掌握了游戏规则，它们很可能会一再重复所需的行为。因此在每次强化后，我们都会再次给出区辨刺激，然后从池边退开，不出所料地动物再次表现出让人感到惊艳的空中飞跃行为。让动物理解并匹配区辨刺激然后做出需要的行为需要花费一定的时间，但那也是一件水到渠成的事情。

当我们确信海豚理解了这一区辨刺激时，我们就准备在其他场合尝试使用它。我们通常在扫描环节之后的正式环节中尝试使用。一旦我们把动物们叫到站台上，我们就会尝试这一区辨刺激。随着时间的推移，我们把这种行为转移到场所的不同区域，直到动物认为它只是一种行为。

我们发现自己也犯了很多迷信行为的毛病。由于动物自己创建了这种行为，我们没有办法知道是什么促使了这种行为，也不知道海豚依靠的是什么信号。在开始的时候，我们仔细记录了哪位训练员强化了训练，他们站在哪里，他们穿了什么，甚至发生在一天中的什么时间段。我们希望能够精确地重现这个场景，以增加我们再次获得这种行为的机会。最终我们发现，这些细节中的大部分并不重要。事实上，如果我们在这些细节上纠缠太久，就有可能使动物对这些东西产生期待。

塑型训练该行为

一旦动物学会了在提示下有规律地和始终如一地表现出某种行为，我们就会更有选择地给予信号。起初是动物自己确定了每个行为的标准，但我们希望能够塑造高度、身体位置和水池位置。由于我们没有通过任何具体的步骤来获得行为，我们同时制定了许多标准。对于每个行为，我们为所有标准设定了优先级别。例如，对于跳高，我们专注于高度的桥接信号，等着以后再处理位置问题。对于违规行为，我们首先关注动物们如何和在哪里着陆，然后再担心高度问题。

塑型扫描行为的关键是信号给予要恰到好处。即使行为在训练员心中已经完成，但在海豚的心中可能还没有完成。毕竟，它们一开始就被鼓励要有创造力，所以它们后来经常继续保持这种创造力。因此，信号给予恰到好处仍然是至关重要的，甚至在简单地维持一个行为的时候也需要恰到好处的信号。这里有个很好的例子，我们扫描捕捉了一个甩尾的行为。在一开始，我们接受海豚腹侧向上或向下拍打尾鳍。一旦我们决定倾向于腹侧向上，我们就必须非常谨慎地选择给出信号的方式。有一次我们对我们的标准很不清楚，以至于海豚开始在每次拍打尾鳍时在腹侧向上和腹侧向下的位置之间交替进行。换句话说，它在拍打的同时也在旋转。我们最终不得不使用一个目标来纠正这个行为。只有在动物的行为稳固后，我们才会继续前进，尝试延长距离和高度，或尝试将动物配对在一起，甚至尝试群体行为。

不利因素

因为我们已经成功地用扫描方法训练了许多行为，所以我们强烈支持在某些情况下使用这种训练技术。然而，行为扫描有一些明确的缺点，并不适用于所有情况。最明显的缺点是没有循序渐进的步骤可以依靠。如果你用一个目标教动物做一个翻转动作，几年后动物忘记了这个行为，你可以拿出你的目标，然后倒退，直到动物想起来。而通过扫描所捕捉的行为仅仅在动物的头脑中，你没有任何东西可以回溯。

我们的一头雌性海豚就遇到了这个问题。它已经发展出一种令人难以置信的转圈圈行为，或空中旋转行为，我们对其进行了扫描捕捉，并在区辨刺激上牢固地确立了这一行为。我们甚至把它纳入了我们的公开表演中。突然有一天，它不再做这种行为了。为了找回这种行为，我们重新创建了最初扫描行为的确切环境，但没有任何效果。我们最终放弃了。几个月后，它又突然重新做这种动作。在那一天结束时，它又能借助区辨刺激可靠地重复这种动作了。然而，就在同一天，它失去了另一个牢固确立的区辨刺激行为。它似乎没有能力，也不愿意一次区分两个以上的区辨刺激。

对于扫描的行为，具体的标准也更难维护。可以很好地利用目标来定位、定义和塑造目标行为，但对于扫描行为，必须通过恰到好处地给予桥接信号来慢慢接近。混沌信号总是一种不好的做法，而在扫描行为中，也可能是危险的。动物非常注意我们的口哨，而且往往非常信任我们的决定。混沌信号会将动物带入危险的位置或姿势。同样，如果行为被扫描，必须通过缓慢的塑型训练程序来完成行为规则或标准的改变，但如果行为一旦被定位，往往可以迅速重新塑形。

优点 / 结论

如果谨慎使用，扫描可以是一种很好的训练工具。它使动物能够创造和发明它们自己的行为。它还有助于训练员理解信号给予要恰到好处，因为混沌信号导致的扫描行为会迅速改变。扫描捕捉法并不排斥目标训练，目标可以很容易地添加到动物最初自己创造的行为中。最后，扫描使动物在学习过程中经历不同的思维过程。与目标训练不同，目标训练就像牵着动物的手，引导它们完成一个行为，而扫描则迫使动物理解我们通过信号传递给它们的信息。这种思维过程不断地使动物更加适应和专注于我们作为训练员正在做的事情。

总而言之，我们不会建议放弃目标训练。我们也不主张在所有情况下对所有动物进行扫描。当行为被扫描时，我们会失去一定的控制权，这对我们的某些行为训练是不利的。此外，如果我们总是等待动物先向我们展示一种行为，我们可能不会取得很大的成就。然而，当机会出现时，就像我们的滞后一样，你可能会考虑将扫描作为一种可行的训练工具。我们对训练结果很满意，并计划继续使用扫描来捕捉动物们自发的行为。这对我们来说充满挑战和乐趣，并且我们认为对于动物也是一样。

Conference Proceedings

《会议论文集》1982 年国际海洋动物训练员协会会议，于美国夏威夷檀香山（Honolulu, HI）。本文介绍了行为扫描或行为捕捉的另一种训练方法。明尼苏达动物园（Minnesota Zoological Garden）的训练员把它作为可变强化计划的一个组成部分。

自发行为的随机强化

奥斯丁·麦迪威（C. Austin McDevitt）
明尼苏达动物园

摘要

为了促进动物全天候的活动，1982 年 5 月明尼苏达动物园实施了一项随机强化自发行为的项目。起初，只有我们的瓶鼻海豚明迪（Mindy）和里约（Rio）参加了这种形式的强化。1982 年 8 月，我们将该计划扩大到我们的两头白鲸，分别叫小姑娘（Anana）和大嘴（Nukilik）。每天从每头动物的食物中留出一定的量，用于自发行为的强化。在一天中的随机时间（不包括预定的训练课程），训练员在水池附近找个可以观察动物，但动物观察不到训练员的位置。当一头动物自发地表现出某种期望的行为时，训练员就会向该动物抛出一条鱼（就像天降的甘露）。这个项目使海豚的预期活动明显增加，并提高了定期训练期间动物的专注度。

前言

将明尼苏达动物园的随机强化项目的演变纳入历史视野是很重要的。1969 年，布莱尔、哈格（Haag）和奥莱利（O'Reilly）描述了一种训练新行为的方法。简单地说，该项目中的动物在特定的时间段内，因自发表现出新的行为而得到强化；

"新的"行为被定义为任何以前没有得到强化的行为。这个项目的结果表明，在训练期间动物不仅会产生新的行为，而且项目涉及的动物的一般活动水平也会提高。

1974 年，戴夫·巴彻（Dave Butcher）描述了一种调节方法，后来被称为随机和中断强化（即 RIR）。这种方法最初是将当时常用的标准固定强化比例（通常是 1∶1 或连续强化时制）改为可变或间断的强化比例。这样一来，相关动物就无法预料何时或因何种行为而被强化了。在其最初提出后的几年里，随机和中断强化已经被扩展到不仅包括不同的强化时制，还包括各种强化物。这些强化物从常用的食物发展到允许动物选择自己的奖励形式（Brill，1981）。我们在明尼苏达动物园所做的是将这两种形式的调节结合起来，我们觉得这样做是很成功的。

方法和程序

由于这个项目是经过几个月的发展而不是提前计划好的。我将按事件的时间顺序来介绍它。

1981 年 11 月，我们开始通过使用新的刺激作为制约强化物来扩展我们的 RIR，这些新的刺激包括水枪、刷子和海绵等触觉强化物，以及延长与动物在水中玩耍的时间（社交强化物）。1981 年 12 月，我们开始对动物进行不定期训练。我们将不定期训练的次数从每天零次调整到三次。我们认为这将打破动物和训练员都已习惯的单调的日常生活。在这个时候，我们也开始在训练课之间把道具留在水池里以增加动物的消遣。由于我以前在另一个海洋馆的糟糕经历，这些道具被设计成动物们不能举起或扔给公众的东西，比如一个冲浪板、一个轮胎和举重环。1982 年 2 月，我和兰迪·布里尔（Randy Brill）及其他训练员在布鲁克菲尔德动物园下属的七海全景海洋馆待了三天，以获得更多关于 RIR 的第一手经验。回来后我给本馆训练员做工作，他们勉强同意在池子里放置一些物体，以便动物们可以把这些物体扔给公众进行互动。这些物体包括各种各样的球和环。我和我的训练员认真观察了公众与动物的互动，以确保公众没有以任何方式伤害到动物，即以可能伤害到动物的方式把道具扔回给动物。幸运的是，此类事件没有发生过。在这段时间里（从 3 月 6 日开始，持续到 13 日），除了互动本身的强化外，没有任何其他强化措施。在这 8 天期间，公众和动物之间的互动量一直处于较高的水平。

3 月 14 日至 30 日，因为展览池里正在进行装修，海豚被限制在它们的饲养池里。为了转移动物们的注意力，动物园的志愿者团队被允许进入饲养区与海豚玩耍。我们还改变了喂食时间，这也是为较小饲养池中的动物们增加多样性的一种手段。

在动物们重新进入展览池后，我们注意到海豚与公众的互动有所减少。正因为如此，我们开始加强从池边而不是从固定喂食点扔给海豚鱼的互动。正如预期，这引起了互动行为的增加，但我们也观察到动物们新奇行为的增加。应该指出的是，在这段时间里我们仍在继续进行常规训练课程，并与动物们在水中玩耍。

在整个 3 月和 4 月之中，我们持续评估、再评估我们的项目进展以及它对动物的影响。我们的结论是：整体活动量显著增加，训练中的注意力得到了极大的提高。然而，当我们在池边强化互动行为时，一旦动物意识到我们的存在就会朝我们游来。正因为如此，我们决定在动物看不到我们的地方提供这种强化。我们选择的地方是水池上方的平台，灌木丛中以及构成水池后墙的岩石外墙处。此外，我们不仅开始随机地强化互动行为，而且还强化动物们做出的任何自发行为。这导致了全天侯活动的急剧增加，动物们展现出各种以前被强化或塑造的行为，如抛球、用尾鳍划步、划水、尾鳍直立和发声。此外动物们的新奇行为也在增加，如侧腹甩动尾鳍、转圈圈游动、身体自回旋和相互碰撞，以及塑型行为和新奇行为的结合，如开始用尾鳍划步并以自回旋结束等行为。

结论

经验使我们相信自发行为的随机强化方案在训练计划中是有价值的，原因如下：（1）它为动物提供了额外的刺激，有助于缓解禁闭的压力；（2）它允许动物有更多的创新，许多新的行为可以纳入表演形式；（3）我们在不断扩大的 RIR 项目中获得了另一种训练行为的工具。

必须指出的是，我们并不觉得这个项目本身就是目的，而是必须在此基础上进行的训练才有价值。每位训练员都必须决定如何将自发行为的随机强化程序纳入表演和训练计划中。最后，RIR 项目的发展表明，我们的艺术必须不断变化。我们已经看到，各种刺激和强化物的使用会让我们信任的动物和它们的训练员都处于更健康的心态。

参考文献

1. Brill, Randy. “Dolphin Training Does a Flip-Part II.” Bison (December 1981 / January 1982)
2. Butcher, Dave. “The Trainer as the Trainee.” In Fourth Annual Conference Proceedings of the International Murine Animal Trainers Association, 1974, Orlando, Florida, edited by Rusty White and Bill Scronce. Orlando, FL: Sea World of Florida, 1974, pp. 107-15
3. Pryor, K. W., R. Haag, and J. O’Reilly. “The Creative Porpoise: Training for Novel Behavior” Journal of Exp. Anal. Behav. 12 (1969): 653-61

A Behavior Sampler by Gary Wilkes

《行为样本》，虽然目标训练已被大多数专业训练员有效地使用，但对宠物主人来说，这是一种相对较新的方法。下面的这些例子可能被海洋哺乳动物训练员更准确地称为“诱饵”（我们通常避免这种叫法），但其中的一般概念值得读一读。

推和拉的方式是“偏离目标”的训练

盖瑞·威尔克斯

多年来，鲍勃·霍普（Bob Hope）已经与高尔夫球紧密地绑在一起。在电影或节目上，他经常用手臂搂着一位美丽的女士，引导她的手臂完成挥杆的动作。我想我们可以认为，教高尔夫球可能是他最不想做的事。

鲍勃可能不知道，推、拉以及引导某人完成某种行为被称为建模。这也是人们教育动物的主要方式之一。如果你想让斑点狗坐下，就在它的后面推它，同时把它的脖子往上拽。如果菲菲猫不愿意起来，就给它套上绳子，像金枪鱼一样把它提起来。如果你想让布鲁诺（犬名）与你平行坐着，就用你的脚轻点它。虽然这些例子都很常见，但它们通常都是很低效的。所有的动物都对被推、被拉或被扯有着天生的抵抗力。

更灵活的教学系统是利用动物瞄准和追踪猎物的本能行为。想要看到这个系统如何起作用，就把你的宠物最喜欢的玩具扔过房间。啊哈！那只拴着狗链都很难跟你亦步亦趋的狗竟然可以完美地追踪玩具，并突然以几乎每小时 20 英里（1 英里 =1.609 千米）的速度滑过厨房的地板（当然前提是不能拴着狗链）。

用玩具触摸菲多（Fido）的鼻子，当它试图咬玩具时，把玩具移回它的额头上。保持足够低的位置，让它不要试图跳起来去拿玩具。它要么后退，要么坐下。接下来，试试你的运气，让菲多躺下。将玩具放在它的鼻子上，然后直线移动到它的前爪上。当菲多试图抓住玩具时，慢慢地沿着地面移动，远离它。为了跟上玩具，它必须逐渐伸展直到躺下。如果它站起来了，就回到坐姿状态再试一次。如果它成功了，就给它大量的食物和爱抚作为强化。

用目标控制来训练狗狗可以得到比躺着或坐着多得多的行为。大多数小型犬通过以头顶上的食物为目标来学习跳舞。目标训练是训练牧羊犬、猎犬和其他动物的主要方式。

马戏团训练大师冈特·加贝尔 - 威廉姆斯（Gunther Gabel-Williams）曾对他的老虎使用过目标训练。他用一根挂着肉的棍子作为目标。当他移动棍子的时候，他的老虎就会跟着肉的位置走，然后因为正确的动作而得到奖励。

家猫很容易适应目标训练而不是建模的训练。拉扯你的猫只会让你们俩都感到沮丧。教猫咪坐下、躺下或翻身都可以通过目标训练轻松完成。

当许多训练员仍继续使用古老的建模方法时，目标训练反映了一种更自然和有效的教学方式。除了挑战和享受非强制的教学方式之外，宠物的行为也会很快达到训练目标。

《训练员论坛》1995 年第 20 卷第 4 期。在大多数训练项目中，扫描捕捉法或行为捕捉法似乎总是排在目标训练之后。但当动物突然做出期望的行为时，你该怎么做？在文献中并不经常讨论行为捕捉主题，所以下面的六个问答是了解不同见解的难得机会。

小海豚的模仿行为：是通过塑造法还是通过捕捉法？

问：我们经常看到，在我们的养护设施中出生的小海豚模仿它们母亲的行为，而它们的母亲则做着被训练的行为。你会在训练过程中强化这些模仿行为，并将其置于刺激控制之下？还是会放过，并后续通过连续渐进法塑造这些行为？

答 1：当训练动物的行为时，训练员通常通过连续渐进法来塑造这些行为，或者他可以“捕捉”这些行为并将区辨刺激与之联系起来。行为捕捉的问题是如果标准突然降低，或者行为不再发生，那么你就没法依靠任何训练步骤来重新塑造该行为。你必须等到它再次发生（如果它再次发生），才能再次捕捉它。

那么，小海豚模仿母亲的行为怎么办？这些应该被强化吗，即使它们没有被塑造出来？我们认为，答案是肯定的。这不一定是为了在动物身上“获得”行为，因为同样的行为在未来可能需要被塑造，但在早期捕捉这些行为有很多好处：

1. 它让小海豚思考，并在精神上受到刺激。
2. 巩固了人们对桥接信号的理解和对各种强化物的使用。
3. 有助于建立小海豚和训练员之间的关系，因为训练员需要在这个动作那里强化，并将该行为与 SB 相结合。
4. 这也使训练员能够加强与其他海豚的团队合作，因为小海豚是这一群海豚中的一名成员。

唯一的缺点是需要上好的运气才能使捕捉到的行为保持达标，因为如果这种行为一旦失误，训练员就会一无所获。

夏威夷海豚探索海洋馆（Dolphin Quest Hawaii）
训练团队

答 2：塑造还是捕捉？这是个问题。是否更困难的训练技术让人感觉更好，还是……据我所知，这是海洋哺乳动物训练员永远不会达成共识的辩论。大多数训练员甚至可能无法分辨一个特定的行为最初是通过抓捕还是通过塑型训练来训练的。首先注意到区别的时候是当行为开始崩溃的时候。当动物开始对特定的区辨刺激做出不正确的反应时，训练员可能会决定对该行为进行回溯或“回到幼儿园时期”重新开始。通过倒退，训练员希望能让动物重新意识到完成行为的步骤。如果该行为最初是通过连续渐进法训练的，这应该是很容易的。然而，如果该行为最初是被捕捉到的，那么重新塑造当时小海豚表现出该行为的场景（模仿）可能会更加困难。当然，可以重新训练动物，但这可能要比最初通过连续渐进法训练的时间长得多。

通过比较这两种方法，我们看到年幼的动物往往比成年的动物更快地学会捕捉的行为。然而，通过塑型训练的行为会更容易维护和改错。有创意的训练员可以在动物年幼的时候使用任何一种方法来建立刺激控制。人们可以通过尽可能多的连续渐进法训练，并集中精力完成模仿学习行为，以及训练大多数新行为。

巴尔的摩国家水族馆（National Aquarium in Baltimore）
格雷戈·比登巴赫（Greg Biedenbach）

答 3：是的，我们确实捕捉了一些小海豚模仿的行为，并将其置于刺激控制之下。在训练动物时，通常都会意外捕获一些行为，如跳圈和唱歌。如果小海豚模仿它们的母亲，我们就更容易通过区辨刺激获得这种行为。即使是刚开始训练也会很容易！

然而，我们并不提倡过度依赖模仿，而是应尽可能多地训练出各种行为。任何资深训练员都知道，捕捉模仿的行为很容易，也很有趣，但如果行为失误了，就不能再退回重新训练。

因此，可以一些行为通过模仿，其余动作通过训练得到，通过两种方法相结合，你可以拥有高质量的行为产出。

德布拉·马林 - 库尼（Debbie Marrin-Cooney）

美国非洲海洋世界（Marine World Africa USA）

答 4：我们有一个经验法则：只要你看到了你喜欢的行为，就强化它。如果一头小海豚在模仿它的母亲，那太好了！想想看，所有的训练时间都节省了。这头动物迟早会意识到，各种强化的行为都有关键点。关键点就是信号或区辨刺激。小海豚迟早会明白的。

摩尔亚海豚探索海洋馆（Dolphin Quest Moorea）

训练团队

答 5：连续渐进法和强化模仿行为都会产生某种形式的刺激控制行为。然而，应该使用哪种方法取决于行为目标。通常，传统的和创新的训练方法原则上都可以成功地训练动物行为。当你需要纠正失误的行为时，传统的训练方法是最好的。然而，塑型训练法会比行为捕捉法增加许多训练步骤（例如：目标的提示和淡出），而这些步骤在最终结果中往往没有什么体现。

对比一下强化小海豚与母亲一起跳圈的行为。当小海豚被区辨刺激强化时（对小海豚而言），这其实是一种模仿，与传统的行为塑造有着本质上的不同。那么，在强化模仿行为和通过连续渐进法进行塑型训练之间，你就可以做出相应的选择。在澳大利亚海洋世界的整体训练中，我们采用了两者融合的方法，事实证明很成功。

澳大利亚海洋世界（Sea World of Australia）

杰夫·墨菲（Jeff Murphy）

答 6：如果你不想因为没有强化而扼杀小海豚的创造力，那就强化模仿行为，因为模仿妈妈是小海豚在野外的一个自然学习方式。但我们强烈建议你稍后对每个行为进行适当的连续渐进法训练，以便在出现混乱时有据可依（会出现的！）。

明尼苏达动物园

特蕾西·贝尔廷

A Behavior Sampler by Gary Wilkes

《行为样本》中这篇幽默的文章很好地例举了当区辨刺激没有清楚地传达给动物时会发生什么。最重要的是，证明了如果训练员在训练和维持行为时给予的信号不明确或不一致，无论是听觉、触觉还是视觉方面的信号都很容易被动物误解。

名字里有什么？

盖瑞·威尔克斯

有一天，我在市场上看到一本给新生儿起名的小书，里面有 1000 多个名字及其含义，比如：彼得（Peter），来自希腊语，意思是“岩石”；威尼弗里德（Winifred），来自古英语，意思是“暴风雨后被冲上岸”。虽然人类显然可以理解这些描述个人属性的名字，但你有没有想过你的动物可能会想象它们的名字意味着什么？这里有一道简单的选择题，可以帮助你找到答案。

你的宠物应该认为它的名字意味着______________。

（a）完全没有意义

（b）过来

（c）不

（d）停，看，等待下一个命令

这个测试的正确答案是（d），虽然看起来这也是最不可能的答案。

造成这种矛盾的原因之一是人类认为名字是身份的象征，而动物对名字的反应则是与某些行为相关的信号。人类将一只雪纳瑞犬命名为“布利茨”（Blitz），以表明其品种是日耳曼血统，而布利茨则认为它的名字意味着“在两腿巨人用报纸打你之前快跑”。

造成这种差异的原因很简单：布利茨可能无意中学到它的名字实际上意味着“不！”例如当布利茨要去翻垃圾的时候，它的主人更有可能喊“布利茨！”而不是简单的“不！”如果它的主人一直在责骂或惩罚时候使用它的名字，那么“布利茨”这个名字和责骂之间就不可避免地产生了关联。很快狗听到自己的名字就会退缩和逃跑。

有些主人在训练动物时想的比别人多一些。他会大喊狗的名字并大叫不要（“布利茨，不要！”），这种做法允许你在惩罚一只狗的同时放过另一只。其理由是，如果惠顿梗犬维奇（狗名）正在做自己的事，主人喊“布利茨，不要！”就不会影响到维奇，只会影响布利茨。虽然这对人类来说可能是合乎逻辑的，但仔细观察就会发现，这对狗来说是混乱的。

首先，如果维奇狗的确知道自己的名字，当你叫“布利茨”时，它可能不会有反应。它第一个听到的是对它喊的“不！”这个词。尽管它可能完全没有任何“不当行为”，但当它听到“不！”这个词时，它会认为它将为它所做的事情受到惩罚。

从布利茨的角度来看，它也会感到困惑。比如，就在它叼起了卧室的拖鞋时，它听到主人叫它的名字。它迅速做出反应放下拖鞋，转身面对它的主人，这时它听到了“不！”这个词，它不会去想叼起拖鞋是不好的行为。布利茨现在确信，看着主人才是坏的行为。每只狗都从这次经历中各自学到了不同的教训。从此，维奇可能会对它的主人产生普遍的戒心，而布利茨则会开始有意回避它的名字。

另一个常见的对狗名字的误用是它最终意味着“来”，而不是“注意”。最简单的方法是在你想发现狗的位置时喊它的名字。如果菲朵（Fido）不在视线范围内，找到它的最简单方法就是喊它的名字。当它出现以弄清楚你的呼唤时，你自然要表扬它的到来。几周的热情问候后，狗狗就会明白它的名字意味着“来找主人”。

虽然许多主人认为用动物的名字来代替“来”这个词没有什么坏处，但这种做法隐藏着风险。比如菲朵跑出前门，已经跑过街道，如果这时有汽车呼啸而过，你必须能警告菲朵，告诉它不要动。问题是它认为“菲朵”是指“来”。在这种情况下叫它的名字，是不能在不触发“来”的指令的情况下引起它的注意的，而这可能会造成事故。

对于那些回答说狗的名字“完全没有意义”的人，你有敏锐的观察力，确实许多动物对它们的名字根本没有反应。其中一个原因是经常不恰当地使用狗的名字的。“菲菲，坐下！菲菲，来；菲菲，这个；菲菲，那个；菲菲，菲菲，菲菲！”主人只是简单地把名字与所有事情联系在一起，却从不在意狗的反应是否正确。很快，这个名字对狗的意义就越来越小了。

你需要教你的宠物停下来，因为看和听其实是非常重要的行为。它可以让你从远处“控制”你的宠物，并确保它在紧急情况下会专注于你。不管你为你的宠物取了听起来多花哨的名字，首先要确保你的宠物知道它的真正含义：停、看、听！

A Behavior Sampler by Gary Wilkes

即使是最资深的训练员也无法阻止动物习得迷信行为。下面的例子说明了动物是多么容易产生完全非预期（而且往往是不需要的）的反射。

迷信行为

盖瑞·威尔克斯

许多人看到一只黑猫走过马路，都会觉得心里怪怪的。我也认识一只黑猫，它对烤饼干的人感到绝对恐惧。山姆（Sam）就是这样迷信的一只猫。

大约 60 年前，行为学家斯金纳（Skinner）博士发明了一种有趣的机器。它是一个复杂的盒子，可以提供各种条件来测试动物是如何学习的。“斯金纳盒子的”一个主要优点是允许动物在没有人为干扰的情况下进行实验。简单的“斯金纳盒子”装置包括彩色的灯和打字机的按键。如果鸽子在灯亮的时候啄了一下按键，第三个装置就会记录啄的次数，并把一些玉米送到盒子中的料斗里。通过自我学习，鸽子可以“了解”怎样做能够获得玉米。为了得到玉米，鸽子的行为会发生变化。这可以通过计算鸽子啄食的频率，以及玉米的运送间隔频率来进行量化。

斯金纳博士在使用他的盒子装置后不久，就发现了一些令人惊讶的结果。他将机械装置设定为在随机时间将玉米倒入料斗。玉米的出现与鸽子可能做出的任何特定行为之间没有任何联系。鸽子可以做任何事情，也可以什么都不做，但仍然可以在随机的时间得到食物。鸽子还是通过“自我学习”，发展出了使研究人员感到惊讶的新行为。

为了理解这一点，有必要想象一下鸽子对这个过程的看法。格特鲁德（Gertrude）是只正在盒子里慢慢移动的鸽子。它听到了玉米落入料斗的声音。它贪婪地吞咽着，但仍然很饿。格特鲁德现在可能会问自己：“是什么导致了玉米的出现，我能否让它再次出现？”你和我都知道，它的探索是没有希望的。然而，格特鲁德知道一些我们不知道的事情。就在玉米落入料斗之前，格特鲁德已经转到了左边。吃完后，它又转到了左边。格特鲁德现在确信，如果它一直向左转，它就会得到一份食物。它是完全正确的。因为盒子的设置是为了随机强化它，它选择的任何行为最终都会导致更多的玉米。尽管它的行为与何时以及如何获得玉米无关，但它最终会一次又一次地做出这些无用的行为。

大约一年前，山姆这只猫的主人正在烤制一些饼干。山姆自然很好奇，决定去看看。当它走近厨房时，它的主人正从烤箱里取出一批热的饼干。当她正拿起热的曲奇饼干盘时，她的防烫套垫滑落了。热金属盘烫伤了她的手。饼干从她手中飞出，大声地撞击着柜台，然后掉到了地上。山姆吓坏了，躲在卧室里。不管是什么东西发出了巨大的声响，它都没有跟着山姆到床下。山姆很好地吸取了这次的教训。结果它一闻到饼干的味道，它就知道饼干怪物开始在房子里活动了。唯一安全的地方就是床下。尽管饼干味和飞来的饼干之间的联系是偶然的，但山姆并不抱任何侥幸心理。

许多人都知道动物有迷信行为。对环境中的新事物感到恐惧的狗也属于这一类。对任何新事物的本能恐惧反应，会使狗狗对院子里的某个地方完全无害的东西，如备用轮胎产生永久的厌恶。如果罗孚（Rover）在嗅闻轮胎时突然传来巨大的声响，它可能会对所有的轮胎或轮胎所在的院子里的某个地方产生恐惧。即使把轮胎移开，也不会改变这种态度。因为对罗孚来说，轮胎是不吉利的。

华盛顿州埃弗雷特市（Everett, WA）的肯（Ken）和梅丽娜·瓦瑟曼（Melrene Wasserman）拥有一只名叫杰宝（Jayboo）的拉布拉多寻回犬。每当有人笑的时候，杰宝就会转圈，而且它会转得尽可能地快。肯并没有教过它这种行为。事情的经过与鸽子格特鲁德学会左转的方式相同。杰宝第一次转圈，是为了咬尾巴上的跳蚤。它转得非常快，以至于头晕目眩，像个醉汉一样踉踉跄跄。这种行为非常幽默，肯和梅丽娜大笑着拍了拍杰宝的头。又重复了几次，导致这种行为不仅发生得更频繁，而且与笑声联系在了一起。朋友和邻居们也无意中帮助延续了这种行为，直到它成为杰宝的常规动作。这种明显的迷信式行为的发展使它变得更加有趣，让人们笑个不停，让杰宝转个不停。

作为一个宠物主人，你可以利用这些知识。将特定的行为与一些强化物之间建立联系，可以让狗远离垃圾桶，或者教它在得到食物之前旋转三次。从本质上讲，所有的训练都依赖于动物将无关的事件与得到强化联系起来的意愿。如果一种行为看起来不寻常，问问自己宠物是如何通过行为表现来获得回报的，然后通过使用感情和食物来塑造和选择宠物有趣而独特的行为。

Conference Proceedings

《会议论文集》1991 年国际海洋动物训练员协会会议，于美国加州瓦列霍（Vallejo, CA）。操作性理论的基本前提是，通过忽略（不提供强化）可以去除某种行为。训练暂停被许多人认为是完成这一任务的最有效方法。一种改良的训练暂停，即“最小的强化刺激”（LRS）以中性反应的形式被开发出来。1985 年，海洋世界开始使用三秒无反应（中性反应）作为他们最小的强化刺激。本文展示了他们使用这种技术取得的成功。训练员以各种方式利用最小强化刺激来减少不良行为，不过相关文献较少。

通过削弱法减少行为的频率及其在海洋哺乳动物训练中的应用

迈克·斯特普斯（Michael R. Scarpuzzi）[1]，克林顿·拉奇（Clinton T. Lacinak）[2]，
泰德·特纳（Ted N. Turner）[3]，查尔斯·汤普金斯（Charles D. Tompkins）[4]，
大卫·福斯（David L. Force）[5]

[1]加州海洋世界（Sea World of California），[2]海洋世界集团（Sea World，Inc.），
[3]俄亥俄州海洋世界（Sea World of Ohio），[4]佛州海洋世界（Sea World of Florida），
[5]得州海洋世界（Sea World of Texas）

摘要

许多技术和方法都被用于减少行为频率。历史上这些技术包括食物剥夺、刺激信号、预厌恶刺激和厌恶刺激。削弱法是一种根据经验得出的用于行为矫治的程序。在削弱法期间，对先前强化的反应不再进行强化。我们的目标是将削弱法作为行为的后果，而不产生受到惩罚或负强化的行为表现。1985 年，我们重新阐述了真正的削弱法在海洋哺乳动物训练中的实际应用。我们的应用包括三秒训练暂停，在这段时间内，训练员在动物的训练中应用最小的强化刺激作为应对动物“不好”行为的措施。我们在上述四座海洋世界公园都使用了最小强化刺激法，目前将其应用于所有海洋哺乳动物，包括虎鲸（*O. orca*）、加州海狮（*Z. californianus*）、太平洋海象（*O. rosmarus divergens*）、瓶鼻海豚（*T. truncatus*）、太平洋斑纹海豚（*L. obliquidens*）、真海豚（*D. delphis*）、花斑原海豚（*S. frontalis*）、花斑喙头海豚（*C. commersonii*）、白鲸（*D. leucas*）、短鳍领航鲸（*G. macrorhynchus*）和伪虎鲸（*P. crassidens*）。这些动物代表了所有年龄组，也包括雄性和雌性。在海洋哺乳动物中，最小强化刺激可以有效地减少不受欢迎的行为，并且没有惩罚或负强化的副作用。使用最小强化刺激还能保持完全正强化计划的完整性。

前言

过去用于降低行为频率的一些方法包括：

- 刺激信号
- 一个口头的“不”字
- 预先厌恶性刺激
- 条件性的厌恶刺激（盾牌、网）。
- 后退或采取“训练暂停”
- 物理消除强化物
- 将动物关起来
- 体罚

所有这些方法的后果最终都是产生副作用，在某些情况下，会立即产生条件性的“情绪”反应。

1985 年，我们在海洋世界里想找到一种方法来教动物们犯错是“允许”的，在犯错后应该如何做，并能在不产生副作用的前提下减少犯错的次数。

为了实现这一目标，我们希望找到一种方法以应对动物做出的不可接受的行

为，同时避免产生任何负面影响。更具体地说，我们正在寻找一种本质上积极，但只具有最小强化特性的刺激。

作为海洋动物训练员，我们认识到刺激物所能产生的强化特性。根据定义，刺激即任何物理事件或条件，可以有多种形式（Ferster & Culbertson，1982）。次级强化物（有条件的）和初级强化物（无条件的）是跟随操作性行为（operant behavior）并增加其发生频率的刺激物。区辨刺激在操作性行为之前，为行为或表现的强化创造了条件。厌恶性刺激会通过终止（负强化）来增加行为的频率。正如你所看到的，我们所做的每一件事和饲养环境中的每一种事物都是一种刺激。

强化刺激物的作用是提高行为频率的关键。

海洋世界使用可变比例强化时制。强化时制的形式多种多样，包括初级强化（食物）和次级强化（玩具、游戏、触碰、兴奋或其他“制约强化物”）。这为动物们提供了不断变化的有趣环境。

我们知道，“强化”就是用强化的刺激来跟踪一个行为。强化刺激是指增加其后续行为频率的事件（Ferster & Culbertson，1982）。然而，任何刺激都可能或不可能增加其后续行为的频率。这取决于动物的感知或先前学到的东西。因此，为了最有效地降低一个行为的频率，我们要使用最小强化刺激。

同一类型的可预测和持续的强化将最终导致其强化特性的丧失，并将有助于减少行为的频率、强度和 / 或持续时间，而不是增加它（Nye，1979）。可预测性在通过削弱法降低行为频率方面也起着重要作用。当一种行为不再引发强化刺激时，该行为的频率就会降低。当有足够多次操作性行为没有得到强化时，其展现频率就会下降到原来的无强化水平。停止强化的程序被称为削弱法。这种不提供强化的程序是减少先前得到强化的行为频率的最有效方法（Ferster & Culbertson，1982）。

传统的行为矫治总结出四个主要原则，用于减少或增加行为的频率。这些刺激包括两种强化（积极正面的和消极负面的）和两种惩罚（积极正面的和消极负面的）。在海洋世界，我们只直接应用过这四个原则中的一个：正强化。

惩罚从来不被用作行为后果的原因有很多。使用惩罚会导致“回避”行为、“逃避”行为和许多其他与挫折相关的条件性“情绪”反应，包括攻击性（Nye，1979）。

尽管在动物生存的自然环境中有许多的例子，但负强化也没有被实践。例如，一群海狮在游泳时，一群虎鲸袭击了它们。海狮希望能游到岸边，远离虎鲸。通过终止厌恶性刺激（虎鲸攻击），海狮的游动能力得到了负强化。

研究目标

我们希望通过削弱法降低行为的频率，同时避免产生负面效应。首要目标是与动物们建立更牢固的积极关系。我们能够通过应用最小正强化刺激来完成这一任务。

训练方法

我们的应用程序是在一段时间内通过对动物应用最小强化刺激（LRS）作为动物“不良”反应的结果。我们在四座海洋世界公园对不同种类的动物（共 240 多头动物）实施了最小强化刺激实验。这些动物涵盖所有年龄段的动物，从一岁的大西洋瓶鼻海豚到30岁的虎鲸。在过去的六年里，我们全体100多位训练员一直坚持使用这种减少动物“不良”行为的训练技术。最小强化刺激为“不良”行为提供了尽可能小的强化，对不受欢迎的行为持续使用最小强化刺激，将减少行为的发生频率、强度和持续时间。

我们的应用说明，当最小强化刺激作为特定行为的一贯后果出现时，会降低该行为发生的概率。最小强化刺激是指训练员暂停2～3秒，并与动物进行眼神交流。这并不是训练员在动物做出不受欢迎的反应后所采取的固定或预先确定的行为。例如，如果动物在水中表现出不良行为时，训练员会在水中停顿（LRS）。比如当不良行为发生时，训练员是站着的，那他就在那个位置停顿2～3秒。这为动物提供了最小的积极或消极的环境变化，否则可能会意外地强化不希望发生的行为或其他行为。

一般来说，最小强化刺激应发生在特定行为最常得到实际强化的时间点上。例如，如果动物做了不正确的行为，那么最小强化刺激应该取代摩擦、触摸、喂食等行为。它不应该在动物回到舞台的时候开始，除非你通常在那个时候开始提供强化物。

因为行为和学习是基于频率的，如果最小强化刺激取代了你最经常使用的实际强化物，那么它将有助于动物的学习。最小的强化刺激不是用来代替“桥接信号刺激”的。这里的原则是，要注意正确的行为，尽可能少地注意不正确的行为，然后继续正常工作。

动物对应用最小强化刺激的反应必须通过间歇性强化来调节和维持。虽然这听起来很矛盾，但这是避免在真正的削弱法中可能出现的负面效应的关键。在这里，动物学会了“犯错也没关系”的概念。当我们使用人类模型时，这一点很容易理解。当一个孩子表现出一系列被称为“发脾气”的行为时（在他没有得到他所期望的东西或犯了一个错误之后），这通常是因为他没有学会一个适当的或社会上可接受的行为，或者因为发脾气而得到了某种强化。然而，如果父母很少关注发脾气，而更多地关注他表现出的更有控制力的行为，那么有控制力的行为出现的频率就会增加。希望家长能认识到这一点并予以加强。动物的攻击行为或“发脾气”对我们的动物、周围的环境和我们来说都是危险的。我们必须在使用最小强化刺激后，对平静放松的反应进行间歇性强化。这将鼓励动物做出适当的行为，即“平静”，作为对削弱法过程的回应，这将使它获得可能的间歇性强化。当适当的间歇性强化被应用时，动物会避免沮丧，并习得（通过错误的表现）犯错是“没事的”。

最小强化刺激为动物提供了一个机会，让它们学会终止不良反应，思考标准要求，并在下一次尝试另一种行为。这是一种非常有效且不令人沮丧的与动物沟通的方式，而且与排他性行为差别强化（differential reinforcement of incompatible behavior, DRI）密切相关（Kazdin，1988）。例如，如果你对动物保持冷静这一行为进行强化，动物就不太可能做出不兼容的不安行为。保持冷静和感到不安在行为上是不相容的。

图 1 将有助于说明最小强化刺激在处罚 - 强化连续体中的位置。由于间歇性强化的调节过程，最小强化刺激落在处罚 - 强化连续体中可感知的强化一侧。

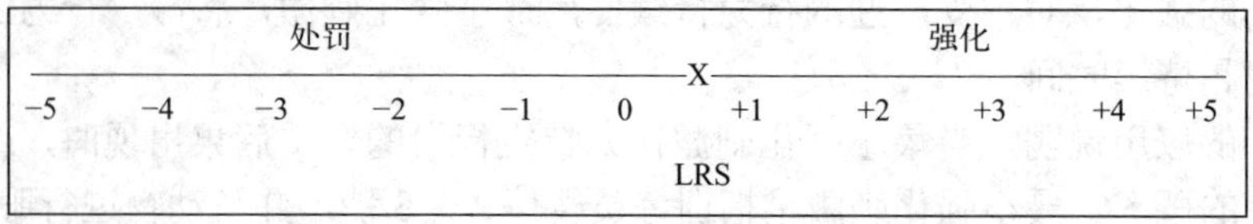

图 1　LRS 在处罚 - 强化连续体中的位置

我们通过经验发现，在动物出现不良反应（行为）后，训练员暂停 2 ～ 3 秒，最终会减少不良行为的发生。这种“暂停”（LRS），如果在不良反应后持续应用，可以提供最小强化刺激，而不会引起反感（由于其被动性和间歇性强化特点），避免了动物的挫败感。它可以让动物更好地理解强化的偶然性，无需反感。

总结

- 最小强化刺激是一种区辨刺激。
- 最小强化刺激是训练员对不正确或不期望的行为的反馈。
- 最小强化刺激是训练员平静、被动地停顿 2 ～ 3 秒，而不是采取某种固定或预定的姿势。
- 最小强化刺激应该在训练员通常会发出初级或次级强化的时候使用。
- 对 LRS 的积极调节或“接受”是通过定期强化平静、无反应的行为和态度来实现的，从而避免了动物将会产生的任何挫折感。

结论

因为最小强化刺激包含了强化的特性，所以必须注意，它不会立即消除任何不良行为。使用一个纯粹的“积极”系统需要我们付出更多的时间、耐心、准确性、勤奋和努力。我们的系统不是一门“快速解决问题”的科学，因为快速解决问题会使我们的动物感到沮丧，相反，我们给予了一种积极的、明确的应变措施，随着时间的推移，会形成牢固的关系和安全的氛围。同样重要的是，它会让动物明白犯错是“没关系”的。由于我们会受到关爱我们的人的批评审查，我们这些有幸还从事此项工作的人需要认真考虑和使用这种无害的方法来训练我们的动物。如果我们不继续改进我们的动物训练技术，那会是一个不“好”的错误。

词汇表

厌恶性事件： 抑制后续行为的刺激，或增加导致其终止的行为的刺激。

条件性厌恶刺激： 一个最初是中性，由于与其他厌恶性事件匹配或与非强化信号即将出现匹配而获得厌恶特性的事件。

条件性情绪反应： 由感知到的厌恶性刺激引起的习得性情绪反应。

区辨刺激： 前提事件或刺激物，预示着某种反应行为将被强化。在有区辨刺激的情况下，反应行为会得到强化。当一个事件通过与强化物匹配而成为区辨刺激后，它的存在可增加反应行为发生的概率。

削弱法：对于以前提供强化的反应，不再提供强化的程序。

削弱突破现象：在削弱法开始时，反应的频率和强度增加的现象。

固定间隔时制（FI）：一种实施强化的计划。在固定间隔时制中，经过固定时间间隔后，对目标反应的首次出现给予强化。

固定比例时制（FR）：一种管理强化的计划。在FR计划中，对目标反应出现固定次数后，给予强化。

负惩罚：在反应后取消正强化。

负强化：对反应频率的增加，随之而来的是负强化物的终止或移除。

操作制约：一种主要通过调节随之而来的后果来改变行为的学习方式。操作性行为的发生频率会由其产生的后果而改变。

正惩罚：在反应后出现令人厌恶的事件。

正强化物：随着反应频率增加，出现正强化物。

初级强化：一种不依靠学习来实现其强化性能的强化事件。食物、水和性都是初级强化物。

惩罚：呈现一个令人厌恶的事件或移除一个正强化事件，以减少反应发生的概率。

强化时制：表示多少或哪些反应将被强化的规则。

刺激终止：刺激的前置事件，表示某种反应不会被强化。

训练暂停强化：一种惩罚程序，根据行为，短时间内停止正强化。从群体中被隔离体现了训练暂停强化。

可变间隔时制（VI）：在给定的时间间隔过后，目标反应首次出现会得到强化。然而，每次进行强化时，时间间隔都会发生变化；间隔是可变的。该程序以某种行为反应被强化前必须经过的平均时间来表示。

可变比例时制（VIR）：目标反应的出现次数是强化的必要条件。每次强化时，所需反应的次数是不同的。该程序由强化前必须出现的反应的平均次数来表示。

参考文献

1. Ferster, C. B. & Culbertson, S. A. (1982). Behavior Principles, (3rd Edition) pp. 6, 374-375, 84, 87-89, 127. New Jersey: Prentice-Hall, Inc.

2. Kazdin, R. D. (1989). Behavior Modifications in Applied Settings, pp. 35, 337-338, 340-341, 348-349. Wadsworth, Inc.

3. Nye, R. D. (1979). What is B. F. Skinner Really Saying. pp. 32, 33, 41-49. New Jersey: Prentice-Hall, Inc.

《训练员论坛》1999年第24卷第2期。因为训练暂停是纠正动物的错误回应的常用方法，所以《训练员论坛》栏目没有尽早回复下面的问题是令人惊讶的。这三个都是经过深思熟虑的回答，对问题提供了很好的反馈，但每个人的回答风格却相当不同。第一个和最后一个回答将暂停作为一种技术并且只有在绝对需要时才使用，而第二个回答则简单地讨论了如何使用暂停。

正确使用训练暂停

问：谁能告诉我训练暂停的正确使用方法？什么行为应该被训练暂停，暂停多长时间，多长时间一次？我担心我们的员工已经过度使用了，而且可能变得无效。

答 1：如果你担心你在过度使用，你可能就是在过度使用！当制定一个适当使用暂停的计划时，你的最终目标是完全避免使用它。根据定义，暂停是一种处罚形式。通过取消强化机会以及与动物的任何其他积极互动，我们希望能减少不良行为的频率、强度或持续时间。问题就出在这里。当使用暂停时，我们专注于惩罚问题行为，而不是将我们的注意力转移到强化好的行为上。

准确定义什么时候使用暂停是很棘手的，因为一旦你确定了这些行为，你的动物最终也会发现这些行为。如果暂停的使用已经成为可预测的，你的动物可以在任何时候通过提供不受欢迎的行为来结束训练。

如果以前建立的行为被打破（行为没有达到标准，动物提供不正确的行为，或动物拒绝执行某些行为），也可能有其他因素在起作用。如果你能排除健康问题或其他主要的行为影响因素，如繁殖季节或群体动态的变化，那么是时候照照镜子（哎哟！），评估你的训练计划了。训练员在与动物互动时，是否能很好地沟通以确保信号使用连贯？你是否为你的动物提供了刺激性的乐趣和不可预测性？有很多方法可以改变我们所照顾的动物的日常体验，从提供食物到丰富环境再到训练课程和强化时制。

与其把注意力集中在不良行为或行为模式上，不如退后一步，看一看大局。你能确定在不恰当行为发生之前有哪些因素吗？问题是在动物处于展览的某一区域时发生的吗？该行为是否发生在一个可预知的时间点上？当某些动物一起工作时，这种行为是否更有可能发生？这可能看起来很模糊，但如果你能确定什么可能引起问题行为或什么可能在无意中强化它，你就可以避免这些情况，并开始用奖励适当的行为来取代它们。

在处理不良行为方面，还有其他有效的方法，包括排他性行为差别强化、区别强化其他行为和 DR-（在此插入让人喜爱的字母），这些方法涉及不同程度地强化一种行为而不是另一种行为（例如，海豚不能做到在池边展示尾鳍的同时追逐另一头海豚，因此，你在不同程度上强化了尾鳍展示）。使用最小强化刺激（LRS）来减少削弱法的行为频率已经成为行业标准（Scarpuzzi, et. al., 1992 IMATA Conference）。因此，请尽快使用这些技术，以看到积极的结果，否则你可能会被解雇，好吗？

综上所述，任何有效的训练技术的应用都是建立在动物注意的前提下的。如果情况不是这样，那就暂停一下吧！

捍卫角动物园和水族馆
特蕾西·贝尔廷

答 2：在我们这里，在对提示做出错误反应、对提示无反应或做出不符合行为标准的反应之后，可以使用暂停。一般来说，我们对上述情况之一的第一反应是三秒钟的中性反应。这只是意味着训练员在大约三秒钟的时间内做出中立反应——不做出积极或消极的反应。这时，训练员可以决定重复提示，要求其他行为或终止训练。如果动物继续做出不正确的反应，可以使用更长的训练暂停。这可能涉及更长时间的中性反应或终止训练，将动物送回其围栏或训练员离开动物区。暂停的时间取决于几个因素，包括行为上的原因和训练员的日程安排。重要的是要记住，暂停是训练工具，而不是处罚。暂停具有有效性的最重要原因之一是它的中立性。有时，训练员可能会在不知不觉中通过对不正确的行为做出反应（如绷紧身体、与动物交谈等）来强化不正确的行为，这可能会无意中强化了不希望出现的反应。如果持续使用暂停，而动物的行为没有得到改善，那么要看看暂停是否是以中立方式而不是以消极方式使用的。检查一下正在使用的训练步骤和技术也可能是有帮助的，看看动物是否可能感到困惑，而不是不合作。如果你觉得暂停使用得太频繁，可以尝试记录下何时使用暂停以及暂停后动物的反应。然后，训练团队可以查看这些信息，不仅可以跟踪暂停使用的频率，还可以跟踪其效果。祝你好运。

卢蒽山野生动物剧场（Loon Mountain Wildlife Theater）
训练团队

答3：暂停被定义为消除正强化的方式，在操作性心理学的行话中，它是一种消极的惩罚形式。惩罚是一种技术，可以减少行为发生的概率，而消极的惩罚则是从动物的环境中移除积极的刺激——通过移除一些动物想要的东西，从而减少随之而来的行为的频度。当动物行为不端或对提示没有反应时，训练员可以选择拿走食物并离开训练场一段时间。训练员和食物都是动物想要的积极刺激；通过在不良行为发生后进行暂停训练，训练员将积极刺激，即食物和他自己，从动物的环境中移除，从而降低了他返回时不良行为发生的可能性。这种技术可以成为减少不需要或不适当行为的有效工具。

尽管如此，这也是一个经常被误用的技术，特别是被年轻训练员误用。很多时候，训练员在为动物没有按照他们设想的方式做出反应而感到沮丧时，会选择一走了之。这确实是一个简单的解决方案，比试图理解动物为什么未做出我们设想的行为要省力得多。这时有一种可能，就是动物想做出正确的反应，但因为感到一时的困惑而不尽如人意，在这种情况下采取暂停措施，只会增加动物的困惑，而且很可能也会给动物带来挫折感。因此我们建议，只有资深训练员（或在资深训练员的监督下）才能使用暂停。即使如此，也应该很少使用。有一种情况，当动物选择不参加训练时，暂停可能是合适的。不能强迫动物参与，所以在这种情况下，简单地结束训练并离开是合适的。

在动物行为不正确、不恰当或根本没有反应的情况下，我们要做的不是走开，而是要找到解决问题的方法，找到一个动物和训练员都能接受的解决方案。训练员可以用其他方法代替暂停。最常用的方法之一是在动物出现“不受欢迎的”行为后，只给它提供最低限度的强化。这就是“最小强化刺激”，通常被定义为在一段时间内，训练员在动物的环境中应用最小强化刺激，以应对一个不良行为或反应的结果。这种技术提供了尽可能少的强化，并将减少特定行为的频率、强度和持续时间。文献中对最小强化刺激及其使用有一些描述，如果训练员不熟悉这个概念，建议研究一下这些文章。

最小强化刺激技术，以及其他相关的技术，在纠正不良行为方面，通常和暂停的使用一样有效，甚至比暂停更有效。如果你觉得"暂停"已经被过度使用了，那事实往往是肯定的。任何动物训练计划的重点都应该放在正强化上，而像暂停这样的惩罚技术应该尽少使用，而且只应在极端情况下使用。

国际野生动物资源中心（International Wildlife Resources）

约翰·克特兰（John Kirtland）

A Behavior Sampler by Gary Wilkes

《行为样本》，虽然这个故事包括了各种训练技巧，但我想强调的是训练计划这一要素。为了解决文章中所描述的问题，一个训练计划必须被制定出来并被认真遵守。很多情况下，正是由于训练项目缺乏明确的目标和好的训练计划，使得训练员无法取得良好的进展。

如何让你的狗进入卡内基音乐厅

盖瑞·威尔克斯

有一个老笑话，说的是一个刚到纽约的游客问当地人去卡内基音乐厅（Carnegie Hall）的路怎么走。这位纽约人诙谐地回答道："练习，练习，不断地练习。"

我们都熟知的一个道理是：要想在任何事情上变得娴熟就必须不断地练习，也就是"熟能生巧"。这是小提琴手、飞行员或脑外科手术医生等职业的真实写照。具有讽刺意味的是，当我们面对我们的宠物时，却做不到这样。

例如，克里夫（Cliff）有一只名叫莫蒂默（Mortimer）的圣伯纳犬，但每当有客人到访时，莫蒂默都会使克里夫感到尴尬。门铃一响，莫蒂默就像公牛一样吼叫着冲向门口。当克里夫打开门时，莫蒂默则会揪着要进门的客人的衣服，不让客人"溜进门"。当客人终于坐下来的时候，莫蒂默则又不合时宜地把脸搭在客人的腿上。

你可能不知道，大多数圣伯纳犬的嘴里总是含着一坨口水。莫蒂默也不例外。莫蒂默的受害者腿上现在沾满了几大串它的口水。因此莫蒂默在克里夫的朋友中非常不受欢迎。

克里夫一直试图让莫蒂默在客人来的时候表现得友好些。当莫蒂默接近坐在沙发上的客人时，克里夫便如坐针毡，然后开始为狗狗的行为道歉。就在莫蒂默把客人的裤子弄脏的时候，克里夫对着莫蒂默大喊，并把它拖到了它的狗窝里。表面上看，莫蒂默似乎又失败了，但仔细一看，问题其实出在别的地方。

克里夫忘记了学习需要重复。每次客人来了，莫蒂默只有一次成功或失败的机会。有时，访客之间的间隔长达一个星期。即使有少数成功的时候，但成功的重复是如此遥远，以至于莫蒂默忘记了它在一周内所学到的东西。

为了帮助莫蒂默渡过这个难关，克里夫必须进行调整，以便在短时间内进行多次重复。下面是一个经典的训练例子：

门铃响了：莫蒂默跑去开门。克里夫告诉莫蒂默，它是在浪费时间。在莫蒂默坐下来之前，任何人都不能进屋。莫蒂默吠叫了几秒钟，然后意识到克里夫不会去开门。克里夫的搭档等着莫蒂默安静下来，然后再次按门铃。这个过程不断重复，直到门铃的声音无法引起莫蒂默的反应。在莫蒂默的最初过激反应行为消失后，是时候采取更进一步的行为了。这一次，当门铃响起时，克里夫站起来，向门走去。莫蒂默立刻恢复了它的旧有行为，就好像它以前的行为又死灰复燃了一样。当莫蒂默开始发狂时，克里夫用正常的语气说“错了”，然后坐下来。克里夫的搭档则等着，直到莫蒂默闭嘴再次按响门铃。

每次莫蒂默大叫着冲向门口时，克里夫都说“错了”。很快，即使是客人的进入也不会引起莫蒂默疯狂的叫唤和行为。每一次的失败都会带来“错了”这个词和“客人”的快速离开。莫蒂默很快就知道，吠叫、奔跑或跳跃会导致人们离开它。

在第一天的训练中，莫蒂默这种模式在 30 分钟内出现了大约 50 次。在第一次重复时，莫蒂默做出了它典型的狂野反应。当到第 50 次铃响时，它没有冲向门口，没有跳到客人身上，也没有在客人的腿上涂抹它的口水。克里夫没有动一根手指，却教会了莫蒂默迈出了礼貌的第一步。

那天下午晚些时候，克里夫的朋友来进行第二轮训练。莫蒂默在前三轮训练中表现得像个旧病复发的白痴，但比平时快得多地平静了下来。在第四轮训练中，莫蒂默表现得非常好。克里夫表扬了它，并给了它狗狗应得到的款待，因为它确实表现得很好。

经过几次这样的训练，莫蒂默对客人进门的正确反应变得相当一致。克里夫没有采用严厉的处罚方式，而是通过多次重复的强化训练，改变了莫蒂默的行为。

克里夫对莫蒂默现在的行为非常满意，他想让它进入演艺界。现在它知道去卡内基音乐厅的路该如何走了。

第五章

非正式互动

让我们休息一下，不要专门谈论技术。理论永远是重要的，但我们必须经常退后一步，看看我们与动物们的其他互动。

正式训练

当我们提到正式训练时，我们谈论的是有意识、有目的的一种行为塑型训练。然而，训练包含的内容远比正式的互动要深入得多。我们与动物的每一次互动都有某种强化的价值（无论是积极的还是消极的）。这句话对于理解非正式训练是如此重要和基础，以至于很难用语言表达。很少有互动是完全中立的，因此，当我们接近动物或在动物所处的环境中时，我们必须有意识地注意我们在做什么。下面是三个无意识塑型训练的例子。

隔壁房间里的孩子

有时父母在争吵的时候，他们的孩子正好在隔壁房间。虽然争吵的内容不是针对孩子，父母甚至可能忘记他们的孩子正在偷听他们的争吵。即使父母和孩子之间并没有发生正式的互动，但父母争吵的语气可能会导致年幼的孩子害怕进入房间。

白鲸吐水的行为

当谢德水族馆的白鲸被安置在华盛顿州塔科马（Tacoma, WA）的捍卫角动物园和水族馆中，它们突然有了在训练员经过时向他们吐水的习惯。每次冰冷的水击中训练员时，训练员就会尖叫、大笑或逃跑。这种人类的反应对鲸来说一定是非常有效的强化物，因为在一个月不到的时间内，吐水的情况已经完全失控了。在没有正式训练的情况下，我们很快就无意地教会了白鲸向我们吐水。所以我们不得不在经过白鲸水池边的时候检查和调整自己的行为，以解决这个问题。我们发现，如果我们在冷水打在我们身上的时候，不做任何反应或回应，忽略这种行为，这种行为最终就会消退。

犯癫痫的海豚

在一所海洋馆中，一头海豚的癫痫病突然发作。每个人都迅速行动起来，跑去找兽医，跳进池子里并最终将海豚转移到一个浅水池，在那里它将接受 24 小时不间断的护理。两周后，海豚没有再癫痫发作，也没有发现其他健康问题，因此被移回了它正常的水池。没过几天，它的癫痫又开始发作了而且更频繁了。和以前一样，训练员迅速动员起来，当所有人都在照顾海豚的时候，它似乎又没事了。这一次，动物护理人员决定不把该海豚移回主养池，而是继续对该动物进行 24 小时不间断的观察，但观察员不出现在海豚的视线之内。他们很快发现，只有在有人在场但没有关注它的情况下，海豚才会开始表现出癫痫病发作！训练员的观察结果虽然并没有让人感到意外，但却让人感到很欣慰。训练员的行为虽然不包含在正式训练项目中，确是这种不寻常行为的诱因。为了解决这个问题，在正式训练之外，训练员们增加了和这头海豚的游戏和互动时间。

技巧和直觉都重要

“善与动物打交道”的本能对于成为一名优秀的训练员起什么作用？盖瑞·威尔克斯的《你是天生就“懂动物”？还是后天学的？》（*Were You Born “Good with Animals?” or Did You Learn it?*，参见 106 页文章）一文中探讨了这个问题。当然，技术对于成为一名优秀的动物训练员是至关重要的，但想要有效地运用技术，你必须了解动物并理解其需求。这些要素中的每一个都是可以学习的。良好的感觉（或本能）来自于经验。这些经验可以在非正式的互动中经历和学习。通过玩耍、观察、喂食等过程来接触和了解你的动物，将有助于你对每头动物状态和成长的理解。这些非正式的互动将增加你对动物感觉和理解的“本能”，并帮助你运用好正式的训练技术。

跟动物建立起良好的关系

用心关照你的动物

爱你的动物是一件坏事吗？当然不是！ 有爱心和同情心是与每头动物建立良好关系的重要先决条件。有些训练员拒绝谈论关系，只关注技术、刺激反应和强化，但如果他们不对动物的其他需求做出反应，他们能否从动物那里获得良好的行为是值得怀疑的。盖尔·劳勒（Gail Laule，1989）在《如果我的朋友能看到我现在的样子》（*If My Friends Could See Me Now*，参见 107 页文章）中提到了这个问题并对此做出了阐述。

训练界中的多极观点

事实上，在训练界有两种截然不同的极端观点，或者说两种至少看起来是相互矛盾的观点。有的人只关注技术，认为如果强化措施使用得当，你就不必喜欢或关心你的动物了。在另一个极端，有些人认为只要你爱你的动物，技术就不重要了。真正的答案是介于两者之间的，是技术和关爱的平衡。所有好的训练员都有这两点，尽管他们可能不知道或不承认。

技术规则——如果你遇到一个只谈论操作原则的好训练员，观察他/她对待动物的方式。好的训练员总是会和他们的动物交谈或提供舒缓的触觉强化。如果他们的动物生病了，他们会在第一时间给兽医打电话。他们会非常小心地看护动物。这些人甚至可能没有意识到他们有多关心动物，但动物会体会到这些关心并且会做出相应的反应。

爱能战胜一切——“感情是动物所需要的一切。”那些说了这句话还能成功的训练员，要么是在展示良好的公共关系，要么是他们实际上没有意识到他们每天都在使用操作原则等技术手段。毕竟，无论训练员是否知道他在使用这种技术，正强化的概念都始终适用于和动物的互动。

真正的极端主义者——那些真正符合上述两种信念的极端者，一般都是不成功的训练员，即使偶尔成功，最终也会失败。如果只使用技巧，动物肯定会生病，因为它的许多需求得不到满足；如果感情是训练的唯一组成部分，那么动物就会成为一个不守规矩、行为不端但却很受人喜爱的动物。1998 年，泰德·特纳写了一篇精彩的文章《你是不是太忙了？》（*Have You Been too Busy*?，参见 111 页文章），描述了非正式互动在动物生活中的重要性。

跟你的动物培养好感情

随着你对动物的了解越来越多，你们之间的信任感会逐渐形成。你可以利用这些信任感来制订训练计划或寻找新的强化物。识别一头动物什么时候不在状态也很重要。它可以使你更快地发现医疗问题，也可以让你改变处理和评估训练课程的方式。盖瑞·威尔克斯在《动物也会犯错》（*Animals Can Make Mistakes*，参见 112 页文章）中详细讨论了这个问题。信任和关系的建立需要时间。起初动物不会意识到你的意图，所以信任需要很多耐心和时间才能发展起来。耐心在动物护理项目的所有方面都是一种美德。

陪你的动物玩耍

也许把玩耍称为非结构化的互动会更好。但是，无论动物如何看待非结构化的互动，如果你的意图是玩耍，那么它就可以被称为玩耍。从形式上讲，游戏活动若被定义为互动环节，需要其中的动物都是自愿合作的，不以任何初级强化为条件。游戏对于信任的发展非常重要，它可以帮助你发现动物们最喜欢的玩具、喜欢的游戏和喜欢的触摸点。这些环节将产生交互行为并成为建立良好关系的开始。

动物行为观察：行为谱的建立

观察是一种互动吗?

动物行为观察通常不构成任何形式的互动。然而定期观察你所训练的动物可以让你获得关于它们的额外知识。这些信息在未来的所有训练中都是有用的。一份有着良好规划和良好记录的行为观察计划可以成为照顾和训练动物的宝贵资料。

看两个例子

最好的证明就是阅读别人写的观察计划和结果。布鲁克菲尔德动物园的《训练员主导的动物行为观察指南》(*Trainer Involvement in Behavioral Observations*, Gifford, 1990, 参见 113 页文章）和未来城主题公园的生动海洋馆的《行为谱：现在和未来的应用》(*The Ethogram: Present and Future Applications*, Rector, 1986, 参见 116 页文章）是两个非常好的例子和参考资料。这两个机构都采用结构化、系统化的观察作为其日常训练计划的一部分。

文章精选

A Behavior Sampler by Gary Wilkes

《行为样本》，实践加上知识才能成就完美。动物训练是一种可以学习的技能和技术。

你是天生就“懂动物”？还是后天学的？

盖瑞·威尔克斯

有相当多的人认为自己“天生就懂动物”。所以当这些人遇到一只恰好“天生就很糟糕的动物”，他们就会无与伦比地震惊。不可避免的结果是，手指被咬伤和内心的破碎。自认为善待动物是一种天生的特质的人，会有一些虚假的自信，同时让其他人无法享受动物陪伴的乐趣。

“天生就懂动物”这个词实际上更应该指的是一种专业水平，而不是遗传的天赋。通常情况下，这个人只是碰巧在农场长大，参加过赛马会、狗展会、四健会[1]或是一个动物爱好者的孩子。这个人善于跟动物相处的原因无一例外都是：这个人接触过很多动物。反之，不善于跟动物相处的人主要是那些经验少的人。

对于不善于与动物打交道的人来说，与动物的接触也可能有着从轻微的烦恼到真正的恐惧的不愉快经历。对一些人来说，哪怕在宠物公园里骑一下小马都像在侏罗纪公园骑恐龙一样令人感到恐惧。一种流行但错误的看法是，表现出恐惧会引来动物的攻击，这更加剧了这些人们的恐惧反应。一个对动物感到恐惧的人，隐藏恐惧是不可能的。唯一的解决办法是通过完全避开动物来避免他们的恐惧。

具有讽刺意味的是，往往是那些试图忽视动物的人，似乎最能吸引动物。这种反应的原因很简单。许多动物认为，直接的目光接触是一种威胁或挑战。试图忽视动物的人有意避免目光接触。这种被动的表现对大多数动物来说是一种诱惑。尽管人类抱怨说只想一个人待着，但动物却把被动的行为看作一种公开的问候和爱的邀请。

与动物打交道的第一步是要认识到良好的互动是一件非常简单的事情，只需要拓宽你的知识就可以。首先要知道的是，不同的物种对同样的情况可能有不同的反应。例如，狗通常会很高兴被人揉搓腹部，而对猫做同样的事情可能会导致它用爪子抓你或咬你。

[1] 四健会，即 4-H Club，是美国农业部下属的一个非营利性青年组织，4 个 H 代表健全头脑（Head）、健全心胸（Heart）、健全双手（Hands）、健全身体（Health）。——译者注

另一个是例子是如何搬运宠物，此时动物的年龄是需要考虑的重要因素。狗和猫都是通过咬住幼崽的颈部来移动它们的幼崽。虽然这两个物种在婴儿时期都能容忍这种行为，但只有猫会允许你在它们成年后对它们这样做。如果有人试图抓住狗狗的颈部，许多狗的本能反应是咬断抓住它们脖子的手腕。

虽然物种之间有许多差异，但有些反应确实是普遍一致的。大多数物种都把目光接触当作一种威胁或挑战的行为。这种动物的本能是导致人们认为动物如果感到恐惧就会攻击的原因。实际上，动物的攻击是因为它把人类恐惧的目光视为一种威胁。如果受惊的人避免“大眼瞪小眼”地盯着动物，他被咬的机会就会大大减少。通过使用眼睛斜角视野，人仍然可以观察动物，而不会被咬伤。

接触动物最重要的规则之一是在靠近它们之前给它们足够的警告。如果你对动物的性情一无所知，这条规则就显得尤为重要。假设你想与某人的宠物玩耍，这其实既危险又无礼。如果你不了解这只“小狗”是否会咬人，你可能会发现“小狗”真的会咬人。

对于害怕陌生动物的人们，你们其实有很多机会可以学习如何“对付”这些陌生动物。许多动物饲养池、兽医医院和狗舍都乐意接受志愿者，并愿意给你做免费的基本指导。几乎每个美国的城市都有狗和猫的爱好者俱乐部，可以帮助你学习正确和专业的动物“处理”技巧。参加狗、猫和其他动物展览会可以有机会接触在训练动物方面有科学、老到经验的专家。你越是努力，你就可能越快地成为“与动物自然相处的人”。

1989 年国际海洋动物训练员协会会议论文集，于荷兰阿姆斯特丹。本文所涉及的主题是多样的且基础的，即如何在动物园环境中应用海洋哺乳动物的训练技术。然而，在讨论技术时有时会跳过与我们的动物建立关系的话题。动物护理和训练的这一要素很难量化，但它的重要性在本文的结尾得到了体现。

如果我的朋友能看到我现在的样子

盖尔·劳勒

活跃环境公司（Active Environments Inc.）

摘要

作者回顾了她过去十年训练不同动物的经历，这些动物包括海洋哺乳动物、狒狒、猎豹、浣熊和一只叫阿尔文（Alven）的松鼠。在与这些相同和不同的动物相处的过程中，作者总结了有关技术、脱敏训练、丰容、灵活性、敏感性等的常识和规律。这篇文章也有更生动的视频版本。

如果我的朋友能看到我现在的样子

我训练海洋哺乳动物已经有八年半的时间了。在那段时间里，我与各种海洋哺乳动物打过交道：海豹、海象、海狮、海豚以及虎鲸。在那段时间里，我训练过的动作有常见的翻转、旋转和翻滚。我也有在电影场所及其他公共场所训练海狮的经历，也参加过虎鲸科奇（Corky）给幼鲸道具模拟哺乳的训练项目，以及插管和采血等训练。这些年的训练经验使我的训练技能得到了逐步扩展和提高。

后来海洋乐园不幸关门歇业了，于是我跳槽到了洛杉矶动物园，在过去的两年里，我一直在那里做特殊的训练项目和开发新的节目。我训练的动物不再是水生动物了，除非你认为喜欢水的浣熊和小狼算是“水生的”。这些动物没有鳍和脚蹼，只有爪子、手和脚，以及丰富的面部表情。在这段时间里，我已经训练出让懒惰的树懒去开门，训练猩猩按提示排尿，训练狒狒去社交并自愿参与人工授精（artificial insemination）；训练赛貂、土狼、负鼠和猫头鹰进行表演；还有一个训练节目包括更多的外来物种，如狐猴、长鼻浣熊、薮猫、狞猫，以及一只长着蝙蝠耳朵，经常充当看门狗的狐狸。其间我还训练过一些更危险的动物，如山狮和猎豹。

这一切听起来很酷很棒，而且确实如此。但这些动物毕竟与之前的海狮、海豚和鲸类相差甚远，以至于我之前特别担心辛辛苦苦获得的训练技能和技巧会像水蒸气一样白白蒸发掉。毕竟，你能对一只负鼠做多少训练？

然后有一天在训练我们的松鼠阿尔文唱歌时，我突然发现我之前的训练技能没有白费，而且情况恰恰相反，与这些物种的相处迫使我变得比以前更加有灵活性和创新性。我解决问题的能力已经到了极限。毕竟我不得不与猫头鹰一起工作，这种象征学问的威严的动物实际上只有一个豌豆大小的大脑，而且聪明程度比普通乌鸦要差得很远。我还发现，猎豹令人敬畏的外表在某种程度上是对其简单大脑回路的一种掩饰，其最复杂的过程不过是：如果是食物（例如：羚羊、兔子或孩子），就跟着它跑；如果不是，就离它远点。而且我发现以缺乏智慧著称的狐猴其实也是可以训练的。我们已经能够对两个不同物种的四个个体进行一些行为训练，而且行为重复的可靠性很高。

这些动物面临的共同问题是，它们的本能等同于或大于它们学习新行为的能力。与之相反的是，鲸豚类和鳍足类的学习能力远远超过它们的本能和自身条件。你可以试试这样分析，即动物为你提供了一个训练它们的机会之窗，那是它们能够学习的空间。虎鲸的机会之窗有这个房间那么大。我们甚至还没有挖掘到虎鲸认知和学习能力的极限。对于一只小猫，比如狞猫，它只有我的拳头那么大。所以你要通过一个窥视孔来工作，而房间的其余部分则是它们的本能，你的训练要与之抗衡。而这些本能是永远存在的。例如，“走过那头动物的戒备空间？你疯了吗？你可能会被扑倒！”你不会也不能改变这种硬性规定，所以你要学会绕着走。

那么这一切是如何应用于海洋动物的？好吧，我最近的经历让我产生了一些想法，我相信这些想法适用于所有动物的训练，而且我想和你分享这些想法。首先，操作制约是始终有效的。我知道你听到这个并不惊讶，但这些天这个理论依旧让我充满了好奇和兴奋。也许这是一种力量感，有了响片和食物，一切皆有可能。但我认为这是因为当你与海洋哺乳动物一起工作时，它是如此容易，而你认为这是理所当然的。但是，请试着想象自己在动物园里与一只不想进门的树懒熊面对面。你站在那里，拿着你的响片和一把葡萄，你会不会觉得自己很傻。但两个月后，当它愿意在一天中的任何时候进门时，这就是奇迹和令人兴奋的地方。所以操作制约是一种有着无穷机会的工具，要有创造力地使用这些技术手段。

好了，第二种想法。应用得当的响片或口哨是对抗失控的绝佳武器。有一天，我意识到我可以用响片和食物来“对付”我们75磅重的猎豹，这比单独用食物来对付猎豹更安全。我的所有动物都有潜在的攻击性，而且行为相对不可预测，这些动物具有高度的本能。当恼怒或紧张时，它们的正常反应是发泄，通常这意味着咬或抓训练员。因此，我们不断为常规行为建立信号，比如戴上和摘下皮带和项圈。因为很多时候小狼或浣熊就是不想戴上皮带或项圈，而一个完善和一致的信号可以让你进展顺利，同时避免不必要的伤害。

现在我意识到，对于海洋哺乳动物的控制问题和术语与陆生动物不同。对于高度本能的动物，从大猫到小狐猴，我们这些训练员要高度负责任。如果它们的角色是统治者，那么攻击性就是这个角色的组成部分。因此，我们要对可接受和不可接受的行为制定明确的规则，并相应地建立信号和强化。对于更聪明的动物，如海豚和虎鲸，良好的训练技巧、与动物的积极关系以及动物自身的认知能力共同构成了你的安全衡量标准。你作为训练员不是主导者，相反，你与动物之间是一种合作的、更平等的伙伴关系，以便同时满足训练计划和动物的需求。

聪明的动物，特别是高等动物，需要控制自己的生活和行为。它们的错误行为，就像它们的智力一样，是比较复杂的，可以成为一种沟通需求的方式。因此，它们的行为需要被解读，而你的猜测也要得到实践检验。

虽然控制不是目的，但是巧妙地与海洋哺乳动物沟通非常重要，在某些情况下也非常关键。例如，社会化（socialization）的问题（如主导地位）可以通过强化优势动物使其允许次优势动物进食和训练来解决。确切地说，你如何以及何时强化优势动物的正确行为，清楚地告诉它，它被强化的是什么动作和行为。信号给予要恰到好处也是行为训练的关键。比如强化应该在海豚感觉到针刺的时候，而不是在它离开的时候进行，如果你错过了正确的时机，会产生长期的影响。当然，在训练时，良好的强化可以提供清晰的信息，帮助动物弄清楚训练员在要求什么。最后，让动物对新的环境或事件脱敏需要良好的强化技巧。

这使我想到了下一个观点，即脱敏训练常常被认为是理所当然的，但却是任何良好训练的重要组成部分。

对于我现在训练的动物，脱敏训练是一项日常活动。事实上它在训练中的比重达80%。每天都有更多的内容需要进行脱敏训练：昨天小狼坐的那个树桩突然成了要不惜一切代价都要避免的地方；观众笑得太大声，连续成功表演了五个月的浣熊就像被打针吓到的孩子一样躲着舞台；薮猫突然觉得自己看到了什么，我当然不知道，但接下来的训练无法继续。这些场景，以及数百个类似的场景，每天都在这个动物园里发生。因此，脱敏训练对我来说有了新的意义。有时我觉得我在为动物设计生命本身。然而，在操作上，它使我更加敏锐地预见问题，提高了我在“灾难”发生前阻止其发生的技能。

海洋哺乳动物训练员经常把脱敏训练视为理所当然。我们用它来训练海狮，让它们为在公众场合工作做好准备。事实上，脱敏训练是对不愉快的刺激、针头或管子等的一种适应性训练。但是在训练过程中如果有各种其他的小情况发生，也需要一些脱敏训练，比如：动物对一个新的道具或玩具感到害怕，对一个奇怪的声音感到恐惧，或看到兽医走近时立即逃离。动物需要对这些可怕的事件进行正式脱敏，而不是假设它们会消失，这是很值得花时间的。

我的最后一个观点是最简单的，但也许是最深刻的。动物和训练员之间积极的关系才是这一切的价值所在。归根结底，我们所做的每一个训练决定和审美考量都应该以动物的最佳利益为重。如果你不是真正关心动物，你就不可能为动物做出最好的决定。而我所说的那种关系不是一天就能建立起来的，它需要时间和努力，但它值得等待。

上面这些想法虽然在海洋馆被广泛接受，但在动物园仍然经常被抵制。很多动物园都有隔离的政策，除了清洁和喂食之外不鼓励训练员与动物有任何直接接触。在洛杉矶动物园这种情况正在逐渐变好，有些人羡慕训练员有机会与动物接触，其实对于动物来说，建立这种关系更加重要。对于山狮和猎豹，如果你想在它们成年后对它们进行训练，那么在它们还是幼崽时就与它们建立牢固的联系是至关重要的。我们亲手养育它们，包括尽可能在晚上把它们带回家，通常大约 4 个月。在这段时间里，我们不但建立了一种联系，也为什么是可接受的行为和什么是不可接受的行为制定了基本规则。对于其他动物，由于它们的不可预测性，充分了解它们是避免问题或伤害的关键。除了建立关系的所有现实因素外，这种感觉真的是太好了。

最后，我想说，训练员是这里的少数特权者。我们能与动物一起工作和玩耍，还可以领到工资。我们需要做的回报是与其他所有人分享我们对这些动物的爱和尊重。因此，我们需要将我们的训练精益求精，然后将这些动物有效地、有趣地介绍给公众。不幸的是，人类对自然的不人道行为为我们提供了无尽的素材：刺网、捕鲸、误捕的海豚、偷猎、栖息地的破坏、污染、毛皮和宠物贸易等等，不一而足。至少这令人沮丧的。但是，如果我们做好我们的工作，我们可以有所作为。仅有豌豆大小脑袋的负鼠可以像有着与人类大脑体积相似的瓶鼻海豚一样有效地展示和宣传保护工作。我们训练员要做的只是更努力一点。

SOUNDINGS

国际海洋动物训练员协会主办的《探索》杂志，1998 年第 23 卷第 4 期。在泰德·特纳先生担任国际海洋动物训练员协会主席期间（1997—1998），他在《探索》杂志的主席季刊专栏发表了许多非常好的文章，有些文章强调国际海洋动物训练员协会的会员和我们这个行业的重要性。

在下面这篇文章里他讲述了一个人与动物互动的故事，并通过这个故事阐述非正式互动的重要性。这对我们来说是非常重要的一课，我们可以从中学到很多东西。

你是不是太忙了？

泰德·特纳
俄亥俄州海洋世界

几年前俄亥俄州立大学进行了一项实验，测试两组兔子对特定环境剥夺的反应。这些动物被安置在各自的笼子里，并被放在相互堆叠的架子上。在最上面的架子上的对照组每天都有新鲜的食物和水，它们的笼子每天会被打扫，并有机会获得自然光照。而在底层架子上的对照组条件恶劣。这些不幸的受试者在好几天里只有有限的水和食物，而且笼子不会被清理。但是随着时间的推移，预期的结果并没有得到，这让研究人员非常失望。事实上，出现了相反的效果！顶层的动物情况恶化，而底层的动物则茁壮成长！“怎么会这样？”研究人员问道，“这怎么可能呢？”他们毅然决然地再次尝试了这个实验，这一次，他们使用了不同的动物。不幸的是，他们得到了同样令人困惑的结果。

在与他们的顾问交谈后，他们被鼓励再试一次，但这一次他们根据要求调换架子上的笼子。最后数据有了意义，预期的结果也实现了。一个结论性的声明被写进了报告中：在顶层架子上被剥夺所有资源的兔子情况恶化，而在底层架子上能获得清洁的住所、新鲜的食物和水的兔子则茁壮成长。一个清晰、严肃的科学结果被明确地记录下来。

为了再次确定实验结果（主要是因为他们的顾问让他们这样做），研究人员再次调换了住所条件，但没有移动笼子（控制误差的标准科学操作）。生机勃勃的底层兔子现在受到了恶劣条件的影响，最后的结论虽然可以被复制和验证，但有一个小问题：它不起作用。和以前一样尽管有最佳的条件，顶层兔子的情况还是恶化了，而底层的兔子在恶劣的条件下却茁壮成长。这样的结果相当令人费解。

深夜，研究人员仍然坐在实验室里试图分析这项简单但又令人费解的因果关系到底出了什么问题。“我们已经控制了一切”，研究人员嘟囔道。“数据怎么会到处都是呢！”当他们继续推测时，夜间看门人进来了。她是个小个子但很善良的女人，她说：“你介意我再在这里休息一下吗？”然后，她开始隔着笼子抚摸里面的兔子。研究人员互相看了看，这个变量的重要性开始被人们理解了。她看着年轻的研究人员，不好意思但又热情地笑着说：“我几乎每天晚上都来这里待一会，但我希望我也能摸到顶层的那些兔子，它们看起来好可怜啊。”

爱的力量，仅仅是坐着陪伴的时间，亲密的触摸，是我们所知的与动物建立强大信任关系的至关重要的因素。这不仅仅是向看表演的观众或动物园的游客展示我们的关心，还可以实实在在改变动物们的生活。这和食物、水和阳光一样重要。但具有讽刺意味的是，当我们忙于“照顾”我们的动物时，当我们被文书工作、电子邮件和电话等责任淹没时，它是第一个离开的。管理上的困难，或恶劣的天气，或低级别的失误，或老板，或……总会有一百万个理由让我们“不能”。我们很想这样做，但我们就是没有时间。

为什么有些动物在大型的、最先进的设施中，即使经常有机会进行环境丰容，它们的行为仍然会恶化？我的猜测是，它们需要的东西和一个富有但不快乐的孩子需要的东西是一样的，即照顾它们的人的感情、关注和互动。在许多情况下，当感情和积极的关注消失时，适当的行为和健康也会消失。如果你不相信我，你可以拿自己做一年的试验。

为什么有些动物在小的、陈旧的设施中能茁壮成长？这个原因就是人。好的训练员，就是这么简单。这些训练员喜欢和他们的动物坐在一起，了解动物情绪的每一个方面，发掘游戏里和训练里有趣的内容。他们知道他们的动物真正喜欢什么，它们的个性，它们的气质特点。这些热心的训练员知道或有强烈的愿望知道如何让他们的动物好好学习，什么能让它们热情高涨，什么是它们不喜欢的。而且，动物们也会给予相应的回报：以惊人的行为、长寿、多子和互惠的影响多方面回报。这就是国际海洋动物训练员协会存在的意义。这些人花时间为动物个体的生活带来真正的改变；这些人是不同类型的大忙人，但他们无论在什么情况下都会花时间来为动物着想。对这样类型的所有人，我都表示喜爱、钦佩和尊敬！

A Behavior Sampler by Gary Wilkes

《行为样本》中这个故事的寓意是宽容。我们常常对我们的动物有很高的期望，这很好。然而，当它们犯错时，可能并不意味着一个重大的或迫在眉睫的行为问题。它可能仅仅是一个错误！

动物也会犯错

盖瑞·威尔克斯

最近，我在圣迭戈动物园观看了一场“捕食鸟类”的动物表演。一只训练有素的鹰从笼子里被放出来，高高地飞过观众的头顶。按照计划，这只鹰要在人群中俯冲，展示它奇妙的飞行能力。然而这个预演的行为却没有发生。因为一只野鹰突然飞过圆形剧场，引开了它这位被囚禁的兄弟。这只“受训”的鹰飞走了，并栖息在一棵树上，拒绝回到它的训练员身边。这次的经历给我们的教训是：当你与动物打交道时，不要指望什么事情都能做到完美。

人类有一种倾向，就是认为动物训练的行为是完美的。我们很少想象一头雄伟的美洲狮在跳跃时判断失误，落在仙人掌上而不是鹿身上，但这是可能发生的。野生动物影视作品往往强化了动物无懈可击的形象，使我们错误地认为所有动物都有能力在它们想做的事情上完美无缺。

动物远不是完美的机器，它们生活在一个排斥一成不变的环境中。如果所有的斑马在被狮子追赶时自动向左转，狮子会欣喜若狂——除非所有的狮子在攻击斑马时自动向右转。这些荒谬的例子显示了一个明显的事实：自然界要求动物不断改变它们的行为。人类的目标是重复的、相同的行为，例如在狗的服从性比赛中，这些行为实际上是不自然的，一般来说是自然界无法实现的。自然界不会期望狗以同样的热情按同样的顺序完成 12 种行为以换取同样的食物。如果将同样的目标应用于职业棒球，我们会期望所有球员都能打出 0.500 分[1]，所有投手都能赢得 50% 的比赛[2]，观众则会像电视转播的高尔夫球赛一样蜂拥去观看更多精彩的比赛。

对狗的完美性抱有不切实际期望的并不只有竞技师。许多主人惊愕地发现，他们训练有素的六岁的雪纳瑞犬福瑞吱（Fritzi），在被呼唤名字时突然不来了。主人说“它以前从来没有这样做过”，这意味着他们心底认为福瑞吱的行为是不变的、完美的。将狗的良好行为视为理所当然是毁掉它的最快的方式之一，从未得到强化的行为往往会崩溃。假设福瑞吱会在听到召唤的时候一直来，这样的想法很冒险。更好的方法是偶尔给福瑞吱一次奖励，以鼓励它的正确行为。

这种行为完美信念的另一个特点是，动物可能是“完全失败”的。这种完全失败的假设可能是对狗学习潜力的人为限制。如果罗孚（Rover）跳到一些客人身上，并不意味着它会跳到所有客人身上。完美主义者的解决方案是在客人到来时禁锢罗孚，而不是教它正确的行为。更现实的方法是承认罗孚能够改进它迎接客人的方法。用可接受的行为替代跳跃可能会在更大程度上解决问题。允许罗孚在最初训练中“不够完美”，随着它能力水平的不断提高，通常会很快解决问题。

期望狗狗在任何时候都能完美地走在脚跟前，是宠物完美主义的另一个例子。当被期望忽略它们接触到的每一种新的景象和气味对大多数狗来说是极大的挑战。明智的主人散步时不会强制要求他们的狗同步走动，而是允许狗偶尔在松散的绳索下嗅闻和观察。在一段时期固定的时间段对你的宠物有完美主义期待是比较现实的。

拥有宠物的乐趣之一是它能展示独特和有趣的行为。允许动物做自己，包括偶尔允许它们表现得不稳定。机器一样的要求或认为任何错误都是怨恨或恶意的表现，都是对它们本性的否定。当与宠物生活在一起时，重要的是接受它们的错误并将其作为它们整体特性的一部分，并记住，“它们不是人，仅此而已”。

Conference Proceedings

《会议论文集》1990 年国际海洋动物训练员协会会议，于美国伊利诺伊州芝加哥。要想成为一名成功的训练员，必须充分了解动物。观察动物的互动和活动是训练员的宝贵方法。非正式的观察是有用的，但难以解释和量化。塔拉·吉福德（Tara Gifford）描述了正式观察计划的好处。

训练员主导的动物行为观察指南

塔拉·吉福德

芝加哥动物学会（Chicago Zoological Society）

摘要

海豚有着复杂的行为模式，许多海洋哺乳动物场所都很早且正式地记录了这些行为。在过去的四年里，训练员和研究人员在布鲁克菲尔德动物园下属的七海全景

---

❶ 打击率，选手击出的安打数除以打数，以评量打击手水平。职业选手在 0.280 以上为称职，0.300 以上为优秀，0.400 以上为伟大。作者在此表明完美无暇是一种不切实际的情况。——译者注

❷ 同上，也表示一种完美无缺，但实际上几乎不可能。如人不可能不犯错。——译者注

海洋馆进行了这种记录。每周进行四天的观察，重点观察和记录攻击性、顺从性、友好性、性行为和同步行为。投入的时间和花费带来许多益处，包括让训练员对训练以外的行为有了更好的洞察力。我们将在此讨论我们的观察方法和训练员参与的行为观察的结果和优势。

前言

训练员与动物的互动大多发生在表演期间或作为临时观察员进行的。但这是否真实反映了动物社会群体中发生的情况呢？在过去的四年里，布鲁克菲尔德动物园的训练员和研究人员研究了我们海豚的行为，观察结果表明动物群体之间每天都会上演惊心动魄的肥皂剧：浪漫行为、骑士战斗和兄弟情谊。本文将介绍观察的方法，关注的行为类别，观察结果的价值和未来的应用。

已经对许多不同的动物进行了行为观察。在七海全景海洋馆，我们一直致力于研究海豚，但鳍足类也是有趣的研究课题。布鲁克菲尔德动物园保护生物学部门的艾米·萨缪尔（Amy Samuels）制定了行为观察方案，并指导训练员如何进行行为观察和数据收集。观察从海豚开始一天活动前的清晨开始，因为一旦训练员携带着鱼桶出现后，人与动物们就开始互动，海豚往往会看着训练员。观察的内容也包括记录海豚和人之间的关系和互动行为。

采样方法

抽样方法是焦点动物采样法，即在群体中选择一头动物作为焦点动物，每周观察三次，每次 10 分钟。这减少了跟踪和记录所有动物的困难。按照预先确定好的顺序观察单个海豚，这样采样就不会有偏差。这同时也避免了只关注社交能力强的个体情况，而把独行侠性格的动物排除在观察之外。良好的观察方法要求对动物群体中所有成员都进行系统、统一的观察。

数据收集

在每次 10 分钟的重点抽样调查中，我们要记录两种行为数据。第一种行为数据是每分钟记录一次，在这一分钟记录焦点动物此刻的行为、焦点动物近旁的个体，哪些动物在水池中及它们的位置。这些“点”样本可以用来分析出每头动物与其他动物在一起或单独相处的时间（如在一个休息池中）。第二种行为数据则连续记录焦点动物的所有社会互动。这些数据详细记录了每头动物参与了哪些类型的互动，与谁互动，以及互动的频率。

社会行为被分为以下几类：友好的、攻击的、顺从的、性行为的、姿态的、游泳类型的、同步行为的、使用休息池的，以及包罗万象的“其他”（指不容易分类的活动）。上述行为的类别很多都可以继续细分。个体行为始终离不开行为的背景。例如，张嘴是典型的攻击性行为，但当一头动物用突出的吻部靠近雌性的生殖器时，这种行为也应该被归入性行为类别。

因为每个类别中都有很多行为，所以代码被用来描述常见的行为以便于快速记录。因此对每一种行为都有描述性的、精确的定义是至关重要的。多达七位训练员参与了我们的观察项目，如果对行为没有精确的定义，可能会对同一行为作出许多不同的解释。

为了使观察者能够持续观察互动（有时互动发生得非常快），录音机被用来重现一个又一个的记录。采样后数据被转录到数据表上，收集观测数据并将其输入电脑，并按月进行汇总和小结，以分析可能的行为互动模式。对数据更多的技术分析是由艾米·萨缪尔完成的。

目的

观察的主要目的是通过对行为数据的收集和分析以研究海豚的行为。目前正在对观察和收集的数据进行修订以更好地管理海豚。观察也可通过聚焦具有攻击性的动物或发情期的雌性海豚来解决训练员特别的困惑。

除了早上的观察外，我们还出于不同目的观察海豚。如对每头动物进行每天三次，每次五分钟的呼吸率测量观察。这些数据将被用来为每头动物建立一个正常的基线，以备日后用来评价呼吸系统疾病的发生情况。训练员在观察过程中会额外注意动物的正常外观和任何异常行为。

学习观察方案、行为观察的执行以及数据整理都需要大量时间。首先，行为观察给训练员提供了一个在固定的、不受干扰的时间内来了解动物的机会。其次，它提供了一个观察动物在表演和训练之外不涉及强化的情况下的行为表现的机会。再次，分析和整理数据可以揭示行为的长期变化。例如去年秋天和冬天，当该海洋馆从明尼苏达动物园借来明迪（Mindy）和里约（Rio）进行繁殖时，我们在将明尼苏达海豚介绍给布鲁克菲尔德的海豚之前、期间和之后都对它们进行了观察。可以清楚地看到，在被介绍给布鲁克菲尔德的海豚后，它们彼此的行为发生了怎样的变化。最后但同样重要的是，这些观察结果也可以作为其他研究的有用基线参考。七海全景海洋馆与伍兹霍尔海洋研究所（Woods Hole Oceanographic Institute）的彼得·提亚克（Peter Tyack）合作进行了多年的声学研究。提亚克博士正在研究瓶鼻海豚的标志性口哨声。海豚们戴着一个口哨灯，当它们吹口哨时灯就会亮起来，而且每头海豚所带的灯的颜色都是不同的。当海豚发声时，麦克风会录下口哨，同时训练员通过水下观察哪种颜色的灯在闪烁，从而识别不同的海豚。提亚克博士想将数据记录器与行为观察相结合来收集海豚口哨的数据，每头动物都会佩戴一个迷你数据记录器。这些记录器可以相互同步，哨声可以追踪每头海豚与其他海豚之间的关系。这些数据和行为数据相结合可以提供一个更完整的画面，将哨声和海豚的互动联系起来。

如前所述，动物观察方法也一直在不断地发展。随着对海豚的了解越来越多，新的问题也随之出现，观察方法也相应地被多次修改。关于动物的社群结构和行为，我们还有很多需要了解的地方，这个项目可能会持续很长时间。随着时间的推移，许多因素会影响行为：例如动物的性成熟、新动物的引入、新个体的出生和激素分泌周期等。收集到的信息越多，我们能解决的谜题就越多，对动物的管理也就越有见地。

总结

训练员、研究人员和实验人员都可以从动物观察中学到很多东西。虽然这需要大量时间和精力，但其中的很多益处也是显而易见的。随着我们对动物的进一步了解并找到更有效的研究方法，我们的观察结果将继续变化。与此同时，在七海全景海洋馆，每天早上我们都期待着动物肥皂剧的开演。

《会议论文集》，1986年国际海洋动物训练员协会会议，于加拿大温哥华。一旦你致力于定期观察你的动物，那么这只是将这一过程以行为谱的形式正式化的一小步。科学家们利用行为谱来描述动物的行为模式。下文讨论了在人工饲养环境中使用行为谱作为训练员和其他人的工具的好处。

行为谱：现在和未来的应用

迪德丽·雷克特（Deidre A. Rector），格雷琴·雅各布斯（Gretchen S. Jacobs），
托马斯·霍普金斯（Thomas G. Hopkins）
海洋生命海洋馆（The Living Seas Pavilion），
华特迪士尼世界下属的未来城主题公园
（Experimental Prototype Community of Tomorrow, EPCOT）

摘要

行为谱是在动物园和海洋馆环境下研究海洋哺乳动物的经典工具之一，因此本文将着重讨论行为谱的设计和方法，以及其中的利弊和一些问题的答疑。在研究模块中实施环境变化之前，海洋生命海洋馆使用行为谱来建立瓶鼻海豚（*Tursiops truncatus*）的行为基线是其中的一种应用。行为谱不仅是研究瓶鼻海豚的主要方法和目的之一，而且可以应用到其他海洋生物的未来研究计划。因此本文还将讨论在适合此类研究的其他环境和物种中使用行为谱的建议。

行为谱在海洋生物中的应用

在撰写这篇论文时，我看到了艾斯利（Eiseley）在《意外的宇宙》（*The Unexpected Universe*）中的一段话："一个人只有在捕捉到人类以外的目光反射后，才会遇见自己。"（Lehner, 1979）这里人类以外的目光反射并不是指你老板的严厉目光，而是指动物对作为训练员的我们有特殊的意义，我们每天都会遇到许多不同的目光。我们把我们观察的眼光转向我们熟悉的动物的行为，把从这些观察中学到的东西用于帮助我们的动物学习表演行为。我们不仅仔细观察它们学习什么，而且观察它们如何学习，评估它们的动机，衡量它们对强化物的反应，以及猜测它们学习时的社会心理状态。我们的方法主要来自心理学领域：对行为的诱发和发射。

还有一个可以让我们受益匪浅的行为研究领域，那就是伦理学领域。正如康拉德·洛伦兹（Konrad Lorenz）所定义的那样：伦理学通过"应用正统的生物学方法"来研究动物行为，并以关注动物的行为本身为重点（Lehner, 1979）。伦理学家研究动物的行为不仅是看动物在做什么，还包括何时、如何、为什么以及在哪里：这种行为是否是年龄、时间或季节的函数；在身体的物理极限上是如何完成的，进化和

系统发育的组成部分是什么；它们为什么会参与其中，如何帮助动物生存；在环境和社会系统的位置是什么？

一些伦理学家专门研究动物通信系统（或称动物符号学）；而另一些伦理学家则集中研究社会组织和社会系统，或称社会生物学。但无论他们的专业是什么，他们的目的都是描述和量化动物的行为（Hailman, 1985）。

实现这一目的的一个工具是行为谱，这是一套对一个物种的特征行为模式的全面描述。动物的行为谱是动物能够做到的所有行为；行为目录是行为谱的一个子集，即所有被观察到的行为。行为谱在全面性上接近于行为目录（Lehner, 1979）。

要开始建立一个行为谱，必须选择、描述并最终定义行为单元，最好是进行操作上定义。你们中的一些人可能已经熟悉了这个过程，一头瓶鼻海豚和另一头虎鲸为豪特（Hult）的此项研究做出了大量贡献。在他的研究中，Hult 已经通过观察 140 名调查员对圈养和野生动物的观察，为瓶鼻海豚定义了 213 个行为单元。

那些熟悉行为谱的人可能已经开始认识到它对我们这个行业的重要性。对于不熟悉的人来说，请回想一下你上一次与另一座海洋馆的训练员进行的“酒吧”谈话：你在那里谈论你与斯帕克（Sparky）的“阳春白雪”式的问题，突然你发现，你的同伴的眼睛瞪得大大的，脸上是一副“我不知道你在说什么”的样子。这时你意识到，你的“阳春白雪”对另一位训练员来说是对牛弹琴，于是你开始描述这种行为，并在你们之间形成了一个相互认可的定义，即动物某种行为是什么。然后你们又点了一轮饮料，以便继续侃大山。

除了提供一个共同的行为术语，以及相应地增加交流之外，行为谱还能起到什么作用？通过对行为单元进行操作性定义，主观性就会减少。随着客观性的增加，训练员的观察将更容易被实证检验。

在 1979 年的国际海洋动物训练员协会会议上，布鲁斯 · 斯蒂芬斯（Bruce Stephens）向我们提出了一个颇具挑战性的要求，他提出，我们必须充分了解动物所做的一切，训练之外的行为，以及细微但重要的行为。他告诫我们不要被这项工作的艰巨性所吓倒，不要被个体行为的复杂性和数量所吓倒（Stephens, 1979）。当然，与我们一起工作的动物有广泛的、各种各样的行为表现，通过我们训练员的努力，以及它们自身相当大的行为可塑性，这些行为项目其实每天都在增加。它们的行为可以告诉我们它们是“谁”，这也是海洋生命海洋馆的行为谱计划的基本前提。

在海洋生命海洋馆我们没有表演的压力也没有某项行为的最后期限。我们正在建立一所研究机构，但在为每头动物建立行为谱之前，我们不急于介入。通过后面描述的行为谱工具获得的这些基线，是海洋研究所进行任何研究的基础。

行为基线并不是一个新的概念，你们中的许多人可能在心理健康专业工作中听说过这个专业词汇。通常在设计和实施治疗方案之前，要对人类受试者（或客户）进行观察，以确定行为问题的频率、持续时间和严重程度。

因此，在海洋生命海洋馆运营的第一年，我们以评估这些行为基线作为研究的第一步。在开发行为谱的原始程序时，我们得到了佛罗里达大学（University of Florida）

野生动物学博士生杰弗里·诺瑞斯（Jeffrey C. Norris）的帮助（Norris, 1986）。

这些程序是根据我们开始收集行为谱数据的饲养环境量身定制的：20 万加仑（1 加仑≈3.79 升）的海洋哺乳动物研究池。这个区域是瓶鼻海豚（*Tursiops truncatus*）两个栖息水池之一；另一个是 570 万加仑的珊瑚礁水池。研究池有水下和顶部观察区，客人可以在上午 9:00 到晚上 8:00 进入。水下区域有一个凹形观察“管”，这里有观察前池的最佳视野，也连接后台蓄水池的大门。

最初，我们计划使用耳机麦克风和索尼盒式磁带录音机来记录声音和行为，这样只需要一个人收集数据。实践证明，这种设备不如录像有效。录像机录像过程中，也自带有录音功能，这对评估观察记录人员的可靠性（inter-rater reliability, IRR）很有用，同时也为将来训练其他观察记录人员提供了永久的行为记录。

从上午 9:00 到下午 5:00，对每头动物每小时进行 5 分钟的行为观察和数据收集工作。最初设计的是从上午 8:00 到晚上 8:00，但由于人员的限制没有采纳这一方案。每天主要观察的第一头动物（焦点动物）是通过抛硬币决定的。在一周的时间里，每小时的前 20 分钟都会用于数据收集，然后在每小时的中间和最后 20 分钟都会重复前 20 分钟的程序。只有五位最资深的训练员可以担任行为观察和数据收集员。岸上的支持人员只是澄清数据采集员看不到的行为。例如，焦点动物是不是真的在呼吸，而不是只摇晃着浮出水面而不呼吸。这些信息由舞台上的麦克风通过游客的扩音系统传达给舞台下的数据采集员。通过水听器并连接到游客的扩音机可以提供额外的声音数据，从而记录伴随其他行为的声音。

实验设计、数据收集、记录保存、设备拆卸大约需要 20 分钟。每天的典型程序是这样的：在抛硬币决定第一头焦点动物后，观察员在管中设置好便携式摄像机，一旦打开摄像机，就开始记录描述数据，时间、观察者姓名、焦点动物、自上次训练以来的时间以及任何其他相关因素都会用语音的形式记录下来；然后启动摄像机中的计时器，开始对第一头动物进行数据收集。语音笔记通过摄像机上的猎枪式麦克风记录在摄像机的音频通道上。语音笔记以“主语—动词—宾语—修饰语”的格式表述，例如，“托比（Toby）- 伴游 -5 秒”“托比 - 摩擦 - 塔克（Tyke）”“托比 - 生殖器勃起”。行为只有确定出现才会被记录下来，所以如果在收集的数据中只有一个行为连续发生，它就只被记录一次。当摄像机的时钟滚动到 5 分钟的时候，第一头焦点动物的数据就会停止，观察者准备重复观察和记录下一头动物的行为。

在前几次会议上，我们遇到了各种各样的问题，从摄像机无故死机到游客的无心干扰。设备故障有时会造成一次（或多次）观察记录的丢失；如果可能的话，第二天这些都必须要补上。我们发现我们早期的描述过于复杂，因此必须重新评估这些录像带，并简化我们现在的语音记录程序。在游客的视线范围内收集数据充满了挑战。最终，我们不得不用警示带封锁观察区，因为有几位数据采集员曾和爱出风头的家长及他们的熊孩子有极其不愉快的经历。更多时候是游客们不停地向数据采集员提出各种问题，而无视这个人正在非常努力地完成他的科研任务。我们只好用一种跟迪士尼乐园主旨不一致的方式解决：不理会他们，等观察结束再解释。解剖学专业术语和性相关的词汇给我们在公共场合收集数据的工作人员带来了很多麻烦和尴尬，我们通过只使用这些词汇的首字母或缩写来解决这个问题，如“托比生殖器勃起”变成“托比 E”。

游客们在水池的一侧会给我们带来干扰，而另一侧的我们自己的训练员也会带来不少干扰，即后台也会出现问题。在早期的行为谱观察中，我们经常发现其他部门的训练员与后台的焦点动物互动。事实证明，指示牌和频繁地发脾气可以阻止这种干扰源。

数据分析的第一步是将数据输入我们的电脑中。目前正在完善“Me”程序，这是一种用于统计分析的程序，并可以绘制图表。早期的程序在输入数据上是很麻烦的。

早些时候我提到了游客的干扰因素，但让我们面对现实吧：游客是我们的衣食父母。我们发现许多游客对“做研究”很好奇，一旦接触到一些相关问题，就会对海洋哺乳动物的当前状态有更多的了解。游客们可以成为这个过程的一部分，与岸上的训练员一起喊出行为名词。虽然他们的数据对我们没有太多意义，但他们扮演数据收集者的经历无疑是积极的。游客似乎也对与训练员的互动感到兴奋，这开启了对训练员和游客来说都是相当愉快的一些对话。

行为谱也对到我们海洋馆来访实习的学生很有帮助，通过之前建立的行为谱，他们可以获得鲸豚类研究的实践经验。之后他们将进行一项非常简单的听觉阈值研究，但在此之前他们也需要收集行为谱数据。他们的部分研究将检查实验前的行为谱是否与实验后的行为谱有明显不同。

行为谱可以提供关于行为的速率、频率和持续时间的信息。行为谱可以让我们了解动物的行为序列、它们如何利用时间（时间预算）以及它们的社会 / 环境地位等信息。在描述动物时，行为谱超越了刺激 - 反应模式，应将其行为置于社会、心理和环境的背景中。随着时间的推移，更多的数据不断被收集，行为谱越来越接近于描述“剧目”。

这些行为谱将提供一个连续的、正常的、健康的个体的行为，以及这些行为如何随着个体的年龄、性成熟、不同的社会配置、引入新的动物、生幼崽和失去同伴等因素的变化而变化。可供研究的问题包括：随着海洋哺乳动物研究模块的变化，行为谱会不会因为增加了砾石底、更多的鱼种和重新定向的照明而改变？时间预算是否会受到“环境响应式计算机系统”启动的影响，即海豚通过计算机介导的刺激来控制环境因素？行为谱能否帮助我们在疾病发生时更早地识别出疾病，正如来自一头圈养虎鲸的观察数据所表明的那样，该动物的呼吸率峰值随着疾病的发生而系统地下降（Ray, 1980）？

一旦建立了动物特定的行为谱，我们就可以对两个非常不同的栖息地中的动物进行比较。我们使用 4 名潜水员作为数据收集者，并将 570 万加仑的栖息水域划分为四个象限进行管理。第 5 位观察者在水面上记录四个象限总体的行为情况。观察员将在每个时段轮换位置，每次第十个时段将由两名观察员在两个象限内测试 IRR

定位，并比较他们的结果。数据收集以“发生 / 未发生”的形式呈现，也可以是以潜水石板上简单记录表的形式呈现，用以预测行为单元。每次观察持续 5 分钟，由带有蜂鸣器的手表计时（“同步你的卡西欧手表！”）。随后每三分之一小时将重复类似于用于海洋哺乳动物研究模块的程序。

上述的行为设计将提供一个观察动物如何用嘴对非食物物体进行玩耍的机会。这样的行为是一个正常的、健康的海豚探索其环境的重要方式，然而，这种行为可能会导致其摄入非食物的有害物体。虽然这种行为似乎在野生和圈养的动物中都有发生，并可能对动物的健康造成危害，但我们对吞食物体的前因后果并不清楚。这些非食物物体的摄取是由于疾病还是竞争的作用，还是在无刺激的环境中表现出来的“神经病”行为，或者是所有这些因素综合导致的？在一个受控但复杂的环境中观察正常、健康的海豚，至少可以让我们了解这些动物“自然地”用嘴操作玩耍物体的频率，以及这是否与海豚的社会地位有关。

海洋动物行为谱研究的另一个领域可能是多物种的互动，也就是说，海豚和鲨鱼或潜水员或海狮等的社会关系。未来也有可能在鲨鱼和其他大型鱼类的适应和维持行为方面应用这种技术。

最后，我希望通过分享我们的经验（和问题），以及我们未来的计划，激发大家对行为谱这一工具的兴趣。它不是一个复杂的程序，也不是一个极其耗时的方法。行为观察可以适应各种环境：从训练池到研究区，再到饲养池。行为谱的研究不需要大笔的预算，也不需要复杂的设备：数据收集可以简单地在潜水员的石板或记事本上完成。数据分析可以通过计算机软件来简化，但没有这种设备也是可以的。

在机构层面上，这个工具可以帮助我们定义在不同的设施中，什么是正常、健康的海豚。我们使用这个工具可以评估社会和环境变化的影响，也许比我们现在的主观数据能更好地预测疾病的发生。

行为谱工具在专业层面上也可以使我们受益。如果我们像可变比例的多样性强化系统（VRRV）一样广泛地采用这一工具，设想我们可以创建关于一个特定物种的经验性信息的数据库！所记录的个体和个体行为单元数量的增加，不仅会扩大我们对物种信息的理解，还会使我们更接近真实地描述物种行为及其社会模式。通过数据的收集我们能够制定鲸豚类特异的行为谱，并跟不同的物种进行比较。而且通过监测动物的发声，我们可以为未来研究鲸豚类沟通交流的动物信息学铺平道路。通过我们的共同努力，作为一个国际行为学家团队，我们可以开发出一套远远超过“最佳猜测”的信息数据库，并为我们照顾的每个物种提供“全方位技能指导”。

致谢

我想感谢活跃环境公司的约翰 · 盖尔（John Gale），感谢他不遗余力的技术指导和不间断的技术和情感支持，以及杰弗里·诺瑞斯（Jeffrey C. Norris），格雷琴·雅各布斯（Gretchen Jacobs），托马斯 · 霍普金斯（Thomas Hopkins），皮得 · 施罗德（Pete Schroeder），杰伊 · 斯威尼（Jay Sweeney），瑞恩 · 斯通（Rae Stone），鲍勃 · 史蒂文斯（Bob Stevens），丹·奥代尔（Dan Odell）和保罗·卡迪尔哈克博士（Dr. Paul Cardeilhac）给予的建议。

参考文献

1. Cardeilhac, Paul T, DVM, University of Florida, personal correspondence.
2. Hailman, Jack P. Ethology, Zoosemiotic and Socio biology. Amer, Zoo., 25, 1985, pp 695-705.
3. Hult, Robert W. Tursiops and Orcinus Behavioral Repertoire Comparisons. Transcript of paper submitted for publication, Cetology, date un-known.
4. Hult Robert W, Dupey Steve E, and Badley Ron W. Mortalities Associated with Pre Ingestion by Small Cetaceans. Cetology, 38, 1980, pp 1-3.
5. Lehner Philip N. Handbook of Ethological Methods. Garland STPM Press, New York NY, 1979.
6. Martinez David R. and Klinghammer Erich. Partial Ethogram of the Killer Whale (*Orcinus Orca* L.) Carnivore, Part 3, 1978, pp 13-27.
7. Norris Jeffrey. Suggested Procedures for Preliminary Dolphin Behavioral Research at The Living Seas Pavilion. Personal correspondence to The Sea Life World Technical Library, 1986.
8. Odell Daniel K, University of Miami (FL), personal correspondence.
9. Ray Roger D, Carlson Mark A, Carlson Milo L, and Carlson Timothy. Social Organization and Synchrony in a Pair of Killer Whales. Annual Proceedings of IMATA Conference, 1980, pp 32-54.
10. Schroeder Pete, DVM, NOSC (Hawaii), personal correspondence.
11. Stephens Bruce. Marine Mammals & Emotion: Human Involvement in Conditioning. Annual Proceedings. Of Conference 1979, pp 14.
12. Stevens Robert, DVM, personal correspondence.
13. Stone L. Rae, DVM, personal correspondence.
14. Sweeney Jay, VMD. personal correspondence.

第六章

饲养与训练

——培训计划的第一步

到目前为止，我们已经介绍了许多训练动物的技巧。当我们开始应用这些技术时，非常重要的前提条件是每头动物都要有一个坚实的训练基础。在饲养动物之前，必须先训练动物基本的配合行为。因此，在典型的饲养开始前，让我们先研究一下动物的配合行为。如前所述，早期步骤应大致按以下顺序进行：

- 了解物种
- 了解个体
- 培养信任，建立接触模式
- 确定强化物
- 调节信号刺激
- 建立合作的基本条件
- 开始日常饲养训练

训练动物的配合行为

动物训练的三个主要目标之一是训练动物的配合行为。大多数人认为，饲养就是训练动物的配合行为。然而饲养只是训练动物的配合行为这个概念的一部分（虽然是最重要的部分之一）。许多我们经常认为理所当然的基本行为（例如，训练动物集中注意力）都是在训练中动物能按训练员的期望展示行为所需要的。这些基本行为的重要性往往被遗忘，直到动物开始表现不佳。如果没有早期打下的这些基础，训练就很难有什么进展。在开始讨论传统意义上的饲养方式之前，让我们先谈谈其他必须建立的动物的配合行为。

定位训练

让动物知道你希望它定位（stationing）在哪里是非常重要的。每个孩子在学校里都有一个座位分配，一只鸟通常会有一个固定的栖息地，而电影中的动物也会有一个特定的位置（地毯或其他标记），表明动物应该站在哪里。在训练的早期阶段，重要的是让动物注意你并知道应该在哪里。我们教海豚在我们面前垂直“站立”在水中，以便它们很容易看到我们，我们也可以很方便地进行强化训练。定位的要求应该被严格保持，并作为所有其他行为的基础。除了少数例外，所有的行为都要以“站位”开始和结束。除非动物在站位上，否则不应该提供强化物。通过选择性强化，动物可以很快学会良好的定位。关于定位的另一种方式会在第七章“社群性动物——多头动物一起训练”中进行更详细的介绍。

目标训练

虽然前言和第四章“操作制约的基本训练”都讨论了目标训练（targeting）的概念，但我们对如何应用这一概念几乎没有提及。有一些基本的目标训练动作对日后许多训练会有很多帮助。简单地将浮标或任何物体触碰动物的头部或喙部，然后进行强化，动物很快就会形成条件反射，自己就会主动进行触碰（目标训练）。从此以后，就可以通过连续渐进法让动物学习更多的动作和行为。一只真正受过目标训练的动物应该熟悉以下训练。

简单的目标训练——你应该能够将目标设在动物头部附近的任何地方，而动物应该可以学会通过移动来触碰目标。当动物跟随目标在各个方向的移动变得更加自如时，你可以增加目标与动物头部的距离。

复杂的目标训练——教动物触碰它头上相对较高的目标看起来很困难，因为动物必须学会跳跃或抬起头来触碰目标。一旦动物掌握了这一技能，你可以尝试把目标放在它的下面或下方。然后把目标放在动物的右边、左边、后面，并继续开发更多的创造性行为。无论目标在哪里出现，动物都应该学会跟随并触碰到这一目标。

目标跟随训练——下一步是让动物跟随目标，无论你把目标放到哪里。当动物将要触摸到目标时，把目标转移到动物触手可及的地方，这会激励动物跟随目标走动一段短的距离。通过不断强化，最终你可以教会动物顺着你选择的任何地方走上一段非常长的距离。

扩展目标——另一个基本的目标训练概念是教动物不断地触摸目标，直到它听到信号才停止。很多时候，让动物在一个目标上停留几分钟是很有用的。当然，漫长的目标停留时间必须通过逐步强化才能实现。

其他多样化的目标——动物也应该明白它可以自己选择各种类型的物体作为定位目标物：你的手、棍子的末端、浮标或任何其他物体。一些训练员创造性地使用了像激光笔这样的物品作为目标，通过将激光笔对准动物栖息地的不同区域，训练员可以要求动物移动到新的位置，而训练员在整个过程中可以置身于栖息地之外。训练员应该有创造性，并可以根据所训练的动物的情况和种类来调整目标。

扩展到整个身体——随着时间的推移，你将希望动物能够将其身体的任何部位对准定位目标物。这将为诸如医疗训练的许多饲养程序提供便利。

多个目标——当你开始训练更复杂的行为时，你需要让动物理解在保持与一个目标接触的同时，用身体的不同部分接触另一个目标的想法。第一次引入第二个目标时，动物可能会感到困惑，并放弃第一个目标去触摸第二个目标。精心策划的连续渐进法训练过程可以解决这一问题。

A 到 B 训练

目标训练的另一个基本概念是教动物根据提示从 A 点移动到 B 点（A to B）。这是一个非常基本且非常有用的行为，这样的动作有着多种多样的用途，而且对几乎所有动物的日常训练和维护都很有用。这个过程会在下面脱敏（desensitization）训练的文章中详细描述（Ramirez, 1991）。

过闸训练

过闸训练（gating）就是让动物通过闸门、过道或任何其他通道，其过程可以在 A 到 B 的行为基础上进行训练。管理一个大型的、有着多头动物的海洋馆需要有能力随时轻松地分离和移动动物，所以过闸训练是动物配合行为训练中最重要的内容之一。但这并不总是一个简单的训练行为，它需要时间。很多时候，训练员认为过闸训练是理所当然的。这种情况通常发生在年轻的训练员加入一个所有动物都已经接受过过闸训练的训练团队时。只要这种行为被很好地建立并维持，它就显得非常简单。为了强调这种行为的重要性，我们在第七章“社群性动物——多头动物一起训练”中专门罗列了四篇关于过闸训练（和动物分离）的文章。

触碰脱敏

一个已经习惯于被触摸的动物总是更容易被管理的。基本的接触（taction）互动往往可以从目标训练过程开始。即使是具有攻击性或不可预测的动物也可以通过让训练员隔着栅栏或其他形式的保护措施来使动物对人类的触摸脱敏。动物接受被触摸、按摩和其他形式的接触的重要性应该是显而易见的，但绝不应该把接受触碰当作理所当然的事情。一些动物似乎很享受抚摸和其他类型的接触互动，但这并不意味着它们会自动接受一些医疗程序所需的接触互动。这是一个需要持续关注和进行脱敏训练的过程。

脱敏训练

脱敏导向的训练

脱敏训练（desensitization）是指动物通过逐渐接触某种新的刺激，来逐渐适应这种刺激的过程。这种刺激可能是人、其他动物、噪声、灯光或动物可能认为是新的或可怕的任何东西。任何时候在动物的环境中加入新的东西，明智的做法都是尽可能地让动物逐渐接触这些新的刺激。缓慢、平静地介绍新事物，可以保持动物对你的信任，以便于你更好地照顾它们。归根结底，脱敏训练是良好的接触互动的关键，这对良好的饲养工作至关重要。首先，可以了解一下我们谢德水族馆在一些特殊情况下对各种动物的脱敏训练技术应用，具体内容见《脱敏训练技术在动物转运过程中的应用》（*Using Desensitization Techniques to Prepare Animals for Transport*）（Ramirez, 1991，参见 132 页）。

习惯化或反条件作用

在本书中，我们会连贯地使用“脱敏训练”这个词。然而，当你阅读更多关于训练和动物如何学习的文章或章节时，你会遇到习惯化（habituation）和反条件反射（counter-conditioning）这两个术语。通常情况下，这些术语是可以互换使用的。根据定义，习惯化和反条件反射是不同类型的脱敏训练。赫尔利（Hurley）和赫尔蒙（Holmes）在 1998 发表的《脱敏训练的心理学原理及其训练技术综述》（*A Review of the Psychological Principles and Training Techniques Associated with Desensitization*，参见 138 页）中描述了两者的区别并深入探讨了这一主题。从本质上讲，习惯是被动的脱敏训练，在这个过程中，动物会随着时间的推移习惯于新的刺激，而不需要训练员对其进行强化。另一方面，反条件反射是主动的脱敏训练，即当新的刺激与强化物同时出现或随后得到强化时，动物就会习惯于这种刺激。

泛化还是区化？

为了使脱敏训练计划有效，动物必须学会概括某些刺激并与其他刺激进行区分。例如，在饲养训练时，我们不希望动物把兽医、训练员和海洋馆其他工作员区分开来，我们希望动物将多余的人的存在概括为没有威胁性。同时，我们确实希望动物能够区分一个区辨刺激和另一个区辨刺激，我们不希望动物笼统地认为每个手势都意味着同样的事情。盖瑞·威尔克斯在他发表的《概括与辨别：兄弟般的双胞胎》（*Generalization and Discrimination: Fraternal Twins*，参见 145 页）中对这两个概念进行了区别并做出了更多的阐述。

什么是饲养训练？

字典中饲养管理的定义包括以下几层意思：

- 农作物的种植以及牲畜的饲养和繁殖。
- 将科学原理应用于动物饲养。
- 对资源的精心管理。

在动物学中，饲养就是使用最好的科学规范和知识对我们的动物进行精心的管理。

饲养基本规范

良好的动物饲养的基本规范远远超出了训练计划。它们包括：

- 健康的环境
- 适当的营养
- 适当的社群结构
- 健全的行为管理
- 专业的兽医护理
- 系统的训练记录和文档的保管

训练的共赢结果

通过训练计划可以轻松地实现以上所有规范。我们可以训练动物配合做出与其自身健康护理相关的各种行为动作，这样会大大减小动物和训练员的压力。这种配合行为训练就称为饲养训练。通过饲养训练，兽医可以更方便地接触动物，更好地开展健康护理。我们可以训练动物做出正确的姿势以便更好地进行检查，包括从一个围栏转移到另一个围栏。创新的饲养训练每天都在进行，这些例子都汇集在本章末尾的文章精选中。

兽医的职责

由于兽医必须在每一头动物自愿进行检查的基础上舒适地开展医疗程序，因此他们应该被纳入所有日常饲养训练计划中。他们将使用什么设备？他们的触摸有多硬或多软？一旦行为训练完成，他们会不会想做更多训练计划之外的事情？兽医需要多长时间来执行体检或医疗程序？在手术过程中是否会出现任何其他意想不到的人？使用的设备是否会产生噪声？这些问题以及更多的问题都应该在训练前与兽医进行讨论。兽医应该了解医疗行为训练中的注意事项；每位训练员应该了解兽医工作的要求和复杂性。为每个突发事件做准备是日常饲养训练的重要部分。与兽医建立良好的关系对训练的成功至关重要。

脱敏！脱敏！再脱敏！

要想让动物自愿做好医疗检查的准备，必须进行大量的脱敏训练，而且这一点怎么强调都不过分。并要继续深化行为训练的方法和方式，让动物经历可能出现的各种突发情况。如果兽医不能成为训练的一部分，可以让动物每天不常见的人来扮演医生的角色。这个过程的每一步训练得越准确，就越有可能成功。脱敏训练应该是贯穿动物一生的训练过程。

信号给予要恰到好处

和所有的训练一样，信号给予恰到好处是决定日常饲养训练是否成功的关键因素。在任何医疗过程中，动物都必须始终保持冷静和放松。因此训练员必须非常小心，只为平静的行为给予信号并加以强化。如果我们在动物表现出正确的身体姿势但却处于紧张状态的时候给予强化信号，那么我们可能会强化那些越来越糟糕的行为。格雷·斯塔福德（S. Grey Stafford）在他 1996 年的文章《日常饲养训练》（*Husbandry Training*，参见 147 页）中对饲养的重要方面做了详细的讨论。

常规体检

动物被触碰

常规体检相关词汇，例如“放松”“平静”“脱敏”和“触碰”，会一次又一次地出现在饲养这一节。如果一头动物不允许你触碰它，那么就不可能有什么饲养行为。良好的触觉操作使你能够观察动物的皮肤、皮毛或羽毛，让你感觉到肌肉的张力，了解心率，并进行重要的科学数据测量。对海洋世界中海洋哺乳动物饲养的概述记录在《海洋世界日常饲养训练》中（*Sea Worlds Husbandry Training Program*, Lacinak, 1996，参见 148 页）。

动物平躺

大多数饲养行为要求动物处于一个特定的位置，在那里它可以长时间保持平静。许多鲸豚类饲养行为的基本姿势被称为动物平躺。通过目标训练，鲸豚类可以学会一动不动地水平躺在你正前方的水面上。在最轻微的触摸或推动下，你应该能够滚动或移动动物到任何你想要的位置。首先应教会动物对动物平躺的信号做出合适的反应。一旦进入平躺的位置，动物应该等待进一步的指示，通常是触觉提示，让它知道你接下来想要什么。在整个过程中，动物应该保持冷静。一些在动物平躺基础上的饲养行为包括：

- 血液采样
- 尿液采样
- 精液采集
- 粪便采样
- 身体测量
- B 超检查
- 心率监测
- 乳汁采集（吸乳器）
- 眼睛和耳朵检查
- 身体检查（局部治疗）

血液采样

抽血的过程从静脉穿刺开始。这一过程需要与兽医或技术员密切合作。因为动物无法告诉我们它们在哪里感到疼痛或有什么不舒服，我们必须非常依赖血液样本来确定它们是否健康。这使得血液采样成为动物护理中最重要的医疗训练。

采血部位

知道在哪里取样是脱敏训练的第一步。在某些情况下，动物有多个部位可以被采血。然而动物是否自愿配合采血往往限定了最佳采血部位：

- 鳍足类：后脚蹼或下背部
- 鹦鹉：脚趾甲
- 鲸豚类：尾鳍
- 大象：耳朵

慢慢来

我坚信任何行为都要慢慢地按照连续渐进法的方式训练。缓慢的脱敏训练过程对于饲养训练至关重要，因为抽血有可能会导致动物的不适。急于得到你的第一个自愿被采的血样的冲动行为可能会使它成为你最后一个血液样本。抽血太频繁也会产生同样的效果，可能会破坏动物对训练员的信任。我一直认为，要想让一个令人不舒服的行为（如血液采样）训练成功，必须在正式开始抽血之前进行不下于一百次的练习！

“扎一次”法则

永远记住，如果你插入针头时动物保持平静，那么这个行为就已经正确完成了。兽医可能没扎到静脉，没有采到血，但如果动物仍然保持平静，就应该给予强化信号。在谢德水族馆，我们遵循的政策是“一天仅一次，过后（或几天内）不尝试”的原则，我们称之为“扎一次”法则。当然这条规则也有例外的时候，但极少。如果你已经成功地训练出了这种行为，为什么还要频繁地要求它呢？今天多获取一个样本与可能导致动物变得沮丧，行为倒退几个月相比，很不值得的。当特殊情况下需要更频繁地取样时，虽然也可以让动物接受，但操作起来更难。训练员必须训练动物接受与所需尽可能一致的采集频率，一步一步地训练动物来接受它。参与研究项目或育种项目的动物可能需要比正常情况下更频繁地进行抽血监测。只要你花时间进行大量的正确训练，你应该能够实现根据需要的频率进行采血。

技巧和经验

每个成功训练过动物采血的训练员都有自己特殊的成功秘诀。我的是“扎一次”法则。幸运的是，当训练员在一起分享他们的知识和经验时，这些知识和经验可以结合起来形成新的、更好的想法和方法。五位训练员在《海豚的自愿采血训练及行为维护》（*How to Maintain Voluntary Blood Sampling with Dolphins*）（《训练员论坛》，1992，参见 159 页）一文中分享了他们自己的秘诀。

如何在动物“头上动土”

决定能否在动物的头部或口腔周围工作最重要的是要保障训练员的人身安全。如果你觉得你可以安全地接触到动物的眼睛、嘴巴、耳朵或头部的其他部位，许多对动物有益的饲养行为都可以随之开展。然而，这绝不值得去冒被动物咬伤的风险。了解你的动物是决定训练是否可以进行的关键。许多训练员会依靠保护式接触系统在动物这些高度敏感的身体部位工作。关于大象的保护式接触训练的例子将在第十二章“综合性训练和应用”中进行介绍。海獭是另一个很好的例子，当在其口腔附近工作时，它是一种不可预知的、有潜在危险的动物。在谢德水族馆，我们已经成功地在海獭的头部周围进行了很多无保护措施的工作。但我们花了相当长的时间才做到这一点，这些过程全部记录于《海獭训练项目的先行者》（*Initiation of a Sea Otter Training Program*，Ramirez, 1992，参见 163 页）。

动物搬运和转移

一些饲养程序可能需要将动物从其日常的围栏或饲养池中移出。这一过程通常有很多选择。有创造力的训练员对于看似不可能的情况往往能找到解决的办法。

担架训练和入笼训练

有了适当的装备，动物可以被训练自愿游进担架或走入逼仄的笼中。这种行为不一定要与医疗或不愉快的行为永久联系起来。如果该行为经常被作为动物日常活动的一部分，那么该行为就可以可靠地维持下去。德布拉·斯卡尔（Debra Skaar）在 1987 年所写的《鲸豚类的担架训练》（*Stretcher Training for Handling Whales and Dolphins*）文章中详细描写了鲸豚类的担架训练。

其他移动方法

有时可以不使用笼子、担架而将动物从其生活环境中移出。比如可以教鲸类动物滑到一个平台或船上。陆地动物可以被训练跟随一个目标或被绳索拴着走到新的地点。这种类型的训练需要时间和仔细注意脱敏步骤。教海狮从住处自愿移动到公共表演场所的训练过程详细记录在第 11 章“训练问题解决指南”的《鳍足类在公共区域的训练和表演》（*Teaching Pinnipeds to Work in Public Areas*，《训练员论坛》，1989，参见 414 页）一文中。虽然这篇文章没有以医疗训练为主题进行讨论，但只要你想把动物带入一个新的环境，其中所描述的技巧就都很适用。

强制转运的注意事项

当有必要将一头没有经过训练的动物转运时，训练员可能会担心该动物会在工作人员和手术之间建立不愉快的联系。这当然是可能的，但可以采取很多措施来减少这种情况发生的可能性。

不要欺骗动物——当动物被欺骗、愚弄或诱导合作时，信任就不存在了。动物因为信任你而受到“惩罚”，之后动物会不惜一切代价避免类似的行为，哪怕你觉得当时的你不得不使用这种方法。关于“惩罚”的用途和陷阱的更详细讨论将在第九章“高阶技巧和概念”中涉及。

避免直接联想——避免将负面经历与训练有素的行为直接配对，这可能会使训练有素的行为消失。例如一头海豚已经被训练成自觉滑出以便于进行简单的视觉和触觉检查。该动物从未离开水面超过几分钟，并且这种行为一直都得到了良好的强化。如果你突然选择使用滑出行为来约束动物进行长时间的医疗检查，它有可能在几周、几个月甚至几年内都不会再滑出。然而，对在滑出过程中的约束行为逐步进行脱敏训练，最终可以使动物接受这种检查方式。丽塔·斯塔西（Rita Stacey）和她的同事在《瓶鼻海豚的被动约束训练》（*Passive Restraint Training in Tursiops* *truncatus*，参见 170 页）中描述了一个在困难情况下使用强化物来维持瓶鼻海豚自愿约束的优秀案例。

搬迁前兆脱敏——即使你不能训练动物自愿离开它的家，你也可以使它对这个过程之前的许多经历脱敏。如果搬进约束箱、降低水池水位或飞镖枪的出现会使动物感到不舒服，那么每天让动物接触这些东西（或尽可能频繁地接触），就不会出现通常情况下的负面后果。奇普·哈肖（Chip Harshaw）在《通过分离延长和目标训练来提高动物镇静的效果：以北美水獭（*Lontra canadensis*）为例》［*Extended Separation and Targeting of North American River Otters* (*Lontra canadensis*) *for Sedation Purposes*，参见 173 页］中很好地阐述了这一观点。

使用你掌握的基本操作技巧——就这么简单。你有很多技巧可以用来塑造你想要的行为，避免负面联想。即便你没有参加过正式的培训，你也应该随时准备好使用这些训练技法。它们是你照顾动物和塑造合作行为的得力助手。

总结：其他日常饲养行为的训练

许多类型的饲养行为都可以训练，你只受限于你自己的创造力。训练饲养行为有助于使动物管理更加完善和规范，使动物和训练员在互动中的压力都大大减少。其中重要的步骤是：

- 仔细计划
- 慢慢推进
- 对所有的刺激物进行脱敏处理
- 准确给信号
- 保持信任
- 应用成熟的操作技术

在本章的最后，除了已经引用的文章外，还有其他一些关于日常饲养训练的优秀文章。这些文章中涉及的一些饲养主题包括：

- 猫的饲养（Krueger, 1996）
- 膀胱镜检查（deSousa, 1998）
- 牙科治疗（Lacinak, 1996）
- 狗的饲养（Teuscher, 1996）
- 强制呼气（Krames, 1984）
- 胃管 / 内窥镜检查（Ramirez, 1996）
- 腰围测量（Ramirez, 1996）
- 马的饲养（Teuscher, 1996）
- 乳房展示 / 乳汁收集（Kamolnick, 1994）；（Krames, 1986）；（Ramirez, 1996）
- 修剪指甲（《训练员论坛》，1997）

- 鳍足类的饲养（《训练员论坛》，1993）；（《训练员论坛》，1997）
- 精液采集（Keller, 1986）
- 搁浅动物的饲养（Schofield, 1995）
- 尿液取样（Krames, 1986）；（Ramirez, 1996）；（《训练员论坛》，1990）
- 超声波检查（《训练员论坛》，1993）；（Ramirez, 1996）

文章精选

《会议论文集》，1991 年国际海洋动物训练员协会会议，美国加州瓦列霍。下面这篇论文被授予 1991 年杰出饲养 / 研究奖。谢德水族馆建设了特别的环境为训练员提供了独特的训练动物对严酷的转运脱敏的机会，这也对谢德水族馆的训练项目产生了深远的影响。

脱敏训练技术在动物转运过程中的应用

肯·拉米雷斯（Ken Ramirez），辛西娅·阿莉雅（Cynthia Alia），
康尼·阿瑟（Connie Arthur），皮特·戴维（Pete Davey），
格雷戈·戴伊（Greg Dye），费斯·德纳姆（Faith Dunham），
奇普·哈肖（Chip Harshaw），帕姆·赫尔曼（Pam Herman），
梅格·哈德逊（Meg Hudson），唐纳罗斯·亚诺塞克 - 克里斯塔基斯（Donnarose Janosek-Christakis），曼尼·奥纳特（Manny Onate），吉姆·罗比内特（Jim Robinett）
苏茜·罗杰斯（Suzie Rogers），马克·瑞恩（Mark Ryan），
丽莎·高琪（Lisa Takaki）
谢德水族馆

摘要

1991 年 4 月 27 日，约翰·谢德水族馆的新海洋馆正式向公众开放。在新馆建设期间，原海洋馆的海洋哺乳动物被安置在美国各地。为了减少潜在的适应问题，我们引入了一系列的训练项目，以便为将动物转运回海洋馆做准备。三种不同的脱敏训练技术被用在三个不同的动物群体以便比较。本文将重点介绍这些技术在转运两头白鲸（*Delphinapterus leucas*）、五只阿拉斯加海獭（*Endhyra lutris*）和四头太平洋斑纹海豚（*Lagenorhynchus obliquidens*）方面的成功经验。

导言

1991 年 4 月 27 日，约翰·谢德水族馆第一次向公众开放了崭新的海洋馆。这是多年来规划和努力工作的成果。海洋馆内有各种动物，包括港湾海豹、太平洋斑纹海豚、各种企鹅、阿拉斯加海獭和白鲸。这些动物中有许多是在新设施建成之前获得的。在新馆建设期间，每个动物群体都被安置在全国各地的不同地点，并在那里开始了初步的适应和训练。

无论动物在哪，我们的训练计划都集中在两个主要目标上，即基本的日常饲养训练，以及为迁往芝加哥新海洋馆做准备的训练。我们的新海洋馆和我们的动物都有许多特点，因此必须给予额外的照顾，以确保顺利和快速地从它们的临时家过渡到仍在建设中的新家。因此我们觉得没有什么比让动物们了解转运过程和新的环境更重要的目标了。有趣的是，从物种差异到栖息地的大小和配置等各种因素都给我们带来了不同的问题，因此需要考虑特别的训练。

本文将重点介绍我们的三个动物群体。我们将介绍我们为海獭、白鲸和海豚搬迁到约翰·谢德水族馆所采用的训练方法。由于每个动物群体都有其特质，因此训练中会遇到一些不同的挑战，我们将讨论每个脱敏训练计划的准备、实施和结果。

阿拉斯加海獭

我们讨论的第一组动物是我们的阿拉斯加海獭。最初，我们没有计划在我们的新馆建设完成之前拥有海獭。然而，1989 年春天，埃克森·瓦德兹号（Exxon Valdez）油轮不幸在阿拉斯加威廉王子湾触礁，并导致大量原油泄漏到阿拉斯加海湾，使许多海獭无家可归。美国鱼类和野生动物管理局（U.S. Fish and Wildlife Service）要求动物园和水族馆安置这些受到严重伤害，而且无法放归野外的海獭。谢德水族馆就是这些被指定的水族馆之一。然而，由于我们的新海洋馆还有一年半的时间才能完工，所以只能在目前水族馆的一个展厅中设立一个临时设施。虽然它远不是一个完美的海獭之家，但事实证明，对于我们的四个新居民来说，还是相当舒适的。一年后，第五只孤儿海獭也加入了这个群体。

由于海獭的到来比计划提前了很多，我们不得不比预期更早地对它们的长期照顾开始规划。我们中的大多数人都有丰富的基本训练知识储备，并且有着多种动物训练的背景。我们认为没有理由以任何不同的方式对待我们的海獭。对于那些从未与海獭打过交道的人来说，我们很天真地去做了训练员很少会做的事情！即使我们意识到前面的道路看似行不通，但我相信我们也会以同样的热情继续前进。

也许有必要指出的是，我们的五只海獭都是孤儿，因此它们都是人类亲手养大的。这是理解我们能够与这些海獭进行接触互动的关键点。还应该指出的是，如果这些幼崽不是我们手把手养育的，我们将不得不以一种非常不同的方式来训练它们。从一开始，我们就决定要尽可能多地采用体验式训练。我们想要开始基本的日常饲养训练，并且认为一种触觉感知能力很强的动物肯定会使这种训练变得更容易。在海獭训练的早期阶段，我们每天都会亲手喂食，并在它们表演和展示的过程中有规律地安排游戏环节，包括为它们提供雪地场景，给它们冰块、玩具，或只是在展示中与它们坐在一起。随着时间的推移，我们与海獭愈加地熟悉，开始加入越来越多正式的训练。

正式的训练内容包括将动物带到表演或训练区域。我们选择了一张大约齐腰高的桌子，让动物坐在或站在桌子上，这样我们能够与这些动物面对面。我们有时候一次只带出一只动物，有时候带出两只，或带出整个群体。我们进行这些训练的主要目的是评价海獭对训练环境的适应性，以便我们探索正式训练的各种可能性。由于这些动物是从石油泄漏事故中被拯救出来的，所以我们必须同时面对许多医疗问题。因此一些基本的饲养程序也是非常有必要进行的，这其中包括：药物和维生素的灌注训练，体温测量的温度计插入训练，常规体检训练，自愿采血姿势的训练，以及定期称重的训练。

虽然饲养是我们大部分训练的重点，但我们也开始训练其他一些行为。我们开始训练信号刺激（其中两只使用狗哨，另一只用语言信号），开始基本的目标训练和高阶训练，我们引入了笼子，加强了名字的识别，并教它们理解过闸训练的概念。我们发现海獭是非常好奇的动物（这是一种保守的说法）。在许多方面，我们发现它们对训练非常热情，有时甚至是不可预测的热情。因此与海獭一起工作时，我们从来不会有无聊的时候。

随着海洋馆的建设接近尾声，我们开始考虑用不同的方法来转移这些动物。显而易见，转移像海獭这样的小动物并不困难。但由于我们与这些海獭建立了良好的关系，我们有办法使这些动物在转移过程中更加稳定和舒适。由于海獭似乎很喜欢接触互动，而且习惯于被人抱着走，我们决定把海獭抱到它们的新展览馆。在进行真正的搬迁之前，我们对这一过程进行了数个月的模拟。这一环节包括逐渐延长抱着步行的时间。我们带它们走过新的走廊和过道，让它们对每一种可能的门洞和灯光都进行足够的脱敏训练。我们必须慎重考虑的另一个因素是它们的体形。一只年轻的 10 磅重的海獭已经相当棘手，但它们可以长大成 50 多磅重的个体，因此抱着它们几乎是不可能的。它们的脊柱非常灵活，以至于你会信誓旦旦地说它们是无脊椎动物；事实上，我们亲切地称它们为“带毛的泥鳅”。为了使训练员和动物都能有最大的积极性，我们在通往新家的路上设立了多个休息站。这样我们的背部可以得到一些休息，同时也使我们能够为动物们提供各种强化物，包括冰块、磷虾、毛巾、贝类或其他玩具。

在搬迁的那天，我们以海獭游行的方式把五只动物抬到了它们的新栖息地。它们的搬运过程非常顺利，天生的好奇心让它们在新设施中探索了几个小时。它们当天的进食情况很好，我们对这种平稳的过渡感到非常满足和骄傲。我们不知道的是，我们之后还要再做几次这样的搬运工作。由于海獭好奇心很强，它们成功地拆除了新家的许多部分。电钻和电动工具都比不上海獭的爪子，它们很快就找到了场馆里面所有的薄弱环节，我们很快就不得不把它们抬回它们的临时住所，以便修复新的栖息地。这个过程重复了好几次，最后它们终于在海洋馆里永久居住了下来（我们希望如此）。

毫无疑问的是，有另一种更容易的搬运方法，我们可以很容易地把所有海獭放在一个笼子里，然后直接把整个笼子一起抬过来。但我们觉得，因为这些动物已经经历过很好的脱敏训练，而且我们的训练员为搬家进行了大量训练，因此我们可以使得每次搬家都成为一种有趣的、无压力的经历。

鲸豚类

我们对另外两组动物也进行了类似的脱敏训练，它们是两头白鲸和四头太平洋斑纹海豚。这些动物也是在新海洋馆修建之前就已经获得的，因此我们有时间为它们在新海洋馆的生活做好准备。我们认为一下子把天真的动物、新的训练员和新的设施突然没有准备地放在一起是一种灾难。在搬进新的设施之前，我们将动物和训练员逐渐聚集在一起，让每个人都有充足的时间来了解这些设施、动物和彼此的情况。从长远来看，我们觉得这段时间是一笔真正的财富，它使我们的每头白鲸和海豚的转运和适应变得如此容易。

白鲸被临时安置在塔科马的捍卫角动物园和水族馆，而海豚则被安置在加州大学圣克鲁兹分校的长海海洋实验室。每个动物群体在训练之前都进行了仔细的协调，以确保每个设施的训练风格和训练理念的一致性。我们的第一个目标是使每头动物对它们可能在新海洋馆面临的新事物进行脱敏训练。我们把基础的饲养行为训练作为首要任务。我们把重点放在抽血、插胃管和粪管、常规体检和 B 超定位等方面的训练上。

另一个主要问题是过闸训练。谢德水族馆的新海洋馆有四个相互连接的大水池作为动物的栖息地，其中最大的栖息地有两百万加仑的水。动物可以从一个栖息地游到另一个栖息地，因此，每头动物都必须可以稳定地通过闸门。新设施的设计上，医疗池隐藏在一座森林覆盖的山下。因此，每头动物都需要能舒适地通过隧道进入医疗池。医疗池有三扇大门通往其他三个栖息地。通过这些门之后，动物们需要游过一个被低矮的吊桥覆盖的通道。

显而易见，过闸训练是一个高度优先事项，因此我们选择了三个基本步骤来训练它。首先，我们将教所有的动物一个基本的“A 到 B”的训练行为。我们会轻拍动物的额头或嘴唇，然后指向几英尺外的人或目标。当动物学会简单的两点来回后，我们逐渐增加这种“A 到 B”行为的距离和位置方向，直到每头动物都能毫不犹豫地从 A 点移动到 B 点。

第二步是将 B 点逐步地移到其他水池中。我们特别强调了慢慢来的重要性。我们总是把过闸训练环节作为整个训练的一小部分。在整个训练中，我们从来不关闭闸门，直到我们确定动物已经对这个过程非常适应。即便如此，我们一开始也只是在很短的时间内关闭闸门。

最后，一旦我们觉得过闸训练已经非常熟练和顺利，我们就在现有的通道上放置胶合板。我们第一次尝试覆盖整个通道时，动物们都不愿意从下面通过。因此，我们退而求其次，每次只覆盖小部分区域。一个月之后，动物们就自愿地通过了全部覆盖的隧道，而且自从搬到芝加哥的新海洋馆后，白鲸和海豚都会定期进行过闸训练。

另一个让动物们适应新海洋馆饲养环境的重要因素是接触其他动物和物种。在新海洋馆的两个设施中，我们的动物都与其他动物共享游泳池。我们利用这一优势，将动物从一个池子轮换到另一个池子。就白鲸而言，我们甚至把捍卫角的成年白鲸和港湾鼠海豚（*Phocoena phocoena*）也与我们的白鲸混在一起。这样，除了可以将我们的动物介绍给新的物种外，还建立了其他动物会在大门另一边的概念，我们认为这有助于它们在海洋馆中对社会的适应。

还有一个我们认为至关重要的准备工作是让动物们对训练员在水中的脚和腿脱敏。我们在水族馆的大部分工作空间都在10英寸深的水下，所以我们逐步训练我们的鲸目动物适应在整个训练过程中我们的脚都在水中的情况。在圣克鲁兹，我们把我们的工作平台从池面以上下降到与池面齐平，然后略低于池面。这个过程对于使动物对正常的工作条件脱敏是至关重要的。

白鲸

但是，仍有其他转运的问题困扰着我们。海洋哺乳动物界已经成功地转运各种鲸豚类超过25年了。使用湿式转运、乘坐高速喷气式飞机的现代技术使转运对动物来说成为一种更舒适的体验。现在反过来是训练员和兽医承受着转运过程中的压力。大多数参与白鲸转运工作过的训练员都认同转运过程中的白鲸是舒适的：它们的“头等舱座位”很舒适，它们有着巨大的空间可以“伸伸胳膊踢踢腿”。

然而也有报告指出，有些白鲸在转运后不愿意进食。虽然不是所有的情况都是如此，但一些报告说动物对新的环境比对食物更感兴趣。尽管这可能是完全可以理解的，但并不是我们想要找的麻烦。

我们仔细阅读了那些介绍白鲸进食延迟问题的论文，并与许多曾与白鲸一起工作的人讨论了这个问题以期找出原因。每个案例都有一个共同点，那就是当动物们到达新的地点时，周围有大量的新刺激。这包括一个新的游泳池，新的训练员，不同的鱼，不同的训练道具，不同的声音和灯光，不同的水质，等等。其中有些事情是我们无法控制、无法改变的。但我们试图使塔科马海洋馆的布置尽可能地像芝加哥的新海洋馆一样。在我们查阅的每一个问题案例中，有一件具体的事情似乎都是不变的，那就是需要通过排空水池来移动动物。即使是接受过良好的饲养行为训练的动物，在适应新环境时也可能会不合作。而且排空水池来检查动物是非常不方便的，虽然在转运后需要进行几次身体检查。我们决定让我们的白鲸提前适应这个过程。我们每周安排几次“降水位”活动。我们会降低它们栖息地的水位，在水位齐腰时做几次训练和多样性的玩耍。我们让它们适应各种低水位的情况，包括喂食管饲喂的水位训练，每次训练都尽可能地以积极的形式结束。一个月内，动物们不再把水池水位下降与体检联系起来。相反，这只是另一种类型的训练和玩耍。

和海獭一样，我们的训练在白鲸身上得到了实战的考验。我们精心计划的10小时转运不幸变成了27小时的马拉松。恶劣的天气稍微推迟了我们出发的时间，但在我们的努力下最终装车并出发，而且只比计划晚了一个小时左右。当我们全部扣上安全带，准备起飞时，飞机突然向后猛冲。我们以为我们要开始飞啦，错了！一辆无人驾驶的机场服务车不知何故突然倒车，直接撞上了我们飞机的右翼。而且要过好几个小时才能空运来新的零件以替换损坏的襟翼。我们曾考虑过把动物运回塔科马，然后重新安排转运时间。但是，当时白鲸正在舒适地休息，我们最终决定留在原地。虽然我们非常担心延误，但白鲸也不知道转运时间有多长，所以它们很好。

离开塔科马24小时后，我们的两头五岁的雌性白鲸抵达了它们在芝加哥的新家。我们先把它们放在医疗池里，医疗池水面与训练员的腰部齐平，就像我们在塔科马经常练习的那样。同样的训练员、同样的水桶、同样的潜水服都被使用了（我们是“迷信行为”活生生的例子）！白鲸在进入它们的新栖息地的半小时内，就开始进食并表现出与在塔科马时一样的行为。

在两个星期内，两头白鲸就表现出了它们之前训练的所有行为，而且它们看起来对舒适的新家非常满意。我们这两头白鲸从来没有出现过文献中描述的绝食或进食延迟问题，我们对它们的表现和进步非常满意，所以我们决定在下周将太平洋斑纹海豚用同样的方式转移到新海洋馆。

太平洋斑纹海豚

由于我们之前所面临的延误、问题和挫折，在转运海豚的时候，我们做好了一切可能的准备。幸运的是，海豚的转运过程是极其顺利和舒适的。有人会说，那是因为我们采取了特别的措施来为动物们的转运做准备。我们对转运海豚的担心与对白鲸的担心正好相反。太平洋斑纹海豚是一种非常好动和容易紧张的动物。我们确实担心，这样活跃的动物可能不会轻易在长时间的转运中一动不动。以前转运太平洋斑纹海豚的经验使我们顾虑重重，害怕出现任何潜在的问题。而且太平洋斑纹海豚的性情与瓶鼻海豚非常不同。

太平洋斑纹海豚的训练进展顺利。过闸训练正按计划进行，日常饲养训练进展迅速，它们非常有创造力，不断展现新的空中行为。它们似乎学得很快，我们确信它们可以接受任何交通工具形式下的转运。我们想让它们对与转运有关的所有刺激都进行脱敏，然后再让它们接触到新海洋馆中不确定的方面。他们在每季度体检时的行为表明，每三个月把它们放在担架上并不足以让它们适应这个过程。此外，体检往往意味着大量的戳戳点点，我们想让通过担架和交通工具运送动物变得简单而平静。

担架训练在圣克鲁兹是不可行的，所以我们决定对转运过程进行渐近式训练，以逐步渐进的方式让动物对担架脱敏。在太平洋斑纹海豚转运前的 15 个月，我们开始每个月把海豚放在担架上进行训练。我们利用这个机会对每头动物进行定期称重，但除此之外，我们只是让它们在担架上停留一小会儿，一开始是 5 ～ 10 分钟，然后我们慢慢地增加它们在担架上的时间，到了第 6 个月，我们也尝试着把动物放到转运工具上。

担架脱敏训练成为每月一次的程序，动物们似乎意识到，用不了多久它们就会在自己熟悉的环境中与其他海豚团聚。我们觉得这是一个重要的里程碑，在体检时紧张的海豚可以很快被送回泳池，但一旦升空，我们就无路可退，会尽全力完成飞行和搬家过程。对几头海豚来说，开始时紧张不安的过程变成了一个逐渐平静和舒适的过程。在动物们重新进入水池后不久我们就提供了食物和游戏活动。

在运送前的三个月，我们将这些训练增加到每月两次。我们还提高了转运工具周围的活动空间，并模拟了转运中每个阶段可能的场景和事物。我们甚至把动物放在水箱里面，并装上了卡车载着它们在实验室周围行驶，就像我们真的在搬家一样。我们还增加了它们离开水的时间，这样它们就不会认为每一个环节都比前一个环节要长。在转运前一个月，每头动物都在转运工具中经历了至少一个多小时的训练，并且坐车时间超过 20 分钟。当我们实际移动这些动物时，它们已经是经验丰富的旅行者了，并且已经接触过我们能够再现的与实际转运有关的许多事物和刺激。

实际转运过程中，从一座海洋馆到另一座海洋馆之间的时间正好是 12 小时。四头海豚一路上看起来都非常地舒适和平稳，没有用到任何麻醉剂或其他特殊的医疗护理。所有动物都在一个小时内先后进入了它们的新家，并“进行了一次非常好的聚会”。就像对待白鲸一样，我们尽可能地重现了它们在圣克鲁兹的生活状态。我们的做法可能看起来有点极端，但我们想确保它们对所有潜在的不利刺激都已经脱敏，最后我们觉得我们所有的预防措施都是有益的。

结论

当我们回顾我们对每组动物使用的各种脱敏训练技术时，我们对训练和搬运的结果非常满意和自豪。我们成功地意识到每一种训练情况都是不同的，我们也意识到在下次转运时，我们可能需要尝试另一种方法。在未来我们的每一次转运中，有一点是确定的，那就是我们不会把潜在的问题看作不可避免的而接受它。相反，我们将继续审视我们在每种情况下面临的问题，并将它们作为可以完成的挑战性训练目标。毕竟，这是我们已经学会的在训练新的和创造性的饲养行为时都要经历的过程。每次兽医建议进行新的体检时，我们都会研究如何教动物在这个过程中合作。同样的方法可以应用于其他的大多数动物。对于我们经历的每一次转运，我们都提前分析了潜在的问题和造成这些问题的可能原因。然后我们做了一切可行的尝试，训练动物对我们认为的敏感事物或过程脱敏。我们觉得我们这次搬家过程是成功的。真正的赢家是那些已经很好地适应了它们在芝加哥新家的动物们。

下面这篇论文描述了脱敏训练的定义以及其在训练中的应用，作者对此进行了深思和研究。此文发表在国际海洋动物训练员协会杂志的 1998 年第 3 卷第 1 期。我强烈推荐这篇文章，因为它从技术和科学的双重角度来探讨脱敏训练，并将其应用于日常训练。

脱敏训练的心理学原理及其训练技术综述

珍妮弗·赫尔利（Jenifer Hurley）和尼科尔·赫尔蒙（Nicole Holmes）
加州大学圣克鲁兹分校长海海洋实验室

摘要

习惯的经典定义是：“由于反复刺激而导致反应的相对持续减弱，并且其间不再有任何形式的强化”（Thorpe, 1956）。在研究人员看来，脱敏训练过程是动物训练体系中不可或缺的一部分，是习惯性训练和反条件性训练的结合。它是训练动物接受新的刺激、适应新的环境，在圈养过程中自信且连贯地参与互动的必要条件（Flaherty, 1985; Goldblatt, 1993）。我们总结了该主题的相关文献，并在此详尽阐述动物脱敏训练的传统做法。

简介

长海海洋实验室进行加州海狮（*Zalophus californianus*）的潜水生理学研究，

需要对动物进行相应的脱敏训练，使其对陌生的设备和环境都脱敏（Hurley, 1996）。这些动物被要求在各种复杂的情况下进行潜水试验。同时为了监测心率，每头海狮都穿上了配备有长距离电线和电极的背带。耗氧研究要求海狮潜入水中，然后在密封的塑料圆顶罩子里呼吸，在罩子里面它们的视力和听力受到很大限制。研究还要求海狮熟悉开放性海洋释放训练中的许多不同刺激，包括乘坐船只和进到卡车上的笼子里，以及熟悉人口密集或其他不稳定的环境。为了实现这些目标并更好地实践脱敏训练过程，我们总结了心理学文献中关于习惯化理论的资料，期望将其与我们已经知道的动物脱敏训练实践相结合。通过对脱敏训练心理学的重新审视，我们开发了一个通用的脱敏训练模型，并相信我们可以通过这个模型成功地训练海狮，使其舒适而自信地完成所有需要的研究任务。

理论背景和专业术语

“习惯”这个词似乎是由唐纳德·哈里斯（J. Donald Harris）在其1943年的心理学文章中首次定义的。当时，人们越来越认识到习惯对学习分析的重要性。当时有许多术语来描述未习得的反应程度的下降情况：适应、削弱、抑制、适应和刺激性激活。哈里斯选择了“习惯化”这个词来描述发生在整个生物体内的、由于重复性刺激而导致的未习得反应程度的下降情况。哈里斯将这一过程与其他类型的反应减弱区分开来，后者是由于受体的适应、影响者反应能力的丧失或各种类型的抑制所造成的。

理查德·汤普森（Richard Thompson）和威廉·阿尔登·斯宾塞（William Alden Spencer）（1966）明确指出，习惯化具有可逆的属性，因此通常可以与其他类型的反应减弱区分开来。他们给出了习惯化的详细操作定义的共同特征（作者通过相关的例子来说明）。给定一个能引起反应的特定刺激，重复应用该刺激会导致反应的减弱。例如，海狮对背带最初可能会反感，通过反复接触，这种感觉会减弱。如果随后停止刺激，反感的行为往往会随着时间的推移而恢复（自发恢复）。如果海狮之前已经被训练过接受套在身上的背带，并且在相当长的时间内没有对该行为进行强化，那么该动物可能会对重新出现的背带产生畏惧。如果一个反应被习惯化，并允许反复恢复，那么未来对该反应的习惯化会更加迅速（习惯化的增效）。对于重新引入的背带，恢复到脱敏状态所需的时间将比原来脱敏训练的时间短得多。在其他因素相同的情况下，接触（刺激）的频率越高，习惯的养成就越快、越明显。海狮接触背带的次数越多，它就会越快变得不敏感。换句话说，如果训练员对海狮甲每周使用背带五次，而海狮乙每周只使用一次，那么海狮甲对背带的脱敏速度就会更快。此外刺激越弱，习惯的养成就越快、越明显。强烈或厌恶的刺激短时间内可能不会产生明显的习惯化。如果背带不舒服，导致呼吸困难，或与操纵性的处罚有关，那么就很难使动物充分习惯。在反应消失或达到稳定的习惯化水平后，再进行习惯化训练将导致原始反应恢复得更慢。这说明维持训练和定期复查对促进持续的脱敏训练是非常有用的。对某一特定刺激的反应习惯化也表现为对其他类似刺激的泛化（generalization）。例如，如果海狮对背上的心电图（electrocardiogram, EKG）

显示器不再敏感，那么过渡到佩戴相机或其他物体就会更顺利了。此外，对各种不同的刺激有长期脱敏训练历史的动物，通常更容易对任何新的刺激脱敏。呈现另一个非常不同的刺激往往会导致其他习惯性反应（脱敏）的恢复。如果一头海狮面对一群人，而之前没有对人群进行过脱敏，那么这头海狮很可能会对人群充满警惕，拒绝让人给它穿上背带，即使之前已经对背带脱敏了。

一般来说，人们已经认识到习惯化过程在动物适应环境方面起着重要作用。索尔普（W. H. Thorpe）（1956）将习惯化定义为“由于重复刺激而导致的反应的相对持续减弱，而这一过程并没有得到任何形式的强化”。习惯化的主要特点是对某一特定的刺激物具有特殊性。这一点很重要，因为它承认习惯化过程主要是由刺激物驱动的，而不是由任何结果的奖励或好处驱动的。弗拉赫蒂（Flaherty）（1985）将习惯化描述为“一种学习形式，因为它代表了一种相对永久的行为变化，这种变化是个体经验的结果，而不是由于疲劳所致”。同样，康拉德·洛伦兹（1981）将习惯化描述为一种生理机制，其适应性可以防止行为疲劳。对与环境变化有关的新刺激习惯化的能力对动物最大限度地减少能量浪费至关重要。

反条件作用是指对于由厌恶性刺激（如休克）引起的正常防御反应，通过与正强化物的联系，而改变该正常防御反应的过程（Pearce & Dickinson, 1975）。由约瑟夫·沃尔普（Joseph Wolpe）在 20 世纪 50 年代开发的基于反条件作用的系统性脱敏训练是行为治疗中常见的项目。沃尔普的训练方法在一只饥饿的猫身上产生了前所未有的效果。通过给猫喂食的同时，将其带入有恐怖的房间，猫逐渐克服了恐惧感（Dickson et al, 1977）。在训练中，通过将针头与正强化物（食物）联系起来，可以使动物有条件地接受针头（厌恶性刺激）进行常规采血训练。

心理学家用“习惯化”这个词来描述训练员所说的脱敏训练（Flaherty, 1985）。从训练的角度来看，将习惯化和反条件作用都归入脱敏训练的大类是合适的。此外，作者将习惯化的被动经验性与反条件作用的主动强化过程区分为被动脱敏训练和主动脱敏训练。

感觉适应经常被误用为习惯化的同义词。康拉德·洛伦兹（1981）证明了这种区别。当火鸡已经习惯于听到一种声音后，播放一种具有相同音调和持续时间但振幅较低的声音，此时火鸡的反应就好像是受到一个新的刺激，表现出习惯化反应以前的行为。如果习惯化反应是局限于感觉器官，或与任何形式的疲劳行为有关，那么刺激强度的减弱就不可能导致观察到的行为的重新出现。由于这一实验和其他实验的结果，习惯化必须明确地被归类为一种学习类型，而不仅仅是一种生理条件。

习惯化的过程之前有一个导入期，在这个导入期中，动物首先会对刺激进行判断（Flaherty, 1985）。“新奇效应（novelty affect）”描述了哺乳动物对引入新刺激的反应特征，这也是哺乳动物“非战即逃”反应的一个重要部分。它被粗略地定义为暴露于新刺激下的先天恐惧反应。弗拉赫蒂用以下一组反应来描述对新奇感的反应：动物最初会做出定向反应，并伴随着各种行为和生理变化，包括心率、皮肤电阻、呼吸、外周血管收缩、肌肉张力和大脑皮层电活动的变化，以及食欲行为的唤醒和抑制。

动物的环境背景和对刺激的独特感知会大大影响脱敏训练的结果（Bolyard & Rowland, 1996）。例如一头带着幼崽的雌性动物，或一头正在睡觉的动物，在突然遇到新的刺激时，会表现出更强烈的惊吓反应。此外，运动状态也会大大影响面对刺激时的反应和相关的脱敏训练过程。这并不特别令人惊讶，因为动物的状态通常影响所有的学习过程（Bolyard & Rowland, 1996）。

脱敏训练的反面是敏感化（sensitization）。敏感化被定义为“随着刺激物的重复呈现，该刺激物所引起的反应增强”（Flaherty, 1985）。值得注意的是，敏感化是新奇效应所描述的条件。在这个意义上，敏感化普遍先于习惯化。在接触新刺激物的开始阶段，有一个微妙的阶段，该阶段内动物变得越来越敏感，而不是脱敏。由此产生的效果主要基于最初的刺激强度（Flaherty, 1985）。例如，缓慢引入的弱刺激不会引起强烈的敏感化，因此更容易脱敏。然而，如果刺激的幅度或强度太大，就会产生致敏效应，使动物在以后相当长的时间内都对该刺激产生负面反应。因此我们需要牢记过强的刺激可能会产生致敏效应，特别是在最初接触时。所有的刺激最终都会随着时间的推移而被习惯化，然而要使一个被致敏了的动物脱敏，则需要做很多工作。

如前所述，当一个新的刺激（通常是强烈的或有害的）在动物已经习惯的刺激物出现之前出现时，就会发生致敏现象。新的刺激通过引起其自身的新奇效应和致敏效应而推翻了先前的习惯化反应。无论最初的反应是在什么条件下形成的，该条件现在都已经不一样了，因此习惯化就消失了。这一过程对动物的生存适应很重要。当一头动物习惯一个刺激物时，它就处于一种非防守状态，而一个新的、强烈的刺激预示着危险，促使动物回到它原来的意识状态（Flaherty, 1985）。因此，维持一个恒定的或类似的环境对脱敏训练很重要。由于这个原因，作者建议首先应该在同一种环境中训练动物对刺激物进行脱敏，然后根据需要，在不同的环境中进行脱敏，同时要注意预期一些环境的转变。

环境转移是指当动物从一个环境转移到另一个环境时，习得反应的丧失（Richardson et al, 1988）。在脱敏训练的情况下，一种环境中熟悉的刺激当被转移到一个新的环境中时，可能会失去其脱敏性，而旧的行为会重新出现。例如在海洋馆中响起的口哨不会引起对此习以为常的周围工作人员的任何反应，然而对在海洋馆以外突然吹响的口哨会引起这些工作人员的新奇反应。

心理学家对长期和短期的习惯化进行了区分（Flaherty, 1985）。这在训练中可能很重要，因为学习记忆的持续时间会受到刺激频率的影响。接触刺激的间隔时间被称为刺激间期（interstimulus interval, ISI），它与记忆的时间长短有关。如果刺激间期很短，接触刺激的频率就会增加，这可以加快习惯化的速度。然而，这种习惯化的保持记忆时间会更短。如果刺激间期较长，那么在单位时间内接触刺激的总次数就会减少，习惯化的速度就会变慢。然而，习惯化记忆的长期保持率会提高。弗拉赫蒂认为，这两种类型的习惯化可能与人类的短期和长期记忆的差异有关。

哈里斯（1943）发现，反应的习惯化在不同的物种中是不同的。通过分析所有门类的数据，他发现没有单一的习惯化机制。事实上，他认为可能有几种机制来解释习惯化，“在如此极端的生物范围和如此广泛的实验条件下，任何一种解释原则都必须具备普遍性才能令人满意”。亨德（Hinde, 1970）提出不同门类的习性机制有很大的不同。这便是双过程理论，该理论描述了习惯化涉及的两个过程，一个是习惯化过程（habituation），一个是敏感化过程（sensitization），这两个过程被认为在中枢神经系统中相互独立发展，并相互作用，并产生最终的行为结果（Groves & Thompson, 1970）。假设每次刺激的呈现都有使动物敏感化的趋势，同时导致习惯化的增加，最终的行为代表了这两个对立过程的结果。坎德尔（Kandel）、施瓦茨（Schwartz）和杰西（Jesse）（1991）对加利福尼亚海兔（*Aplysia californica*）的研究为双过程理论提供了实验数据支持。然而，要想确定习惯化的机制仍然需要更多的研究。

基于驱动状态理论，作者提出，动物的感知可以被放在一个动机连续体上，该连续体的最左边是惩罚值，最右边是强化值，中间是对动物没有感知价值的刺激。在这种情况下，脱敏训练的过程就是将刺激物从连续体的两端向内移动，直到刺激物对动物具有中性价值。然而，在动物训练中，向强化的右移通常是训练目标，可以通过习惯后的经典条件反射来完成，或者通过使用反条件作用来更有效地完成。注意左移也很重要，因为它描述了以前的强化刺激的饱和度。这是在海洋馆过度接触条件性次级强化物的常见问题。例如，一个玩具在笼子里放得太久，经常会不再用它提供娱乐，因为动物对它已经不敏感了（Glodblatt, 1993）。

实际应用

这里介绍的理论中只有一部分对动物训练员有实际帮助。刺激间期理论可能有助于决定你的日程安排中训练课程的间隔。一方面，如果训练目标是持久的脱敏训练，理论上认为最好的方法是将训练分散在更长的时间段内进行。另一方面，如果需要的只是短期的脱敏训练，例如，三天后有一个摄制组要来，而动物一生中不可能再见到其他的摄像机，那么最好的选择就是减少训练之间的时间间隔。重复许多脱敏训练课程，应该能提高脱敏训练的速度。这种策略可能会降低长期脱敏保持率，但由于目标是短期的，保持率并不特别重要。如果训练目标是让动物对它一生都要佩戴的背带脱敏，那么可以牺牲脱敏训练的高效性，以利于长期保持脱敏，最好是通过增加两次训练之间的时间间隔来实现。

训练员也需要关注环境的转变（Turner et al, 1991）。在此，我们认为有必要对恒定环境和变化环境进行区分。在一个恒定的环境中加入一个新的刺激物与加入多个新的刺激物是不同的。在同一时间添加多个刺激物可以创造一个变化的环境，并可能出现环境转变的潜在问题。重要的是要认识到，多个刺激也代表着刺激强度的增加，这可能会让动物在第一次接触时产生致敏效应。我们认为最好是保持饲养环境的合理恒定，每次对最小数量的刺激进行脱敏，在动物可接受的情况下增加刺激。然而，正如前面所讨论的，一个具有良好脱敏训练经历的动物是不需要这样微妙渐近的。为了探究脱敏训练过程中可能出现的最棘手的情况，我们对未经训练的动物持最保守的态度。

作者设计了一个通用的脱敏训练模型，供我们在日常脱敏训练中实际使用。它可以被修改以便应用于各种情况。首先，我们对两种类型的脱敏训练内容，即被动脱敏和主动脱敏进行了区分。主动脱敏训练涉及反调节技术的使用。在主动脱敏训练中，我们使用强化物（通常是食物）与刺激物配对（类似于经典条件反射）来加速脱敏训练过程。在被动脱敏训练（习惯化）中，动物只是按照广义模型中讲述的那样，谨慎接触刺激，随着时间的推移逐渐暴露在刺激之下。在使用主动脱敏训练时，重要的是要判断将刺激作为次级强化的可能性。在大多数情况下这是可行的。然而，如果希望自然而然，或者没有食物或其他强化物，那么被动脱敏训练是最好的方法。我们发现，在被动脱敏训练过程中，训练员志愿者很好地利用了自己的时间，为动物提供的额外互动时间是一种额外的奖励。

在选择了被动或主动脱敏训练后，重要的是分析刺激物的组成变量。大多数刺激物都有许多组成部分，理想情况下，这些组成部分都会被单独脱敏。我们尝试分析一种刺激的所有各种感觉成分，以避免刺激强度的致敏影响。虽然这似乎是一种极端的措施，但我们发现这对于避免一些胆小的动物敏感化是必要的。例如，我们认为海狮已经对用来清洗它背上的电极的化学药剂（WD40r）的样子、喷洒方式和声音不再敏感。然而，我们忽略了气味的成分变量，这严重冒犯了海狮，并不幸地导致我们的数据收集被推迟。

为了避免动物的敏感化，我们觉得最好是一开始让它从较远的距离接触到刺激，然后随着它显得更加自信而逐渐靠近。我们还需要考虑到动物的安全区。对于海洋哺乳动物，一般来说，在侵犯“舒适区”（这里指水环境）和冒敏感化的风险之前，最好在陆地上让动物开始接触刺激物。

最后，我们强烈建议在决定进行下一步时要仔细观察动物的反应，无论下一步是增加变量的数量还是增加刺激的接近程度。训练员对动物的行为评估最好有一个基线，以比较动物暴露在刺激物下时的反应，这将有助于对不舒适或痛苦迹象的识别。动物痛苦的行为表现是：睁大眼睛，呼吸增加 / 减少，刻板行为（stereotypical behavior）增加，水面时间增加 / 减少，移动到水池的另一边，或疯狂地游泳（Goldblatt, 1993）。如果你没有谨慎行事，就可能不会注意到这些迹象。然而，如果你忘记了对刺激的某个感觉成分进行脱敏，我们发现最好的办法是将威胁性物从动物附近移开，休息一段时间后再以较慢的方式开始。在对每个变量分别进行脱敏处理后，你可以将各种变量结合起来，朝着完全脱敏的刺激方向发展。

背带训练实例

为了更好地探索广义模型，我们以实际项目为具体例子：训练海狮穿上背带。为了开始这个过程，训练员需要首先决定是使用主动脱敏训练还是被动脱敏训练，或者两者都使用。我们决定从被动脱敏训练开始，利用我们志愿者的时间，让海狮接触到用来制作背带的鲜艳的红色尼龙织带。刺激物（红色尼龙网带）被分解成三个变量：视觉、运动和触觉。志愿者们首先站在显眼的地方观察动物，以便在动物不接触任何新刺激的情况下获得动物行为的基线谱。红色的尼龙网带是通过将其放在动物视线范围内，在围栏外慢慢走动，与动物保持一定距离而引入的。在这个过程中，我们不断地评估动物的行为，以评价任何紧张的迹象：如避免靠近拿着刺激物的人，减少水面时间，睁大眼睛，或快速游泳。当动物没有明显的反应，而且当前行为似乎与基线行为相同时，拿着尼龙网带的人就会越来越靠近围栏，直到他们可以站起来，靠着围栏周围行走。在动物脱敏后，再次在远处挥舞尼龙网带，然后再向围栏靠近，并观察海狮的反应（将刺激物从远处移到围栏附近所需的次数取决于动物个体的脱敏训练史和预设的刺激物强度）。

当海狮看起来已经对尼龙网带在视觉和运动上被动脱敏后，我们开始了主动脱敏训练过程。通过食物强化，训练员将红色的尼龙网带引入围栏内，先是保持一定的距离，然后再将刺激物放在动物身边。在每个步骤中，动物都被食物强化，动物很专心、很平静，没有表现出任何痛苦的迹象。如果有任何痛苦的迹象，训练员就应该立刻把网带拿开，直到动物看起来很舒服，然后再慢慢向前移动。然后再重复这个过程，以增加运动的变量。

在背带训练的过程中，下一个需要脱敏的变量是动物对尼龙织带的触觉。首先要求动物将网带作为目标并强化尼龙在动物身上的接触行为。要求动物以刺激物为目标，直到不断重复接触行为，并且没有痛苦的迹象为止。

下一步是在很容易看到动物的地方用网带慢慢地、轻轻地触碰动物的颈部一侧。在这个训练过程中，我们需要让海狮定位在一个目标上。一旦动物适应了尼龙网带这种程度的触摸，训练员就转而用尼龙网带触摸动物的整个身体。我们越来越延长这样做的时间，直到动物显然忽略了它身上的织带为止。

在海狮适应了身上的尼龙织带的感觉后，我们开始用它来制作背带。首先，我们制作了一顶头饰，可以套在海狮的头上，并配备了一个可拆卸的魔术贴，以备发生突发事件时快速取下背带。海狮被训练对从头部滑过的尼龙织带脱敏，因为动物已经对尼龙织带的移动和视觉感受不敏感了，所以这个过程会比较容易。重复进行移除和重新放置颈部尼龙织带的过程，然后进行明显的强化（反条件作用），直到动物没有反应为止。后来当海狮在陆地和水中活动时，都能够自如地佩戴头饰。当动物这些行为看起来很舒适时，训练员就开始重复这个过程，把动物身体的一侧也套入到背带中。

当海狮在围栏里舒适地戴着背带，并做出所有常规行为时，我们开始在不同的环境下给海狮穿戴背带，比如在围栏的新区域和完全不同的围栏里，直到最后海狮在任何情况下都会穿戴背带。

结论

作者认为，对脱敏训练的充分理解，对训练员来说至关重要。在表演环境中的动物和参与科学研究的动物应该对其环境进行充分的脱敏。对习惯化和反条件作用的透彻理解可以帮助训练员满足动物的脱敏训练需求。脱敏训练是一个过程，通过这个过程，动物可以在任何情况下都表现得舒适和自信，这是所有动物训练项目的主要益处。

参考文献

1. Bolyard K J & Rowland W J (1996). Context- dependent response to red coloration in stickle back. Animal Behavior, 52: 923-927.
2. Dickson A L, Mellgren R J, Fountain A, Dyck D. (1977). Wolpe's reciprocal inhabilitation principle: An animal zanalogue. Psychological Reports, 40: 395-401.
3. Flaherty C F (1985). Animal Learning and Cognition: Habituation and Sensitization. NewYork: Knopf.
4. Goldblatt A (1993). Behavioral needs of captive marine mammals. Aquatic Mammals, 19(3): 149-157.
5. Groves P M & Thompson R F (1970). Habituation: A dual process theory. Psychological Review, 77: 419-450.
6. Harris J D (1943). Habituatory responses decrement in the intact organism. Psychological Bulletin, 40: 385-422.
7. Hinde R A (1970). Animal Behavior: A Synthesis of Ethology and Comparative Psychology. New York: McGraw-Hill.
8. Hurley J A (1996). Metabolic rate and heart rate during trained dives in adult California sea lions. Unpublished doctoral thesis, University of California at Santa Cruz.
9. Kandel E R, Schwartz J H, Jessel T M (1991). Principles of Neural Science. New York: Elsevier Science Publishing Co.
10. Lorenz K Z (1981).The Foundations of Ethology. New York: Springer-Verlag New York, Inc.
11. Pearce J M & Dickinson A (1975). Pavlovian counter-conditioning: Changing the suppressive properties of shock by association with food. Journal of Experimental Psychology: Animal Behavior Processes, 104(2): 170-177.
12. Richardons R, Riccio D C, McKennery M (1988). Stimulus attributes of reactivated memory: Alleviation of ontogenetic forgetting in rats is contest shift. Developmental Psychobiology, 21(2): 135-143.
13. Thompson R F, Spencer W A (1966). Habituation: A model phenomenon for the study of neuronal substrates of behavior. Psychological Review, 73: 16-43.
14. Thorpe W H (1956). Learning and Instinct in Animals. London: Methuen.
15. Turner T N, Stafford S G, McHugh M B, Surovik L, Delgross D, Fad O (1991). The effects of context shift in killer whales (*Orcinus orca*). In S. Allen (Ed.), Proceedings of the 19th Annual Conference of the International Marine Animal Trainers Association (pp. 99-106).

这篇由盖瑞·威尔克斯所写的文章没有被包括在他以报刊文章为特色的文集《行为样本》（*A Behavior Sample*）中。本文章最早出现在《精致的狗狗》（*Dog Fancy*）这一杂志上，现在可以在作者盖瑞·威尔克斯的个人网站上看到。盖瑞在这篇文章里面探讨了两个重要概念之间的区别，这两个概念虽然不同，但却有着错综复杂的关系。关于这两个概念的区别的其他优秀的文章，均收录于第十三章“如何成为专业训练员——寻资源和找工作”中。

概括与辨别：兄弟般的双胞胎

盖瑞·威尔克斯

在我电脑桌面的某个犄角旮旯有一个别致的小弹球游戏。这是对该软件设计师的敬意，他们创造了一个奇妙的，模拟真实世界的游戏。键盘上的两个键用来翻板，还有两个键可以“推动”桌子。我第一次玩这个游戏时，发现了一些有趣的事情。我实际上是在敲击整个键盘，而不是通过敲击键盘上的按键来让机器“摆动”。我长期以来对真实弹球游戏的反应已经渗入骨髓，导致我在电脑模拟中也做出了同样的动作。用科学术语来说，我把一种行为从一种情况“概括”到另一种情况。解决这个问题需要我对真的弹球机和假的弹球机进行“辨别”。虽然我们人类很少研究这个过程，但你可能会惊讶地发现，你的狗在概括和辨别方面是个专家，很可能会教我们“一两招”。

虽然所有动物都有获得知识的能力，但它们也必须知道在哪里、何时以及如何使用这些知识。如果一只狗曾坐在仙人掌上，除非它拥有两种心理能力——辨别力和概括力，否则它不会从那次不愉快的经验中获益。简单地说，辨别力是判断两个事件或事物不相关的能力。归纳是看到事物之间联系的能力。因此要避开仙人掌，狗必须能够区分仙人掌和非仙人掌，并能够概括出：所有仙人掌都应该避开。

在你家里，这两种能力经常被展示出来。如果一只狗听到门铃声就疯狂地奔向门口，但对电视节目中的门铃声却没有反应，那么它已经正确地“辨别”了这两者。狗已经认定真正的门铃在某些方面是独特的，而这种独特是电视铃声所没有的。如果狗对真正的门铃和电视上的门铃的声音都有反应，它可能就“概括”了这两个铃铛之间的相同之处。

这两种行为的另一个例子是，当你把非常听话的狗带到一个新的地方时，这只能坐、能卧、能翻身、能取物、能说话的狗，在踏入公园的瞬间就会突然变成一个心不在焉的傻瓜。这只狗已经正确地辨别出公园与你的家不同，但却没有概括出与它的服从行为相关的命令。这种假设里面公园是独特的，狗没有意识到它也应该做与在家“相同”的行为。解决办法是逐步将狗引入新的地点，同时继续训练在家里时的各种规矩行为。

虽然决定“同一性”或“独特性”的往往是一种简单的联想，但也可能是两者的复杂融合。许多狗学会了不喜欢穿制服的人。这种反应要求动物既要进行微妙而复杂的辨别，又要进行归纳。首先，狗必须学会区分穿制服的人和不穿制服的人。虽然我们认为制服与普通衣服不同是理所当然的，但狗必须学会哪些部件代表制服，哪些部件不代表。这看起来并没有那么容易。在现实中，大多数制服并不是真正的制服。动物管制员和警察都戴着徽章，然而穿类似制服的抄表员却不戴。上身为美国联合快递（UPS）制服的人，下身常会穿短裤，而邮递员可能不穿短裤。在这个过程中的每一步，动物都需要去分析哪些东西是制服的共同点（概括），哪些不是（辨别）。

最终，狗学会了把名牌、徽章、带徽章的帽子和挂在皮带上的有趣形状的东西作为制服的统一特征标志。如果出现这些信号中的任何一条，狗就有可能将其行为泛化。如果一个帽子上有徽章的人向狗喷辣椒水，那么下一个帽子上有标志的瓶装水送货员就会倒霉了。狗不知道第一个人是动物管制员，也不知道第二个人是送水的，它只知道有徽章的帽子是“入侵者”。如果狗的主人戴着帽子和徽章，狗可能会做出更复杂的分辨：所有戴帽子和徽章的人都是坏人，除了“爸爸”。

虽然这些具体的辨别对我们来说很容易理解，但辨别和概括也可以连接起连续的“事件链”。许多狗很快就知道兽医院是一个带来“痛苦”的地方。起初，狗很高兴坐上汽车，去参观这个新的、令人兴奋的地方。很快狗就开始把检查室里的景象、声音、气味和感觉与不愉快的待遇联系起来。狗狗开始识别与拜访兽医有关的所有独特事物，并将“导致”进入检查室的一系列事件联系起来。很快，狗就不愿意上车，不愿意进入等候室，也不愿意接近穿兽医制服的人。

理解辨别力和概括力可以帮助你理解你的狗狗行为的动态性。学会更好地控制狗狗的学习能力，对更好的训练表现和更正不可接受的行为也有帮助。这里有一些对训练狗有用的知识点：

- 确保在不同的地方和一天中的不同时间训练狗狗：逐渐引入变化和分散注意力的方法。
- 为了帮助狗做出辨别，让两种情况明显不同，就像经典的西部电影——好人戴着白帽子，而坏人戴着黑帽子。如果你想让你的狗对可疑的陌生人吠叫，但不对普通访客吠叫，你可以“假装”成窃贼戴上有趣的帽子，带着雨伞，或走得很不寻常。然后逐渐摘掉帽子和雨伞，并教会狗狗把鬼鬼祟祟的动作作为辨别某人是否是威胁的关键。
- 如果你想让狗狗迅速学会归纳，就需要你在新的地点和环境中降低标准。如果菲多（Fido）在家里可以坐着，但在公园里却心不在焉，只需尝试强化它对自己名字的反应。一旦它愿意听自己的名字，就以它最初学习行为的方式重新训练“坐”的行为。一旦它开始“坐下”，哪怕是在公园里，在下一个地方也需要重复这个过程，或尝试不同的行为。如果行为失败了，就放弃你的标准，帮助菲多重新恢复记忆。
- 要想成功地学会一种泛化的辨别方法，动物需要很多练习。大多数人都不能重复足够多的次数以使菲多获得所需的经验。以不同结果结束的重复练习可以帮助狗狗更快地学习。如果真正的门铃声导致狗奔向门口，而电视铃声则导致 5 分钟的“暂停”，菲多会很快分辨出这两种不同的情况。

ABA - S.I.G.
Association for Behavior Analysis
Animal Special Interest Group Newsletter

《行为分析协会 - 动物特别兴趣小组简报》，日常饲养训练的理论和技术在哺乳动物训练界当然不是什么新鲜事，但对于大多数狗和猫的训练员却不那么普遍。行为分析协会的动物特别兴趣小组在 1996 年 6 月的简报中专门讨论了猫和狗的日常饲养和训练的问题。以下是简报中的四篇文章，它们分别聚焦于：一般饲养和脱敏训练，海洋世界的海洋哺乳动物饲养概述，马和狗的日常饲养训练，以及猫的日常饲养训练。每位作者都从不同的角度阐述了上述的四个不同的主题。

日常饲养训练

格雷 · 斯塔福德（S. Grey Stafford）
积创公司（Positive Innovations）

无论你是训练狗、马还是虎鲸，脱敏训练是成功的日常饲养训练的基础。脱敏训练是一个连续的过程，通过这个过程，新的、令动物恐惧的（或只是不舒服的）条件被慢慢引入到动物身上。这种引入是与正强化相匹配的。

然而，成功训练一头平静且自信的动物的关键是要意识到，在新刺激出现之前、期间，尤其是新刺激出现之后，什么行为实际上得到了强化。这是训练过程中最重要的，因为正是这样，许多训练员不小心“教会”了他们的动物，比开始训练时更害怕新的事物。训练员作为人类也容易犯错误，我们经常会对动物的最初反应做出反应。不幸的是，大部分动物对新事物或可怕事物的最初反应都是逃跑，或者至少是肌肉紧缩。这绝对不是强化动物的好时候。训练员对这种行为的任何程度的认可（甚至是叫动物的名字）都可能强化这种惊吓行为，使其在未来更频繁地发生。

无论你想训练什么样的日常饲养行为，切记要慢慢来。除非有紧急的医疗情况，否则绝对没有必要匆忙行事。换句话说，在每次训练中，在你的动物试图逃离你引入的新事物之前，你可以准备充足的脱敏训练，以不变应万变。这一过程的时间依据不同动物而不同，每头动物由于过去学习经验的不同而有着不同的“起点”。

例如，如果一头动物曾被强迫剪过指甲，那么你可能需要花很多时间来强化动物接近指甲剪。而其他动物可能会允许你从指甲剪的触碰开始。无论哪种情况，都要尽量防止动物在训练中逃跑或受到更多惊吓，因此一定要慢慢来，不要把动物逼得太急。在最初的几次训练中，你不应该指望能剪掉一个指甲。当你真正去剪的时候，每次只剪一个指甲，然后强化行为并结束你的训练。不要太贪心！十次成功地剪一个指甲要比失败的一次剪十个指甲要好得多。

那么，在令动物害怕的刺激面前，我们应该寻找什么时机来强化动物的行为呢？答案很简单：动物任何平静的行为。我们应该强化动物保持放松的姿势，不要发声、眼神接触，甚至呼吸！这是在教动物最终忽略饲养环境中的事物，同时教它们保持对训练员的专注。如果动物的反应不是我们希望有的——什么都不做。等待动物恢复对你的注意力，然后再继续进行接下来的训练（在等待的过程中，问问自己是否动作太快了）。在动物放松之前，不要继续逼近或提高难度。

关于强化措施的最后几点说明：制订好你的强化计划并匹配好你想要的训练行为。平静的行为应该得到更多的强化，同时一定要确保你强化的时机是正确的，并且动物只有在接近新的刺激物时才应该得到强化。如果你把夹子、注射器或刷子拿开，其间不应再提供任何强化。因为你把刺激物拿开，就等同于动物从这些物品身边跑开了。

脱敏训练是非常有意义的，因为它不仅教会了动物如何对常见的情况做出“常见的反应”，也教会了动物如何应对以后不可预见的“灾难”。

海洋世界日常饲养训练（最新版）

萨德·拉齐纳克（C. Thad Lacinak），迈克尔·斯卡鲁兹（Michael R. Scaruzzi），
大卫·福斯（David L.Force），马克·麦克休（Mark B. McHugh）
海洋世界集团（Sea World Inc.）

海洋哺乳动物的饲养程序训练是管理这些动物的有效工具。这些程序使训练员和兽医能够收集并检查动物的各种生物指标，同时不会给动物带来太多额外的紧张

和压力。在海洋世界里，鲸豚类和鳍足类多种多样行为已经被稳定地训练出来了。例如，通过脱敏训练和渐进式训练，我们可以进行有规律的血液和尿液样本采集、B超检查和口腔护理。这些饲养程序提供了关于动物健康的最新信息，并有助于对海洋哺乳动物的长期有效管理。

医疗检查和生物样本采集对于研究动物生理学和监测动物的健康至关重要。在以前的大多数情况下，这些定期检查和数据收集需要通过物理限制或麻醉动物以保证兽医和训练员的安全。物理限制或麻醉会导致动物紧张，更有可能导致动物或训练员受伤。在海洋世界里，我们使用操作制约技术与正强化技术来训练白鲸、海豚、海狮、海豹和海獭。通过训练，这些动物可以在没有任何物理或化学束缚的情况下，配合兽医进行全身性的体检和生物样本采集。本文概述了海洋哺乳动物和其他动物的各种饲养行为的训练和技术。

接受触摸

首先需要让动物熟悉并接受训练员的不同类型的触摸。教会动物平静地接受我们手指对其身体的接触，是训练员和兽医对动物进行常规检查的基础。动物被触摸时的突然退缩表明动物有敏感区域或潜在疾病。接受触摸是训练员和动物之间信任的基础，也是所有其他饲养程序的基础。

接受触摸训练的过程包括触摸动物和对它保持不动的奖励。这些步骤应该从海洋馆中一个具有强烈的强化历史的区域开始，例如正常的喂食区，以帮助动物放松。我们发现回应条件控制是这一阶段的训练中最实用的，最有助于实现我们的目标；通过将训练员的触摸直接与初级强化物匹配，接触本身就变成一种奖励。以后这种接触可以用来安抚动物和使动物放松，并成为信号行为的加强剂。触摸一旦与初级强化物（如食物）相配，塑型训练就开始了。一开始只让动物对训练员的触摸有放松的反应即可，然后通过连续渐进法，训练员可以开始对动物身体的各个部位进行触摸。按照这个计划，当动物被触摸时，可以通过强化身体的某些部分向训练员的移动，来教它向训练员展示身体的这些部分。

饲养程序

一旦动物对身体接触不再敏感，我们就可以开始在它们身上试用测量皮尺。这是非常有益的训练，测得的体围可以用来估计动物的体重。当知道体长和相应的腰围数值时，代入一个公式便可以估算出动物的体重。我们已经对我们的鲸豚类进行了此类系统性的训练，使其能接受15种不同的解剖学测量。我们每两周进行一次测量，以便了解它们的生长速度等信息，这些数据在人工饲养环境之外是几乎无法获得的。

动物对测量皮尺和其他类似物体脱敏的衡量标准为动物被这些物体触及时静止或不退缩。任何远离皮尺的动作都要被忽略，强化的只应该是平静的和放松的行为和反应。这样的训练过程和结果不仅能让我们收集生物数据，而且可以教会动物接受训练员触摸之外的各种触觉强化物，同时还强化了动物对训练员发出的信号刺激的依赖性。这种依赖性对训练员和动物在未来的训练中有很多好处。

对动物体重的监测是任何管理项目的重中之重。为了获得精确的体重读数，我们训练海豚侧向滑到固定的防水秤上。另一种方法是训练动物游到一个担架上，然后将它们从水中抬出，然后从总重量中减去担架的重量。这些都是动物主动配合的过程，都是可以通过训练获得的，在这个过程中的所有阶段，都要给动物食物和抚摸奖励。如此，动物很快就会学会平静地游进和游出担架。

鳍足类和海獭的称重就容易得多，也可以频繁得多，只需把它们带到一个固定着的磅秤上，教它们在上面保持不动。鸟类可以被训练飞到秤上，然后一动不动地待着直到训练员给出信号和食物奖励。

医疗采样和药物使用

触觉刺激也可以用于训练鲸豚类调整呼吸，以便我们能够直观地检查它们的上呼吸道，并在动物呼气时收集样本进行微生物学和细胞学研究。这一过程是通过区辨刺激训练实现的，训练员的两只手掌在呼吸孔旁边触摸，以“告诉”动物呼气或吸气。在训练的最初阶段，动物通常会做出各种不同的其他行为来回应这种触摸。然而通过信号和奖励正确行为，其他行为和迷信行为很快就会被消除，动物之后便学会了将呼吸孔附近的触摸与呼吸联系起来。

同样类型的训练范式被用来训练海狮接受眼药水，即动物在训练员给出口头信号“睁开”时做出睁开眼睛的正确反应。如上所述，只应该强化奖励正确回复口头信号（睁开眼睛）的行为。随着训练的深入，海狮被训练成保持睁眼的状态直到结束训练的信号响起。即使是滴眼药水这样的程序，当所需的反应得到积极的强化时，也可以成为动物的常规行为。

在海洋世界，我们也训练我们的动物接受胃管的插入。当管子伸入动物的喉咙里面时，通过奖励动物吞咽来实现行为的强化。虽然条件反射是分步骤实现的，但动物最终学会了吞咽技巧的行为。并且在过程结束时给予强化，这种行为能够得以保持。接受胃管插入的训练会对内窥镜检查有很大的帮助。

脱敏训练和习惯性训练是使动物接受泳池旁不常见的物体的调节技术。通过这些训练，我们可以很容易地训练动物配合 X 射线和 B 超检查。X 射线胶片可以观察动物的骨骼和牙齿结构，提供诊断工具。对海豚的 B 超检查则可以提供胎儿发育、存活率和定位的有用信息。

口腔检查训练

当触碰动物的喙或下颌时，动物就会张开嘴，这样的行为可以通过条件反射训练来完成。在此期间，动物必须习惯跟训练员的手一直保持接触，同时允许兽医检查牙齿、牙龈和舌头。

可以说，我们对虎鲸的牙齿检查和 X 射线检查的项目训练已经非常成功，并且这些训练内容还在逐渐扩大，现在动物可以自愿张开嘴让我们治疗那些被感染的牙髓腔。一些发表的文献和医疗记录显示，虎鲸这一物种经常有牙齿问题，如牙齿磨损和牙根断裂。经过考虑，我们决定进行额外训练，作为日后牙科治疗的基础。我们现在能够在不使用全身麻醉或约束的情况下治疗虎鲸因牙髓腔暴露而导致的牙齿感染。我们首先通过连续渐进法让动物对各种治疗工具进行脱敏，之后动物便允许我们在受感染的牙齿上直接使用刷子、锉刀、镐等其他工具。在此期间，动物一直保持着张嘴的姿势，同时忍受着我们对它牙齿的锉削、冲洗，甚至对牙髓腔的钻孔和补牙。

侧向滑出训练：医疗采样

通过连续渐进法和正强化等方式，可以很容易训练出鲸和海豚的侧滑行为，以便我们收集四种类型的样本。第一类样本是尿液，训练动物以生殖裂区域的触碰作为排尿的信号。样本可以用标本杯收集，用于随后的实验室分析。同样的训练和采样方式也可以用在亚洲海獭和太平洋海象身上。这些尿液样本可用于分析和监测激素代谢水平，从而很准确地判断动物们是否怀孕。第二类和第三类样本分别是粪便和母乳。当动物处于侧面滑出的位置时，可以收集到无污染的粪便样本。同样的姿势也使我们能够从处于哺乳期的母鲸身上收集母乳样本，六头雌性虎鲸的母乳样本向我们提供了虎鲸母乳成分的重要信息，并使我们能够在整个哺乳期监测这些成分。我们还通过操作制约和正强化从一头雌性海象身上采集了母乳样本。

很幸运地从鲸豚类的腹鳍表面采血。通过对这一区域的逐步脱敏，我们能够每次抽取少量的血液样本进行分析。在针头和注射器之间加入一段管子，可以最大限度地减少针头的移动。同样的训练程序已被成功用于海象和加州海狮身上，即分别从臀部或脚蹼静脉处采血。

通过模仿成年动物的互动，可以加快向年轻动物教授这些程序。积极的互动早在一个月大的时候就开始了。因此我们对所有种类和不同年龄段的动物进行相关的行为训练。

移动性和刺激的复杂性

公园内海狮的转运可以通过乘车训练来完成。首先教海狮以训练员的手掌为目标，然后通过连续渐进法诱发该行为，海狮被教爬上小车，当训练员坐在小车前面时，爬到他的手掌前。一旦达到这个水平，海狮就会因为在车里很短时间的停留而获得奖励，先是静止，然后是运动，再然后逐渐延长乘坐时间。

乘车训练不仅可以让动物的转运过程更舒适，而且训练过程中还为海狮提供了复杂的刺激行为，这个过程使得动物能够适应它们生活的设施之外的各种不同环境。乘车训练成功后，海狮可以被运送到动物实验室进行常规饲养训练。然而，有些转运需要使用封闭的笼子。为了使转运过程更加安全快捷，动物需要进入这些笼子并适应门的关闭，这些都可以通过训练来完成。这些技术也被应用到海象和海獭的转运训练中。值得注意的是，在大多数训练开始时，动物会被要求进入封闭的笼子并关闭门，但笼子不会被移动，且动物随后会被立马放出来。现在封闭笼子的训练已经成为我们动物日常活动的一部分，因此当计划运输时，动物不会犹豫。

结论

我们的海洋世界里的各种海洋哺乳动物（还有一些海鸟类），已经成功地适应了各种饲养程序。成功的饲养和训练程序是行为丰容计划的重要组成部分。这些训练可以减少动物和训练员之间互动的压力，教会动物可以平静地接受各种常规检查。动物们在饲养过程中的合作也大大减少了动物和训练员的受伤可能性。虽然本文不能涵盖训练这些行为的每一个步骤，但我们相信，我们提到的训练程序可以应用到各种海洋和陆地的动物身上，以便我们更好地在饲养环境中管理和照顾它们。

我们在海洋世界的训练方法体现了最先进的动物护理原则，并最终形成了世界上最成功的虎鲸繁殖计划。我们成年人所接受的培训，让我们有机会以一种从未想过的方式与它们的孩子互动。没有人能够想象，第一次做妈妈的虎鲸竟然学会允许人类与它的宝宝一起游泳和玩耍。这种类型的互动使我们收集到了虎鲸幼崽成长和发育的宝贵数据。我们海洋世界里新生虎鲸幼崽的存活率大大超过了野外种群新生幼崽约 43% 的存活率（Olesiuk et al, 1988）。我们的任务是继续收集这些壮观生物的信息，而这些信息只有通过密切接触和牢固、积极的关系才能获得。

马和狗的日常饲养训练

弗兰·特谢尔（Fran Teuscher）

我将介绍对马和狗的训练，这些训练对以下方面有用：药品注射、血样采集、药膏涂抹、刷毛和去除角质垫、鬃毛修剪、指甲修剪、马蹄修剪和打马钉、上绷带、清洗乳房、冲洗身体等。

强化物

我特意使用“Good girl（好姑娘）”和“Good boy（好男孩）”这两个双音节词作为次级强化信号［具体原因分析详见去年 5 月的《训练员论坛简报》中格雷斯·麦当劳（Grace McDonald）的文章］。当不作为次级强化信号时，我从不说这两个词。（你在日常谈话中，当然可以使用“g.g”和“g.b”。不用担心，很快你所有的朋友都会知道这两个代码的含义！）用“Good girl”和“Good boy”作为次级强化信号，是告诉动物“这是正确的”，而不是“这是训练的结束”。

利用次级强化物，你可以教马“趴下”（触摸马的耳朵或说“趴下”时，把马的头放下）、“起来”（把马的蹄子拿起来）、“别动”（马待在原地，保持同样的姿势直到结束）。也可以教狗“别动”“站”“坐”“起来”（抬起狗的爪子）。以上提到的所有命令词汇都只是建议，你可以使用你熟悉的或顺口的任何词语。动物听到这些口令时，要能逐渐延长动作安静保持的时间，或为你保持抬腿的姿势，或保持低头的姿势。

如果动物接受了响片训练，你可以用响片来表示命令的结束，或者你可以用一个“释放”词来达到同样的目的（“好”，或“我们走”，前面也可以加上“Good girl”或“Good boy”）。这样，释放词汇本身也成了次级强化物，而初级强化物就是自由。或者你可以用食物作为初级强化物，以表明训练的结束。

教会动物理解“不”或“嗯”或“错”的意思（如盖瑞·威尔克斯的“错”），

让动物知道它正在做一个不正确的行为。

正如格雷斯·麦当劳的文章中提到的，次级强化物的使用对日常饲养训练也非常重要。例如：你的母马为你抬起它的脚，你说“好姑娘”。它一直抬着脚，一动不动，即使苍蝇在它身上飞来飞去。这时候，你可以给出一个拖着语调的“好姑娘！！！”，接着是提供很多食物作为一个大的奖励。

但是一定要确保“好姑娘”是在你放开脚之前说的。此外，确保在马不与你争斗时放开脚。如果它开始反抗你，就说“错了”（或说你自己选的词），同时你要继续抓着马的脚。等到马不再挣扎，再说“好姑娘”，并放开脚。

一匹小马可以很快地明白这些口头命令的意思，它们的行为也很容易被训练塑造出来。

脱敏训练

一旦掌握了上述所有要点，就可以开始进行难度更高的训练。如果母马不愿意人们碰触或清洗它的乳房，那你可以使用常规的脱敏训练技术，同时配合使用次级强化物。通过脱敏逐步接近乳房区域，在此过程中需要一直强化保持不动或不踢腿和不尖叫的行为。通过渐进的脱敏训练，动物的那些耳朵向后、又吵又闹，试图咬人和踢人的抗拒态度很快就会被耳朵向上、殷切期待，以及“我的主人在哪里”的态度所取代。

由于大多数饲养和训练任务都要求动物站在原地不动或对某些物体脱敏，所以上述同样的训练方法可以应用到其他训练项目中，因为动物能够“学会学习”。

训练小贴士

次级强化物的分级对于那些动物有痛感的手术训练特别有用。紧急情况下，动物保持安静的时间越长，所需要提供的强化物就应该越好。如果你增加次级强化物（如“好男孩！！太棒啦！！”但并不意味着“结束动作”）的等级，这有时候会“诱使”动物期待一个美好的初级强化物（如一个大而甜的苹果）。同时动物会保持冷静，通常不会对疼痛产生反应（希望这一点不要太频繁！）。

这种方法在资深训练员手上效果最好，因为他/她的命令和强化物是一致的。然而，如果一个新手训练员必须要为兽医抱着动物或对动物进行其他特定处理，脱敏训练和不恐惧将会为你带来很多方便。

猫的日常饲养训练

乔纳森·克鲁格（Jonathan Krueger）

在我的训练下，我的猫咪已经能容忍甚至配合各种必要的护理行为。日常饲养训练是一种投资，并且已经得到了很好的回报。这篇文章我将介绍我的训练过程，以及对我和我的猫来说，这些训练所带来的回报是什么。我还会探讨一下训练失败情况下的替代方案。最后，我将跟大家探讨一下我未来的训练计划。

我的训练关注于以下五个方面：给猫咪称体重、给猫咪吃药、处理毛球、使用外用药水以及剪指甲。

体重称量

体重的变化往往是内在健康问题的外在表现。因此定期、准确地测量体重有助于尽早发现问题，而且往往比其他方式更早、更可靠。早期发现可以早期治疗，这显然是件好事。而且稳定的体重记录是动物健康的重要参考之一。

那么，如何给猫咪称重呢？通常养猫书反复建议的是，你抱着猫用家用体重秤称一下你们一起的体重，然后再减去你自己的体重。然而，大多数家用体重秤的精度只在一两磅之内。一磅以下的变化无法显示。这样的精度对于一个 100 磅的人来说足够了，因为这是 1% 以内的精确度。然而，对于一只 10 磅重的猫来说，这样的精确度只有 10%。这就像人身的体重变化超过了 10 磅，只有在增减接近 20 磅时体重秤才能显示出来！

按照这个比例，要获得 2% 以内的精确度，你必须把猫用体重秤的精确度控制在四分之一磅以内。这样大多数家用体重秤就不适用了。厨房秤的精确度很高，但它们的平台很小而且不那么稳定。众所周知，猫不喜欢不稳定的表面。采用医用秤也是个很好的解决方案：它们准确、可靠，而且有一个大而稳定的平台。唯一的问题是这些医用秤很贵，至少要花费数百美元。

我用厨房秤和训练相结合的方式顺利地解决了这个问题。我把两块胶合板粘在一起，然后固定在厨房秤的小平台上，这样就 DIY 了一个更大的平台。这个平台足够大，也相当稳定。但如果动物没有站好或没有站对位置，大平台仍然会翻倒，所以还需要进行训练。

训练中我使用了诱饵和塑型训练技术。我在平台上放了些猫最喜欢的食物，大约在猫头部的位置，这样猫的身体大概在平台中间。我抓着猫咪，把猫放在平台上让它吃食物，然后马上把它从平台上拿下来。几次来回训练后，猫很容易就吃到了食物。接下来，我把猫放在平台上后就不再抱起它了。猫咪有时候会突然跳下平台，这样的行为是完全不会被强化的。但是只要猫咪停留在平台上，我就会继续在那里放置更多的食物。所以猫咪跳下去就停止放置食物。最后，我逐渐增加每次食物投放之间的时间间隔，以至于很快猫咪就学会了安静地蹲在平台上"等待食物"。当延迟时间长达几秒钟后，稳定的体重读数就很容易出现了。在延迟时间内读完它的体重后，我会把猫从平台上拿下来，因为仅仅终止食物放置可能会导致该行为的削弱。

随着时间的推移，猫的行为逐渐习惯化，称重过程也变得越来越顺利。大多数情况下，我只需要放置一次食物就能得到准确的体重读数。整个过程的顺序是：把猫放在秤上，把食物颗粒放在秤上，在第一次给予食物后获得体重，把猫抱走。这种训练导致的一个意外但无害的结果是，猫会在平台上停留相当长的时间。

每当我的猫听到秤的声音时，它们会立马跑过来。其中一只已经开始自发地往秤上跳了。我确实可以训练猫自己跳上厨房秤，但这样的收益不会太大。因为厨房秤的平台不是太稳定，经受不了跳跃的冲击力，我必须训练它们以特定的方式跳跃到厨房秤上才行。精确的跳跃是可以训练的，但所付出的努力将是巨大的，而这样的回报却很小。而且这样的跳跃有导致秤翻倒的风险，从而会吓到猫，并让之前的训练前功尽弃。类似的考量也适用于训练猫咪在称重后跳下秤，这似乎也是一项糟糕的投资。

我所做的投资得到了预期的回报。猫在称重时坐在秤上一动不动，尽管它有点左右摇晃，但还是在安静地等待着。因此，我用一个性价比超高的厨房秤加上一些训练便准确地获得了猫咪的体重数据。

喂猫吃药

人们喂猫咪吃药最常见的方式是约束和强迫。这些猫的主人遵循那些地摊上购买的养猫书的建议：抱住猫，强迫它张开嘴，把药片推到它的喉咙里，然后闭上嘴，把鼻子捏住或抚摸它的喉咙，以强迫猫把药片吞咽下去。

或者他们干脆直接放弃："我就是不能给弗雷德（Fred）吃药！"这意味着当弗雷德生病了必须吃药时，他们就不得不去找兽医。其他时候，弗雷德则是在没有药物的情况下痛苦地生活。有的时候药物只有药片的形式。因此靠强制喂药效果可能会很不稳定，有时主人用了九牛二虎之力把药片喂给猫咪，有时则无论如何也抓不到猫咪。那么那些依靠血药浓度来维持效果的药物就很难发挥持续稳定的药效。

即使主人每次都能成功地强制喂药，但这个过程很显然对猫和主人来说都是令人厌恶的、不愉快的，而且会产生很多附带问题。厌恶意味着回避，猫看到药片就会跑开。甚至药瓶的声音也变成了辨别性的刺激，因为这些都预示着厌恶性刺激（喂药）的到来。

但是我的猫听到药瓶的声音就会跑到我身边。主动吞下药片后，它们会得到食物犒赏，这样的自主行为已经有很长一段时间了。

虽然我有时候仍然需要使用一些力气打开猫的嘴，把药片塞进它的喉咙，但是训练的技巧和结果仍然发挥着重要的作用：我把药片推得越深，猫咪就会越快地把药片吞下去。然而，与纯粹的暴力方法相比，我不必试图隐藏药瓶的声音并追赶猫，或在它试图逃跑时抓住它，然后冒着被咬的风险打开它的嘴。我训练的结果：猫主动来到我身边。我轻松地打开猫咪的嘴，把药片塞进去；猫迅速吞下药片；然后我给它食物。这样的训练也有着一个附带的且有用的结果，我可以从容不迫地将药片放进猫嘴的深处。

当然，我第一次给猫吃药时的效果也很不理想。像许多投资一样，这种训练只有在坚持一段时间后才会有一些回报。一开始，我也不得不使用相当数量的强制措施。随着时间的推移，这些强制措施越来越少，现在减少到几乎没有。在此过程中，我很少遇到其他主人抱怨的一些相关问题。

众所周知，有的猫会把药片含在嘴里然后再吐出来。当主人使用暴力将药片喂下，并认为药片已经被吞下时，他就会释放猫，然后，摆脱了约束的猫马上就吐出了药片。聪明的猫会做出一场漂亮的表演。然后主人就不得不再次追赶猫咪，然后重复暴力喂药的过程。这种情况发生得越多，猫就越是被消极地强化去做表演。解决这个问题唯一办法是只有在猫咪吞下药片后才释放它。

然而，上述问题对于日常饲养训练来说却根本不是问题。因为你的猫咪只有在吞下药片后才能得到食物，食物会强化吞下药片的过程。但当你偶尔失误，不小心强化了一个不受欢迎的行为时，这也不会导致严重的后果。你只需等着下次再给它吃药时，确保它吃下去后再给食物就可以了。当你已经强化了期望行为，再经过反复的练习，这便形成了另一种强化：药片越早下肚，食物就越早到达。简而言之：猫不吞下药片就很难吃到食物。

食物容器的叮当声是最早最快被脱敏的事物；打开食物所发出的微弱的爆裂声，会立马引起猫咪的注意。因此把刺激控制从食物的声音转移到药瓶的声音是很有用的。我把打开药瓶安排在打开食物之前，否则就几乎实现不了刺激控制的转移。这样一来，药瓶的声音就预示着食物的声音，刺激控制从食物的声音转移到了药片的声音。经过反复实验，药片的声音最后也会导致猫的到来。

这种训练是如此简单，但令人惊讶的是，很多猫的主人依旧在为了让猫吃药而进行着“殊死搏斗”。对于常见行为的行为分析很有意思。

众所周知的“把它藏在食物里”的方法也有着同样众所周知的问题，即“猫把药片周围的食物都吃了”或“猫什么都没吃”。药片的味道对猫来说通常不友好，把它们吃掉而不是整个吞下去可能会使它们更厌恶药片。猫可能会从此避开药片，并避开那些可能有药片的食物。这一招在第一次时可能会奏效，但你用得越多，就越不可能奏效。食物和药片通常有明显不同的形状、颜色和味道。但是如果你的目标是让猫学会进食异物周围的食物，那就没有比这更好的训练方式了。

一个类似的方法是把药片放入湿润的猫食里，把它的味道藏起来。这也会导致上述类似的问题。如果猫咀嚼或舔食物，它可能会很快就避开食物。而且这种方法能否长期成功取决于猫咪是否善于学习，更进一步说是取决于猫咪对这种厌恶性刺激的容忍程度（药片的味道）。特别是随着时间的推移，猫越来越学会先品尝食物再决定吃不吃。

另一个众所周知的方法是将药片压成粉末，或将药物制成悬浮液或溶液，并将其混合到食物中。如果药片味道不令猫咪厌恶，而猫咪又没有食物的话，这种方法是可行的。但是，你必须让猫咪吃下所有的食物，以保证足够的剂量。我发现，对于中性味道的药物，与猫咪非常喜欢的食物混合在一起，为了确保猫会吃下所有的食物，24 小时的禁食可能是必要的。而对于主人来说，与接近 24 小时禁食的猫在一起并不有趣。当然有些药物的味道很重，即使禁食也无法掩盖其味道或消除猫咪的厌恶感。因此，这种方法不总是有效，效果也不是很好。

还有一种方法是在药丸上涂上好吃的东西，如黄油或金枪鱼汁。我从未见过有人能将药片变成正强化物，即使能将药片变得不那么令猫咪反感。涂层可能会刺激猫咪的唾液分泌（经典条件反射的典型例子）。然而因为服药后会有食物，在药片之前就能感应到的食物信号，也可能会建立同样的经典条件反射。然后还有一些实际问题：药片可能会被撕碎、溶解、粘在你的手指上，或者上述所有情况都会发生。

以下这两种方法需要小工具的辅助。第一种方法是使用药片注射器。你装上药片，打开猫的嘴，然后按下注射器活塞。它确实有助于把药片放在中心位置并可以一直往后推。然而，注射器的主要用户是那些害怕自己的手指会被咬的主人。因此，这是一个强迫性的工具，而不是一个训练辅助工具。猫和主人什么都学不到。注射器的出现或声音会成为另一种刺激，猫会学会避免。而且可能会导致其他类型的咬伤或抓伤——这是暴力工具的普遍问题。

第二种方法是使用空的胶囊。你把药片磨碎并塞进胶囊里。据说胶囊比药片更容易滑入猫的喉咙。我从来没有试过。它有可能使药片不那么令猫咪厌恶，特别是对于大药片或那些必须分割，有着粗糙边缘的药片。这种方式不会减少猫咪对受限制的厌恶感。我不指望使用这两个小工具会让猫主动来找你吃药。然而，胶囊可以与日常饲养训练结合使用，使猫对一些药片的厌恶感降低。

以上是对训练替代方案的一些做法介绍。其中一些需要相当努力，有些则依靠“隐形”，它们并不总是有效。其他的则是简单地美化了的约束和暴力。这些方法所获得的结果没有训练的理想。总的来说，日常饲养训练提供了一种更简单、更有效、压力更小的方法。

另一个有趣的问题是，为什么这里的强化物总是食物？食物是一种方便的强化物，但还有其他的选择，有时甚至是更好的选择。在训练的早期，我碰巧遇到了一个关于食物强化机制的问题。我当时用食物来强化猫咪吞下抗生素药片。接下来，我发现食物不再是强化物，强化物是新鲜的味道（药片）。我发现了加西亚效应（Garcia effect）。这是一种专门针对某些刺激的操作性学习现象：动物对以前的中性味道产生厌恶感，从而导致恶心。问题是，许多药物，包括抗生素，都有让动物恶心的副作用。解决办法是使用非食物作为强化物。我立即改用社会性强化物，在猫吞下药片后抚摸它并给予关注。这样做效果很好。一般来说社会性强化物有很多优点：它们很容易给予，不会产生饱腹感，而且给猫咪带来乐趣。尤其是不会产生加西亚效应。

最后，鉴于这种训练需要时间，也许应该在猫咪生病之前就投入训练。这样一来，当你需要时，就可以随时用起来。我的猫咪很快就能完成训练！但有些猫在其生命的大部分时间里都非常健康。先用空胶囊训练它们可能是最有意义的。这些内容结合了日常饲养训练和预防医学科学。

处理毛球

在猫咪梳理毛发的时候，猫咪常常会不经意吞入这些毛发，这些毛发是不能被消化的，因此只会以两种方式排出：一种是从口中吐出毛球，另一种是随粪便排出。有许多商业产品可以促使猫咪排出毛球。它们基本上都是凡士林类产品，有的则加上对猫咪有吸引力的调味剂。凡士林本身排毛的效果很好，而且猫咪不会拒绝。但总的来说，大部分猫会更喜欢吃那些加了调味剂的凡士林。因此在训练前，需要选择适合你猫咪口味的凡士林产品。如果猫咪愿意从你的手指上舔掉它，第一个问题就解决了。

如果没有你猫咪喜欢的口味，我们建议你将原味凡士林涂抹在猫的爪子上，猫的天性会促使它舔掉凡士林。这是对猫咪常见的本能行为（梳理）的又一种巧妙应用。这样一来适口性问题似乎变得无关紧要了。猫的天性会让猫这么做，那么它的味道如何又有什么关系呢？但任何尝试过这种做法的主人都会告诉你：猫咪会把凡士林抹得满屋子都是。

针对上述问题的解决办法是将凡士林充分擦入猫的皮毛。这样做效果相当好，猫会不得不去舔掉，但对动物来说这是一种厌恶行为。躲避行为可能会出现，当动物看到管子、听到管子被打开或闻到管子的味道时就会跑开。解决方案是使用更可口的凡士林。这样会使猫咪对其没有厌恶感，或者使猫咪的厌恶感降到最低。因此猫咪会减少逃跑的次数。而且将猫咪厌恶的东西擦在猫身上，有的猫咪也不会舔它。

在使用凡士林后进行正强化也可能会有帮助。在这里用食物作为强化物可能是不好的，因为制造商警告不要把凡士林和食物一起给动物。我不知道这是否真的对猫有危险；有可能只是导致食物也被排掉，从而浪费了一些营养。但这是另一个说明非食物强化物的优势的例子。我发现应用社会性强化物之后，猫咪减少了回避行为。

然而，我仍然面临着一定程度的回避问题。所以我把可能的信号都隐藏起来，以防止猫咪学习。我在不同的地方和场合使用凡士林，以避免只用一种方式接近猫咪。我在另一个房间里打开管子，并在打开后等待一到两分钟再挤出凡士林。

外用药水的使用

当我不得不使用护肤霜、抗真菌软膏、抗生素溶液和各种眼药水时，训练的作用是有限的。因为这些对猫咪来说都是固有的厌恶刺激。

然而，有一种方法可以减少对这些外用药水的厌恶性，至少对猫来说是这样的：将其加热至体温。如果把凉的溶液涂抹在猫的皮肤、眼睛或耳朵上，猫会对这些药物产生反感；如果我在使用前一两个小时把药物瓶子放在我的口袋里，使药物非常接近于猫的体温，这样我的猫对此的厌恶感就会最大可能地降低。当我没有时间这样做的时候，我会用微波炉将溶液加热 10 ～ 20 秒。但前提是容器不能是金属的，而且药物也不会受快速加热的影响。

我还教会了猫咪一个“释放词”。当我给猫咪涂完药水后，我会说“OK”，并释放猫。由于释放词是在结束约束之前说的，所以它就成了区辨刺激。在释放词发出之前，挣扎不会因逃跑而得到加强。换一种说法，猫处于一个多重时制中，多重时制的第二部分是由释放词来区分的。这样做的确减少了猫挣扎的次数。

然而主要的偶发事件是我避免建立挣扎的回报。我确保挣扎不会延迟或终止既定方案的实施。因此挣扎不会被回避或逃避消极地强化。

最后，就像处理毛球一样，我避免给出回避的信号提示。我在另一个房间里打开管子或瓶子，等待几分钟再使用。如果我用微波炉来加热，我会在微波炉停止后等几分钟再使用。

给猫咪剪指甲

给动物剪指甲是训练和护理相互作用的例子。通过训练，你可以给猫咪剪指甲。有规律地修剪猫的指甲可以减少猫咪的抓挠行为。这也使得护理猫咪变得更加容易，特别是在给猫咪洗澡时。有些猫咪不需要什么训练，只要你不暴力剪指甲，就可以很容易地抱着猫，修剪它的爪子，然后释放它。

其他的猫则不能容忍对它们脚的触摸。如果不进行训练，就需要大量的暴力手段来控制住它们的爪子。我之前的一只猫就是这样的。在我拥有它之前，它曾在街上生活过一段时间。即使在我成为它的主人之后，如果你碰到它的脚，它就会咬你。事实上，如果你碰它的头和肩膀以外的地方，它都会咬人。

我的第一个目标是让它容忍对脚的触摸和检查。我的方法是消除应答条件（过去的触摸可能与厌恶刺激关联，现在我消除了这种关联），并建立新的操作性行为（替代的可接受行为）。这一切都是通过逐步增加触摸的次数来实现的。

通过对违规行为的暂停（咬人导致5分钟的暂停），以及对容忍触摸的食物奖励（让我检查它的一只脚会有食物奖励），几周后，触摸本身变成了一种正强化。我逐渐从头部和肩部转移到它身体的其他部位。

又过了几周，我可以修剪其中的一个爪子。我再次用食物来加强这种行为。渐渐地，我开始能修剪它的两个爪子，然后是所有四个爪子。在这里，食物强化也最终被淘汰，转而使用社会性强化。

大约一年后，我可以修剪所有四个爪子。有趣的是，现在给我的这只“恶习重重”的猫咪修剪指甲比大多数家养的猫更容易。

未来的规划

我想训练我的猫咪刷牙。我计划一步一步来：首先，我开始只简单而温和地触碰猫咪的牙齿。然后我会花更多时间刷牙，逐渐刷得更用力。再然后，我将用牙刷触碰到猫咪口腔内的牙齿。最后，我就应该能够有效地给猫咪刷所有的牙齿了。我会使用带有肉味的牙膏，我觉得这能让刷牙过程更容易被猫咪接受。

我想给猫咪量体温。现在量体温的方式都是强迫性的。我想用日常饲养训练让量体温变得更容易。

我还想测量猫咪的呼吸和心率。动物在紧张时，呼吸和心率会自然而然地增加，因此，测量数据就不会准确。我正在研究如何在猫放松的情况下进行测量。

《训练员论坛》，1992年第17卷第3期。随着越来越多的训练员认识到日常饲养训练的优势，与此有关的技术和问题便开始出现了。日常饲养训练是大部分训练项目的重要组成部分。日常饲养训练的推广应归功于国际海洋动物训练员协会及其年度会议和季刊。在此，五位经验丰富的训练员对这个问题做出了多层面的回答。

海豚的自愿采血训练及行为维护

问：（1）我们已经训练我们的海豚在抽血时保持放松的姿势，但针头真正被插入时，它们似乎总是很紧张，我们担心它们不能保持足够长的时间来完成抽血。怎样才能避免这种情况呢？

（2）贵机构是否只允许兽医抽血，抑或在某些情况下也允许训练员抽血？

（3）贵机构对针头是否有偏好，是使用蝴蝶针头还是普通针头？

答1：（1）听起来你们的训练已经到了实际插入针头的阶段，但因为动物紧张，你们马上又把针头拔出来了。无论之前行为训练得多好，动物都有可能在插针后挣扎。你可以应用以下指导原则来增加成功的机会。在使用针头之前，在训练过程中建立起你对动物的期望：动物应该明白无论发生什么，它都需要保持在原位，直到哨声响起。持续这种展示训练，这样动物可以至少保持一分钟的稳定（有足够的时间来抽血）。不管你用什么东西来模拟针头，每次训练只“扎一次”，这样动物就学会在扎完后完全放松。当你第一次给动物模拟扎针时，你可能需要立即给信号，以加强动物对扎针的接受程度。下一步是延长动物在被扎针后我们希望它保持行为的时间。当使用真的针头时，动物应该已经适应了，需要在感觉到尖锐物体的情况下，保持长达 1 分钟的时间。动物也应该明白，如果它在给信号前的任何时候离开，行为将被重复。

下一步是尝试抽血，以便对你的训练成果进行实测。当针头插入时，动物会看起来很紧张，这并不意味着它们会挣扎或跑开。我们有一头海豚已经自愿配合采血四年多了，每次针头扎入时，它的眼睛会看起来比正常情况下大一倍，但它却能很好地坚持到采血结束。如果一头动物真的跑开了，你需要让它知道这是不对的，而且这种行为需要重来。与处理其他行为一样，出现问题时，请使用你的常识和最佳判断力。还有一个建议，当你插入针头时，第一次就插入到动物能接受的最大深度。因为稍微往后拉针头比由于扎得太浅而不得不进一步深扎，动物更有可能坚持下去。

（2）我们认为，在我们的海洋馆中，训练团队在抽血方面的经验非常重要。兽医不可能一天 24 小时、一周 7 天都在海洋馆。我们曾有几次需要在兽医无法赶来的情况下采集血样。我们还发现，动物越是不舒服，往往越需要采取血样进行分析，这时动物常常会拒绝兽医在场的情况下进行抽血。它们可能只会与它们最喜欢的训练员配合。重要的不是谁来抽血，而是在需要时尽可能少地给动物带来压力来采血。兽医应该对每位训练员进行训练，并且应该制定严格的指导方针。我们发现限制现场人数是很重要的，因此训练团队中必须要有经验丰富的采血能手。

（3）我个人倾向于蝴蝶针头。我们用普通注射器的针头好几年了，改用蝴蝶针头（21 号 3/4 英寸）两年多。但如果不是因为蝴蝶针头的优点，很多时候我们可能无法获得血液样品。

美国非洲海洋世界

德布拉 · 马林 · 库尼（Debra Marrin-Cooney）

答2：（1）虽然动物在最初插入针头时会紧张，但一旦针头进入，它们通常会放松下来。为了尽可能地避免紧张，必须使动物对最初的戳刺动作脱敏。可以用指甲或弹绷橡皮筋来模拟针头。当动物能很好地接受戳刺时，采血员可以开始将针头真正插入尾鳍，但这只是进一步的训练，而不是实际采血。加强动物保持静止的时间，并通过在采血时揉搓尾鳍，从而给动物除了针头戳刺以外更多的触觉上的刺激。在训练过程中，最好有一到两个人配合你，以模拟兽医的存在。请记住，即使是最配合的海豚，也会时不时地有不愉快的一天。如果你发现你的动物似乎不把你当回事，你这一天应该只需要投喂，以便为你第二天的重要工作做铺垫。

（2）由于我们的海洋馆只有一位非常驻兽医顾问，大部分鲸豚类的抽血工作都是馆长亲自操作的。如果出现异常情况，或兽医正好来海洋馆上班，兽医就会接手做这个工作。鳍足类抽血工作通常是由兽医完成。

（3）我们使用普通的针头抽血，主要是因为这是动物们熟悉的东西。然而，蝴蝶针确实有很多优点，特别是对于那些进行尾鳍采血或喜欢蠕动的动物。从训练的角度来看，这两者之间似乎不会有太大的区别。

海洋生物园
训练团队

答3：（1）在布鲁克菲尔德动物园，我们用指甲、探针等方式尽可能多地让海豚脱敏，从而使动物做好接受针刺的准备。在实际插针时，我们动作会做得很慢，以免惊吓到动物。如果动物突然变得紧张，我们就等它们放松后再继续进行。在开始训练阶段，只做针刺练习而不是真的抽血，以使针刺这一行为更加积极。我们还发现，一旦针头完全插入，我们的海豚在抽血时似乎会放松。

（2）我们允许训练员给动物采血。因为这些训练员都参加了由我们兽医指导的抽血“课程”。我们发现这对两个部门来说都比较方便，因为它使训练时间更自由，而且我们不必围绕兽医的时间表工作。训练员和兽医密切沟通是很重要的，这样才能对每个血样进行适当的检测。

（3）普通针头和蝴蝶针头我们都在使用。所用的针头类型是由实际采集血样的人选择的。有些人喜欢普通针头，因为他们对针头何时真正进入血管有更好的感觉；另一些人则喜欢蝴蝶针头，因为它允许动物挪动而不致使针头移位。

七海全景海洋馆训练团队
布鲁克菲尔德动物园

答4：（1）当训练和维持鲸豚类自愿采血的行为时，保持腹面向上且放松的姿势是第一步，但这也仅是整个行为训练中的一小部分。动物需要对不熟悉的、有时是不舒服的部位进行刺激脱敏，并保持腹面朝上平躺的姿势不动，同时让它们习惯于尾鳍被握住、触摸和磨擦。不断增加上述行为的持续时间。然后，我们可以向尾鳍引入新的刺激，用有盖的注射器或铅笔的钝端在静脉上施加压力。我们还可以轻击、拍打、叩击尾鳍，并强化动物保持静止和放松。另外一种非常有效的模拟物是橡皮筋，轻弹橡皮筋非常类似于针刺的感觉，然后逐渐增加刺痛感。如果动物都平静地接受了，那么恭喜你，这离正式采血就一步之遥了。如果你的动物特别敏感，你可以考虑调整针头的大小。从25号针头开始，如果动物能坚持，你下次可以用22号针头，然后是20号，最后是19号针头。为了使动物成功接受扎针，需要对动物进行多种多样的强化。上述的“成功”是指动物在采血过程中保持一个放松的姿势，直到给予信号，行为完成。如果动物挣扎或试图离开，我们绝不能继续握住尾鳍。但是如果训练完成，要注意不要强化拔针头的行为，要在针头被拔出后让动物保持不动一段时间。

（2）要定期（甚至每天）进行抓尾训练，以保持极高的强化历史和频率。我们发现，与兽医（或通常抽血的人）定期近距离接触（每周一次或每隔一周一次）的动物，其采血行为的维持和加强都比较好。只是让兽医带着采血的所有工具进行模拟训练也是有益的。动物们早晚会意识到模拟的刺激和真正刺激的不同，所以要尽可能地使这两者相似。对于训练有素的动物，只有兽医或管理级别的动物护理人员才被允许抽取血样。

（3）一些较小和易动的鲸豚类可能更适合使用蝴蝶针头。因为这些动物更容易晃动尾鳍，使得普通针头很难保持在原位进而会损伤血管。我们的康氏矮海豚（Commerson's dolphin）采血都是用的蝴蝶针头，这允许动物小幅地扭动却不会伤害到尾鳍中的血管。

朱莉·斯卡迪纳-路德维格（Julie Scardina-Ludwig）
加州海洋世界

答 5：我们在海豚身上尝试了各种对针刺脱敏的训练技术，包括用橡皮筋轻弹和用手指按压，这些在训练尽管早期是有帮助的，但对于我们的海豚，采血的成功来自我们所谓的“快速扎针”方法。一开始对于各种深度我们会轻轻地、快速地插入和取出针头。通过渐进法，我们将插入和拔出的间隔时间从一瞬间增加到几分钟，这取决于海豚在该训练过程中的稳定程度。我们注意到，当针头第一次插入时，海豚会偶尔扭动一下，但通常会马上平静下来。如果它们没有立即平静下来，我们就会结束训练。重要的是在动物变得“焦躁”之前把针拔出来，这样你就可以继续强化稳定的行为。如果扎得够快，动物就很少扭动，从而可以更好地强化稳定的行为。有时我们只是刺破皮肤，有时我们会刺入 1/4 英寸。我们在一次训练中从不做一次以上的“快速扎针”。

一旦海豚对快速扎针有了稳定可靠的耐受力，你就可以在不同的训练中改变扎针的时间。如果海豚认为每次都是一个漫长的过程，那么这种行为就更有可能退化或不稳定。尽管我们每天至少给动物做不止一次的模拟采样训练，但我们每周真的采血次数从未超过两次。

无论我们是否打算真的采血，我们总是把所有必要的设备都放在那里，并让动物们时刻看到。即使动物可以稳定地进行采血，把采血练习作为你定期的日常饲养训练的一部分仍旧会让你受益匪浅。

训练团队
新英格兰水族馆（New England Aquarium）

以下论文获得了 1992 年在巴哈马举行的第 20 届国际海洋动物训练员协会年度会议上的杰出行为训练奖。这篇文章发表在《海洋哺乳动物：公众展览与科学研究》（*Marine Mammals: Public Display and Research*）1996 年第 2 卷第 1 期。文中详细介绍了谢德水族馆的海獭训练计划所采取的步骤。尽管在训练海獭的行为上，日本有着多年的经验，但到目前为止，还没有一家美国海洋馆尝试训练海獭。这个项目的成功促使美国其他同行机构也开始着手训练海獭。

海獭训练项目的先行者

肯·拉米雷斯，梅格·哈德逊，
丽莎·高琪，约翰·谢德水族馆

摘要

自1990年以来，约翰·谢德水族馆已经成功饲养了五只阿拉斯加海獭（*Enhydra lutris*）。所有这五只海獭都是孤儿，并在1989年和1990年期间被送到谢德水族馆，这些经人类康复训练过的幼崽已经非常习惯于人类的饲养和接触，这对它们的早期日常饲养很有帮助。随着海獭的成长，人们担心成年动物可能会更加有攻击性。本文重点介绍了我们的海獭从单纯饲养向正规化训练的过渡情况。通过使用标准的训练技术，我们取得了一些喜人的结果，特别是在饲养行为方面。海獭给训练团队带来了独特的训练挑战。我们将在此详细描述正式训练计划所采取的所有步骤，以及在启动这样一个研究计划时应该避免的误区。最后，我们希望展现海獭正式训练的成果。

前言

约翰·谢德水族馆的海洋哺乳动物部是专门为照顾我们新海洋馆中的各种海洋哺乳动物和鸟类而设立的。新海洋馆于1991年4月对公众开放，馆内动物有白鲸、太平洋斑纹海豚、港湾海豹、企鹅和阿拉斯加海獭。由于不同动物群体的需求明显不同，水族馆在海洋哺乳动物部专门设立了“动物护理专家”的职位。动物护理专家的工作是饮食准备、水质管理、兽医护理、展览维护、基本饲养和训练。其中特别强调的是训练，因为我们认为这是对包括海獭在内的所有动物进行适当护理的一个重要组成部分。

本文的目的是：（1）为那些对海獭感兴趣并可能引进该动物的新场馆介绍我们成功的经验和失败的教训；（2）记录和汇报我们的海獭训练技术；（3）讨论训练海獭的好处。此外，我们还将解决那些对海獭训练项目持怀疑态度的人的担忧。

历史沿革

为了更好地了解我们的海獭训练计划，首先回顾一下我们海獭的历史背景可能很重要。这五只海獭都是在幼年时便失去父母成为孤儿的。其中四只是在1989年春天从埃克森·瓦德兹号石油泄漏事件中救出的，第五只海獭是在一年后成为孤儿的。在美国鱼类和野生动物管理局要求谢德水族馆饲养它们之前，这四只来自石油泄漏事故的幼崽在阿拉斯加的康复中心待了六个多月。每头动物都有各种各样的健康问题，需要进行特殊的医疗护理、饮食照顾和药物治疗。

这些动物是在我们新海洋馆建成前一年半被引进水族馆的。为了安置这些动物，我们在原来水族馆的一座大厅里设立了一个临时设施。从那时起，我们开始了解海獭的好奇心和破坏能力。这些能力包括拧开由机器拧紧的螺母，攀爬垂直的墙壁，以及移动五倍于其体重的巨石。这些行为观察记录被证明有助于设计它们的新栖息地。

在等待施工完成的同时，我们集中精力对海獭进行转运过程中的脱敏训练，以便顺利搬到新的海洋馆（Ramirez, 1991）。由于海獭对我们的触摸和拥抱已经脱敏，我们用手把它们抱到了新的展览馆。我们在头两年对它们进行的日常饲养训练在后来的治疗中帮了大忙。大多数海獭都有各种严重的病史，但我们能够给它们插管用药，进行近距离的体检，并定期测量体重。但我们也意识到，随着它们年龄的增长，无保护触摸有潜在的危险性。因此在项目的早期，我们开始了更正式的训练，以训练更多的保护式接触行为。

正式的训练

在开始正式的训练之前，我们假定会使用标准的操作制约技术。但首先我们想了解一下海獭注意力的持续时间，以及它们的好恶情况。我们尝试了各种强化物、衔接技术和过闸训练方法，并教它们识别自己的名字。经过近两年的训练实验，完成康复过程，以及对新海洋馆的适应，我们终于准备好开始正式训练。我们在很大程度上依赖水獭训练的经验，以及一般的强化技术。但我们很快发现海獭在许多方面都很独特。它们早期的饲养历史使我们一开始很难摆脱动手的方法。相反，我们不得不慢慢地让这些动物适应较少的动手操作。

成年海獭有攻击倾向，尤其是雄性海獭。因此，我们希望在遇到问题的时候，都不再使用无保护式接触方式。同时，我们也不想剥夺动物们似乎很喜欢的触摸方式。今天，我们仍然允许有限的无保护的触摸。但我们不会要求训练员在没有保护的情况下训练海獭。正式的训练是为了培养受控制的接触行为。随着正式训练的开始，我们发现海獭天生的好奇心有助于加快它们的学习过程。

早期训练

正式训练的第一个主要步骤是为我们的喂食建立一个定位顺序。在不到一周的时间里，动物们学会了在彼此之间的相对位置上进食（即：动物“A”总是站在动物“B”的左边，而“B”则总在“C”的左边，等等）。这种技术使我们能够将动物从一个池子移到另一个池子，并且仍然保持着秩序，因为每只动物都有一个参考对象。在加强海獭的定位训练时，如果训练员提供大的或有壳的食物，动物就会游离相对定位去进食。因此，早期定位训练成功的一个关键是使用小而频繁的强化物。

另一个重要步骤是引入信号刺激。我们选择了语言信号，并将各种强化物与“好”字配对。海獭花了几个月的时间才完全理解这个信号的含义。尽管信号刺激最终被证明是非常重要的，但在条件刺激牢固确立之前，我们在开始和推进其他训练目标方面没有遇到任何困难。

下一步是引入目标训练。我们必须用一种耐用的材料来制作目标物，这样海獭就不能搞坏目标物。由于海獭天生的好奇心，它们早期的倾向是把目标物从我们手中抢过来，当作一个新的玩具玩耍。通过强化，它们很快就知道目标训练的游戏规则。由于我们在训练鲸豚类和鳍足类方面的经验，我们自然倾向于期望它们用鼻子碰触目标物。然而，海獭的自然本能似乎是用它们的爪子碰触新的事物。我们开始接受了它们用鼻子或用爪子定位的目标训练。

经过一个月的训练，所有的五只海獭都开始全神贯注地关注我们的目标物。我们同时使用了手和浮标棒作为目标物。闭合的手比张开的手更合适，因为伸展开的手指对海獭来说太有诱惑力了。我们增加了它们在目标上保持静止的时间，我们称之为延长目标训练。有趣的是，这是更困难但又很重要的基本行为之一。让海獭静止不动的时间超过几秒钟就算是一项重大成就。我们之后教会海獭在水面、水下和陆地上进行“目标跟踪”，然后顺理成章地教会它们基本的“从 A 到 B”行为。目标训练最重要的功能是在进行饲养工作时让它们忙碌的爪子被占着。

接触互动

我们训练计划的一个主要目标是促进饲养和医疗工作的进行。一旦目标训练稳固建立起来，我们就开始训练受控的接触互动。浮标训练的实施是为了让海獭的爪子和嘴都被占着，并使我们能够从原来的自由接触互动转为受控接触互动。因为人们永远无法确定兽医何时、何地、以何种方式检查动物，所以我们决定让每只海獭对每一种可以想象到的接触脱敏。

我们首先触摸离嘴和爪子最远的地方，只有当海獭与目标保持接触时才会被强化。我们慢慢地从短暂的触碰到长时间的触碰，然后是揉搓和持握。我们在它们的脚蹼、爪子、口袋和尾巴上使用同样缓慢的渐进训练方法。经过多个月的触碰脱敏训练，我们可以在海獭头部周围工作。我们希望每只海獭都能适应鼻子、脖子、耳朵、眼睛和嘴等部位的触碰。值得注意的是，每只海獭的训练进展速度都不同。训练期间，如果彼此感到不舒服或训练员对海獭咬人有任何担心，都可以不触摸动物。海獭和训练员都应该在这个过程中完全放松和平静。出于安全考虑，我们始终坚持在进行任何类型的动物触碰时都要保持目标定位。

其他饲养方式

有一些其他重要的饲养行为并不完全依赖触觉接触。我们的目标之一是在必要时消除接触互动。我们研究了海獭幼年时所使用的训练方法的替代方案。我们用目标训练成功地将海獭从一个地方移到另一个地方，而不是用我们的手来移动、称量海獭动物。另外，训练动物进入笼舍对日后的很多状况也是非常有用的，包括移动动物、暂时分离或称重。

海獭服用药物和维生素可能很困难。由于它们特别的进食方式，你没法把药丸藏在它们的食物里而不被它们发现。卡森（C. J. Casson）在 1990 年报道了西雅图水族馆曾将药物藏在冷冻的“冰松饼”中。我们也曾使用过磷虾块这一类的东西。但我们继续并扩展了训练幼年海獭服用配方奶粉时使用过的行为。我们不断强化海獭从注射器中吸取液体、切碎的鱼或鱿鱼的行为。我们已经试验了各种混合物，使动物们习惯于各种口味。这样一来，我们就可以在注射器中加入维生素或药物。

正式训练的开展也使过闸训练和分离训练变得更加容易上手。我们已经设法对海獭进行了一些行为控制，因此，我们现在可以更成功地管理它们。像将动物从一个区域转移到另一个区域这样一个简单的任务，已经从早期的混乱无序转变为现在的有序和可预测。

多样性

海獭训练过程中一个巨大的挑战是如何保持它们的注意力集中。它们很容易被新的事物分散注意力，所以我们必须让它们对任何新事物都不敏感。因此，不断为它们提供多样性的刺激很重要。其中一个方法是在不同的地方进行训练和玩耍：在展览中，在储备池中，甚至在走廊里。

我们发现为海獭提供各种玩具是很重要的。如果我们不提供，它们就会自己找，自己做。为它们提供多样的环节、游戏时间或独特的强化物也是有益的。海獭喜欢吃贝类，我们给它们提供贻贝、蛤蜊和螃蟹，而且这些东西也能提供多样性。把这些东西藏在水桶下，或一堆雪中，让海獭自己寻找食物，这是一种自然的觅食行为。

我们的训练项目绝不仅仅是由日常饲养训练组成。我们需要不断发挥想象力，为海獭们创造新的游戏或有趣的行为。旋转、接球、搜索、海豚跳和唱歌只是我们众多训练行为中的一部分。

实际用途

对我们来说，海獭训练计划中最令人满意的部分是已经看到的实际成果。海獭的过闸、称重和移动等是显而易见的有用行为。但我们也看到了一些意想不到的好处和优势，或者至少是计划外的优势。

今年早些时候，当一头海獭吞下一只手术手套时，注射器喂食的行为被证明非常有益。我们的兽医认为，尝试让动物把东西吐出来是很重要的。我们把吐根糖浆放在鱿鱼中，通过注射器喂给海獭。这头动物摄入了全部剂量，药物达到了预期效果。虽然注射器喂食行为不是为此而设计的，但事实证明这种行为是有益的。但这也带来了一个的副作用，它导致动物在之后的几个月里完全不喜欢注射器。

能够对动物身体各部分进行外部治疗成为训练的另一个实际的好处。由于海獭允许我们靠近和触摸它们，一些伤口、瘀伤或柔嫩地方的检查便轻而易举。例如我们能够轻易处理小海獭爪子上的一个伤口。去年，一头雌性海獭的一颗臼齿上卡了一个金属帽，因此我们需要对它的口腔进行检查和取出金属帽。这只海獭经过先前的训练，能允许兽医进行口腔、牙龈和牙齿的全面检查和修复。当我们最大的那头海獭的右眼出现不寻常的浑浊后，我们甚至可以为它涂抹眼药膏。

即使是其他有趣的行为（如搜索）训练也很有帮助。我们认为，搜索行为减少了海獭“偷窃”道具或水质瓶的欲望。如果它们真的偷了，它们会愿意把它们还回来，而不是留藏一个星期。

未来

我们仍在集中精力研究许多饲养行为。其中的一个主要但困难的目标是自愿采血。它们的静脉很难找到，而且它们似乎对疼痛的感觉比其他海洋哺乳动物更敏感，这使我们的训练变得异常困难。我们正在缓慢地进行静脉穿刺脱敏训练，并尝试几种不同的动物身体定位方法。

我们也在探索科研训练的可能性，特别是非伤害性研究项目，如认知研究和触碰感官研究。随着我们的海獭逐渐达到性成熟，我们有可能进行繁殖相关的训练和工作。监测受过良好训练的海獭的怀孕和分娩过程，这一想法总是让我们很兴奋。

结论

由于我们的海獭训练项目仍处于起步阶段，因此未来还有无限的可能性。但对我们来说，实际的好处已经非常明显。基本的训练和调节技术已经证明对海獭是有效的，但它们的注意力和好奇心都成为它们训练的持续性挑战。它们的力量和灵巧使为它们提供适当和安全的住房成为一项挑战。在与海獭打交道时，重要的是要记住攻击性会随着年龄的增长而增加。我们发现雄性海獭尤其如此。但我们也发现，训练有助于控制这种攻击行为。训练计划无疑使日常护理变得更加容易，并在许多医疗状况下得到了丰厚的回报。

在这个行业中，我们一直认为训练是良好动物护理的关键部分。已经有许多论文和研究讨论了训练和丰容的好处。训练当然可以为动物提供精神上的刺激、促进身体锻炼，并促进包括饲养行为的动物合作行为。但是，如果我们真的相信这对动物有好处，为什么这么多动物园和水族馆只训练那些将成为表演或展示的动物呢？人力往往是问题所在。有时，把太多的精力放在训练、展示动物上，在经济上是不可行的。但这最终给公众和我们的批评者传递了复杂的信息，即我们并不总是言行一致。我们在动物护理领域的下一个重大挑战是向更多的人、管理层以及其他训练员展示训练的好处。实际上，海洋哺乳动物项目中的每个人都看到了训练他们所照顾的动物的好处。如果这对鲸类、海豚或海狮有好处，为什么对企鹅、海豹或海獭没有好处呢？

致谢

本文作者要感谢全体海洋哺乳动物工作人员的大力支持，以及海獭训练团队的付出。来自全体训练员的想法为我们海獭项目的成功做出了贡献。特别感谢吉姆·罗比内特（Jim Robinett）、丹尼斯·戴尔（Denis Dale）、皮特·戴维（Pete Davey）、费斯·德纳姆（Faith Dunham）、格雷戈·戴伊（Greg Dye）、珍妮弗·福斯基特（Jennifer Foskit）、威廉·哈肖（William Harshaw）、唐纳罗斯·亚诺塞克-克里斯塔基斯（Donnarose Janosek-Christakis）、克里斯·兰丁（Kris Landin）、布莱恩·马蒂（Bryan Mathie）、劳拉·摩纳哥（Laura Monaco）、曼尼·奥纳特（Manny Onate）和马克·瑞恩（Mark Ryan）。

参考文献

1. Casson C J. (1990). Administering oral medications to sea otters, *Enhydra lutris*. In N. Hecker (Ed.), Proceedings of the 18th annual conference of the International Marine Animal Trainers Association (pp. 12-19).
2. Ramirez K. (1991). Using desensitization techniques to prepare animals for transport. In S. Allen (Ed.), Proceedings of the 19th annual conference of the International Marine Animal Trainers Association (pp. 142-148).

Conference Proceedings

1987 年于美国路易斯安那州新奥尔良市（New Orleans, LA）举办的国际海洋动物训练员协会的会议论文集。对鲸豚类的准确称重是良好饲养和管理的一个重要部分。担架训练提供了一种可以轻松获得鲸豚类体重的方法。不幸的是，这种训练的设备的设置在一些场馆中可能实现不了。

鲸豚类的担架训练

德布拉·斯卡尔
海科集团

摘要

为了提高我们场馆中三头白鲸日常称重的效率，我们训练每头动物自主游进担架，担架最初被固定在围栏边，浸没在水中。训练动物游进担架并定位在一个目标上，然后担架被逐渐抬起，直到动物出水。我们的观察表明，整个过程中动物都表现得很稳定。然后，担架挂在起重机上进行称重。我们的例子表明，通过一定的训练，这种体重称量方法会非常方便，它只需要几个人的协助，而且比以前使用的方法更有实效性。通过训练白鲸自主游到担架上并稳定地定位，也可以对其进行其他更多的检查或研究。当然这种技术更适用于广泛分布的小型齿鲸类。

目标

美国海军海洋系统中心（Naval Ocean Systems Center, NOSC）位于圣迭戈（San Diego, CA），其所属的海洋哺乳动物大都被安置在浮动围栏中。每个围栏的主要部分是一个沉底的网罩，周围是一圈三英尺宽的木制走道。以前，每当需要称量或移动动物时，需要提起网罩，以形成一个小而浅的区域，在该区域内约束动物并将其移动到担架上。虽然这个过程很简单，但很耗时，需要很多个人抬起并固定网罩，而且对于白鲸这样体积和重量都很大的动物来说，称重和移动都非常具有挑战性。为了减少这些困难，我们决定训练动物自愿游到担架上以进行称重。

设备

白鲸担架的设计尺寸为 11 英尺长、4.5 英尺宽，由两根铝杆支撑。担架由聚丙烯网组成，用两英寸的尼龙织带加固接缝。在担架上特定的地方开孔以容纳胸鳍。海豚担架的材料与白鲸担架的材料相同，但尺寸为 9 英尺×3.5 英尺。

最初，担架被悬挂在围栏上的两根木杆（10 英尺×4 英寸×4 英寸）之间。每根杆子的一端固定在围栏的甲板上，另一端延伸到水面上。在每根杆子的延伸端上有一个定滑轮，在每根杆子的中间有一个金属钩子，与围栏的侧面相邻。金属钩子在两根担架杆的两端各拴一条绳子，以便从木杆上支撑担架，最靠近围栏边缘的绳子被固定在木杆中长钩上，而担架远处的绳子则通过木杆末端的定滑轮实现快速释放和固定。如果出现任何问题，可以迅速解开绳结，让担架的一侧落入水中并释放动物。

训练技术

在训练的早期阶段，担架被浸没在水下约 6 英尺处。动物的活动区域在担架的右侧，通过渐进的方式引导其游进担架并同时保持在目标上定位。在早期阶段，我们鼓励动物从担架上往前游出去，因为我们想让动物意识到，它可以通过往前移动而不是后退或往旁边滚来离开担架。

一旦动物能够自如地游进担架并定位在目标上，游进和游出担架的行为就可以得到强化和控制了。动物被放在担架的左端，游进担架的信号包括用右手轻拍平台，然后将右手伸开指向右边的担架。训练员应将目标放在担架的右侧末端，当动物游到目标处并停留在那里时，训练员应予以强化，然后引导动物进入担架。一旦动物对信号做出反应并进入担架，训练员就可以把担架末端的目标放在担架上，让动物在担架上面定位，直到发出游出的信号。一旦动物开始熟悉这一过程，就可以用渐进的方式提高担架的高度，直到担架的两端贴着水面，担架床上有轻微的凹陷动物正好可以游进去。

当动物已经适应在担架与水面齐平的位置进入担架后，支撑担架的木杆可以由四个助手代替持握，每个人握住担架杆两端的支架，并引导动物游进担架。在训练的最后阶段，动物被抬出水面（使用起重机，除非四个人非常强壮），并进行称重或移位，之后再放回水中，并给出结束、游走的信号。

结果

本文的训练结果实际上是由一连串的行为组成的。最初的定位点是在担架的左侧，紧挨着训练员。信号发出后，动物就会游进担架，定位在目标或训练员的手上。动物在担架里定位，被抬出水面，然后再放回水中，收到结束信号游出担架，回到原来的定位位置，以得到强化物（食物）。然而为了达到这一点，在最初的渐进训练过程中，需要对担架里的动物进行大量的强化。可使用不同程度的强化来维持这种行为。

讨论

海洋哺乳动物护理始于预防性维护。我们都知道，一旦动物生病了或有了病痛的症状，该问题或疾病通常已进入中晚期。定期的身体检查，如采血、呼吸气采集、体重测量，都可以帮助我们更早地发现存在的问题。如果动物已经通过训练，熟悉并自愿配合接受常规检查，这不但会让动物和训练员更信任对方，而且还会缩短做检查的时间。

对动物进行常规称重是预防性维护的一个重要组成部分，为了提高效率，应该训练动物自主游到担架上。上述讨论的技术在海军海洋系统中心应用得很成功。通过训练我们的动物游进担架，我们可以用更少的人力和更少的时间来完成称重工作。我觉得这个程序对那些在开放水域或自然环境中饲养动物的海洋馆也有好处。海洋馆中的动物往往待在比较深的水池中，通过降低水位进行日常的体检和体重称量是不现实的，对动物也是不利的。尤其是当有许多动物在同一区域时，这种技术便于我们监测动物的体重和健康状态。

国际海洋动物训练员协会主办的《探索》杂志1999年第24卷第1期。以下文章发表在1997年11月美国马里兰州巴尔的摩（Baltimore, MD）举行的第25届国际海洋动物训练员协会年会上。作为训练员，我们经常会遇到训练中的各种困境，特别是当我们必须训练动物一个不舒服的动作以配合医疗检查时。虽然正强化的使用大大提高了我们训练一些难度较高行为的能力，但我们仍会遇到动物感到不舒服的重要医疗程序，这使我们需要找到一种方法使这些程序进展顺畅。孩童（甚至成年）时候，我们一想起看牙医或者吃很苦的药可能会觉得恐惧。这时，我们的父母会坚持要我们配合。如果我们的父母懂得一些上述的训练技巧，他们应该在我们配合之后给我们一些积极的奖励，这会使我们在以后类似的场合更好地配合医生或吃下药片。什么，你的父母也没有这样做？有时在困难的训练中需要使用先进的技术以获得良好的合作，如第九章“高阶技巧和概念”中描述的负强化物。资深训练员会在恰当的时候使用这些成熟的技巧，并取得巨大的成功。同时，仍然与动物保持积极的关系。以下是布鲁克菲尔德动物园的一个案例。

瓶鼻海豚的被动约束训练

丽塔·斯塔西（Rita Stacey），道格·梅辛格（Doug Messinger），
格雷戈·戴伊（Greg Dye），温迪·科玛（Wendy Komar），
珍妮弗·麦吉（Jennifer McGee），谢丽尔·米卡（Cheryl Mika），
肖恩·皮克（Shawn Peek），珍妮特·萨斯特曼（Janet Sustman），
蒂姆·沙利文（Tim Sullivan），杰基·维纳（Jackie Weiner）
芝加哥动物学会，布鲁克菲尔德动物园

布鲁克菲尔德动物园下属的七海全景海洋馆饲养有一头7岁的雌性瓶鼻海豚，它的健康状况不佳且必须进行长期的治疗，于是训练员便对其进行训练以配合长期的医疗需求。训练的行为包括过闸门、自主进入医疗池和对被动约束的脱敏，以及每天进行的肌内注射。

在过去的十年里，专业的动物训练员们在通过各种训练项目以改善对动物的护理方面取得了巨大的进步。在世界各地的动物园和水族馆里，鲸豚类和鳍足类自愿采血和做B超检查，以及参与自己的日常健康护理，已经不算是什么稀罕事了。事实上，由于我们非常熟悉我们的动物并能很好地预测这些动物的需求，很少有医疗程序会给我们带来较大的障碍。

今年早些时候，在布鲁克菲尔德动物园下属的七海全景海洋馆，我们却面临着一个挑战性的训练项目。7岁的雌性大西洋瓶鼻海豚阿克雅（Akea）患上了呼吸道疾病，因此需要每天肌内注射并至少持续几个月。Akea的病情很严重，治疗要立即开始，我们没有时间通过正常的正强化渐进训练来训练Akea的自愿注射行为。给药具有时间敏感性，药物注射必须每天在同一时间进行。延迟或错过注射时间是

不被允许的。

一开始，我们将 Akea 的门按在医疗池，这样 Akea 会自主进入安装有水密闸的医疗池，然后我们把水位降低到训练员的腰部位置，这样我们就可以束缚它，以便安全地进行药物注射。事实证明，这个仅仅 30 秒的注射操作非常地耗费人力物力，至少需要 8 个人在场，且持续时间要一个小时。这样做的负面效果立即显现出来：我们不得不减少其他动物训练的次数和时间，同时也导致了 Akea 的行为退化，特别是它的过闸行为。治疗开始 3 天后，Akea 开始拒绝进入医疗池，因为那是进行不舒服的肌内注射的地方。它对过闸越来越抗拒。很显然，治疗的要求超出了 Akea 自愿合作的“底线”，这使我们无法单纯用正强化物来维持这种行为。

经过多次讨论，我们意识到我们有两个选择。我们可以在接下来的几个月里继续抓捕 Akea 并对它进行物理上的约束，或者教它参与一种我们称之为被动约束的行为。被动可以定义为“不积极，但有行动”和“接受外界的影响”，而约束的定义是“限制行动”。这种技术已经在其他场馆和受困动物身上得到了成功的应用，但在我们七海全景海洋馆里还没有进行过这种训练。按照我们的设想，Akea 进入医疗池，让两位训练员在池子的浅水区被动地约束它。第三位训练员进行注射，第四位训练员在整个过程中对 Akea 进行积极的强化。换句话说，我们将通过厌恶性程序训练，寻求 Akea 在强化刺激控制下的合作行为。第二个方案非常吸引人，不仅因为它可以大大减少训练员所需的时间，而且可以提高 Akea 在注射过程中的舒适程度。

值得一提的是，我们已经训练出了几种需要动物忍受一些不适的行为。我们所有的海豚都接受过自愿采血的训练，由于 Akea 的健康问题，我们需要每三周为它采一次血，这一过程已经持续了一年多。我们的成年雄性海豚尼莫（Nemo），在过去两年半的时间里，每个月都要肌内注射一次亮丙瑞林（Lupron）。经过训练，尼莫听到训练员的信号便自己游到池壁边，并安静地允许一根 3 英寸长的针头插入肌肉。我们还每月对它进行采血，以监测它血液中的睾酮水平。我们发现尼莫的行为和 Akea 的行为有一定的相似性，那就是在事件过程之间重复的次数是保持行为积极性的关键。考虑到这一点，我们给 Akea 制定了被动束缚的训练计划。

这就要求训练员在注射治疗过程中保持相关的训练。我们开始重新学习在七海全景海洋馆不常用的操作性训练方式和方法。训练员都认识到，任务的关键不是用正强化物来调节这种行为，而是如何用最少的负强化物来平衡强化。因此需要同时使用正强化物和负强化物来调节被动约束。训练员确定了训练该行为所需的七个步骤。这些步骤以及它们的时间节点的情况如下：

第一步：基本约束

在训练动物的过程中，关键是永远不要让动物知道它在束缚过程中除了合作还会有其他选择。这是被动束缚训练建立的基础。如果需要约束，对任何动物这都是进行训练的第一个重要步骤。我们意识到，仅仅一次逃脱所带来的强化就足以让动物一生都保持着逃脱的想法和努力。因此，如果没有足够数量的训练员对 Akea 进行适当的约束，那么相关的训练程序就不能开始。所有参与的训练员也明白，一旦动物被束缚，就不允许动物从束缚中逃脱。Akea 很快就知道，反抗不会带来任何强化，它只能被动地服从于这个过程。

第二步：正强化

正强化是指向动物所处的环境里增加一个刺激信号，以增加其后续行为出现的频率。从一开始我们就知道，仅靠正强化物不足以训练这种被动约束行为。但我们尽一切努力在整个过程中对 Akea 使用正强化物。这将改变控制行为的强化平衡。我们预计，当阿克雅熟悉并接受这个程序时，我们就可以用正强化来维持行为。经过两周的训练，它接受了这个程序。

第三步：伴侣动物

有一头海豚和 Akea 很要好，它们一开始就养在一起。起初，我们会要求 Akea 离开它的同伴，并进入医疗池中进行肌内注射。当我们开始训练被动约束行为时，我们发现把 Akea 和它的小伙伴分开会使情况更糟，所以我们允许它们在一起。在重新建立良好的过闸训练过程中，除了食物强化外，伴侣动物也起到了正向强化的作用。如果 Akea 固执地拒绝进入医疗池，作为厌恶刺激，一张网会被放入饲养池分开它和它的伙伴。一旦它主动游进医疗池，网就会被移走，这种刺激负强化了过闸行为。负强化可以被定义为刺激物的移除从而导致其后续行为频率增加的过程。相对而言，过闸训练的区辨刺激是通过大量的正向强化实现的。在这个过程中，由于 Akea 对伴侣动物的需求，训练员需要协助被动约束，让伴侣动物四处游走，已经证明没有问题，伴侣动物会在深水区游动。两周后，Akea 的过闸行为恢复并维持了稳定。

第四步：缩短时间

为了帮助 Akea 更容易地接受整个过程，我们必须使这个过程尽可能地短。这意味着我们必须将水位接近其最大深度。水密闸的关闭和水池的排空是这一过程中最耗费时间的程序。如果不用关闸放水，那么 Akea 从进入到离开只需几分钟就可以完成全部过程。在 5 天后我们取消了关闸放水的过程，我们全程与 Akea 在深水区进行肌内注射。

第五步：被动束缚

显而易见，训练员只有在医疗池的浅水区（水深在腰部）才能够成功地约束住 Akea。当开始训练这一行为时，我们用一只手作为目标物引导 Akea 到训练员旁边，然后训练员启动被动约束训练，以模拟实际操作。只要 Akea 继续参与训练，它就会得到积极的强化物；但如果它拒绝，我们就会用一张小网来引导 Akea 进入浅水区。一旦它被束缚，小网就会被移走，然后训练程序继续进行。这个训练花了几周的时间才初有成效，之后我们也时不时地需要网的协助。

第六步：厌恶刺激的消退

随着 Akea 在行为上的进步，我们尽一切努力淡化厌恶刺激的使用。我们小心翼翼地避免让引入的厌恶刺激成为行为的区辨刺激。如前所述，在它的学习过程中，我们尽可能频繁地提供正强化。仅仅过了几个星期，除了偶尔出现在医疗池附近的网子之外，其他的网都被移除了。这个阶段的训练被证明是所有过程中最困难的。我们本来担心，使用厌恶刺激可能会引起行为的进一步崩溃。我们现在可以很高兴地告诉大家，在整个需要使用厌恶刺激的时期内，Akea 都保持了积极的态度，并继续正常地进行饲养训练和互动，甚至有时在医疗池中与训练员玩耍。

第七步：尽量减少在场的训练员

随着 Akea 逐渐学会了被动约束行为的游戏规则，我们开始减少参与的训练员数量。虽然我们总是确保有足够的人员在场，以便在需要时安全地维持约束，但在第一周后，我们开始向着只需要四个人在场的训练目标努力：两个人负责被动约束，一个人负责积极强化，一个人负责注射。我们将把训练员的数量减少到最少，以便用最少的人手来有效地维持这种行为。在大约一周后，我们只用四个人就能完成整个程序了。

被动束缚训练是在七周前开始的。目前，Akea 的过闸行为和被动束缚的定位几乎完全由正强化来维持。最初至少需要八个人，并花上一个小时的时程，现在已经减少到只需四个人在水中待五分钟便可以完成了。

我们七海全景海洋馆的所有训练员都为 Akea 取得的进步和成就感到高兴。我们也意识到，我们不是第一个使用这一训练程序的机构。但通过分享我们的训练计划和成功经验，我们希望其他人也可以从中受益。

参考文献

1. Messinger D, G Dye, W Komar, J McGee, C Mika, S Peek, R Stacey, J Sustman, T Sullivan, and J Weiner. (1997). Animal training manual. Brookfield Zoo.
2. Reynolds G F. (1975). A Primer of Operant conditioning. Glenview, IL: Scott Foresome & Co.

国际海洋动物训练员协会主办的《探索》杂志。以下论文首次发表于 1997 年在美国马里兰州巴尔的摩举行的第 25 届国际海洋动物训练员协会年会上。这篇文章以独特的视角分析了饲养行为训练。如果一头动物还没有接受过医疗程序的训练，这是否意味着对动物进行训练已经不可行了？当然不是！训练员应该经常训练动物进入笼子或医疗池，以便在需要时可以进行高难度的医疗程序。在这种情况下，良好的基本训练会使动物变得更容易平静。

通过分离延长和目标训练来提高动物镇静的效果：以北美水獭（*Lontra canadensis*）为例

奇普·哈肖（Chip Harshaw）

弗吉尼亚州立海洋科学博物馆（Virginia Marine Science Museum）

每个有动物行为训练计划的机构都有其独特之处，但也有一些共通点，即精心的训练计划，这不仅可以使动物们得到更有效的照顾，同时也为训练员提供了一个安全的工作环境。

1995 年 10 月，弗吉尼亚州立海洋科学博物馆投入了 3600 万美元进行扩建。扩建的项目包括一座大型的北美水獭展览馆，一座崭新的以港湾海豹为代表的鳍足类水族馆，一个半英亩（1 英亩 = 6.07 亩 = 4046.86 米 ^{2}）的鸟舍，一个以盐沼动物为特色的沼泽馆，一座 30 万加仑（110 万升）的鲨鱼展览馆，一个 7 万加仑（26.6 万升）的海龟栖息地，一个有 300 个座位的 IMAX-3D 影院，以及一条两边有各种动物展出的“自然”小径。扩建之后，弗吉尼亚州立海洋科学博物馆的面积从 9 英亩增加到 45 英亩。

在我到任之前，博物馆已经有两只水獭了，这两只水獭是 1995 年 7 月从当地的野生动物康复中心那获得的，它们被安置在一个临时饲养池，等待新的海洋馆建成。这两只动物没有任何行为训练的历史，被派来的动物护理人员也几乎不懂什么训练。

在我到任后，我们新部门决定制订一个行为训练计划，该计划将会涉及我们现有的和未来可能引进的所有哺乳动物。这样做主要是为了提高饲养效率，并为动物提供行为丰容。

在将水獭重新安置在新场馆过程中，对水獭进行的第一次体检是一个复杂而困难的过程。博物馆没有大号的笼子，因此我们不得不将水獭转移到一个较小的狗笼子里，这个狗笼子与水獭的临时围栏相通。等水獭进去后，用杆式注射器给它们注射镇静剂。由于水獭不断地移动和 / 或蜷缩在一起，这个过程其实很困难，而且对动物构成一定的风险。更加麻烦的是，必须要对两只水獭全部进行镇静，才能带出来体检。这意味着我们必须在镇静剂开始失效前让全部动物走完体检流程。

在首次检查完成后，我开始思考如何用更好、更受控的方式给水獭注射镇静剂。我们的这两只水獭已经学会了目标训练行为。它们还学会了在临时围栏内的不同位置定位相当长的一段时间。我觉得我们可以将这些基本行为应用到我们新的场馆中，并最终高效安全地给我们的水獭注射镇静剂。

在引入另外五只雄性水獭并将它们转移到新的永久饲养区后，我们开始进行我们的训练计划。

为了更清楚地介绍我们的训练过程，了解我们饲养设施的结构是很重要的。这个区域由两个 4 英尺乘 3 英尺（1.2 米乘 0.9 米）和四个 3 英尺乘 3 英尺（0.9 米乘 0.9 米）的动物互动区域组成，六个区域均匀由链式铁丝网围栏建成。每个区域都可以相互连通或相互隔离，其中还有一个 1500 加仑（5700 升）的水池，且有侧开的透明玻璃门通向水池。最初我们的门是由有机玻璃做的，但很快水獭不费吹灰之力就把这些门打碎了，这让我们换成了链式铁丝网围栏，因为在转移动物和必要隔离时需要有不能被动物轻易弄坏的屏障。

每天的训练计划是围绕着保护式接触训练展开的，并且给水獭每天两到三次喂食。训练的目的是让所有五只水獭适应在各自的区域里相互分离至少一个小时。为了使这一行为更优化，我们必须在限制食物（即强化物）使用量的情况下进行。这样做是为了模拟水獭成功进行体检所需的条件，因为空腹情况下的镇静是最安全和最有效的。

为了实现这一目标，我们决定在我们的饲养和训练间隙加入“迷你训练课程”。这种类型的训练允许我们在训练期间反复对水獭进行信号刺激。每次迷你训练只持续一到两分钟，并以少量的食物作为强化物。水獭们已经知道这些迷你训练的间隔时间很短，并在适应了这一点后很快适应了整个过程。

在迷你训练期间，我们利用各种各样的目标训练技术，其中包括扩展目标训练法。这种类型的目标训练要求水獭在相当长的一段时间内锁定一个目标物进行定位。

当给水獭注射镇静剂的时候，延长目标训练的时间对于这种行为的成功至关重要。通过让动物在静止状态下锁定目标，或在狗笼系统周围跟随目标，我们能够让它们“忙起来”，其间减少食物的摄入，以便控制检查的节奏。

我们首先教五只水獭在单独的狗笼内按特定的顺序开始训练。为了帮助动物理解这一点，我们在训练中使用了形状道具，每个形状代表一只动物。当训练开始时，水獭必须首先找到自己的形状并对其定位。在训练过程中，我们利用这些形状和目标物来定位动物或移动动物。当然，这些物体需要以合适的高度挂在铁丝网围栏上，以便水獭能用鼻子接触到它们。随着时间的推移，我们能够教它们在各自的区域里定位和工作，并在连接门慢慢关闭时依旧保持对目标的定位。因为水獭们不习惯被分开，所以这一过程需要时间，很难一步到位。

起初，连接门关闭的声音对最接近其位置的水獭产生了即时的影响，导致它立即离开目标，去查看发出噪声的门。有时水獭会坐在门内以阻止门的关闭。有时多只水獭会离开它们的定位区域，穿过几个区域来查看这个正在开闭且发出噪声的门。

随着训练的深入，水獭们开始接受连接门部分关闭的情况，但它们会强行把门打开，并跑到相邻的动物活动区域里，并在那里停留一段时间，然后再返回自己的区域。我们的隔离门是透明的，因此水獭们仍然可以看到对方，这似乎有助于水獭训练的开展。通过连续渐进法，水獭最终允许每个连接门的关闭，并在此情况下完成整个训练课程。它们还允许我们在分离期间，进行几次看不到对方的背对背的迷你训练。极少数情况下，这些迷你训练会持续 30 ～ 45 分钟。动物们在迷你训练之间会一直保持分离，现在这个行为非常稳定和平静。这方面的训练是我们为水獭注射镇静剂的一个重要前提。

水獭需要的身体全面检查包括：镇静剂注射、身份标签识别、各种疫苗接种、颈静脉采血、粪便采样，以及必要时的体重称量。我们训练水獭以称重为目标，让其自主站在秤上称重。良好的训练对我们的体检工作很有帮助，这使我们大大减少了体检耗费的时间。如果一切顺利，每只动物的综合检查在镇静后只需要 10 ～ 15 分钟即可完成。

如上所述，我们的计划是将每只水獭隔离在它们各自单独的活动区域里，然后在每个迷你训练中为一只在目标上定位好的动物进行镇静剂注射，我们使用杆式注射器进行麻醉注射。一旦水獭被注射镇静剂，迷你训练就结束，然后进行身体检查。每次检查结束后，仍处于麻醉状态的水獭就会被放回其活动区域。然后开始对另一只水獭进行迷你疗程，继续镇静的过程，以完成整个过程。

在这个过程中，我们担心的问题是在迷你训练期间给水獭的食物要么太多要么太少。水獭有着非常高的新陈代谢率，即使我们在检查前一天的晚上给它们提供充足的食物，但到了早上它们就又饿了，会需要再次进食。在镇静过程中，动物体内的食物存量不能太少，以防止低血糖症。同时，在麻醉状态下，过多的食物又会带来一些风险。正因为如此，我们选择使用特拉唑（Telazole）作为镇静剂。它能迅速起效，但也能使水獭迅速恢复过来。

镇静期间我们尽量保持简短的迷你疗程，大部分时候只持续一到两分钟，同时相当长的时间用来进行延长目标训练。这种类型的目标训练通过强化可以持续到30秒。因此我们可以让等待被镇静的水獭“忙起来”，并控制其间的食物摄入。为了使这些训练过程尽可能地积极，我们还加入了次级强化物，这些次级强化物的形式包括热情的口头表扬和鼓掌。

一只水獭被注射了镇静剂，从其区域里被抬出来做检查或检查后放回到区域里的过程可能会使其他水獭产生潜在的行为反应。由于它们彼此之间的距离很近，它们在看到和听到上述过程时，可能会有负面的反应。解决这些问题的关键是让水獭持续保持对定位目标的注意力，在对一只水獭进行镇静剂注射时，训练员要么待在容易分心的水獭前，要么开始对其进行迷你训练。例如，一旦完成对注射镇静剂的水獭的检查，就可以开始另一个迷你程序，当水獭被放回狗笼恢复时，其他动物会处于迷你训练中，被定位在目标上，保持着忙碌。

在已经习惯了分离之后，我们开始向它们介绍杆式注射器。水獭是非常好奇的动物，因此让它们对注射器脱敏需要一些时间。在这个过程中，我们首先将注射器放在水獭的附近，以便它们进行目标定位时也可以很容易地看到注射器。起初，它们会脱离目标跑去观察注射器。一旦水獭对注射器的存在失去兴趣，我们就开始把注射器从笼舍的孔中伸进去。当动物对上述行为脱敏后，我们就在笼舍的不同位置尝试伸入注射器，这时的训练就开始使用杆式注射器，很快发展为在狗笼附近晃动杆子，同时尝试把注射器指向水獭的后肢附近。虽然它们偶尔会离开定位目标去观察伸入的注射器，但它们很快就会回来。不用很长时间，我们就能在水獭保持静止和专注于目标的情况下，用注射器轻轻地触摸它们的臀部。

当它们的臀部注射部位被第一次触及时，一些水獭会躲开注射器，但仍会保持与目标的接触。水獭对注射器的躲避，使得我们无法在最理想的姿势下进行注射。为了解决这个问题，我们利用目标定位来调整水獭的位置。适时的行为衔接使我们能够塑造出我们需要的正确姿势，从而使镇静剂的注射变得更加容易。一旦做到这一点，水獭不仅会在注射开始时保持姿势不变，而且随着注射杆压力的增加，一些水獭反而会靠在杆上以保持其位置。在整个工作中，我们都使用可变强化时制的训练技术和方法。

经过大约三个月的持续训练，约定的体检时间到了，水獭们似乎都准备好接受实战的检测了。因为直到此时所做的一切都是模拟的，我们都不确定事情会不会如我们预期规划的那样进行。我们脑子里面充满了各种疑惑：水獭们对镇静的过程和针头的插入会有什么反应？它们的反应是否会导致其他水獭抵制我们辛苦练习的行为？

在体检当天，我们按照预设的特定顺序对水獭进行定位和镇静。我们决定从那些更有警觉性和更容易分心的个体开始。与我们合作的每只水獭都有相当鲜明的个性，因此在这个过程中，最平静和最有耐心的动物将是最后一个接受测试的。

我们很快就体会到了过去几个月的工作成效。每只动物都配有一位训练员，水獭在训练开始后就被迅速而平静地分开了。我们首先从最谨慎的动物开始。在注射过程中，它从保持的目标位置上跳了起来，转头看了看杆子，但马上又回到了定位目标上。于是我们立马用次级强化物和几块食物对它进行了强化，然后结束了这次迷你程序。我们等了几分钟，待水獭完全被麻醉后把它从笼舍里移出来。就在此时，其他训练员开始了对另一只水獭的迷你训练程序。我们让其他水獭跟随着目标远离正在接受镇静的水獭，以防止它们分心。我们的心终于落地了，每只水獭的检查都非常顺利，用时不到 10 分钟就完成了。

在整个过程中，每只水獭都表现得非常放松，只用了不到一个小时就完成了五只水獭的体检工作。迷你训练让动物们忙得不可开交，而延长的目标训练和次级强化物的使用也减少了它们的食物摄入量。这使我们能够以一种积极的方式完成训练目标。这个过程比预期的要好，并让从未见过这种训练的兽医惊掉了下巴。

体检工作在上午 11 点前完成，水獭在下午两点前完全恢复，并重新对公众开放。因为不知道体检工作会进行得怎么样，我们原计划全天闭馆，但一切都那么的顺利。当天晚上，我们给回到笼舍中的动物们简单的喂食。

几天后，我们决定模拟一下之前的体检，看看水獭们会有什么反应。令我们惊讶的是，每只水獭现在都允许我们将它从群体里分开，没有任何反抗，并允许我们进行模拟体检，包括用针筒轻轻地触摸它们。只有一只水獭对注射器的出现有些犹豫不决，但经过几分钟的定位强化后，它忽略了注射器，并在注射器触碰它时依旧保持目标定位行为。

尽管上述的全面体检通常只会每年进行一次，但我们会定期对这种行为进行模拟和强化，为未来的体检做好准备。我们将继续努力延长目标训练，以增加动物的持续时间和稳定行为，并把迷你训练作为我们常规训练的一部分。随着我们训练计划的发展，许多以前必须在麻醉状态下完成的事情，最终可能会完全通过自愿训练的合作来完成。然而，即使现在不能在完全自愿的基础上完成所有程序，但这并不意味着不能教会动物部分训练程序。我们为在这一领域取得的一些成就感到满意和骄傲。

最新情况

自从本文在 1997 年国际海洋动物训练员协会会议上发表以来，弗吉尼亚州立海洋科学博物馆已经利用这种技术对我们的水獭进行了三次年度体检。而且，我们使用该技术训练了另一只动物来配合治疗其口腔感染。虽然在不同的情况下，我们会对我们的策略做一些适当的调整，但基本理念是完全相同的。

其中一些变化包括在动物被注射镇静剂时，不再需要通过迷你训练分散其他水獭的注意力。换句话说，一旦水獭们彼此分开，只需要两位训练员依次给每头动物注射镇静剂。因为其他动物都躺在它们的笼舍里自得其乐，直到轮到它们。这是一种进步，因为我们不必在等候过程中不断地用额外的食物和行为来分散它们的注意力。因此，所需的训练员也更少了，这样就为工作提供了更多空间，也减少了工作中的分心。

1999 年 2 月，我们再次为五只水獭注射了镇静剂，准备进行年度体检，并计划为它们做绝育手术。整个过程包括手术大约需要两个小时。然而，第二天早上这些水獭正常出来展览了，它们的行为看起来一切照旧，好像什么都没发生过一样。在海洋科学博物馆，杆式注射器的使用过程已经成为一个定期训练和使用的标准程序。

国际海洋动物训练员协会主办的《探索》杂志 1998 年第 23 卷第 4 期。本文首次发表在拉斯维加斯（Las Vegas）举行的第 23 届国际海洋动物训练员协会年会上，且被授予 1995 年的杰出行为训练奖。作为那次会议的与会者之一，我对动物们心甘情愿地参与这一漫长的检查项目的报告印象深刻。这是操作制约技术良好应用的另一个例子，通过这些技术似乎可以训练出无穷无尽的行为类型。

科学训练和相互奉献的产物：海豚自愿性膀胱镜检查

罗萨娜·德·索萨（Rosana de Sousa）和杰拉尔丁·拉卡夫（Geraldine Lacave）
葡萄牙国立海洋馆（Zoomarine, Portugal）

简介

葡萄牙国立海洋馆饲养有八头瓶鼻海豚（*Tursiops truncatus*），其中一头雌性海豚名叫科尔比（Colby），它从 1980 年起就一直在该场馆中生活。科尔比是一头非常和蔼可亲且充满好奇心的海豚，它刚到达没多久便与它的训练员和其他动物建立了良好的关系，并在表演和训练中表现出很高的积极性。尽管如此，科尔比还是出现了系统性的健康问题，而这些问题的迹象是医疗团队无法早期诊断到的。

1992 年，我们第一次注意到科尔比出现明显的临床症状。训练员们观察到，科尔比的肤色逐渐变得苍白，医务人员从训练员拍摄的照片中也清楚地观察到了这一点。此外，科尔比的血液样本中的白细胞计数很高，这是感染的一个明确指标，而红细胞计数很低，这是贫血的表现。

我们在葡萄牙国家海洋馆平时的医疗行为模拟训练现在派上了用场。不幸的是，对科尔比的血液、粪便、胃液和出气孔析出物的分析无法对病因进行可靠的诊断。

通过分析我们发现，早期的药物治疗可以暂时缓解症状，但这些药物只能在短时间内控制问题。于是，科尔比的疾病一直持续地反复发作。每次复发的前几天，训练员都能够观察到显著的症状，科尔比的食量会下降到非常低的水平。它会表现出离群的倾向，并且会做出刻板的游泳模式，除非有动物护理人员干涉，否则这种模式会持续很长时间。

即使在这些复发期，科尔比也非常努力地配合着训练员，从不拒绝任何训练课程或表演。它的动机与食物无关，它的主要兴趣是与训练员的互动。然而，训练员不得不限制了它的活动水平，不管是在表演中还是在表演外，任何涉及大量体力消耗的行为都被禁止了。

抱着试一试的态度，我们决定进行一次 B 超检查。5 兆赫兹探头设备是由里斯本（Lisbon）的一家私人诊所提供的，该诊所距离海洋馆约 200 英里（320 千米）。为了保证第一次（1992 年 4 月 14 日）检查数据的准确性，科尔比被我们从水中移出，但 B 超检查没有显示任何异常情况，因此医生也没有做出诊断。因为既没有设备也没有技术员，那年后便没有进行其他检查。第一次检查后到第二次检查之前的期间，科尔比经常交替呈现明显的正常状态和明显的不适状态，后者通常与异常低的红细胞水平有关，并且白细胞值经常波动。

第二次 B 超检查是在 1993 年 6 月 16 日进行的，这次检查发现膀胱内有一个异常的肿块，医生怀疑这是一个肿瘤。与我们共事二十多年的兽医杰伊·斯威尼博士建议收集尿液样本以进行细菌培养和检查。他还建议直接从膀胱里采集样本，以避免外源性污染。当时，我们查阅了关于这个问题的所有参考资料（Bossart & Dicrauf, 1990; Sweeney, 1990）。

第三次 B 超检查是在 1993 年 9 月 9 日进行的，这次检查表明肿瘤的大小没有变化。按照医嘱，我们收集了一份尿液样本进行细菌培养和分析。尿液样本的颜色非常深且浑浊，表明尿液中有部分血液，这也揭示了科尔比经常性贫血的可能原因。尿液细菌培养结果显示有泌尿系统感染。这时，医疗小组的一名成员建议我们用生理盐水冲洗膀胱，以缓解感染的情况。

尽管我们希望尽早地冲洗膀胱，但将科尔比从水中移出很难避免动物出现应激反应。并且这会导致科尔比与其他海豚和训练员之间互动行为的变化。虽然它在表演和训练课程中是一如既往的可靠，但它的积极性在随后的日子里下降了。

第四次 B 超检查是在 1994 年 2 月 8 日进行的，使用的是海洋馆自己的 B 超机，配备了 3.5 兆赫兹的探头。这次检查排除了膀胱肿瘤的可能性，同时收集了第二份尿液样本，并用消毒剂露它净（Lotagen，成分为间甲酚磺酸，metacresol sulfonate）冲洗了膀胱。其间还进行了内窥镜检查，但没有发现任何异常情况。

体检和治疗程序结束后，我们举行了一次动物护理小组全体成员参加的会议。在这次会议上，有人建议每个月进行一次冲洗消毒，以控制局部的感染。训练员们则很难接受每个月把科尔比从水中抬出来接受冲洗消毒的建议。然而讨论陷入了僵局，在控制科尔比的感染上似乎没有比冲洗消毒更好的选择。训练员们商议可以通过训练的方法，尽可能地消除这个过程带给科尔比的负面影响。因此我们决定训练科尔比自愿参与这些程序。

本文的内容是描述如何训练科尔比自愿配合尿液样本的采集、膀胱镜的检查，以及治疗的过程。本文罗列了训练过程的主要步骤，以及它在此期间的健康状况。

训练过程

训练课程于 1994 年 2 月 18 日开始。头两天，科尔比独自在后台水池中接受了初步训练。在第三天，它被重新介绍给其他动物成员。

第一步，简单的定位——要求它靠着训练员横向定位。训练员会坐在池壁上，腿放在水中。一旦科尔比看起来对完成这个动作充满了信心，我们便转动它，使它以腹部朝上的姿势躺下，并将它的尾鳍放在我们的腿上。在确定了基本位置后，下一步是用渐进法对生殖裂区域进行系统的脱敏训练。当科尔比按照上述姿势摆好自己的位置时，我们会触摸它的生殖裂及其附近区域。渐渐地，科尔比允许我们不受任何限制地触摸它的生殖裂。这样一来，我们便终于完成了它对尿道触摸的脱敏。

很明显，这个阶段的训练需要多人参与。第二位训练员的加入意味着海豚的基本位置必须改变。两个训练员相隔 1 米（3 英尺）坐在池边，双腿都放在水中。科尔比在区辨刺激的信号下，对第二位训练员做出横躺的姿势。第二位训练员用脚和腿支撑着科尔比，并使它尽可能放松。科尔比很快就明白，它不需要做出任何努力来维持自己在水面上的状态。它只需要做一个小小的抬头动作便可以自由地呼吸。我们允许它随时可以离开的事实也增加了它的信心，使我们可以逐渐增加它保持这种特定姿势的时间。仅仅几天之后，科尔比就可以保持这种姿势超过 5 分钟，并允许训练员操作。

第二步，直接操作——对生殖裂的内部进行干燥和消毒。在只有两位训练员的情况下，执行该操作程序依旧是很困难的。因此，科尔比被训练成允许有第三个人在场，对外阴进行消毒，引入导管，收集尿液，而负责支撑科尔比体位的训练员则辅助生殖裂的张开。在三个位置上小心翼翼地轮换着训练员，这样科尔比就可以让不同的人对它进行操作，包括兽医进行检查和取样。

第三步，尿样采集——1994 年 3 月 1 日，在训练开始后仅 12 天，科尔比便自愿配合我们进行第一次尿液采集。在同一天，我们还用大约 400 毫升（12 盎司）的露它净冲洗了膀胱。在此过程中，科尔比未表现出任何不适的迹象，它的行为被大家一致评为 100% 的优秀。

在最初的几周里，我们在消毒剂注入后的 20 分钟内就手动排出消毒剂。然而不久之后，我们决定让科尔比自己通过自然的方式来排出消毒剂，从而减少导管的插入次数。一旦这种行为建立起来，我们就决定每月重复一次，虽然科尔比的病情没办法得到根治，但我们已经找到了将症状降到最低程度的方法。

第四步，膀胱镜检查——膀胱镜检查的想法是在上述行为实现几个月后提出来的，即用细长的管状镜来检查和治疗发炎的膀胱内壁。这一程序对于获得最终诊断结果至关重要。

科尔比的病例被提交给当时葡萄牙最著名的人类泌尿科医生雷斯 · 桑托斯博士

（Dr. Reis Santos）。海豚的泌尿系统疾病的治疗是史无前例的挑战，但桑托斯医生同意竭尽全力帮助我们。在经过对海洋哺乳动物特别是雌性海豚尿道和生殖裂的解剖学研究后，桑托斯医生决定在 1995 年 1 月对科尔比进行膀胱镜检查。

由于膀胱镜检查需要科尔比对更多的人、设备和噪声脱敏，所以在收集尿液时，它被训练成接受多个人的存在。此外，我们在医疗站的位置放置了几个箱子和电线，以便模拟可能要用到的设备（如工作台设备、照相机和闪光灯）。训练过程中最大的好消息是，在随后的每一次 B 超检查中肿块都消失不见了。

膀胱镜检查被安排在 1995 年 2 月 3 日进行。当那一天到来时，每个人都准备好了，自然也很焦急。在检查的前一个晚上，科尔比在后台水池中与一头 27 岁的雌性海豚雪儿（Cher）一起过夜，以避免手术前出现任何分离困难，节省时间。

在开始膀胱镜检查的前几分钟，我们才意识到实际的探针要比科尔比训练所用的模拟导管大一号。这个小小的变化可能会危及整个检查过程。为了避免产生任何问题，我们对尿道进行了小剂量的局部麻醉，之后才开始膀胱镜检查。

该检查大约花了 20 分钟才完成。在整个过程中，科尔比始终保持着平静和舒适的状态，没有任何迹象表明它对检查、噪声或参与的人感到不舒服。它只是在检查结束前几分钟才开始有点不耐烦，但它从未表现出任何想要离开定位位置的意图。膀胱镜检查进行得很顺利，我们有足够的时间仔细观察膀胱的内部情况并进行活检取样。

当我们对科尔比进行检查时，同一个池子里的雪儿非常的平静，没有对检查过程或技术人员造成任何干扰。雪儿有时会靠近我们这群人，观察我们的操作，并触摸科尔比，似乎在确保我们所做的事是“好的”。我们坚信，雪儿的存在进一步帮助了科尔比保持放松。

结果

膀胱镜的检查结果完全排除了肿瘤的可能性，检查也没有发现任何其他类型的并发症存在，但发现科尔比输尿管的左边入口比右边入口宽得多。活检好像也没有发现任何异样。因为没有对任何其他海豚曾做过这种方式的检查，我们没有办法像以前一样从对照动物那里获得对照的信息和数据。出于这个原因，我们决定训练另一头雌性海豚，以便对结果进行比较。雪儿被选为对照动物，学习自愿性膀胱镜检查。

两头雌性动物在尿道入口处有一些明显的差异。我们必须将雪儿的皮肤的褶皱移到一边，才能将导管插入雪儿的体内。其他方面的训练和检查方法与科尔比的一模一样。每天进行一次 10 分钟的训练，雪儿在一个月内就可以进行检查了。

科尔比的第二次膀胱镜检查和雪儿的第一次检查定于 1995 年 4 月 4 日进行。在检查前几天，我们对这两头雌性海豚分别采集了尿液样本。科尔比的尿液中白细胞含量很高，显示有感染的迹象。雪儿的结果没有显示出任何异常的迹象。和以前一样，在膀胱镜检查的前一个晚上，两头雌性动物都被圈养在后台的同一个水池里。

在这次膀胱镜检查中，两头雌性海豚都表现得很平静，而且非常配合。在使用局部麻醉剂时，雪儿有一些轻微的收缩，但没有表现出任何想要离开定位位置的意图。两头雌性动物的膀胱看起来是很不同的。正如预期的那样，雪儿的膀胱内壁看起来很光滑。另外，我们看到科尔比右侧输尿管有部分梗阻现象，而且膀胱的内壁显得很粗糙。通过对比我们最终诊断尿液的反流是导致科尔比膀胱炎症的主要原因。

讨论

尿液反流是人类和其他物种的膀胱疾病之一，是指尿液通过输尿管又返回到肾脏，并引起组织的刺激性炎症，这可能会导致溃疡、感染，以及继发性和复发性的贫血。治疗人类尿液反流的最新手段是在输尿管出口处植入一个单向硅胶阀，防止尿液返回。

自愿性尿液样本的采集和膀胱镜检查的训练是解决科尔比健康问题的基础。即时地和持续地获取尿液和血液样本使我们能够非常好地监测科尔比的健康状况，这保证了在感染发生时的及时治疗。自从早期治疗开始后，科尔比不再有拒食期或活动水平低下期。它的总体临床情况有了很大的改善，失血量减少了，而且，贫血发生的频率降低了，持续时间也缩短了。

除了医疗方面，在自愿的基础上进行这些行为还有额外的好处。我们不再需要将动物从水中抬出来，所有的医疗检查和治疗就像大多数日常饲养训练的行为一样，不会影响动物与训练员之间已经建立好的信任关系。事实上，我们觉得这些自愿性训练加强了这种关系。

最新情况

1996 年 10 月 1 日，科尔比产下了它的第一个女儿，我们给这头健康的宝宝取名为卢阿（Lua）。虽然科尔比已经看过几次其他海豚的分娩，但我们对它的第一次分娩还是很紧张。不仅因为科尔比是第一次做母亲，还因为它的尿液反流问题没有得到解决。然而，事实证明科尔比是一位细心和专注的母亲。

宝宝出生后的几个月，虽然继续遭受着贫血的困扰，但科尔比在此期间没有急性感染或白细胞水平升高的记录。在分娩后不到两个星期，科尔比便允许我们继续收集其尿液样本。因此，即使在哺乳期，我们也能监测它的临床健康状况。在接下来的几个月里，由于它的海豚宝宝变得更加独立，我们又重新进行了一次膀胱镜的复查，以便彻底解决尿液反流问题。这一治疗计划主要是植入输尿管阀门。我们期待着有机会在即将举行的会议上与国际海洋动物训练员协会成员分享这一实验性手术的结果。

如果手术一切按预期进行，在发现病症的四年后，科尔比的健康状况会得到很大的改善。同时，它也给我们上了一堂难忘的课，告诉我们训练员和动物之间的健康关系是如何建立在信任和相互奉献的基础上的，这个建立在相互信任上的关系可以大大改善动物的福祉。当然，这也是任何训练员最重要的任务之一。

参考文献

1. Bossart, G.D. and L.A. Dicrauf (1990). Marine Mammal Clinical Laboratory Medicine in Leslie A. Dierauf (Ed.) CRC Handbook of Marine Mammal Medicine: Health, Disease, and Rehabilitation. CRC Press, Boca Raton, pp. 1-52.
2. Lacave, Geraldine (Ed.) Report on Diagnostic and Therapeutic Methods in Marine Mammals in Proceedings of the Third Marine Mammal Health Care Workshop. December 4-5, 1993, Duisburg, Germany.
3. Sweeney, Jay (1990). Marine Mammal Behavioral Diagnostics in Leslie A. Dierauf (Ed.) CRCHandbook of Marine Mammal Medicine: Health, Disease, and Rehabilitation. CRC Press, Boca Raton, pp. 735.

Conference Proceedings

《会议论文集》，1984 年国际海洋动物训练员协会会议，于美国加利福尼亚州长滩（Long Beach, CA）。一旦我们意识到可以教动物配合几乎所有的饲养行为，那么我们每年都会有新的行为和训练突破。本文描述了鲸豚类尿液采样、呼吸采样和乳腺展示的初级训练。在这次会议上，太平洋海洋乐园（Marineland of the Pacific）的训练员因其对瓶鼻海豚和虎鲸的胃管插入训练而获得了年度行为奖。这些日常饲养训练的技术和方法是当年最高级和最新颖的行为艺术。

条件反射训练技术在虎鲸日常饲养中的应用

巴德·克雷姆斯

圣迭戈海洋世界（Sea World of San Diego）

摘要

通过使用条件反射训练技术，我们可以训练虎鲸自愿配合在尾鳍上的采血行为，这也是训练技术在保障人工饲养下动物健康项目的一个重大突破。除了采集血液数据，动物经过训练后也可以配合进行尿液或呼吸样本的采集。这些样品的收集可以是常规的，也可以在任何动物需要体检的时候进行。海洋世界的动物行为学家已经成功训练出三头虎鲸在条件刺激下的排尿行为。本文的内容是进一步阐述并详细介绍这一行为训练的步骤，以及通过训练进行呼吸样本和乳液样本的采集。

前言

在过去的几年里，人们逐渐发现动物行为学家和动物训练员之间需要建立起必要且紧密的联系，以更好地发展和应用训练技术。动物行为学家不能只关注动物的研究行为或表演行为的调节，动物的健康和护理才是首要的关注问题，因此任何能够帮助监测健康状况的行为训练都是非常有价值的。我们人类的海洋哺乳动物设施已经饲养过许多海洋哺乳动物，因此训练员积累了相当多的饲养和训练经验。本文将描述圣迭戈海洋世界对虎鲸进行的三类样本采集行为的训练。

尿液样本收集

从尾鳍上提取的血液样本确实可以提供非常有价值的信息，其可以用来诊断和预测动物健康状况。但是我们不能也不应该每天都进行采血，因为这会不可避免地损害动物健康。针头不断地插入尾鳍会对皮肤组织和血管造成损害，同时也会增加行为保持的难度。然而，尿液是动物每天源源不断地产生并排出体外的，而且对尿液分析可以得到像血液分析一样有价值的数据，并且这一过程对动物的创伤可以说是非常小的。

通过训练，我们就可以定期地采集尿液样本，这样就可以依托实验室进行常规的尿液分析。通过研究尿液的 pH 值，可以及早发现肾脏或膀胱的炎症。而且异常的肾脏产生的尿液常常与血液的浓度相同，而正常的尿液样品要么更稀，要么更浓。尿液也能帮助我们在显微镜下观察膀胱或肾脏中可能存在的细菌，同时观察是否有任何精子细胞或膀胱细胞存在。尿液另外一个重要的用途是评估虎鲸的激素水平。通过测试雄性尿液中的睾丸激素，雌性尿液中的雌激素和孕激素的水平，可以评估动物的生殖活动周期和水平。雌激素和孕酮水平的连续监测可以方便我们绘制周期图，以确定虎鲸的排卵日期，并可以用来判断雌性虎鲸是否怀孕。由此可见尿液采集至少有三个优点：①带来的创伤比采血小得多；②可以进行定期监测；③样本分析所需的时间比血液分析要少。以下是对三头虎鲸每天定时尿液样本检测的简短叙述。

早在 1982 年训练虎鲸自愿抓尾时，我们便注意到抓尾的同时虎鲸会排尿。由于当时抓尾训练是主要目标，没有考虑尿液样本采集的情况，因此那时虎鲸抓尾行为的体位是向下的，生殖裂是浸没在水中的。所以我们做的第一步是改变抓尾姿势，将生殖裂提高到水面以上。我们将对生殖裂中段的接触作为呈现生殖裂的信号，以便与抓尾信号进行区分。这一点的关键是要非常有选择性地进行强化，以确保虎鲸将排尿与刺激物配对。有些行为是不可接受的，比如生殖裂在水面下时的排尿，哪怕排尿情况是格外的好。更重要的是在没有排尿的情况下对一个其他表现好的行为进行强化，排尿行为就会很快消失。同时由于主池水的扰动较大，因此不是每天收集的尿液样本都是纯净无污染的。因此我们决定改变尿液采集的水池，选择另一个扰动较小的水池。

我们首先选择对两头年龄较小的雌性虎鲸进行采尿行为训练。如上所诉，我们将抓尾训练进行了调整，以便于生殖裂完全露出于水面。幸运的是，这两头雌性动物都没有把排尿行为与常规的抓尾动作混淆，与抓尾相比，排尿行为所需的时间要稍长。而且接触生殖裂作为信号的行为都得到了适当的加强，使得动物的注意力成功从尾鳍上移开，转向排尿这种行为。随着这种行为强度的逐渐增加，动物很快就学会了排尿的行为。当排尿发生时，通过大量的强化，这种行为很快就变得相当可靠。但尿液污染依旧存在问题。因此为了收集无污染的尿液样本，必须时刻保持虎鲸生殖裂露在水面之上。

经过多次讨论和实践，我们发现实现这一目标的最简单和最安全的方法是训练动物使它们的身体侧躺在采样平台上。由于滑出行为（即抢滩行为）已经训练过，因此训练它们侧身滑出并腹侧朝向训练员躺着的行为很容易。一旦滑出行为形成条件反射，剩下的注意力就可以集中在刺激生殖裂排尿的行为上，然后将这两种行为结合起来。这种姿势下的排尿行为是相当一致和稳定的。和以前一样，没有排尿的其他良好表现不能得到任何的加强。为了避免动物不排尿时的挫败感，我们尝试了一些方法来增加排尿的可能性。最可靠的方法是让第一没有排尿的动物做一些高能量消耗的行为，然后进行第二次排尿尝试。如果动物仍然没有排尿，最好的办法是撤回，并在很久之后再进行这种行为的尝试。而且我们发现，如果在每天日程安排中的某个时间点固定进行尿液采集训练，动物形成习惯后的行为最可靠。有了定期的样本后，实验室的分析员就可以建立标准的测试程序，比起每月一次的血样，每天一次的尿液样本可以更密切地监测动物的健康。

呼吸样本收集

血液和尿液的采集是医疗训练的一种，这种训练可以帮助早期诊断和预防很多疾病。这些行为是可以定期进行的，即使是在动物生病和因健康原因导致的低活动量的情况下，也能收集可靠的样品进行分析。无论动物是否健康，从血液和尿液中收集的数据都会很有帮助。其他数据可以从粪便样本、胃液样本和黏液样本中收集。呼吸黏液样本的收集不需要使用导管插入，呼吸样本的收集可以通过以下训练很容易地完成：

引导动物主动滑进工作平台上，且背侧向上。轻轻接触喷气孔周围的区域，并且强化喷气孔的轻微运动，使动物开始专注于这个区域，然后不断强化呼气的行为。在出气孔上方几英寸处放置一个收集垫板[1]，以便收集呼出的黏液或气溶颗粒。最好让动物在刺激控制下呼气，以避免检测人员等待。这一过程需要注意避免样本被污染。

只有当动物生病或有一些呼吸系统问题时，收集呼吸样本似乎才有价值。当动物健康时，很少有黏液会被呼出，然而呼吸本身的训练可能对科研人员的其他研究有用。

母乳样品收集

在过去一年到一年半的时间里，圣迭戈海洋世界的虎鲸进行了多次成功的繁殖活动。在第一成功繁殖后，我们便预见我们可能要帮助那些第一次做妈妈的母虎鲸来哺乳其幼崽。这种感觉是基于我们对其他动物对初生幼崽哺乳的反应（“年轻母亲”焦虑症），以及虎鲸妈妈科奇（Corky）对它的宝宝不那么成功的哺乳经历而得出的。以上这些信息对于我们制定以下的母乳采集训练方案有着宝贵的价值。

训练的第一步是让动物侧着滑进训练平台上并定位。通过目标训练使动物背鳍靠在平台上，这样腹侧的乳腺可以暴露给训练员以进行样品采集操作。训练使虎鲸的上述行为变得非常可靠和积极。然而在分娩后，我们必须假设母亲既不会把自己放在平台上，也不会在一段时间内对任何传统的训练做出反应。母虎鲸甚至可能停止进食，因为它在努力引导和保护它的幼崽。考虑到这一点，所有训练都被移到整个饲养场所的随机位置，即训练员在水中而不是在池边训练母虎鲸。

当科奇的第四头虎鲸宝宝出生时，我们对这头虎鲸宝宝的行为进行了第二次精细且科学的观察。在出生后的几个小时内，虎鲸宝宝开始触碰科奇的头和嘴，试

[1] 现在更科学和精确的方法是用呼吸筒或呼吸罩。——译者注

图开始索要母亲哺乳。科奇允许虎鲸宝宝的探索，但从未引导宝宝找到它的乳腺，虎鲸宝宝所有的探索区域都集中在妈妈的头部区域，试图在此找到妈妈的乳头。当科奇最终翻身并露出它的乳头时，虎鲸宝宝或多或少已经习惯于把目标定在妈妈的嘴上。

虎鲸宝宝急需哺乳，为了避免虎鲸妈妈进一步延迟对虎鲸宝宝的哺乳行为，我们开始了一个模仿虎鲸宝宝触发哺乳的训练程序。最初，我们用训练员的手（最容易管理）作为的目标。训练员进入水中，并在虎鲸妈妈的头部旁边定位。将手握成拳头状轻轻地敲击母虎鲸头部区域以模拟虎鲸宝宝对母虎鲸头部的戳碰，同时训练员将他的身体慢慢向生殖裂区域移动以模拟虎鲸宝宝逐渐接近乳头的行为。几次训练后，训练员保持静止，并反过来加强母虎鲸对训练员触摸动作的自主反应，并在乳腺接触训练员的手时才停止。为了防止动物只在训练员在场时才做出这种行为，我们使用了各种不同的刺激物来引发它做出这种类似的行为。这些刺激物包括训练员的脚或头、目标棒和橡胶球，甚至包括设施中的其他虎鲸和海豚。这种行为每天都要在不同的地方进行几次，以增加玩耍和训练的多样性，我们甚至把这个行为作为表演行为的一部分。大量的行为训练背后的目的是让受到触碰刺激就露出乳头的这一行为成为虎鲸妈妈的第二天性。

上述所有的训练是为了帮助母虎鲸在虎鲸宝宝出生后的头几天里尽快建立和熟悉哺乳行为。当哺乳行为顺利建立并日常化后，应继续对此行为时不时地进行强化，并制订相应的行为退化应对措施。此外，训练员在水中与母虎鲸一起进行的大量训练会使这种行为（如果退化）比训练员留在池边训练更早、更快地恢复过来。使用其他虎鲸替代虎鲸宝宝作为模仿对象，也可能使社会群体更加强大，从而有助于新妈妈的哺乳行为建立。再次强调，我们并不认为这是训练母虎鲸哺乳的唯一方法。所有促进哺乳的行为或情况都应该尝试且定期进行训练，以确保新生虎鲸宝宝健康地生存和快乐地生长。

结论

虽然本文的主题动物是虎鲸，但这里提到的行为可以应用到其他水生哺乳动物身上。简单地说，通过强制围捕和控制鲸豚类以获得血液或尿液样本，或者将鳍足类关在挤压笼里以进行样本收集都不是非常好的方式。我们应该抛弃这些具有强制性和损伤性的方法，用训练的方式来教会动物自愿配合各种样品采集，而且通过训练能够更方便和可靠地收集数据。

参考文献

1. Desmond, Tim and Rutherford, Scott, Corky's Fourth Calf, Proceedings of the International Marine Animal Trainers Association Conference, October 25-29, 1982.

《会议论文集》，1996 年国际海洋动物训练员协会会议，于澳大利亚黄金海岸（Gold Coast）。当必须同时进行多种饲养行为的训练时，即使是精心训练过的行为也会受到终极考验。虽然大多数训练员都会同意，如果运用适当的技术，没有什么是不可能的，但缺乏周全的计划也会导致最简单的行为退化。本文重点讨论了六种饲养行为：采血训练、腰围测量、尿液采样、B超检查、吸乳器行为和胃管插入。这些饲养或医疗行为在我们机构都是同时进行训练的，本文详细介绍了与每个行为训练有关的重要内容。

对怀孕且患有肾结石的海豚的饲养、护理和训练

肯·拉米雷斯
约翰·谢德水族馆

摘要

1994年9月的常规检查发现，谢德水族馆一头太平洋斑纹海豚（*Lagenorhynchus obliquidens*）已经怀孕。B超检查还显示，它还有相当严重的肾结石。虽然这两种情况似乎互不影响，但对这头海豚的护理和治疗需要基于多种训练行为。这里，我们将讨论训练这些行为的步骤，以及其间遇到的一些挫折。尽管母海豚在1995年夏天产下的是一头死胎，但之前它在多种饲养行为上的配合使训练员能够密切监测胎儿的发育情况。生产完成后，我们便开始了肾结石治疗的紧张工作。虽然治疗计划仍在进行中，但我们已经却得了阶段性成果。

前言

1996年，芝加哥的约翰·谢德水族馆庆祝其海洋哺乳动物展览馆开放五周年。自开馆以来，所有饲养的动物都或多或少的参与了饲养、研究和公开展出的基本训练。1994年，其中一头雌性太平洋斑纹海豚（*Lagenorhynchus obliquidens*）被确定为怀孕。同时，在B超检查中发现了肾结石的存在。本文将讨论发现这些之后的两年时间里饲养和训练的情况。

其中内容很多，但本文只重点介绍怀孕情况和肾结石治疗的医学细节。我们将分享海豚的护理和治疗相关的六种基本训练的步骤，以及一路走来所遇到的问题和陷阱。其中的大多数行为并不独特，然而，同时训练所有的这些行为，且频率如此之高，是很有挑战性的。这对训练员来收是一段难忘的经历，我想，本文对读者来说应该也很有意思。

怀孕和分娩

海豚怀孕是在1994年夏末的例行采血和B超检查中发现的。日常饲养训练是水族馆动物护理项目的一个重要部分。但想要早期检测到怀孕，则需要比平时更高的检测频率。在整个怀孕期间，海豚看起来健康状况一起良好，胎儿发育似乎一切正常。

我们最终将这头怀孕的海豚与另外两头雌性海豚配对，并转移到有更多的观察窗口，更方便训练员接近的更大空间的水池区域。我们通过每天的腰围测量、每周的血样采集和每两周的B超检查来监测怀孕情况。此外，我们还定期进行母乳泵脱敏训练。

1995 年 7 月 16 日，海豚宝宝出生了。不幸的是，这头小海豚是个死胎。虽然小海豚在出生后有一些动作，但它从来没能游到水面上呼吸过一口空气。之后，母海豚的身体很快恢复了正常，并参与了正常的训练互动，包括让我们收集其母乳样本。

肾结石

虽然肾结石是在怀孕初期发现的，但我们直到母海豚分娩后才开始尝试治疗。我们没有观察到任何表明这些结石给它带来了任何不适的证据，结石似乎也没有对海豚健康造成重大的威胁。我们随即更加关注自愿性的尿液采集，以此来获得肾结石的更多情况。

产后几周，母海豚开始表现出某种程度的不适感。人们注意到它不断地冲撞腹侧，并反复摩擦它的生殖裂区域。这些行为对一头海豚来说都是不正常的。同时，我们开始观测到它排出的尿液中带有血迹。

我们的训练突然间几乎完全集中在了尿液采集上。我们的兽医需要定期的样本，如果我们不能训练海豚自愿取样，我们将不得不降低水位并使用导尿管。好在通过几个星期的速成训练，动物在信号提示下学会了这种行为。但只持续了大约 4 周，然后这种行为很快就退化了。具体的细节将在下文详细讨论。

我们考虑了几种药物以试图提高它尿液的 pH 值，并希望高 pH 值会阻止新结石的形成。我们还请来了人类医学专家来协助确诊结石的类型，因为这对确定正确的治疗方法很重要。同时我们也在一定程度上依赖海洋哺乳动物的兽医专家。

医学诊断表明，我们需要增加海豚的液体摄入量以促进其体内结石的排出。训练团队开始了艰巨的任务，给它吃的每一条鱼都开始注入水。但可以注射的水量还是远远不够，而且给每条鱼注射几毫升水所需的时间也很漫长。就在这时我们突然意识到，用于取样的胃管可以被改为用于液体的添加。目前，我们正在训练胃管的插入行为来注入每天所需的 4 升水，我们还调整了海豚的饮食，在每一次的喂食中都减少富含蛋白质的鱼的种类。同时我们通过定期的 B 超检查来监测肾结石的情况。随着时间的推移，我们希望看到结石变小且数量减少。这个过程可能需要很多年，但是它的尿液中血迹和摩擦行为现在基本都消失了，这是充满希望的开始。

训练

在治疗过程中，海豚 50% 的训练是在公开场合进行的。但当病情变得严重时，我们就不再让这头海豚进行公开表演。我们将在下文集中讨论每一种行为，并逐一解析其中的关键步骤。

采血训练——自愿采血训练一直是所有动物的重点训练科目之一。上面提到的母海豚在怀孕前就已经对这种针头插入的行为感到很自然。然而，为了监测怀孕情况，以及在肾结石治疗期间的健康状况，采血行为的频率必须增加。在怀孕期间，我们每周都要采集一次血样，偶尔会采集两次。在这个阶段保持这种行为的一致性和稳固性的几个关键因素如下：

1. 使用志愿者——每天尽可能多地使用额外的训练员或志愿者，是过去和现在保持采血行为成功的一个关键。这些额外的人可以通过不断触摸动物的尾鳍对其进行脱敏，同时可以把医疗箱带到训练场上，平时尽量多地做训练，可以使动物对实际抽血的大部分都不敏感。

2. 定位位置改变——大多数鲸豚类在接受静脉穿刺训练时，都是保持腹面向上的位置，以便于我们接触到尾鳍的底面。然而我们发现，太平洋斑纹海豚的身体相对比较僵硬，如果采血过程耗时过长，它们就很难翻起身来呼吸。如果我们将它们侧身抱住，让它们的尾鳍靠在我们的手臂上，以我们的手臂作为支撑，它们的舒适度就会提高很多，这使得它们在需要时很容易呼吸。
3. “扎一次”法则——我们也提倡“扎一次”法则，我们认为这对成功的采血训练至关重要，特别是在要经常采血的时候。这项法则不允许我们在任何一个训练课程中对动物进行超过一次的扎针。不管失败的原因是什么，也不管样本有多重要，这条法则都适用。这有助于防止信任的破裂和行为的崩溃。

B 超检查——在怀孕期间，我们每两周通过 B 超监测胎儿的生长情况，同时进行胎围和心跳监测，并在整个孕期尽可能多地收集这些宝贵的数据。我们也继续使用 B 超来监测肾结石。虽然在怀孕前，B 超检查已经是一个坚实可靠的行为了，但实际的 B 超设备和训练的设备有所不同且实际使用的频率也急剧增加。我们还邀请了 B 超和儿科专家来帮助我们进行监测，他们带来的设备总是不同的，这就需要额外的脱敏训练。

1. 使用志愿者——我们发现，在所有的饲养行为中，使用额外的人员参加训练是一个很好的脱敏训练。
2. 改变地点——有时我们发现某些设备，由于其尺寸或电源的特殊需求，只能被安放在某些地区。不断地让动物们对各种地点脱敏是很重要的。
3. 额外的支持——由于 B 超检查的时间往往很长，我们发现让动物对我们在水中的脚脱敏会对 B 超检查非常有帮助。在漫长的检查过程中，我们能够用我们的脚来支撑动物的身体。这种姿势似乎对海豚和训练员都更舒适。
4. 设备——通常不可能有实际的设备来供训练使用。我们决定尽可能多地使用所有相似的物体进行脱敏训练，这样当真正的设备被用上时，动物们就不会感到不舒服。真正的设备往往都没有我们为脱敏训练课程开发的那些相似物体有创意。

腰围测量——尽管我们已经训练动物接受了测量用的皮尺，但由于我们之前并不经常进行多处的测量，尤其是从来没在生殖裂周围测量过。这种看似简单的疏忽，竟然在后来发展成一个比较棘手的问题。虽然海豚最终顺利地接受了每天的腰围测量，但是，由于我们一开始认为这种行为很容易完成，所以对这种行为缺乏足够的关注，导致了马虎和糟糕的脱敏训练过程。我们把太多的东西视为理所当然，把所有的精力都放在采血训练和 B 超检查上。

这些基本的行为虽然从各方面看都很简单，但带来的结果却让我们感到“难以启齿”。我们意识到，我们并没有制定一个好的脱敏训练计划，只是提前完成了这个行为。当测量皮尺接触到母海豚的生殖裂附近时，动物明显地表现出不愿意合作的行为。我们终于认识到，我们从来没有像对待其他行为那样，严肃地对测量皮尺进行过真正的脱敏和训练，这让我们很自责。然后，我们回到起始阶段，一步一个脚印地正确训练这一行为。

吸乳器行为——对我们来说，训练海豚适应吸乳器的行为充满了不确定性。我们仔细地对每一个步骤进行脱敏训练，但在海豚真正哺乳之前，我们不知道它是否能训练成功。我们担心的是，尽管进行了精心的准备，但当我们开始真正抽乳汁时，动物的反应可能会与计划的非常不同，而母海豚正试图照顾它刚出生且孱弱的小海豚。第二天小海豚没能坚持活下来，母海豚从那时开始允许我们收集母乳。这一过程中的重要步骤如下：

1. 腹面朝上的姿势——动物腹面朝上的姿势是我们的标准训练姿势。重要的是，在使用吸乳器之前，海豚在这个姿势下感到非常舒适是很重要的。
2. 生殖裂区域的脱敏——让动物对生殖裂区域的轻触、压力和摩擦不敏感。
3. 吸盘脱敏——让动物对放在生殖裂区域的吸盘进行脱敏。这对吸乳器的购买或定制也特别重要。
4. 吸乳器的使用——一旦我们购买的吸乳器到了，我们就开始着手让动物对放在它的乳沟上的吸乳器进行脱敏。我们使用了手动款的人类吸乳器，并把人类吸乳器的圆形吸杯改造成一个椭圆形吸杯，以便更适合于放在海豚的身上。
5. 抽吸行为——当海豚对吸杯的位置感到非常舒适后，我们把其余部分的设备连接起来，以便慢慢地让海豚趋于感受实际抽吸的感觉。
6. 乳液采集——母海豚分娩后，我们每天进行两次母乳样品的采集，并持续三天。这些乳汁被送到实验室进行分析，其余的被储存起来供将来分析使用。

尿液采集——多年来我们一直无法获得的老大难行为。自从我们的训练计划启动以来，我们一直试图收集所有动物的尿液。但一直没有成功，直到受到 1994 年埃里克·博格登的成功案例的鼓舞。他的论文写道，海洋世界的训练员只能耐心地等待，直到动物排尿。我们能成功让动物做出这种排尿行为，更多是靠运气，而不是什么神秘的训练技术。

1. 医疗条件——母海豚的怀孕和肾脏问题的综合征似乎导致它排尿比一般海豚更频繁，因此更容易进行样品采集。
2. 膀胱压力——我们还发现，在动物的膀胱区域轻轻地按压，会导致它排尿。
3. 建立信号——通过良好的信号衔接，我们设法将排尿与轻拍生殖裂区域相配对，之后动物开始相当稳定地在区辨刺激下排尿。我们现在每天可以让它按提示排尿 2 或 3 次。
4. 行为崩溃——4 周后，上述行为崩溃了。我们当初掌握这种行为的速度有多快，失去它的速度就有多快，而且从那以后，我们就再也无法稳定地获得尿液了。

5. 为什么我们一开始就能成功？可能有几种解释。

a. 可能完全是由于运气。

b. 可能是由怀孕和疾病导致更频繁排尿的情况，然后进行机会性的衔接和强化。

c. 膀胱上的压力可能是有帮助的，特别是在一些 B 超检查过程中，我们可以知道膀胱是否已充满，并利用这一优势在适当的时候要求排尿。

d. 最后，这也可能是由于我们对试图捕捉行为的关注。这是我们几个星期以来的主要目标。

6. 为什么我们这么快就失去了这种行为？有两个原因。

a. 在我们成功捕捉到这个行为的时候，它的尿液是带血的，它似乎正经历着某种程度的不适。我们有理由认为，排尿是痛苦的，因此这可能导致了行为的崩溃。

b. 另一种可能性是，我们严格的训练策略，即只允许指定的训练员进行新行为的训练，在这个案例中可能适得其反。这一策略对于在训练新行为时保持信号使用要连贯是不可取的。我们的假设是这样的，如果一头动物学会了在提示下可靠地排尿，那么这头动物最终可能会学会暂停排尿，直到训练日程结束，这样它们就有尿液可以提供。如果出现这种情况，训练该行为的训练员不能连续多日进行该行为的训练，特别是在该行为刚刚形成之后，会发生什么情况？憋尿可能会变得不舒服，因此也就不会有强化作用。这在宠物狗身上可以明显地看到，它们都会被训练成在出门散步之前不要排尿。如果不提供根据提示排尿的机会，狗就会放弃等待，而随处大小便。就在行为崩溃之前的几天里，我们没有要求动物做出这种行为。如果重新训练该行为，并继续每天强化它，该行为可能会继续加强，我们今天可能仍然会得到自愿提供的尿液样本。

胃管插入——训练动物接受胃管是我们水族馆动物的另一个常规的饲养训练行为。只是在这种情况下，我们不想提取液体，而是想导入液体。我们需要让母海豚每天接受插管 3 ～ 6 次。此外，我们需要让它对大量的水灌入胃里感到不反感。我们慢慢地逐步强化，同时采取几种不同类型的渐进训练方法。

1. 频率——我们逐渐从每周插管一次改为每天插管一次。最后，我们可以每天多次插管。

2. 强化的时机——从短暂的插管到插管长达 45 秒的过渡也是很重要的。起初，我们不确定需要多少水，或者需要多长时间才能让水通过漏斗，顺着管子进入胃里。

3. 脱敏训练——另一个关键点是每次训练都要带上管子，哪怕这次训练不做插管行为。我们会把管子作为手的延伸以进行口腔检查。胃管因此成了一个标准的道具，海豚在每次训练中都会看到它。

4. 管子的尺寸——我们还发现，标准胃管的长度对训练来说太不实用了。我们大大缩短了胃管的长度，并在上面做了标记，这样我们就能清楚地知道在不压迫胃壁的情况下该插多远。我们还改用了直径较小的管子，这虽然略微减慢了水通过管子的时间，但对海豚来说似乎更舒服。

5. 水——最初我们只向管子里注入了非常少量的水，不到 50 毫升。水是温热的，非常接近于胃液的温度。我们慢慢地增加加入的水量。随着液体摄入总量的增加，我们开始仔细监测每天的食物摄入的总量，并观察了注水后的反胃情况，但我们从未见过任何反胃行为。一旦我们确信动物可以连续几天都很好地接受当前的水量，我们就再次增加注入的水量。

6. 目前的疗程——动物现在每天接受全剂量的治疗，即每天 4 次，每次 1 升。我们现在持续看到好进展，因此会继续这种治疗方案。

结论

我们很高兴可以看到海豚能明显接受如此多的饲养行为的训练。在某些情况下，它可以在一天内接受多达七次的饲养行为训练，仅插管就多达每天四次。每种饲养行为都取得了巨大的成功。即使是资深训练员也常常惊讶于操作制约技术的强大力量，更惊讶于我们为动物提供更好照顾的极大能力。本文证明了这样一个事实：无论训练任务多么困难和复杂，成功只受限于我们的想象力、我们的训练技术以及我们与每头动物建立的深厚联系。

致谢

我们要感谢约翰 · 谢德水族馆全体海洋哺乳动物训练员的辛勤工作。他们总是热情地回应我们对更多的样本和更多的脱敏训练步骤的不断要求。在这两年中参与训练和护理的训练员包括基斯丁·安德森（Kirstin Anderson）、珍妮弗·巴赞（Jennifer Bazen）、莫拉 · 伯恩斯（Maura Burns）、皮特 · 戴维，史蒂芬妮 · 迪尔（Stephanie Dill）、格雷戈 · 戴伊、托马斯 · 格伦（Thomas Glen）、奇普 · 哈肖、梅格 · 哈德逊、克里斯 · 兰汀（Kris Landin）、乔 · 隆巴迪（Joe Lombardi）、劳拉 · 莫纳克（Laura Monaco）、罗伯 · 莫坦森（Rob Mortensen）、玛丽斯 · 穆兹（Maris Muzzy）、曼尼·奥纳特、凯利·拉斯姆森（Kelli Rasmussen）、马克·瑞恩、马克·舒里拉（Mark Shurilla）、斯泰西 · 斯滕斯（Stacy Starns）、丽莎 · 高琪、玛格 · 托马斯（Margo Thomas）和唐 · 特雷梅尔（Don Tremel）。还特别感谢吉姆 · 罗比内特，他作为当时的海洋哺乳动物馆馆长，支持了我们实施的所有不寻常的训练方式和方法。最后，还要特别感谢杰弗里 · 博姆博士（Dr. Jefferey Boehm），他是负责整个项目过程的兽医。博姆博士对训练的理解、在等待行为发展方面的耐心，使我们有可能完成这么多事情。

Trainer's Forum

《训练员论坛》，1990 年第 15 卷第 2 期。下面所讨论的是一个常见的问题，也是国际海洋动物训练员协会会议讨论的主题之一。许多机构已经成功训练了虎鲸的尿液采集行为，这已经是一个相对容易的训练科目之一了。但其他鲸豚类却没有取得同样的成功。这是由于没有在海豚的尿液采集上投入更多的精力吗？或者还有我们没了解到的其他障碍吗？对这一问题的探索仍在继续。

海豚自愿性尿液采集行为的训练

问：对海豚的自愿性尿液采集的训练有什么好的建议吗？这是我们最困惑的训练行为之一。

答 1：我们的虎鲸和海豚都被训练成侧卧在滑道上的姿势。虎鲸通常会自动排尿，这可能是由于它们的体重给膀胱压力所导致的。在很短的时间内它们便意识到了我们的目的，现在每当我们把采样杯放在它们的生殖裂边上时，它们便会有意识地排尿。然而，我们在海豚身上就没有这样的好运气了。由于这种行为似乎必须被“捕获”，我们现在只能努力延长海豚在平台上侧卧的时间，希望它们能够排尿。我们也急切地想知道是否有人在这种行为上获得了成功！

训练团队

美国非洲海洋世界

答 2：在佛州海洋世界的鲸豚类竞技场里，我们对两头雌性伪虎鲸（*Pseudorca crassidens*）进行了自愿性采尿的训练。最初，我们训练它们面对训练员从水中滑上平台，并将生殖裂区域展现给训练员。在训练的过程中，我们强化它们的冷静，以便它们放心地排尿。其中一头伪虎鲸在滑回水池时，反而会频繁地排尿。该行为被错误强化了，结果这头伪虎鲸反而不会在滑上平台时排尿。

这些渐进法训练出来的行为每天都在同一时间进行，并持续了好几天。我们发现，在上午 10:30 左右，某一头伪虎鲸在滑入水池时排尿的频率比一天中的其他时间都要高。

由于我们在侧向滑梯上的训练没有取得太大的进展，我们决定在舞台上尝试采尿训练。我们的舞台离水面有 3 ～ 4 英寸高，这使我们能够在动物的生殖裂刚好跟平台边缘齐高时采取训练。这样，它们的尿道区域不但高出水面，而且还允许我们在尿道下面放一个标本杯。

我们在每天上午 10:30 左右重复这一训练程序。动物第一次排尿时，我们就进行强化。此后的每一次采尿训练前，我们都先让动物滑出水面，一位训练员定位，另一位训练员则触摸它们的尿道口旁边进行脱敏。它们排尿并允许我们触摸的行为会被强化。因此，我们把排尿和触摸结合起来，这样它们就能明白，强化的是排尿，而不仅仅是滑出。这两头伪虎鲸都对接触不敏感，并习惯于训练员触摸其身体的所有部位。

这种行为在接下来的三周内会准时在每天早上 10:30 进行，之后每隔一天进行一次。由于我们在表演中使用了滑出行为，所以在训练过程中我们把这一行为从表演中单独拿出来。

最后，这些行为又被纳入到表演中，但在舞台上，我们坚持用滑出法排尿，并由一位训练员一直看着，以确保动物已经排尿。我们也训练伪虎鲸在舞台两侧的两英寸深的浅水区中滑出，但这里我们不要求它们排尿。

我们认为，伪虎鲸和瓶鼻海豚的生殖系统解剖结构是类似的，如果让它们以腹侧的姿势滑上平台，体重会对膀胱造成一些压力使排尿更容易。当我们收集尿液样本（每两个月一次）时，我们把杯子放在下面，但不接触生殖裂区域以便让尿液直接流入杯子，我们认为以这种方式收集尿液污染更少。而不是试图扒开生殖裂的褶皱，这可能会污染样本。这只是我们训练该行为的一种方式，但很有效。

丹·布拉斯科（Dan Blasko）
佛州海洋世界

《海洋哺乳动物：公众展览与科学研究》，于 1993 年夏威夷（Hawaii, HI）举行的第 21 届国际海洋动物训练员协会年会上，该论文的作者获得了杰出饲养和研究进展奖。训练动物自愿配合母乳采集的行为是由特里西娅·卡莫尼克（Tricia Kamoinick）在 1992 年首先提出的，她和合作作者由此在第二年的年会上一起获得该奖项。该奖项认可了本文所述的训练方式和研究结果。该研究的结果不是本文的重点，本文重点描述了自愿性母乳采集的训练方法和技术。现在许多机构都能够训练他们的鲸豚类，并从它们身上收集母乳样本，但这一领域的先驱工作则是由海军和海科集团的训练员首先完成的。本文发表于《海洋哺乳动物：公众展览与研究》1994 年第 1 卷第 1 期。

条件训练法在瓶鼻海豚（*Tursiops truncatus*）自愿配合母乳收集行为训练上的应用

特里西娅·卡莫尼克，米歇尔·瑞迪（Michelle Reddy），
唐·米勒（Don Miller）和克里斯汀·库里（Christine Curry）
海事服务部（Maritime Services Division）
山姆·里奇韦（Sam Ridgway）
海军作战与实战压力管控中心
（Naval Center for Combat and Operational Stress Control, NCCOSC）

摘要

本文所介绍的是瓶鼻海豚母乳研究这一大项目中的一个子项目。进行该研究的前提是能在海豚整个哺乳期定期收集母乳样本。我们训练海豚长时间地向我们呈现其乳头所在的区域，以方便我们进行母乳样品的采集。在可能的情况下，我们会每天收集两次样品，一次是在喂食前，一次是在喂食后，以便比较空腹和非空腹两种不同情况下样品的差异性。采集到的母乳样品会立即储存在海洋馆 −70℃的冰柜中，然后定期送去实验室进行分析。母乳采集可用于监测母乳的营养价值、药物的转移效应以及动物的健康评估。

方法

本文旨在对瓶鼻海豚（*Tursiops truncatus*）进行一系列母乳相关的研究，以确定哺乳期内不同时段的母乳成分的变化。这就要求我们能在产后尽快地采集到母乳样品，并在整个哺乳期持续不断地定期采样直至断奶。我们每天采集两次样品，第一次是在早上喂食训练之前，第二次则是当天最后一次喂食训练时，每周安排2～4天的采样计划。经过观察发现，母乳采集对母海豚和小海豚个体和两者的互动没有负面影响，我们以训练采样过程中母海豚和小海豚必须显得很平静作为指标。我们要求训练员的采样程序必须高效、可靠，且母乳样品一定不能受到海水污染。采集到的样品将被储存在 –70℃的 4 毫升塑料瓶中，以便将来分析。

我们首先参考了大量已知所有物种母乳采集的文献、技术文档和失败教训。例如，从奶牛身上收集母乳（也就是常说的挤奶）是一个看起来简单，但却需要精细操作的过程。这一过程需要有技巧的触摸动作才能让奶牛配合这个过程。挤奶员的手必须是温暖的，挤压必须是温和且有技巧的，否则奶牛会变得焦躁不安，而且严重时会阻碍母乳的流出。我们大多数训练员从来没有挤奶的技术和经验，而且海豚的乳房更隐秘，因此我们这个项目一开始可以说是困难重重。经过仔细的规划，我们制定和完善了一个行之有效的训练程序。在这个程序中，我们始终把“将动物和训练员的挫败感降到最低”作为首要的标准。

海豚生殖裂的解剖学表明，其乳腺为扁平细长的形状，且位于腹侧皮肤之下。海豚的乳头大部分时间是缩在肛门 - 生殖裂两侧的细长凹槽中，因此从外部看来就是两个小缝隙。需要哺乳时，小海豚会从后面或侧面接近母海豚，并将乳头吸入口中，并置于舌头和上颚之间。最近的一些研究表明，奶水是被挤进小海豚嘴中的，而且这样的“挤奶”是猛烈的，很多奶水会在短时间内喷出（Slijper, 1962）。在对哺乳行为累计几年的观察和监测中，我们发现并总结了哺乳行为的一些规律。在疑似哺乳前，小海豚会接近母海豚，并在母海豚腹部来回蹭游，尤其是乳腺区域，有时甚至会用额头撞击乳腺。几次之后，小海豚会浮出水面呼吸一下，然后继续在母海豚乳裂区域重复上述行为。如果哺乳不成功，小海豚会一直重复摩擦和撞击乳腺的动作。

观察和了解哺乳行为的整个过程是项目的第一步。接下来，我们需要开发出一个模仿小海豚吸乳的设备。我们尝试的第一个装置是市面上常见的人类吸乳器，这种吸乳器的主要部分是一个硬塑料筒，上面有一个橡胶球。但是符合人类乳房形状的坚硬塑料筒，却难以与海豚长条状的乳腺区域相吻合，因此无法产生吸乳所需要的真空。因此这个装置现在的唯一用途是收集海水。

第二个装置是另一种市面上的人类吸乳器。它也是由硬塑料制成的，由一个大圆筒和内部套着的小圆筒组成。把大圆筒从小圆筒上拉开，就可以形成真空，并吸出母乳。这个装置在其中一头动物身上用的效果很好。但是，硬塑料做的圆筒难以在海豚的乳裂上实现良好的密封，训练员不得不做大量努力来调整动物姿势和圆筒的密封情况。

第三个装置是包括手动真空泵、橡胶管和呼吸面罩在内的一套设备。柔软的橡胶呼吸面罩经过修剪直到匹配海豚的乳裂形状并可以很好地实现密封。狭长的橡胶管一头连接面罩并用密封胶固定。呼吸面罩的材料足够柔韧，因此可以提供良好的密封，同时也足够厚，在产生真空时不会塌陷。

当我们用前两个装置进行实验的同时，我们对 13 岁的斯洛珀（Slooper）开始了训练。斯洛珀于 1979 年 6 月在加利福尼亚圣迭戈（San Diego, California）的海军海洋系统中心出生，它在 1991 年 7 月 20 日生下了它的第一头小海豚——艾瑞儿（Ariel）。按照我们的惯例，斯洛珀在怀孕前已经接受了许多医疗行为方面的训练。在它怀孕期间，它还被训练成在围栏的甲板上侧卧并展现出腹部的姿势，以便我们进行 B 超检查。同时这个姿势也是训练母乳采集的良好基础。经过规划，我们认为可以在不对斯洛珀或小海豚造成任何负面影响的情况下采集母乳，对斯洛珀的训练从 10 月开始。训练员开始让斯洛珀在围栏上做短暂停留，并让小海豚在它旁边的水池中绕游且保持平静。

一旦斯洛珀可以在平台上平静地定位，训练员就会接着要求它露出乳裂。之后训练斯洛珀对第二位训练员脱敏，第二位训练员会托着尾鳍以使它的乳裂离开水面。随着训练的继续，这种行为的持续时间也在延长。下一步是开始触摸和刺激乳腺以模拟哺乳前的行为。随后用蒸馏水冲洗乳裂，并将吸乳器（无论我们当时测试的是哪种型号）放在其中一个乳裂上。将乳头从乳裂中吸出来，并收集少量的母乳。值得一提的是，如果动物还在怀孕期间，就不应该经常刺激乳腺部位。因为对牛和人类等哺乳动物的大量研究表明，对乳腺的刺激会刺激大脑中的下丘脑，从而激发脑垂体产生催产素（pitocin）。这种垂体激素是一种天然的激素，它能使乳腺中的肌肉收缩，迫使乳汁进入乳头以便于吸吮。同时，催产素也可以导致子宫收缩。因此为谨慎起见，我们避免在母海豚怀孕期间刺激它的乳腺。

当适合的杯罩设计好并做出来后，我们强化斯洛珀在打开装置时将奶水排出来的行为，训练结果几乎是立竿见影的，母乳的收集也很顺利。有的时候，艾瑞儿会在斯洛珀身上蹭来蹭去干扰这个过程，有时候更糟糕，艾瑞儿会不断冲撞斯洛珀，溅起的水不仅把训练员全身弄湿了，而且还污染了样本。但偶尔它也会紧挨着它的母亲，模仿腹部朝上的定位姿势。在斯洛珀和艾瑞儿跟其他动物合池后，艾瑞儿开始寻找其他事情来打发时间，比如追赶馆里的海鸟、海鱼和各种玩具。池中的其他动物从未干扰过母乳采集的过程。母乳采集每次只需要几分钟，我们从未观察到这对斯洛珀或艾瑞儿有任何负面影响。

随着其他海豚的陆续怀孕，它们也先后接受了母乳采集的训练。这些样本可以允许我们比较不同动物之间乳汁的区别。在动物训练和样本收集的过程中，每对母海豚和小海豚都对这一过程表现出良好的耐心。因此训练员在整个过程中都会敏锐地注意着动物的情绪，并随时准备在动物不舒服或很沮丧的时候结束行为，以防止强化任何消极的行为。有时候我们会暂停训练，让母海豚去照顾它的小海豚，然后再继续训练。

到目前为止，我们已经收集到了许多母乳样本，以供各种科学研究和分析。这将有助于我们充分了解瓶鼻海豚的哺乳需求，并可以用来监测母乳的营养价值、药物的分泌作用和评估乳汁的健康情况。

致谢

我们感谢劳瑞恩·克罗斯特韦特（Lauryn Crosthwaite）在1992年国际海洋动物训练员协会会议上跟大家汇报了这篇论文，并与珍妮特·亨德里克森（Janet Hendrickson）一起训练动物和收集样品。我们感谢克里斯·塞西纳特（Chris Cesinat）在临床诊断方面的帮助，以及马克·比勒、马克·托德（Mark Todd）、马卢·曼特罗普（Malou Mantrop）和雪莉·彼得（Sherry Peter）的耐心支持和协助。

参考文献

1. Slijper, ET (1962). Whales. Basic Books: New York.

《训练员论坛》，1993年第18卷第1期。随着人类医学技术的发展和进步，我们的动物也有了更多的不同医疗方案和药物的选择。而且兽医和训练员在将新的医疗技术应用于动物护理项目方面变得越来越有创造性。通过脱敏训练，可以让动物逐步适应和接受新的仪器。请注意，以下这三个回答都使用了类似于“舒适”“平静”“放松”“安静”等形容词，这些关键词是所有饲养行为的重要因素和概念。

训练海狮配合B超检查

问：我们想训练雌性加州海狮接受B超机以确定其是否怀孕。它已经11岁了，受过基本训练，而且很机灵，但是它每次看到机器都有些紧张。有人训练过海狮接受B超检查吗？我们非常有兴趣了解这个训练程序以及这种行为训练的积极和消极的方面。任何建设性的意见，我们都将不胜感激。

答1：我个人没有专门训练过海狮接受B超检查，但我有着海豚训练的经验，我们目前正在训练海象。接受B超检查是一个相对简单的行为。理想的情况是让你的动物静静地躺着，以便B超操作员将B超探头在动物身上滑过。为了达到这个目标，其间有许多渐近的训练步骤是必须要做的。

第一步是训练动物平静地躺下，并允许你用手触摸它。动物用腹部、背部和侧面的姿势躺着会很有帮助，这样您能够获得各种B超视图。你也要让动物对B超探头完全脱敏。你提到说动物很紧张，你可能需要在它感到非常舒适的地方介绍新的道具或物体。许多海狮在水中会感到非常舒适。你可以先让动物在水里定位，让它熟悉陌生的B超探头，直至动物允许你用探头触摸它的脸、前脚蹼和其他身体的任何位置。

一旦在水里动物对B超探头的触摸感到舒适和不紧张，你就可以开始把动物带出水面，训练动物在平台上对B超探头触摸的脱敏。然后用B超探头在动物身体的不同部位以各种不同的压力进行接触脱敏。在训练的后期，我们使用一个塑料包裹的手持式电动牙刷来模拟B超探头。电动牙刷似乎比真正的B超探头振动得更厉害。所有动物的身体上都有一些部位对触摸特别敏感，这些部位需要更多的时间来脱敏和训练（比如把电动牙刷插进你的胳肢窝，你可能也会跳起来）。

除了接触动物的设备需要脱敏外，其他的如带线的机器、喷在皮肤上的凝胶，以及B超技术员都需要进行脱敏训练。我们用一个纸板箱和线来模拟机器。我们首先在与B超检查无关的训练上展示这个盒子，然后将盒子逐渐靠近动物，最后训练动物在盒子旁边躺下来。最后，我们将探头连接到假盒子上。你可以买一些K-Y润滑剂[1]，让它习惯润滑剂喷洒在皮肤上的感觉和声音。让动物习惯第二位训练员或B超操作员可能是训练中最棘手的一步。最好的办法是让动物与第二个人相处得非常舒服，并让第二个人成为B超操作员。很多时候是不可能有技术员或真正的设备在那里以供训练的。你要尽力让动物适应另一个人的触摸和B超探头的来回移动。要时刻保持训练所有过程的积极性，尽量不要把动物推到它们的极限之外。这条规则是很难保持的，尤其是当你请来的B超操作员千里迢迢地从另一个地方过来，而且只能在你这里待一天的时候。即使这样，尝试做一些短暂的积极训练和操作，总比经历一次长期的灾难要好。

与您的海狮建立充分的信任是非常重要的，特别是你知道动物有不安的倾向时。千万不要在动物躺着的时候给动物一种新的感觉或一个新的物体，这样会让它感到惊讶。应该总是在它坐起来能看到的时候或在水中定位的时候给予这些新奇的感受。确保你会花足够的时间能够为动物提供尽可能多的舒适感和安全感。这些对B超设备完全脱敏也是有帮助的。你需要和B超操作员讨论操作程序的具体细节，比如动物需要躺多久，操作的动作会集中在身体哪个部位，需要在探头上施加多大的压力。你可能需要亲自体验一下这样的B超检查。对这些问题的仔细规划将有助于避免在操作期间出现意外。

反过来，你需要跟B超操作员明确说明，让他知道你对动物负责，也有一些需求。让技术员知道你认为的动物有什么能力，以及你的目标是什么。还要让技术员知道，一旦B超检查开始，你的所有计划都有可能改变。与B超机不同，海狮不一定每次都会合作（尽管我也见过一些不合作的B超机！）。祝你和你的海狮好运。

训练团队

布鲁克菲尔德动物园

答2：约翰·谢德水族馆里面没有饲养的海狮，但我们的许多训练员曾与海狮打过交道，目前我们正在对港海豹（*Phoca vitulina*）进行B超检查训练。与大多数饲养训练行为一样，两个关键因素是接触脱敏和保持动物的平静。进行B超检查训练的第一步是教动物接受对其全身触摸的脱敏，尤其是对腹部触摸的脱敏。同时，动物应该习惯于B超检查所需要的体位。根据你的兽医或B超操作员的要求，你的动物需要熟练掌握几种必要的姿势，以方便检查（取决于B超检查或诊断的部位，

[1] K-Y是国外一种润滑剂的品牌名。——译者注

这些姿势可能需要调整)。最常见的B超检查姿势是让海狮仰卧或侧卧，这样可以方便地检查整个上腹部和下腹部。非常重要的是，在这种姿势下，动物要保持冷静和放松的状态。当它对这个姿势变得更加熟悉和放松时，你可以开始延长对动物的触觉刺激的时间。最终，你可以把检查的时间增加到10分钟或更多，B超操作员往往需要一定的时间来找到他们需要的东西并在屏幕上做标记。记住，在整个脱敏训练过程中，你应该经常强化海狮冷静和放松的行为状态。

一旦海狮学会了在接受触摸的同时能平静地躺上几分钟，下一步就可以开始把真正的B超设备引入训练了。如果你没有这个设备，尽量模拟各种元素（换能器、监视器、绳索、B超凝胶和技术员），这些都并不困难。

动物应该习惯于探头接触它的身体；开始训练时最好是用动物熟悉的物体接触它的身体，然后发展到与探头相似的物体。大多数探头会有一些振动并会发出嗡嗡的声音，如果你没有实际或模拟的探头，你可以用背部按摩器来模拟振动和声音，以便使动物对这种感觉进行脱敏。

最后，让动物对所有设备和其他人员的活动脱敏也是有益的。很多时候，一个训练有素的行为会在实际操作过程中由于不可预见的设备或人的存在而突然崩溃。如果训练员能够与兽医讨论整个过程中需要用的设备，有多少人在场，这会很有帮助的。了解这些信息，并利用这些信息为你的动物作好实际检查的准备，应该有助于保证动物在整个过程中合作。

海洋哺乳动物训练员

约翰·谢德水族馆

答3：在引进B超诊断仪之前，重要的是让母海豚以放松的姿势侧卧。强化它平静地躺着、轻松地呼吸，以及放松脚蹼的行为状态，这样你就能轻松地接触到它的腹部。通过几次训练，你应该能够将动物处于这种姿势的时间从片刻增加到六或七分钟。一些B超设备会发出嗡嗡的声音以及轻微的振动，最初它对这些有反应是正常的。你可以通过让它对B超探头脱敏来减少这种负面的反应。

你可以让它在B超设备不开机的情况下对B超探头脱敏，或者用一个小的按摩器来模拟这种感觉。关键是要延长动物放松的时间。

注意：除了用以确定怀孕之外，B超检查还有许多其他的好处，包括检查内部器官是否病变，寻找肿瘤，甚至可以用于寻找难以找到的血管进行采血训练。

维克·沙尔福罗斯（Vic Charfauros）

圣迭戈动物园

Conference Proceedings

《会议论文集》1986年国际海洋动物训练员协会会议论文集，加拿大温哥华　本文报告了第一例成功的海豚自愿采精的行为。如今繁殖计划的兴起，使人们更加重视学习和掌握关于精液采集和人工授精的知识。这是训练员不断接受新的挑战，以促进对这些动物的照顾和理解的另一个好的例子。

大西洋瓶鼻海豚（*Tursiops truncatus*）人工授精行为的训练

卡尔·凯勒（Karl Keller）

海军海洋系统中心

摘要

作为繁殖计划的一部分，海军海洋系统中心夏威夷实验室首次成功地完成了对大西洋瓶鼻海豚的人工授精训练。雄性海豚的训练结果是在刺激下勃起阴茎，并能进行精液采集，并同时接受尾鳍采血行为。雌性海豚的训练成果是接受15分钟的人工授精和尾鳍采血。

简介

海军海洋系统中心夏威夷实验室，在过去的十年中一直坚持着执行大西洋瓶鼻海豚的繁殖计划。雄性和雌性海豚都接受过专门的训练，首先是尾鳍采血训练。此外，雄性海豚接受精液采集的训练，而雌性海豚则接受人工授精的训练。所有参与项目的动物都被安置在20英尺×20英尺大的浮动围栏里，围栏深12英尺。所有的行为都通过操作制约和初级强化物（鱼）的正强化方法训练。

尾鳍采血行为

雄性和雌性海豚都接受过尾鳍采血的训练，以定期监测睾丸激素和孕酮水平的季节性波动。尾鳍采血的训练很困难，因为这要求动物在静脉穿刺过程中保持不动。

最初的训练开始于让水中的动物在围栏边上定位，此时，我们强化了动物允许我们抓握它的尾鳍的行为。随着时间的推移，我们将抓尾的操作与一个简单的手部提示（区辨刺激）配对起来。在建立了刺激控制信号后，我们逐渐将动物从水中移到围栏的甲板上，而依旧训练动物保持侧卧状态。当动物的尾鳍放松地放在甲板上的垫子上时，我们逐渐增加对尾鳍的抓握行为，以模拟实际的放血过程。在整个训练的大部分时间里，都有第二个人坐在训练员旁边脱敏，第二个人是实际采血过程中的助手。一旦建立了良好的刺激控制信号，我们在实际采血时就会握住尾鳍约4分钟。最初的采血训练时间很短，约为1～2分钟，经过几天的训练逐渐增加，达到了预期的4分钟间隔。采血时放松且一致的身体姿势是该行为成功的一个重要方面。

最佳的采血姿势是让动物腹面朝向围栏侧卧并与围栏平行。如果动物的头离甲板围栏较远，动物身体会扭动，从而导致尾鳍运动。当腹面与甲板围栏平行时，动物能时刻看到训练员，因此会更加舒适和放松。而且动物在这样的姿势下可以很容易地呼吸，所以这种姿势能够保持较长的时间。通过改变臀部的角度，我们也可以从海豚的背侧或腹侧采血。

为了长期保持这种行为，在实际静脉穿刺采血前，我们进行了多次模仿练习。变化握住尾鳍的时间长度对行为是有帮助的，因为动物不会预料到行为的结束时间。每当动物安静和放松时，我们就结束握住尾鳍的行为并给予强化。

精液采集行为

由于这一行为从来没有在海豚身上进行过，我们为此开发了一套新的训练课程。训练的步骤包括：正确的身体姿势、刺激阴茎勃起和精液收集。我们花了大约 49 天的时间来训练两头雄性海豚正确做出上述所有行为。

首先，动物被要求在水面上腹部朝上以水平姿势平躺（动物仰卧）。动物定位的位置靠近围栏甲板，以便训练员可以很容易地接触到生殖裂区域。在强化上述的正确姿势定位并关联刺激控制信号后，我们开始了下一阶段的训练。

教会动物在刺激下勃起阴茎这一行为是很难的。训练课程每天大约 20 分钟。步骤是扒开生殖裂缝隙并暴露阴茎头。一旦阴茎头的暴露得到确认，这种行为就会被强化，就像其他反应一样。部分勃起立即会得到加强。

刺激阴茎勃起与信号关联后，动物相对于池边的位置会被调整，以便训练员容易接近生殖裂区域。

最后阶段是收集精液。所有精液样品被收集在玻璃试管中，试管上有一个透明的塑料套。透明塑料套被套在阴茎的顶端，训练员稍加施压和按摩，便可将射出的精液收集在塑料套中。

人工授精行为

人工授精（AI）这一行为已成功用于许多陆生哺乳动物上，如马、牛、狗（Gomes, 1977; Watson, 1978）。在海军海洋系统中心，我们首次尝试对瓶鼻海豚进行上述类似的人工繁殖工作。雌性瓶鼻海豚有着独特的繁殖系统，包括一个假子宫颈，假子宫颈由阴道壁的肌肉折叠组成，这样的褶皱在雌性体内至少有两个，在某些须鲸中，这些假子宫颈甚至多达 6 ～ 12 个（Harrison, 1969）。这些假子宫颈位于精囊凹陷处，是交配时储存精子的地方。在人工授精过程中，借助于光纤喉镜将采集的雄性海豚的精液放入上述精囊凹陷处。

雌性海豚被训练接受模拟人工授精的行为。海豚捕获后被放置在担架上，担架上有胸鳍和生殖裂区域的专门开口。动物以侧卧姿势放置在有泡沫橡胶垫的围栏甲板上。对生殖裂区域进行 15 分钟的人工授精操作后，动物被送回浮动栏放入水中。

在实际的人工授精过程中，我们使用窥阴器和光纤喉镜来定位假子宫颈口，并将喉镜尖端对准精囊凹陷处。使用喉镜的管道将 3 毫升的精液注入精囊凹陷处。

讨论

本文描述了通过人工授精来繁殖大西洋瓶鼻海豚的基本训练和技术要点。雄性和雌性海豚都自愿接受尾鳍采血，雄性海豚还接受了精液采集的训练，而雌性海豚则接受了人工授精程序的训练。

类似的繁殖计划也可以应用到其他种类的小型鲸类上，从而减少我们对从野外获得这些哺乳动物的依赖。海洋哺乳动物精子库可以确保遗传变异性，作为保护濒危物种的基因库。

参考文献

1. Gomes, W.R., 1977. In: Reproduction in Domestic Animals (H.H. Cole and P.Y. Cupps eds.), pp. 259-260. Academic Press, New York.
2. Watson, P.F., 1978. In: Artificial Breeding of Non-Domestic Animals (P.F. Watson, ed.), pp. 97-285. The Zoological Society of London, Academic Press, London, England.
3. Harrison, R.J., 1969. In: The Biology of Marine Mammals (H.T. Andersen, ed.), pp 270-275. Academic Press, New York.

《训练员论坛》，1997 年第 22 卷第 4 期。虽然以下这个问题不是专门关于饲养训练行为的，但大多数答案都提到并集中在饲养训练方面。由于本书的主题都是围绕海洋哺乳动物，因此我们很乐于看到一些非哺乳类的文章收录在这里。

海豹的训练：如何专注于饲养训练行为

问：人们可以训练海豹做出哪些行为类型？

答 1：海豹的基本行为包括翻滚、低位跨栏或跳圈，以及拍手挥手（鳍）。海狮表演中的小综艺节目，海豹都可以。幸运的是，你不必拘泥于这几种常见的行为。一些最新颖的行为来自于那些不知道动物应该做什么的训练员。观察你的动物，看它们的动作，注意它们是如何玩耍的，听它们如何发声。如果你能在水下训练海豹，你将有很好的机会来开发一些特殊的行为，同时可作为潜在的新的表演行为。你的动物和设施可能会受到一些限制，但要尝试任何看起来有可能的东西。海豹可以做很多表演和饲养的行为，我们才刚刚发现没有什么是不可能的。

吉姆·亚历山大

圣路易斯动物园

答 2：在北卡罗来纳州动物园，我们对鳍足类动物的训练计划包括多种多样的饲养行为。我们的两头港海豹似乎更擅长这些行为，所以我们利用它们的热情进行训练。以下是已经完成或正在训练的行为清单，以及我们为什么要训练的原因。

- 刷牙：海豹允许别人给它们刷牙。我们的下一步是添加牙膏。按照同样的思路，我们也在努力让它们对清除牙垢的其他设备脱敏。
- 滴眼液：通过训练将眼药水滴入海豹眼中。
- 听诊器：训练海豹侧身，并让训练员或兽医听其心跳或其他内脏的声音。
- 打开鼻孔：训练海豹在信号提示下打开鼻孔。目的是能够在需要时获得刮擦或棉签样本。
- 采集尿液：在需要的时候可以方便地获取样本。
- 耳朵的棉签采样：在需要的时候方便地获取样本。
- 过闸训练：便于从表演池中方便地转移到其他水池。
- 称重训练：可以持续对海豹进行体重监测。
- 寻找物品：训练海豹从水池中寻找各种物品。这对视力不好的海豹来说是一个挑战，但它们可以做到！这就是我们的目标。

- 平躺训练：我们训练海豹在不同的位置以不同的姿势躺下。位置可以垂直或平行于训练员，姿势可以腹侧或背侧向上。这些行为对于身体或B超检查来说是非常有用的，我们的一头海豹还允许我们将棉签插入它的肛门取样。
- 自愿抽血：我们已经成功地从我们的一头海豹的腰部上采集了血液样本。
- 自愿活检：我们已经成功地收集了一个活检样本。
- 兽医在场脱敏：我们正在不断地让我们的海豹对兽医的存在脱敏。这已被证明是非常有益的。我们的海豹允许兽医对它们进行一些医疗检查行为。
- 全身出水：我们所有的鳍足类动物都接受过相关训练，可以在展馆的任一地点全身出水。这对进行全身体检是非常有帮助的。
- 信号：我们选择了口哨作为训练我们海豹的信号。任何其他类型的信号都可以使用，比如说，响片、触摸或语言。
- A点到B点：训练海豹从一个目标移动到另一个目标，或从一位训练员移动到另一位训练员。
- 有趣的行为：后空翻、伸出舌头、旋转、摇动、快速游泳、跳高。

这类动作不胜枚举，不一而足。只要动物在物理上能够完成任何你想要的行为，你就可以训练。玩得开心点，有创意点！

海洋哺乳动物训练员
北卡罗来纳州动物园

答3：有人曾告诉我："你的训练只受限于动物的物理条件和精神能力以及你自己的想象力"。海豹通过训练，可以做到鲸豚类和其他鳍足类动物的许多行为。你需要在训练它们的过程中发挥一点创造力，它们是可以做到很多行为的。我们的水族馆更专注于海豹的日常饲养训练行为，如张嘴、刷牙、称重、躺下、自愿抽血和大量的触摸等行为，这些行为在需要时都有助于对海豹进行医疗护理。我们还训练所谓"有趣"的行为，以达到锻炼和多样化的目的。这些行为包括旋转、跳弓、唱歌、翻跟头和寻回物体等。我们还在教海豹形状识别和其他智力行为。让它们在水底的窗口进行表演是一个很好的互动方式，可以让公众近距离观察并对这些动物有更深的了解。

海狮是很好训练的动物。只要有一点创造力、良好的想象力和连贯使用的信号，谁知道呢，你也许就能训练出下一个获奖的行为！

祝您好运，训练顺利。

辛西娅·阿莉雅-马里昂（Cynthia Alia-Marion）
俄勒冈州海岸水族馆

答4：位于弗吉尼亚海滩上的弗吉尼亚州立海洋科学博物馆里有一个60000加仑的水池作为海豹栖息地，这个新建的水池在去年8月底完工，之后所有的动物被转移安置在其中。我们的训练员对行为训练比较陌生，我们的情况类似于上面写信询问的水族馆的情况。

由于大部分的栖息地都是公众展区，因此如何协调白天动物的展览和闭馆后动物的训练，一直是我们首要的关注点。这一点是通过目标训练来实现的。我们觉得这一点很重要，因为这样可以在需要的时候随时且轻松地将动物带到安全地方，如在暴风雨期间需要转移动物。

很明显目标训练为训练员和动物提供了创造其他各种行为的机会。在目标训练中，我们专注于各种饲养行为，如剪指甲、触摸、称重、采血训练。在我们拥有的五头雄性海豹中，有三头允许我们不受限制地采集血样，另外两头允许我们将针头插入脊柱中。我们所有的海豹无论在水里还是在平台上都会在信号下张开嘴巴容许我们在它们嘴里进行各种操作。

我们正开始对其中一头海豹进行水中的训练。训练员站在大约 3.5 英尺深的浅水区域，研究海豹在水中的触觉，训练员让海豹平静地躺在水面上，然后操纵它做出各种姿势。这个有趣的行为以后可以用于公开表演。

扫描捕捉法在我们的新项目训练中也扮演了一个有趣的角色。扫描捕捉法是一种训练技术，人们可以在行为发生时捕捉它，然后将其转移到区辨刺激上并与其匹配。我们已经成功地做到了这一点，捕捉到了我们的一头海豹的发声，并教它在区辨刺激下稳定地重复该行为。

我们正在训练的另一个有趣的行为是让动物下巴定位在训练员的手掌上。我们要求动物必须非常放松，它的尾鳍必须在水面上，它的身体必须垂直于训练员所在的平台。当动物可以稳定地处于这个位置时，我们再将动物翻转过来使其腹部朝上，并做倒立张嘴的行为，或者操纵动物与平台平行。挥手、鼓掌和拍打身体是我们目前正在训练的其他几个行为。我们希望这对你有帮助。

奇普·哈肖

弗吉尼亚州立海洋科学博物馆

国际海洋动物训练员协会主办的《探索》杂志，1995 年第 20 卷第 1 期。

我们一直在向训练员们宣扬操作制约训练的好处。然而在非表演的行为中，许多海洋哺乳动物训练员忘记了操作制约也可以强烈影响我们如何照顾我们的动物。来自巴尔的摩国家水族馆的大卫·肖菲德（T. David Schofield）的工作表明，即使在照顾搁浅的动物时，操作制约也能发挥非常有益的作用。

操作制约技术在受困海洋哺乳动物的管理和护理中的应用

大卫·肖菲德

巴尔的摩国家水族馆

前言

在过去的 11 年里，巴尔的摩国家水族馆饲养了丰富的海洋哺乳动物种类，包括加州海狮（*Zalophus californianus*）、大西洋港海豹（*Phoca vitulina concolor*）、灰海豹（*Halichoerus grypus*）、白鲸（*Delphinapterus leucas*）和大西洋瓶鼻海豚（*Tursiops truncatus gilli*）。训练员与动物的互动是环境丰容的一个项目，以维持动物的精神和生理上良好的刺激水平。操作制约技术被用来训练和维持表演行为和医疗行为。

在过去的两年半里，巴尔的摩国家水族馆开展了海洋动物救援计划（marine animal rescue program, MARP）。该计划由美国国家海洋渔业局（National Marine Fisheries Service, NMFS）授权，要求巴尔的摩国家水族馆负责营救和接受特拉华州（Delaware, DE）、马里兰州（Maryland, MD）和弗吉尼亚州（Virginia, VA）等地区的搁浅动物，事实上海洋动物救援计划营救和接收了美国整个东北海岸的动物。据统计，海洋动物救援计划每年应对大约 10 ～ 20 起动物搁浅事件。如此少的动物数量，加上巴尔的摩国家水族馆有着先进的检疫医院、极其敬业的医务人员和训练有素的志愿者，使得这些动物没有对我们的工作产生压力，这些海洋动物在我们的巴尔的摩国家水族馆得到了精心的照顾和密切的观察。

对搁浅动物的营救和照顾是另一套模式，这套模式非常不同于与长期馆养动物的互动。照顾被营救的动物时，我们的原则是采取“放手”的方式，以避免无意中对动物造成负面的影响，因为成功康复的动物的最终目标是被放归大自然。有些康复环境本身就对动物有着一定的不友好性，因此，操作制约技术的实施是为了：

1. 减少执行某些医疗程序时的抗拒感。
2. 为受困的动物提供一个包含各种感官刺激的环境，以确保其行为活动处于正常水平。
3. 避免形成对人类的依赖性。

基本概念

动物是由其本体发育史塑造的，本体发育史被定义为特定个体的行为是由其饲养环境调节和创造的。在这一过程中，动物受到自然驯化的积极和消极的强化作用。其中自然强化物是一种日常或自然环境中很常见的因素，这包括进食、哺乳和交配。对于大多数鲸豚类和鳍足类来说，与社会群体中其他成员的触碰刺激也是一种自然强化物。自然强化物的有效性是通过它在日常环境中的存在来维持的。但动物也可能被负强化，这将产生回避行为。回避行为是推迟厌恶性刺激时出现的任何行为。厌恶性刺激会通过情绪或焦虑改变操作性行为，自然发生的情况可能会使动物感到厌恶，因此会引起回避反应，这些行为包括但不限于：或反抗或逃跑的情况，饮食不足，以及对配偶或饲喂区的竞争行为。

在理解了这些基本概念后，海洋动物救援计划的目标是为康复期的动物提供尽可能多的积极和尽可能少的消极的环境；尽可能多的积极环境是通过提供一个刺激性的环境实现的，尽可能少的消极环境是通过尽可能缩短治疗和喂食的时间，并将分散注意力的程度降到最低实现的。

以下是三个如何履行操作制约的基本原则的案例，希望借此促进海洋动物救援计划下的搁浅海洋哺乳动物的管理和护理。

案例一

动物简历

1994 年 7 月 7 日，一头大约 6 ～ 8 个月大的雄性长鳍领航鲸（*Globicephala melas*）在弗吉尼亚州钦科泰格地区的海滩上搁浅。这头动物被运到巴尔的摩国家水族馆时已经非常憔悴和严重脱水了。因此医疗护理的首要任务是为该动物补水，包括通过口服胃管给它输液。为了清楚和简单起见，这种喂食程序在本文的其余部分被称为辅助喂食程序（assisted feeding procedure, AFP）。为了进行该程序，检疫池的水位必须降低到一个较浅的位置，然后领航鲸会被放在一个大的泡沫床上。尽管采取了许多预防措施，但事实表明这些操作对动物来说是痛苦的，对参与的训练员来说也是危险的。如何为这头鲸提供每天至少四次的辅助喂食程序，并将对所有参与者的危险降到最低，这是一个两难的问题。领航鲸是高度社群性动物，在研究了新生领航鲸在其自然社群结构中的作用后，人们发现这头领航鲸的年龄（从形态和胎儿褶皱可以看出）很小，它很可能需要一直接受来自母亲以及社群中其他成员的持续的触摸刺激。

喂养行为的调节

我们决定在辅助喂食程序之前和之后对动物进行短时间的触摸刺激。当然只有当动物看起来很平静时，训练员才会接近它并提供触摸刺激。在很短的时间内，动物就积极配合训练员对其身体左右两侧进行触摸刺激。在这些触摸刺激的互动中，训练员发现如果将手靠近领航鲸的嘴，它会表现出强烈的吸吮行为——用舌头围着训练员的手指。下一个调节步骤是以英寸为单位上升水位，只有当动物在前一个辅助喂食程序期间保持平静时才会提高水位。水位的变动绝不是一个持续成功的过程，有些情况下出现了挫折，水位不得不恢复到比之前更低的水平。在接下来的四周时间里，水位被成功升到了 7 英尺。约束和触觉刺激在不同的情况下的使用都有所不同。在我们最成功的时候，执行辅助喂食程序的训练员从至少需要 7 人下降到只需要 3 人。

更深的水为动物提供了一个更自然的环境，由于领航鲸在高水位时很容易接受辅助喂食程序，因此在辅助喂食程序前水位会下降的这一假定的负面前兆被消除了，这使得饲养环境被调节得更加积极。应该指出的是，训练员认为动物在辅助喂食程序期间的平静可能并不完全归因于触觉刺激。通过改善并使用营养粥，增加饱腹感给动物提供了更多的安慰。

饲养环境丰容的调节

鉴于动物对触碰刺激的反应如此之好，我们决定为动物提供辅助喂食程序之外的互动行为，在两次喂食之间额外提供精神和身体的刺激，而且，我们认为身体刺激不应该只与喂食配对。

消灭迷信行为

这个案例中出现的情况是领航鲸不断表现出的“撞击”行为，即动物在水池的不同区域用它的脑袋不停地撞击墙壁。据推测，这种行为可能有两种解释：①动物可能对水池的物理边界有负面反应，②撞击行为可能是一种饥饿的反应。从医学和视觉角度看，这头领航鲸体重明显不足，因此有人推测，撞击行为是动物哺乳的行为。有人认为，“撞击和哺乳之间存在某种关系。撞击可能标志着小领航鲸向母亲表明它需要吃奶，并让母亲有时间准备好并进行哺乳。撞击可能会刺激乳汁从乳晕流出到空的腺体……”撞击行为是一种强化的刺激（Reeves & Leatherwood, 1990）。

在与不同种类的野生动物打交道时，了解个体或群体特有的特异性行为是很重要的，如海豹的挥舞脚蹼或抓挠行为或新生鲸豚类的碰撞行为。了解个体的特异性行为可以防止无意中强化某些不良的行为。意外强化（adventitious reinforcement）导致的不良行为也被称为迷信行为。

有些人担心，如果在鲸豚类表现出撞击行为时向其提供高频率的强化物，那么这种行为可能很快就会被条件化。正是出于这个原因，我们决定保持喂食和互动时间的多样性。训练员只有在领航鲸没有表现出撞击行为时才给它喂食。训练员的目标是用喂食和互动来强化动物表现出自然行为而不是反复出现的不良行为。动物三周内体重增加了 15 磅，撞击墙壁的频率降低了。

调节动物接受其他类型食物

按照每天摄入的鱿鱼和流食的能量来计算，领航鲸所摄入的能量仍然太低，无法实现良好的增长。我们决定尝试向领航鲸提供其他高热量的鱼类，哥伦比亚河胡瓜鱼（Columbia River Smelt）则是我们的选择。起初，领航鲸会把这些鱼吞进嘴里，然后马上“吐”出来。一般认为，这种反应表示这头鲸不认为胡瓜鱼是食物，因为它的形状、质地和口感与它与常用食物不一样。

为了鼓励领航鲸接受其他种类的鱼，我们实施了脱敏训练的过程。脱敏训练是一种感知和情感行为的削弱法。这个过程通过减少引起特定反应的环境调控刺激，从而减少或消除了回避行为。

脱敏训练过程如下：先喂领航鲸鱿鱼，但每次只给一条鱿鱼。然后我们试图快速引入胡瓜鱼，再接着喂鱿鱼。一般认为，在投喂胡瓜鱼之后接着投喂鱿鱼会加强动物对胡瓜鱼的接受行为。这在一些喂食中是有效的。

另一种方法是把胡瓜鱼包裹在鱿鱼的鞘里。我们的训练员认为动物会感觉到胡瓜鱼的形状和味道，但其纹理会被鱿鱼的纹理所掩盖。通过这些方法，动物随着时间的推移对胡瓜鱼和毛鳞鱼慢慢变得不再那么敏感，这使得我们可以每天让动物摄入更多的热量。

总结

上述技术的目标是给领航鲸提供一个丰富的环境，消灭迷信行为，并加强营养的多样性。

案例二

动物简历

1992 年 12 月底，一头亚成年雄性大西洋港海豹（*Phoca vitulina concolor*）被

转运到巴尔的摩国家水族馆进行治疗和康复。X 射线胶片显示，这头海豹的脸上有 21 块弹片。眼科检查进一步显示，由于子弹在视网膜上留下的瘢痕，这头海豹的视力下降了 90%。动物视力下降经常伴随着对环境刺激的过度敏感。而且该动物体重严重不足，显示出非常饥饿的状态，因此该动物有着神经质的抽搐行为。有几次，训练员看到这头动物咬自己的脚蹼。

这头海豹给动物护理人员带来了很多挑战，因为该动物的行为异常不可预测。为了防止动物和训练员受伤，我们决定让这头海豹在一个指定的地点进食。一般认为，训练动物在特定的时间特定的地点进食会给动物带来一些可预测性和安全感，从而减少一些神经质的行为。

避开或去除迷信行为

随着时间的推移，可预测性的进食似乎确实使动物平静下来，但出现了一个新的情况：海豹开始表现出在进食时间之前抓墙的迷信行为（抓挠或摩擦会引起脚蹼和指甲的破损并导致感染）。通过改变动物的进食地点，并适度改变进食的时间，这种迷信行为被消灭了。

总结

通过对这头海豹使用一些调节技术，这头动物变得更容易管理。不幸的是，这头动物被认为是不能被放归的，因为它有长期的癫痫疾病。自从来到这里后，尽管这头动物体重增加了 80 多磅，但由于癫痫发作的频率和严重程度也随之增加，安乐死是解除这头海豹痛苦的唯一选择。CAT 扫描显示，这头动物的左脑颞叶有一块头骨的碎片。

案例三

动物简历

1993 年 4 月，海洋动物救援计划小组在马里兰州大洋城（Ocean City, MD）的海滩上救起了一头一岁的大西洋港海豹。通过输液、喂粥和其他积极的医疗措施，这头动物的情况稳定了下来。之后我们给动物提供了鲱鱼、毛鳞鱼和鱿鱼等食物。

多样性和变化

由于海豹健康状况的改善，我们决定把它转移到一个更大的水池中。在这个更大的水池里，海豹有机会展现出更多的自然行为。为了促进动物展示自然行为，我们为海豹提供了多种多样的环境，以尽量减少任何可能发生的不经意的强化。

1. 喂食时间和区域是多样的。
2. 任何一次喂食的鱼的数量和类型都是多样的。
3. 在水中放置物体以提供一个丰富的环境。物体被设计成具有视觉刺激性，并提供物理形状上的多样性，以促使动物改变其游泳路线，从而避免任何刻板的游泳行为。

总结

多样性创造了一个更刺激的环境。

结论

巴尔的摩国家水族馆的海洋动物救援计划的目标是康复和放归搁浅的动物。在康复环境中，海洋动物救援计划的目标是给动物提供一个刺激性和尽可能无痛苦的环境。这样做的目的是继续了解不同物种在康复环境中可能出现的情况，以促进日后的成功放归。训练员将继续密切观察和记录动物的行为，并科学讨论这些观察结果，以避免与动物行为拟人化解释相关的陷阱。从这三个案例中获得的经验被用来促进我们对照顾动物的康复治疗。

参考文献

1. Reeves, R.R. and S. Leather wood (1990). The Bottlenose Dolphin. San Diego: Academic Press, Inc.

第七章

社群性动物

——多头动物一起训练

除了极个别动物外，自然界的动物或多或少都是社会性动物。它们的社会结构、统治地位、性行为和其他互动都会对训练计划和方式产生巨大的影响。这些社会活动会以各种方式强化动物。因此，对动物社会性的充分了解对训练计划的成败有着至关重要的作用。由于社会活动在动物的生活中起着重要的支配作用，训练员不应该试图与它竞争。对动物来说，处理支配权或性活动远比参加训练课程更重要。性活动的强化力常常会比我们在训练中提供的任何强化物的力量都更强大。同样，被其他动物追赶、攻击和咬伤的影响远远比与训练员的互动更直接。本章的重点是希望我们意识到这些情况，并知道如何发现和学习与动物的社会性合作。

一对一训练

最优状况

最好的训练情况也许是你与你的动物进行一对一的训练。你把所有的注意力都集中在一头动物身上，这样训练可以快速进展。许多宠物的主人都是与他们的宠物进行一对一训练的。然而，很多海洋馆、动物园和动物研究机构往往拥有多头动物，这些动物通常生活在一个动物社区中。很少有机构有足够的工作人员可以保证每头动物在每次训练中都有其专属的训练员。

社群小组

如果安排得当，一对一的训练仍然可以发生在有着很多动物或人员有限的设施中。

空间分离——如果一个动物群体分配有两名或两名以上的工作人员，可以将动物分割到同一围栏或水池内的不同位置。这样一段时间内一位训练员只需要单独关注一头动物，而另一位训练员则负责喂养和照顾其他所有动物。单独关注的动物可以随着时段进行轮换，以便给所有的动物进行一对一的训练。当然，这需要所有动物都有良好的定位和扎实的训练基础。

物理分离——如果动物们有着良好的训练基础，可以考虑把门关上，用物理隔离方法让它们彼此分开。之后可以将特定动物从群体中分离出来，进行单独的训练。我曾经在一个设施中与 200 多只鸟一起工作，只有一位训练员配合我。即使当我们中的一个人休息的时候，我们也能通过每次将一只鸟从它们的社区围栏中取出来，顺利完成大量的训练。我们能够单独训练特定的鸟类，或者从一个大群体中分割出更小的鸟类群体进行管理和训练。对于鲸豚类来说，类似的训练方式也是完全可行的，但它需要良好的门禁和分离训练作为前提，我们将在下面进行详细的讨论。

当一对一训练失败时

只需要单独训练一头动物似乎是完美的训练情况，但这里面也会有困难。当某头动物正与群体中的其他个体发生激烈的社会活动和互动时，将该动物从群体中分离出来（无论是空间上或身体上）可能会带来很多困难和问题。即使动物顺利从群体中被分离出来，离开群体也会使个体非常紧张。每头动物和每种情况都是不同的。你越了解你的动物，越了解它们的社会互动，你就越能为处理这些情况做好准备。

应对不断变化的社群状况

正如介绍中所述，社群活动对于社会性动物的生活极其重要，而且社群结构往往处于不断变化的状态。当动物变得具有社群攻击性时，许多训练员的第一反应是试图进行干预。然而，社群活动是每头动物行为的自然组成部分。那么，我们如何在动物护理的管理需求和动物社群行为需求之间取得平衡？1991 年，盖尔·劳勒和蒂姆·德斯蒙德（Tim Desmond）在《微妙的平衡：训练的目标行为与正常的社会性和主导性行为之间的关系》（*Meeting Behavioral Objectives while Maintaining Healthy Social Behavior and Dominance - A Delicate Balance*，参见 215 页）中详细地剖析了这个问题。

过闸训练和动物分隔

在第六章“饲养与训练”中，我们讨论了训练动物过闸的好处。过闸训练和物理分隔是动物训练中重要的配合行为，过闸行为有助于满足动物的医疗、维护和社群需求。这个话题在其他章节也广泛地出现了。但当动物出现一些社群性问题时，过闸训练和物理分割似乎变得更为重要。我经常觉得过闸训练和物理分割被年轻的训练员忽视了，或者认为是理所当然的，他们可能从来没有训练过这些具有挑战性的行为。由于这个问题的重要性，我在本章的文章精选中罗列了四篇相关的文章，两篇来自海洋世界，一篇来自巴尔的摩国家水族馆，一篇来自捍卫角动物园和水族馆。

- 动物分离其实是一种训练有素的行为（Trupo & Blasko, 1985）
- 条件反射技术在多头鳍足类过闸分离和行为维持上的应用（Force & Bellows, 1991）
- 白鲸自愿分离行为的条件训练（Aibel, 1993）
- 老北极熊也能学习新招数（Belting et al., 1998）

如果动物无法进行分离训练怎么办？

由于一些原因，动物分离可能无法实现。比如分离训练可能还没有完成，你的多余的围栏可能被占用了，或者最糟糕的是，你可能没有多余的围栏！不管是什么情况，结果都是一样的：你必须努力克服这种情况。可用的选择将取决于物种、栖息地和当班训练员的人数。在布鲁克菲尔德动物园，最初的海豚栖息地是一个单一的社区水池，没有隔离设施。《社群中特定瓶鼻海豚（*Tursiops truncatus*）的训练》（Clarke & Brill, 1985）详细叙述了布鲁克菲尔德动物园的训练员是如何处理这种困难情况的。

多头动物的群体训练

你能否把你的动物分开可能并不是最重要的。很多时候，将它们作为一个团体来训练也是可行的。然而，多头动物的群体训练会有一些独特的挑战。

定位训练

我们已经讨论了定位的重要性。然而，在训练一群动物的时候，必须决定每头动物在哪里以及如何定位。

定位——一种选择是训练每头动物在其特定的位置定位，而不管有多少位训练员或多少头动物在一起。只有一位训练员，且需要面对一个巨大的海狮群体时，可以通过让每头动物在特定的岩石或池边定位来有效地管理整个群体。这就形成了一个可管理的群体。

特定位置——另一个有效的方法是教每头动物按照特定的顺序定位。1 号动物在最左边，2 号动物在 1 号的旁边，3 号在 2 号的旁边，4 号在最右边。一旦动物们学会了它们相对于群体内其他动物的定位，你就可以在任何地方进行训练，在训练开始时，动物们会主动进入各自的位置。

“命名”目标——第三种方法是教动物们认识一个专门跟它们匹配的目标。这个目标可以是一个特殊的形状，一个有独特条纹或斑点的牌子，或者是一个剪下来的纸片。唯一的要求是这个目标对该动物来说必须是独一无二的。在训练课程开始时，这些目标可以放在你选择的任何位置上。动物们会移动到它们的目标前并开始定位，之后的群体训练就可以开始了。

动物的选择——有些海洋馆会允许动物选择自己的定位位置，然后训练员会移动到那个位置。按照大多数标准，这似乎是放弃了一定的控制权，但在某些情况下，给动物一个选择可能是更好的。

动物洗牌——想给这种方法起一个更好的名字，但我实在是想不到了。训练开始前，训练员允许动物去它们想去的地方，然后转移或重新安排动物，直到它们被安置在训练员想要的位置，这种情况并不少见。这可能是一种有效的方法，因为它允许在没有使用目标的情况下灵活使用“名称”目标的方法。

无偏差训练

任何时候，当你同时训练多头动物时，你要平等和公正地对待每头动物。对一头动物给予过多的关注，或在群体中给予不平等的强化，肯定会引起许多问题。动物们未必理解公平这个词，但当一头动物得到强化而另一头动物得不到强化时，竞争的局面就会产生。千万不能让动物误解这一块食物是“属于”另一头动物的。野外的动物为了食物而竞争，而那些拒绝竞争的动物可能会死亡。动物轮流喂食的概念是可以通过训练形成的，但这很难，必须很好地强化等待或分享的概念，否则轮流的行为就会很快消失。通过平等对待和强化动物的耐心等待，你可以消除或至少减少潜在的问题。重要的是要记住，当一头动物进行某种行为时，耐心等待的另一头动物应该因为等待而得到同等的强化。等待虽然在身体上不那么吃力，但同样重要，而且对某些动物来说更困难。不公平的训练员会招致动物的攻击。更多关于这方面概念的内容将在第十章“动物的攻击行为”中详细地讨论。

群体训练中的给信号技术

当一个栖息地有许多头动物时，便会产生一些塑型训练的问题，特别是信号使用的问题。

避免混乱——如果有几头动物同时在进行训练，你如何给其中一头动物信号，而不引起栖息地中的其他动物对此做出反应，好像信号只对它有意义？精选文章《如何在其他动物在场时训练特定一头动物》（*Training Only One Animal when Others ArePresent*，训练员论坛，1994，参见 241 页）和《训练中的多重信号问题以及如何避免多信号的混淆》（*Multiple Bridges: Avoiding the Confusion*，训练员论坛，1999，参见 243 页）对这一问题提供了多种参考答案。

齐心协力的行为——当动物被串联起来训练时，我们通常会更着眼于群体，为整个群体执行良好的信号机制。但如果有些动物的行为是正确的，但其他动物却做错了，那该怎么办？你该如何给信号？处理这个问题的方法是利用了第九章高阶技术和概念中的技术和概念。对这个问题的另一些回答则包含在精选文章《群体行为的训练之何时给信号》中（*Working Tandem* (*or Group*) *Behaviors: When to Bridge*，训练员论坛，1996，参见 246 页）。

新动物引进的注意事项

有的时候，饲养场馆不得不在没有任何准备或训练的情况下将新动物直接引入一个动物社会团体中。当这种情况发生时，任何想要维持秩序的努力都是不太可能实现的，你需要给动物们足够的时间来适应彼此之间的关系。通常情况下，将新动物安全且有秩序地引入一个群体要有许多步骤。无论你是引进不同的物种还是同一物种的动物，这些技术都非常相似。两篇精选文章给出了一些建议和技术，一篇是关于鲸豚类的，《将不同的鲸豚类物种第一次混合训练的问题及解答》（*Mixing Different Cetacean Species for the First Time*，训练员论坛，1992，参见 247 页）；另一篇是关于鳍足类的，《如何让鳍足类动物和平共处之海豹与海狮》（*Pinniped Co-Habitation: Seals, SeaLions, and Others*，训练员论坛，1996，参见253页）。

文章精选

Conference Proceedings

《会议论文集》，1991 年国际海洋动物训练员协会会议，于美国加州瓦列霍。通常情况下，当训练员看到他们所照顾的动物之间出现攻击性和支配性行为时，就充满了担心。训练员通常会把动物分开，用行为学上隔离的方法来解决这个问题。但是支配性和攻击性行为是动物正常行为方式的一个组成部分。那么作为训练员的我们，该如何决定什么是攻击性太强的行为？我们如何平衡社会群体的需求和管理照顾的需要？盖尔·劳勒和蒂姆·德斯蒙德在下面的文章中揭示了如何寻找这种微妙的平衡。

微妙的平衡：训练的目标行为与正常的社会性和主导性行为之间的关系

盖尔·劳勒和蒂姆·德斯蒙德
活跃环境公司

与社会群体性动物打交道给训练员带来了独特的挑战。通过一些正确的管理安排，如将它们分组饲养并提供与其他动物游戏和互动的机会，我们发现自己正成为由此产生的社会问题中的裁判员。这并不是人工圈养所造成的问题，它实际上是动物自然社会性生活的正常部分。事实上野外生存的赌注是非常高的。从属动物会被主导动物施压，并被推到群体的外围。这代价不是错过了训练员的信号而没有鱼，而是可能成为捕食者显而易见的目标。虽然人工圈养的确保护动物免于一些致命的后果，但它也带来了一些其他复杂的问题。例如，动物不能选择自己的社会群体，它们很难从群体中的欺凌者手中逃脱。成年的动物不能像野外的正常情况一样离开它们的母亲，基于性别和年龄相似等条件的自然结合在圈养环境下可能无法实现。虽然我们可能无法改变这些环境，但作为训练员，我们有“训练”这个手段，也有义务解决由此产生的社会问题。

处理社会性和支配性问题是我们与海洋乐园训练准则的一个重要组成部分。多年来的经验让我们对这些问题形成了一种非常积极的干预方法。当蒂姆和我开始为动物园和水族馆的动物提供行为咨询时，社会性相关的问题仍然是我们要解决的核心问题。如此一来，一些非常有趣的模式开始出现了。这些模式以及我们处理这些问题的策略，就是本文的主题。

海洋乐园是我的老师，也是我的教室。在那里我第一次了解到社会化训练的价值。我的课程是以两头动物一组的方式开始训练海狮。之前训练一头动物时，我的注意力是完全集中在一头动物身上的，我不仅训练新的行为，也复习旧的行为，所有的过程都是一对一的互动。然而，现在与两头海狮互动时，游戏规则完全改变了。

我的注意力被很大程度地分散了，在训练一头动物的新行为的同时，还要强化另一头动物做别的事情，或者什么都不做。事实上，加强两头动物之间的合作，即让一头动物允许另一头动物进食和训练，是能够顺利完成所有训练的关键。这实际上是一种多层次的训练。它在强化动物坐在自己的座位上，什么都不做，以便让另一头动物得到食物和关注。这一过程要求其中一头动物不做任何攻击性动作，不试图偷窃食物，不干扰另一头动物的工作。一位训练员和两头或更多动物互动的价值在于，每一次训练都是加强合作行为，减少动物之间的竞争和攻击性行为的机会。当我们把注意力集中在这一点上时，结果是繁殖季节因打架而导致的行为崩溃大大减少了。

海豚通常在更大的群体中生活和工作，因此，调解社交问题的机会和需求也就更大。在我的印象中，海洋乐园中有两个非常突出和典型的情况。

一个是我们为一头非常顺从的，在公园出生的海豚佩佩（Pepe）康复所做的努力。由于无法成功地融入由七头动物组成的表演团体，佩佩出现了一些不适应的行为。通过合作训练、日常饲养训练、动物触碰和加强人与动物之间的联系等共同努力，佩佩后来成功地融入了另一个海豚群体，因此它的问题行为逐渐减少并消除了（Laule, 1984）。对我来说佩佩是一个重要的教训，说明动物在消极的社会环境中是多么的脆弱和敏感，以及训练员的积极干预可以带来多么与众不同的效果。

另一个情况是两头处于次要地位的雄性动物，斯基普（Skipper）和道恩（Dawn），它们都住在海豚展览区里。而且它们之间有很强且很明显的联系。但我们都不知道这个关系有多强，直到道恩去世后四个月内，斯基普也死了。我可以诚实地说，我从来没有见到过像斯基普那样的自我放弃的动物。当时我把它们比作人类的一对老年夫妇，其中一个人死亡很快另一个人就会跟随而去。七年后，我了解到了兰迪·威尔斯（Randy Wells）对佛州萨拉索塔（Sarasota, FL）的野生海豚种群的长期研究。威尔斯记录了成年雄性瓶鼻海豚会成对或形成三人组，这些海豚之间会形成强大纽带，这种纽带关系可以持续多年。威尔斯的观察恰如其分地反映了斯基普和道恩的关系，这也反映了群体中的两头处于主导地位的雄性海豚鳍鳍和塞姆（Semo）的关系，它们在近乎完美的和谐关系中统治这个表演团体超过 10 年。威尔斯还报告说："在对个体进行长期跟踪的过程中，几个案例强烈表明了纽带对一些成年雄性动物的重要性。在三个个体的案例中，当一对中的其中一个成员死亡时，幸存的雄性动物与另一雄性动物形成了紧密的联系"（Wells, 1991）。事后看来，我希望我们能够为斯基普找到另一头相容的雄性。现在，我相信这是创建健康的社会群体并保持其稳定的一个关键信息。

到目前为止，我最重要的老师也是给我留下最深印象的动物，是奥奇（Orky）。奥奇和科奇都是成年的虎鲸，一起生活在一个空间非常小的设施中，设施里面没有饲养池或医疗池。海洋公园的每个人都愿意拿出他们所有的钱来帮助建造必要的设施。然而在现实中，它们有自己的小世界，有着彼此还有我们，与这两头虎鲸一起工作就像与一对夫妇一起工作一样。事实上，我曾考虑把它们写成一个案例，作为我的婚姻和家庭咨询课的研究对象。它们有自己的角色，主导的雄性和次主导的雌性，以及两头动物所有的多样性和微妙的行为，这些都是一些标签无法反映的。事实上，是奥奇教会了我，支配性不仅仅是一种行为类型或顺序中的位置，这是动物的一个不可或缺的组成部分，而你永远不想从它们身上夺走这一点。

因此，冒着听起来很拟人化的风险，我们与奥奇做了一个交易。从理论上讲这些条件是：我们为科奇提供食物、关注、游戏时间、新的训练和表演活动；我们需要奥奇允许科奇拥有这些东西，并允许表演行为的训练；而且我们在大多数时间里需要所有这些东西作为行为的强化物。作为回报，我们将为奥奇提供更多的关注和游戏时间（它可以选择接受或拒绝）、新的训练挑战（历史表明这对它很重要），以及允许某些时间不合作的灵活性。

在实践中，我们强化了奥奇的支配行为，因为它允许科奇接受这些必需品。如果表演时间到了，科奇却不愿意参与表演，我们会尽力猜测是由于它自身的叛逆还是奥奇的胁迫，并相应地进行强化。然后我们会再次评估动物们的反应，以确定我们是否猜中了答案，然后在必要时进行调整。我们要求两头动物的行为表现达到较高且合理的水平。我们经常给予第二次机会。如果奥奇对某件事情非常兴奋，我们尽可能给它更多的自由，让它保持这种状态。我们最严格的要求都是围绕着表演的即使如此，我们也有权力在必要时取消表演。

事情并不总是顺利进行的，我们之前也犯了很多错误。但是，我从奥奇和科奇那里得到的经验对我后来训练大猩猩和大象很有帮助。为此，我永远感激奥奇和科奇。

有了海洋哺乳动物训练的坚实基础，我们转向了咨询工作，咨询对象大多是陆生动物，主要是灵长类动物。有趣的是，无论每项工作在报告中听起来有多么不同，如初次介入、母性缺失或缺乏繁殖行为，最终问题的根源和我们选择的策略都落脚在社会性问题上。

迄今为止，我们最值得骄傲的项目是为洛杉矶动物园一群狒狒（Drill baboon）做的咨询工作（Desmond, 1987）。核心问题是，尽管群体中存在着性成熟的个体，而且它们过去也曾成功繁殖过，但过去七年多来没有再次成功繁殖过。这是一个特别值得关注的问题，因为这个物种是非常濒危的，而且圈养的狒狒的繁殖只有在少数群体中有成功的例子。

在该项目正式开展之前，动物研究部门对狒狒进行的一年半的观察表明，该群体成员之间很少有附属行为或积极的社会互动。因此，我们的战略重点是提高群体的社会化和繁殖能力。我们的方法与处理海狮、海豚和虎鲸的方法很相似。我们建立了喂食对子，让动物们并排接受食物，主导动物因允许从属动物进食而得到巨大的奖励。山姆（Sam）和纳丁（Nadine）是其中典型的案例，这两头动物以前共同繁殖过后代，现在观察表明，纳丁面对山姆的攻击性往往会终止任何交配的尝试。因此，它们会因为愿意接受一起投喂而得到加强，而且还会因为愿意接受互相触摸而得到加强，特别是当纳丁允许山姆触摸它时。最终，经过一段时间的强化，当山姆把双手放在纳丁身上时，纳丁转过身来示好，这时候的姿势已经非常接近于交配的姿势了。

这个项目很重要，因此所有过程和结果都被完整地记录下来了，洛杉矶动物园研究部门在项目期间、训练课外和项目结束后都会继续观察狒狒。结果显示，在项目结束前和结束后，每一类别的社会互动都有显著增加，而非社会行为则减少。此外，攻击性行为，虽然在绝对水平上增加，但在总的社会互动中的比重从 34% 下降到 25%（Cox, 1987）。

与本文讨论有关的还有一个大猩猩项目，哥伦布动物园请求我们帮助两只在母性行为方面有缺陷的雌性大猩猩。这两只大猩猩都没有成功地抚养大自己的孩子，其中一只叫露露（Lulu）的雌性大猩猩目前已经怀孕。因此，我们把注意力首先集中在它身上。

在与训练员、馆长和兽医交谈后，我们观看了它和它之前的幼崽亲子互动的录像带，并阅读了它的资料和历史档案。一个假设在我们的脑海中形成了：我们认为露露的问题既不是它缺乏母性技能，也不是它不想利用这些技能，而是它对其他大猩猩的不适应，干扰了它对这些技能的应用。因此，我们的建议和计划，就是社会化训练。

露露最近刚被转移到目前的群体中，所以我们首先从加强它对其他动物的接近行为开始，它们之间的距离一开始甚至是 6 ～ 8 英尺远。我们特别关注群体中的山地大猩猩（*Gorilla beringei beringei*），因为它有着不与任何雄性动物接近的历史。群体中还有几只幼兽，露露对这些幼兽表现出一定的兴趣，所以我们尽可能地加强这种关系。在它怀孕期剩下的四个月里，训练员依旧对它进行训练。它最终顺利生下了孩子，目前正在成功地抚养它的幼崽。

我们不能说是训练解决了露露的所有问题，单靠训练很少能解决问题。但训练员报告说，它在群体中更放松了，而且与训练员本身的互动也更放松了。训练员甚至能够让露露接受为它的宝宝添加营养元素。这是一个重要变化的信号，因为原本在它的最后一个幼崽被人类带走后，它就不再相信它幼崽身边的人类了。

最后一个关于灵长类动物的例子是黑猩猩。我们目前与一个由美国国立卫生研究院资助的黑猩猩繁殖基地签订了长期合同，该繁殖基地附属于得州大学（University of Texas）的安德森研究中心（M. D. Anderson Research Center），位于得州的巴斯特罗普（Bastrop, TX）。我们的工作是将正强化技术引入黑猩猩的管理中，基地中共有黑猩猩约 142 只。这是我所知道的同类项目中最雄心勃勃和全面的项目。该设施的主任迈克尔·基林博士（Dr. Michael Keeling）刚招收了一名新训练员，在过去的九个月里，我的工作是训练这位训练员并与他一起实施黑猩猩的训练项目。我们的重点是饲养和医疗的训练、维护日常行为训练和行为丰容。正如这里讨论的其他案例一样，社会性和支配性问题一直是我们工作的核心。

帕格（Pug）就是这种训练应用的一个很好的例子。它的脸和它的个性都与它的名字相匹配。它是八只动物所在群体中的最顶端的雄性动物，训练员一致认为它对群体中的其他成员有过度的攻击性和支配性行为，这种情况在喂食时尤其明显。这些动物生活在同一个围栏中，喂食是在围栏的墙上进行的。这意味着你要从动物上方约 20 英尺处往下给动物投掷食物。正是在这种情况下，我们开始了合作性喂养的训练。

我们首先教帕格坐下，并强化它在整个喂食过程中保持坐姿。最初，每当其他动物得到一块食物时，帕格也会得到。这样做效果很好，但困难在于如何为它的不遵守规定给予一些负面的反馈。由于我们与它的距离较远，帕格可以坐下来一会，一旦接受了奖励，便追着别的动物，抢走它们的食物，然后再回去坐下来，而我们对此也无能为力。因此，口头命令变得至关重要。我们在它坐着不动的时候跟它说话，当苹果飞到它身后的动物身上时告诉它坐好。当它起身追赶别的动物时，我们马上尖锐喝止“帕格，不要！”，这往往能让它在追赶的过程中停下来，尤其是当它再次坐下来时，会立即得到奖励。行为完全崩溃的时候就是帕格跑下楼到里面的饲养区。在那里喂食会很棘手，因为帕格距离我们太近了，但如果你能设法把食物给到其他动物，而不是给到它，这个训练就还是很有效的。随着时间的推移，我们的努力得到了回报。

结果的记录包括训练前后的视频，以及来自不同训练员的主观观察记录，这些都证明了帕格行为的显著改变。其中最有希望的是正在进行的攻击性行为研究，它可能会显示出整个群体显著的动态变化。现在任何情况下给群体喂食，帕格都像个小天使一样坐在那里。我们看着每头动物都收到并吃下自己的同等分量食物，是一件很开心的事情。我们对帕格的合作强化是一致的，有时候是在喂食结束后的一次性给予特别待遇。我们正在对这个群体进行各种训练，并利用一切机会来加强所有群体成员之间的合作。

除了灵长类动物的领域，我们的最后一个例子也与本文讨论的主题有关，这个例子的主角是奇科（Chico）。奇科是一头非常大、非常有攻击性、非常危险的非洲公象。它已经十年多没有被任何训练员接触过了，任何必要的处理都是通过远程进行的。它被选为圣迭戈野生动物公园（San Diego Wild Animal Park, SDWAP）的试点项目中的动物。其目的是开发一种新的，替代性的大象训练方法。这种新方法必须对训练员是绝对安全的，并且可以实现所有必要的饲养训练行为，并且训练过程中只使用正强化技术。我们的解决方案是一个我们称之为“保护式接触”的系统。简而言之，训练员在被保护的区域工作，用目标来操纵动物的运动，用赞美、抚摸、胡萝卜和苹果来强化动物正确的行为（Desmond, 1991）。

这种训练方法在这个例子里面很重要，因为我们对奇科的攻击性有着很好的认知和理解。我们从一开始就接受了奇科是一头像奥奇一样的有着强烈支配性的顶级雄性动物，这是它的身份和特点。我们也认识到，我们正在把它引入一个全新的游戏。我们预计到了一些阻力，我们实际上也遇到了这些阻力。由于我们总是在一个受保护的位置上工作，因此我们允许奇科充分地和自由地来表达它的反对、挫折和支配地位。令人惊讶的是，在这种情况下没多久它的反抗就减弱了。起初，它利用一切机会来拍打或抓住目标物，通过冲向我们来表示它的不同意。我们让它自由地表达自己的观点，并给它时间冷静下来，然后再次给它机会继续接受训练。它现在很少拒绝我们了，因此，我们不断地强化它的合作行为。平静地接近目标、轻轻地触摸目标、只抬脚不踢人，所有这些反应都得到了很大的奖励。

结果，奇科从一度被认为是公园里最危险的动物，到现在是这个项目的明星。它似乎很喜欢这些训练课程，经常发出隆隆的声音，用语言表达它的快乐。它有惊人的耐力，有几次连续让我们在它身上工作了一个多小时。它还对我们提供的关注和触摸作出了很多放松和舒适的反应。它靠在门上，允许我们对它进行摩擦和抓挠，它偶尔会调整自己的位置，从孔洞中跟我们进行眼神交流。它自愿配合我们进行一些必要的饲养和护理程序，如耳朵上的采血，最近还允许我们每天给它的眼睛涂抹药物，虽然这些药物让它非常疼痛。我们还发现，通过引入新的行为，奇科在精神和身体上可以保持活跃。所有的训练员似乎都对它行为的变化感到非常的惊讶。

值得注意的是，奇科仍然和以前一样危险，一样具有支配性。训练过程在不改变它的身份的前提下使它有机会在一个完全不同的层面上做出反应和互动。奇科和我们都从这一经历中受益匪浅。

最后，让我回到我的开场白。与社群性动物打交道给动物训练员带来了独特的挑战。我们需要认识到，社会性和支配性相关的问题将永远是动物生活的一部分，这也是我们许多训练问题的来源。然而，作为训练员，我们有“训练”这个手段，也有义务解决这些问题。在某些情况下，这意味着我们需要调整我们的训练目标，以适应训练对象霸道的个性，并实现群体健康的社会平衡。我们的目标应该是在圈养的限制下，尽可能地创造和维持一个自然的社会群体。以下是我们总结的一些建议：组织一次只有一位训练员和多头动物的训练课程，然后利用这些课程的优势，尽可能地强化动物之间的合作和非攻击性行为。

关注野生海洋哺乳动物的最新研究，那里很可能有一些对你有价值的信息，甚至是十年前都没有发现的信息。了解动物在野外的社会行为，可以帮助我们在圈养中建立和维持强大和健康的社会单元。

当支配性行为成为一个问题时，我们要积极主动从行为上解决它。利用训练策略来解决问题，塑造和强化群体的合作行为。我们的目标是创造所有动物都能在其中茁壮成长的社会单元：主导者和次主导者。除非是绝对必要，否则就不要把动物分开。正如科勒（Koehler）（1931）所说：“单一的个体往往只是一个抽象的概念。一只被圈养的黑猩猩根本就不是一只黑猩猩。”这句话不仅仅适用于猴子，也适用于其他社群性动物。如果把动物分开是一个答案，那么有些动物，甚至是所有动物都会失败。

考虑在不同社会单元之间移动动物所带来的影响。虽然把动物从一个池子运到另一个池子，或者从一座海洋馆运到另一座海洋馆，已经有一整套保证安全的程序，但是，将动物从一个社会群体转移到另一个社会群体，其社会性和心理会发生什么样的变化？毫无疑问，这给迁移的动物本身以及失去或获得新伙伴的社会群体都会带来巨大的压力和紧张。动物们付出的代价是什么？现在是时候问这个问题并努力寻找答案了。

最后，允许占主导地位动物保持其主导地位。并同时强化其表现出的合作行为，鼓励其健康的互动行为，以此来减少其主导其他动物带来的负面后果，但不要把这种主导地位从它们身上夺走。就像奥奇、帕格和奇科一样，这就是它们的本性。我们也不希望它们改变这种模式。

参考文献

1. Cox, Cathleen R. "Social Behavior and Reproductive Status of Drills (*Mandrillus leucophaeus*)." The Proceedings of the 1987 American Association of Zoological Parks and Aquariums (AAZPA) Annual Conference, Portland, Oregon.
2. Desmond, Tim. "Surrogate Training with a Pregnant Orca." Proceedings of the 1985 IMATA Annual Conference, Orlando, Florida.
3. Desmond, Tim; Laule, Gail; McNary, Jennie. "Training to Enhance Socialization and Reproduction in Drills." Proceedings of the 1987 AAZPA Annual Conference, Portland, OR.
4. Desmond, Tim; Laule, Gail. "Protected Contact Elephant Training." Proceedings of the 1991 AAZPA Annual Conference, San Diego, CA.
5. Herman, Louis M. (Ed.) Cetacean Behavior, New York: Wiley & Sons, 1980.
6. Koehler, W. "The Mentality of Apes." In Hediger, H., Wild Animals in Captivity, New York: Dover Publications Inc., 1964: p. 168.
7. Laule, Gail. "Behavioral and Husbandry Intervention in the Case of a Hybrid *Tursiops sp.*" Proceedings of the 1984 IMATA Annual Conference, Los Angeles, California.
8. Laule, Gail: Desmond, Tim. "Use of Positive Behavioral Techniques in Primates for Husbandry and Handling." Proceedings of the 1990 American Association of Zoo Veterinarians Annual Meeting, South Padre Is., Texas.
9. Wells, Randall S. "The Role of Long-Term Study in Understanding the Social Structure of a Bottlenose Dolphin Community." In Pryor, Karen and Norris, Kenneth S. (Ed.), Dolphin Societies, Berkeley: University of California Press, 1991: pp. 199-225.

《会议论文集》，1985 年国际海洋动物训练员协会会议，于美国佛州奥兰多（Orlando, FL）。训练动物从一个围栏到另一个围栏的过闸和隔离行为，是任何动物管理中都需要的基本配合行为。这是一个相对简单的概念，但我们常常疏于关心和关注这种特定行为的训练。在本文中，海洋世界描述了他们对几种动物进行过闸和分离训练的过程。

动物分离其实是一种训练有素的行为

拉西·特鲁波（Racie Trupo）和丹·布拉斯科

佛州海洋世界

摘要

全国各地的动物园和水族馆都采用各种技术将动物从它们的生活区域分离出来。在海洋世界，动物分离是一种训练有素的行为，对分离动物的刺激同时也是对群体中其他动物的刺激，使它们去或留在水池中的一个指定区域（目标），直到训练员终止该行为。经过分离训练和目标训练的动物都会因此得到强化。为了最大限度地减少个体互动对这一行为的干扰，分离行为被训练成一种“团队”行为，只有当所有的动物都按要求分离或保持目标时，该行为才会得到强化。

新动物被训练成在水池门打开和关闭时保持在目标处。同时，它们被训练成通过跟随训练员的手或拳头来实现分离。分离的维持是通过训练课程与目标训练和分离动物强化类型的不可预测性来实现的。为分离和目标训练动物提供游戏时间、社交和训练课程以及表演等强化措施，使两种行为得到同样的强化。

前言

动物园和水族馆采用各种技术将动物的表演区域与生活区域分开。海洋世界的动物，其分离是一种训练有素的行为，在这种行为中，对一头或多头动物分离的条件刺激同时也是对池中其他动物在池中指定区域（目标区域）去或留的条件刺激。

促使动物分离的主要原因是为了更好地完成饲养训练行为。动物的身体和精神健康都必须单独维护。将动物从群体中分离出来，使兽医进行检查和特殊的医疗护理成为可能。同样，分离行为也允许两两动物的同居。由于鲸豚类、鳍足类和其他海洋动物都是社群性动物，因此群居对它们的全面发展很重要。

在一个社会群体中对一头或多头动物进行单独训练，以及将不同种类的动物或没有联系的社会群体放在一起训练的情况，也是通过分离和组合行为实现的。这种类型的行为具有多功能性，可以使表演具有更多灵活性。年幼的动物可以通过学习一个小的表演片段而参与到演出中。同样，互换动物参加不同的表演环节，可以使动物的表现多样化，这对保持动物的精神刺激是很重要的。

本文讨论的分离行为是海洋世界的所有动物物种［鲸和海豚、鳍足类（海狮和海象）和海獭］训练得到的行为。虽然不同物种之间的训练技术可能略有不同，但行为的基本原则适用于所有动物。

训练分离行为

分离行为由两个不同的行为组成，这两个行为有着共同的、单一的刺激。①将动物从一个环境中转移到另一个环境中；②将尚未分离的动物定位于另一位训练员或预设的饲养区域。这两种行为一般是同时进行训练的。

训练动物理解目标区域，或用鼻子（或嘴）接触训练员的手，是动物的目标定位和过闸分离的第一步。

在动物接触训练员的手并以训练员的手为定位目标时，动物与训练员之间发展出的信任关系至关重要，这样的关系必须在任何训练尝试之前就要形成。目标训练可以在水中进行，也可以在陆地上进行（鳍足类，海獭）。鳍足类和海獭的分离信号一般可以用动物的名字，并通过手势来概括，而对于鲸豚类，训练员对动物身体的接触或口哨信号一般是指示动物留在训练员身边的信号刺激（即从群体中分离出来）。

目标区域可以是一个特定的物体，也可以是动物环境中的一个区域。漂浮物、其他训练员（对于鲸豚类）、岩石（对于海獭）或水池区域（对于鳍足类）是海洋世界中已经成熟应用的目标区域的几个例子。

目标训练最初是通过在目标地点给动物喂食来调节强化的，通过食物的强化来框定这个区域。当动物们注意到训练员时，或分开某一头动物的刺激信号物被给予时，动物们的目标训练过程就会得到强化。这种行为的口头信号一般有“目标”或“在水中”（对于鳍足类），有时候训练员也用手势，如用手指指向目标（对于鲸豚类）。目标或分离的刺激首先应该是在目标区域附近发出的，然后训练员逐渐接近动物原来的水池外将要发生分离的区域位置。通过泛化，目标训练的刺激信号最终被淡化，分离刺激信号成为整个分离行为中的唯一刺激信号。

环境脱敏训练是训练动物分离行为中的一个重要组成部分，特别是要让动物对水池门开关进行脱敏。当大门被打开时以及当训练员在大门附近来回走动时，动物需要安静且稳定地在目标处或目标上继续定位不动。当刚开始训练动物过闸和分离行为时，必须要保持大门时刻敞开着，以便动物可以随时回到原来舒适的环境中，直到动物对新的环境变得更加适应之后，才考虑关门。

行为强化

将动物从其群体分离出来的过程中，分离动物的移位和目标动物的定位行为都得到了强化。强化的持续性包括对分离刺激信号的立即反应。因此，刺激的呈现和行为的表现之间的潜在关联会一直持续。同样，目标行为和分离行为的训练必须符合一般行为训练的标准。

团队行为

对于社群性动物，个体与同伴的互动往往对训练有着至关重要的影响。为了使动物们一起接受训练时尽量少地被其他动物干扰，如占主导地位动物对从属地位动物的干扰，分离行为应该被训练成“团队行为（group contingencie, or team behavior）”，也就是说，一个群体中的所有动物都必须正确地执行这一团队行为，这样才能使所有参与的动物都得到强化。当然团队行为有时候也会恶化，这些恶化情况通常是在分离行为的训练阶段，而不是在维持阶段发生。

多头动物分离行为的训练

动物分离行为训练的最佳情况是每头动物都有一位指定的训练员。但这通常是不可能的，所以我们往往是单独或成对地训练这些可爱的动物。一旦其中一头动物理解了分离行为和目标行为训练的基本概念，其他动物就会被逐渐地纳入团队一起接受训练。

当两头或更多的动物同时接受训练时，往往需要引入第二位训练员（也可以更多）。第一位训练员位于分离行为要发生的地方，通过终止定位行为来分离特定的动物。第二位训练员位于目标区域附近，强化目标定位行为的动物。两位训练员在不同的地方是有利的，因为它能使两组动物都得到即时的强化，并能鼓励未分离的动物将注意力集中在目标区域的定位上。渐渐地，第二位训练员可以淡出，直至最后离开，这样以后一位训练员便可以强化两组动物。

在训练任何团队行为时，对所有动物进行一致和即时的强化是至关重要的，特别是在早期阶段，因为动物的注意力往往是有限的。为了确保社会级别较低的动物也得到强化，社会级别较高的动物只有允许级别低的动物进入水池区域后才会得到强化。

分离行为的保持

一旦分离行为被训练出来，保持它就成为一个持续的过程。除了需要每天进行分离行为复习外，还需要经常随机分离一头或多头动物。在鳍足类和海獭的训练中，训练员也可以喊出一个与池中任何动物都不对应的名字，以观察动物是否对分离的刺激信号有正确反应。在对鲸豚类进行定期复习时，一位训练员将很多动物带到一个区域，只留下一头动物在原地定位，另一位训练员在相邻池或闸门处召唤和接待上述那头目标定位的动物。这种分离被称为反向分离。

保持分离行为的主要手段是不可预测性的训练。这是通过强化物的可变比例强化时制（VR）来实现的，在这种强化时制中，各种强化物被间歇地提供，因此强化物的类型以及发生的时间对动物来说是不可预测的。据观察，这种强化时制在保持行为方面要比连续强化时制有效得多。

各种各样的强化物对于保持强化的有效性有着至关重要的作用。事实证明，如果个体与环境的互动导致了环境的变化，并且该个体在此期间得到了强化，那么该行为的频率就会增加。因此训练员必须努力强化饲养环境调节的变化因素以保持行为的强化。持续并且可预知地使用强化物会在一段时间内引起动物的相应变化。很快强化物的强化潜力就会下降。即使是食物这样的初级强化物，如果其出现规律是可被动物们预测的，食物的强化能力也会失去一些。

在海洋世界里，我们为分离行为动物和目标定位动物提供各种强化物，来保持动物的分离行为。这些多样的强化物包括触摸、玩具、游戏时间、社交和训练课程以及表演。这些强化物在池内和池外都有提供，这样两组动物都能得到同样的即时强化。同样，目标定位中的动物可以在一头动物离开后，接着也被训练员从定位群体中分离。因此，强化的类型和发生的时间对动物来说是不可预测的，这样动物的兴趣也得以保持。

训练时间的不可预测性也是保持分离行为的一个重要因素。如果训练课程总是在动物习惯的水池中结束，那么当动物被带回其生活区时会不可避免地出现回避行为。而且，将分离行为纳入常规训练，也可以很好地消除动物对训练结束的预期。例如，有时动物在训练过程中被带回习惯的水池，然后在很短的时间内又被分离出来继续训练，或接受不同的强化，如游戏时间。另外，动物回到池子后立马给予强化，这样可以避免在其栖息地和外部环境之间产生不平衡的强化效果。通过不断变化的分离模式和强化物，动物的环境产生不可预测的变化，这样动物行为的动机便会增加，分离行为便得以保持。

总结

依据可用的设施，有许多方法可以将动物从它习惯的生活区域分离出来。在海洋世界，一头或多头动物的分离是通过同时训练未分离的动物从事与分离（目标训练）相反的行为来实现的。通过提高强化物的复杂性和强化物种类的可变性，我们可以为动物创造一个不可预测的环境，这增加了分离行为的动机并维持了分离行为。

一种有效的分离方法为个体和群体之间，甚至物种之间的调节训练提供了更多的可能性。为了训练而给予动物的个别关注，对动物们的训练学习和训练中相互关系的建立都非常重要。分离也使训练员能够为动物提供更多的日常活动和精神刺激。因此，在海洋世界，分离行为是行为调节训练和保持动物身心健康的一个重要手段。

参考文献

1. Brill, R. and Barry J., “RIR in use at Brookfield Zoo-Random Interrupted Reinforcement Redefined in Perspective”. Annual proceeding of IMATA, 1981, pp.49-63.

Conference Proceedings

《会议论文集》，1991 年国际海洋动物训练员协会会议，于美国加州瓦莱乔。这篇论文是对海洋世界在 1985 年的论文的跟进。两篇论文虽然主题一致，但在方法上有一些不同之处，因此值得一读。

条件反射技术在多头鳍足类过闸分离和行为维持上的应用

大卫·福斯和克里斯托弗·贝洛斯（Christopher Bellows）

得州海洋世界

摘要

出于饲养训练和行为调节的目的，动物园的训练员和看护人员有时候必须要专注于某一头动物。因此在多头动物的环境中，必须将个体从所在区域的群体中分离移出，以避免群体中其他动物的干扰。正向操作的条件反射技术被用来成功地训练动物在上述条件下的分离行为。

得州海洋世界饲养的鳍足类动物进行了类似的分离行为的训练，训练员现在可以将特定个体从其群体中分离出来。本文讨论的动物包括 14 头雄性加州海狮（*Zalophus californianus*）（1 ～ 14 岁）和 4 头太平洋海象（*Odobemis rosmcirus*）（两头雄性，两头雌性，4 ～ 23 岁）。通过渐进的训练方法，每头动物都被分配到水池中的一个特定目标区域进行定位。除非训练员给刺激信号，否则动物们会一直定位在上述指定的位置。分离训练增加了期望的行为（有控制的分离），减少了不期望的行为（拒绝或攻击）。

前言

对于拥有一头以上动物的机构，动物分离一直是其训练项目中的重要组成部分。如何将一头或多头动物从围栏 A 区转移到 B 区，同时将剩余动物留守在原来的饲养区，是每位训练员都面临过的问题和挑战，但同时也是饲养管理的必要行为。许多文章和讨论都围绕着这一行为主题展开，国际海洋动物训练员协会会议上也对该问题的最佳解决方案进行了多次激烈辩论。本文的目的是介绍我们在得州海洋世界所用的调节和维持分离行为的方法。得州海洋世界拥有 18 头海狮和海豹，这些动物有着参差不齐的训练背景。分离训练有效地减少了动物们在投喂时对食物的竞争，这种竞争会导致攻击性行为和分离行为的回避。

方法

假设某个可爱的动物已经学会了制约强化物和信号的基本原理，并已经对其名字形成条件反射，那么动物分离的概念和训练就可以从“停留”行为开始。每头动物都被训练成“停留”或定位在某个固定的位置。“停留”或定位行为的标准是动物的前脚蹼保持在目标物上不离开。我们允许动物移动它们的头和脖子，察看周围的环境或只是为了放松。但无论饲养环境中发生了什么，动物都要在目标物上不离开，而这样的行为会得到训练员的强化。无论环境中是否有训练员来回走动，发出声音，或者有其他动物进入该区域，该目标动物都得保持其“停留”和定位的姿势。所有这些行为都可以通过连续渐进法获得。在调节训练“停留”行为的过程中，如果动物离开了它定位的位置，它就会被送回它原来的位置。我们不允许动物停留在新位置上，从而得到另一种刺激。这些都将有助于同化（assimilation）原来的正确反应，并避免强化“走走停停”的行为。

一旦“停留”的概念被调教出来，我们就会将饲养池甲板上某个特定位置指定给该动物。池中的每头动物都应该被分配一个特定的位置，这些位置的分配应该在训练员会议上讨论。这些位置（由训练团队确定）应该是该群体最舒适的地方。位置分配考虑的因素包括兼容性、大小、社群结构等。定位行为是由口头刺激信号开始的：“甲板”。训练员将动物引导到指定的位置上定位后，并通过连续渐进法，在使用语言信号时，逐渐将自己从动物定位的“甲板”位置移开（这实质上是一种从B点开始并逐渐远离B点的A到B的行为）。这种方法可以在分离行为训练过程中避免需要第二位训练员协助控制动物。在条件训练过程中，训练员应该从围栏的不同位置给予刺激。当动物对“甲板”信号做出定位行为，该动物的正确行为就会被强化。无论饲养环境调控发生什么变化，动物都应在预先设定好的位置上定位并一直保持在那里。

只有一位训练员进行训练的另一个好处是，当选择食物为强化物时，该训练员可以更好地对食物进行管理。当饲养区有其他动物在场时，时不时向动物“扔”食物也是一种必要的测试手段，动物会因为无视任何干扰而得到强化，最终动物可以忽视向饲养池中的任何其他动物投掷食物的行为。

分离过程对饲养池中的每头动物都会产生效应。当一头动物对自己的位置和任务有了清晰的认识，就可以把第二头动物引入饲养池，对第二头动物进行同样的刺激训练。直到两头动物都明确各自的位置和任务，并因团队层面正确的反应而得到强化。当食物被选为强化物时，饲养池中不应该存在竞争的情况，这也就避免了攻击性行为。随着越来越多的动物参与其中，这种团队合作有助于整个训练项目成功。需要注意的是，随着引入动物数量的增加，分离训练并不总是以固定的进度进行的。换句话说，我们不会从动物A开始，然后加入B，接着是C等。每个组合都是先用三种动物中的两种进行训练。这允许在越来越复杂的条件下进行刺激信号控制。它还可以应对当饲养池中的动物数量因一些原因变化时而发生的变化。因此，动物 A 和 B 在一起训练，B 和 C 也在一起训练，A 和 C 也在一起训练，按照这个相同的模式可将额外的动物引入到系统中。一旦这个引入概念形成，增加动物就会非常简单，进展也会很快。

这样的调节训练和行为实施的优点是，在饲养池中引入一头新动物时，不会造成目前动物分离行为的恶化。因为动物们已经被训练成在甲板上定位时无视任何其他干扰，任何在池中跑来跑去的动物都不会扰乱到正在定位的动物。训练员需要即时强化那些一直做出正确行为的动物，同时不能给予新引进动物任何关注。

分离信号可以有多种，比如呼唤需要从群体中分离的动物的名字或代号。使用这种语言刺激信号的结果是动物向训练员走来，而其他动物则保持在各自的“甲板”上定位的位置。被叫到名字的动物可以被送回定位处或被送出大门交给接收的训练员。有时，一头动物被叫出来，然后被送回饲养区继续定位，第二头动物接着被叫出来，被带到别的区域进行训练。这些组合都是训练过程的一部分，以避免哪头动物可能被叫出来或带走的可预测性规律。这是一个训练中决不能省掉的关键步骤，因为可预测性会导致任何行为的崩溃。

经过一段时间的训练，我们的动物便学会了将“甲板”的语言信号与大门开启的声音匹配。现在，每当训练员打开大门进入饲养池时，动物们就会到它们各自的甲板位置上进行定位。分离训练完成时，训练员会发出“OK”的口令并以此作为条件性的强化物（信号刺激）。这时动物们可以自由地选择重新进入水中玩耍或留在甲板上休息。

“甲板”定位行为是动物离开或进入饲养区的前提条件。我们训练员每次只召唤一头动物。如果需要将两头海狮从群体中移出，我们也是一头一头地单独操作。事实证明，这比一次叫两头过来更可靠。单独分离的结束时间也是不可预知的，动物们无法预知该行为何时完成，也无法预知第二或第三头动物是否会被分离。

4 头海象的训练方法和概念与 14 头海狮的训练方法和概念完全相同。海狮被训练在水池周边的甲板上定位，而海象定位的位置则在水池的一个角落里，用脚蹼踩在甲板上或踩在水池的排水口上，它们对这些位置更加青睐和感到舒适。海象的分离行为训练过程是与海狮一致的。而且得州海洋世界里海狮、海象和海獭三个饲养池的设计是一模一样的。因此，无论动物在三个水池中的哪一个，我们都能进行分离行为。如果海象和海狮同时出现在一个池子里，我们会刻意保持隔离。我们发现分离行为训练导致了去中心化的分离行为的增加，回避或攻击行为的减少。

总结

分离行为训练已经在许多机构中以许多不同的方式开展了。多年来，得州海洋世界根据训练员的经验、动物的数量、训练方法、设施设计等，设计和尝试使用了许多训练方法。本文不仅介绍了得州海洋世界是如何运作的，而且还对业内以前使用的一些方法进行了调整。动物训练的方法一直在与时俱进，而且我们相信会继续改进。

我想大家都同意这样一个事实，即二十年前动物的一些行为训练方法和概念已经“过时”了，对我们今天的工作没有太大帮助。什么时候我们可以重新审视一下我们正在做的事情？我们是否该做出改变了？或者更糟糕的是，我们是否必须依靠公众舆论来提供自我评估的动力。我们的责任是要愿意承认可能有更好的方法。我们必须不断反思我们的方法和做法，并继续为我们的动物们的福利而改善自己的方式方法。一旦我们放弃了要变得更好的想法，我们就已经不幸获得了变得更糟的机会。

国际海洋动物训练员协会主办的《探索》杂志，1993 年第 18 卷第 4 期。我一直觉得过闸训练和动物分离有太多的信息无法用语言描述。以下是巴尔的摩国家水族馆在其海洋哺乳动物馆中使用的程序和协议的描述。

白鲸自愿分离行为的条件训练

史蒂芬·艾伯尔（Steven M. Aibel）

巴尔的摩国家水族馆

在巴尔的摩港 3 号码头的尽头，坐落着巴尔的摩国家水族馆。这座水族馆自 1981 年 8 月开放后，便一直是许多鲸豚类和鳍足类动物的乐园。1990 年，水族馆在邻近的 4 号码头投资 4000 多万，新建 130 万加仑的海洋哺乳动物馆。新的设施是专门为水族馆中的白鲸（*Delphinapterus leucas*）和瓶鼻海豚（*Tursiops truncatus*）建立的。在搬进新的设施之前，我们对三头雌性白鲸中的两头进行了行为调节的渐进训练，从而为它们在这个新的、更大的环境中进行分池作准备。

自愿分离行为是多水池综合体中动物管理的基础。分离行为是指动物在信号指引下从一个点移动到另一个点的行为。很多时候，需要动物游过闸门或水道以便进入另一个水池。训练这些行为的好处很多，包括改善饲养管理的技术，增加社会群体的多样性，提高训练中对个体的关注，以及丰富表演的多样性。分离行为可以通过许多不同的训练方法来进行成功的训练和维持。本文详细介绍了在巴尔的摩国家水族馆对我们的白鲸和海豚进行分离训练的方法。

3 号码头设施

在新的海洋馆建成之前，两头白鲸生活在巴尔的摩国立水族馆的 3 号码头设施中，而第三头白鲸则暂住在纽约水族馆（New York Aquarium）中。分离行为的渐进训练首先从前两头白鲸开始。3 号码头设施是一个室内的、单一的 25 万加仑的池子，池子平均深度约 7 英尺，最深处为 19 英尺深。水池周边有悬垂物，白鲸可以从壁架下游过，水池中放置了一个浮筏，作为训练员训练和动物互动的平台。图 1 是 3 号码头白鲸池设施的示意图。

在这个单池环境中，白鲸没有机会学习多池设施的行为，如分离行为、过闸行为。但新的设施的占地面积非常大，并采用最先进的多池设计，因此从一个池子到另一

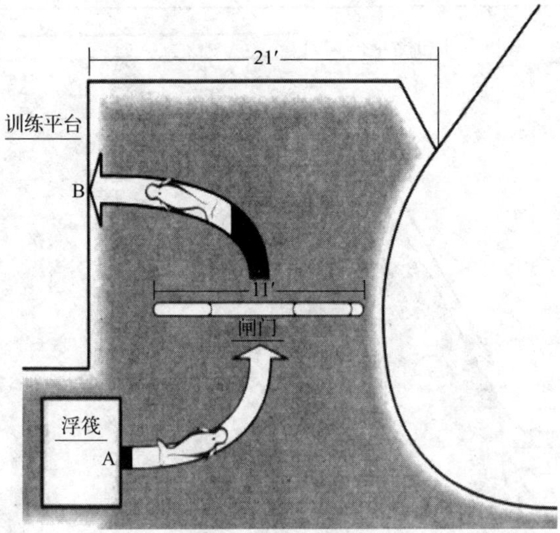

图 1　3 号码头的白鲸池

个池子的分离行为将成为日常饲养训练的一个不可或缺的部分。此外，我们的白鲸还有每天公开表演的计划安排。它们将在表演的第一部分出场，表演完需要尽快回到舞台后面的池子里，以便让大西洋瓶鼻海豚接着表演第二部分。因此，分离行为的调节训练将成为这三头白鲸日常生活中的一个非常重要的部分。

分离行为的调节训练

在搬迁到新馆的六个月前，我们便开始对这两头白鲸进行分离调节训练。目的是在搬到 4 号码头的新设施之前，打下坚实的调节分离行为的基础。我们需要训练的行为包括“A-B”行为和通过模拟的闸门。起初，白鲸被训练成从一位训练员处游到另一位训练员处，以配对一个新的区辨刺激。我们用一个手势作为这个刺激信号。开始训练是在两位训练员彼此相邻的情况下进行的，白鲸在手势信号下从一位训练员那里游到另一位训练员那里。渐渐地，训练员之间的距离越来越远。随着训练员之间距离的增加，我们增加了拍打水面的动作，并将其作为第二个刺激和定位信号。正确行为的标准是白鲸在区辨刺激下从一位训练员（A）处游到另一位训练员（B）处。这种基本的“A-B”行为，两头白鲸在一周内都充分地学会了。对正确的行为，我们主要给予的是次级强化物，以使“A-B”行为成为一种积极的行为，从而为后续各种各样的行为打下基础。吃冰、玩耍和其他强化物都被用于强化正确的“A-B”行为，从而增加分离行为的频率。

随着白鲸“A-B”行为训练的顺利进行，训练团队开始训练它们对便携式门的脱敏行为。这个门的设计目的是为白鲸训练提供一个可以通过的过道以模拟新场馆中的闸门。该门框架是由 PVC 管道制成的，上面覆盖着不透明的网球拦网。浮球被固定在门的顶部以提供浮力，而底部则由金属锚钩固定在池底。这样闸门便可在水中保持直立。图 2 是 3 号码头白鲸池中的便携式闸门示意图。

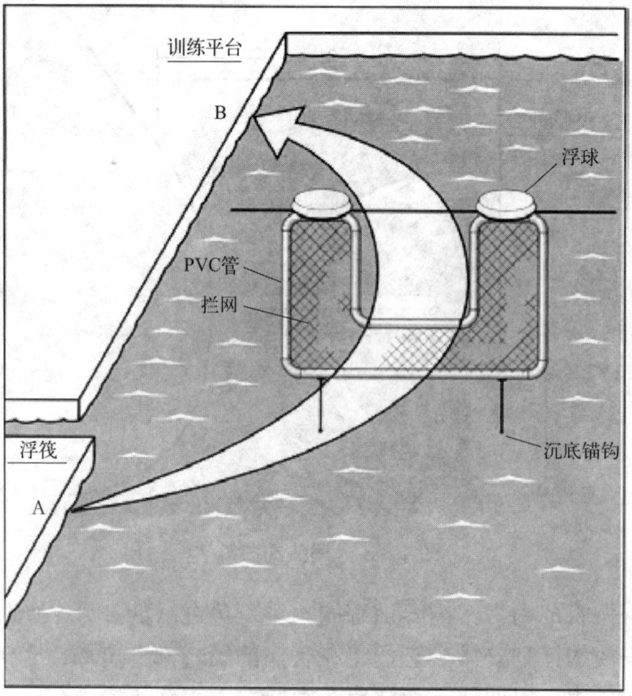

图 2　3 号码头白鲸池中的闸门和过闸训练路径

在“A-B”行为训练的过程中，我们便将闸门放在白鲸视野范围内的浮筏[1]上。大多数时候，闸门是直立在水中并固定在浮筏上的。在“A-B”行为训练期间，闸门也被故意移到浮筏上的不同位置，以便使白鲸对闸门装置尽量地脱敏。通过观察，白鲸的行为没有明显的变化。下一步训练白鲸对闸门放入水中的过程脱敏。闸门被放入或移出水面的过程中，我们要求白鲸在浮筏上定位。两头白鲸最初的反应是脱离控制，游向水池深处。在大多数情况下，受惊的白鲸会很快恢复并回到训练员身边，并在剩下的训练期间保持稳定。当闸门被放入或移出水面时，我们希望白鲸做出在浮筏上定位的正确行为，因此通过训练白鲸在闸门移动期间做出不相关的行为来教它们忽略闸门。这些不相关的行为可以是多样的，我们在每次训练的不同时间将闸门从池中移走以增加多样性。在第十次训练中，闸门被放进水中或从水中移出的整个过程中，白鲸都处于受控制状态且很稳定，我们因此认为动物对闸门的存在是完全脱敏的。

然后，训练员开始训练白鲸游到水池远处的“B”位置（图 2）。一旦动物学会游到“B”位置的行为后，我们就把闸门放进池子并置于“A-B”的必经之路上，然后我们再要求白鲸通过闸门游到“B”位置。为了防止白鲸从门的周围绕过或从下面游过，我们在闸门的前面放置了一个目标，并对游向目标的动物进行强化。这样一来，训练员就可以慢慢地让白鲸接近大门，并为这种行为建立一个正强化的

[1] 图 2 的 A 位置。——译者注

过程。一旦白鲸学会通过闸门，我们就用连续渐进法继续引导动物到“B”位置。当动物逐渐熟悉这一过程时，闸门前面的目标就会被拿走。现在两头白鲸在通过闸门时没有表现出任何犹豫。白鲸已经学会了区辨刺激，并给出游过闸门并平静地定位在“B”位置的正确行为。对于任何绕过闸门或从闸门下游过到“B”位置的行为则不给予强化。这种行为训练成功后，我们只需在等待将白鲸转移到新的设施的过程中定期对其训练即可。

4 号码头设施

规划中的海洋哺乳动物馆共有 4 个水池，总计有 130 万加仑的容量。图 3 是 4 号码头设施的示意图。除了让两头白鲸适应新的环境外，现有的社群结构中还会增加了第三条白鲸。所有三头白鲸都将在一个水池中生活并适应彼此。一旦三头白鲸的饮食情况稳定了，训练团队就开始打开水池之间的闸门，使白鲸可以自由探索新的设施。白鲸很兴奋地在水池之间游来游去，并很快将之前训练课程中学到的过闸行为应用到新设施的闸门上。当白鲸对过闸很熟练的时候，训练团队开始训练动物对闸门开关的脱敏。动物在打开或关闭闸门时依旧平静的定位行为会得到强化。

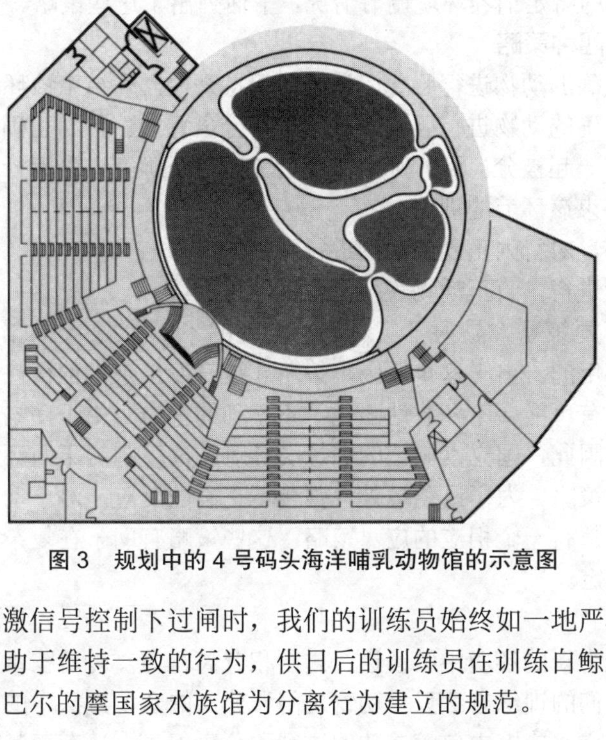

图 3　规划中的 4 号码头海洋哺乳动物馆的示意图

当白鲸在刺激信号控制下过闸时，我们的训练员始终如一地严格遵守着某些规范。这些规范有助于维持一致的行为，供日后的训练员在训练白鲸过闸和分离行为时遵循。以下是巴尔的摩国家水族馆为分离行为建立的规范。

分离行为的参数

- 当闸门打开或关闭时，动物需要总是在训练员的控制下。
- 分离行为的区辨刺激信号不能与闸门的开启或关闭相匹配。
- 闸门开启时，应该为需要过闸门的动物提供训练便利。同时对保持定位行为的动物强化。

- 当训练员给出分离区辨刺激时，动物需要准确无误地做出过闸门的行为，并到指定的水池中定位。

这些规范将有助于非常可靠地确立稳定的白鲸分离行为，训练员和动物都能从中受益匪浅。首先，当闸门打开或关闭时，白鲸留在原地的行为得到了强化，使它们对环境变化（闸门的打开或关闭）不再敏感。此外，打开的闸门本身并没有成为过闸和游向另一个水池的刺激信号。在整个训练过程中，闸门经常持续地开关。有时，某头白鲸会被要求单独过闸。其他时候，白鲸会成对或三头一组地过闸。有些时候，闸门打开但白鲸没有被要求过闸或分离。这些都有助于减少分离行为的可预测性。最后，如果动物从一个开放的闸门通过，该闸门不应该关闭以便动物随时离开，这样我们对一个不正确的行为给予了最小的关注反应。

我们希望国立水族馆的训练员对每一个不正确的分离行为使用一个单一的策略，即对于不正确的行为不提供任何环境变化[1]。不幸的是我们的白鲸所处的环境很复杂，以上不是一个契合实际的解决方案。在训练过程中，某些模式的发展导致了在分离行为中纠正动物的错误行为的四个策略模型的发展。特定策略的应用取决于动物脱离控制时的特定饲养环境调节情况。下面列出了这些策略。

应对错误行为的四种策略

1. 对行为正确的动物进行强化，让闸门保持开放，并结束该环节的训练。
2. 对行为正确的动物进行强化，继续进行分离行为。行为正确的动物与脱离控制的动物一起被分离到水池中，闸门关闭。正确完成分离行为的动物得到强化，并结束该环节的训练。
3. 闸门关闭，对行为正确的动物进行强化。
4. 训练继续进行，直至动物表现出正确的行为。

提供四种不同策略，是为了应对可能出现的不同情况。例如，策略 1、2 或 3 在表演中是不实用的。出于这个原因，策略 4 被开发出来。值得注意的是，如果策略实施不当，就有可能会不经意地强化了不正确的行为。由于动物脱离控制的原因经常是不同的，因此，国立水族馆的训练员针对脱离控制的不同环境和情况制定了以上 4 种不同的策略。为了避免意外地强化不正确的反应，对于动物可能脱离控制的每一种情况，都有一个相应的应对策略。这些策略有助于在复杂的环境中保持动物分离行为的稳定。

结论

让白鲸在一个新的环境中继续进行过闸和分离行为，对动物本身和训练团队都有很多好处。我们的训练方法只是动物过闸和分离的众多方法中的一种。我们这种方法除了实现国立水族馆中白鲸成功的过闸和分离行为，还有着其他很多优势。其中最重要的是为这种新的行为建立了一个正强化的训练经历。动物在水池之间的过闸和分离行为已经成为了一种实现可变化的正强化手段，而不仅仅是转移到一个新的水池中的结果。一旦白鲸游过闸门，互动就结束了。游戏时间、玩具和其他先前

---

[1] 最小刺激。——译者注

建立的强化物都被用来强化成功的过闸和分离行为。

我们这种方法也提供了一种在没有实际门的环境中对过闸和分离行为进行初步训练的方式。在3号码头环境下的白鲸便能够学习过闸和分离行为的基本技术。当白鲸被转运到新建的4号码头中的设施时，“A-B”行为以及过闸的行为都因为之前坚实的基础而变得特别容易。现在，过闸和分离行为已经是白鲸行为的常规组成部分。

为过闸和分离行为建立一个正强化的经历，也可以给训练和表演带来了很多好处。成功的分离行为使训练团队可以使用一头、两头或三头白鲸进行表演和训练。能否将某一头白鲸从群体中分离出来，对处理年幼的、社会地位低下的动物或训练新行为都特别有帮助。这对分离的白鲸和留在原地定位的白鲸都是一种强化。我们的方法比其他水族馆应用的分离方法花费的时间要长一些，但其优点也更多。随着过闸和分离行为成为每头动物的行为谱中可靠的行为，训练团队现在就有更多的时间专注于丰富这个白鲸群体的生活。

国际海洋动物训练员协会主办的《探索》杂志，1998年第23卷第2期。下面这篇文章获得了美国马里兰州巴尔的摩举行的第25届国际海洋动物训练员协会年会的多个奖项。这篇论文也赢得了1997年最佳训练行为和人文选择奖，以及特蕾西·贝尔廷的最佳首次演讲者奖。可惜的是，这次演讲的幽默视频未能与文章一起出现。这里再次讨论了过闸训练（和其他行为），但这次的重点是北极熊。本文展示了同样的技术可以应用于几乎任何动物，并用于帮助管理自由或保护式接触训练的水生或陆生动物。

老北极熊也能学习新招数

特蕾西·贝尔廷，简·约瑟夫（Jean Joseph），

迈克·梅塞史密斯（Mike Messersmith）和丽莎·诺德尼（Lisa Nordone）

捍卫角动物园和水族馆

前言

捍卫角动物园和水族馆的北极苔原展览，为游客提供了观赏“世外桃源式”动物的机会，如北极狐、麝香牛和各种极地鸟类。这个北极体验馆的核心是北极熊展览馆。这个展览馆不同于经典的熊窟设计：即游客从上面观看动物，北极熊展览馆则是将游客带入熊的视角。因此这个建于1982年的北极熊展览馆获得了美国动物园和水族馆协会颁发的展览杰出奖。

这个北极熊展览馆的主体包括一个11英尺深（3.3米）、90000加仑（342000升）的水池，宽阔的干沙滩，高起的岛屿和一条溪流。展览馆的水是从邻近的普吉特湾（Puget Sound）抽来的，并经过过滤的海水。展览馆的前部有观察窗，其余部分用门板和双环铁丝包围固定。这个栖息地为北极熊提供了各种环境丰容项目，包括大型攀岩地和卵石滩。同时高起的岛屿的一部分是内置的种植槽，上面种植有各种草

类和果树。大型砾石坑为熊提供了挖掘、滚动和休息的场所。溪流流过场馆并最终流入水池，在那里，游客可以近距离地观看北极熊。

展览馆以外的训练区的设计是以人的安全为首要考虑的。所有的门都只能手动开启的，而且训练员只能从熊舍上方的第二层的安全地带进入。原有的饲养区包括四个室内房间（其中两个附带产房）和一个室外区域。

北极熊在饲养区和主要栖息地之间的转移是通过在两个区域之间闸门的两侧放置食物来实现的。闸门的打开是对北极熊转移的一种刺激信号。虽然这种方法在大部分情况下都是有效的，但如果北极熊吃得很饱或被其他事情分心了，过闸行为就会出现问题。而且，北极熊内部的统治等级决定了哪头熊先通过闸门，因此在进行分离过闸训练时，需要充分考虑到这种“等级顺序”。到 1995 年为止，捍卫角动物园和水族馆的北极体验馆共有两头北极熊，一头 17 岁的母熊和一头 28 岁的公熊。

改革的动力

1996 年 5 月，动物园的训练员将会进行重组，包括将岩石海岸馆和北极苔原馆合并为一座展览馆。五名全职训练员将共同管理合并后场馆中的所有动物，包括海象、白鲸、港海豹、海獭、海鹦鹉和企鹅。长话短说，海洋哺乳动物训练员现在也需要来照顾北极熊。而原来的北极苔原馆只留下了一名老员工，这位老员工在动物园工作了 24 年，其中大部分时间都是在照顾北极熊。

1995 年 10 月，我们收到了一头来自阿拉斯加巴罗的北极熊孤儿，这个雌性北极熊大约只有 10 个月大。它被暂时安置在一个单独的海狮饲养池中，这个单独的饲养池由两个封闭的饲养池组成，且与北极熊饲养池毗邻。这个海狮饲养池是 1994 年由国家海洋渔业局在华盛顿州鱼类和野生动物部（Washington Department of Fish & Wildlife）资助下建造的。海狮饲养池现在饲养有几头体型巨大的成年雄性加州海狮，这个饲养池是作为一个为期三年的试点项目去建造的，目的是在硬头鳟繁殖期间临时圈养这些食欲疯狂的海狮们。

到 1996 年 12 月，这头雌性北极熊已经有 400 磅重了，我们决定把它转移到北极熊饲养区，并把它介绍给我们的成年北极熊们。还没来得及实施，新年期间又带来了新的消息，我们很快就会收到来自加拿大的两头雄性北极熊。我们需要一个完整的计划！

熊舍小径

一想到要在我们目前的设施中管理五头不同年龄、不同性别的熊，我们的训练员就“不寒而栗”。我们集思广益，通过将海狮饲养区与现有的北极熊饲养区连接起来，来扩大我们的熊饲养区域的面积。我们需要在原来的饲养区基础上扩建出五个房间，以便以不同的组合轮流训练北极熊。在现有的资源和时间条件下，我们努力规划好了新的区域，但连接海狮饲养区和北极熊饲养区的一系列铁丝网走廊和大门成为了我们晚上难以入眠的问题，我们称之为“熊舍小径”。

我们在室内两个饲养区中间的训练员通道上竖起了铁丝网墙，以隔离出一条走廊可以将熊从一个饲养区移到另一个饲养区。这一点很重要，因为建筑物只可以从一侧进入饲养池区域。这个长长的走廊将海狮饲养区与原来的北极熊饲养区的室外单元连接起来。在两个饲养区之间以及新建的滑道的两端都有坚固的侧拉门。

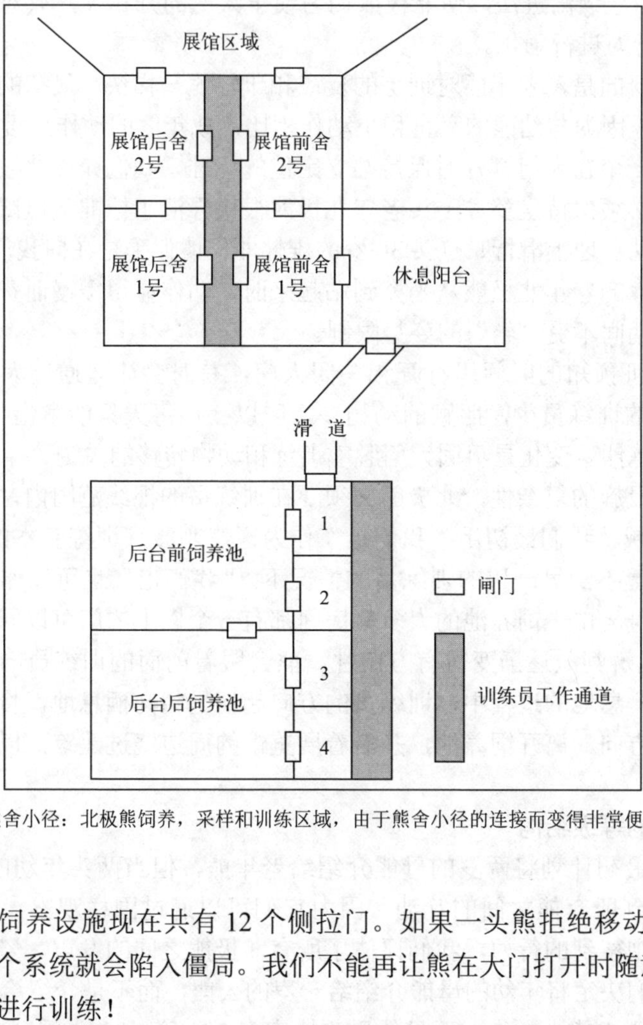

熊舍小径：北极熊饲养，采样和训练区域，由于熊舍小径的连接而变得非常便利

让训练开始

扩建后的饲养设施现在共有 12 个侧拉门。如果一头熊拒绝移动，其他熊就不可能通过，整个系统就会陷入僵局。我们不能再让熊在大门打开时随意走过一扇门。我们需要对熊进行训练！

1997 年 3 月，两头公熊从加拿大抵达我们的设施后，我们便开始了正式的训练工作。我们之前已经开始对两岁的小熊进行保护式接触训练，当时它被安置在饲养池区域。很快这两头年幼的雄性熊的行为已经稳定。但对老年熊的训练将是一个挑战。19 岁的雌性北极熊和 30 岁的雄性北极熊已经习惯于对门的动作做出反应，而不是对训练员做出反应。即使如此，我们继续以同样的方式训练所有的北极熊。

- 我们开始通过栅栏手工喂养北极熊，有选择地强化平静的行为。为了保持熊的嘴和围栏之间的安全距离（并避免训练员的手被误食），我们使用了整条鱼和内布拉斯加牌的大肉丸子。

- 口头上的“好”和视觉接触被作为信号刺激的条件。这些可以同时使用，或者由训练员决定一次使用一个。
- 通过使用连续渐进法，使北极熊们习惯于大门的开和关，只对北极熊停留在原地的行为进行强化。

令我们惊讶的是，老年熊对训练的反应和年轻熊一样快。最初的站位训练实际上是最容易的，因为与幼熊的兴奋和小动作相比，成年熊的动作更缓慢、更慎重。

为了建立一个在大门打开时保持站立定位的标准，我们允许北极熊观察大门的移动，但它们必须保持坐姿。一头老年北极熊很快弄清了标准，但试图用它的屁股跟着大门的移动在地上滑行！这头30岁的雄性北极熊似乎是在向我们展示它的“魅力”。这头30岁的老年北极熊从坐姿到站起来时，动作显得缓慢而费力，所以我们决定它在定位期间不受“坐”的姿势限制。

我们在不可预知的时间里打开和关闭大门，有时会让熊通过大门，有时则不会。因为我们的训练员少，照顾的动物多，所以我们每天只能拿出一到两次15分钟的时间来训练熊。变化是巩固大门脱敏训练和动物转移的关键。

由于物理设施的复杂性，北极熊必须要在训练员的视线范围内，从一个区域转移到另一个区域。我们最初用“我们走”作为区辨刺激来训练基本的跟随。最终，即使北极熊在看不到另一边的训练员的情况下，“我们走”也可以作为北极熊通过大门行为的信号。由于饲养池的大多数房间都有一个以上的门可以同时打开，所以“我们走”的区辨刺激逐渐变得有方向性，熊会跟着前面的训练员的方向移动。在将熊转移到主栖息地的过程中，训练员的方向起初是朝向栖息地，将熊带过大门后训练员会改变方向，离开饲养池，并沿着展览馆的周边绕过建筑，以便重新与熊建立联系。

利用动物内部的等级结构

尽管我们最初计划将两岁的母熊介绍给老年熊，但当两头年幼的公熊到来时，我们就能观察到所有熊之间的互动，因为它们可以通过围栏观察、倾听和闻到对方。根据我们观察到的行为，我们评估了所有北极熊之间的发声、姿势和其他互动的意向性。我们决定将年幼的母熊介绍给一岁的公熊，而不是介绍给成年的公熊。

尽管雌熊比雄熊大一岁，而且体重也比它多200磅（90公斤）。但雌熊立即扮演了一个顺从的角色。在两头一岁的雄性之间，其中有一头明显的支配性动物。我们没有严格控制这种自然的社会等级制度，而是将其纳入训练计划之中。等级顺序是由熊自己决定的，最具支配力的动物占据着离训练员最近的位置。一旦确定了等级顺序，我们只在所有熊都处于正确的站位顺序时强化它们的行为，并额外注意有选择地强化最具支配力的动物，以便让其他动物正常训练。一旦站位顺序正确，每头熊可以由指定的训练员不按顺序地转移到主要栖息地的任何区域或饲养区。如果年幼的母熊不愿意从级别更高的公熊身边经过，我们不会强求，而是要求它在公熊经过它的时候保持站立定位即可。这降低了动物之间发生不必要的攻击行为的概率，并同时实现了我们以任何顺序将特定北极熊与群体的其他成员分开的目标。

结语

在我们开始这个项目后的七个月里，我们已经成功地训练了五头北极熊在刺激信号控制下在整个建筑群中来回移动。除了能够在主要栖息地和饲养区之间安全地轮换我们的两组北极熊外，我们还得到了其他的好处。我们 30 岁的老年公熊经常会失去食欲，而且随着年龄的增长，体重也在下降。现在，我们把在训练过程中提供食物作为强化物，这样它的日均摄食量增加了，活动水平也提高了。即使我们的成年母熊因为季节性的食欲波动而有时对食物不感兴趣，但由于它对次级强化物反应良好，所以控制性的转变仍然是可能的。建立行为标准和观察北极熊的行为为我们评估它们的整体健康状况添加了新的工具。

这个训练计划还处于起步阶段，未来的目标包括扩大饲养行为的训练范围，以便在不需要麻醉的情况下进行常规检查和称重。我们知道你们中的许多人在保护式接触训练方面有丰富的经验，我们欢迎你们给予建议和批评。

Conference Proceedings

《会议论文集》，1979 年国际海洋动物训练员协会会议，于美国加州圣迭戈。如何在不分离的情况下训练一群动物，对训练员来说是一个独特的挑战。然而，布鲁克菲尔德动物园成功地实现了这个目标。

社群中特定瓶鼻海豚（*Tursiops truncatus*）的训练

詹姆斯·克拉克（James J. Clarke）和兰迪·布里尔

芝加哥动物学会，布鲁克菲尔德动物园

摘要

布鲁克菲尔德动物园下属的七海全景海洋馆于 1961 年正式对公众开放，这个海洋馆是对海洋哺乳动物特别是海豚进行饲养训练的一个大胆尝试。这个综合体在设计时没有考虑到当今关于海豚的大量知识，而是在完全内陆环境中对这些动物饲养和训练的首次尝试。按照当代的标准，该建筑群存在着一些缺陷。因为设计时没有规划物理分离动物的设施，因此这五头海豚完全是在群体共居的社区环境中完成各种训练和表演的。本文讨论了这种特殊情况的优点和缺点，并探讨了它对新动物和老动物的影响。

在社群中训练海豚

在 20 世纪 50 年代末，将海洋哺乳动物饲养在离海岸线几英里以外的，没有现成天然海水的地方的做法是人们闻所未闻的。而且将动物们用飞机长途转运到这些设施的任务是人们无法想象的。为了让美国中西部的人们了解海洋中的动物，芝加哥动物学会克服了上述重重障碍。因此，世界上第一座内陆海豚馆：七海全景海洋馆应运而生。

经过两年多的规划和建设，七海全景海洋馆于 1961 年对公众开放。该展览深受游客的欢迎，我们经常可以看到售票处外面排起的长队，大家千里迢迢地赶来，只为了一睹海豚游过水底观察窗时的风采。现在的七海全景海洋馆，就像当年一样依旧受到来到布鲁克菲尔德动物园游客的高度评价。同时这里也是海象奥尔加（Olga）的家，它是动物园里最昂贵和最受欢迎的动物。然而，当年修建的设施缺乏许多现代的便利。其中最突出的缺点是没有物理分离动物的设施或设备。因此，海洋馆中的五头大西洋瓶鼻海豚完全是在社区情况下进行训练和表演的。然而，经过多年的努力，七海全景海洋馆的训练员通过修改他们的训练技术和方法，创造了一种对现在大部分海洋馆来说独特的表演风格。

为了让大家更清楚地了解情况，我在此简单介绍一下设施：设施中有一个长为100 英尺（30.5 米），宽为 25 英尺（7.6 米）的椭圆形的水池。水池最大的深度为16 英尺（4.9 米），在池子的正中心，并逐渐向两端的 6 英尺（1.8 米）变浅。在6 英尺（1.8 米）的深度处，形成两个浅水区，两个浅水区在水池的两端各一个。浅水区均为半圆形，半径为 12.5 英尺（3.8 米）。浅水区可以通过专门设计的便携式栏网来与主池隔开。这些便携式栏网是我们分隔动物的唯一手段。由于这些便携式栏网大大缩小了表演区的面积，所以我们在必要时才会使用它们。另一个使用栏网的原因是如果有刚引入的动物，新的动物将在栏网中观察三个月的时间，具体时间取决于动物需要多长时间完成目标定位训练（即保持在训练员所指定的位置）。动物在一个位置上的定位是表演成功的一个非常重要的保障。

由于我们缺乏适当的隔离设施，我们只能让所有五头海豚同时出现在每场演出中。七海全景海洋馆的平均演出时间为 25 ～ 30 分钟。理想的情况是，演出以不间断的场次进行，其间动物们要表演 20 ～ 25 种不同的行为。我们尽量让每头动物在表演中做出同样的贡献，这样基于奖励制度，每头动物都能得到差不多同样数量的食物奖励。在经验较丰富的动物表演较难的行为时，我们就让新来的、经验不足的动物重复一些简单行为，如后空翻跳或齐步跳。这样的安排在整个表演过程中经常会发生，以使新动物忙而不乱。我们的表演不是提前编排好的，我们也不遵循特定的故事线。换句话说，动物们所做的事情并不取决于任何剧本。解说词是跟着动物们的动作走的。这样就给了训练员很大的自由，可以在任何时候改变表演行为的顺序。比如说，当需要某头动物做跳圈的动作，它却跑到水池的尽头逃避表演时，那么训练员就可以跳过环形跳跃这个表演，并让其他动物来接着表演其他行为。当动物自愿回到饲养区时，训练员就可以在它准备好的时候再继续进行环形跳跃的表演。有时训练员会改变表演程序的顺序，不为别的，只是为了让动物的注意力更高涨，让它们不确定接下来会发生什么情况。

我们的最终目标是创造一种多样的表演环境，让所有的动物都能在表演中表现出学会的每一种行为。如果某头动物因某种原因不想表演，这也没有问题。就动物而言，它们处于一种不知道下一步会被要求做什么的境地。我们目前正具备这样一种优势：每一个行为都可以由两头动物来完成，在某些情况下是三头。

非常重要的是，当两头或更多头动物被训练成对同一信号做出反应时，动物们应该知道会因执行该行为而获得奖励。我们的动物已经认识到，训练员的眼神肯定或指向性手势都是在给该特定动物积极肯定的信号。并且其他动物知道表演过程中要在喂食区定位，直到轮到它们去表演。定位的动物也会得到相应的奖励，当然表演动物也会得到奖励。

七海全景海洋馆的五头表演动物的年龄从 3 岁到 23 岁不等。最年长的动物已经在这里表演了 11 个年头，而两头新来的动物则只表演了短短四个月。因此，它们在年龄、统治秩序和经验方面存在着很大的差异。有老少搭配的好处是，年轻动物可以通过模仿来学习表演行为，特别是在一些简单的行为上，如背部漂浮、挥动脚蹼和拍打尾鳍。但一个很大的缺点是有一个霸道的、有支配力的动物存在，这头动物会监视其他动物，并霸占其他动物应得的奖励。我们发现，这个问题在交配季节变得特别严重，有时甚至到了让人不能容忍的地步：当一头等级地位高的动物来到一头等级地位低的动物旁边时，等级地位低的动物会马上把食物吐出来给等级地位高的动物。我们发现处理这个问题最有效的方法是不给等级地位高的动物任何霸占鱼的机会。这意味在等级地位高的动物在场时，我们会延迟给等级地位低的动物鱼或其他食物奖励。等级地位高的动物在霸占鱼的尝试失败几天后，这样的问题就会平息，直到下一次交配季节又会开始。

几年前，发生了一个支配权问题的极端案例。这涉及一头 32 岁的名叫维姬（Vicki）的海豚，这头海豚早在 1961 年便被引入布鲁克菲尔德动物园，是这里的元老级动物之一。从第一天起，维姬就处于支配地位，直到它去世。在一个多月的时间里，只要有训练员和食物出现，维姬就会拼命驱逐其他四头海豚到水池的尽头。不知道是什么原因导致了维姬的这种行为，无法找到线索使得问题难以处理。后来我们不得不在表演期间，让一位训练员把维姬带到池中的另一端，与它一起玩耍并给它喂食。这在前几天内的效果不错。没多久这样的做法就失去效果了。因此我们唯一的选择就是安装围栏网，每天表演开始时将它分开，在最后一场表演结束后将它释放。这样的做法持续了两天。很明显，维姬在围栏网后面一点也不开心，尽管它被剥夺了接触其他同伴的权利，但它仍然对其他动物具有威胁性。幸运的是，后来这个问题突然解决了。像这样的长期问题，一个额外的饲养池会派上很多用场，而且也可以提供一种避免问题而不是处理问题的手段。

额外饲养池的优点和缺点在训练课程中最为明显。由于我们每天都有演出，动物们在训练的同时还在表演。因此表演的日程和时间一年四季都有变化。在春季和夏季，每天有四场和五场演出，这样我们能够接纳更多的观众。在秋季和冬季，一周内有两场演出，周末有三场。这样一来便给训练提供了更多的时间。正如所有五头动物一起表演一样，所有五头动物也在同一时间和同一水池中进行训练。每次训练都有时间限制，最长不超过 20 分钟。在每次训练开始时，动物们被带到水池的特定区域，在那里它们将与一位指定的训练员一起工作。所有五头海豚都知道，如果想顺利得到食物，它们只能在指定的区域听它们指定的训练员的信号。然而，由于各种原因，一头动物可能会跑到另一个区域，尽管它知道在那里得不到食物。训练员可以不理会该动物，直到它回到适当的地方，或者如果该动物造成了麻烦，训练员可以向该动物指向它应该在的大致方向，该动物通常会回到原来的位置。每头动物都学会了以任何组合或在水池的任何区域被分割开来。这使我们可以同时训练两头或更多头动物。

我们设施的有些缺点是显而易见的。一个主要的缺点是，游泳池里只有一个深水区。如果我们需要同时训练两个深水的行为，我们就必须把训练课程分开，等到一个行为完成后再开始训练另一个。当一头动物表现得特别好，而另一头动物表现不好时，这个问题就会表现得很明显了。表现好的动物的训练很快就结束了，这样动物就会开始在这个区域徘徊，有时候会导致一些问题。为了避免这种情况，我们尽量调整我们的训练活动，以便尽可能多地用完 20 分钟的时间。另外，有的动物在有些训练过程中没有付出足够的努力，但这种情况很少发生在年幼的动物身上。还有些时候，一些年长的、更有统治力的动物，通常会去骚扰其他动物。这也是训练课程有时间限制的主要原因。我们一直努力让动物们认识到食物只在有限的时间内可以获得。

只有一个水池的情况下也可以出现共赢的结果。因为动物是在表演池里训练的，它们的训练可以随时用作表演。如果塑造一个新的行为需要一个道具，如吊环或跨栏，那么表演使用的道具就是训练使用的道具。最后沿着同样的思路，任何新的行为如果是在同一水池区域塑造的，理论上更容易从训练过渡到表演。

从经济的角度来看，缺乏动物转移系统将有利于我们在繁忙的季节里举办更多的表演，而不会使动物过度劳累。这可以通过将动物群分开并交替进行表演来实现。在繁忙的夏日，动物们被要求做五场演出。在这些日子里，即使十场演出的票也都能很轻易地卖完，但因为我们这里缺乏必要的分隔设施，因此无法实现这一目标，所以五场表演后，我们的动物可以得到充分的休息。

只有一个水池导致的最后一个问题是在医疗方面。五头海豚每年都要进行两次例行体检。患病的动物有时候需要用药，但有的时候没法用药，必须出水治疗。无论哪种情况，我们都需要放掉三分之二的水，才可以对池子里的动物进行医疗处理。为了降低对其他动物的影响，动物必须被尽快地、完全地带出池子。这个过程至少涉及 10 个人，有时需要取消一整天的演出。

在这个过程中，必须在水池的末端安装上一个或两个围栏网，并使用一个大拖网把指定动物赶到泳池末端的围栏网那里。潜水员被安排在拖网的不同位置，协助动物进入浅水区。如果有动物被拖网缠住，潜水员就会立马前去协助。一旦指定的动物被隔离在拖网后面，水池中的水位就会下降大约 3 英尺。如果当天要进行表演，就必须在低于正常水位的情况下进行。训练员会用小网捕捉动物，并将其放在柔软的担架上，最后把动物从水池里抬出来，放在水池边地板上的泡沫橡胶垫上。这里的工作区域是非常狭窄和拥挤的。然而，我们的目标是完成所有需要的程序，并尽快将动物送回池中。

自开馆以来，七海全景海洋馆的设施经历了一次重大的翻新。由于它在我们游客中的受欢迎程度很高，新的翻新计划正处于规划阶段，要么进行另一次大规模的翻新和扩建，要么建立一座全新的展览馆。如果有了新的场馆之后，加上古老的训练技术，我们将能够更多样化地展示我们的动物以及训练和表演的成果。

Trainer's Forum

《训练员论坛》，1994 年第 19 卷第 1 期。无论你是否有能力将动物分开，在栖息地内往往不可避免地需要对一头以上的动物进行训练。如何在一头动物身上取得进展而不影响其他动物是大家共同关心的问题。此外，在这些情况下信号刺激的使用会给训练员带来独特的挑战。很少有训练员能在每次训练中与动物进行一对一的工作，这是对任何训练员都奢侈的事情。因此，学会同时训练多种动物是一项重要的技能。这篇训练员论坛文章将进一步讨论这一主题。

如何在其他动物在场时训练特定一头动物

注：这个问题是从训练员论坛文章档案中提取出来的，我们认为有些老的问题仍然适用于现在的训练。

问：（1983 年夏天）当水池中有很多动物时，你如何让其中的一头动物知道你在训练它，而且是单独训练它，以及如何让那头动物知道信号是给它的？

答 1：通过仔细规划，并积极采取措施避免混淆，那么在同一个池子存在其他海豚的情况下训练一头海豚并不是一件非常难的事。在布鲁克菲尔德动物园下属的七海全景海洋馆，我们在一个水池中同时训练五头大西洋瓶鼻海豚。为了回答你的问题，让我来仔细说明一下我们的方法。

虽然在一个训练池中只单独训练一头动物是令人羡慕的，但这种情况对很多海洋馆来说是奢侈的。我们的动物已经习惯于在信号提示下游到另一位训练员那里，无论是单独还是与其他动物一起。每头动物都可以在池子周围的任何地方做动作或定位，以便让其他训练员和其他动物在其他地方进行一对一的训练。

以我们这种方式进行训练有几个问题。首先，动物会对来自其他训练员的信号做出反应，而不是其指定的训练员。这就是你所指出的第二个问题。一个可能的解决方法是让训练员进行轮流训练，这样每次只有一头动物在做训练动作，而其他动物只是被另一位或几位训练员训练进行定位，以保持着“忙碌”状态。或者就像我们的情况一样，随着时间的推移，动物们显然可以学会区分不同的声音来自哪里，来自哪位特定的训练员，并做出相应的反应。

另一个问题发生在动物离开其指定的区域并强行进入另一个区域的时候。这通常发生在动物知道它已经完成了该阶段训练的情况下，或者它很难理解它被期望做什么的情况下。因此你需要为训练设定一个时间限制，并让训练员之间相互合作，使所有的训练都在同一时间完成，将有助于缓解前一种情况。后一种情况有点难，因为动物显然很沮丧，但可以通过提供尽可能多的鼓励来缓解。一种方法是在新行为中插入熟悉的行为。这样一来，即使动物可能遇到困难，强化也会继续出现，从而鼓励它留下并继续进行训练。训练员之间的团队合作是群体训练中的关键。如果训练员在训练开始前就知道他们将对每头动物做什么，在哪里做，那么动物们就会更容易理解训练员对它们的期望。

尽管有诸多不便，但我们在这样的情况下还是取得了很多共赢的结果。很多时候，当一种行为在训练池中的确切位置训练完成后，这个行为将在同样的位置进行表演，我们就不需要有将行为从训练池过渡到表演池的麻烦。而且，动物从一开始就习惯于在其伙伴面前表演新的行为。最后，一头动物可以在一次训练过程中经历许多变化，包括不同的训练员和池子的不同位置，这可以使这个过程对所有参与者来说都更加充实。

1983 年训练团队
布鲁克菲尔德动物园

答 2：在约翰 · 谢德水族馆这里，我们以多种不同方式处理了在一个栖息地训练几头动物的情况。当然，进行新行为训练的首选方法是单独与动物一起工作，但有时这既不实际也不可行。我们的另一个选择是尝试安排足够多的训练员，使每头动物都能得到单独的关注。如果我们可以为每头动物安排一位训练员，那么每头动物就可以在不同的地点进行训练，这样就可以避免一些混乱。最后，如果分离是不可能的，而每头动物有一位训练员也不现实时，我们就需要有创造性地以一个人同时训练多头动物。

第一步是让所有参与的动物都能适应并肩工作。在大多数情况下，这从来不是一个问题。然而，对于某些动物并肩训练需要时间来适应。一旦动物们能舒适地并排进食，重要的是要控制每头动物耐心地定位和允许另一头动物进食的行为。只有在理解了这两点，我们才开始尝试训练其中一头动物，而让另一头一直定位。

我们教动物们在各自的位置上瞄准一个浮标，并一直在这个浮标上定位，直到被叫到。因此，当需要对一头动物进行行为训练时，其他动物会被要求在它们的浮标上定位。然后我们就可以开始对这头动物进行新行为的训练。当每一个连续的步骤都与新的行为相衔接时，正在训练的动物会被强化，其他所有的动物都会得到强化。显然，这是一个漫长的过程，只要有可能，我们就会使用额外的训练员来训练那些还没有轮到的动物。

重要的是，不要把我们所有的训练时间都集中花在一头动物身上。我们发现，通过将训练时间分散到每头动物身上，它们似乎更有耐心，也更能接受这个过程。随着动物们对这一过程的经验逐渐积累，我们能够将它们的定位目标放在离站台更远的地方，这就为重点动物提供了足够的训练空间。注意充分加强那些前往各自浮标定位的动物，而不是只注意正在接受新行为训练的个体。

一旦一种行为被训练出来，并且在一个区辨刺激上有响应，我们就需要逐渐摆脱目标的使用了。当有其他动物在场时，我们的每头动物都被教会只响应那些敲击脑门或嘴唇的区辨刺激信号。敲击作为一种特别指示，告诉动物接下来的区辨刺激是为它准备的。如果在动物受到区辨刺激，但却没有被拍打脑门或嘴唇，它们就会忽略区辨刺激，继续留在原地。在被训练的动物完成了所要求的行为后，所有的动物都会得到强化。

问题的最后一部分是当多头动物被训练时，如何减轻对信号刺激的困惑。我们做了很多事情来避免让动物感到困惑。最重要的是，当关键的训练步骤即将发生时，要跟每位训练员进行沟通。这有助于避免其他训练员对某一行为进行不恰当的衔接。我们还通过建立一个以上的刺激信号来减少混乱。我们使用听觉上的口哨，以及视觉上的手指，或在动物的身体上用力拍打两下。我们发现在近距离训练时，触觉信号是非常有效的，它不会扰乱其他训练员和正在训练的动物。同样，视觉信号（如训练员和动物之间的眼神接触）也很有帮助。在许多情况下，当无法做到触觉信号，而听觉信号可能会使另一头动物感到困惑时，视觉信号是非常有用的。我们在约翰·谢德水族馆对两种鲸豚类动物都使用了这三种类型的桥接信号，希望它们对避免你所描述的那种混乱情况有一些帮助。

我们希望这些建议能帮助遇到这些挑战的人。祝您好运！

1993 年训练团队
约翰·谢德水族馆

Trainer's Forum

《训练员论坛》，1999 年第 24 卷第 1 期。训练员论坛上有许多关于桥接技术的文章。这个重要的工具需要精确预判，而且其重要性再怎么强调都不为过。对于如何避免一头动物把另一头动物的信号当成自己的信号，这里有四条建议。

训练中的多重信号问题以及如何避免多信号的混淆

问：在我们的设施中，海豚经常将给它们的信号与设施中不同区域的训练员的信号混淆。我们怎样才能解决这个问题？

答 1：当其他训练员在不同区域给出桥接信号时，有几种方法可以尽量减少动物的混淆。对于日常饲养训练行为，我们在很大程度上依赖于训练员之间的沟通。例如，如果一位训练员要求海豚躺下采血样，他（她）会要求该区域的其他训练员暂停发出任何桥接信号，直到采样完成。这种应该在训练开始前就充分沟通好。另外，不同区域的两位或多位训练员可以在整个训练中轮流给桥接信号。

对于高能量消耗的行为，可以采用不同的方法。根据设施的音响效果，可以训练动物只对各自训练员的桥接信号做出反应，这可以通过强化动物接到信号后回到该训练员位置来实现。同时，在听到其他训练员的信号后回到训练员身边的海豚将得到一个最小强化刺激。通过将该行为与最小强化刺激保持一致，身处不同区域的动物被训练成只对来自其指定位置训练员的信号做出反应。

训练团队
海豚体验馆

答 2：信号是一个强大的、有条件的驯化器，可以允许训练员向海豚提供信息，指示它们何时正确地完成一个行为。信号的混乱对训练员和海豚来说都会产生一种深深的挫败感。因为沟通的途径中断了，而动物则被告知在一个不期望的时间进行了正确的行为。这种情况会对训练好的行为（导致提前终止行为，强化不标准或不正确的行为）和正在训练的行为（导致强化不想要的渐进行为，产生迷信行为）都产生不利的影响。为了保持训练员和海豚之间的有效沟通，对于做错行为应该给予最小化刺激。

各种各样的信号，或称制约强化物，为训练员提供了与海豚更灵活的交流方式。口哨、响片、拍打身体、拍打水面、点击和许多其他信号都可以成为有效的条件性制约强化物。这些条件性制约信号通过听觉、视觉或触觉传达到动物体内。因此，在不同的情况下，我们应该使用不同的沟通途径（不同的信号），以减少信号混乱的机会。如果动物在训练员身边，可以使用触觉信号来给予动物强化。如果该行为需要动物看着你，则使用视觉信号（点）。无论是触觉还是视觉信号，同一个池子的其他动物不会接收到你给予的信号，因此也没法对信号做出反应。这种技术依赖于训练员的意识和沟通。

通过识别对“背景”信号（不针对特定动物的条件性强化信号）敏感的动物和行为，训练员的沟通可以在训练前开始。当上述这些行为发生时，训练员要避免使用可能影响其他动物的制约强化信号。例如，我们在采血期间，就避免使用听觉信号。这样可以确保动物不会对背景信号做出错误反应而导致行为提前终止。训练员之间的交流也可以在训练中进行。如果一头动物的行为低于标准或不正确，可以提醒该区域的其他训练员避免给信号强化这个行为。所有训练员在使用信号时，应对其他动物行为有着基本认识，这将有助于最大限度地减少桥接信号的混乱。

如何处置我们海豚湾的动物对背景信号的错误行为，我们是视情况而定的。如果训练员彼此很近，或者海豚是群体行为的一部分，它们会像往常一样被强化。如果训练员之间的距离很远或训练员位置很明显，我们觉得海豚可以在水池里明确定位声音的来源，我们会给一个最小强化刺激。比如其他训练员在池子对面，且动物对背景信号有反应。在这种情况下，动物因为注意力不集中而被给予最小强化刺激。有效利用最小强化刺激和选择性强化，可以帮助动物尽快区分属于自己的信号和其他背景信号。

另一个可能的解决方案是使用独特的信号，即每头海豚都被分配了一个独特的音调或信号。随着动物数量的增加，如果动物没有特定的训练员，这个解决方案反而使事情变得复杂。这种方法适用于只有两头动物的情况。每头动物都有一个独特的音调，但在做群体行为时它们也会对普遍的背景信号做出反应。

训练团队
埃德蒙顿海豚湾（Edmonton Dolphin Lagoon）

答 3：我们过去也曾在信号方面出现过混乱。我们解决这种问题的方法是训练员之间的良好沟通。例如，如果一位训练员准备训练一个高能量的行为时，他会通知其他训练员“定位好他们的动物”，因此，其他的训练员会要求他们的动物做一个小行为或只是给予触摸。我们的理念是试图在错误发生之前预防它。然而，我们仍然会偶尔遇到信号混乱的问题。当这种情况发生时，我们会要求动物重复该行为。

另一个办法是为每位训练员分配不同的信号频率。但在我们这里，我们主要利用训练员之间的沟通来减少混乱。

训练团队

海湾世界海洋馆（Gulf World Marine Park）

答 4：我最近在训练两头海豚，它们在分开训练时有各自的信号（雌性是银色口哨，雄性是黑色塑料口哨），而在一起训练时用相同的信号（黑色塑料口哨）。但这似乎也不可避免地带来了一些混乱。我们的训练有时候是一位训练员带两头海豚，有时候是两位训练员带两头海豚。在后一种情况时，训练员要么彼此相邻，要么在水池的两边。雌性海豚必须对银色的口哨做出反应，但在其他情况下，它需要对黑色类型口哨声做出行为。而且不可避免的是，训练员也会忘记带上正确的口哨。海豚们也互相混淆对方的信号，哪怕口哨的频率和位置都不一样。一般来说，海豚通常能够分辨出口哨来自哪个方向（或训练员）。我决定第一步是让两头动物接受同一个信号，无论它们是否在一起训练。

当开始训练或表演时，训练员和海豚并排在一起。训练员 A 会把他们的海豚送出去做一个动作，而训练员 B 则把他们的海豚留在原地定位。当训练员 A 的海豚做完正确动作时，他们会把海豚召回到原位并给予初级强化物。训练员 B 也可以对他们的动物进行强化，以使其保持在原地不动。然后，我们会让训练员 B 把他们的动物送出去做一个行为，然后动物回来得到强化。开始时训练员彼此靠近，然后逐渐拉开距离。这可能会花费一点时间，但最终是值得的。

在训练的各个阶段，沟通是非常重要的。即使偶尔也还是会出现混乱的情况。尤其是当试图训练一个新的行为或处理敏感的饲养行为时，这会令人非常沮丧。这个时候，保持沟通是至关重要的。在任何训练之前，训练员们都需要讨论他们在该训练过程中的具体计划。我们采用“轮流”的理念，以消除动物在这些关键时刻可能产生的困惑。尽管我们应该注意我们的动物（它们也应该注意我们），但训练员也有必要关注其他训练员和其他动物。

我注意到，一旦海豚学会了这一点，它们的整体行为和标准就会有相当大的改善。祝您好运！

苏珊娜·史密斯（Suzanne Smith）

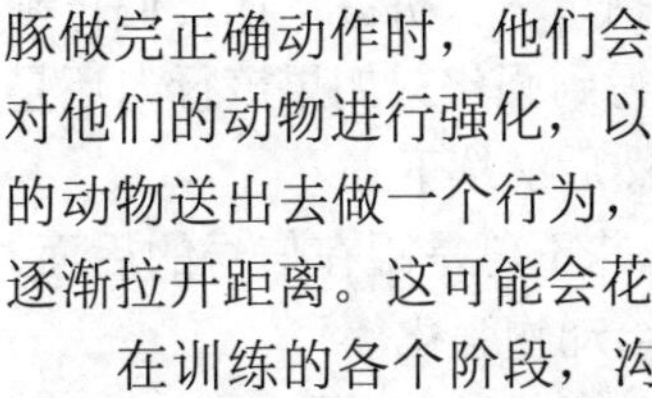

《训练员论坛》，1996 年第 21 卷第 3 期。我们经常希望或需要训练动物的行为整齐划一。但是，如果一头动物的行为是正确的，而另一头却不是，你该怎么办呢？你应该给信号强化吗？在动物表演时训练员每天都必须面对这个复杂的问题。根据训练员和动物的经验，这个问题可以用以下各种方法来解决。以下是这个问题的三个答案。

群体行为的训练之何时给信号

问：如果你训练两头动物表演团队行为，其中一头正确地完成了行为，但另一头却没有，你会给信号强化吗？在我们的机构中，我们允许动物自己终止行为，对行为正确的动物进行强化，对行为不正确的动物给予中性反应。我知道有些机构用召回手段，有些给强化信号，有些不强化任何动物。你的机构是如何做的？

答1：当单个动物的串联行为没有达到标准时，我们的训练员会采用以下两种应对方式中的一种。

首先，如果该行为持续时间相当短，或者是一个相对低能量的行为，我们通常选择让该行为自行终止。只要我们确定表现正确的动物不是导致其他动物表现失误的原因（社会等级、替代性攻击等），那么训练员就可以向表现正确的动物提供初级或次级强化物。表现不正确的动物将得到一个中性的回应。如果存在支配权或攻击性干扰的问题，那所有动物都没有强化物。我们等待行为的自行终止，所有的动物都会得到一个中性反应。

如果行为不属于上述类型，行为持续了很长一段时间而且属于高能量行为，那么我们可以选择使用召回手段。听到召回后，动物会终止行为的执行，并回到训练员身边。因为我们相信召回可以被强化，也因为我们使用了变化性强化时制，训练员可以选择向正确的动物提供初级强化。我们经常给动物第二次机会，让它们正确地执行行为，为动物提供成功的机会本身就可以让动物得到强化。如果该行为还是未能正确执行，我们就对不正确的行为给予中性反应，然后继续下去。

因为我们使用的是变化性强化时制，因此初级强化并不总是跟在信号的后面，所以当只有一头动物正确地执行群体行为时，我们不会给动物强化信号。

海豚互动海洋馆（The Dolphin Connection）
芝加哥动物学会

答2：当两头动物第一次在一起，或者已经分开了相对较长的时间后重新组合，训练员就必须先进行适当的行为靠拢，向动物们展示你对它们“团队行为”的期望。在最开始的时候，你需要让两位训练员在很近的距离内同时进行该行为训练，随着两头动物的行为逐渐统一，最后让一位训练员能够同时训练两头动物。

要建立团队行为的概念，如果团队中的一头动物没有做出正确的行为，那么就不要给强化信号，因为这将同时强化两头动物。如果你可以使用召回，在这种情况下，召回是明智之举，或者让动物们自动终止行为。

训练员对上述情况的评估，决定是否需要给强化物（可变比例的多样性强化或食物）。只有在没有霸凌或支配行为（dominant behavior）的情况下，才能对做出正确反应的动物进行强化。哪怕没有观察到任何明显的霸凌或支配行为，这种行为仍然有可能发生。如果团队中的主导动物作出了错误的反应，那么只有在不刺激其对从属动物的攻击性的情况下，才可以对做出正确动作的从属动物进行强化。如果团队中的从属动物作出了错误的反应，在强化前要确定主导动物不是导致其错误行为的原因。如果你对此有任何疑问，那么这两头动物都不应该被强化，而是给予一个最小强化的刺激，并要求动物们做出另一个团队行为。记住塑型训练团队行为的关键不是谁得到或没有得到强化、使用召回或最小强化的刺激，而是采取适当的渐进方式，以便向动物们传达整齐划一和作为一个“团队”的概念。

动物护理人员

神奇海豚环境馆（Dolphin Environment）

答 3：神秘海洋生物馆（Mystic Marinelife Aquarium）的理念是如果团队中一头动物做出了正确的行为，而另一头没有，我们会强化做出正确行为的动物，对于没有做出正确行为的动物，我们给一个最小强化刺激，然后再继续重复行为。这也是我们单独训练动物的标准方案。

在我们的公开表演中，为了美观起见，我们尽量不用信号，让行为自行终止。对于团队行为，我们也不给终止信号，而是让行为自行终止（例如：跳栏）。我们强化做出正确反应的动物，给予做出错误行为的动物最小强化的刺激，然后继续进行表演。

这些方法对我们来说都是相当有效的，无论你用的什么方法，我们都希望你好运。

训练团队

神秘海洋生物馆

《训练员论坛》，1992 年第 17 卷第 1 期。对于下面这个特殊的问题，我们收集了四个详细的答案。围绕着表演或动物管理，我们需要混合不同物种。请记住，下面描述的方法也适用于将同一物种的动物首次混合在一起的情况。虽然四个答案所提供的机制是一样的，但像这样的综合性训练计划也显示了不同训练员处理问题的方式的差异和矛盾。

将不同的鲸豚类物种第一次混合训练的问题及解答

问：我们的设施容纳了几头从未在一起生活过的鲸豚类物种。我们希望它们能在同一个水池中进行公开展览和表演。希望大家给我们一些如何开始的建议。

答 1：在期望你的不同物种与你的训练公开展览和表演之前，动物之间熟悉一段时间是必不可少的。这种熟悉可以通过多种方式完成，并完全取决于训练员对每头动物个性的评估和动物与圈内伙伴交往的经历。根据你所在设施的物理布局，将动物们安置在目标区域相邻的围栏中，使它们在水面上下都能看到和听到对方。保持良好的积极控制，并使动物们越来越接近，如此这样，你可以至少完成两件事。

1. 你与你的动物保持积极的互动关系，同时让它们感知另一头动物的存在。
2. 你可以使你的动物对新来的动物脱敏（这很重要，因为你在向你的动物传达接近新来的动物是一种积极的情况，而不是必须展现动物界中常见的攻击性 - 防御性行为）。

最终，在多次训练且动物之间没有明显的攻击表现后，你可以开始取消动物之间的物理隔离，并继续让每头动物加强合作。充足的逃生通道和大的游泳池使动物们感到不那么局促，而且会减少需要保护自己而产生的攻击行为。

如果每头动物都有指定的训练员，它们就能得到最大的关注，这对动物混合也是很有利的。训练员可以互相交换动物，以避免可能出现的霸凌或其他突发事件，这些事件会导致整个情况变得更加复杂。经过足够的训练，两种动物最终都将由一位训练员控制（通过淡化第二位训练员），你可以通过这种方式引入新的动物种类。

应该注意的是，将有统治力的动物介入顺从的动物会加强这种统治力，有时候最好是在其他成员对该新来者都感到适应后，再将有统治力的动物介入该群体。

这仅仅是刚刚入门，在尘埃落定后系统性的脱敏训练将更值得你的期待。

维克·沙尔福罗斯

圣迭戈动物园

答 2：我们希望任何被要求在一起训练和生活的动物都能和平相处。我们的方法如下。

- 任何时候，在同一个系统中的鲸豚类动物都不应该混在一起，因为这样会挤压所有动物的有效生活空间和社会互动机会。
- 如果现有动物们不能相容新来的动物，在这之前，出于安全考虑，必须停止引进新的动物。

以上这两条并不是说没有很好的理由（育种、健康等）而将动物群分开。我们认为只要有可能，就应该开展一个积极的项目来混合这些动物。因此，我们以下列方式将动物相互介绍给对方（请对设施进行一些宽泛的假设，并忽略一些特定物种的问题）。

在你开始介绍动物之前，确保所有的动物都学会了基本的控制行为，并且有着可靠过闸行为。

首先为将要混合的动物们提供通过网门进行视觉接触的机会。在网门附近的定位训练或其他简单的训练活动都可以加强动物对其他动物存在的认知。如果可能的话，可以进行动物之间的联合训练。训练员可以在水池之间来回走动，这样动物们就会明白训练活动涉及两组动物和两个区域。在其他动物执行行为时，对留在目标定位的动物进行大量的强化。我们会说，在这些环节中应该给那些“不工作的”动物更多的强化。

接下来，将这两组动物一起释放到同一区域。一个更好的选择是，从每组动物中挑选出那些看起来最容易接受新事物的动物，先把它们混合起来。确保有水池可以让动物们在感到不舒适的时候逃到那里：保持大门敞开。你如何执行这些行为，很大程度上取决于动物们的反应。

如果混合过程一切都很平静，你可以观察几分钟。然后，你可以继续训练动物，给它们信号和喂食来强化。尽量让它们都在各自的位置定位，但无论它们在哪里出现，都要给它们喂食来强化。你的主要目标是尽可能在同一时间内奖励水池中的所有动物。然后，再次释放这些动物，让动物们自由地在一起，我们建议前期混合的时间至少是几个小时。

如果混合期间发生攻击行为，并且动物试图逃到别的饲养池中，我们需要让这些动物自由地离开，且不要强迫它回去。只有在需要保护动物时才关闭大门。如果事情平静下来，我们则再次回到基本策略：尽可能在同一时间奖励水池中的所有动物。

最后，努力让所有的动物一起进入水池。强化它们的定位行为，并引导它们越来越相互靠近。记住，始终加强动物的定位行为，定位动物的奖励应该与做动作的动物一样多。当处于支配地位的动物允许其他动物定位、进食和训练时，应给予它们大量的奖励，得到更多的时间、食物和关注。

过闸训练是动物混合过程中最棘手的部分。你的训练策略受制于动物们的情况和过闸行为的稳定性。我们在这方面的唯一建议是，在训练动物过闸时要尽量灵活，并尽量避免任何高度紧张的行为。

蒂姆·德斯蒙德和盖尔·劳勒
活跃环境公司

答 3：当混合不同种类的动物或引进相同种类的动物时，我们的基本原则是要慢慢来。最好的办法是让动物们能够通过关闭的门来观察对方，这有利于动物们意识到对方的存在。给足时间来平息可能出现的攻击性行为，并在接纳对方存在的情况下平静下来，最初不需要训练员过多的干预。在它们接受对方之前，不要有任何身体接触的可能，也不允许有任何不适当的行为或刺激。

然后是让每组动物在关闭的大门两侧进行训练，直到它们可以并排地无干扰地训练。每组动物甚至可以学会共享闸门或网门上的同一个目标。

我们的鲸豚类动物可以在四个水池中轮流停留，我们利用这一优势，允许每个不同的群体在原群体不在时，在上一个群体的休息池中探索、工作和玩耍。除了以缺席的方式共享池子外，两组都有着同样的玩具，它们指定的训练员也混在一起，与不同动物玩同样类型的游戏。这可以使所有的动物和人都能一起放松，很多时候，这样能使训练员更有信心来决定当动物混杂时，如何以及何时需要调节紧张程度。

这种情况可以通过不在同一时间混合所有的动物而变得简单。在每组动物中选择更稳定、更友好的动物（那些在任何情况下都最有可能对训练员做出反应的动物）先进行混合训练。你可能不想一开始就混合性别，或者根本不想。在第一次见面时，不要让处于繁殖期的优势雄性介入。

可以选择一个中立的水池作为“会面地点”，或者使用彼此鲸豚类群体都熟悉的水池。尽量在常规训练中进行实际的介绍行为。一组驻扎在池边，而第二组则被关在同一个池子里，并被带到另一个地方。动物可能会一直忙着做一些小动作，使它们靠近自己食物的位置。这种暂时性的开小差和短期性的离开都是可以接受的。动物们会因坚持定位而得到鼓励和良好的奖励。其间至少需要有一扇门是开着的，以便动物们需要离开这个区域时可以随时离开。

训练员是动物们的精神支柱。动物的情绪和行为会时不时地波动，但只要训练员持续不断地提供稳定的训练环境，无论周围是否有人大喊大叫或出现陌生人，动物都会在训练员引导下安静地定位在那里，而不至于挣扎或逃跑。我们的瓶鼻海豚对环境干扰的抵抗力很强，但我们的伪虎鲸就容易受环境干扰。

最初的几次混合时间应该是简短的，训练员需要对整个过程进行完全的控制。在混合完成后，给动物一个“全部完成”的信号，让它们自由玩耍几分钟，然后再召回继续训练，并把连通池子的门打开。一个好主意是在最终关闭两个物种之间的门之前，来回多次地开关闸门以使动物适应。当原来的动物已经适应和新动物一起进行训练时，训练员需要继续观察两个不同种群动物之间是否有攻击性的行为。

随着时间的推移，当动物们已经非常熟悉对方，这时可以敞开池子之间的门，让动物们随意混合。并在公共池子里放置动物们都喜欢的玩具以促进建设性的互动，并提供一个不同的关注焦点。

对于混合动物群体的表演安排，可以先让比较稳定或数量较少的群体进入表演区。当第一组动物进驻后，第二组动物再被送入该区域，依次让动物们进行表演。在两组动物都进入表演前短暂混合 15 ～ 30 分钟。

整个训练过程可能需要几周或几个月。有的动物可能就是无法很好地和其他动物混合。以缓慢和谨慎的方式进行这一过程是任何成功混合动物的关键。我们需要认识到，良好的行为管理没有捷径可走，同时还要知道强迫动物们迅速混合也不会有好的结果。

艾莉森·道格拉斯（Allison Douglas）
印第安纳波利斯动物园

答 4：将新成员融入一个成熟的动物群体，或将两个成熟的群体（或物种）混合在一起并不是件难事，只要牢记一些基本原则就可以非常成功地进行。很明显，答案并不像打开一扇门，动物们就能顺利混合那样简单。很多时候，如果让动物自由发挥，所有的刺激信号控制都会消失。如果动物们抗拒合池或想着分开，强行合池可能导致攻击或其他粗暴的行为。而这一切都是我们想要避免的。

独占性 / 攻击行为（一种自然行为）

我们必须认识到，在大多数情况下动物会认为一位新成员或一群新动物是入侵者。这个入侵者会争夺食物、空间分配权、繁殖权等。因此，在这些情况下，动物自然的行为反应是通过我们不可察觉的方式挑战新成员（如行为、发声等），然后便是公开的挑战和战斗，特别是当新成员不“服从”时。因此，我们介绍动物的首要目标是将强化物与介绍以及与新成员的后续互动联系起来，创造一种积极的行为模式。

从简单的开始

从每组动物中挑选出最稳定、最包容的动物进行混合尝试。这些动物会给你最好的机会，以便你的第一次混合训练一直处于可控状态。所有的初始混合行为都应与强化物相配合，以帮助动物形成群体合作和对混合的积极反应，并避免支配等级性、领地性和攻击性行为的出现。动物们的第一印象也是重要且持久的，所以要第一时间帮助你的动物理解这种混合行为是积极的和非威胁性的。你也需要避免将一头高度支配性的动物介绍给一头高度从属性的动物，以避免可能出现支配和威胁行为。最后，随着混合机制的顺利形成，后续可以有计划地增加更多动物。

建立一个中立区（领地性）

动物伦理学告诉我们，建立势力范围的动物会采取任何行动保护其“地盘”。一旦我们理解这种正常的、自然的领地行为，我们就可以更好地考虑到动物的利益。如果条件允许的话，混合可以在都不属于两头动物的中立区水池进行，以便促进刺激信号控制，减少支配行为。动物们不会保卫不熟悉的领地，中立区域的好处是提供一个更积极的、可控制的混合机制。这个机制的一个更好的用途是将从属性的动物介绍给支配性动物。在这种情况下，最好是将支配者移到从属者的水池（或“地盘”）。这将有助于化解支配者的任何维护领地的行为，并给予从属动物以领土优势，从而有助于提供更多的社会平等。请记住只强化动物的配合行为，避免意外强化带来的支配地位或攻击性行为。

自由活动时间（社交行为）

通过控制性的训练，可以初步形成积极的混合机制。如果混合在一起的动物没有表现攻击性行为，便可以系统地延长混合在一起动物们的休息或自由玩耍的时间了。一开始可能是一到两分钟，然后逐渐延长时间和频率，直到几个小时或一整天。然而我们必须记住，在“自由活动时间”里，一些不受欢迎的行为更容易发生。社会等级制度决定了，在自由活动的时间内发生攻击性的行为、性行为等是不可避免的，并可能影响到实际训练。因此，在最初的“自由活动时间”里，必须训练动物的配合行为，同时进行周期性强化（这被称为不相容行为 / 其他行为的区别强化，DRI / DRO）。注意避免在恢复训练时出现不受欢迎的行为（在训练中休息时仔细观察你的动物）。

“分离还是不分离”

是立即开始分离还是等到训练后期再进行分离是一个复杂的问题，这个问题的答案完全取决于整个群体的长期训练目标或你的设施的条件。然而，最好的办法是将分离作为所有动物的行为谱中的一种可靠行为，而且训练越早开始越好。你永远不知道动物什么时候会生病，需要将其隔离起来这样的紧急情况。在许多情况下，分离训练应该在引入该动物时就开始。

太多的依恋?

有时候引入的动物变得如此依恋群体生活，以至于分离反而特别难。这种情况有时候会立即出现，有时候会在互动的几周后发生。尽管有许多内在的社会约束因素来巩固这种联系，但通过对初级和次级强化物的应用（在适应和训练期间），我们可以解决这个问题。我们常常为动物们的“相见恨晚”而欣喜若狂，以至于没有意识到随后的分离会如此的困难和麻烦。由于动物们将新成员与大量的关注、强化和社会化联系在一起，即使是短暂的分离也不愿意接受。如前所述，最好是在最初的混合训练中，开始分离训练。这样上述强烈的联系就不会发展得如此牢固，从而避免任何分离的尝试都被动物认为是可恶的，逃避行为成为主要现象的问题。如果完全分离是不可能的，至少要加强对分离行为的努力和强化。在这种情况下要避免强化任何团队的行为。请记住在这种情况下，通过强化来加强混合行为是多余的，而且会使问题变得更加复杂。一对一训练和单一控制（即使是在同一个池子里）则是一个更合理的分离方法。在这种条件下大部分强化应该发生在成功分离之后。

“平衡”强化

无论我们喜欢与否，负强化也可以增加某些行为的频率。当动物们“迷恋”对方而拒绝分离时，负强化就可以发挥作用了。同样的道理，当支配和从属关系发生时，那些维护领地和攻击同伴的动物便会得到负强化。因此，必须预先准确地使用“初级”和“次级强化”的方法，以避免强化不受欢迎的行为。

在我们的第一种场景中，过度强烈的依恋正在迅速发展。但由于各种原因，这种匹配不利于整个种群的整体利益。在这种情况下，我们可能要强化尽可能多（或完全的）分开的行为，或分离的类似行为。我们必须为一个成功的分离行为提供高度的可变强化物。这包括在动物分开后立即让它们重新接触彼此。在这种情况下，几乎不需要对这种重新引入的行为进行强化，因为社交本身是一种非常强大的强化物。等待动物表现出平静、放松的反应之后再重新混合（作为强化物），以免形成分离焦虑。

我们的第二种场景涉及相反的问题，即社会侵略。因此，大部分可变强化物应在引入动物时给予。在分离时，可以很少或不给予强化物。对主导动物的回避行为进行负强化，可以保持动物之间强烈的分离动机。因此额外的强化物是多余的，可能会加重或延迟不好的行为。

无论是这两种情况的哪一种，你都可以通过调整可变强化物的应用，从而达到一个好的平衡，以便使所有的动物都能在表演和生活中合作愉快。

要点总结

- 将强化物与新成员的出现匹配。
- 估计支配性的程度（无论是控制性 / 结合性，还是领地性 / 攻击性），以避免意外强化使问题复杂化。
- 建议使用中性区域。
- 从两头动物（每组一头）开始混合，在形成积极的关系后再增加新动物。
- 把占主导地位的动物移到从属动物的水池中（同时把主导动物的领土优势人为转移给从属动物）。
- 如果动物表现出过多的依恋，在分离后提供大量强化物。
- 如果动物之间表现出太多的不合作行为，在引入和整个训练期间提供大量的强化物。在动物们认为混合是积极行为之前，不要对分离进行过多的强化。
- 当开始混合动物们的时候，运用好小的休息时间以进行渐进强化，对于那些看起来不合作的动物，可以使用不相容行为 / 其他行为的区别强化（DRI / DRO）。

· 最初的混合训练必须是积极的，以便给动物们一个好的第一印象，以便为未来的成功和健康的动物饲养训练项目奠定坚实的基础。

泰德·特纳

俄亥俄州海洋世界

Trainer's Forum

《训练员论坛》，1996年第21卷第2期。一直以来，将多种鳍足类动物放在一起混养是很司空见惯的事情。事实上，这种情况在所有海洋馆中都是存在的，以至于新训练员常常认为这是理所当然的。有时不同物种之间相安无事，但有时需要特别的规划和艰苦的训练。下面是处理这种情况的几种方法。

如何让鳍足类动物和平共处之海豹与海狮

问：如果你有两头或更多头的海狮、海豹，你是否将它们放在一起？如果放在一起，你是如何把不同的物种介绍给对方的？你只是开了一道门，还是训练它们混合？

答 1：我们曾多次将加州海狮和港海豹安置在同一个池子里，我们没有发现任何问题。两个物种似乎都能适应彼此和环境的变化。但上一次我们将两个物种混合在一起时，确实出现了一些“小情况”。我们的场馆中有两头成年雌性海狮和一头成年雌性港海豹。出于综合考虑，我们把两头未成年的雄性海狮引入这个群体中。恕我直言，年幼的海狮通常比成年港海豹更活跃、更敏捷。我们的港海豹训练保持正常，它的体重也保持着正常，但它从其他年轻海狮伙伴那里得到了更多“丰富”的行为。它得到的锻炼比它只和它的老伙伴们在一起时要多得多。它和所有的海狮在一起待了大约六个月，后来被转移到另一座展览馆和另一头雌性港海豹在一起过着更安静的生活。

我们的经验表明，你不仅要关注不同的物种，还要关注不同的个体。我们所有的动物都学会了依次进食的行为，我们可以随时把每头动物分开。混群前的训练可以提高混群的成功率。

吉姆·亚历山大

圣路易斯动物园

答 2：在神秘海洋生物馆，繁殖期间我们将两头港海豹移到一个有着12头加州海狮的水池中。在引入之前，我们没有对这些动物进行适应性训练或脱敏训练。在这两组动物之间没有发现过度的攻击性，它们相处得很好，或多或少地忽略了对方。成功地混合这些物种的关键是在展区内有足够的动物空间，让每头动物可以在不影响其他动物的情况下选择舒适的休息点。以下是我们喂食的一些准则，希望对你有帮助。

1. 每个物种都有自己指定的喂食区域，并且尽可能远离其他物种。

2. 目标定位训练是很有帮助的。我们的动物在引进前就已经接受了目标定位训练。我们就是通过使用目标定位，为港海豹建立喂食区域的。

3. 加州海狮被训练成完全离开水面，来到海滩上的喂食点，使它们远离港海豹驻扎的水面。

4. 港海豹的目标喂食点在海滩边缘附近，远离海狮，在那里它们可以自由地接触到水。

以上是我们对混合饲养两种鳍足类动物的建议，我们希望这些对你有帮助。它们有助于保持我们引进工作的顺利进行，并将对动物和训练员的攻击性降到最低。

训练训练员

神秘海洋生物馆

答 3：对于鳍足类动物的混养，一般有这么几种选择。

1. 打开门。
2. 礼仪小姐那样正式的方法："海狮先生，我想把你介绍给海豹小姐"。
3. 说真的，这取决于你的设施。如果可能的话，在引入动物之前，给每组动物足够的时间来适应新的圈舍。在可以防止攻击的受控情况下，让这两个物种暴露给对方（例如：在门两边）。让它们可以看到、闻到和听到对方，但无法发生攻击的行为。接下来，开始一起训练，并在训练结束前再次分开。最后，在训练结束时，让两组动物在一起自由互动。先引入较小的动物群体，并逐渐增加群体的规模，也是一个好方法。

训练部

印第安纳波利斯动物园

答 4：如果可能的话，我建议先把动物放在相邻的池子里。我们的设施是这样设置的，动物可以分开，但又在同一个池子里。这使得动物们可以通过水底的闸门相互看到、闻到甚至摸到对方。我们允许动物们进行这种互动。在接下来的两天里，我们将动物引入同一个池子，但在相对的两边，每头动物都有一位训练员带领训练。连续渐进法被用来逐渐拉近动物之间的距离，直到它们并排在一起，但这时候仍由指定的训练员带领训练。当在一起的时间增加了，且动物们愿意，它们便可以自由互动。通过这两三天的调整，我们遇到的唯一问题是动物空间分配权的竞争。我们训练目的是减少动物之间或动物与训练员之间的攻击性行为，在这一点上我们可以说非常成功。

苏珊娜 · 史密斯

动物水族馆（ZooQuarium）

第八章

强化的多样性

多样性是生活的调味品

“多样性是生活的调味品”这句俗语，最早可能是为了劝诫生活单调又无趣的人。训练项目之所以对动物来说是好事一件，原因之一是训练增加了圈养动物生活的多样性。多样性可以消除无聊，为日常单调的生活增加不同的趣味。通过充满创意的训练，训练员可以为他们的动物提供众多乐趣和丰富生活。也就是说，运用我们所掌握的训练技术，让动物与我们进行积极和有益的互动，是我们作为训练员的本职工作之一。据我所知，许多海洋哺乳动物设施都应用非常有创意的方法，为它们的动物提供新的和丰富的体验。布鲁克菲尔德动物园所应用的方法将在《训练员在人工饲养环境调节中的作用》（Brill, 1982）中介绍和描述。

训练日程结构的多样化

在我们日常的训练课程中，我们训练的创造性和为动物（和我们自己）提供的多样性，都可以比我们意识到的多更多。只要训练员认识到上述这一点，即使对于标准的结构化的表演也可以是有很多选择的。我们太容易陷入常规，并在工作中变得循规蹈矩。虽然这有时会很舒服且很有安全感，但这样的训练和生活是缺少挑战性的，而且通常会导致马虎或懒惰的行为（对动物和训练员都是）。以下是一些可以使训练课程更有趣的方法。

训练时长的多样化

如果每节训练课都持续 15 分钟，那么训练课的结束时间就会变得可预测。通过变化训练时间，如偶尔较长的和较短的训练时间，都将有助于提高动物的注意力。

训练地点的多样化

对动物来说，在不同的栖息地进行训练是一种特别丰富的体验。如果你的场馆没有这种条件，也可以通过在同一栖息地内，但不同的地点来创造新的体验。哪怕你在一个基本的位置，只要向右或向左移动一点改变动物的方向，就会让动物觉得有或多或少的新鲜感。千万不要保持静止不动。

训练行为的多样化

改变行为训练的顺序可以使动物保持注意力，也有助于保持对刺激信号的敏锐辨别力。不要求动物在每次训练中都完成所有的行为，重点是保持行为的敏锐性并保持动物的兴趣。训练新行为的同时维持旧行为也很重要。

训练节奏的多样化

不同的训练员训练速度也不一样，有些训练员以闪电般的速度进行训练，而有些则是缓慢而稳定进行的。尽管不同的动物对某一种节奏的反应可能是最好的，但一般来说，在不同的训练课程中适当改变训练的节奏是会很有帮助的。

动物陪伴的多样化

如果同一个栖息地内有多头动物在一起，以不同的分组方式进行训练也可能会提高多样性。这种做法基于上一章中讨论的社会因素。因此在实际操作中，不同的分组变化也是很有益的。

训练员的多样化

虽然在训练一个新的行为时不建议更换训练员，但在其他时间，尽可能让几位训练员轮流训练同一头动物是可以增加多样性的。这可以使动物不至于只依赖某一位训练员。即使在一个训练过程中，也可以让另一位训练员不时地介入，或将动物送到新的地点与新的训练员一起训练，这对动物来说都是不同的刺激。

强化物的多样化

另一种形式的创造性是多样的强化物、多样的强化程度和多样的强化时制。这些概念将在下一章中详细讨论。

注意事项

需要注意的是，在一次改变太多东西之前，可能先需要进行一定的训练或让动物脱敏。不是所有的动物都能良好无误地应对每一次变化。因此充分了解你的动物是至关重要的。同样重要的是要确保动物尽可能多地理解游戏规则，否则一次变化可能会导致混乱，而不是带来多样性。这个概念将在本章的文章精选中详细讨论。

慢工出细活

在向新训练员介绍新的概念和行为时，我喜欢慢慢来。新训练员在某个阶段往往会说："我觉得我的动物很无聊！""如果你能允许我做更多的行为，我就能让动物更感兴趣了！"年轻的训练员往往认为新的行为能给他们带来更多的机会，这理论上是正确的。但如果他们认为他们已经把现成的训练行为都用完了，那就大错特错了。凡是与我共事多年的资深训练员在听到年轻训练员做出这样的陈述时，都会知道我是多么地担心。

每当年轻的训练员跟我这么说时，我便掏出计算器，给他们快速演示一下简单数学计算。让我们假设，动物的表演行为剧目中只有五种不同的行为，且只有三个不同的训练地点。我们还假设训练时间很短，训练时间只允许动物做出五种行为。

换句话说，训练员只能要求动物在某一个地点做五种行为，每次都有五个不同的行为可以选择，而且还有三种地点可以选择。从数学上的排列组合来说，训练员总共有 759375 种行为组合，而且这些组合没有一次是重复的。这听起来像天方夜谭，但这确实是真的！如果这位训练员每天对动物进行 10 次训练，而且一天也不休息，那么他要花 200 多年的时间才能用完所有的组合！在此我需要指出的是，大多数训练员有远远超过五种的行为可选择，还有更长的训练课程和超过三个地点的因素。我们甚至还没有考虑强化选择种类或任何其他提供多样性的方法。

通常听我说完，年轻训练员的脑袋已经快爆炸了。我的观点很简单：尽管更多的选择可以提供更多的多样性，但最终还是要由训练员来计划训练，并创造性地管理这些选择。只有当年轻的训练员能够以创造性的方式使用他们手上现有的工具和选项时，我才会允许他们扩大行为的选项。太早的给予过多选择有时会不经意地扼杀训练员的创造力：如何提供多样性。

训练日程类型的多样化

除了可以改变训练课程的结构或用途外，还应该为动物们提供不同种类的训练课程。大多数训练项目都是围绕特定的目标来设计的，如饲养、研究、教育性表演、服从、跟踪等等。但无论你训练计划的主要目的是什么，多尝试一些与你主要的训练不同的训练课程总是有好处的。

训练的多样化

这些训练课程旨在为动物提供良好的有氧运动。这对那些日常训练主要是静止不动定位的动物们会有着非常多的好处。即使是非常活跃的动物也可以从高能量行为的训练中受益。

玩耍的多样化

这是一种结构化程度较低的训练，动物可以选择互动的方式和程度。这期间通常不需要使用初级强化物。除了安全考虑之外，通常不会设定具体的塑型训练目标或要求。玩耍的多样化可以包括与训练团队的互动，或者与其他动物的互动，或者与玩具等其他丰容措施的互动。

自我创新型训练

这些训练课程为动物提供了一个发挥创造力的机会。通常在这些环节中，训练员会强化动物做出新的或独特的行为。有时，强化新行为本身就是一个目的；有时，我们会用扫描或捕捉行为的方法。扫描捕捉法和行为捕捉法在第四章“操作制约的基本训练”中讨论过。

特定关注型训练

在这种类型的训练中，训练员会选择一个特定的焦点（空中行为、饲养行为、与物体有关的行为、认知行为、研究行为或其他特定任务），然后将整个训练集中于该活动或项目上。这样的训练课程一般缺乏多样性，如果过度使用的话往往会对动物不利。但对于那些项目中有着太多变化的训练员，他们发现特定关注型训练对他们的动物来说反而是一种新的变化。

让训练充满新意

所有建议的最终目的和结果都是尽可能多地找到新的方法，以使你的动物对训练产生兴趣。没有一种形式会永远有效。关键是要对你的动物的需求和行为做出恰到好处的反应。

饲养环境丰容

行为丰容

虽然大家都知道行为和环境丰容的概念很重要，但直到20世纪70年代，哈尔·马科维茨（Harl Markowitz）才详细地研究和阐述了这一概念。最初的想法之一是让动物对其环境有一些控制能力。像“环境强化”和“行为工程”这样的术语被用来描述给予动物机会选择活动和行为的概念。随着行为和环境丰容的理念越来越流行，其重要性也越来越明显，动物饲养项目以不同的方式解释和应用丰容这一概念。盖尔·劳勒在《什么是真正的环境丰容》（*What is Real Enrichment*?，1998，参见267页）一文中概述了行为和环境丰容的要素。

居住环境丰容

在动物圈养环境中，动物每天24小时都在同一个栖息地度过。由于这个原因，我们必须在日常训练课程之外，为动物们的生活创造更多的多样性。我们还必须想办法使它们的环境不断地变得有趣。

环境因素

动物栖息地的装饰不仅仅是为了让场馆看起来更漂亮，也不是让游客看起来更舒服，而是使动物的栖息地变得有趣。这些努力包括放置岩石和种植植物来改变地形，调节温度、照明和背景噪声，或引入其他动物物种。有些改进措施很容易提供，有些则需要发挥一些想象力。无论哪种方式，重要的是要提供更多的选择，同时需要记住的是，饲养环境调节必须把动物的健康和安全放在首要位置。

社群结构

这个问题在上一章已经详细讨论了，这里不再赘述。但需要再次强调的是，其他动物，无论是同一物种还是不同的物种，都可以提供大量的丰容。

栖息地配置和构造

如果你可以打开不同围栏之间的大门，将两个或三个饲养区合并成一个，或将一个围栏分成几个，你就可以轻松地创造出大量的多样性。

丰容措施

可以添加到动物环境中的刺激是无止境的：玩具、喂食管、流水。这样的例子不胜枚举。在许多动物园和水族馆中，丰富的刺激已经成为动物管理的最新且潮流的概念和做法。然而，有时我们把丰富的经验和设备本身看作是一种目的。有的时候，放在动物栖息地的玩具会让我们感觉更好，哪怕其并不会给动物真的带来好处。我们必须记住，我们用来提供多样性的每一种工具都有强化的价值，这些强化可能对我们有利，也可能对我们不利。了解如何提供多样性以及理解其强化潜力，是开展丰容项目的一个关键问题。这一概念在《训练、丰容和动物行为》（*Training, Enrichment, and Behavior*, Lacinak et al., 1998，参见 269 页）中进行了深度探讨。

信号使用要连贯

在本章中，我们已经详细列举了多样性的优点。但在其他章节中，我们坚持认为在与动物互动时，信号使用要连贯。这里有矛盾吗？一点也没有。

让我们把训练想象成一种游戏，比方说篮球。玩起来很有趣，你可以创造性地设计战术，而且这些战术结果都是不可预知的。然而尽管有这些变化，游戏的规则仍然是相同的。球员和球迷都必须遵守这些规则，但同时也有不同的期望。每隔几分钟就有新的球员被派上场或被换下场，球队根据球赛日期从一个城市到另一个城市，球衣也会改变颜色。但球场的大小、篮筐的高度和球的类型却不会改变。与此同时，篮球比赛的类型也不尽相同：大学生赛、职业赛、一对一赛、“赌马”赛等，每场比赛都有一套各自的规则。即使所有球员在每场比赛开始时都知道这些规则，但结果是大家无法预测的。这就是虽然丰容种类繁多，但信号使用却连贯的意思。关于这个问题的其他讨论，请阅读《连贯的信号和可预测性行为：矛盾对立统一的两个方面》（*Consistency vs. Predictability: Is There a Difference?*，训练员论坛，1999，参见272页）。

同理而言，你当然希望你的工作是有趣的，并为你提供多样性和挑战，但你不希望老板不断改变上班的地点，然后却因此埋怨你没有按时到达而扣你的工资。你希望你的工作期望值有着明确的界定。一直需要你猜测接下来要做什么工作并不有趣。事实上，这种多样性反而会给人带来压力。多样性是生活的调味品，但不公平的期望和激进的变化可能会给你或你的动物带来太多的“酸甜苦辣”。因此，这取决于训练员如何找到合适的平衡点。

文章精选

《会议论文集》，1982 年国际海洋动物训练员协会会议，于美国夏威夷檀香山。当在人工饲养环境中设计一头动物的栖息地时，通常要尽可能地复制该动物的自然环境。然而，没有任何一个人工饲养的栖息地可以与动物的自然环境完全相同。因此作为训练员，其中的一个职责是提供尽可能多的刺激和丰容。这在今天已经是一个非常普遍和被广泛接受的概念了，但在 20 世纪 80 年代，这些概念才开始被人们研究和理解。

训练员在人工饲养环境调节中的作用

兰迪·布里尔

芝加哥动物学会，布鲁克菲尔德动物园

摘要

对于野生的海豚，其自然环境富含各种各样的刺激（如复杂的社会互动、交流系统等），这些刺激对动物的日常经验学习有很大的帮助，因为动物必须学会如何应对这些刺激。而这些刺激的数量不定，形式也很多样。而对于圈养的海豚，我们可以想象，动物被置于一个相对洁净的环境中，缺少自然刺激，因此这有可能严重限制动物与环境的互动。所以作为训练员，我们的职能之一应该是为圈养环境补充尽可能多的激励性的刺激，防止动物的生活变得枯燥无味，避免动物的日常生活成为一种可预测的经历。本文将讨论如何通过训练技术、饮食计划、训练员与动物的多样性以及参与动物环境丰容等方面，为圈养的海洋哺乳动物，特别是海豚提供多样化刺激的一些方法。

训练员的作用……

从事海洋哺乳动物训练工作的业内人士都会认同，我们目前对这些动物（特别是海豚）的认识和了解，大多是基于过去短短 30 年左右的研究成果。此外，在过去几年内的一些重要的研究表明，海豚是一种比我们任何人想象的都要复杂的生物。由于野外科研人员的观察和关联行为能力的提高，海豚的野外生活的详情已经被描述和认知了。而这些行为过去在圈养的情况下更容易和更频繁地被观察到。通过这些观察者的眼睛，我们开始发现并理解那些每天有着大量不同经历的野生动物，这些经历决定了它们日常生活的形式。

在讨论鲸豚类种群的结构时，诺瑞斯和朵尔（Dohl）（1980a）将动物的日常活动分为五大类：摄食、繁殖和生长、社会互动和交流、学习防御，以及对周期环境的反应。乍一看，人们可能会认为这些类别非常基本、无所不包且不言自明。但当作者继续描述鲸豚类种群生活中涉及的每一个类别的活动和功能时，这些武断的结论很快就消失了。当人们意识到生活中每件事都有许多策略和学习反馈过程时，像收集食物这样听起来很琐碎的事情就有了新的意义。

研究人员如威尔斯（Wells）、欧文郡（Irvine）和斯科特（Scott）（1980），布莱尔和康（1980），以及诺瑞斯和朵尔（1980b）为我们提供了鲸豚类群体的社会群结构的非常有洞察力的描述。他们的观察揭示了群体内的复杂关系，群体结构既是牢固的，也是动态的，其成员关系根据各种生态因素的变化而变化。我们现在可以更清楚地看到，动物在其一生中，需要学会许多处理社会互动的必要规则，以及掌握许多不同层次的复杂功能。

海豚处理复杂问题的能力在实验室中得到了证明，这无疑增强了在野外观察到的证据。我们都知道一些实验室研究，或发表的一些实际工作，这些实验室研究或实际工作需要利用动物令人惊叹的在严格控制下的反应和复杂的调节程序。赫尔曼（Herman）（1980）最近发表了关于海豚认知能力的研究报告，报告中的数据肯定了动物具有有效处理其环境中各种刺激条件的能力。通过实验研究和调节程序，我们开始逐渐了解记忆和概念理解的过程以及语言学习中的优势和劣势，而且实验中的受试动物对变化的多种新刺激的应对研究和调控情况也在提供给我们。

引用诺瑞斯和朵尔（1980a）的话来总结海豚的生活方式似乎很恰当。“无论如何，当我们试图将海豚群体的功能概念化时，我们必须考虑到海豚所表现出的复杂学习能力。”现有的证据都摆在台面上，海豚可以教会我们很多东西。我们需要理解的是，这些动物在野外会经历各种各样的刺激，这些刺激对它们的日常经验学习有很大的帮助，它们必须学会正确面对和处理这些环境刺激。面对这样的事实，我们应当思考，这种动物在圈养中所经历的世界与野外相比有什么区别？

简而言之，我们可以把海豚的圈养环境抽象描述为一个水清的、水泥打造的、无菌的、缺少野外环境刺激的世界。虽然人工饲养中的动物可以和自己或其他物种的成员进行互动，也可以和人类训练员进行互动和交流，但显然，即使是最好的圈养环境，也肯定比野外环境中的丰富刺激要少很多。所以我们现在比以往任何时候都需要意识到，海豚来自一个复杂的世界，这个世界里面有各种各样的丰富刺激。那么合乎逻辑的是，我们有幸拥有这种生物的时候，有责任提供一个丰富的圈养环境。在这个人工环境中，我们应该尽最大努力恢复动物被剥夺的多样性和复杂性环境。毫无疑问，这是目前所有饲养这些动物的水族馆和海洋馆共同的真诚和愿望，但随着我们对动物知识的继续增长，我们必须更加努力并同步增加丰容工作的方法。

对于水族馆或海洋馆中的海豚来说，训练员是它与周围世界最紧密的联系。与海洋哺乳动物的研究一样，海豚和其他海洋哺乳动物的训练也是在很短的时间内发展起来的，并且在过去的十年中，发生了翻天覆地的进步和变化。鉴于我们已经学到的知识，现在训练员面临着比过去更大的责任，训练员需要为所照顾的动物提供一个健康的、多样的环境，而且这种趋势越来越明显。马科维茨（1982）在讨论如何为动物园中的圈养动物提供行为丰容时，很好地概括了以上内容："我们需要特别理解的是：包括我们自己在内的所有动物都喜欢看到事情因自己的努力而发生改变，喜欢享受自己因劳而获得食物或饮料的自豪感，喜欢对自己的生活有一定的控制"。如果我们的目标是饲养一个身心健康的动物，训练员只像以前一样关注训练是远远不够的。

在以前的时候，新引入的海豚会被饲养在圈养池，之后执行特定的训练程序，然后会被要求日复一日、年复一年地重复训练好的行为。除了环境中的偶发事件或周期性变化之外，动物所在的日常环境没有任何变化。这种饲养和管理方式代表了当时最高的技术水平。但如果我们现在还这样做的话，那就是圈养海豚和训练员的悲哀。这种情况就类似于把一个孩子送到学校，然后只提供死板的教科书和课程，从一个年级到另一个年级没有任何变化或进展。如此一来，孩子的学习能力和个人发展将受到重大影响并导致严重的后果。我们有充分的理由相信，将海豚置于类似情况下，其学习和发展也会受到抑制。

训练员的角色有许多功能，主要包括提供刺激和调节饲养环境，这两种功能是至关重要的。训练员需要参与到动物生活的各个方面，为海豚的饲养环境尽可能提供更多的挑战、复杂性和多样的条件。即使是在人工环境中，也要尽量重现动物在野外可能经历的一切情况。训练员应该有能力做到这一点，即不断模拟和提供动物可能在野外遇到的刺激，并不断调整和改变非常无聊和可预测的饲养方式。

在过去的两年里，布鲁克菲尔德动物园下属的七海全景海洋馆进行了一些积极的改变，以促进训练员提高对动物和环境的操控能力。我们不能声称我们所做的事情都是原创的，但这些事情在维持动物健康的环境建设方面是有效的，而且可以激励更多人去增加、改变，甚至取代目前采用的这些陈旧方法和观点。仅管我们的目标只是对动物环境的各方面增加一些积极影响，但在训练技术、饮食和训练员与动物的互动方面，我们已经取得了很多成效。

当我们在谈论训练时，实际上是在谈论训练的动力。毕竟，没有人可以强迫海洋哺乳动物做任何事情，我们通过提供它们愿意为之努力的东西来"哄骗"它们。在过去的两年里，我们所采用和使用的训练技术实际上为动物和训练员提供了很大的动力，这是本文想表达的，也是我们在七海全景海洋馆所一贯执行的理念。

随机和中断强化，通常被称为RIR，已经在前面章节给出了定义并进行了详细的讨论（Brill, 1983）。在此不再赘述，只简要再总结一下定义。在"传统"的训练方法中，海豚通过被持续地提示、给信号、得到食物的奖励，学会某种动作。一旦这些动作稳定下来，动作和表演都是重复的、高度可预测的。而且一旦动物习惯了这种规律，其生活就没有什么动力。在这种情况下，食物是我们训练海豚最经常使用的强化物，有时候甚至是唯一的强化物。这显然是一种限制性的环境。

另外，随机和中断强化可以与间歇性强化和其他形式的各种强化物相结合，以丰富动物的环境和行为，使海豚不断体验到变化的情况。在这种情况下，强化的时刻和形式掌握在训练员手中，训练员需要努力使这些形式变得不可预测。在使用随机和中断强化时，训练员需要努力提供一种复杂和不断变化的强化模式。这样一来，动物对训练的冗余，对食物强化的强烈依赖，以及由于扣留食物而导致的焦虑都可以减少，甚至消除。训练员和训练环境不断变换可以成为相关动物的兴趣和乐趣的源泉。

为了让你感受到随机和中断强化是如何影响训练员和动物的，让我们尝试一种游戏，这个游戏只需要你的想象。这个游戏将展示随机和中断强化的所有要素：多样的强化物和随机出现的顺序。在这个游戏中，你可以将一个圆圈分为五个部分，每个部分代表可用的选项。

1. 对一种行为给予暗示并给信号（意味着你对正确的反应给予信号）。

2. 对一种行为给予暗示，但不给信号（保留信号）。

3. 食物。

4. 有条件的强化物（你会给动物需要的强化物）。

5. 创新（你会用不寻常的或动物想不到的东西来回应）。

把这五个选项放在一个转盘上，转动转盘以决定这些刺激或选项的产生顺序。换句话说，转盘随机选择的原理与资深训练员使用随机和中断强化是一样的。

现在请想象我们正在表演和训练动物。我们首先为某种行为提供初始提示，然后让转盘来决定我们的后续行动。即使只有这五个简单的选项，在游戏中，不需要进行很多轮就能意识到，每一个被提示的行为后面，其实都会有一个有点不可预知的、不断变化的事件。再想象一下，当可供选择的数量增加时，当有条件的强化物数量增加时，当训练员找到更多创新方法时，会出现什么可能性？因为训练员有更多的选择，动物会经历更有趣和复杂的环境，注意力会从食物桶转移到整个环境。

当我们在训练制度中采用随机和中断强化取得积极成果后，便开始在动物生活的其他方面引入一些变化。食物摄入量成为下一个目标。我们的动物的喂养计划非常稳定，每天有着固定的喂养次数，每次投喂相同数量的鱼。当我们说我们的海豚每天被喂养 16 磅的鱼时，我们是真的每天投喂 16 磅，不多也不少。不过，我们很难想象野生海豚会以如此严格的方式寻找食物和进食。

奥斯本（Osborne）（1978）描述了一个被称为“UP 系统”的喂养计划，其中为动物确定了一个基本的食物量，这个基本量是低于现在每天的常规投喂量，但足以维持动物的最低营养需求。在一段时间内随机将常规投喂量和基本量之间差异量的食物分配到每一天，以产生偶尔但显著增加饲养量的效果。例如，现在一头动物通常每天投喂 20 磅（常规投喂量），通过研究发现，14 磅的食物足够维持动物营养需求（基础量）。在 30 天内，常规投喂量为 600 磅，而基础量为 420 磅，这两者之间的差异量为 180 磅。通过重新排喂食计划表，动物连续七天的投喂量都是 14 磅，然后突然增加，增加的量则来自多出来的 180 磅。然后，这个计划表将在每个月内不间断随机地重复。有了这个系统，就可以根据动物的需要来增加投喂的多样性。

我们采用过一种类似的策略，也达到了同样的效果。我们的策略适合我们的特殊情况而且更容易管理。我们没有基本投喂量和波动基数，取而代之的是确定了一个日喂养量范围。对动物来说是舒适的，对训练员来说是可控的。每天 12 ～ 20 磅的量是适合我们动物的喂食量。我们海豚的喂养量为每天 16 磅，30 天就是 480 磅。在每个月之初，训练员会准备好该月的饮食表，在上述的既定范围内任意填写每天的投喂量，这样随机填写的数据便会有很大的随机性和多样性，同时保持每月的投喂总量等于 480 磅。在每个月的月底，动物的食物摄入量会被总结在一张图表上，其中一条线代表预先规划的喂养量，另一条线表示实际的投喂量。

投喂量的这种变化最大程度地模拟了自然环境下的情况，而且也是对使用随机和中断强化的补充。我们不仅可以在一天内或一个月内改变投喂的次数和数量，而且会发现，较低的每日投喂量可以促使训练员更多地依靠食物以外的形式来强化动物。

第三个关注领域是训练员与动物之间的互动。训练员与动物的互动实际上是一个笼统的术语，几乎涵盖了饲养和表演中所有的事情。当我们的训练员对持续改变动物的技术收放自如时，我们就开始把这种技术扩展到其他领域。除了训练和强化形式外，我们还可以寻找其他可以操控的领域，使之更具有刺激性。我们开始将多样性融入动物生活的方方面面。表演中的行为顺序可以根据训练员的安排而改变。每一个单独的行为都经过了重组或新的设计，以便训练员在每次启用某种行为时都可以有多种选择，以便为动物的活动形式和行为反应增加更多的维度。训练员在水池周围的位置，食物容器是可见的还是不可见的，以及动物定位或表演的位置，这些都是可以改变的。

训练课程也是如此，也可以改变以增加多样性。由于我们必须在同一个的池子里训练五头动物，我们的训练对于第一次来的游客，会显得非常奇怪和混乱。在一次训练中，四位训练员和他们的海豚在水池几个不同的位置表演是经常可见的。动物们从一位训练员那里被送到另一位训练员那里，通常是为了和一个特定的训练员一起进行特定的行为表演。有时仅仅只是为了改变，我们可以在一个 20 分钟的训练中，让一头动物与几个不同的训练员一起表演几种新的行为。

玩耍已经成为激励我们海豚的重要强化物，这个强化物比过去任何时候都有力度。我们可以让动物在一天中的任何时候玩耍，无论是在训练和表演之间，还是在训练中；无论训练员是在水中还是在平台上；无论有或没有玩具和道具。事实上，花些时间与动物玩耍恐怕是我们发现的最好的强化物。在游戏中，我们更容易找到动物们喜欢的东西并与其进行互动。

随着我们发现的所有新的刺激物和操控环境的方法的应用，我们敏锐地意识到，我们所做的事情对动物和训练员都是有益和有效的。然而，这也有一个明显的缺陷，这个缺陷就是我们，而不是海豚，正在决定什么事情如何、何时会发生。从那时起，我们开始思考如何让海豚对它们自己的世界有更多的自主影响。我们朝着这个方向迈出的第一步是提供一个工具，我们亲切地称之为“菜单”。它只是一块挂在池边的板子，上面有六个横向排列的符号。每个符号代表六种奖励中的一种，这些奖励是在项目开始时根据海豚的熟悉程度和接受程度决定的。在表演或训练过程的任何时候，训练员都可以给海豚一个菜单，让海豚用鼻子碰触六个符号中的一个来选择它们自己想要的强化物。当海豚选择完毕时，它将得到相应的奖励：用海绵擦拭、玩球、抚摸、玩浮圈、食物、被喷水。

在我们使用这个菜单的一年里，它经历了一个持续进化的过程。最初的板子是训练员用手拿着的，上面的符号排列成两行，每行三个。训练员需将它呈现给动物。从那时起，我们便发现这个方法非常有效。从经验的角度来看，如果有人质疑真正的选择和偏好存在的合理性，那么这个项目就像它的可能性一样带有许多混杂的变量。但它并不是一个严谨的科学实验。它的目的是向动物提供额外刺激和鼓励它们的自发行为。在这种情况下，它是成功的。

本文简单地描述了我们的训练员用来解决圈养环境的单调枯燥的一些手段，我们现在比过去更强烈地认识到，这些动物需要一个更复杂和刺激的环境。而实现这一切需要大量的工作和付出，这些努力的确使圈养环境得到了极大的改善。在目睹了其他机构逐渐采用这些技术和策略后，我们受到了非常大的鼓舞，因为我知道，尽管这些方法的叫法可能不同，但我所表达的关切跟其他任何一个机构都是一样的。我们代表了我们的动物训练艺术和科学最好的现状。我们有义务互相训练，以及训练那些后来者，训练员的角色不仅仅是一个只关注动物表演质量的表演者。我们需要认识到，作为海洋哺乳动物训练艺术和科学的代表，我们代表了它的终极形式。

参考文献

1. Brill, R. L. “RIR. in Use at the Brookfield Zoo: Random and Interrupted Reinforcement Redefined in Perspective” In Proceedings of the Annual Conference of the International Marine Animal Trainers Association, 1981, Niagara Fall, NY, edited by Jackie Barry and Randy Brill. Boston: New England Aquarium, 1983.
2. Herman, Louis M. “Cognitive Characteristics of Dolphins,” In Cetacean Behavior: Mechanisms and Functions, edited by Louis M. Herman. New York: John Wiley & Sons, 1980, pp. 263-317.
3. Markowitz, Hal. Behavior enrichment in the Zoo. New York: Van Nostrand Reinhold Co., 1982.
4. Norris, Kenneth S, and Thomas P. Dohl. “The Structure and Functions of Cetacean School.” In Cetacean Behavior: Mechanisms and Functions, edited by Louis M. Herman. New York: John Wiley & Sons, 1980a, pp. 211-61.
5. Norris, Kenneth S., and Thomas P. Dohl. “Behavior of the Hawaiian Spinner Dolphin, *Stenella longirostirs*.” Fish. Bull., U.S. 77 (1980b): 821-49
6. Osborne, Bob. “The ‘Up’ System.” Sounding: Newsletter of the International Marine Animal Trainers Association. 3, no. 3 (1978).
7. Proyer, Karen, and Ingrid Kang. “Social Behavior and School Structure in Pelagic Porpoises (*Stenella attenuata* and *S. longirostris*) during Purse Seining for Tuna.” Southwest Fisheries Center Administrative Report LJ-80-11C, 1980.
8. Wells, Randal S., A Blair Irvine, and Michael D. Scott. “The Social Ecology of Inshore Odontocetes.” In Cetacean Behavior: Mechanisms and Functions, edited by Louis M. Herman. New York: John Wiley & Sons, 1980, pp.263- 317.

国际海洋动物训练员协会主办的《探索》杂志，1998年第23卷第4期。

下面这篇文章是发表在《探索》中“环境丰容”专栏上的。盖尔·劳勒很好地阐述了环境丰容到底是什么，且应该是什么。因为训练员往往缺乏对环境丰容的整体概念和目的的了解。这篇文章对年轻的训练员来说是很好的参考资料，对资深训练员来说也起到了很好的提醒作用。

什么是真正的环境丰容?

盖尔·劳勒

活跃环境公司

作为一名动物行为顾问，我花了很多时间来分析和解决动物行为问题。其中有些问题有着深远的影响：试图杀人的大象、不愿意抚养孩子的大猩猩、不停踱步的北极熊、晚上不愿意进屋的鸵鸟、早上不愿意出门的狮子、不愿意与群体交往的海豚、殴打其他同类的黑猩猩等。我解决问题的工具包括正强化训练和环境强化技术。在咨询工作的早期，我总是会询问客户机构目前是否正在进行行为丰容的训练。好消息是，现在的答案几乎总是“是”。坏消息是客户说的“是！”跟我定义的“是”不一样。“是的，我们做了环境丰容”这句话可以意味着任何事情，向笼子里扔一个塑料球，然后接下来的三个月球一直留在那里，或者每天在展览馆的相同地方投喂同样的食物，或简单地把动物混合在一起。当然也有些客户做得非常好，它们每天都计划和实施接近于理想情况的环境丰容的活动。上述这些不同的“环境丰容”方法的影响有明显的差异，而这些方法中，我只认可最后一个是真正的环境丰容。

环境丰容只有在有目的并且能引发真正的结果时，才是有效的。现在很多的文献都对环境丰容进行过定义，介绍丰容的研究，并提供了无数丰容的建议。丰容的多样性需求是有据可查的。然而，这些信息却很少被应用。丰容的东西应该是积极的、有效的、有趣的、有挑战性的，并且是对动物的一种刺激性的强化，因为它是根植于“自然”行为的。从解决问题的角度来看，有效的丰容应该通过找到根本原因来促进问题的解决，并同时刺激产生理想的行为。这是一个很高的要求，但如果系统地应用，丰容会是一个强大的工具，可以带来巨大的变革。为了成功地进行丰容，我建议你采取以下五个步骤：

1. 明确目的。
2. 评估情况，提出假设。
3. 规划策略和实施方案。
4. 安排并实施这些策略。
5. 评估结果，不断修正，然后再评估，再修正。

为了更好地理解这个过程，我们以不停踱步的熊为例子。为什么熊会踱步？像踱步这样的异常行为有许多潜在的原因，包括无聊、恐惧或不舒服、社会压力、一般或特定的压力，以及对外部事件缺乏控制。通过仔细分析，从而确定哪些因素是与问题相关的。丰容的目的是从根本上解决这些因素。接下来，找出适合解决这种情况的最佳丰容策略。如果要解决无聊，则需要一个更多样化的环境。因此，要用提供不同的基质、布景和“家具”来充实动物生活的环境。同时，增加刺激的数量、整体活动和有目的行为的机会也是至关重要的。如果熊喜欢摆弄事物，那么可以提供玩具和新奇的物体。如果它们一天中的大部分时间都在进食，那么可以提高喂食时间的多样性和复杂性，也可以添置由特定行为触发的喂食器，或者购置必须打开或拆卸才能拿到食物的设备，必须猎取和捕捉的鱼和昆虫，以及安排需要伸爪、挖掘、游泳或攀登才能获取的食物。

如果想解决恐惧或不舒服的问题，可以创造遮蔽或私密的区域，增加舒适的休息点，以及安全饲养和展览之间的过渡区，以便让动物们适应它们认为可怕的区域。在这些区域中加入改善环境且丰容的物品，创造视觉障碍和多个休息及进食地点，以减少动物的压力。并通过提供更复杂的喂养挑战，增加熊的整体选择和控制度。

最后，实施强化训练并评估结果。要做到这一点，最好是在这个月的每天都安排环境丰容的内容。这可以提供每天丰容训练的基线，以确保变化性，并记录所做的工作。应该提前计划好丰容内容，以减少丰容活动对训练员现场发挥的高度依赖，同时也减少了每天头脑风暴的麻烦。当然有创意的训练员，可以随时增加额外的丰容内容，这对动物来说是一个真正的奖励！用“加”或“减”等记号来记录每天丰容活动的效果，再加上适当的目标行为记录系统，便是一个简单而有效的评估手段。

我认为，真正的丰容不是单一的事件，而是一个系统过程。无论你用丰容来解决特定问题，还是简单地增加场馆中动物行为的多样性，都要知道任何有效的环境丰容都需要经过精心的计划、实施和跟踪。只有这样，环境丰容才能发挥其潜力，并提高人类对动物的照顾和关爱的能力。

SOUNDINGS

《探索》，1998 年第 23 卷第 4 期。丰容是 20 世纪 90 年代动物学界的热门词汇。训练本身就是一种丰容的过程，但这个词通常指的是当训练员不在现场或正式的训练没有进行时，我们如何丰富饲养环境调控。海洋世界的萨德·拉齐纳克在 1995 年华盛顿州西雅图（Seattle, WA）的美国动物园和水族馆协会会议上首次发表了一篇与下面类似的论文。许多文章都已经介绍了独特的丰容形式以及玩具和其他互动设备会给我们的动物带来什么巨大好处。这篇文章则讨论了如果时机不对，环境丰容会如何错乱。文章细致地讨论了应该如何和何时提供丰容的强化。这篇文章使许多人对自己的丰容项目有了更深刻的认识。

训练、丰容和动物行为

萨德·拉齐纳克，泰德·特纳，斯坦·库扎伊（Stan A. Kuczaj）
海洋世界探险公园（Sea World Adventure Parks）

我们认为，环境调节的本质是为动物提供精神上和身体上积极的刺激，但同时不会带来因为变化而导致的压力。这并不意味着饲养环境调节中的所有变化都是丰容性的。例如，把一个害怕人的动物放在一个人来人往的展览馆里，这会给动物带来很大的刺激，但这种刺激对动物来说则不是一个积极的、丰容性的。

我们应该认识到，通常环境丰容是积极的。如下面的场景一所示，丰容可以减少刻板行为的频率，如来回踱步。当动物停止踱步，并表现出其他更理想行为，如游泳和玩水时，强化动物以达到减少刻板行为的目的。

场景1

1. 北极熊在来回踱步。
2. 北极熊停止踱步并跳入水中。
3. 北极熊在水中得到回旋球。
4. 如果重复上述行为顺序，北极熊将学会花更多的时间在水中，而减少踱步的时间。

继续以北极熊的来回踱步为例，让我们来看一个稍微不同的强化策略。

场景2

1. 北极熊在来回踱步。
2. 北极熊在踱步时得到回旋球。
3. 北极熊停止踱步并玩起了回旋球。

场景 2 的情况可能会导致一些问题，因为踱步是我们希望消除或至少减少频率的行为。而丰容的强化是对动物某种积极行为的肯定，动物可能认为踱步这种行为是积极的，因为动物得到了积极的结果，从而该动物将可能进行更多的踱步行为。

如果想在行为管理项目中使用丰容训练，一个很重要的前提是了解何时应该或不应该使用强化物。如果在动物表现出不良行为时提供丰富的食物，其短期效果是动物会停止不良行为的发生。然而，正如场景 2 中描述的那样，这最后将导致动物不良行为的整体频率大大增加。如场景 1 所示的那样，你正确使用强化物来强化一个理想的行为时，如游泳，这会让动物越来越喜欢游泳。随着想要的行为在动物日常行为中的频率逐步增加，那些不受欢迎的行为会被逐渐取代。鉴于在一个固定的时间段内，某种行为发生的概率是有限的，随着理想行为频率的增加，不良行为发生的机会就会减少。为了进一步说明这一点，我们提供了以下的实例。

实例1

某头虎鲸正在和群体中的同伴一起游泳。训练员拍打水提醒虎鲸，马上要有某种形式的丰容项目。训练员打开水管，跟虎鲸冲水玩耍。这样一来，虎鲸很快就可以学会和平的社会互动是有回报的，可以从人类训练员那里得到有趣的丰容项目。因此，虎鲸更有可能彼此和平地相处和互动，以这种积极的方式回应训练员。

实例 2

瓶鼻海豚在玻璃上与游客互动。训练员走到舞台上，海豚看向训练员，训练员向海豚抛出玩具。海豚玩起了玩具，并很快将玩具与游客的互动联系起来。这会使海豚更愿意与游客在玻璃上互动，并将这与训练员提供的积极的体验联系起来。

实例 3

一头白鲸在玻璃前直立出水，看着展区的游客。突然，活鱼被扔进水池里，这些鱼在水中疯狂游着。白鲸追逐着鱼群，捕捉并吃掉了这些鱼。由于活鱼的强化，白鲸以后将更有可能继续在展区直立出水并与公园游客互动。

实例 4

一群海豚在门的两边进行恶性的社会性互动。训练员在水中抛出丰容的装置（大绳），海豚停止了恶性互动，开始与丰容的装置玩耍。因为这种不好的行为得到了强化，它们以后更有可能进行这种恶性行为。

实例 5

当一头海象离开水池区域时，另一头海象明显地表现出痛苦的样子。训练员将海象平时最喜欢的玩具给海象，以试图分散海象的注意力，但海象没有理会玩具。如果海象真的喜欢这个玩具，其对抗行为就会得到强化。这本来是不幸的，但实际上还是发生了。海象忽视了它最喜欢的玩具，这就降低了该玩具以后作为强化装置的有效性。

实例 6

亚洲海獭宝宝们在水池中平静地游泳。训练员为它们提供了一些玩具，海獭开始与玩具玩耍。很快海獭便学会了将在水池中一起游泳与丰容的内容联系起来。因此，海獭将更有可能以一种“适合社交”的方式一起游泳，从而促进了动物们身体锻炼和社交技能的发展。

这些例子表明，强化的时机与强化物的形式一样重要。一般来说，强化的目标是增加理想行为的频率（如正确的社会行为或与游客的互动行为），并减少不良行为的频率（如踱步），因此强化的时机可能比强化物的形式更重要。从这个意义上说，成功的强化项目和训练项目都建立在同样的两个原则上：强化物形式和强化的时机，这也是训练的普遍原则。因此，我们再怎么强调何时提供强化都不为过。

鉴于强化时机在丰容和训练中的重要性，我们想简单地讨论一下最佳的强化时间。如果在固定数量的行为后提供强化，动物很快就学会预测何时训练员会给予强化。在这种情况下，强化便失去了很多积极的特征，因为它已经变得可预测。例如，一头已经学会准确预测固定比例强化时制的动物，可能会开始越来越慢地回到训练员身边。如果训练员的反应是向动物提供越来越强的强化以试图“加快”动物的行为，训练员就会有失去对刺激信号控制的风险。随着刺激控制的丧失，动物越来越有可能变得完全无视训练员。在这种情况下，动物已经训练了训练员。

由于我们希望训练我们的动物，而不是让动物训练我们，所以我们需要使用可变比例的强化计划以消除可预见性。在这个计划中，强化发生的时间是不同的且不可预测的。我们有时在单一行为后给予强化，有时在一系列行为后给予强化，而在其他情况下可能根本不给予强化。一个可变的强化时制可以尽可能地保持动物的兴趣，并带来持续的高水平的激励和行为。

虽然我们特别强调了强化的时机在强化中的作用，但我们也需要认识到，如果“强化物”没有强化性，那么强化的时机就无关紧要了。实例 5 中，当海象最喜欢的玩具被扔进池子里时，而海象并没有玩它最喜欢的玩具。因此，丰容项目要想成功，必须改变丰容的元素，以保持它们的强化作用，还必须在最有可能实现丰容项目的具体目标上，提供丰容的元素，避免使“丰容”成为无聊环境的一部分。

除了改变强化物的形式和强化的时机外，重要的是要避免“常规”。因为例行公事是导致动物可预测环境的一个主要的方面。对于这些可预测的环境，动物会在很短的时间内学会以特定的方式做出反应。这可能导致在可预测的时间段之前、期间和之后出现刻板行为。这便是固定喂食时间可能会导致行为问题的一个主要原因。例如，动物产生了刻板行为，而这些刻板的行为恰好出现在固定的喂食时间，然后，动物被喂食，这就强化了刻板行为。为了避免这种问题，训练员应该鼓励动物在一天中的不同时间产生各种行为。此外，每天的训练和喂食模式也应该是变化的，以进一步减少可预测的时制。

因为动物及它们所在的环境是动态的而不是静态的，所以丰容的项目也必须是动态的。丰容的元素必须是多样的，并需要我们不断地进行评估，以保持其积极的特性。例如，在熊的栖息地藏食物会使熊学会在该环境中觅食。发现食物和玩具是有奖励的，所以熊会继续寻找饲养环境中不同的事物。在不同的地方增加不同的丰容元素（如食物），会使熊保持甚至增加搜索行为的频率，而且这是我们想要的结果，因为搜索栖息地是一种身体上和精神上的刺激，也能为游客带来一些娱乐。即使熊没有发现任何食物，搜索行为本身也加强了动物的搜索行为。你也可以在熊搜索时，向它扔一个水桶。这将强化熊的搜索行为，并为搜索行为提供更广泛的强化基础（即熊不一定非要饿着）。因此，熊可能会增加它探索环境的时间和行为。

我们训练员还需要认识到每个物种都是独特的，而且同一物种的个体也有不同的需求。这是为个别动物或动物群体建立一个有效的强化计划的第一步。越是能准确地评估所需的行为，就越能通过精心规划的丰容项目来实现这些目标。明确的行为目标也为评估强化计划的有效性提供了客观依据。企鹅行为是其中一个很好的，具体的例子。我们期望的行为是企鹅主动摄食。如果训练员用鱼的奖励来加强企鹅的活动，并且在非繁殖期的冬季低光周期（大多数企鹅物种在这个时期都会在公海中觅食）加强群体觅食行为，就可以轻松达到上述目的。通过关注自然周期的强化时机和圈养环境中的强化时机，企鹅游泳和成群觅食的自然行为很容易被复制和加强。

保持一个有效的强化计划是成功的保障。有效的强化措施可以使动物更多地与公众互动，而无效的强化措施则可能导致动物对其他动物和人的攻击行为。就像一个成功的训练项目一样，一个成功的丰容项目在提高公众体验的同时，也增加了动物的福祉。

Trainer's Forum

《训练员论坛》，1999年第24卷第3期。大多数训练员都认可多样性在训练计划中的重要地位。但信号使用的连贯性也很重要。那么，可预测性在整个计划中的地位如何？信号使用的连贯性和可预测性真的有什么不同吗？是的，它们是不同的。信号使用要连贯和多样性是任何成功训练计划中的两个兼容的伙伴。然而，可预测性和多样性并不相辅相成，因为其中一个会阻止另一个发生，它们实际上是一种矛盾对立的关系。

连贯的信号和可预测性行为：矛盾对立统一的两个方面

问：你怎么知道你所要求的行为是连贯的，还是被动物预测到的？信号使用的连贯性和可预测性之间有区别吗？在避免动物的可预测行为时，我们怎么做到连贯性？

答1：以下情况会导致动物能够预测即将发生的行为：a. 这些行为一次又一次地以相同的顺序进行，b. 行为在同样的区辨刺激之后出现（身体语言，较大区辨刺激的第一部分，等等）。避免动物预测到你将会要求它们做出什么行为的最简单方法是不可预测性训练。无论要求的顺序如何，行为都应该在提示下进行。一遍又一遍地要求相同的行为，只会让动物感到厌烦。一旦动物感到厌烦，没多久标准就会开始崩溃。

那么，在动物无法预测即将发生的行为的情况下，我们如何才能保持信号的一致呢？你会经常听到人们谈起，作为训练员我们必须保持一致，这是成功训练的关键。这一点非常正确。训练员必须在不同的训练课程中保持信号的一致，训练员必须在训练动物的方式上保持一致（例如，所有训练员在标准、衔接、区辨刺激和处理不当行为方面都遵循相同的规则）。但这是信号使用要连贯的地方。一旦行为被学会并处于刺激信号控制之下，训练员就需要使用可变强化时制，让训练变得随机化。为什么？因为这会促进动物们不断思考，让动物们不断猜测下一步要什么，而不是预测会发生的行为。

信号使用要连贯在训练中很重要，但一旦行为被训练出来，多样性则变成了关键。变化可以是行为的数量和种类，或者某种行为的数量或重复次数，行为的顺序，训练的次数，以及一天中每个行为的长度。动物不应该知道你什么时候会开始新的训练。有时是一个小时，有时是20分钟，有时你带一磅食物，有时你带四磅食物。

我们知道很多机构都有固定的喂食/训练课程的时间表。这对于这些机构的管理和维持来说很重要，以确保所有的动物都得到适当的训练时间，但如果有可能，偶尔给你的动物一个惊喜，看看它们会做得怎么样。

蒂莫西·霍夫兰
海洋动物制片场

答 2：当动物开始预测行为时，它不需要等待区辨刺激，也不需要关注区辨刺激。因为这可以通过行为在过去发生的重复性背景来判断。而且有些训练员经常不自觉地发出前兆动作，表明他们即将发出的某一个区辨刺激（如通过轻微的姿势变化或其他准备动作）。在这种情况下，前兆动作实际上就成了区辨刺激 。如果你无法判断动物是否真的在预测该行为，那有可能是因为你的背景太过重复和单调，或者动物所接收的信号很微妙且你没有意识到。这问题的严重性取决于你的训练的优先目标是什么。例如，如果你正在训练一个新的行为链（behavioral chain），动物预测到这个行为链的下一个行为。正是你的可预测性让动物掌握了你的下一步动作。在大多数情况下，让动物在没有被要求的情况下去完成一个跳跃行为是很困难的。如果你想测试一下你的动物是否能预测到区辨刺激，你只需保持信号连贯，但给予一个新的行为的区辨刺激，并尽量控制任何可能表明你意图的前兆动作。测试不同背景下的区辨刺激的区别（身体姿势、在围栏中的位置、手中的物品、所穿的服装等）。如果动物成功地对一连串的区辨刺激做出反应，那它们就是连贯的、训练有素的动物。

信号使用的连贯性基于准确地给出区辨刺激，无论你是单独训练，还是和其他训练员一起训练，通过连贯的信号你都可以与动物进行清晰的沟通。一个熟悉信号连贯技术的训练员会非常精确地发出区辨刺激，但不会给予任何前兆动作。同时，训练员也必须随机调整行为和环境的顺序，以确保动物注意的是区辨刺激，而不是重复的环境。

珍妮弗·赫尔利
加州大学圣克鲁兹分校长海海洋实验室

答 3：我们部门对你的问题到底是什么意思产生了一些争论。可预测性这个问题是我们经常讨论的，在纽约水族馆，我们发现动物是我们最好的衡量标准，可以告诉我们什么时候我们已经缺少多样性，开始变得可预测。我们有时会发现，在我们提出区辨刺激之前，动物们就已经“回应”了。我们的训练成为模式化内容。所以在过去的几年里，我们投入了大量的精力来避免可预测性的问题。现在在我们动物的生活中，最有预测的环节就是我们的表演了。这些表演往往遵循特定的剧本或模式，以便让我们的观众觉得合乎逻辑和有趣。毫无疑问，这对动物来说是合乎逻辑和可预测的。它们开始预测着区辨刺激（S^D）的出现，并且不再全神贯注于训练员本身。为了纠正这种情况，我们采用了多种方式。首先，我们大大改变了表演的顺序，虽然这给解说员和音响室的操作人员造成了一些混乱。为了让大家更容易接受，我们对剧本进行了修改，以便无论行为的顺序是什么，我们都有一个基本的剧本以供发挥。例如，当解说员描述海豚的身体是如何的敏捷时，我们这次可能只会要求动物摆出尾鳍，而在下一个节目中则要求动物进行跳跃。我们现在有四种不同的表演顺序，这样训练员更容易记住接下来的行为。当有多位训练员一起主导表演时，这一点尤其重要，解说员在动物实际做出行为前，从不提前播报。因此，如果训练员认为动物可能即将预料到一个行为，训练员可以随时改变，要求动物做另一个不同的行为。即使在设定的表演顺序中，训练员也可以要求额外的行为，而解说员不需要播报。我们有时候可以不打断表演的情况下，快速、成功地完成一个新的行为。我们甚至会为一个小的行为付出很多工夫，以放慢表演的节奏。但在一场表演中，动物们仍然表演了同样数量的行为。我们只是不像过去那样以快速的方式把行为走完。观众似乎更认可这种更轻松的表演节奏。我们还发现，区辨刺激也可能成为一个可预测的因素。因此在给出区辨刺激之前，我们避免向前或向后迈步，或其他任何小动作，因为这些身体姿势往往会给动物带来提示。我们也减少了我们的区辨刺激的大小。明显的区辨刺激在观众看来可能很有趣，但动物也很快只对如此明显的区辨刺激的开始部分做出反应（有时可以看到，当训练员还在站台上挥舞手臂时，动物们就开始表演某种行为了）。我们也改变诱发行为的位置，这样位置就不会成为预测行为的一个因素。我们还改变了一些动物执行行为的任务量。有时一头动物做行为，有时两头动物做行为，等等。

总的来说，无论在表演中还是在表演外，我们都会尽量改变强化物形式和我们的强化时制。我们尽量避免在结束训练时进行大量的投喂，以免给动物提示训练的结束。所有这些变化特别依赖于训练员之间的沟通，这需要训练员之间的大量讨论和协调。无论如何，聪明的动物还是会预测的。我们需要记住，如果动物们不寻找模式，我们就永远不能让新的行为脱离目标物直接与区辨刺激连结。但是，训练员的工作是改变动物的训练模式和它们每天重复的生活，以便它们能够时刻保持刺激、健康和学习的动力。

训练团队
纽约水族馆

高阶训练的简介

高阶训练概念和技术的应用，正是训练项目之间开始出现巨大差异的主要原因。本章节所描述的概念和技术，对于资深的训练员来说都不陌生。但训练员在如何和何时应用这些技术方面有着很大的差异。

这些差异的原因是根本性的。基本的操作制约训练效果很好，其技术和概念也很容易掌握：**强化理想的行为，忽略不需要的行为**。这些都并不难。但是，当行为崩溃时应该做什么呢？如果动物做了出乎意料的事情怎么办？没有两头动物对问题或解决方案的反应是相同的，也没有两位训练员的处理方式是相同的。训练员必须依靠技术和经验来解决复杂的行为问题。那么，如果一位训练员知道技术但缺乏经验，他该怎么办呢？如果一项技术需要足够的经验才能正确地使用，那么我把这些基于经验的技术定义为高阶技术概念。问题是，对于哪些技术需要经验，训练员如何获得经验，以及如何确定一项技术的正确应用，每个人都有不同的看法。我认为，如果它有那么复杂，它就一定是高阶的。

像 1，2，3 一样简单

如果说这些高阶技术和概念“像 1，2，3 一样简单”，可能多少是有欺骗性的。训练是一种需要学习和练习才能掌握的技能。仅仅拥有这个工具并不意味着你能很好地使用它们。训练员必须首先学习基本理论，通过练习学到的理论，掌握更多的基础知识。然后继续更多的应用练习，直到最后，训练员将获得足够的经验并开始应用复杂的概念。这是一个持续往复的过程，而且学无止境。年轻的训练员虽然有理解高阶原理的能力，但通常不能熟练地应用这些技术或原理。

我最喜欢的比喻是对数学技能的学习。一个小家伙可能在上学前班之前就知道如何计数，但孩子可能还没有准备好学习三角学或微积分。学习数学技能是一个循序渐进的过程，首先是学习数数，然后是加减法，再是乘除法，将这些技能应用于大数和分数计算，最后是代数和高等数学。要想学好高等数学，你必须不断练习。很少有离开学校几年的人，还能解决复杂的微积分或统计问题，即使我们以前学过并理解这些概念。因为这需要练习，你不可能在一夜之间从简单的减法跳到代数。训练员在学习应用训练技术时也应该采取循序渐进的方式。

训练看起来很简单，基本概念也很容易理解。年轻的训练员都能理解一些高阶训练技术和概念，但他们并不总见得知道如何正确地应用它们。当你看到复杂的数学公式时，你通常会知道自己哪一点不会，但当你试图做综合性训练时，这些技术和概念可能对你来说是纸上谈兵。那么为什么不直接撸起袖子加油干呢？因此，我通常是这样解释的。我最近读了一本非常好的书，名为《驾驶 747 飞机：飞行员训练手册》。我从头到尾读了三遍。我理解了这本书的每一个概念，而且我还多次乘坐过 747 喷气式客机。那么，在你们下次度假时，有多少人愿意让我做你们的飞行员？我希望的答案是没有人，因为我没有实际练习过，也没有驾驶巨大客机所需的经验。仅仅因为我阅读过相关书籍，理解了其中的概念，并不意味着我有安全驾驶巨型飞机所需的技能。同理而言，训练也是同样复杂的，至少需要同样多的练习。

高阶训练的注意事项

训练员也是老师

请记住，作为训练员，你是通过对动物行为的塑型来进行行为训练的。你必须对动物和它的需求做出反应。不要比动物的动作快，也不要比动物慢。当你掌握了许多高阶概念，你不一定需要在每头动物身上使用它们。年幼的动物也需要时间，逐渐吸收新的概念。某一头动物对新的强化时制有反应，并不意味着每头动物都会有同样的反应，特别是当这些概念不是通过连续渐进法形成的时候。

理解理论是前提

当你将各种高阶的技术和概念烂熟于心时，你需要学会什么时候可以使用这些技术和概念。有时，训练计划会失控，动物未能如你所愿做出反应。你必须认识到你是什么时候陷入的困境。一个资深训练员会知道什么时候应该倒退，回归基础动作，或者什么时候需要回到桌上重新修改计划。

非黑非白的灰色地带

非黑即白的情况

当训练员最初学习基本的操作制约时，需要理解“非黑即白”的概念。一种行为要么是正确的，要么是错误的。如果一种行为是“某种程度上正确的”，就不应该被强化。这对一些训练员来说，并不是那么容易接受。年轻的训练员总想帮助他们的动物，所以他们对小错误听之任之。但无一例外的是，动物最后都只学会了不正确的行为。如果我们在信号和强化方面不一致，就会无意中塑型不良行为。非黑即白的概念在初期训练中很重要，必须要保持，直到当训练员变得更有经验的时候，开始理解什么是灰色地带的时候。

复杂的灰色地带

毫无疑问，灰色地带是存在的，但通常是在动物们还在学习行为的时候出现。更常见的是，灰色地带通常在我们试图纠正问题行为时出现。

行为训练中的灰色地带——当我们在塑造新的行为时，会不断地提高行为的标准。如果想让一头动物在 10 英尺的空中触摸到一个目标，我们先让它在头顶 6 英寸处触摸到目标。一旦我们训练动物达到了 5 英尺的高度，就不会再接受低于这个高度的行为。当我们把目标放在 5 英尺处，就已经清楚地界定了什么是正确和错误的行为。如果动物跳了 4 英尺 11 英寸，与目标仅差 1 英寸，这种行为就是不正确的。你可能会想："哎呀，它付出了这么大的努力，我想强化一下"。不要这样做！这是一个危险的灰色地带。你没有办法解释说这是因动物努力而得到的强化。相反，你传达给动物的是："正确的行为是跳到离目标 1 英寸远的地方"。如果在 5 英尺的标准上，动物在几次训练中都没有跳到那么高，你可能需要倒退到以前的标准，以防止动物产生挫败感。现在你正在进入一个灰色地带，因为你决定改变规则——通过降低目标来重新定义对与错，比如将目标降低到 4 英尺 6 英寸。当动物在 4 英尺 6 英寸处成功触及目标时，你虽然降低了高度标准，但你仍然坚持了你的强化准则：动物必须触及目标！这便是可以接受的灰色地带概念的运用。然而，在这种情况下，需要一个资深训练员来决定何时进行退步训练。

问题解决中的灰色地带——通常情况下，当一种行为恶化时，往往是出于一系列复杂的原因。这些原因将在第十一章"训练问题解决指南"中详细讨论。在此需要强调的是，当你试图通过塑型训练的方式方法来纠正问题行为时，灰色区域就不可避免地呈现出来，你的选择不再会是黑色或白色。但具体是哪些灰色区域呢？这种情况通常发生在动物已经开始同时达不到两个或多个标准的时候。为了解决这个问题，你通常必须一次纠正一个标准。但是，你应该先尝试纠正哪个标准呢？当一个标准开始改善时，如果第二个变得更糟会怎样？这个问题的解决方案将取决于动物本身，取决于你觉得哪个标准更重要，也取决于你的经验水平。在第十一章"训练问题解决指南"中列举了几个例子。

人多想法多怎么办？

如果在训练过程中有很多人给出不同的建议，那么灰色地带的问题解决就会更加困难。有些决定是非常主观的。如果你想让动物从一个地方快速移动到另一个地方，但你没有办法客观地判断什么是"非常快"，那么你就很难在动物行为的速度上保持一致的强化。如果有很多训练员同时试图纠正这种行为，那么这项任务就变得更加困难。在没有客观衡量单位的情况下，对速度、高度、距离或形态进行人为判断会便会产生灰色地带。同样的问题也出现在人类的花样滑冰和体操等运动中，即使有详细的规则，裁判员评分也是主观的。如果被训练的动物得到了混乱的信号，其行为质量就会下降。这就是为什么要训练一种新的行为时只能有一位训练员。

设定预期是法宝

即使是资深的训练员，在独自工作时，也必须牢记"非黑即白"的概念。动物需要知道什么是黑白分明的情况。我们要通过恰到好处地给予信号来传达这一信息。当我们试图为动物找借口或不时地放松标准时，只会让动物更迷惑。种瓜得瓜，我们最后将得到糟糕的行为。一旦我们承认资深训练员偶尔也会做出一些处于灰色地带的判断，我们就应该提醒自己在大多数时候尽量避免这种情况。盖瑞·威尔克斯在《莫妮克：只会“一招”的贵宾犬》（*Monique, the“One Trick Poodle”*）的289 页谈到了家犬训练中的这个问题。

次级强化物

在训练过程的早期，所有的训练员都能很快地学会如何使用次级的或制约强化物（信号刺激）。这种强化物是精心选择的，其使用规则也很严格。随着时间的推移，更多的次级强化物可以被调教出来。然而，许多机构会相对较早地教他们的训练员使用次级强化物。在谢德水族馆，我们的做法要保守得多。次级强化物的定义、应用、优势和实施步骤在《次级强化物是一种不可或缺的工具之非食物强化物的有效性》（*Secondary Reinforcers as an Indispensable Tool: The Effectiveness of Non-Food Reinforcers*, Ramirez, 1996）中290 页有详细的描述。

更复杂的用途和问题会在本章末尾的文章中介绍，如《用次级强化物训练加州海狮》（*Secondary Reinforcers for California Sea Lions*，训练员论坛，1994，参见 296 页）。1998 年《训练员论坛》的文章《制约强化物与环境丰容措施的异同》（*Conditioned Reinforcer vs. Environmental Enrichment Devices*，参见 297 页）讨论了使用次级或制约强化物来为我们的动物提供多样性。此外，匹兹堡动物园（Pittsburgh Zoo）曾尝试只使用次级强化物进行训练，这个实验在记录在《仅用非食物强化手段来日常训练亚马孙河豚（*Inia geoffrensis*）》（*Sole Use of Non-Food Reinforcers in Daily Training Sessions with an Amazon River Dolphin*，参见 299 页 Burrows et al., 1990）。

惩罚、负强化物和厌恶刺激

概念区别

上述这些概念是完全不同的。然而，这些术语经常被错误地互换使用。即使是一些非常优秀的训练员也难以完全理解这些术语的概念和应用。尤其是当你把公众的定义和看法也加进来时，这些概念就变得更加混乱了。但我们稍后再讨论这个问题。在此之前，先让我们澄清一下这些术语的区别。

各自含义

当你开始听到“负强化”和“正处罚”这样明显矛盾的术语时，就会很容易理解为什么新手训练员会感到困惑。这里正是普通术语和技术术语开始冲突的地方。

为了帮助理解这些术语，建议你阅读对这些术语有两种不同解释的文章。首先从词汇角度，阅读节选自《动物训练词汇汇编》(*The Syn Alia Series on Animal Training*, Cover & Zeligs, 1991，参见 303 页）中 1 ～ 7 的定义和这些定义之后的讨论。然后阅读第二篇文章《正确理解术语：强化和惩罚的操作性定义》(*Operant Definitions of Reinforcement and Punishment: Getting the Jargon Right*, Kirtland, 1993，参见 308 页）。为了方便读者，我们在下面列出了你需要充分理解的术语。每个术语后面都有一个简单的定义和我的评论。

厌恶刺激——指动物试图避免的任何东西。它可能是一张网、另一头动物，或一个警铃。厌恶刺激被用作正惩罚物和负强化物，具体解释如下。

正——饲养环境调节中增加的事物。本书讨论的“正”的概念既不是好的也不是坏的，只是增加了某些事物。

负——饲养环境调节中减去（去除）的事物。同样，本书讨论的“负”没有好或坏的意思。它只是意味着某种被移除的事物。

强化物——能够增加其后续行为频率的事物。正如我们在整本书中所讨论的，为了使强化物能够有效地增加行为，它必须在所需行为发生之后立即提供。

惩罚物——能减少其后续行为频率的事物。就像强化物一样，要使惩罚物有效地减少行为，它必须紧随不良行为之后给予。

正强化物——添加到饲养环境调节中的事物，可以增加它后面行为的频率。在海豚平静地接受医疗检查后，立即给它一条鱼，增加了海豚在兽医进行检查时保持平静的可能性（平静的行为得到了加强）。这可能是最容易理解的概念，因为它是最广泛使用的。

正惩罚物——添加到饲养环境调节中并减少了它后面行为频率的事物。这可能是最常见的处罚类型。你看到你的狗正在新地毯上撒尿，于是你大喊：“不！”并拍打狗的鼻子（“不”字和拍打都被添加到饲养环境调节中）。狗可能会想在未来避免这些厌恶刺激，所以它将不太可能在地毯上撒尿（减少不良行为）；至少它不太可能在你面前这样做。惩罚可能有效，但这是一个可能产生其他问题的概念，大多数训练员一般都会避免使用惩罚。

负强化物——从饲养环境调节中移出的事物，并增加了它后续行为的频率。一位骑马者想让他的马向左转，于是他拉动缰绳，把压力（厌恶性刺激）放在马头的右侧，使动物向左转（这就消除了缰绳的压力，增加了“左转”行为的频率）。这就是一些训练员会感到困惑的地方，因为来自缰绳的压力既是一种正惩罚物，也是一种负强化物，这取决于你所谈论的行为。在马脸上增加压力，是对马的“直行”行为的正惩罚；而取消压力，则是对马的“左转”行为的消极强化（大多数训练员会认为这是一种负强化物，因为所期望的行为是向左转）。一旦动物学会了厌恶性刺激的后果，只要训练员稍稍暗示拉一下缰绳马儿就会转弯。随着时间的推移，刺激的厌恶性会大大降低，但仍会保持其有效性。

负惩罚物——从饲养环境调节中移出的事物，会降低其后续行为的频率。一只金刚鹦鹉在训练过程中突然开始大声尖叫。于是，训练员离开了房间，并带走了他的一袋葵花籽（强化物）。拿走食物，即葵花籽，是训练中的一个暂停，训练员希望能减少尖叫行为的发生。如果金刚鹦鹉喜欢吃葵花籽和得到训练员的关注，那么从饲养环境调节中移除这两样东西很可能会减少尖叫的频率（只要鸟儿学会将它们的移除与自己的尖叫行为联系起来）。但如果鸟儿已经厌倦了葵花籽或者不再需要训练员的关注，就会出现一个训练中的盲点。在这种情况下，训练员离开房间并不会减少鸟儿的尖叫；事实上，它可能会加强这种尖叫。要使消极的惩罚发挥作用，训练员必须移走动物想要或渴望的东西。而这些东西可能并不总是像人们想象的那样明确。

实际应用

惩罚的部分问题在于它很少被大家正确地应用。大多数人对“惩罚”的概念理解不深，但它却是每个人词汇中的一部分。即使某些形式的惩罚被正确使用，它们也可能具有报复性，并影响其他行为，或造成更多的问题。盖瑞·威尔克斯在《我对惩罚的一点见解》（*A Look at Punishment*，参见 310 页）一文中探讨了惩罚应用的一些问题。

真正有效的概念——不可否认，当正确应用和理解时，负强化、厌恶刺激和惩罚等概念都是有效的工具，但必须谨慎和适当地使用它们。我们每天的行为也都会得到强化和惩罚。这里有一个例子：如果你在 50 英里 / 小时的限速区域内以 85 英里 / 小时的速度行驶，然后你突然看到前方路边有一辆警车，你很可能会立马减速。仅仅是警车的存在，就改变了你的行为。因为警车对你来说是一种潜在的罚款威胁，而这是你想避免的，警车的意外出现消极地强化了你“按限速行驶”的行为，同时也积极地惩罚了你“超速”的行为。换句话说，警车是一种厌恶刺激；为避免收到罚单而放慢车速，则是消除了这种厌恶刺激（你已经消除或减少了收到罚单的可能性）。因此，你正确的驾驶行为已经增加了（得到了负强化）。同样的情况也可以看作是一种惩罚物；警车在你的环境中的出现，对你的超速行为起到了正惩罚作用，降低了你超速发生的频率。同样的刺激物既可以是惩罚物，也可以是强化物，这取决于你试图改变的行为。如果你的重点是增加所需的行为，你就是在强化这个行为；如果你专注于减少不良行为，你就是在惩罚这个行为。这就是“杯子是半满的，还是半空的”问题。如果可能的话，我更愿意乐观地看待事情，并把重点放在强化的行为上。

强化而不是惩罚——正如刚才所描述的，每一个惩罚物的对立面都是相应的强化物在发挥作用。这种区别取决于训练员的意图和动物的行为。一些人在努力地工作并做得很好，因为这些人喜欢这份工作；另一些人也努力工作，同样也做得很好，但只是害怕被解雇。前者更可取，因为员工更快乐、更有动力，而且是为了从工作中得到积极强化而工作，而不是为了避免一些可能的处罚。作为训练员，我们应该同样地激励我们的动物，使它们期待着每一次训练，并发现训练是积极的强化体验。惩罚可能是每个操作性训练的一部分，但训练员应始终努力将重点放在互动的积极且强化的方面。

公众对“惩罚”的理解——从定义和应用角度来看，惩罚是一个相对难理解的概念，因为公众对这个词的使用方式与训练员非常不同。大多数人试图惩罚动物或人，而不是惩罚行为，这就是为什么大多数人应用的惩罚没有发挥作用。下面是一些应用不当（但又经常使用）的惩罚的例子。

- 你回到家，发现狗在你不在的时候在地板上撒尿。当你的狗走近时，你因它的行为而责骂它。因为你没有抓住它的行为，所以你实际上没有惩罚它在地板上撒尿的行为，与之相反的是，你狠狠地惩罚了它在门口迎接你的行为（而不是你想要减少的行为）。
- 你的女儿给你看了她的成绩单（她这学期的成绩很差），然后你很生气，把她关在家里一个星期。你使用了负惩罚（取消外出的福利），但你所惩罚的只是她给你看她的成绩单的行为。下次她的成绩不好时，她很可能会不愿意给你看成绩单。一个好的解决方法是在你女儿努力学习或做好作业后多鼓励她（正强化）。

这只是公众对惩罚使用的两个常见例子。实际上，他们不是在惩罚行为，而是在惩罚某头动物或某个人。令人遗憾的是，他们把“惩罚”作为一种报复性的工具，即妄图“教训动物”，而这绝不应该是一个好训练员的方式方法。精选文章《为什么你的“惩罚”对孩子们不起作用》（*Why Punishment Doesn't Work*, Pryor, 1986，参见 312 页）给出了精辟和独到的见解。

关于剥夺的说明——年轻训练员最常误解的概念之一就是剥夺。使用剥夺（减少动物的口粮、移除其他动物陪伴或剥夺动物最喜欢的玩具）来消极地惩罚行为，这些被新训练员错误地认为是动物训练中的一种常见做法。然而，在正强化的专业训练项目中，这种技术是完全没有必要的。使用可变的强化时制、次级强化物和创造性的丰容措施，可以使动物持续保持兴趣和动力，从而完全不需要使用剥夺的方法。由于剥夺的科学定义比训练员和公众最常使用的定义要宽泛得多，因此导致了很多的困惑。根据科学的定义，剥夺是一种自然现象。当我们饥饿时，我们是被剥夺了食物；如果我们渴了，我们是被剥夺了水；当太阳下山时，我们是被剥夺了光线。这些自然发生的情况不一定是厌恶性的，而且在这些自然发生的状态下，它们并不会导致问题。然而，当面对试图纠正一个行为问题时，一个缺乏经验的训练员可能会经不住诱惑，将剥夺行为的使用超过其自然范畴，这就是一些问题所在。训练员应该避免使用剥夺技术作为训练工具，否则他们可能会面临与使用其他形式的惩罚时相同的弊端。

避免公众的负面看法——根据公众对惩罚这个概念的认知和定义，其对公众来说有非常糟糕的含义，因此训练员经常说他们从不惩罚他们的动物。这在通用术语的语境中是事实；我们确实不使用惩罚。操作性术语和通用术语之间的矛盾如此极端，以至于我们最好使用通用术语来谈论这个问题——特别是当你考虑到即使是资深训练员也很难区分这些概念的时候。在几乎所有的专业训练中，我们都是为了公开表演而训练动物，或者是为了帮助宠物主人训练动物，或者是为了达到其他的目的。在这些情况下，术语会让那些缺乏专业知识而无法完全掌握操作性概念的观众或客户感到困惑。正是由于这个原因，训练员们会做出这样的概括性声明：“我们只对动物使用正强化；从不使用惩罚。”这句话概括了我们训练项目的正确含义和意图。语义上的区别和讨论可以留给心理学家和经验丰富的训练员去做。

总结

作为训练员，我们的重点应该是寻找那些可以积极强化行为的方法。然而，“厌恶刺激”“惩罚物”和“负强化物”的概念在现实训练中是存在的，而且资深的训练员应该完全理解这些概念。上述最重要的概念总结如下：

- 需要被强化或惩罚的只能是行为，而不是动物本身。
- 重点是强化期望的行为，而不是消除不期望的行为。这样训练的重点就在强化上而不是在惩罚上。
- 惩罚的技术性操作定义与普通定义不同。但大多数训练员都使用普通术语，因为很少有人了解技术操作性术语的定义及应用。

强化时制

简而言之

在对惩罚进行了复杂的讨论之后，让我们试着简化这个讨论。尽管强化时制可能会变得更加混乱和有争议，但简而言之，有两种强化物的应用方式：连续（一致）计划或可变（间歇）计划。这些技术已被用于操作性训练，以在实验室中研究动物如何学习。《定义的漂移抑或定义的改变垄断了海洋哺乳动物的训练？》（*Excerpt from: Definition Drift or Are We Monopolizing Marine Mammal Training by Changing the Definitions?* Van der Toorn，参见 315 页）一文对这些基本概念进行了相当全面和通俗易懂的总结。

缩写大杂烩

随着训练员开始实施创造性的强化时制来为他们的动物提供多样性，描述这些创新方法的新的术语和字母缩略也被开发出来。关于这方面的文章读得越多，发现的首字母缩写词就越多，即使是最资深的训练员也会感到困惑。为了帮助阅读和理解，我们将原始的操作性术语与那些特定训练情况下的专业术语分开。

原始操作性术语——心理学家和行为分析家在描述强化机制时有一些基本术语，而且每个术语都有一个缩写词以方便引用。这些术语有连续强化时制（CRF），以及四种类型的间歇性强化，即固定间隔（FI）、固定比例（FR）、可变间隔（VI）和可变比例（VR）。这些术语由范德·托恩（Van der Toorn），以及比勒（Beeler）和沙利文（Sullivan）首先定义和描述。然而，大多数海洋哺乳动物训练员并不使用这些缩写或术语。一部分原因是很多训练计划非常具体，而这些术语更适合在实验室环境中研究和学习。动物训练员倾向于将这些概念结合，这就是为什么他们创造了教科书中没有的新术语。

海洋哺乳动物的专业术语——大多数训练项目使用的是连续强化时制。但随着海洋哺乳动物训练员对文献的阅读和理解，他们发现间歇性强化时制的价值似乎更适合训练海洋哺乳类，但这需要训练员更熟练地掌握这种技术方法。海洋世界的训练员们首先创造了随机顺序间歇性强化（RIR）以及可变比例的多样性强化（VRRV）这两个术语，这两个术语在20世纪70年代和80年代在海洋哺乳动物训练员中很快流行起来。今天，大多数训练员已经恢复了使用原来的术语，因为这些术语本质上都是可变的强化时制。尽管还没有被广泛使用，但以下术语在许多关于训练的文章中很常见。

- 随机和中断强化：这个术语是由海洋世界首先定义的，并很快被训练界的同行所接受。随着越来越多的训练员开始实施和应用这一概念，这一技术变得更符合原始操作性术语的定义，为了便于区别，该术语被重新命名为随机顺序间歇性强化（仍为RIR）。尽管这一概念有许多变种，但兰迪·布里尔于1981年在《RIR在布鲁克菲尔德动物园的新应用：随机和中断强化时制的重新定义》（*RIR in Use at the Brookfield Zoo: Random and Interrupted Reinforcement Redefined in Perspective*，参见317页）中使用的RIR是对这一技术做出的最清晰的描述。
- 可变比例的多样性强化（VRRV）：不可避免的是，RIR不是表达为我们的动物提供可变时制的最佳术语。更为大家所接受的术语是可变比例的多样性强化，在训练员们不断尝试中，这个术语也被重新定义了好几次。这使原来的操作性概念在海洋哺乳动物设施的真实训练环境中的应用更贴切。这是RIR与VRRV从连续强化时制过渡到今天最常用的可变时制的重要步骤。

其他术语——随着对训练的逐步了解，术语缩写的“大杂烩”将不断增加。我试图只介绍那些你可能用到或听到的术语（也就是最有用的）。其他术语，如最小强化刺激（LRS）（第四章）、排他性行为差别强化（DRI）和区别强化其他行为（DRO）（第十章）等术语将在其他部分讨论。

采用多样的时制

正如有许多类型的可变时制一样，也有同样多的方法来实施这些计划表，这完全取决于要训练的动物和训练员团队。从一个连续的计划表过渡到一个可变的计划表并不总是容易的。1996年，保罗·柯曼斯基（Paul J. Komanski）在《从固定比例时制到可变比例时制的过渡转变》（*Changing from a Fixed-Ratio Schedule to a Variable Schedule*，参见328页）中描述了一个机构是如何进行训练计划表的转变的。在谢德水族馆，我们逐渐让我们的员工和动物从持续的强化时制转变为间歇的强化时制。为了理解可变时制的实施，你必须首先充分理解本章前面描述的次级强化物的使用方法和规则。然后，就像使用次级强化物一样，每一位新训练员和新动物都必须从连续的计划表逐渐过渡到可变时制。我建议采用如下的可变时制的渐进法。

1. 每位新训练员（和新动物）必须从连续的、固定的初级强化计划开始。通过应用以下这些步骤，来提供训练中的多样性。

- 行为的选择是不固定的，而且每头动物都有多位训练员轮流训练。

• 行为的持续时间会有所不同（跳跃的次数、摆尾鳍的时间长短等）。
• 提供不同类型或不同数量的初级强化物。

2. 开始调节和建立次级强化物（Ramirez, 1996）。
3. 使用次级强化物作为唯一的强化物，通过以下步骤来实现：

• 首先应用于简单的、容易的行为上。
• 将其纳入更复杂行为的强化物选项。
• 在训练新行为时使用。

4. 使用其他行为（那些以前没有作为次级强化物，但已经确立的行为）作为强化物，这通常是训练员或动物完全进入可变强化时制的最后一步。

多久才见效？

任何计划的实施都会因动物、训练员和情况的不同而不同。一个有丰富经验的训练员加上一头有经验的动物，这个组合可以在几天或几周内便可使用可变强化时制。一位新训练员与一头新动物的组合，再加上训练员多意见多，需要几个月甚至到几年的时间才能完全建立一个可变时制。需要指出的是，即使是最年轻的训练员，在持续的强化时制下，也能为动物提供大量的多样性。

多样性是永恒的目标

这些训练计划的重点是多样性。在不断挑战我们的动物和寻找更好的塑型训练技术的永无止境的探索中，我们将不断发明新的方法以丰富我们的训练技术。但我们必须非常小心，不要让一个所谓的“新”方法取代了我们所掌握的成熟的技术。通常情况下，当一个新的概念被引入时，训练员会把它看成是解决所有训练问题的神奇药方。其实没有这样的事情。在许多情况下，寻找解决问题的方案要回归到对我们动物需求的正确认识和了解上。资深训练员会认识到手头工具的缺陷。明智的训练员会选择适合目前情况的技术。关于对 RIR 以及可变时制的另一种看法，请参考《RIR：是一种新的强化时制，也是一种训练训练员的方法》（*RIR A New Schedule of Reinforcement or a Method of Training Trainers,* Desmond, 1983，参见 334 页）。

召回、叫停和“不”

概念区分

这又是一系列训练员容易误解且错误地交叉使用的术语。在某些情况下，这三个术语可以表示相似的情况。本质上，这三个术语的定义和应用是完全不同的。

召回

召回是三个术语中最常用的一种。召回（recall）只是一个向动物表明它应该返回到训练员身边的信号。关于这个术语的定义以及与其他易混淆术语的区别请参考《理解召回与叫停信号的使用》（*Understanding the Use of Recall vs. Delta Signals*，《训练员论坛》，1990，参见339页）。召回的使用也会在后面的问题解决和综合性训练的章节中讨论。在有些情况下，叫停和“不”信号也可以发挥召回的作用把动物带回原位。大多数时候，这三个刺激信号向动物传递的信息和意图是截然不同的：召回意味着“返回定位点”，叫停意味着动作“良好”，而“不”信号意味着“错误”或“警告”。我们在交流时当然不会错误地交替使用这些术语，因此为什么我们要在训练时错误地交替使用这些术语来困扰我们的动物呢？关于这个问题的更多讨论，请阅读《如何训练和应用召回行为》（*How is a Recall Trained and Used*?，《训练员论坛》，参见342页）。

叫停

这个术语也许是三种中最少使用的。叫停（delta）的定义为警告动物即将出现厌恶刺激的信号。定义召回的文章也对叫停进行了详细的讨论。同时《用微型计算机辅助瓶鼻海豚（*Tursiops truncatus*）的训练》（*Microcomputer-Assisted Training of a Bottlenose Dolphin* (*Tursiops truncatus*), Kamolnick et al., 1985，参见345页）则介绍了在相对综合性场景中叫停使用的例子。

“不”信号

这是叫停信号的一个衍生，而且“不”（no）信号更灵活，没有表示厌恶刺激的意思（尽管可以）。正如次级强化物是向动物传达“是”或“好”的手段一样，“不”信号可以被认为是次级（或条件）的惩罚物。如果使用得当，“不”信号可以用来塑造行为，并减少不良行为。它的使用类似于儿童玩的“冷或热”游戏：一个孩子正在寻找一件物品，另一个人则不断地告诉是“热”（接近该物品的信号）还是“冷”（远离该物品的信号）。宠物主人经常告诉他们的动物“不”字的概念，但这更多是一个警告，要求动物们停止某种行为。从技术上讲，这更像是一个叫停信号。“不”信号的一个常见问题是过度使用，过度使用将降低其有效性。心理学家经常建议父母少对孩子说“不”，并建议父母们给不希望出现的行为提供替代的方法。然而，一旦“不”字被添加到父母的口头禅中，它就会轻易地从父母的口中说出。我经常劝阻年轻的训练员不要轻易使用“不”信号，因为如果不使用“不”信号，那就没有任何过度使用的问题。然而，我也知道很多资深训练员非常熟练有效地使用“不（no）”或“叫停（delta）”信号。就像任何工具一样，如果理解和使用得当，这个信号是值得保留在你的常用训练术语工具箱中的。凯伦·布莱尔在其书中给出了一些使用条件性厌恶刺激的好例子（《训犬书》，第18～20页）。

选择有效的方法

上述所有的技术都可以是训练过程中非常有效的方法。但是，滥用这些方法会对动物产生很严重的不利影响。因此，我认为这些技术，特别是叫停和“不”信号，只适用于最资深的训练员。

行为的连锁

行为的连锁是一个高阶的概念，它指一个行为的完成会提示下一个行为的开始，而随后的每个行为都会强化之前的行为。在电影中工作的动物通常被训练成以行为连锁的方式表现行为，这样在不需要额外的提示或强化物的情况下，下一个行为就自然地跟在前一个行为后面。凯伦·布莱尔对这个概念有着清晰且精确的描述（《训犬书》，第 85 ～ 90 页）。另一个非常棒的行为连锁的参考文章是《如何将行为串联起来？》（*Chaining Behaviors Together*，《训练员论坛》，1998，参见 350 页）。如果连锁行为（chain behavior）中的某一行为开始崩溃，那么所有行为都会受到影响。对连锁行为的处理请参考《修复连锁行为中的某一问题行为》（*Fixing a Problem Behavior in the Middle of a Chain*，《训练员论坛》，1984，参见 354 页）。

技术性连锁

在技术性连锁中，训练员除了在开始行为时使用区辨刺激（偶尔也在行为的末端使用信号）外，在行为进行的中间不会使用任何提示或强化物。所有其他的提示和强化物都是连锁行为本身的行为。最常见的行为连锁之一是一系列的跳跃行为，或称波浪行为。许多海豚被训练做出一个接一个的空中连续跳跃行为，直到它听到训练员给予的停止信号。每一个跳跃都是下一个跳跃的自动提示。敏捷性比赛中的狗也经常被训练来完成一长串的动作，一个接一个直到狗的主人提示暂停。在此过程中，前一个任务的完成是下一个任务的强化物。

常规性连锁

似乎每一个概念都会不可避免地被人修改。你可能会在书中读到一些连锁行为，在这些连锁行为中，训练员在每一个正确的反应之后都会给信号。有时你可能会听到一些连锁行为，在这些连锁行为中，训练员给动物提供区辨刺激以提示其中的某些行为。这并不是真正的行为连锁，尽管许多人称其为行为连锁。常规性连锁这个词是基于这样的想法，即行为被连接在一起，而每个行为之后都没有进行初级强化。在现实中，常规性连锁往往是对可变强化时制的创造性使用。然而，训练员应该熟悉常规性连锁和技术性连锁的异同之处。

“连续”指令

有些训练员自己创造了一种特殊的信号，以向正在做表演的动物表示它做得很好。

这个信号能在不使动物回到原位的情况下提供口头鼓励。布莱尔将此称为“好样的，继续”信号（《训犬书》，第 17 ～ 18 页）。这种提示对于持续时间长的行为特别有帮助。例如，如果一头动物被要求在一个特别长的自愿医疗过程中保持不动，训练员可以定期地摩擦或轻拍动物的身体，而摩擦或轻拍动物身体是一种次级强化物，这样可以使动物确信你没有忘记它。许多训练员在使用这种技术时，并没有把它作为一个“连续”指令来调节。事实上，资深训练员在广泛使用可变强化时制过程中会发出许多信号，以鼓励他们的动物继续前进，这期间不需要将它们带回站内进行初级强化。鲸豚类的水上表演、连锁行为和冗长的医疗行为，都是使用连续指令的好时候。一些训练员会用各种不同的工具来调节特定的信号刺激。其实，任何可以向动物表明它已经做得很好但又不会把它召回的信号，都是“好的，继续”或“继续前进”的信号。

行为的组合

行为组合是将两个或更多的行为组合成一个新的行为，这个概念与将行为连锁在一起完全不同。行为组合是一种行为调节的技术，往往用于各种认知项目上。很多时候，训练员使用这一手段只是为了给动物提供行为的多样性，或创造新的和独特的行为。虽然我知道有很多机构采用了行为组合这一技术手段，但关于这方面的文章却相对较少。我在这里为大家找到了一篇参考文献，即《训练行为的组合：以瓶鼻海豚为例》（*Training Combination Behaviors with Bottlenose Dolphins*, Losch, 1998，参见 356 页）。

要不要给结束信号?

很多人不认为这是一个高阶的概念（我的定义认为这是高阶概念），这是海洋哺乳动物训练员之间的一个非常有争议的话题。资深训练员经常争论向动物发出训练结束的信号的好处和坏处。在多年的训练中，这两种方式我都使用过，而且现在我坚定地站在不使用结束信号的这一边。我和其他三位训练员（观点分成两派）的各自的理由将陈述在文章《训练结束信号，用还是不用？》中（*Using an End of Session Signal: Yes or No*?，《训练员论坛》，1995，参见 361 页）。

补充阅读

虽然还有许多其他重要的高阶概念，但剩下的这些概念在其他章节讨论似乎会更合适。其他高阶概念会在以下章节中介绍：第七章“社群性动物——多头动物一起训练”)，第十章“动物的攻击行为”，第十一章“训练问题解决指南”，第十二章“综合性训练和应用”。

文章精选

A Behavior Sampler by Gary Wilkes

《行为样本》，许多训练员的一个很常见的问题是不能够坚持最初为某一行为设定的标准。训练员的懒惰或以动物“累了”“可爱”“害怕”等为借口放松标准，往往导致不正确或草率行为的强化。归根结底，没有执行非黑即白的标准往往会导致行为的崩溃，这种结果对动物是一种伤害。

莫妮克：只会“一招”的贵宾犬

盖瑞·威尔克斯

贵宾犬莫妮克（Monique）学会了坐下这个动作。当你要求它坐下时，它会坐下；当你不要求它坐下时，它也会坐下。你让它躺下时，它会坐下；你让它说话时，它也是坐下。当你让它过来时，它会跑到你刚好够不到的地方，然后坐下，而且坐的距离足够远，这样你就无法抓住它。虽然这种行为看起来并不聪明，但莫妮克实际上是一只非常聪明的狗。

在欣赏莫妮克的聪明才智之前，你必须认识到，它这样的行为不是因为它愚蠢，而是因为这种行为非常“有效”。每当它被要求做任何事情时，它都会通过做它最喜欢的坐着行为以得到奖励。这种模式是长期的家庭训练的结果。它的主人觉得莫妮克很可爱，因此无论它做什么都会得到奖励。当家人们要求它坐下或躺下时，他们从未真正注意过它是否执行了所需的行为。他们都会笑着拥抱莫妮克，并开玩笑说它是“脑死亡”的狗。主人的嬉皮士的态度让莫妮克学会了与人类同伴相处的一个重要规则：遇事不决，坐下解决。

许多宠物都像莫妮克一样，完全适应了人类主人给它们塑造的环境。如果主人不要求它们准确执行，它们就不执行。如果没有人教它们如何正确地执行行为，它们最终就会放弃尝试，退回到过去成功的行为上。这些动物的愚蠢主人们忽略了训练中的一个重要规则：动物不会故意失败。大多数情况下，它们的失败往往直接与不良的训练或不当的强化有关。

在解决这个问题之前，我们首先要认识到，只有极少数的狗是真正的“脑死亡”。绝大多数狗都有能力给出比它们平时更好的表现。它们只需要知道任何食物都跟自己精准的表现挂钩。如果你能找到你的宠物愿意为之努力的东西，如食物、玩具或情感，你可以发现你的宠物具有无限的潜力。

一个好的开始是训练“坐”这个行为。几乎每只训练良好的成年狗都知道这种行为的一种模式。拿上一把点心，要求你的狗菲多“坐下”，并数两下。如果菲多在两秒内没有把它的屁股放到地板上，你就背对着它走开。

这样重复几次，菲多就会感到疑惑。在过去，它所要做的就是在第三或第四个命令之后懒洋洋地坐下来然后获得奖励。每次想到这里，菲多都会很开心，因为这是它真正能够理解的事情。它野生的祖先从来没有两三次机会来慢慢追赶一只兔子。它是一只被驯化了的狗，但它对猫、送信人和慢跑者都会有迅速的即时反应。菲多从迷雾中醒来，在下一次你训练时迅速坐好。你非常开心，给菲多很多口头表扬，并给菲多很多好吃的。然后换一个新的地方，再试一次。以此类推，提高菲多执行任何行为的标准。如果它不专心，就走开，不理会它几秒钟。

这一训练模式可以很容易地扩展到菲多的其他行为上。在你抚摸它之前，要求它做出某种行为。在你给它吃东西之前，要求它坐下或躺下。如果这个行为做得不好，你就转过身去，暂时不理会它。

让狗“为生活而工作”的简单哲理是让你的宠物有更好行为的第一步。你在要求狗“坐下”的时候它却躺下，或者你不得不多次重复命令，如果这个时候你强化狗的行为，你就是在教它不良行为。莫妮克和菲多很聪明，它们知道怎么用最小的表现来换取情感和食物，这会逐渐削弱你目前还拥有的控制权。采取新训练方法，你将培养出反应灵敏和热情的狗狗。你的宠物还将获得远比食物更大的奖励：一份工作。

《海洋哺乳动物：公共展览与科学研究》，以下文章首次发表在1994年华盛顿州塔科马的国际海洋动物训练员协会会议上。这篇文章也同时收录于《海洋哺乳动物：公共展览与科学研究》1996年第2卷第1期上。这篇文章仔细研究了次级强化物并分析了其有效的原因，并详细介绍了约翰·谢德水族馆应用这些技术和理念的过程。

次级强化物是一种不可或缺的工具之非食物强化物的有效性

肯·拉米雷斯

约翰·谢德水族馆

摘要

不同的行为学家对“次级强化物”一词有着不同的定义。在不同的机构中，“次级强化”的应用甚至更加多样化。本文列举了关于“次级强化”的不同定义，并分析了其在训练员之间产生混淆的可能原因。次级强化物在良好的动物护理中起着重要的作用，非食物强化物在各种情况下的应用可以说明这一点。

前言

次级强化物是良好的训练计划中有效且重要的元素。然而，即使在我们自己的行业内，训练员在提到次级强化物时也会使用各种不同的术语。在不同的机构中，实施次级强化的程度和方法也有很大不同。为了解决这种混乱，我们有以下3条举措：①尝试为“次级强化”归纳一个统一的定义；②向新动物和训练员介绍一种“次级强化”的方法；③讨论并展示“次级强化”的重要性。

定义

我们最初认为大多数训练员都理解次级强化物。但经过文献查阅和对训练员的非正式调查表明，不同机构的术语使用有很大不同。训练文献中用来指代这个主题的有超过 25 个不同术语，下面列出了 12 个（IMATA, 1971 ～ 1994）。

第一组

- 次级强化物
- 制约强化物（条件性强化物）
- 替代强化物
- 训练过的强化物
- 非食物诱因
- 非食欲性诱因

第二组

- 触觉强化物
- 信号刺激

第三组

- 不同的强化物
- 有计划的强化物
- 有组织的强化物
- 自然强化物

值得注意的是，这些术语都是在科学论文中使用的术语。这个罗列内容只是为了显示所使用的术语的多样性，而不是为了比较它们各自的准确性。将它们列入这里是表明这些术语是在行为学文献中对次级或制约强化物的称谓。它们被分为三类，第一组的术语是与次级强化物同义的术语；第二组是次级强化物的例子，不是同义词；最后一组是有意义的术语，这些术语要么与次级强化物有关，要么取自非行为学学科。面对这么多术语，可以理解为什么大家会感到很困惑。

按照惯例，我们必须在使用术语之前对其进行定义。我们给出的强化物的定义为：紧随所需反应的事件或刺激物，并能增加该反应发生的频率和概率（Reynolds, 1975）。

在操作制约中，我们通常认可两种基本类型的强化物。一种是初级强化物。其定义为：一种强化物，其有效性不取决于动物过去对它的使用经验。食物和水是初级强化物的最佳例子（Kelleher, 1966; Brill, 1981）。另一种基本类型的强化物被称为次级强化物，也被称为条件性强化物，因为它的有效性由动物过去经历的条件决定（Kelleher, 1966; Brill, 1981）。

在这些定义的基础上，本文将重点介绍和讨论次级强化或条件性强化。每次当来自不同机构的训练员开始讨论某一个训练概念时，都应首先对术语定义进行统一。通常，训练员很难讨论各自的训练概念，因为他们的术语差异很大。所有海洋哺乳动物训练员需要采用共同的术语和训练语言，虽然这仍然是一个问题，但这是我们希望实现的目标。

实施

在正式将次级强化物介绍给动物之前，需要了解该动物在自然界中的简历。了解它在野外的生活和与同类的互动情况，这将有助于确定动物能接受的次级强化物的类型。如果该动物过去的经验已经形成了对某些类型的强化物的依赖，那么你可以把这些强化物好好利用起来。例如，金刚鹦鹉经常互相抚摸，因此，在经过一定的训练后，它们通常会非常接受训练员在它们的羽毛下抓挠和抚摸。而另一方面，由于大多数动物在眼睛相对直视下都有自我保护的倾向，因此不容易接受触觉强化。如果你知道野生黑猩猩有时会给自己挠痒痒后，教黑猩猩手语的训练员会发现给黑猩猩挠痒痒是最有效的强化手段之一（Gardner, 1969）。在野外经常观察到白鲸沿着浅河底摩擦它们的身体（Norris, 1994），这可能解释了为什么白鲸往往是水族馆环境中最喜欢被触摸的鲸豚类之一。

年轻的训练员常犯的一个错误是：既然动物似乎对某一特定的刺激反应良好，那么如果在训练中一直提供同一个刺激就会自动成为强化物。换句话说，仅仅因为白鲸似乎会寻找粗糙的表面来摩擦它的皮肤，并不意味着当训练员提供同样的粗糙的东西或抚摸行为时，动物会喜欢或得到强化。只有在了解到白鲸经常有抓挠皮肤的行为后，训练员才可以让动物接受刷子或用手来抓挠它。随着时间的推移，动物实际上才可能会从训练员那里寻求这种类型的触觉刺激。直到此时，挠痒痒才会被训练成一种强化物。

了解动物喜欢和不喜欢的过程，是跟动物建立起良好互动的关键。每位训练员都必须与每头动物建立各自的关系。例如，某个资深训练员可能会把挠舌头作为某个海豚有效的次级强化物。因为动物已经学会了接受，甚至是享受挠舌头的过程。一位年轻的训练员在观看了这一交流演示后，决定在之后的训练中也给同一头海豚提供相同的舌头挠痒服务。令这位新手训练员惊讶的是，海豚竟然狠狠咬了这位毫无戒心的训练员的手。这种情况经常发生，而且这位年轻的训练员在被咬后也会非常惊讶。每个次级强化物，特别是在第一次引入时，都必须由特定训练员来建立。当它被足够多的训练员使用后，才可能会变得具有普适性。只有经历过上述两步，海豚才可能会接受其他人为它挠舌头。但除非训练员自己花时间来发展这种关系，否则他们永远无法确定这一行为是否稳定。

如果给年轻的训练员举一个人类的例子，那么他们就很快能理解了：

“一天下班后我碰巧注意到，一位妻子来办公室找她的训练员老公。当她走近她老公时，她感谢他之前帮她办的一些事情，然后她抚摸他的肩膀、亲吻他的脖子。他的脸一下子亮了起来，他那严肃的情绪瞬间改变。我当时心想，现在我这个女人也知道如何使用次级强化物了。两天后，我注意到这位训练员将动物池子打扫得特别干净。当他准备离开打扫好的区域时，我决定感谢他，并向他提供上述这种看似行之有效的强化物。但就在我搂着他的脖子准备吻他的时候，他差点把我的眼珠子都打出来了！为什么？为什么？那是因为我和那位训练员的关系并不像他和他妻子的关系那样。”

虽然我们与动物的关系肯定是不同于上面人与人之间的关系的，但这个故事清楚地说明，仅仅因为某样东西在某种情况下是有强化效果的，并不意味着它在所有情况下都有强化作用。

次级强化物的调控步骤其实很简单，就是将要教授的强化物与初级强化物配对。这与在训练的早期阶段建立信号刺激物时所用的程序相同。不管是口哨、音调、响片、口头“好”，还是闪烁的灯光，这些都是次级强化物，或者说是制约强化物。这些刺激在动物第一次经历时并无多大意义，但在与初级强化物不断配对后，大多数训练员都看到了信号刺激的强大效果。对其他次级强化物的训练也能产生同样的效果。

在谢德水族馆，我们只是介绍次级强化物的概念。对不使用食物强化的玩耍或其他多样性行为，我们会鼓励训练员发挥创造力，去了解每头动物可能喜欢什么，以便找到最适合每头动物的次级强化物。这些信息会被用来确定下一步应该对哪些次级强化物进行调节。在训练中，新的刺激物（尚未作为强化物）被视为训练中的新行为。一旦新的刺激物与初级强化物定期配对，新的强化物就可以在容易或简单的行为之后少许使用。随着时间的推移，每位训练员都会按照自己的节奏进行下一步的训练，在更难和更复杂的行为上使用次级强化物。最终，随着经验的增加，训练员将开始引入尚未经过训练的新强化物。这是保留给资深训练员的一个训练步骤，因为资深训练员已经和有经验的动物合作了一段时间。

次级强化物的使用在我们的水族馆里被视为一个高阶概念。新手训练员必须首先全面了解这头动物的训练历史、其所有行为标准以及基本操作制约的原则和原理，然后我们才会将这些高阶概念传授给他们，这就像我们训练动物的方式或者我们在学校里传授知识的方式一样，通过渐进的方式。如果你教别人阅读，你不会从《战争与和平》这样的大部头开始，你会从教 ABC 开始。然后，你会让学生读“小红帽与大灰狼”，并逐渐学习更困难和复杂的内容。我们也是以同样的方式介绍次级强化等概念。

当然也有许多其他介绍次级强化物的好方法，但对于像我们这样员工多和动物种类多的水族馆，我们发现这种死板方法是最有效的。它让训练主管有一个系统来监控每位训练员和每头动物的进展。这个系统确保了团队的一致性，允许资深训练员自由探索，并让动物有机会不断接受新的挑战和刺激。

以下是三个案例研究，我认为这些案例充分说明了次级强化物对一个好的饲养项目是多么重要。

案例研究一：太平洋斑纹海豚（*Lagenorhynchus obliquidens*）

第一个例子发生在 1994 年夏天，一头雌性太平洋斑纹海豚开始出现食欲下降。它看起来有点昏昏欲睡，对吃东西不感兴趣，但它还是愿意积极地参加训练和表演。在这一时期，它最感兴趣的两项活动是和我们互动以及接受我们的抚摸。虽然它配合我们要求的大多数行为，但我们无法可靠地让它进食。我们的兽医给它开了一些抗生素，但吃药时间需要相当精确的时机。由于我们不能确定它在需要吃药的时候会不会饿（它经常性不饿），所以我们把吃药时间变成了一种游戏。我们会先围着水池跑，然后抚摸它，再跑并再次抚摸它，然后让它张开嘴，把一条藏有药的鱼放进它的嘴里，然后再跑、再抚摸它。在兴奋的活动中，它会很快吞下那条鱼。随着时间的推移，我们便更加依赖这种次级强化物来强化它吞下鱼的能力。虽然过了几个星期，它才开始可靠地进食，但它从未错过一次吃药时间。我们能够成功地治好这头海豚，主要感谢它喜欢玩的天性和与次级强化物的强大作用。

案例研究二：白鲸（*Delphinapterus leucas*）

白鲸的性情与其他大多数鲸豚类非常不同。我们的最年长的一头雌性白鲸曾经对环境的变化有不寻常的反应。在我们的新海洋馆开业不到一年，我们为一个兄弟机构提供了部分场馆设施，让他们在我们的设施中暂时饲养伪虎鲸（*Pseudorca crassidens*）。在这些动物到达的那天，这头雌性白鲸便突然停止进食。虽然我们意识到这可能是对新动物到来的应激反应，但我们想清楚地知道具体情况。兽医坚持要我们采集血样。虽然它接受过自愿采血的训练，但常识告诉我们，一个不吃东西的动物很可能也不会配合自愿检查。之后我们发现，尽管它会把吃进去的每一条鱼都吐出来，但它很乐意配合我们对它进行的每一个行为。我们的白鲸一直是非常喜欢训练员抚摸的，而抚摸头部、抓挠舌头和按摩身体都是动物很喜欢的手段。在伪虎鲸到来后的一周内，事实证明这对稳定白鲸是非常有益的。这头白鲸参加了那一周的每一次训练，也吐出了奖励它的每一条鱼，但却接受了每一个触摸强化。最重要的是，在那一周里，它允许我们采集三个血样，幸运的是，这些血样证实它并没有生病。如果不是次级强化物的使用已经成为了我们的训练方式，我们就不会与白鲸形成这种关系，也不可能以这种方式采集到血液样本。

案例研究三：糙齿海豚（*Steno bredanensis*）

1994 年初，我有机会到法属波利尼西亚（French Polynesia）的一个天然水池设施中训练一群糙齿海豚。这些海豚原产于该岛，捕获后成为海豚探索海洋馆（Dolphin Quest）新互动项目的一部分。这些动物所表现出的最独特的特点之一是，它们在定期进食之前都会摩擦我们的手和脚来寻求触碰的互动。在一个星期内，这群海豚都对动物护理人员的触碰互动产生了浓厚的兴趣。

同时，当我们开始给海豚喂食时，发现它们使用了野外的觅食技巧。它们会首先把鱼拍打在水面上，直到鱼头掉下来。接下来它们会吞下鱼头，然后慢慢地去吃鱼身的其他部分。按照这个速度，一次喂食可能会持续一个多小时。我们试着投喂没有头的鱼，但它们在吃之前仍然会把鱼身的上半部分甩掉。我们试图提供切开的鱼，但它们不会吃。我们知道通过训练，可以让它们吃更小的鱼，并更快地完成吞咽。但是在那之前，用鱼作为强化物意味着每次互动之间至少需要 5 分钟以上的时间。

当我们试着解决它们的进食行为时，我们继续进行玩耍的多样性化。在几天内，我们便与每头动物建立了非常积极的关系。它们对触碰的反应是如此强烈，以至于我们开始只用触觉来强化和塑造行为。我们教它们在浅水中配合身体检查、测量腰围，以及自愿的轻微约束。所有这些都是用身体的抚摸和按摩作为强化手段来塑造的。在码头上进行的训练也证明了过闸训练、摆尾、张嘴和冲撞都可以完全使用触觉形式的强化来塑造。这些行为都是在人类训练不到六周的情况下完成的。

我们认为，触碰对野外生活的物种有着重要的进化作用。即使有了这种预先存在的条件，我们也必须获得动物们的信任，并与每头动物建立起关系。最初的几个星期对于调控动物接受来自我们的身体接触至关重要，而这种接触最终成为一种非常强大的次级强化物。

结论

次级强化并不是一个新的工具，但它并没有被所有训练员持续使用，当然也没有被我们许多海洋哺乳动物训练行业的人统一定义。训练是一种基于科学证明的行为原则的技术。随着我们行业的发展，新训练员必须将科学知识、操作性术语和集体积累的多年经验结合，以继续改善我们所照顾动物的生活。如果使用得当并认真执行，次级强化物不仅是一种强有力的强化物，而且是提高我们的动物生活质量的许多不可缺少的工具之一。

希望更多的资深训练员能分享更多有效使用次级强化物的例子。对于那些仍然不相信使用食物以外的任何东西作为强化物的人来说，我希望本文已经有力地说明了制约强化物的优势。对于那些想使用次级强化物，但对其效果有时不稳定感到困惑的训练员，也许本文中的建议可以更好地引导你应用这些强化物。最后，对于那些用比我想象的更有效、更有创意的方式使用次级强化物的训练员来说，我希望本文给你们提供一些有趣的次级强化物的实例。

致谢

我想感谢那些帮助我完成这篇论文的人。任何错误或不严谨的观点都是我个人的失误和责任。我还要感谢那些我有幸与之合作的人，他们为我提供了上面所述的各种案例。我特别要感谢谢德水族馆的海洋哺乳动物训练员以及法属波利尼西亚和夏威夷的海豚探索海洋馆中的工作人员，感谢他们的支持。

参考文献

1. Brill, R.L. (1981). RIR in use at the Brookfield Zoo: Random and interrupted reinforcement redefined in perspective. In J. Barry & R.L. Brill (Eds.), Proceeding of the 9th annual conference of the International Marine Animal Trainers Association (pp.49-58).
2. Gardner, R.A. & Gardner, B.T. (1969). Teaching sign language to a chimpanzee. Science 165:664-672.
3. IMATA. (1971-1991). (Various Eds.), Proceedings of the annual conference of the International Marine Animal Trainers Association.
4. IMATA. (1976-1994). (Various Eds.), Soundings.
5. Kelleher, R.T. (1966). Chaining and conditioned reinforcement. In W.K. Honig (Ed.), Operant behavior: Areas of research and application (pp. 160-212). New York: Appleton-Century- Crofts.
6. Norris, K.S. (1994). Beluga: White whale of the North. National Geographic 185 (6): 2-30.
7. Reynolds, G.S. (1975). A primer of Operant Conditioning (Rev. Ed.). Glenview, Illinois: Scott Foresman and Co.

Trainer's Forum

《训练员论坛》，1994 年第 19 卷第 2 期。在一个物种上应用成功的训练技术，当其应用到其他物种上时一般都会有一些问题。有时问题很小，而对于某些动物，这种问题可能会很大。通常情况下，尽可能多地了解你的动物便可以解决这个问题。下面文章介绍了如何对加州海狮使用次级强化物来进行训练。

用次级强化物训练加州海狮

问：我们的训练团队想了解如何对加州海狮使用食物以外的其他强化物（如玩具、抓挠等）。我们还想知道在游戏过程中使用信号（没有食物时）是否会破坏信号在常规训练过程中的效果。

答 1：次级强化物对所有的鳍足类动物都非常有效，尤其是加州海狮。正如大多数有新状况的动物一样，训练是次级强化物能起作用的最有效方式，正如训练也是固定新行为最有效的方式。次级强化物往往是基于我们作为训练员认为对动物积极的事物，但我们没有办法确定这一点。假设一个次级强化是积极的，但有可能会导致不良行为甚至是攻击性行为。因此，通过最初将新的次级强化物不断地与初级强化物相配对，不管这只动物原本是否就对这些次级强化物有好感，你可以使动物对这些次级强化物脱敏，并确保它们最终成为积极的强化物。

在开始使用新的次级强化物时，请记住，所有的动物都是独特的个体，它可能喜欢或不喜欢某一种刺激。训练员和动物之间的关系也是次级强化物的一种，所以不同的训练员可以使用同样的次级强化物让动物每次都有不同的表现。这就更需要在尝试可变强化时制之前，针对次级强化物进行持续训练。慢慢地让动物脱敏，这一过程中注意观察动物的表现，如退后、绷紧嘴唇、避免接触互动或忽视玩具。一旦你觉得某种次级强化物能对动物起到积极的强化作用，在单独使用之前，最好先花一段时间来增强这种强化物的效果。无论动物对这些次级强化物的适应期有多长，定期将次级强化物与初级强化物匹配会是一个好主意。同时记得给自己留有余地，有些动物可能永远不会喜欢次级强化物。一些常用的次级强化物有口头表扬、冰块、接触互动、玩具和喷水。你会发现，海狮对各种新的刺激都有积极反应。

我们实在想不出在游戏过程中使用信号的任何一个好的理由（尽管某位委员会成员说，"世界可能不会因此爆炸"）。因为没有与强化物的联系，信号就会在很短的时间内被稀释。而且这个信号有很大的可能再也不会引起所需的行为（特别是对食物敏感的海狮）。我们不知道你的机构是如何定义"游戏课程"的，使用信号会把它变成一个训练课程，动物可能根本不认为这是游戏（在这一点上，海狮往往想知道鱼桶在哪里，为什么没有强化信号：这是激怒那些 750 磅重的雄性海狮再好不过的方法！）。

这也带来了关于言语信号的一个问题。如果"好"这个词被用作信号，而新手训练员或志愿者在参与游戏时经常使用"好"（如"好女孩"等），他们可能会在无意中削弱这个信号的作用。

动物训练技术咨询委员会

国际海洋动物训练员协会

答 2：澳大利亚海洋世界的训练团队共需要训练八种鳍足类动物。我们的训练员已经行之有效地使用了替代性强化物，如接触互动、玩具、多样的玩耍、社会互动、行为的连锁和创新的训练课程。训练员发现成功使用次级（或替代）强化物有两个关键因素：

1. 某些种类的鳍足类天然比其他种类的鳍足类更容易接受替代性强化物。

2. 有些个体更容易接受，而有些个体接受缓慢，即使在同一物种中也是如此。

毛皮海狮（或海狗）似乎比其他鳍足类更容易接受触觉方面的强化。毛皮海狮似乎花在梳理上的时间要多得多，也许这就是为什么它们似乎比加州海狮更喜欢并回应接触互动。另外，某些种类的毛皮海狮的反应与其他毛皮海狮也不同，例如，新澳毛皮海狮（*Arctocephalus forsteri*）比澳大利亚毛皮海狮（*A. p. doriferus*）对触摸的反应更强烈。澳大利亚毛皮海狮（和该属的其他鳍足类）也对触觉强化反应良好。

在不同程度上，玩具已被成功地用作一些物种的强化物。但是，为了防止对某一特定玩具产生厌烦情绪并保持动物的兴趣，玩具的使用是有限制的。因此年龄、物种和个体可能是这种强化形式成功的主要因素。澳大利亚毛皮海狮对玩具的接受能力极强，即使在完全成熟后也是如此。事实上，与其他种类的鳍足类相比，它们似乎对周围的环境更有好奇心。我们发现，加州海狮在青春期对玩具的反应更大。最喜欢的玩具已被我们用作加强过闸训练和分离程序的行为。我们在海洋世界使用过的一个特别成功的玩具是一根 PVC 管子，它被挂在展览馆屋顶的绳子上。一头青春期的雌性加州海狮在水池上来回摆动管子，并从中获得了很多乐趣。

与其他鳍足类或鲸豚类的社会性互动也是一种成功的强化物。然而，这有时会产生负面影响，因为动物可能非常喜欢与其他动物互动的这种体验，以至于它们可能拒绝离开对方。

动物最喜欢的活动偶尔也被当作次级强化物使用。一个典型的例子是我们的鲸豚类饲养部门同事使用了电动充气船来跟动物玩耍。澳大利亚海洋世界的鲸豚类经过过闸训练后，会很喜欢追着电动船产生的剧烈浪花。有时动物甚至迫不及待地要和船一起进入另一个池子，大概是希望能多一些追着电动船的机会。

澳大利亚海洋世界训练员的经验是，在常规训练中使用信号刺激并不会削弱其有效性。我们的训练员在游戏和结构化训练课程之间来回切换，动物也偶尔会在游戏和 / 或自我创新型训练中表现出所需的行为。这些训练通常只需最少的初级强化物即可完成。

海洋哺乳动物训练团队
澳大利亚海洋世界

《训练员论坛》，1998 年第 23 卷第 3 期。由于训练中使用的许多工具和技术都很相似且相互关联，所以训练员可能会对此感到困惑。以下问题乍一看很简单，但经过思考发现，这个问题比表面上看起来更发人深省。

制约强化物与环境丰容设施的异同

问：请解释一下制约强化物和环境丰容措施的异同。

答 1：制约强化物和环境强化物的主要区别在于训练。次级强化物被训练成一种积极的事物。与此相似的是金钱对人类的强化作用。钱在本质上只是一张纸，但它代表着“待遇”，无论是房子、玩具，还是你最喜欢的快餐连锁店的汉堡。当训练或调教次级强化物时，强化物（冰块、触摸、在舌头上喷水）最初是直接跟初级强化物（鱼）关联的。随着时间的推移，动物会将次级强化物与鱼联系在一起，从而使次级强化物本身对动物来说变得积极。如果动物对触碰互动反应良好，那当然很好，但请记住，几乎任何东西都可以被训练成次级强化物，只要一开始将其不间断地跟初级强化物匹配。次级强化物对于一个扎实的训练计划是至关重要的，次级强化物通过多样性来保持训练的趣味性。

环境丰容设施（EED）的不同之处在于，它们本身并不是作为强化物来使用的。在明尼苏达动物园，它们被用于训练课程之外，以便使展览馆成为动物们喜欢玩耍的地方。这并不意味着环境丰容措施不能涉及鱼。活鱼放生和冷冻成块的鱼都可以用来使饲养环境变得有刺激，但它们不是强化的条件。漂浮的垫子、气泡环、水柱和各种玩具都是用来刺激饲养环境的，而不是像次级强化物那样用来强化对区辨刺激的正确反应。

次级强化物和环境丰容措施都提供了独特的机会来刺激我们照顾的动物。无论哪种方式，记着要有创意、要有乐趣！

海豚训练团队
明尼苏达动物园

答 2：正方形总是矩形，但矩形却不一定总是正方形。换句话说，制约强化物总是一种环境丰容设施，但环境丰容设施并不总是一种制约强化物。有时候，环境丰容设施是一种内在的强化物。

迈克尔·奥斯本（Michael Osborn）
夏威夷海洋生命馆

答 3：乍一看，这个问题的答案似乎非常明显，因为制约强化物和环境丰容措施是两个非常不同的概念。但经过进一步的研究发现，这两个概念其实在很多方面是重叠的。你想得越多，它就会越混乱，而且它们似乎越来越相同。两者之间的区别可以从不同的角度来分析，并受到以下因素的影响：语义（定义）、训练员的意图（如何使用这些概念？）、强化历史（动物对玩具或设施的经验是什么？）和背景（何时使用？）。

在谢德水族馆，我们使用了各种条件性制约强化物，这包括我们的信号刺激（口哨、响片、说“好”等）到次级强化物（拍打、摩擦、喷水等）。这些强化物都是已经与初级强化物配对过，且拥有一定的强化能力。在训练过程中，我们使用条件性制约强化物，向动物表明它已经正确地完成了一个特定的行为，并为我们提供了额外强化的机会。我们认为，训练课程是丰富训练计划的重要组成部分，因此有人可能会说，信号刺激和次级强化物是环境丰容措施。虽然这听起来没有错，但大多数人是在不同的背景下讨论环境丰容措施的。

对于大多数动物饲养和训练项目来说，环境丰容有多种形式。人们常说的丰容是指给动物自由玩耍的玩具，或者让动物操纵其环境的装置（喂食管、控制灯光或气泡的杆子等）。然而，丰容计划还包括提供不同栖息地的选择、社群结构的多样性、玩耍的多样性、多变的正式训练课程，等等。通常当我们提到某个具体的环境丰容措施时，是指在正式的训练课程之外给动物的玩具或设施。虽然丰容措施可能没有被特意调教成制约强化物，但所有形式的丰容措施通常都有一定的强化能力。因此，在给动物提供丰容措施时，一定要非常小心，以免无意中强化了任何不良行为。

有很多例子可以说明一件物品如何在某种情况下成为制约强化物，而在另一种情况下则成为环境丰容措施。我们可以让我们的动物接受各种各样的次级强化物，如从水管中喷出的水。在训练课程或演示中，我们可以用水管作为行为后的强化物，这就是喷水管被用作制约强化物的一个例子。在一天的晚些时候，我们可以把水管挂在池面上，让它不断地喷水，让我们的动物依据它们的意愿与水管互动。喷水管在这种情况下则是一种丰容措施。事实上，丰容措施也可能被当作强化物来使用，但这不是问题的重点。喷水管可能是一头动物玩耍的地方，也可能是另一头动物选择避开的地方；但在这两种情况下，它都被增加了到了饲养环境中，为动物提供了多样性和可选择性。

你的问题让我们的训练员进行了一次非常激烈的讨论。我们希望我们的回答能解释我们所看到的差异，而不是使问题变得更加混沌。

丽莎·高琪

谢德水族馆

Conference Proceedings

《会议论文集》，1990 年美国伊利诺伊州芝加哥市的会议记录。次级强化物通常被认为是强化计划的一部分。然而，在匹兹堡动物园，在对一头亚马孙河豚一年多的训练中，训练员只使用次级强化物。虽然训练过程和结果有一些小问题，但这是他们为解决传统训练方法效果不佳所做的尝试。

仅用非食物强化手段来日常训练亚马孙河豚（*Inia geoffrensis*）

安妮·伯罗斯（Annie Burrows），桑迪·施雷布（Sandi Schreib）

和蒂姆·史密斯（Tim Smith）

匹兹堡动物园

摘要

从 1989 年 12 月到 1991 年 1 月，在对一头年长的雄性亚马孙河豚（*Inia geoffrensis*）进行日常训练时，只使用非食物的强化物。喂食过程与训练课程是分开的。在训练过程中完全使用非食物强化物后，我们的训练长度和频率都有了更大的灵活性，当在训练过程中亚马孙河豚的行为出现不理想的发展时，使用非食物作为强化物也是一种选择。

前言

1989 年 12 月至 1991 年 1 月，匹兹堡动物园的训练项目中都使用非食物性强化物。训练对象是一头 23 岁的雄性亚马孙河豚，在每次训练前约 30 分钟，训练员会进行纯粹的喂食行为。因此在训练过程中，所有强化物都是非食物性质的。

为什么只使用非食物强化物

有三个因素促使我们尝试完全使用非食物强化物。第一，亚马孙河豚（简称亚河豚）对食物的反应率和行为成功率已经逐渐下降到 50% 以下。这通常表明动物反复用一种行为代替所要求的行为，或者根本不对动作作反应。第二，亚河豚开始用食物游戏来操纵训练员。训练员在其张嘴的时候都会提供食物，然后它经常吐出那条鱼，有时甚至把鱼嚼碎后吐出来。又或者，只有在训练员敲打水族箱的玻璃壁弄出声响、溅起水花，然后假装要离开之后，它才吃鱼。第三，严重的攻击行为（即撕咬人和猛咬）的发生率正在增加。

目标

所有这三个因素似乎都是在试图操纵和控制训练员及其训练环节，而且已经达到一个不可让人接受的程度。为了解决这些问题并重新获得对训练的合理控制，训练员开始只使用非食物强化物来训练。他们希望这能消除令人沮丧的食物游戏。同时，通过集中使用新的、多样的、出乎意料的其他强化物来强化亚河豚的行为，并希望这样的训练能减少动物（和训练员）的烦躁情绪，提高亚河豚的积极性，使行为正确率恢复到以前的 90% 以上。同样地，训练员也希望能减少亚河豚的挫折感和攻击性。

方法

首先要准确找到亚河豚当天最喜欢的非食物强化物。这是在喂食过程中进行的。喂食是在实际训练前 30 分钟进行的，持续时间为 10 ～ 15 分钟。在这些环节中，亚河豚吃下了当天的全部食物［大约 2.2 千克（5 磅）的活鳟鱼，约 10 ～ 14 条鱼］。游戏活动也被纳入到喂食环节中，如刷洗、泼水等。这些喂食环节不仅达到了喂食的目的，而且有助于确定亚河豚在这一天中最喜欢什么样的非食物强化物。

在喂食和与亚河豚简单玩耍后，训练员便离开展览馆 30 分钟，之后回来开始训练课程。训练课照常进行，只是没有食物强化物。

在训练的最初几天，亚河豚和训练员都感到困惑和沮丧。亚河豚在每次听到信号后会张嘴等鱼，但由于没有食物，训练员不得不集中精力给予有趣的、理想的非食物强化物。亚河豚已经习惯了我们所有人在它张嘴的时候给它一条鱼，所以它最初很难接受其他的强化物。长期依赖鱼桶的训练员们，短期内也很难有很大的创造性。

不过，训练员们渐渐地更善于观察亚河豚在某一天对强化物的反应，并为它想出新的、奇怪的、理想的强化物。想出亚河豚喜欢的最奇怪的强化物这一过程变得很有趣，比如和一只橡胶制成的黄貂鱼玩拔河游戏，或者用粗糙的“涂鸦”刷子在玻璃墙弄出吱吱声（图 1）。

亚河豚对接受非食物物品作为强化物的态度也变得更加开放。尽管在过去，食物强化物和非食物强化物都一直在使用，但亚河豚最近对非食物强化物的关注度不高了，必须仔细观察它对非食物强化物的反应，以了解哪些非食物强化物是动物可以接受的。动物可以清楚地表明哪些是可接受的（通过继续参加或参与）或不可接受的（通过游走或显示沮丧的迹象，如拍打尾鳍）。当亚河豚表明所提供的强化物是不可接受的，我们通常就会尝试其他强化物。

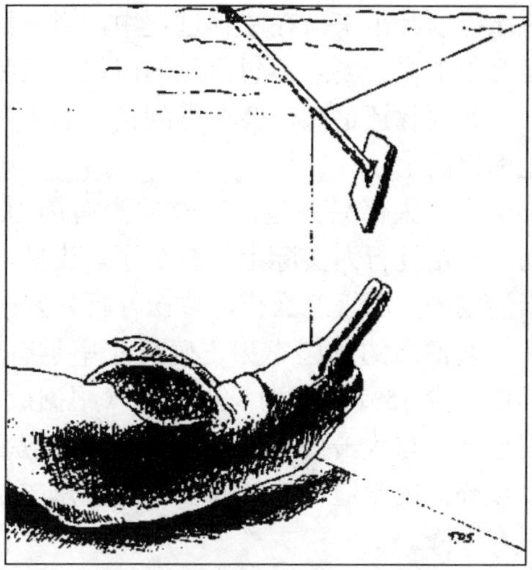

图 1　亚河豚最喜爱的强化活动之一

每当训练员用刷子擦窗户时，亚河豚都会腹部朝上看着训练员擦窗户，并跟着刷子在玻璃上的来回移动同步点着头。

漫画：蒂姆·史密斯（Tim D. Smith）

在大多数情况下，亚河豚对强化物的偏好每天都不同（现在也是如此），但偶尔它也会连续几天或几周喜欢其中的一两种。亚河豚长期喜欢的强化物包括刷洗（图 2）、训练员制造的气泡、食物桶发出的吱吱声、沙槌在水下晃动的声音（动物来自拉丁美洲）[1] 以及在水面上追逐训练员的哨子声。

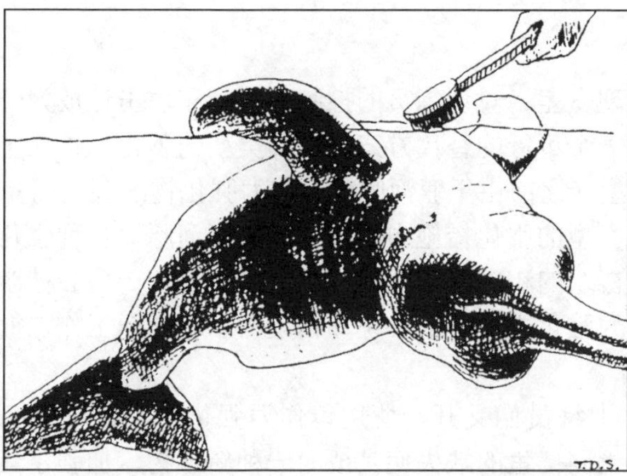

图 2　亚河豚另一个最喜爱的强化活动

亚河豚也是腹部朝上，并让训练员用软毛刷给他挠痒痒，最喜欢被挠的是腹部和胸鳍。

结果

自从实施这一计划以来，匹兹堡动物园已经完成了只使用非食物强化物的所有目标。亚河豚把食物当作食物，而不是游戏。它停止了张嘴吃鱼的游戏，不再把

[1] 沙槌，亦称为沙锤或沙铃，英文为 maraca，是拉丁美洲常见的乐器，作者在此或有玩笑之意。——译者注

鱼嚼碎后吐出来。在喂食过程中，当亚河豚张开嘴时，它就会得到一条鱼，并且通常会吃下去。当它不想再吃的时候，当我们提供鱼时，它就不张嘴了。在训练过程中，亚河豚还是偶尔会在得到信号后张开嘴，但由于没有鱼可吃，它通常很快就会把嘴巴闭上。

最令人高兴的是，动物并没有因为在训练期间没有得到食物而产生攻击性行为。攻击性行为实际上是减少了。当然，这也可能是由于所使用的新程序以外的因素造成的，不管怎么样，攻击性行为并未增加。

亚河豚的反应率和正确反应率也有所提高。亚河豚几乎有着100%的反应率，其中至少85%的行为是正确的（根据成功表）。在这个方案下，新的行为的训练也很成功。与攻击行为一样，更好的反应率和正确率可能是由于完全使用非食物强化物以外的因素造成的。同样需要注意的是，当不使用鱼时，它的反应率和正确率并没有下降。

成功实现这些目标的很大一部分原因是训练员在想出这只亚河豚喜欢的强化物时获得了很大的乐趣。虽然有时很累，也很沮丧，但这让他们尽可能地发挥创造力，而这肯定也传递给了那只亚河豚。

在过去，当亚河豚被训练员调教成以食物为压倒性的强化物时，每天能做的训练次数是相当有限的，训练的长度也很有限，因为每天只能喂10～14条鱼。在过去，训练员把鱼切成碎片，试图增加强化物的数量，但亚河豚通常不接受这种做法。通过非食物的强化物方法，训练员能够每天做更多的、更长的训练，并提供亚河豚喜欢的强化物。

结论和未来的应用

当亚河豚的表现变差、对训练员的控制、吐食和攻击性成为一个问题时，只使用非食物强化物是一个可行的替代方案。这种类型的强化也扩大了亚河豚可接受的强化物的数量和类型（之前由于亚河豚对鱼作为强化物的痴迷而受到限制）。

公众也从这种类型的强化措施中受益。通过亚河豚对各种强化物的反应，他们可以看到亚河豚有喜欢的和不喜欢的事物和情绪。食物一般会被游客认为是一种贿赂。如果用食物作为强化物，则很难说动物是为了玩耍而工作，而不是出于饥饿或对食物的渴望。

1991年1月，训练员们又开始使用鱼作为强化物。这与训练员开始只使用非食物强化物的原因相同：鱼的缺失使其成为一种新事物，加强了其强化价值。如果表现水平再次下降，如果喂食再次成为一种游戏，如果发情期之外出现攻击行为，或者如果亚河豚对训练员的控制再次变得不合理，训练员在训练中可以有一个额外的选择以消除这些问题。

致谢

我们要感谢训练员、工人、保安、讲解员、水族馆馆长和动物园的所有管理人员，感谢他们关心和支持我们对亚河豚的工作。特别感谢整个训练团队，他们使这一切成为可能：康尼·斐都诺克（Connie Fedunok）、丽莎·乔治（Lisa George）、凯伦·凯洛（Karen Kello），和桑迪·莫斯林（Sandy Moeslin）。

《会议论文集》1991 年国际海洋动物训练员协会会议，美国加州瓦列霍　本文中的词汇节选自《动物训练词汇汇编》。这些精心挑选出来的词汇包括评论和例子，以便于读者更清楚地理解这些词汇的概念。作者按照这些术语的应用方式来对其进行分组：结果、信息、反应以及学习过程和策略。很多机构和项目都会编写自己的词汇表，以便以更好和更有意义的方式向员工解释训练。因此下文词汇的结构、顺序和评论给出了组织信息以满足某一个特定项目需求的案例。我之所以将其收录于此，是因为它不仅描述了技术性的定义，还包括了真实的日常示例。有关的最新词汇表，请参见第 14 章。

动物训练词汇汇编（节选）

凯斯·科夫（Kayce Cover）编译

珍妮弗·泽利格斯（Jennifer Zeligs）报告

以下术语是根据应用目的大致进行分组的（松散的）。

训练员提供后产生的结果

1. 强化物（reinforcer）：增加紧随其后的行为的频率。
2. 惩罚物（punisher）：减少紧随其后的行为的频率。
3. 正（positive）：增加某种饲养环境调控。
4. 负（negative）：减少某种饲养环境调控。
5. 正强化物（positive reinforcer）：在行为发生后立即加入动物所喜欢的东西，从而增加行为的频率。
6. 负强化物（negative reinforcer）：通过减少动物不喜欢的东西来增加行为的频率，作为该行为的直接结果。不是惩罚物。

示例：妈妈与哭闹的宝宝：妈妈抱起了哭闹的宝宝，宝宝停止了哭闹，宝宝的哭闹得到了正强化，母亲也因为宝宝停止哭闹得到了负强化。

7. 正惩罚物（positive punisher）和负惩罚物（negative punisher）。

下表列举了正负惩罚物和正负强化物，以帮助理解惩罚物和强化物（包括消极的和积极的）是如何相互关联的。

项目	正	负
惩罚物	拍打	失去一些特权
强化物	食物奖励	不再给不喜欢的食物

表中所列的例子既不是永远的惩罚物，也不是永远的强化物。这取决于动物个体的感知以及所增加的刺激物与行为的相互关系。同样的刺激，如“蜜蜂蜇人”，既可以是惩罚物，也可以是负强化物，这取决于它是否是对某一行为的反应。

示例：熊偷蜂蜜，蜜蜂蜇了它。熊因为偷蜂蜜而受到了惩罚。或者，熊杀死了

蜜蜂，没有了被蜇的感觉[1]；熊因为杀死了蜜蜂而受到了负强化。

上面的例子说明，在对行为使用强化物和惩罚物时，准确无误是非常重要的，因为行为的发生是一个稳定的过程。作为训练员，我们要决定在稳定的行为过程中的哪一点上惩罚或强化。我们使用一个工具（如信号）让动物理解行为过程上的我们想强化或惩罚的确切时刻。

如上所述，一个刺激物可以在同一应用中发挥两种不同的功能，也就是说这个刺激物不仅可以是强化物，还可以是惩罚物。刺激物可以是某种行为的惩罚物，当它被移除时，则成为同一种行为的负强化物。

同样，某个正强化物可以是另一种情况下的负惩罚物。动物正在玩一个球。由于动物无视一个提示，球就被拿走了。

在谈到强化物和惩罚物时，我们往往针对的是行为，而不是动物本身（或其“性格”）。换句话说，行为被强化或惩罚，而动物没有被奖励或惩罚。行为是可以被强化的，而不应该说是被奖励的，动物可以得到奖励，尽管训练员可能很难知道动物何时感觉到奖励。看一种行为的频率是否增加比对动物的心理状态进行主观判断更容易。

8. 初级强化物（primary reinforcer）：一种动物天生就对其有着反应的事物，其间不需要人类的任何调控。常见的初级强化物有食物、性、水、睡眠等。相对而言，初级惩罚物则是对上述任何一项的剥夺，除此之外还包括恐惧、痛苦等。
9. 次级强化物（secondary reinforcer）：在动物的感知已经被调控的情况下，动物在感知到该物质后有所反应。次级强化物是指最初对动物没有意义的东西，但由于与其所需的初级强化物强烈地配对，然后被动物所需要。一旦次级强化物建立起来，它就会非常强大，对于处于正常机动状态（没有被剥夺任何东西）且当时没有受到激素激增影响的动物来说，其强化作用与初级强化物一样强大。

解释：惩罚物可以有初级的和次级的。在许多训练系统中，“信号”是一种次级强化物，而“不”或“否定”则是一种次级惩罚物。

10. 训练暂停（time out）：在一段时间内，训练员停止给予动物刺激或回应。本质上，在暂停期结束之前，动物既不会收到训练员的信号，也无法影响训练员，使其给出诸如食物或赞扬之类的结果。
11. 强化时制（schedule of reinforcement）：当一项任务完成时，给予强化物的类型、数量和频率的一种或多种组合方式。一般认为有三种基本强化时制（相对于频率而言）。

a. 连续（continuous）强化：给予一个强化物或固定数量的强化物，每项任务的报酬都一样。这种模式通常是训练鸟类的首选方式，但一般认为在许多其他动物身上使用是危险的，因为它建立了一个严格的期望，一种获得报酬的

[1] 消除了被蜇的可能。——编者注

权利。当训练员手头没有强化物的时候，动物可能不会做出任何行为，或者动物可能变得沮丧、愤怒和具有攻击性。同时，这种策略也为动物设定了死板的计划，即它今天要做多少行为以及哪些行为。动物甚至可以学会操纵局面，故意做错事，然后训练员必须给更多食物来改正错误的行为。当赚取当天所有可获得的强化物后，动物便拒绝所有后续的行为，因为这样对动物们没有损失。

B. 固定比例（fixed）强化：为一定数量的任务提供一定数量的强化物，例如，动物每按压杠杆十次就有一个苹果。在某些情况下，这种方式可以让动物工作得更久或更快。

C. 可变比例（variable）强化：以随机的方式对完成的行为给予随机数量的强化物。这就是“中奖”或“彩票”的概念。动物知道虽然获得巨大回报的机会不大，但机会还是有的。因此，它往往会继续为喜欢程度较低或根本不喜欢的行为而努力，以期望可以中大奖。此外，这种策略对动物来说具有内在的趣味性，因此会进一步增加动物的兴趣和反应。

动物收到的信息

12. 刺激（stimulus）：任何影响动物感觉的环境刺激物。
13. 区辨刺激（discriminative stimulus）：具有特定意义的刺激物；在动物训练中，区辨刺激通常指引起特定行为的刺激物或提示物。通常记为“S^D”。
14. 条件刺激（conditioned stimulus）：有特定含义的刺激，通常表示行为标准的成功完成。信号就是一种条件性刺激。通常表示为“S^C”。
15. 压力源（stressor）：一种需要动物进行某种适应的刺激。

解释：可以将压力源看作生活花费。任何动物的日常消耗都有一个能量值，或叫适应性预算，就如人类每个月的固定收入。如果你在某个月在医疗费上花费更多，那么用于娱乐的支出就会减少。因为所有的支出加起来不能超过总收入，否则会造成严重的影响。同样，如果一头动物生病了，它在适应新环境或陌生条件方面的投资就会减少。

不同的动物对压力源的感受程度是不同的。有些动物喜欢锻炼，对这方面要求的耐受力比一般动物高。也许同一头动物在接受医疗检查时很难保持不动，因为动物认为医疗检查对它很“有压力”。通过良好的训练，这头动物以后也能适应医疗检查，不再需要那么多的“适应”努力，动物也不会再认为医疗检查是“压力”。第二头动物可能正好相反，它喜欢医疗检查，但对于严格的训练动作要求感到有很大的压力。

16. 信号（bridge）：一种信号，为正在做动作的动物指明了某个精确时间点的动作是好是坏。
17. 目标（target）：这儿的目标是名词，是指为训练中的动物确定一个关键位置的道具。这个位置可以是固定动物的定位点，也可以是目的地，还可以是其他关键信息出现的地方。目标有很多种形式，可以是伸出的手指或拳头、杆子的末端、墙上或纸上的标记、牌子等。基本上，训练员和动物各自向对方伸出一个目标接触点，在中间相遇。比如，训练员伸出一根杆子让海豚用喙接触（目标是杆子），或者训练员伸出一根手指与灵长类动物伸出一根手指接触（目标是手指）。

18. 中性提示（neutral cue）：一个没有初始意义的离散信号。它的意义是通过与初级刺激和相关的反射反应相联系而获得的。

19. 提示（cue）：一个信号，将引起一个特定的行为或反射，作为一个学习联想的结果。

动物提供的反应

20. 反射（reflex）：对刺激物的不自觉的生理反应。

示例：当食物出现时流口水。

21. 操作行为（operant）：动物对环境（刺激）的反应。

示例：推杆是一种操作行为，吠叫、坐下或咬下去也是一种操作行为。

22. 工具性行为（instrumental behavior）：动物为实现目标而表现出的行为，如在实现目标方面具有"工具性"的行为。这种行为可能是为了回应训练员的要求（有助于从训练员那里获得强化物），也可能是为了完成动物自己设定的任何目标。

示例：挖个洞钻到栅栏下面、堆放箱子以获得香蕉，或等待猎物出现。

23. 习惯（habit）：动物在没有训练员提示的情况下经常发出的一种行为。这种行为最初可能是由训练员教授的，也可能是动物天生的自然行为。

示例：小孩子最初是由他的妈妈教他饭后刷牙的。之后，这便成为一个习惯，即使妈妈不在场提醒，他仍然坚持饭后刷牙。一个人可能在说话时会不自觉地做某些手势，而这些手势并不是专门学的，也不是实际说话过程的一部分，但这个人依旧有着说话时做这些手势的习惯。或者一个人可能被训练成在某个特定时间吃饭。之后他便习惯性地在那个时间吃东西，而且到那个时间点他的肚子也会饿。

24. 目标（target）：这儿的目标是动词，是指行为上的一个"点"。行为的最小单位是动物触摸指定位置的动作。

25. 行为组成（component）：在目标之后的最小的行为片段。一个目标矢量，或一个具有额外行为的目标，如运动、持续时间或压力。这是一个行为的基本构成部分。

26. 模块（module）：一组特定的行为组成，一个行为的子集。

27. 行为（behavior）：动物创造的特定动作。为了训练的目的，由训练员定义和命名的动物动作。

28. 行为链（behavior chain）：一组有特定顺序的行为，形成一种更复杂的行为，对动物而言被定义为一个行为单元。

学习过程和策略

29. 条件反射（conditioning）：在动物身上创造一种可预测的"自动"行为反应，

以回应某种提示。学习信号、行为和结果之间关系的过程。

30. 经典或反应性条件反射（classic or respondent conditioning）：有时被称为巴甫洛夫条件反射。经典条件反射是反射（相对于行为）可以由一个提示引起。反射是由初级强化物强化和引起的。

示例：美味的食物会引起动物分泌唾液，疼痛会引起快速退缩等等。在经典条件反射中，一个中性信号与一个激发性刺激相关联，并最终成为一个激发性刺激。这种类型的条件反射并不涉及动物的任何自愿选择，只是一种反射性的反应。

31. 操作制约（operant conditioning）：可预测地引起一种特定的操作反应，或动物对提示的行为做出反应。

32. 具性条件反射（instrumental conditioning）：在训练员的提示下，可预测地引起特定的行为，之后动物因此可以从训练员那里得到强化物。

33. 连续渐进（successive approximation）：将动物的行为或操作动作从最初的自发状态改进为训练员所计划的行为的过程。

34. 渐进（approximation）：在渐进训练行为过程中的一个单一步骤或行为。

35. 选择性或差异性强化（selective or differential reinforcement）：只强化那些接近于或越来越类似于期望行为的操作行为的过程。

解释：在动物提供的所有操作性行为中，接近期望行为的操作性行为被有选择地强化，直到该行为最终形成。这个训练过程被认为是连续渐进法。训练员的策略是选择性或差异性强化特定行为。这通常不是信号和目标技术中使用的策略。因为在信号和目标技术中，你会先发出一个明确的具体指令，当动物成功后，它就会得到下一个指令。每个步骤都非常简单，那就是触摸目标。然而，连续渐进法的过程是，传达行为的指令集比最初的指令集更复杂，但同样具体。

一般来说，在信号和目标训练中，如果动物有动力，它就会成功（它拥有完成任务所需的所有信息）。因此，动物的每一个回应都会得到强化。行为从简单到复杂，但始终在不断优化。在连续渐进法中，从一般行为发展到具体行为，动物去掉了动作形成的过程，并将目标锁定在了所需的反应上。在信号和目标技术中，动物通过跟踪目标来瞄准所需的反应。

不要误以为目标训练是一个漫长而乏味的过程。相反，目标训练最初的进展是缓慢的，因为每一步都很小。随着动物和训练员熟练掌握该系统，它几乎可以变得像任何语言旁白解释一样快。回到阅读的比喻；想一下我们每个人都在学习字母表上花了多少时间，但我们最后阅读和说话都非常快，而且说话看起来很简单（除了在台上发言的时候）。

36. 回避性学习（avoidance learning）：用某种学来的行为来对付一种厌恶事件。

示例：儿童学会躲避迎面而来的球，以避免被球击中。

37. 逃避性学习（escape learning）：用某种学来的行为，逃避正在发生的厌恶事件。

示例：如果一个房间太热，人就会离开房间以逃避高温。如果人或动物能够预

测房间什么时候会太热，他们就能在那个时候尽量避开。因此，回避性学习行为之后往往跟随逃避性学习行为。

38. 泛化（generalization）：比较具有共同特征的事件、结果或物体并认识到共同特征的过程。然后这种特征可以类推应用到新的情境中，以指导动物的正确反应，从而不需要专门教动物了解新的情境。

示例：如果一个孩子被告知不要在有汽车、公共汽车和自行车疾速而过时过马路；那么这个孩子也可能不会再有摩托车来时过马路。最终，孩子在概念上将所有在道路上行驶的车辆归纳为“交通”。在动物训练中，可以先教动物允许特定的人触摸它。最终，动物会让所有的人抚摸它，即使是陌生人。

39. 习得性无助（learned helplessness）：由于试图控制某种情况的努力失败了，而认为自己能力不够的状态。

解释：有些动物最终会放弃努力。这就是为什么训练员要为动物设置成功的条件，这样它就会获得自信，并通过泛化相信，既然它自己能解决迄今为止的任何情况，它就能解决任何可能出现的情况。因此，它将努力接受训练，并迎接挑战，而不是放弃和被动地接受结果。

40. 干扰（distractions）：饲养环境调控中，让动物分心的方面。

示例：如钟声、掌声、观众、动物、压力的感觉、其他动物或飞行的物体。

41. 参数（parameters）：描述干扰的数量或程度。

示例：压力感有多长，有多大；声音有多近，有多响。在一个环境中，可以有任何数量的干扰物，对一个特定的干扰物可以有任何数量的参数。

国际海洋动物训练员协会主办的《探索》杂志，1993年第18卷第4期。让海洋哺乳动物训练界使用同一种语言似乎是一个不可能的目标。然而，像这样的文章旨在帮助训练员理解操作性术语。人们常说，既然我们与公众打交道，就应该使用更多的普通词汇。即便真是这样，强化和惩罚也是关键概念，需要正确理解。

正确理解术语：强化和惩罚的操作性定义

约翰·柯特兰

海洋资源和技术公司（Marine Resources and Technology）

操作制约的基本原则是：行为是由其结果决定的。我们知道，行为并不是孤立的、不相关的事件。一个个体的行为所带来的结果，无论是好的、坏的，还是中性的，都会对这些行为在未来重复的频率上产生影响。在操作性环境中，行为的操纵是通过使用正强化、负强化、惩罚和削弱法完成的。

作为海洋哺乳动物训练员，我们几乎总是断言我们的动物只使用正强化来训练，这要么是因为（a）我们天真地认为这是真的，要么更有可能是因为（b）我们（有理由）认为，普通人都会误解负强化和惩罚这样的术语，除非他们专门听过艰涩而冗长的操作性心理学的讲座。尽管如此，在训练任何动物（包括人类）的过程中，负强化和惩罚都是必要的，有时甚至是有用的工具，它们在我们的日常训练计划中被经常使用，它们不应该成为我们思考的障碍。

强化

根据定义，强化是指提供一种刺激，其结果将增加所需行为的频率。我们大多数人都知道，正强化物一般都是个体所本能寻求的东西，如动物的食物、学生的好成绩、工人的薪水。因此强化后的理想行为会增加，从而被重复。例如，海豚在按下桨板后，如果给它一条鱼，它再次按动桨板的可能性就会增加。

另一方面，负强化物是指当移除或减去任何刺激物时，随着时间的推移，增加了特定反应的概率。例如你车上的安全带蜂鸣器就是一个负强化物：你系好安全带的行为（期望的行为）通过终止（移除）恼人的蜂鸣器（厌恶刺激）得到负强化。在海豚训练中，当动物第一次学习通过大门时，负强化可能是最经常使用的。在海豚所在水池末端，大门正对的地方放置一张网。这张网是一个负强化物，是动物想要避免的东西。海豚游过大门，并通过避开网得到负强化。通常这种训练与正强化相结合，在海豚实际通过门后给它一条鱼作为奖励。

为了清楚地区分正强化和负强化，请记住以下几点：正强化和负强化都会增加之后行为发生的概率。正强化是通过在反应之后呈现一个积极的刺激来增加反应的概率；负强化则相反，是通过在反应之后去除、减少或防止一个消极的刺激。

在训练动物时，最好是通过强化期望的行为和忽略不期望的行为来获得结果。从技术上讲，忽略一种行为的行为被称为操作性削弱法。操作性削弱法是一个程序，在这个程序中，不提供积极的强化。如果该行为不产生任何结果，它通常会随着时间的推移而渐消——换句话说，它已经消失了。

惩罚

另一种降低反应概率的技术是惩罚（punishment）。惩罚物是一种刺激物，当它与某种反应建立起关联时，随着时间的推移，这种刺激物可以减少该行为发生的概率。惩罚一般是在行为之后。例如，触摸热炉子会产生疼痛，疼痛惩罚你之前的行为，这样你下次就不太可能触摸炉子了。许多人混淆了惩罚和负强化。虽然它们是密切相关的操作性行为，但它们在一些重要的方面有所不同。区分它们的最好方法是根据它们对行为的影响来考虑。根据定义，惩罚总是减少行为再次发生的概率，而负强化则总是增加行为再次发生的概率。

与强化一样，惩罚也是有正惩罚或负惩罚的。正惩罚是指在行为之后，在个体的环境中增加厌恶刺激（即动物试图避免的事物），从而降低该反应的频率。例如，如果你的狗咬坏了你的新鞋，你可以拍打它的鼻子，让它知道咬坏鞋子是一种不可接受的行为。拍打鼻子的行为是一种正惩罚物，它会降低你的狗再次啃咬你的鞋子的可能性。然而，应该注意的是，在动物的训练过程中，我们不鼓励使用正惩罚。在训练海豚时，使用正惩罚肯定会产生反效果，如果训练员打海豚或以其他方式给海豚造成身体上的痛苦，海豚很可能会退回到水池的另一边，不再参与任何训练。

显而易见，正惩罚是控制海洋哺乳动物反应的最无效方法，它在训练过程中绝对没有任何地位，训练界也不赞成使用这种方法。

相反，负惩罚是在动物做出某种不欢迎的行为后，从其环境中移除积极的刺激，即动物想要遇到的东西，从而降低该反应的频率。例如，如果你的孩子过了指定时间还不回家，你可以将他（她）禁足一段时间。禁足是一种消极的惩罚，因为它消除了一种积极的刺激：与朋友出去玩，并随后减少了你的孩子下次超过指定时间还不回家的可能性。

负惩罚有时会用于训练海洋哺乳动物，最常见的形式是所谓的“训练暂停”。如果海豚行为不当或对提示没有反应，训练员可以选择拿着鱼桶离开训练场所一段时间（暂停）。训练员和鱼是海豚喜欢的积极刺激，通过在不良行为发生后暂停训练，训练员将积极刺激（鱼和他自己）从动物的环境中移除，从而降低了下次动物发生不良行为的可能性。重要的是要认识到，负惩罚与正惩罚不同，不会给动物带来任何痛苦。在训练海洋哺乳动物（以及几乎其他任何动物）时，负惩罚可以成为减少不需要或不适当行为的有效工具。

很明显，对任何海洋哺乳动物训练的重点方式方法应该是正强化，负强化和负惩罚技术只有在极端情况下才使用。每种训练计划都应该经过深思熟虑，应该慎重选择和实施训练技术。然而，强化和惩罚是所有动物行为的基本概念。因为它们对于发展积极的训练技术和维护我们所照顾动物的健康和福祉至关重要。

参考文献

1. Kazdin, A.E. 1984. Behavior Modification in Applied Settings. Dorsey Press. Chicago, Illinois.
2. Reynolds, G.S. 1968. A Primer of Operant Conditioning. Scott, Foresman, and Company. New York. New York.
3. Skinner, B.F. 1966. The Behavior of Organisms.Appleton-Century-Crofts, Inc., New York, New York.
4. Stephens, B. 1989. Sea Ways Animal Behavior Notebook. Unpublished manuscript.

A Behavior Sampler by Gary Wilkes

《行为样本》，很少有人真正理解什么是惩罚，或者不能认识为什么惩罚很少发挥作用。盖瑞在下文采取了一种令人耳目一新的叙事方法，用通俗易懂（而且仍然准确）的术语向宠物主人解释为什么惩罚没有你想得有效。

我对惩罚的一点见解

盖瑞·威尔克斯

人类对动物的驯化始于一万五千年前。从那时起，惩罚就成了控制这些动物的主要手段。几个世纪以来，许多人对“惩罚”有着一种近乎迷信的敬畏，其实它很少能达到预期的效果。为什么惩罚如此受欢迎，以及为什么它很少起作用，本文将阐述我的一点个人见解。

“惩罚”这个词在影视剧中意味着切掉手指或挖掉眼睛。其实即使受罚者没有受到身体上的伤害，也是可以对其惩罚的。训练界惩罚的定义是“提供一些东西以减少某种行为发生的概率”。例如，鲨鱼可以通过展示它们的背鳍来“惩罚”游泳者；夏天热的天气会惩罚那些不小心穿了厚衣服的人。一旦鲨鱼被赶走，或者温度下降，游泳和穿厚衣服的行为就会恢复到正常的行为范畴。

基于惩罚减少了事情发生的可能性这一概念，因此说“我惩罚了那只弄脏了地毯的狗”是不准确的。如果该行为的发生率没有降低，那么这种做法的一个更准确的描述，即为报复行为。也就是说，你对狗施加了痛苦或恐惧，但动物并没有把这个痛苦与其行为联系起来。因为根据定义，如果使用得当，惩罚总是会减少不当行为。问题是，惩罚很少是解决问题的最佳方案，而且惩罚几乎很少被大家正确使用过。

惩罚的第一条规则是，它必须与你试图惩罚的事件紧密相连。例如，许多猫主人都不喜欢猫咪跳上厨房台面。大多数人会等到猫咪已经待在台面上了，才去责骂它。虽然这会让猫咪感到害怕，但这对减少猫咪明天再次跳上厨房台面的行为没有什么作用。猫可能会把你这个人和惩罚联系起来，只在你不在的时候才跳上台面。

为了减少猫咪跳上厨房台面的行为，惩罚必须在猫咪开始跳上台面的一瞬间开始，而不是在它已经跳上台面之后。这里有一个切实可行的方法来迅速减少猫咪的这种行为，即：你可以去五金店买一些薄的、透明的、硬的塑料板或有机玻璃。将塑料板贴在台面和墙壁之间，这样就形成了一个透明的斜坡。当猫咪往上跳时，它会撞到有角度的塑料板并滑落到地板上。几声“喵！喵！”之后，猫就会通过安全惩罚得到永久的教训：不能跳上厨房台面。

惩罚的第二条规则是确保它是一致的和永久的。例如，有的狗听到门铃响就冲向门口并狂吠，这是一种常见的但让主人特别头痛的滋扰行为。为了有效惩罚这种疯狂的行为，你只需在你自己进门之前按门铃。当菲多狗奔向门口时，它正期待着邮递员或一个未知的访客，并准备好狂吠。而站在那里的却是它的主人，几句恰当的“惩罚性”话语就足以大大打击菲多的信心。经过一系列的重复，菲多听到门铃跑到门口的可能性就会减少，而且这种行为很快就会完全消失。对于一些顽固不化的狗狗，可能需要用喷射水枪等强大措施来消除这种行为。一旦这种行为被消除，当客人到来时，只要菲多保持安静不闹，就开始给它食物奖励。这会改变它的行为动机，有助于让它保持良好的行为表现。

虽然这些惩罚的例子是非常容易理解的，但在使用任何厌恶刺激的过程中都有一些副作用。你所惩罚的行为可能不是唯一受影响的行为。你可能会无意中抹去一些好的行为，或者造成比你预期更多的问题。例如，有的狗狗会追赶小孩子，这是一种典型的令人讨厌的行为。如果你家里会来很多小朋友，你可以用气球来惩罚追赶行为。首先，准备一些充气的气球，然后把它们扔到你的狗脸上并戳破。一旦狗狗被气球爆炸的景象震住了，你只需在每个小朋友身上挂一个气球，这样菲多就不会接近任何带着气球的小朋友了。你现在已经成功地“惩罚”了狗狗追逐孩子的行为。如果你觉得这听起来像是一个万无一失的解决方案，那可就错了。你首先要担心的是你的狗可能会变得害怕所有的响声；其次，它可能会变得害怕孩子；再次，它可能会变得害怕类似气球的物体，如西瓜和哈密瓜。

这种类型训练的另一个困难之处是，故意吓唬动物对许多主人来说是不能接受的。虽然这些主人可能经常在愤怒中惩罚和恐吓宠物，但这种冷静且冷酷的训练方式在情感上是很难接受的。具有讽刺意味的是，正是这种执行到位的惩罚才更有效，也可能更人道。如果在利用惩罚来打断不良行为的同时，配合实施对正确行为的积极强化措施，那么惩罚的必要性可能会随之大大减少。

尽管"惩罚"很少能实现预期的行为改变，但有些人仍然对其有效性抱有坚定的信念。许多宠物受到惩罚的创伤，并最终被失败的惩罚和报复行为所毁。因此在考虑用惩罚来改变你的宠物的行为之前，需要问："这安全吗？"在惩罚你的宠物后，请自问："它有用吗？"和"代价是什么？"

《行为论文与研究》，尽管凯伦·布莱尔已经不再从事海豚的训练工作很多年了，但她仍然对海洋动物训练界有着巨大的影响。现在她更多的时间是帮助宠物主人训练他们的宠物，并多次举办了正强化训练和奇迹行为的研讨会。凯伦的惊人技能之一是她有能力将她的训练知识以易于理解的术语与公众分享。这篇文章不是从技术角度，而是从现实角度来审视惩罚这个问题。她这篇文章的预期读者是为孩子教育操心的父母们，这篇文章首次发表在 1986 年夏天的《母亲》杂志上。

为什么你的"惩罚"对孩子们不起作用

凯伦·布莱尔

你的孩子们喜欢相互争吵，或经常在车里大喊大叫，或者时不时故意跑到街上，或者故意藐视家规。你知道作为家长的你必须纠正这些行为。无论问题是说脏话、丢脏衣服，还是恶作剧，每个家庭都有一些家规所不能容忍的行为。但是当孩子们的不良行为出现时，作为家长的我们会怎么做？惩罚是很多人很自然也是首先想到的教育方式。而且家长们常用的方式还包括威胁、强迫、责骂和剥夺。当孩子们有些行为实在不像话时，几乎地球上每对父母都会有大骂一顿和打屁股的冲动，而且以上这些惩罚措施我们当中大多数父母都用过至少一次。

你有没有注意到，这些惩罚措施其实并不奏效？确实如此，被惩罚的行为可能会在那一瞬间停止，但一定会卷土重来。无论有没有效果，惩罚都是人类最喜欢的教育方法之一，责骂孩子、打狗、扣员工工资、对公司罚款、折磨异见者，甚至入侵不喜欢的别国。然而，孩子仍然不听话，狗仍然追车，员工依旧迟到，公司还是不诚实，持不同政见者仍在抗议，阿富汗的情况也不平静。

而当我们已经狠狠地惩罚了某人（或者国家），然后他们之后又继续做同样的事情，那我们这时候该怎么办？我们会说："嗯，看来惩罚不起作用。让我们试试别的办法？"不，我们没这么聪明，我们的反应是更加严厉地惩罚。如果小小的责骂或惩罚没有效果，那就接着用更大的惩罚。如果鞭打不能使异见者"改邪归正"，那就试试切断手指甚至是刑架。惩罚的最糟糕之处在于，它的升级绝对没有尽头。

自从有人类历史记录以来，人类一直在寻找一种强烈到“一劳永逸”的惩罚措施。

惩罚为什么不起作用

关于行为，心理学家发现的规则之一是无论你做什么来改变行为，都必须在行为发生的确切期间进行，而不是在行为之后。正强化或是奖励必须要在正确的时机，才能产生改变行为的效果。假设你在酒店房间里并试图打开一台不熟悉的电视，你尝试了所有看起来像按钮和旋钮的东西，直到其中一个发出了咔哒声并显示出画面，或者至少发出嗡嗡声。从那时起，你就对这个按钮记忆深刻了。但如果每个按钮都有 15 秒的延迟时间才能工作呢？那么很难有人能弄清楚到底是哪个按钮打开的电视机，而且每次你想看新闻的时候，可能都要重新全部按一遍。

我们也可以通过移除不良事件来改变人或动物的行为，这一技术手段也叫负强化。同样地，事件必须首先与行为相吻合，才能产生学习效果。假设你在厨房里做饭，烫手的痛苦（负强化）会很快让你知道哪个锅的把手需要用锅套。你能很快从这个经验中学会如何保护自己的手不被烧热的锅柄烫伤。如果你在接触时没有立即感觉到热量，你可能直到后来看到出现的水泡时才知道自己被严重烫伤了。因此，如果没有即时的疼痛感，你就很难知道炉子上的哪些物体可以安全触摸，哪些不可以。

惩罚是一种行为导致的不愉快的后果。但是就像没感觉的人在起水泡之前不知道已经被烫伤了一样，与错误行为不相匹配的惩罚，也不足以产生学习的效果。正如冲到车水马龙的大马路上，又安全回到人行道上的小朋友，如果父母在他回来后打了他，这确实会起到训诫效果，但孩子更有可能把被打与人行道联系起来，而不是与到马路上乱跑联系起来。即使父母解释他为什么被惩罚的原因，孩子的行为也有不会出现好的改善的可能性。

例如，一个因成绩单不好而受到惩罚的孩子往往不会轻易认错（至少内心这样)。这是因为人们无法改变他们过去的行为，孩子对已经收到的不好的成绩单无能为力。此外，惩罚并没有教给孩子如何取得更好的成绩。

惩罚者最多只能希望孩子的动机有所改变，希望孩子会努力改变未来的行为，以避免被惩罚。这其实是个很高的要求，即使是聪明的成年人也很难做到。因为我们知道，社会的处罚和威胁并不能阻止成人的不当行为。此外，如果一个孩子的行为有强烈的内在动机（如饥饿时偷吃食物，在青春期加入帮派)，孩子所学到的就是尽量不被抓住。因此在现在的惩罚制度下，逃避性会迅速增加。这在家庭环境中是一种可悲的情况，在社会中也不是那么好。

惩罚物是如何得到强化的

我们一直认为惩罚有效的一个原因是被惩罚的行为会立刻停止，虽然有的只是暂时的。只有当被惩罚者明白哪种行为受到了惩罚，而且这个人能够控制这种行为，那么惩罚才会有停止行为的能力（例如，惩罚不能治愈尿床)。如果惩罚对被惩罚者来说是一种新的经历，是一种他们尚未习以为常、不为所动的震慑，那么这种惩罚也更有可能奏效。例如，一个孩子如果第一次在墙上涂蜡笔就被严厉责骂，那么他可能以后就不会在家里的墙上涂鸦；一位公民如果因为在报税上作弊而被抓住并被罚款，他也可能就不会再作弊了。

在我的成长过程中，我的父母惩罚过我两次。他们在我六岁时因偷窃而责骂我一次，在我十五岁时因逃学（所有人都担心我被绑架）而责骂我一次。极度罕见的惩罚经历反而极大地促成了惩罚的这种效果。以后的生活中这两种行为都再也没有发生过了。

当惩罚有效地制止了一种行为时，这一系列的事件可能会对施罚者产生相当大的强化作用。施罚者可能会自信地再次使用惩罚。我经常看到严苛的学校老师、霸道的体育教练、专横的老板和为你好的父母动不动就使用惩罚这一手段，而且很多人会为之辩护。尽管他们的惩罚取得了微不足道的成功，但他们还是重复了旧的严厉方法。而且，他们往往既不注意也不接受周围那些不使用惩罚的人的好结果。经常使用惩罚会在被惩罚者身上产生很多消极的副作用，如恐惧、愤怒、怨恨、抵制，甚至仇恨，这些心理状态绝对不利于改变不良的行为。

有效的替代方法

不惩罚却能有效改正孩子行为的教育方法是强化孩子们那些好的（或者你喜欢的）行为。这种方法的正确使用基于使用者很强的自律。每当孩子们砰地一声进门的时候，大喊“我告诉过你不要摔门！”是很容易的。但是当他们有一次进门却没有摔门的时候，需要父母跟孩子说“谢谢”则并不是那么容易的，尤其是那些时刻想树立权威的父母。有时候需要强化的行为是微妙的，容易被误解的。例如，一个正在试探家规界限的青少年，实际上可能是在尝试以成人的方式参与家庭生活。处于这个阶段的青少年尤其需要得到父母回应，需要父母肯定他们的谈话、对别人的帮助和他们所做的好事。

很多时候父母会认为，做家务是孩子应尽的义务，所以这种行为不值得表扬或关注。但最终这种行为可能会逐渐减少。毕竟孩子的理由是，如果我爱我的父母并希望他们注意到我，但我得到的评价都只是我很糟糕，那么我就会选择表现糟糕。

除了惩罚之外，还有三种消极的改变行为的方式，这些方式在有些情况下是很有效的。第一种是“赶走肇事者”的方法，是暂时或永久地让做出不良行为的主体远离。如果孩子非常调皮捣蛋，就把他送回自己的房间；把狗拴起来，这样它就不能追车了。这种方法可以消除不良行为，但它并没有教给孩子或狗什么是好的行为。第二种是负强化方式。如果孩子在车上发脾气和吵闹，我就会把车停在路边，直到孩子们都安静下来，让我能够再次安全驾驶为止。简单地无视孩子的不当行为，直到它自己消失，往往是最简单的解决方法。父母有时倾向于刻意纠正他们的孩子所做的每一件恼人的小事，而没有意识到很多不良的行为是会自动消失的。第三种是正强化方式，这是消除不良行为的最好的方式。你可以用允许的行为和强化允许的行为来替代那些不良的行为。例如，一位母亲告诉我，她 18 个月大的儿子养成了一个习惯：每当吃完饭，他就用手在高脚椅托盘上的食物里乱拍，结果食物弄得到处都是。虽然每次她都急忙跑了过来，但总是来不及阻止。到后来，她经过仔细观察和训练，用不相容的行为纠正了这个不良行为。她教宝宝在吃完饭后把胳膊举到空中欢呼，听到欢呼声，妈妈就会跑过来收拾，但这次是带着笑容和拥抱，而不是板着脸拿着毛巾。事实证明，这种好的行为对婴儿、母亲和厨房来说都是互利共赢的。

你也可以强化孩子不做不良行为。当我不得不与那些已经养成不良（父母训练的）习惯的孩子相处时，我非常注意他们安静或讨喜的时候。这样一来，他们就会越来越频繁地表现出安静或讨喜的样子。

最后，不用惩罚而改变行为的最基本方法是消除导致行为的因素。我们都熟悉幼儿在超市里发脾气、大哭大闹的场景。通常发脾气的根本原因是饿了。父母觉得孩子是想要亮丽的糖果而大喊大叫，但他（她）需要的可能只是食物。糖果和零食所带来的视觉和嗅觉冲击会放大孩子的饥饿感觉，而这种冲击的力度是这个年龄段的孩子所控制不住的。解决方案是在去超市之前把孩子们喂饱。

通过强化来改变行为的原理和技术是由心理学家在实验室中研究出来的。然而，如何在现实生活中应用这些技术，是教师和家长的任务。这些原理和技术的正确应用需要想象力、创造力、深思熟虑、自我约束以及对孩子的关注，这便是良好的教养的秘密。但强化理论为培养好孩子的教育原则增加了一些新的方式。强化手段也很有趣，而且如果使用得当，强化措施总是有效的。你永远无需再寄希望于惩罚，幻想或许就这一次惩罚不会产生适得其反的效果。希望我们这一代的父母能一劳永逸地利用强化措施教育孩子，从而取代古老而令人遗憾的暴力和惩罚的传统。

SOUNDINGS

国际海洋动物训练员协会主办的《探索》杂志摘录，1996年。以下是海洋哺乳动物训练文章不断变化的术语的节选。本书刚出版时，这篇论文正在接受《探索》杂志的审稿。我们只选取了强化时制的部分，这是该论文的结论部分。理解各种强化时制对许多训练员都是一个挑战。本文不但提供了准确的定义，而且清楚地解释了这些定义。作者同时也在结论中提出了对这些术语的看法，并对结合不同强化时制的想法进行了评论。资深训练员经常会发现，即使他们用的术语是一样的，但在概念的应用上可能仍有分歧。

摘录：定义漂移抑或定义的改变垄断了海洋哺乳动物的训练？

范德·托恩

强化时制

强化物的应用有两种基本方法。

1. 在每个正确的反应之后。这被称为连续强化时制。
2. 在一定数量的正确反应后或一定时间后。这些被称为间歇性强化时制。以下定义了四种“类型”的间歇性强化时制。

• 固定比例时制（fixed-ratio schedule）：每 N 个正确的反应就会得到强化，其

中 N 是该时段的固定数字。例如，你要求海豚德尔菲（Delphi）触摸一个目标若干次。每当它第三次触及目标时，你就会给信号（使用次级强化物），同时提供一些初级强化。德尔菲的强化是按 1∶3 的固定比例进行的。

- 固定间隔时制（fixed-interval schedule）：每隔 N 分钟（或秒）就对正确的行为进行强化，其中 N 是该阶段的一个固定数字。同样，德尔菲被要求触摸目标。你不计算它触碰目标的次数，而是在它触碰目标后，每隔 15 秒就对它进行强化。如果它在 15 秒的间隔内触及目标时，它不会被强化。只有在它在下一个 15 秒的固定间隔触摸目标时，它才会被强化。请注意，在这个训练中，德尔菲没有被要求保持触摸目标 15 秒。因此，反应的持续时间是不相关的。
- 可变比例时制（variable-ratio schedule）：每 N 次正确的行为给予强化，N 围绕预先确定的数字随机变化。如果我们用一个平均数为 3 的可变比例时制来强化德尔菲，它在 3 次、5 次、4 次、2 次、3 次、5 次、1 次、4 次、2 次正确反应后都可以得到强化。这些强化比例围绕着 3 这个平均数，但每次实际比例是不同的。
- 可变间隔时制（variable-interval schedule）：正确的反应在经过一定的时间后得到强化。强化的时间间隔在训练中围绕着预先确定的平均数随机变化。例如你用一个平均为 15 秒的可变强化时制来强化德尔菲，你可以在 1 秒、8 秒、21 秒、13 秒、11 秒、25 秒、5 秒、26 秒、16 秒后分别强化一个正确的反应。

结论

从动物的角度来看，可变间隔时制和可变比例时制之间没有明显的区别。在一个或多或少的受控时制的实验室环境下，基于间隔的时制通常很难执行。另外，真正的随机强化分布，就像真正的可变比例时制所需要的那样，需要进行前期准备和后期观察。当然，训练员一般通过“直觉”来改变强化的比例，这充其量只能算一个可预测的强化的假随机分布。

在海洋哺乳动物界训练中也有一种特殊的可变比例时制：可变比例的多样性强化。它也需要与初级强化物配对，它也依赖于通用的次级强化物（或信号）。

一种被训练员经常使用但还没有正式名称的强化策略是：每一个正确的反应都被给予信号（次级强化物），然后在可变比例时制上使用初级强化物。可能涉及多种初级强化物。因此，并不是每个信号都会被初级强化。由于每一个正确的反应都是被强化的，所以严格来说这是一个连续强化时制。你可以把这种连续强化时制称为“可变比例初级强化后续（CRVRPRF）”（是的，比 VRRV 还要长的缩写，我们欢迎任何更好的名字，但你需要记住这个概念）。当你还在训练一个新行为的过程中，这种方法非常有用。在这种情况下，你希望对行为进行良好的控制，并希望强化每一个达到或超过你对该环节标准的行为。一旦该行为被可靠地执行，你就可以改用间歇性强化时制（如 VRRV）。

《会议论文集》，1981 年国际海洋动物训练员协会会议，于美国纽约尼亚加拉瀑布。目前，海洋哺乳动物训练中使用的“可变强化时制”可能始于随机和中断强化，这些技术在 20 世纪 70 年代末对海洋哺乳动物训练员来说是崭新的。兰迪·布里尔在这篇文章中对随机和中断强化作出了最清晰的解释。虽然随机和中断强化在后来的日子里被重新定义了好几次，但这里描述的概念和原则依旧是正确和清晰的。

RIR 在布鲁克菲尔德动物园的新应用：随机和中断强化时制的重新定义

兰迪·布里尔
芝加哥动物学会

摘要

当巴彻（Butcher）和斯蒂芬斯（Stephens）训练虎鲸（*Orcinusorca*）时，为了减少动物对食物强化的依赖，以及因错误行为扣留食物而产生的攻击性倾向，他们启动了一个全新的训练程序并将其命名为随机和中断强化。该训练程序已在布鲁克菲尔德动物园下属的七海全景海洋馆被成功复制并应用于大西洋瓶鼻海豚（*Tursiops truncatus*）的训练。本报告描述了在上述特定情况下随机和中断强化建立和使用的细节，并在操作性强化术语中给出了随机和中断强化的定义。我们将随机和中断强化与传统的训练情况进行了对比，并分析了训练员在其中的创新作用及其对随机和中断强化有效性的影响。

随机和中断强化的回溯

自巴纳姆（P. T. Barnum）在 19 世纪 60 年代初首次展出白鲸（*Delphinapterus leucas*）和大西洋瓶鼻海豚（*T. truncatus*）以来，小型鲸类的训练和维护方面的科学和艺术取得了巨大进步（Wyman, 1863）。近年来，人们对海洋哺乳动物的好奇心越来越强，其表现是在二战后如雨后春笋般地建立了首批海洋馆。像佛州海洋世界和迈阿密海洋馆（Miami Seaquarium）等设施的建设，不仅为热切的科学家们提供了可以近距离观察海豚等动物的场所；而且，出于展出和科研等需要，催生了对可靠训练技术的研发需求。因为这很明显，这些动物既是很棒的表演者，而且也很容易吸引公众的关注。

鲸豚类训练技术的实际发展历程涉及诸多方面，与众多曾经以及现在仍饲养这些动物的公园和海洋馆都有关系。但相关文献资料稀少，其中大部分文献已由德弗兰（Defran）和布莱尔进行了总结（1980）。海洋哺乳动物早期的训练技术大多是基于马戏团和其他表演动物传统的训练技术，而在其他情况下，一些没有任何训练背景的人被赋予了训练海豚的重要责任，而他们只能依靠本能和不断地试错来完成要求的训练任务。

在海豚训练艺术发展的同时，操作制约的科学研究也正在成为一个熟悉和流行的研究领域（Skinner, 1938）。凯勒·布瑞兰和玛丽安·布瑞兰都是斯金纳博士的学生，他们认识到操作制约在海豚训练中的应用（Breland & Breland, 1966），基于操作性方法的技术发展迅速，并在训练员中广泛传播。一系列新的训练风格和成果被使用，都带有操作制约的潜在特质。尽管多年来海洋哺乳类的训练的行为和理论已经变得越来越复杂且令人印象深刻，但用于实现这些成果的方法除了一些变体外，仍然保持不变，为了方便进行比较，我们将这些原来的海洋哺乳类的训练方法称为“传统方法”。

通过考量任何给定行为的训练和表现，我们可以识别和定义我们作为训练员非常依赖的操作方法和术语，这是我们在某些时候往往会忽视的一点。

传统上，海洋哺乳动物训练员用来训练新行为的方法，在操作性术语中可以被归纳为“塑型训练”（Pryor, 1975）。行为的塑型训练采用给予或不给予强化物的方式，将一般行为转化为更具体的行为。这种转化是通过遵循预先确定的一系列步骤来完成的，这些步骤被称为连续渐进法。一旦动物学会了步骤 1 或第一个渐进行为，就不需要再对步骤 1 或该行为进行强化，而是需要对步骤 2 或第二个渐进行为进行强化，并以此类推。每个连续渐进法都更接近于你所想要的最终行为。对于一些训练员来说，训练就是选择一系列有效的渐近法的艺术。

在塑型训练的过程中，训练员有必要对该行为进行提示。因此必须建立某种类型的信号或区辨刺激。在适当的区辨刺激下给出的行为将被强化，而没有区辨刺激的行为将被忽略（Ferster & Skinncr, 1957）。通过区辨刺激（通常是一个视觉或听觉提示），训练员可以控制行为的发生。例如，在适当的提示或区辨刺激出现后，受训动物会表演跃过铁环的动作。

塑型训练和区辨刺激的建立都取决于强化的有效性。在操作性术语中，强化物或我们大多数人通常所说的奖励，是一种环境事件或刺激物，它在时间上紧随期望的行为，并增加该行为发生的频率和概率（Reynolds, 1975）。动物想要得到的强化物被称为正强化物，而动物想要避免的强化物被称为负强化物；换句话说，正强化物是一块糖而负强化物则是电击。在鲸豚类的训练中，正强化物的使用是训练员的首选方式和公认的标准方法（Pryor, 1975）。

有两种类型的强化物可供训练选择，第一种叫初级强化物或非制约强化物，这种强化物的有效性不取决于动物过去对它的经验（例如食物和水）。第二种叫次级强化物或制约强化物，其效力是由动物过去经历过的条件决定的。一个不受制约的强化物对一个特定物种的大多数成员来说是强化的，而制约的强化物只对某一个经历过特定制约训练的动物才有强化作用（Kelleher, 1966）。

训练海洋哺乳类常用的制约强化物被称为“信号”或“信号刺激”，这些信号通常是一种音频提示（如口哨或口号）。信号可以用来指示正确的行为，它的有效性是通过在早期训练过程中与非制约强化物（食物）配对而获得的（Pepper & Defran, 1975）。有趣的是，信号不仅提供了一种强化形式，而且还可以作为一个区辨刺激，提示动物预测并为另一种形式的强化做好准备。

强化物的传递时间和条件是由强化时制决定的。虽然大量的强化时制已经被开发和测试，但两个基本时制一直被广泛用于海洋哺乳类的训练中，第一个是连续强化时制 (CRF)，是指每一个正确的行为都会得到强化；第二个是间歇性强化时制（intermittent reinforcement），这个时制决定了一些而不是所有的正确行为都会得到强化（Fester & Skinner, 1957）。

还有一些经常被使用的训练术语和技术技巧大多是从操作性心理学衍生出来的。布莱尔对这些术语的定义和在海洋哺乳动物训练中的应用进行了详尽细致的回顾（Pryor, 1975）。通过对目前这些不同解释和定义的术语归纳，我们有可能构建一个非常基本的训练程序的操作性定义，并在本文将其称为“传统”方法。

图 1 是从训练员的角度说明完成一个成功行为的传统方法。从“开始”处启动，训练员发出“区辨刺激”信号，之后等待动物的“反应”。如果动物对区辨刺激的反应是训练员可以接受的，则继续训练，如果没有反应，就需要“返回起点”。

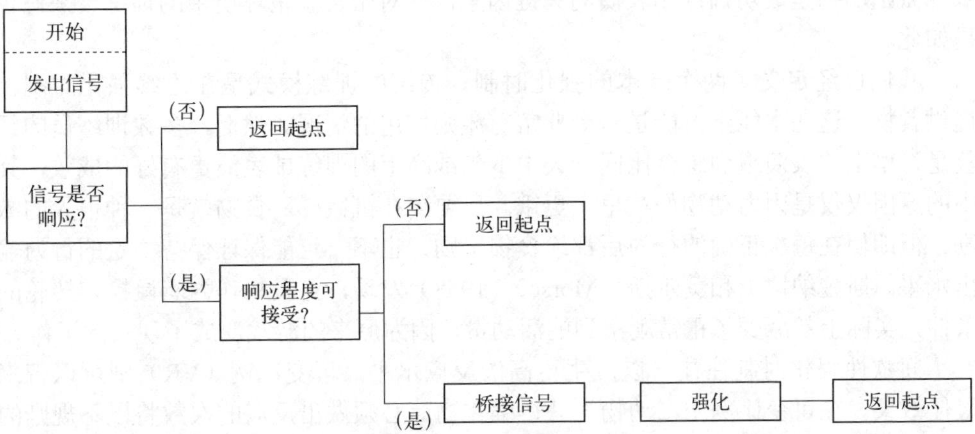

图 1　传统流程

在传统方法中，“返回起点”代表了训练员的期望没有得到满足，这种情况下训练员一般有两种选择：一种是训练员可以再次发出相同的信号，给动物另一次机会做出相同的动作；另一种是训练员可以终止训练一段时间，这种训练中止一段时间在操作性术语上叫“训练暂停”。在传统方法中，训练员致力于不断引导动物做出正确的行为，从而成功完成所需的全部行为。

如果动物对提示区辨刺激有反应，训练员必须判断这个反应是否是“可接受的”。如果是不可接受的，则需要“返回起点”。如果反应是可接受的，就会给动物一个桥接信号，即制约强化物。之后往往会跟着一个非制约强化物（食物）。在训练过程中“返回起点”可能会时不时出现，但是在更积极的意义上，可以再次提示所需的行为或在成功的基础上结束训练。

同样，上述图中的简单定义也是用于描述传统方法的最简洁形式，其中并未涵盖可能存在的各种变化情况。如果进一步去选择，它可以更简单地如图 2 所示进行说明，强化的形式可以用操作性术语来描述，即在连续强化时制下使用非制约强化物（食物）。

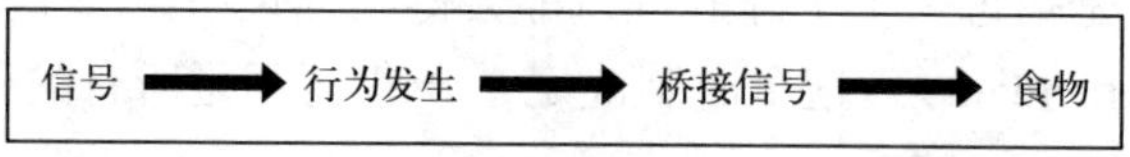

图 2

术语“强化”一般是指一个事件或刺激，它的发生取决于一个特定的反应，并产生一个学习效果，而且与一个相关的动机状态相联系（Kish, 1966）。动物对强化物的期望往往会导致很强的动机。食物是大多数动物，特别是饥饿动物的一种高强度的非制约强化物，而且也是鲸豚类和其他海洋哺乳类训练中的传统强化物（Pryor, 1973）。当我们应用强化物时，我们实际上是在应用动机（Morse, 1966）。对于海洋馆中的鲸豚类训练员来说，动物在表演中需要“按计划”做出行为，因此有效地激励动物是成功训练和表演的关键因素，这对于实验室环境中的训练员来说也是如此。

我们已经定义了两个基本的强化时制。传统的训练模式是在连续强化时制上提供食物，这在本能上可能是一个非常有激励作用的情况。然而，多数训练员的经验是，早上的表演或训练会比同一天中下午或晚上的训练或表演更有好的成效，其中的原因仅仅是因为动物们在早上更饿。只要存在饥饿感，食物就是一种很大的激励。但即使在每次正确的行为后都给食物奖励，也不一定能保证保持稳定的行为输出水平。斯金纳博士和莫尔斯（Morse）（1958）发现，将食物作为老鼠操作转轮的条件，实际上却减少了正常观察到的活动量，因为原来的游戏变成了现在的工作。

间歇性强化时制往往可以产生更高的反应水平，可变比例（VR）则可以带来最佳效果。在可变比例中，动物为获得强化物而必须做出反应的次数将以不规则的方式变化（Reynolds, 1975）。例如，如果平均每六次反应被强化一次，则 VR6 就生效了。

间歇性强化时制已经在各种实验室动物（如鸽子和黑猩猩）身上取得了令人瞠目结舌的效果（Ferster, 1958，1960）。碧瞿（Beach）和佩珀（Pepper）（1971，1972）的报告中说，海豚对间歇性计划的反应与实验室动物一样良好，其中间歇性强化时制显示出最不可估量的前景。舒斯特曼（Schusterman）（1975，1976）发现，改变食物强化的数量和时制对海豚和海狮都是有效的。

食物以外的强化形式也已经被用于鲸豚类的训练中，但训练员对其效果的评估不一样（Pryor, 1973）。碧瞿和佩珀（1972）将食物和触摸强化交替使用，并取得了一些成功，直到海豚出现了攻击行为，这显然与人工刺激有关。然而，德弗兰（Defran）和米尔堡（Milberg）（1973）只用触觉强化，即用抚摸或喷水，就能维持海豚的压桨行为。

创新的刺激形式可能会对鲸豚类有强化作用。布莱尔（1969）通过允许她的动物自己选择创造性和自发性的反应，塑造和保持了动物令人印象深刻的行为。皮尔逊（Pearson）（1979）认为，在训练中海豚的一些不受欢迎的行为有可能是海豚的一种创新尝试，应该被训练员所利用。

除了可变比例计划和偶尔尝试在食物之外加入其他形式的强化物之外，传统模式和技术对鲸豚类的训练依旧是正确的和有效的。但是间歇性的时制、其他类型的强化物以及利用海豚和训练员的创造力和创新性，似乎也提供了很多可行的强化替代方案。

在海洋世界正在开发的一项训练技术中可以看到这三个因素的影子，以作为食物强化和传统方法的替代。该技术主要用于虎鲸（*Orcinus orca*）的训练。其最初由巴彻（1974）进行描述，指在训练过程中提供非常积极的动机，之后被命名为随机和中断强化（Butcher et al., 1976）。斯蒂芬斯等人（Stephens et al., 1977) 报告了这种方法在其他海洋哺乳动物身上的应用，并将其采用的创新的个体化强化和刺激的复杂性与给予或扣留食物的传统方法进行了对比。在过去几年里，随机和中断强化已经被极大发展和完善，并已经被定位为海洋世界训练小型鲸类和鳍足类的标准做法（Butcher & Stephens, 1977; Lacinak, 1977, 1979; Scardina, 1978; Butcher, 1980）。遗憾的是，我们目前还没有看到其他海洋馆对该技术使用的报告。

海洋世界以外的训练团队对随机和中断强化的接受程度一直很低，甚至完全不接受。对这种技术的最强烈的批评往往是由于缺乏对该技术的理解和其他海洋馆的支持证据，而这种理解很容易从操作性心理学术语的定义中获得。我们一直严肃对待这两个批评，并希望能缓解这个主题带来的紧张气氛。下面的讨论是基于布鲁克菲尔德动物园下属的七海全景海洋馆的训练团队在使用随机和中断强化时总结的经验和知识（Brill, 1981）。

随机和中断强化所涉及的程序最初被描述为“中断的强化物计划”，即通过给出一个次级强化物（口哨声），并在表演和训练中对随机选择的行为不给予初级强化物（食物）来完成（Butcher et al., 1976）。后来的训练则包括使用食物以外的强化物，这些强化物可以以无序的方式来强化正确的行为。巴彻、斯蒂芬斯和其他人认为，强化物的发生和形式对动物来说越是不可预测，动物的动机状态就越高。

术语“随机和中断强化”就是为了表达这样的观点：与传统的食物强化在连续强化时制上的使用相反，随机和中断强化对正确反应后的强化是随机的，这样做可以大大减少动物对食物强化的可预测经验。换句话说，习惯于传统方法的动物对食物强化物的出现预期被随机地打断了。在图 2 的基础上，图 3 用简洁明了的方式表达了这个概念。通过使用额外的强化物或没有强化物，动物对食物的预期被进一步消除。该方法的好处之一是动物在做出正确行为后对食物预期的减少，可以缓解因

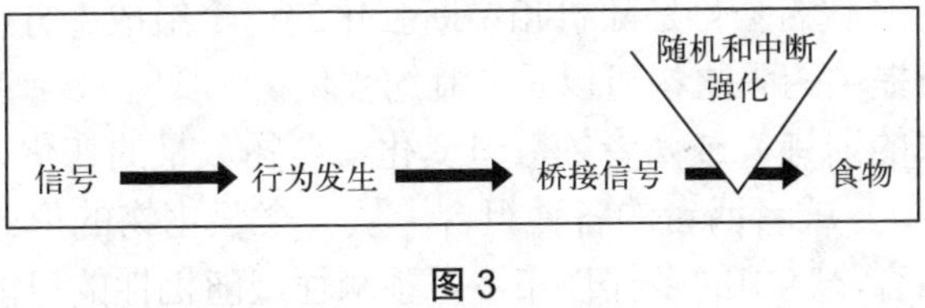

图 3

错误反应后扣留食物而产生的焦虑（Stephens et al., 1977）。

可以用操作性术语来描述这种方法，即使用非制约强化物和制约强化物，单独或组合，以随机的顺序进行间歇性强化时制（可变比例）。为了满足人们对更容易接受的标题的需求，可以用缩写 RIR 代表以随机的顺序间歇性地提供强化物。

图 4 从训练员的角度说明了随机和中断强化在完成一个特定行为中的应用。我们沿用图 1 中描述传统方法的格式和术语，但需要注意的一个例外是图 4 中的“返回起点”表示多种做法：①重新提示相同的行为，②提示做不同的行为，③引入一些动物没有预料到的创新行为，④训练暂停。创新行为将在后面的讨论中涉及。我们现在则讨论随机和中断强化与传统方法的不同之处。

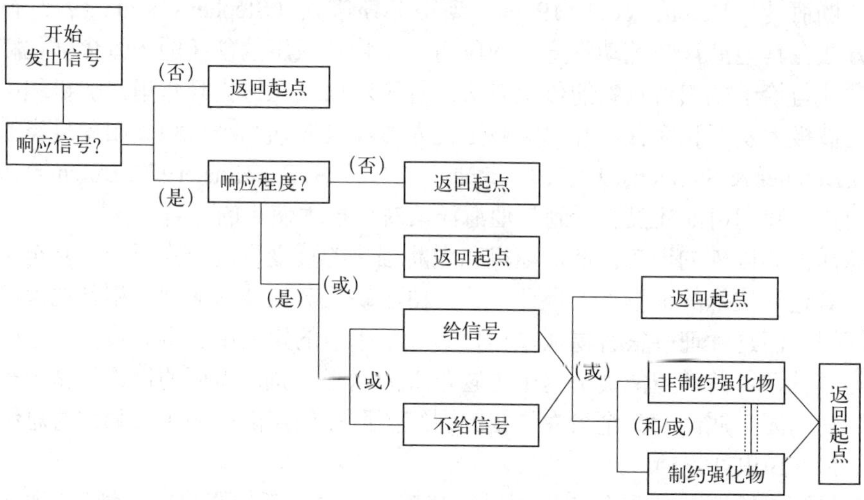

图 4　随机和中断强化（RIR）：间断地或者随机地给予动物强化物的流程示意图

训练员在开始的时候，仍然是为选定的行为提供提示（区辨刺激），动物应该对此做出反应。如果没有反应，“返回起点”则为训练员提供了多种后续方案。我们假设所采取的方案是与某种特定情况相匹配。例如，正确的反应之后不太可能给暂停。如果动物给出的反应不被接受，那训练员这时候可以用暂停。然而，如果反应是可接受的，与传统方法相比，训练员此时可以采取的选择就不止一种。训练可以采取“返回起点”的方式，也可以给予或不给予桥接信号，这是两种不同的选择。

因为我们已经多次指出，信号既是一个区辨刺激，也是一个制约强化物。所以在图 4 中，它被视为一个独立的组成部分，可能会也可能不会在其他强化物刺激之前出现。成功的行为之后可能会有一个信号，也可能不会再有强化物。

可接受的反应之后的强化是随机和中断强化的一个组成部分，这是与传统方法的不同的地方。所提供的强化物可以是非制约强化物（食物）、制约强化物（其种类和数量取决于过去的训练）或两者的数量变化（食物数量的变化以及制约强化物的数量和形式的变化），或者两者的各种组合。从一个强化物的形式和内容到下一个强化物的形式和内容，其中的多样性和不可预测性或随机性的可能性组合非常多。

随机和中断强化无疑为训练员提供了改变强化时间和形式的机会，为动物提供了一个有趣和不可预测的环境。强化的多样性和创新性是该方法的目的和基础。它们不仅是该方法的组成部分，而且训练员持续使用对其成功至关重要。随机和中断强化无疑和已定义的传统方法有着巨大偏离。如果努力并有效地使用它，可以给所服务的动物创造新环境和新的关系。自从 1980 年 12 月七海全景海洋馆开始使用随机和中断强化以来，我们的情况和成就正如本文所述。

布鲁克菲尔德动物园下属的七海全景海洋馆自 1960 年开馆以来，训练员便采用传统的训练方法训练我们的瓶鼻海豚（*Tursiops truncatus*）。那时特定行为塑型训练技术在某种程度上被当作秘密一样保护着，而我们七海全景海洋馆的动物训练大爆发期就出现在新方法的应用之后。第一批训练团队开始使用最基本形式的塑型训练。我们在七海全景海洋馆使用的训练方法与其他海洋馆的方法一样，包括使用口哨、目标物和其他从操作制约中借鉴的工具。而且，在连续强化时制上使用食物这一方式从来没有人质疑或试图改变过。

当本文作者在 1975 年加入七海全景海洋馆的训练团队时，强化机制的使用规则依旧与 1960 年时相同：当海豚做对事情时就喂它，当它不合作或犯错时就饿它，即使这意味着克扣日常饮食的数量，也不要期望海豚在不饿的情况下做出什么好的行为。虽然没有人愿意故意这样虐待动物，但这是行业内公认的和不容置疑的传统做法。

七海全景海洋馆的几位现任训练员至今对一头叫维姬的海豚记忆犹新。维姬是七海全景海洋馆开业之初被引进的海豚之一，它在那里生活和表演到 1978 年，它的生命和事业在 32 岁时结束。维姬生命中的最后几年对训练员来说是一场噩梦，训练员们的共识原因有几个。其中一个原因是它很无聊。它已经把表演动作学得很好了，它对一系列可预测的事件失去了动力。它根本就不觉得表演和奖励有多大的激励作用，相反，它学会了有效地阻止其他海豚表演并经常挫败它的训练员，而且从中得到了更大的刺激。每当表演即将开始的时候，它就把池中的伙伴逼到水池的尽头，而且每次持续时间都不一样，而这时，它已经成功地让训练员们一看到这种情况就会感到极度焦虑不安。当维姬过世时，人们悲痛和欣慰的情绪交织在一起。

在过去的几年里，七海全景海洋馆的训练员进行了一些积极的改革，至少与过去的特殊情况形成对比。其中一个重点是如何应对从维姬那里学到的教训，调整训练方法或风格，以防止无意中培养出一个新的维姬。在详细评估了随机和中断强化的所有资料后，我们决定通过实际运用来检验它的效果。在做出这一决定后，在该方法创始人的大力配合下，我们开始建立并使用随机和中断强化，紧密仿照他们最初从传统方法向新方法转变时所做的尝试。

我们的第一步是打破训练员和动物们都习惯的连续强化时制。我们小心翼翼地开始向海豚传达，每个桥接信号之后不一定会有食物。换句话说，我们开始从连续强化时制转向可变比例间歇强化时制。有时，桥接信号之后不是食物，而是一个针对另一个被认为非常简单和基础的行为的指令（例如，挥动一下脚蹼、拍打一下鳍肢或发出一声叫声）。然后，对这一行为进行标记，接着给予食物奖励。当海豚似乎习惯于食物前的额外行为时，这些应用的频率以及被要求的额外行为的数量会逐步增加。

第二步包括偶尔消除信号刺激，并逐渐增加正确反应后额外行为的难度。这两个步骤的过渡是在训练课程和表演中进行的。我们有理由相信，几个星期内海豚已经适应了新的环境。并非每一个正确的反应都会得到强化，并且可以连续提示一个或多个不同难度的行为，而不会让动物们感到沮丧，因为它们不会把这个动作理解为惩罚或由于错误的反应而不给强化。此外，我们开始感觉到，海豚对我们正在做的事情以及可能要求它们做的事情变得更加好奇了。

第三步是我们发现需要不停地创新和创造，寻求和建立新的刺激物作为强化物。一旦动物们适应了在它们期待的时候没有收到刺激物（如食物），就可以在预期的刺激物之外提供其他的刺激物，并最终取代预期的刺激物。我们就开始选择一些我们主观判断为海豚可以接受或喜欢的刺激物，如各种形式的触摸刺激、喜欢的玩具或道具、即兴发明的游戏，甚至让动物做它喜欢的行为。我们选择的一些刺激物似乎很容易被动物接受，而这些刺激物最初都与食物搭配过，以使其成为强化物。

我们训练员之间集思广益，彼此密切沟通，以使我们的努力保持一致。我们编制了“潜在强化物”的清单，并根据所建议使用的额外强化刺激来开展工作。训练课成了我们探索的竞技场，因为它为训练员和动物提供了轻松和亲密的接触环境。训练员们很快就掌握了一个小型的且不断增长的强化物库。我们和动物们都开始适应使用“非食物”或制约性强化物，我们和海洋世界的同行们一样，开始将其称为随机和中断强化（rears）。

在确定使用随机和中断强化时，需要考虑的其余因素不能理所当然被认为是过渡中的一个步骤，因为它应该是整个过程中的普遍成分。这就是巴彻（个人通信）所说的“连贯性”，即创新。我们使用随机和中断强化的目的之一是将训练员作为一个不可预测的和有趣的强化源。从一开始，我们就努力使每次强化都与上次不同，即使强化物在整个过程中被反复使用，无论是在形式上还是在传递方式上也会有改变。我们偶尔会在一个行为之后使用以前未曾用过的强化物，或者（我们认为）会让动物感到意外的东西。其中有很多事情看起来很傻，比如做鬼脸、盯着动物看或者在海豚耳边吹口哨，这些偶尔的行为显然能保持海豚的兴趣。到 1981 年 2 月，我们的努力换来了一些令人欣慰的结果。动物园其他区域的游客纷纷评价说，我们的海豚机敏灵活，而且很乐意做出反应。我们觉得这两项重要的成功指标非常鼓舞人心。

在开始使用随机和中断强化时，有人建议在训练中对每头动物使用随机和中断强化的数量进行统计，以记录在它们使用的频率方面取得的进展。在记录了一段时间后，我们开始感觉到，如此密切地关注这些数字，可能已经不经意地创造了一种固定模式，使我们对海豚变得可预测。取而代之的是我们设计的一张统计表（图 5），观察者可以在上面统计出每头动物在一个环节（通常是公开表演）中使用的食物强化物的数量，并显示出使用的非食物强化物占强化物总数的百分比。统计表提供了一种方法，使我们可以自由地与动物自发互动，并且可以偶尔进行抽查以了解正在取得的进展。到 1981 年 2 月的统计结果显示，食物平均占训练员在一次训练中提供的总强化物的 60%，而以前食物占强化物的 100%。

日期：1982年8月6日　　**强化类型分类统计表**　　训练项目：*S3*

训练员：罗恩

安吉		**尼莫**		**夏娜**		**温迪**		**斯托米**		**集体行为**	
食物	非食物	食物	非食物	食物	非食物	食物	非食物	食物	非食物	食物	非食物
###-	##-	### ##	###	###-	#-	### #---	#	#-	### ---	#	#--
13	9	20	12	13	5	19	4	5	15	4	6

	食物总计	非食物总计	强化总计	非食物占比/%
安吉	17	15	32	46.88
尼莫	17	11	28	39.29
夏娜	24	18	42	42.86
温迪	23	10	33	30.30
斯托米	9	21	30	70.00

记录员：

图 5❶

另一个迹象表明，海豚对训练员有了新的兴趣，在表演和训练过程中不再需要食物桶了。以前在七海全景海洋馆，我们通常是让训练员站在放置在池壁上且完全可见的食物桶后面。这常常会导致令人沮丧的情况出现，因为海豚会固执地拒绝做出反应，除非它们能看到食物桶。而且，除非有食物桶在眼前，否则海豚不会跟随训练员到水池的任何其他地方。在使用随机和中断强化之后，我们再也不用食物桶了，转而使用食物盒，这些食物盒可以挂在训练员的后腰上，完全不在海豚的视线范围内。因此不但不会影响海豚的反应，而且为训练员提供了很多自由，并时刻保持海豚的注意力。从七海全景海洋馆的成功经验来看，随机和中断强化的创新应用是一个让我们自豪的胜利。

我们在七海全景海洋馆所取得的成就之一是有效地取消了在连续强化时制上使用食物的做法，并建立了一个全新的刺激环境。在这种刺激环境中，动物们不仅不知道何时会得到强化，而且也不知道如何得到强化。几个月来，这种应用已经扩展到鲸豚类环境调节的每一个角落，此外还以不同程度和适当的方式扩展到我们的鳍足类的训练中。现在随机和中断强化的使用已经成为公认的做法。通过随机和中断强化，我们与动物的互动关系已经更有高度和更有意义。存在于我们设施中的近乎军事化的训练方法和管理措施已经消失，取而代之的是变化和创新。我们的训练团队在探索动物的行为潜力方面变得更加得心应手。

动物们，特别是海豚，也得到了很多回报，我们发现它们的注意力更加集中、

❶ 安吉（Angie）、夏娜（Shana）和温迪（Windy）为正文中未提及的三头动物。——译者注

行为更加可靠、摄食水平也更加稳定并提高了。与之前不同的是，一天中的最后一节训练课与第一节训练课一样富有成效，与过去的经验相比，这一事实是有力的证据。简而言之，我们所取得的成果与海洋世界的同行们所取得的成果大体一致。然而，我们如同在海洋世界或任何其他选择使用随机和中断强化方法的设施一样，对随机和中断强化的独到应用方式使它成为我们自己独有的方法。

我们将随机和中断强化的成功归功于以下事实：首先，随机和中断强化有着坚实的操作性心理学理论基础，我们将理论与实际结合起来，独创了逻辑性强和可量化的操作技术。其次，它为动物环境中的创新和持续变化提供了一种刺激。最后，它鼓励用户将他们的动物视为能够处理更多复杂问题的个体，而这些方法在过去可能被认为是不可能的。

当然，将随机和中断强化视为所有训练问题的完美的解决方案是一个巨大错误。随机和中断强化也会有这样或那样的问题。没有这些问题，我们作为训练员的生活就不会有任何挑战。但是，虽然随机和中断强化不可能完全消除在塑型训练和维持行为中遇到的问题，但它肯定提供了更多的选择，以用来解决这些问题，而不是只用传统方法中单一的食物来解决。

随机和中断强化的正确应用绝不是一项简单的工作，它需要训练员付出大量努力。作为一种训练工具，和其他任何工具一样，其有效性将取决于使用它的人的能力。正确使用它有可能产生令人惊叹不已的好结果，而错误的使用则会导致混乱。七海全景海洋馆的训练团队的经验充分证明了随机和中断强化是一种有效的训练方法，因此我们建议业内其他训练团队考虑应用随机和中断强化以替代传统的方式方法。

参考文献

1. Beach Ⅲ, Frank A. and Pepper, Ross L. (1971). *Marine Mammal Training Procedures: The Effects of Scheduled Reinforcement in the Dolphin (Tursiops truncatus)*. NUC TP 214, Naval Ocean Systems Center, San Diego, California.
2. Beach Ⅲ, Frank A. and Pepper, Ross L. (1972). "Operant Responding in the Bottlenosed Dolphin (*Tursiops truncatus*)", J Exper. Anal. Behav., 17, pp. 159-160.
3. Breland, K. and Breland, M. (1966). *Animal Behavior*. Macmillan, New York.
4. Brill, Randy (1981). "Dolphin Training Does a Flip", Brookfield Bison, in press.
5. Butcher, Dave (1974). "The Trainer as the Trainee", in *Fourth Annual Conference Proceedings of the International Marine Animal Trainers Association*, 1974, Orlando, Fla., edited by Rusty White and Bill Scronce. Sea World of Florida, Orlando, Fla., pp. 107-115.
6. Butcher, David G. (1980). "Reflections on Reinforcement", in *Proceedings of the Annual Conference of the International Marine Animal Trainers Association*, 1980, Miami, Fla., edited by Jack Pearson and Jackie Barry. New England Aquarium, Boston, Mass., pp. 58-59.
7. Butcher, David and Stephens, Bruce (1977). "Conditioning Killer Whales to Cooperate with Man in a Water Environment", in *Proceedings of the Annual Conference of the International Marine Animal Trainers Association*, 1977, Boston, Mass., edited by Don McSheehy and Gail Pietersen.SEACO., Kailua, Hawaii, pp. 88-91.
8. Butcher, Dave; Stephens, Bruce and Charfauros, Vic (1976). "R. I.R. The Interrupted Schedule of Reinforcement", in *Proceedings of the Annual Conference of the International Marine Animal Trainers Association*. Honolulu,

Hawaii. Abstracts.

9. Defran, R.H. and Milberg, L. (1973). "Tactile Reinforcement in the Bottlenosed Dolphin", in *Proceedings of the Annual Conference Sonar Diving Mammals*, Palo Alto, Cal., Stanford Research Institution.

10. Defran, R.H. and Pryor, Karen (1980). "The Behavior and Training of Cetaceans in Captivity", in *Cetacean Behavior: Mechanisms and Functions*, edited by Louis Herman. John Wiley and Sons, New York, pp. 319-362.

11. Ferster, C.B. (1958). "Intermittent Reinforcement of a Complex Response in a Chimpanzee", J Exper. Anal. Behav., 1, pp. 163-165.

12. Ferster, C.B. and Skinner, B.F. (1957). *Schedules of Reinforcement*. Prentice-Hall, Englewood Cliffs, New Jersey.

13. Kelleher, R.T. (1966). "Chaining and Conditioned Reinforcement", in *Operant Behavior: Areas of Research and Application*, edited by W.K. Honig. Appleton-Century-Crofts, New York, pp. 160-212.

14. Kish, G.B. "Studies of Sensory Reinforcement", in *Operant Behavior: Areas of Research and Application*, edited by W.K. Honig. Appleton Century Crofts, New York, pp. 109-159.

15. Lacinak, Thad (19, 77). "Advantages of Random and Interrupted Reinforcement with Pinnipeds", in *Proceedings of the Annual Conference of the International Marine Animal Trainers Association*, 1977, Boston, Mass., edited by Don McSheehy and Gail Pietersen.SEACO, Kailua, Hawaii, pp. 34-46.

16. (1979). "Making Learning Fun", in *Proceedings of the Annual Conference of the International Marine Animal Trainers Association*, 1979, San Diego, Cal., edited by A. Earl Murchison. SEACO., Kailua, Hawaii, pp. 31-32.

17. Morse, W.H. (1966).Intermittent Reinforcement, in Operant Behavior: Areas of Research and Application, edited by W.K. Honig. Appleton -Century-Crofts, New York, pp. 52-108.

18. Pearson, Jack (1979). "Innovation as a Training Tool," Soundings, 4.

19.Pepper, R.L. and Beach, F.A. (1972). "Preliminary Investigation of Tactile Reinforcement in the Dolphins," Cetology, 7, pp. 1-8.

20. Pepper, R.L. and Defran, R.H. (1975). *Dolphin Trainer's Handbook: Part I.* Basic Training. NUC TP 432. Naval Ocean Systems Center, San Diego, California.

21. Pryor, Karen (1973). "Behavior and Learning in Porpoises and Whales," Naturwissenschaftem, 60, pp. 412-420.

22. Pryor, Karen (1975). *Lads Before the Wind*. Harper and Row, New York.

23. Pryor, K.W.; Haag, R. and O'Reilly, J. (1969). "The Creative Porpoise: Training for Novel Behavior," J. Exp. Anal. Behav. 12, pp. 653-661.

24. Reynolds, G.S. (1975). *A Primer of Operant Conditioning*, rev. ed. Scott, Foresman and Co., Glenview, IL.

25. Scardina, Julie (1978). "Not Just Any Pinniped: Observations on Working with a Walrus," in *Proceedings of the Annual Conference of the International Marine Animal Trainers Association*, 1978, Redwood City, Cal., edited by Jeffrey E. Haun.SEACO., Kailua, Hawaii, pp. 24-27.

26. Schusterman, Ronald J. (1976). "California Sea Lion Underwater Auditory Detection and Variation of Reinforcement Schedules." J. Acoust, Soc. Am., 59, pp. 997-1000.

27. Schusterman, Ronald J. and Barrett, Barry (1975). "Detection of Underwater Signals by a California Sea Lion and a Bottlenose Porpoise: Variation in the Payoff Matrix," J. Acoust. Soc. Am., 57, pp. 1526-1532.

28. Skinner, B.F. (1938). *The Behavior of Organisms: An Experimental Analysis*. The Century Psychology Series edited by Richard M. Elliott, Appleton-Century-Crofts, New York.

29. Skinner, B.F. and Morse, W.H. (1958). "Fixed-Interval Reinforcement of Running in a Wheel," J. Exper. Anal. Behav., 1, pp. 163-165.

30. Stephens, Bruce; Butcher, Dave and Defran, R.H. (1977). Goodbye Deprivation; Hello Innovation, 55 in *Proceedings of the Second Conference on the Biology of Marine Mammals*. San Diego, California. Abstracts.

31. Wyman, J. (1863). "Description of a 'White Fish' or 'White Whale' (*Beluga borealis* Lesson)," Boston Journal of Natural History, 7, pp. 605-612.

《海洋哺乳动物：公众展览与科学研究》，在大多数训练项目中，可变的强化时制毫无疑问比固定的、连续的强化时制要有效得多。然而，大多数训练员都是从连续时制开始的，随着经验的积累再逐渐增加多样性。那么，整个项目如何从连续时制转变到可变时制呢？许多机构采用的方法是随着时间的推移逐渐进行过渡。本文记录了巴尔的摩国家水族馆的转变过程，并讨论了转变对其训练项目的影响。本文也参考了作者在以前的工作单位尼亚加拉瀑布水族馆（The Aquarium of Niagara Falls, ANF）的经验。这篇论文发表在《海洋哺乳动物：公众展览与科学研究》杂志1996年第2卷第1期。

从固定比例时制到可变比例时制的过渡转变

保罗·柯曼斯基

巴尔的摩国家水族馆

摘要

在尼亚加拉瀑布水族馆对大西洋瓶鼻海豚（*Tursiops truncatus truncatus*）进行了长达24年的固定比例强化时制训练后，训练员最近采用了可变比例的强化时制。其他机构可变强化方案使用的成功经验，以及这些方案对动物的显而易见的积极影响，是促使尼亚加拉瀑布水族馆做出改变和使用这种方法的原因。新的举措包括取消固定的食物强化计划，并引入新的强化手段（如玩具、玩水、自我创新训练和互动社交）作为强化的组成部分。通过测试和观察，在新的系统下动物的行为水平提高了，而且动物对刺激控制失控的次数也减少了。现在，巴尔的摩国家水族馆正在对海豚群体进行类似的训练和管理改革，其中包括一个环境丰容项目，设置了各种各样有组织的训练环节。

引言

尼亚加拉瀑布水族馆最近实施了一个可变强化时制的项目。在过去，尼亚加拉瀑布水族馆一直使用固定的连续强化时制作为训练动物的手段，即动物只有做出正确的行为才会得到食物的强化。通过论坛和会议等交流，尼亚加拉瀑布水族馆的训练员了解到其他机构使用的强化技术和方法，基于这些新的强化时制在同行海洋馆的成功经验，训练团队决定实施新的强化方法来训练动物。

尼亚加拉瀑布水族馆饲养有三头雌性大西洋瓶鼻海豚（*Tursiops truncatus truncatus*），它们之前采用的是固定比例为1的强化时制，也就是连续强化计划，意味着每个正确的行为都会得到初级强化（Kazdin, 1984）。设定的比例是指在给予强化前正确行为的数量。如果固定比例为2，则意味着每第二个行为就会得到强化。在改变时制之前，瀑布水族馆还经常使用暂停信号，这是一种先行事件刺激，用于表明某种行为不会被强化（Scarpuzzi et al., 1991），以此来终止正在进行的行为。瀑布水族馆还使用了条件性厌恶刺激，这是一种最初属于中性的事件刺激，由于与一个表明不会有强化到来的信号配对而获得了令人厌恶的属性（Scarpuzzi et al., 1991），这种刺激会在动物做出不符合既定条件的行为之后使用。对于顽固性的不正确行为，暂时离开动物也是训练员之前常见的做法。食物是动物训练过程中使用的唯一强化物。玩具只是在互动环节中作为时间的填充物。

方法

瀑布水族馆训练员的目标是将目前传统的训练方法升级为可变比例强化训练方法。应用新的强化方法后，对于正确的反应初级强化物和次级强化物都是间歇性地使用（Aibel, 1993）。一旦训练员决定实施变革，第一步就是对次级强化物进行调节，次级强化物是通过训练学习而具备强化作用的事物 (Kazdin, 1984)。早期的次级强化物一般是玩具（如球、圈和环）。次级强化物的引入是需要时间的，以避免一次引入太多导致混乱。当动物给出一个正确的行为之后，它就可以得到次级强化物。在次级强化物形成之前，训练员都会给出一个桥接信号使其与初级强化物（鱼）相匹配。用不了多久，动物们就开始对次级强化物表现出兴趣和认可。由于我们只有四位训练员，因此训练员之间很容易交流动物对次级强化物的接受进度，从而判断如何更有效地使用强化物。这样的沟通有时是在表演后、有时是在训练课程中、有时是在会议上，以及通过训练员的记录本进行。

当动物们对第一组次级强化物产生了条件反射后，训练员开始通过实验其他类型的次级强化物来扩大强化效果。训练员之间轻松的竞争有助于开发新的次级强化物。一些能提高动物注意力的强化物是镜子、儿童玩具和乐器。训练员还发现，提供拼图和游戏作为强化物也可以提高动物们的注意力。例如，我们将一根 25 英尺长的游泳池过滤管的一端牢牢地绑在舞台上，将动物们喜欢玩的塑料环放置在软管的另一端。动物们必须先从水管上取下塑料环，才能在水中玩耍。从水管上取下塑料环是很耗时的，但却引起了动物们的高度兴趣。一个类似的游戏涉及使用带有吊环的长杆，这也需要动物们去想办法取下来。另外，通过在舞台上放置玩具球，动物们必须想办法滑到舞台上，把球弄回水里，以便在水中玩球。

随着强化物种类的增多，行为习惯能够通过初级强化物和 / 或次级强化物来维持。在员工会议和训练后的会议上，我们讨论了每种强化物的使用效果是成功还是失败。很多强化物被开发出来，然后用于在动物表现高于平均水平时给予奖励。其中一个次级强化物措施包括调节和使用创新训练。自我创新训练是允许动物为获得强化物而诱发行为的方式。自我创新型训练可以让训练员更多地了解到动物的行为和反应的类型，这使训练员能够为未来的训练目标开发更多的好想法。

在行为结束后，针对动物表现的好坏，我们提供了水上游戏和水上互动课程。由于动物们良好的表现，我们还为它们引入了非训练员的社会互动课程。由于现在有了大量的强化物，训练员可以选择做非食物的训练，这进一步证明了次级强化物的真正有效性。训练员发挥创造力的能力有助于让动物保持高度的积极性。我们还发现，通过使非食物强化物展示的形式变得丰富多样，训练本身就成为一种有效的变化。

训练员们不断推动自己开发和运用创新性的强化物。我们提出了一个口号：

"我们必须一直不断地不一致"。通过员工的讨论，以及对动物反应的观察，所有不同的变化和强化物都在不断地发展和完善。

随着转变的全面展开，训练员取消了不正确行为后使用暂停信号和其他条件性厌恶刺激信号。这两种方法都会使不正确的行为被注意到，并被不经意地强化。食物在过去是唯一的强化物，而现在对动物来说只是另一种强化物。次级强化物以及训练员的创造力成为新的强化物和强化模式。

在转变前、转变中和转变后，用评分系统对动物的表现进行评分。在每次训练和表演之后，动物们都会得到一个数字评分和该环节的书面评语。每天结束时，我们会平均每个阶段分数，并给出每日的最终分数。评分系统设计如下。

5 分：完美的标准，高能量，没有出现失控的情况。

4 分：标准性强，精力充沛，没有休息，错过了一两个区辨刺激。

3 分：平均表现良好，标准性好，精力一般，没有休息。

2 分：脱离控制，标准差，能量低。

1 分：持续失控，或动物没有进入被控状态。

这个评分系统是下面数据分析的基础。三头动物的每日得分被平均到一起，得出一个每日平均得分。然后将所有单日的平均分再次平均，得出该月的平均分和平均失误次数。随后在所有图表中使用这些数字。每天的食物摄入量也被平均，以获得每头动物的月平均数。这些月平均数反映在以下这些图表中。

结果

图 1 显示了转变前 10 个月的每日得分（平均值），以及每日失误次数（平均值）。5 月份的数据为 0，因为其中一头叫艾克（Echo）的动物在当月产仔，因此没有收集

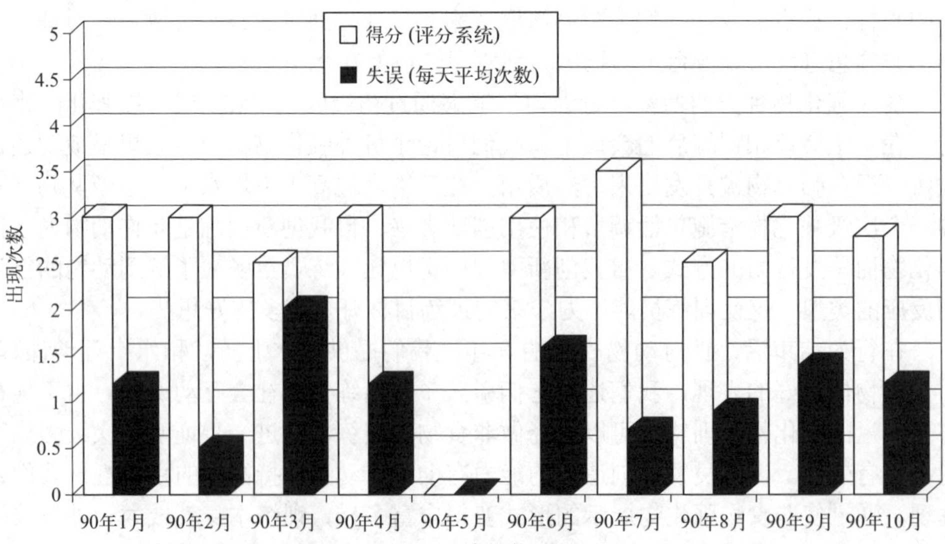

图 1　转变之前

数据。图1显示，转变前的行为出现次数的平均分低于2.9，每天平均失误超过1.13次。

图2显示了转变期间的七个月内的每日得分（平均值）和每日失误次数（平均值）。每天平均分提高为3.07，每天平均失误降低到1.07次。

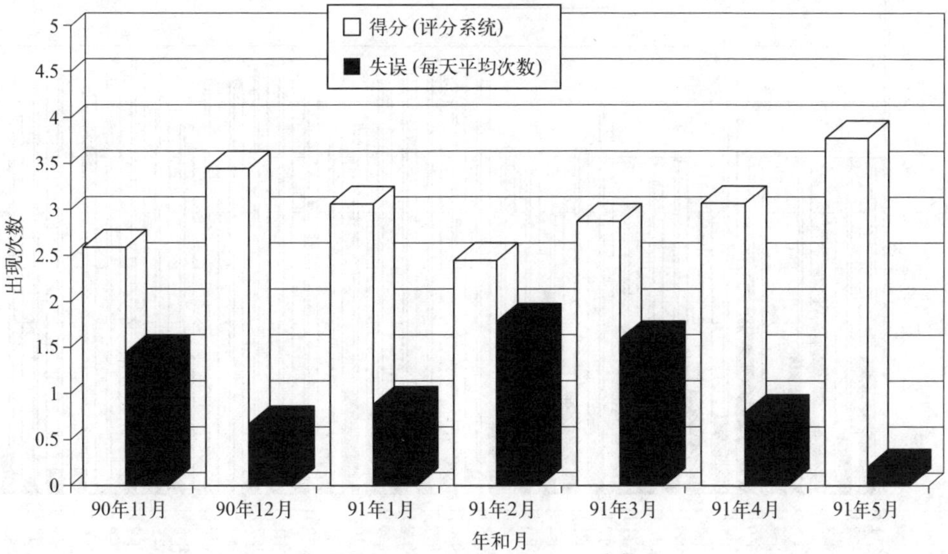

图2　转变期间

图3显示了使用可变强化系统的19个月期间的转变情况。每日平均得分增长为3.6，而每天平均失误降低到0.3次。

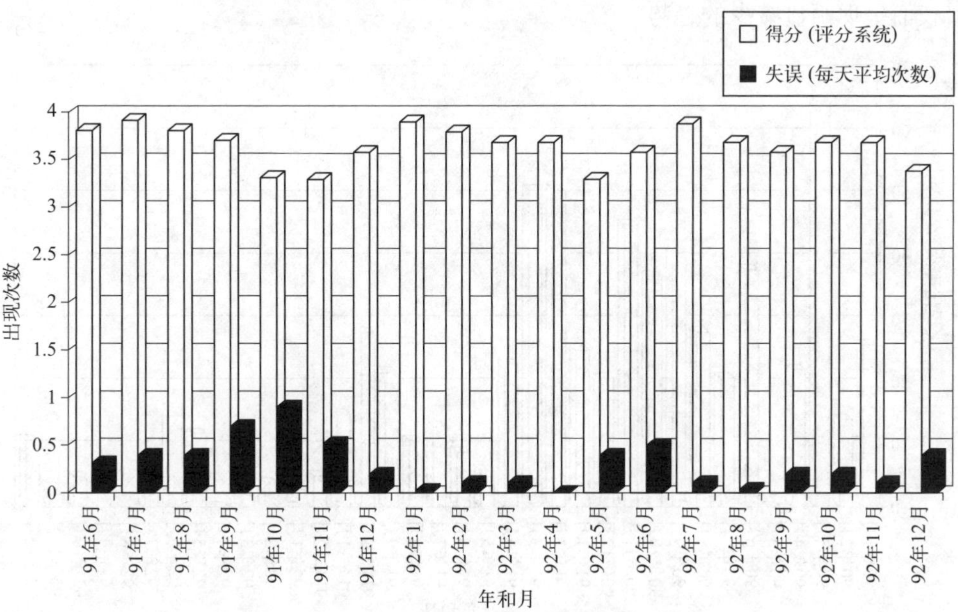

图3　转变之后

图 4 显示了整个三个时期的每日平均得分和每日平均失误次数。

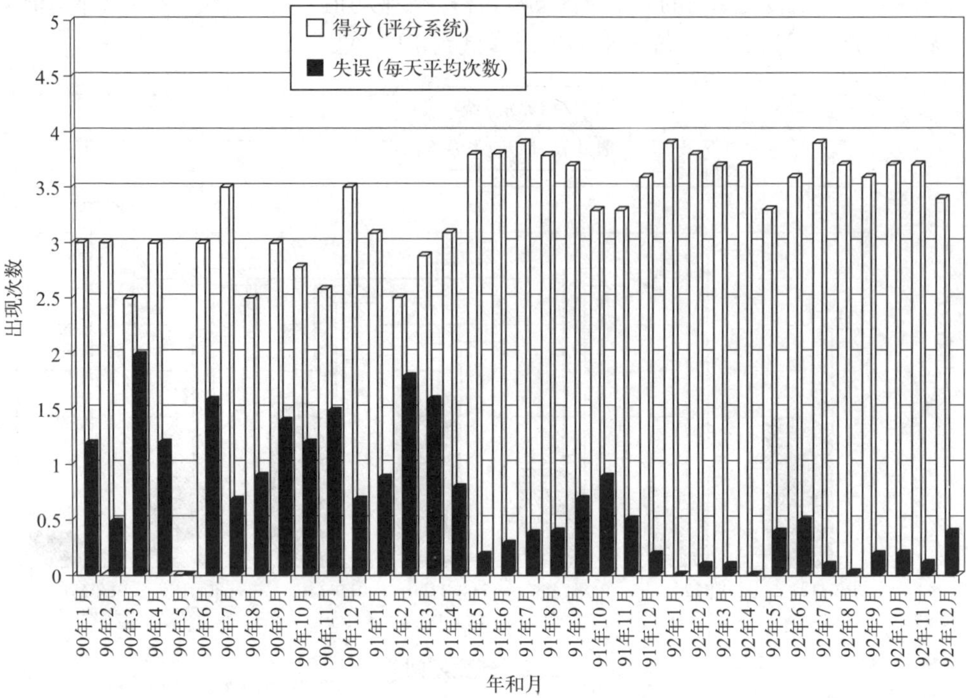

图 4

图 5 显示了三年期间所有动物失误发生的总次数。应注意，失误次数随时间的增长而呈现明显减少的趋势。

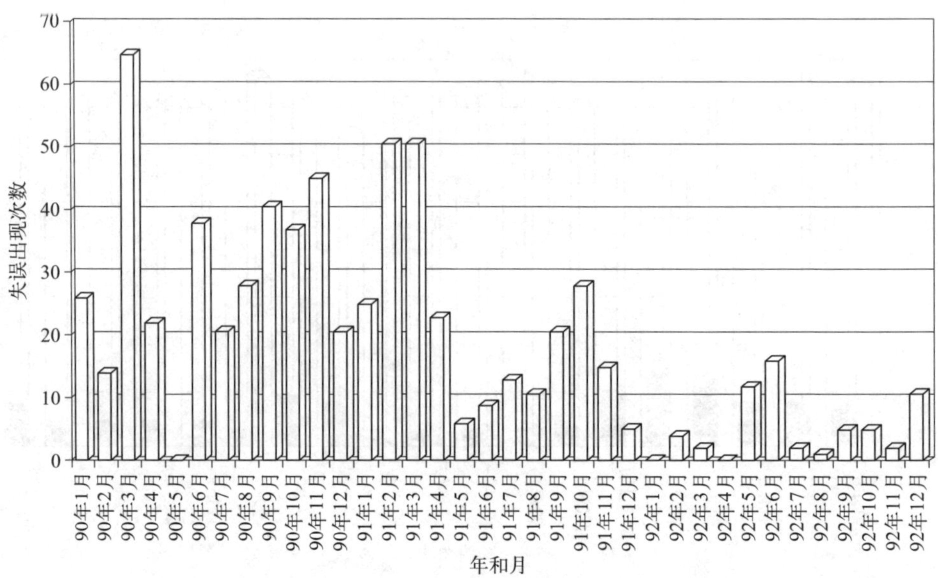

图 5　失误趋势图

图 6 显示了三头动物的月平均食物摄入量，并证实了分数的增加不是基于食物消耗的增加或减少。瀑布水族馆没有对饲料鱼做任何热量分析。在大多数情况下，动物在整个转换过程中保持恒定的基础摄入量。需要注意的一点是艾克的食物总量增加。这是由于艾克在哺育小海豚。兽医规定从 1991 年 6 月到 1991 年 8 月增加其基础食物，希望将其产后体重提高到与其他动物相同的水平。任何动物的食物消耗量都没有明显增加或减少，也没有对随后的表演产生任何影响。

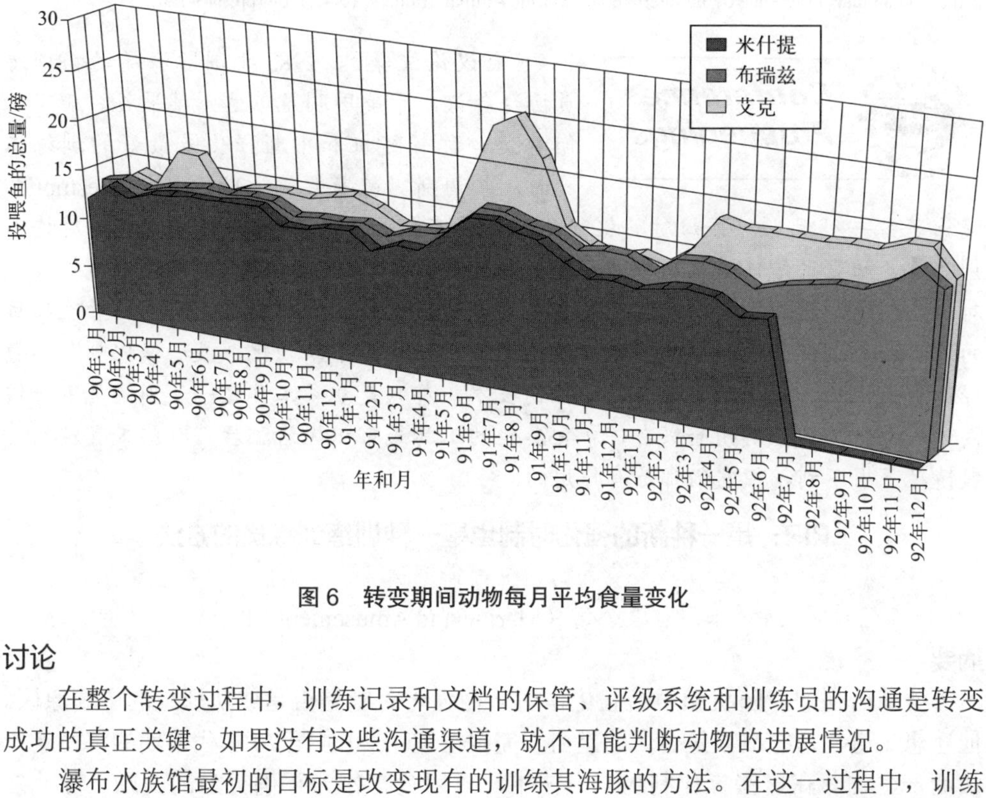

图 6　转变期间动物每月平均食量变化

讨论

在整个转变过程中，训练记录和文档的保管、评级系统和训练员的沟通是转变成功的真正关键。如果没有这些沟通渠道，就不可能判断动物的进展情况。

瀑布水族馆最初的目标是改变现有的训练其海豚的方法。在这一过程中，训练员开发了一种新的强化方法。三年来的数据显示，每天的表演分数都在增加，并稳定保持在较高水平。过去，得分既不稳定，也处于较低水平。同时，刺激对动物失控的次数也在减少。当所有这些强化变化发生的同时，动物的基本食谱没有明显增加或减少，这可能会影响新的可变强化计划。

值得注意的是，在转变过程中，瀑布水族馆停止了对不正确行为的暂停信号和条件性厌恶刺激的使用。虽然没有对它们的消除贡献进行量化，但不能忽视它们对瀑布水族馆海豚整体表现的改善所做出的积极贡献。

在转变过程中，我们观察到动物们的注意力持续时间都增加了。新颖的强化物和可变的变化一直持续到今天。训练员们不断推动和支持彼此的想法。新的可变强化时制也使每位训练员更加了解如何更好地强化和维持动物的行为。瀑布水族馆变革的成功结果为业内提供了可量化的证据，以证明这种类型的变革是有效和有益的。

我们将这个方法推荐给任何希望改变强化时制的机构。

参考文献

1. Aibel, S. (1993). National Aquarium in Baltimore training manual for animal behavior. Unpublished manuscript.
2. Kazdin, A.E. (1984). Behavior Modification in applied settings. Chicago: Dorsey Press.
3. Scarpuzzi, M.R., Lacinak, C.T., Turner, T.N., Tompkins, C.D. & Force, D.L. (1991) Decreasing the frequency of behavior through extinction: An application for the training of marine mammals. In S. Allen (Ed.), Proceedings of the 19th annual conference of the International Marine Animal Trainers Association (pp. 113-120).

Conference Proceedings

《会议论文集》，1983 年国际海洋动物训练员协会会议，于美国明尼苏达州苹果谷。正当人们都交口称赞随机和中断强化是最好的训练工具时，蒂姆斯·德斯蒙德（Timothy J. Desmond）提出了另一种观点。蒂姆对随机强化时制的有效性并无任何异议，他只是对许多训练员开始盲目信任随机和中断强化感到忧虑。没有任何一种工具或技术能够替代对自己训练动物的了解以及满足其需求的能力。操作制约原则是良好动物管理项目的基石之一，但每一种新的技术，无论是使用随机和中断强化、最小强化刺激、暂停、负强化物，还是接下来开发的任何技术，都只是众多工具之一。训练员不应该因为一个新工具很好用而兴奋，就把其他的工具或常识抛诸脑后。有些工具虽然一般情况下用不到，但它们都是有作用的。

RIR：是一种新的强化时制也是一种训练训练员的方法

蒂姆斯·德斯蒙德

海洋乐园有限公司（Marineland Amusements, Inc.）

摘要

蒂姆斯在想，随机和中断强化作为一种强化时制是否是成功训练的主要原因。他还想知道，这些成果是否真的是由于完全摆脱了 20 世纪 70 年代中期的那些老方法而产生的。在这些操作制约老方法中，只用食物作为正确行为的奖励，除此之外，对那些影响行为的其他因素很少给予重视。他认为，与其说随机和中断强化作为一种强化时制意义重大，倒不如说它是一种实用的方法，能让训练员更加敏锐地了解自己的动物。

随机和中断强化是一种强化时制，还是将某些有用的操作制约理论添加到动物行为训练中的一个步骤？

我认为，那些开发和实施随机和中断强化的人应该受到大家的高度赞扬，因为他们对海洋动物训练做出了杰出的贡献。然而，我不认为随机和中断强化作为一种独特的强化时制会成为以后训练的金科玉律。我更认为它将作为一块垫脚石被前进的人们记住，它帮助训练员了解什么时候操作制约理论可以作为控制和修改行为的方法以及什么时候不可以。

在斯金纳博士发展出他的操作制约理论之前，动物训练员的训练手段是非常不同的，但却有着共同的神奇特点，即训练高难度技巧的秘诀就像巫医的神圣咒语一样被训练员严密保护着。每个技巧都有其独特的要遵循的方法，一个技巧的训练方法和另一个技巧的训练方法之间几乎没有任何联系。两位不同的训练员训练同一种行为的方式之间甚至没有任何联系，当然，除非一位训练员教另一位训练员如何做，像师傅教徒弟那样传承。这是不是很令人困惑呢？试想，当年轻的学徒被告知学习如何训练动物的唯一方法是花一年左右的时间在早上从动物的围栏里舀出动物昨晚没吃完的食物时，他的困惑是什么。

现在，除了打扫卫生固有的弊端外，老方法还有一些严重的问题。首先，学徒训练员学习资深训练员的训练方法是非常困难和耗时的。其次，新行为的训练和发展甚至更加困难，因为每个新技巧都是一个独立的实体——一个独立的试错结果。所以老式方法训练过程很缓慢，对行为的变化和创新有很大的阻力。

当斯金纳博士研究出他的操作制约理论后，这个理论彻底地改变了海洋哺乳动物的训练。这个行为分析和修改的理论简单易懂，而且可以使训练员用同样的方法来解决任何训练问题。训练员能够更快、更有效地训练出新行为。即使是新手训练员也能获得一个清晰的训练结构，可以在其中磨炼他们的技能。最后，该理论允许训练员和训练主管对他们的训练活动进行计划和说明。简而言之，操作制约使每个人都更容易理解训练工作。

但是，任何强大的东西都有其负面作用，斯金纳博士很务实地选择了食物作为正强化物，因为它对行为的影响是最大的。这对他的实验数据发展很有效，但它有一个不幸的后遗症。训练员在学会了依靠食物来改变可观察到的行为后，就容易忽视或完全否定社会和环境对动物行为的影响。他们开始相信，通过重新审视已知的强化物（食物）是如何应用于动物的可观察行为的，就可以解决和修改动物不良行为的问题。这便导致了两件事：①很多训练员与动物之间存在着微妙的隔阂，他们把动物看成是行为机器，而不是一头独立的动物。②许多令人头疼的行为问题，似乎对用食物主导的纠正方法没有任何反应。

当训练员意识到这些问题的基本诱因（食物）不足以满足他们对动物的需求时，他们便开始寻找其他东西。随机和中断强化就是这样一种寻找其他东西的尝试。它是一种正式的尝试，即将食物以外的制约强化物纳入训练结构。在过去的几年里，有零星几篇论文报道了由于应用随机和中断强化而导致的行为改善。我认为这些案例成功的原因有两个。首先，由于训练员过度强调食物的激励作用，造成了非常单调的强化的环境，因此关注任何对动物产生激励作用的其他因素都会对动物行为产生积极影响。其次，也是更重要的一点是，在为动物寻找其他激励因素的过程中，这些训练员对他们的动物的整体动机的构成更加理解了。

但随机和中断强化也有问题。首先也是最不重要的，我不认为随机和中断强化是一种独特的强化时制。兰迪 · 布里尔在去年的会议上非常清楚地介绍了他对随机和中断强化的使用，他说他的训练团队在 60% 的时间里仍然用食物作为强化手段。不管其他强化物的应用程序如何，在我看来仍然是一个可变比例的食物强化计划。

可以说这些其他强化物稀释了可变比例时制中的无回报行为，或者说可变时制的多种强化物在起作用，但我还没有遇到任何只有“新”强化时制在起作用的情况。

我认为一个更重要的反对意见是，有许多环境和社会条件具有持续的性质，因此不能作为强化物应用于行为，但它们同时可以对行为产生巨大影响。例如：健康问题、食物质量、水质、隔离、对训练员的不信任、饲养环境调节中的威胁性灯光、物体或活动、活动过度或不足、训练员之间的偏好等。此外，在随机和中断强化（RIR）环境中处理的许多需求，也可以在正常训练环境之外处理。RIR 反而可能成为满足这些需求的障碍，就像当初操作制约使我们与动物疏远一样。通过让随机和中断强化来引导我们对动物需求的思考，我们开始忘记某些强化物，并错过使用其他强化物的机会。

事实上我甚至会想得更极端。极端地来说，操作制约模式本身就是一种障碍。当动物对它们的整个环境，包括它们的训练员，感到舒适和放松时，它们的工作效果其实最好。在这种状态下它们比其他任何状态都更容易接受操作制约技术。让动物们进入并保持这种接受状态并不是操作制约理论所擅长的。

操作制约对海洋哺乳动物训练员的用处在于其稳定的基本模式：区辨刺激—反应—强化刺激，并能提高训练员分析和强化行为的能力。毫无疑问，不同强化时制的效果确实存在一定差异，但我相信，这些差异与社会和环境对高智商的海洋哺乳动物行为的影响相比是微不足道的。例如，如果我在拉斯维加斯玩老虎机，有的人可能会说如果报酬是按可变比例分配的，我拉动杠杆的动机会比按连续时制分配更强烈。然而，如果此时一位 300 磅重的相扑手让我离开“他的”老虎机，否则他将打断我的鼻梁，我会立刻离开，更不会在乎是什么比例或时制的回报方式。

在心理学界，操作制约或行为学论是为解释行为而发明的众多理论之一。关于哪个学派最能全面地说明或处理复杂行为，科学家其实还一直存在争议。作为动物训练员，我们基本上只接触到其中一个学派的思想。为什么？因为操作制约是最容易理解的，而且对大多数人来说，它在改变和控制动物行为方面是最有效的。操作制约似乎是如此有用和有效，当我们遇到新的情况时，我们从未想过要质疑该理论的适用性。我们只是努力让自己更有效地应用这个理论。随机和中断强化就是这样一种尝试。也许更重要的是，随机和中断强化告诉我们，当需要用如此复杂的操作制约来解决那些令人烦恼的行为问题时，我们已经差不多用尽了所有的应用潜力。

应该指出的是，我们并不是第一个注意到持续强化时制中自相矛盾之处的人。1961 年，布瑞兰夫妇写了一篇名为《动物的错误行为》（*The Misbehavior of Organisms*）的文章。他们声称：“如果不了解任何物种的本能模式、进化史和生态位，就无法充分理解、预测或控制其行为。”我本人非常同意他们的观点，而且我认为这对我们的动物来说有着更重要的意义。我认为，我们还必须考虑训练中社会动态的直接影响，以及每一种动物的个体经验和偏好。

当我们开始考虑本能模式、进化史、生态位、社会动态和个体经验对行为的影响时，我相信操作制约或行为理论并不比其他行为理论更有用。威塞尔（Wessel）

(1981）说："……认知的说法可能会填补行为分析中目前依旧存在的一些空白……在缺乏对'生物因素对学习的影响'进行系统调查的情况下，刺激控制的理论是不完整的"。

他在文章的最后说："即使没有最优解，目前认知主义者和行为主义（behaviorism）者的研究也可以被看作是互补的。特别是，认知研究可以指明影响行为的重要的个体事件和生物属性，而行为主义研究可以指明个体事件的环境决定因素，以及个体事件与公开行为之间关系的环境决定因素。尤其是考虑到合作研究带来的巨大收益，这似乎能弥合目前存在的解释上的鸿沟。"

本质上讲，我相信我们大多数人已经陷入了一个陷阱。我们学到了一种行为理论，这种理论为分析和修改行为提供了强有力的工具。然而，我们未必清楚地了解这个理论的弱点和局限性，我们对其他可能更好地解释这些局限性领域行为的理论知之甚少或一无所知。

那我们该怎么做呢？所有的训练员都必须回去读书，获得心理学的硕士学位吗？不，尽管学习和阅读一些关于行为的其他观点总是好的。我相信我们需要做的是认识到对动物的动机状态以及社会和环境的影响提出一些假说是无伤大雅的，并可以根据这些假说来调整我们训练动物的方法。此外，我们没有必要将这些假说与操作制约理论相协调。我们需要的是对这些假说进行实验性的检验。那我们该如何做到这一点呢？那就是根据假说调整我们的强化标准，注意结果。如果行为改善了，那有效的结果就支持了我们的假说；行为没有改善或继续恶化则告诉我们要提出另一个假说。短期内，一个反应并不能给你带来多少信息。但在较长的一段时间内，人们可以对哪些事情影响动物的行为以及哪些事情不影响动物的行为形成一个合理的假说。

显然，我们的假说可能永远无法准确地说明在动物身上起作用的真正因素，但如果我们对这些因素的概念理解能够使我们更准确地预测行为，这就可以了，剩下的让行为理论家来解释这些原因吧。对我们大多数人来说，从理论上解释我们假说的原因超出了我们自身的专业水平。我们所做的事情本质上很大一部分是完全依赖直觉的。试图将这种直觉与某种思想流派相协调，会影响我们与动物健康的互动。

我们对动物的直觉能力是通过以下几种方式发展和加强的：尽可能多地了解该物种在野外的行为，密切和持续观察动物在受控和非受控环境下的行为，密切和持续观察生活在一起的动物之间的社会动态，以及密切监测物理环境的变化。

起初，这一切看起来并不那么惊天动地。但是，一旦动物的行为和它的整体健康状态之间的联系被建立起来，就会发生一个微妙的优先事项的转变。训练员不再把行为完成的质量看成是他的首要任务，而是保持动物在一个积极的接受状态。一旦进入接受状态，一个明确而简单的、准确执行的操作制约方案就会产生巨大的能量。这并不意味着训练员就没有成为一个良好行为主义者的义务。草率的训练不仅会导致低质量的行为，也会导致对动物需求结构的认识不足。然而，训练员会更快地打破与动物之间出现的僵局，进而另寻解决办法。训练员和馆长之间的关系也会变得更加密切，因为训练员从此成为馆长的一个重要的信息来源，而馆长则能更好地帮助处理行为问题。以下举一些例子。

在过去十年里，我们的海洋乐园一直在酝酿新的训练方法，并在过去三年中正式推行。以下是我们如何系统运用新方法的介绍。

我们的海洋乐园饲养有几头虎鲸，我们在选择行为矫治方法之前对虎鲸们的社会互动做了大量的评估。我们相信虎鲸们的绝大多数“不当行为”是由它们之间的互动造成的。我们的目标显然不是100%的正确行为。我们故意容忍大量的不当行为，以便让这些动物保持“健康”的社会群体结构。我们认为，过于强求消除这种“不当行为”反而会导致社会环境的恶化。所以我们折中妥协，在社会行为和表演行为之间取得了平衡。

我们密切关注海豚和领航鲸在非表演期的社会行为，并在强化行为时将其考虑在内，特别注意主导动物对从属动物行为的影响（包括性行为）。值得注意的是，当训练员确实对社会动态做出这种猜测时，我们则提醒他们进行更多的尝试。他们尝试强化的结果会告诉他们猜测是正确的。

我们定期安排员工时间和志愿者时间与尽可能多的动物进行游戏玩耍。但这些游戏或给予注意力的活动从来没有与行为训练直接挂钩，而我们是有意这样做的。无论动物的行为如何，我们的注意力都在动物身上。我们以动物的行为举止为准则，监测整体的工作量。我们努力改变行为模式，使我们的动物在训练时的工作强度远远低于我们认为的它们的最大承受范围。

我们试图让我们的每头动物在它能忍受的范围内接触各种训练项目。例如，在我们的八头表演海狮中，每次只有两头用于表演和与公众的接触活动，其余六头海狮每天都会被定期在各种区域带着遛来遛去。我们经常让其中两头年幼的海狮在不对公众开放的区域散步。我们的目标不是让所有八头动物都能参与所有形式的公众接触活动，尽管那样会很不错。我相信这是一种刺激性的、丰富的活动，可以使动物们保持聪明、敏锐，并能接受一般的训练。我还相信，这对它们表演行为的稳定性有很大的贡献。

最后，对于那些令人烦恼的行为问题，我们不仅仅是通过调整我们对该特定行为的强化来解决问题（尽管我们都知道这种情况经常发生），而是在很多时候，通过这些线索，我们可以识别隐藏的社会因素和影响动物的环境因素。

我们的目标是以这样的方式来管理我们所有动物的表演和活动，除了在入场高峰期，每头表演动物都会有一部分日常行为（无论是新的表演、饲养、研究行为，还是仅仅是玩耍）用于环境丰容。

在某种程度上，我们与随机和中断强化是在同一轨道上：了解你的动物，并尽可能地满足它们的需求。在这方面，随机和中断强化提供了有价值的向导作用，告诉训练员要更多地考虑他们动物的动机状态。然而，我认为随机和中断强化是有其局限性的，因为其基于的操作制约理论在完成这一任务方面是有限的。我们必须在行为环境之外采取行动，根据我们对动物整体需求的直觉，让动物尽可能保持接受的状态。在这种状态下，动物对操作制约方案的反应最为强烈。一旦进入这种状态，我们不仅要使用操作制约来训练新行为，还要时刻监测动物的情绪和身体状态。

《训练员论坛》，1990 年第 15 卷第 4 期。召回、叫停和“不”信号之间容易混淆并常常引起训练员之间的争论。提供的三个答案在方法上非常不同。答 1 详细又准确地解释了召回的好处和应用。答 2 则忽略了召回，而是集中在对叫停使用的解释上。作为 1990 年《训练员论坛》的编辑，我将自己的观点总结在答 3 中，我融合了答 1 和答 2。现在回想起来，我可能会以不同的方式（只是在风格上，而不是在内容上）回答这个问题。

理解召回与叫停信号的使用

问：我们最近在我们的设施中对如何正确使用召回或叫停信号进行了一些激烈的讨论。我们希望听到其他人关于如何以及何时使用召回信号意见。同时也希望了解如何、何时以及是否加强了对召回的反应。我们欢迎任何意见。谢谢。

答 1：关于召回使用这个问题，已经有不少讨论，而且其中很多是激烈的讨论。坦率地说，我并不理解这种争论，因为事实证明，召回毫无疑问是一种有价值的训练工具。我认为，召回应该以其他常规行为的方式进行训练，因此，在其目的和使用中需要考虑到某些控制参数。以下是一个关于召回使用的建议计划。

A. 召回区辨刺激（形式由训练员决定）。

B. 动物终止目前的行为。

C. 动物重新转向训练员或动物回到训练员身边。

D. 训练员的反应有：

1. 强化对召回区辨刺激的可接受反应。
2. 重塑目前的行为（回到渐进法）。
3. 让动物继续进行另一种行为。

在这种情况下，动物正在进行某种类型的行为，训练员启动了召回区辨刺激（A）。动物终止它正在做的事情，重新与训练员建立联系（B）。这可以通过回到训练员身边或重新定位到训练员指定位置并等待进一步的指示来完成（C）。适当反应的形式被纳入召回行为的参数。然后，训练员有许多行为选项可以使用（D），这些包括但不限于：

1. 强化对召回的积极反应。
2. 重新塑型训练目前的行为。
3. 继续进行不相容的行为。

召回有效性的关键在于动物的感知。如果只有在执行不正确的行为时才使用召回（即作为一个叫停），并且做出这种行为的后果是负面和惩罚性的，那么动物对召回的反应也可能是负面的。另一方面，如果召回向动物传达了他（她）要停止一个行为，训练员将引导它们进行下一个行为或任务，那么召回就成了积极训练系统的另一个组成部分。有一些人认为，使用既定的信号作为召回可能会在动物的头脑中造成一些混乱。信号对动物来说应该总是意味着“是”，而召回应该引起动物的暂停反应，然后由训练员进行引导。如果以这种方式使用召回，动物就不会在训练中感到困惑或沮丧，因为它在与训练员的互动中总是得到积极的指导。动物的态度是接受任何行为的关键因素，包括对召回的反应。召回可以让训练员更有效地塑造新的行为，更容易地将动物从一个地方转移到另一个地方，并加强训练员和动物之间的积极工作关系。

维克・沙尔福罗斯
圣迭戈动物园

答 2： 叫停信号可以是一个非常有用的工具。它的基本意思是：“这是不正确的，返回原位”。这在动物身上和在人身上一样重要。如果有人做错了什么，你可以说：“这是不对的，再试一次”。

在选择叫停信号时，它可以是任何动物平常不会听到的信号，如口哨双响声、用鱼桶敲打墙壁、拍打池边或其他特定的水下声音。

在某些情况下可以使用叫停。比如说你发出了前翻的信号，而动物开始正常地跑向浮标去触碰。如果此时立即发出叫停信号，动物就会被告知它做错了事，不要再花精力去触碰浮标了，马上回到原位。它可能把这个信号误认为是另一个渐进信号。如果再次给出同样的信号，并且动物正确响应，那么它可能误解了第一次的信号。如果它以同样的方式做出反应，试图触碰浮标，那么可能是动物或训练员在信号理解上存在混淆。可以再次发出叫停信号。

在这种情况下，当动物回到位置上时，要求动物立即做出正确的简单行为，然后可以给予强化。此时，使用快速和简单的行为，如简单定位、发声、点头、简单游泳或任何你知道动物肯定会正确做的行为。这样，动物就不会因为错误的反应而受到奖励，而是因为它在听到信号时回到了原位，并对简单行为的要求作出了反应而受到奖励。

现在，如果一头动物得到了前翻的信号，但它做了一个糟糕的前翻，就不应该使用叫停。因为该动物的反应是正确的，只是表现得很差而已。这可以通过使用选择性强化的更好的方式来调控，而不是使用叫停。

其他情况下，叫停可能是有帮助的。当动物预计到一个信号并抢跑时，给予叫停后，动物会回到原位。此时不需要给予强化，而是继续发出该行为的信号，等动物做出正确的反应后，就可以进行强化了。

如果动物在训练中感到沮丧并游走，可以使用叫停。当动物回来时，可以立即做一个简单的行为，然后进行强化。这就使训练回到了动物的积极状态，训练可以继续。通过这样做，你对情况有了更多的控制，并能帮助你保持积极性。记住，叫停并不总是一种惩罚，它可以是一种非常有用的训练工具。

克雷格・拉梅尔（Craig LaMere）
海湾世界海洋馆

答3：在看到你关于使用叫停和召回信号的问题后，我们几个人开始讨论这个问题。虽然我们的讨论从未变得激烈，但存在的意见分歧依旧很大。在进一步研究我们的讨论内容后，我们意识到我们的主要问题是语义上的。我们每个人对召回或叫停信号的含义都有不同的想法，因此我们对如何实现它们有不同的看法。一旦我们在定义上达成一致，我们对处理这种情况的大部分想法也就会一致。

在与我们单位和其他单位的训练员交流沟通后，我意识到许多人对这两个术语有相反的定义。只要在同一个机构中与同一组动物打交道的每个人都对他们所做的事情有相同的理解，那么使用什么定义可能并不重要。只有当两位训练员认为他们都在执行程序"*X*"，但他们每个人对"*X*"的含义却有着不同的想法时问题才会出现。当这种情况发生时，两位训练员都肯定他们做的是正确的事情。这样分歧便会越来越大，因为他们每个人都声称自己做了"*X*"，而每个人都肯定对方没有做"*X*"。好吧，在他们自己的心目中，他们确实都是正确的，但他们也真的需要坐下来讨论一下程序定义的问题。

看起来我还没有真正回答这个问题。但是很多时候，当我们的训练员陷入"激烈的讨论"（如问题中的措辞）时，我们所寻找的答案并不真正是我们需要的答案。我当然不知道你们的具体情况，但我经常发现激烈的讨论不是因为有不同的意见，而是因为术语的使用不同。作为训练员，我们中的大部分都有不同的背景：生物学、心理学、教育学、普通科学领域，或有着丰富的传统经验，因此，我们对不同的事情就可能会使用不同的术语。一旦我们在术语或词语的含义上达成一致，许多问题就会迎刃而解。对我来说，这就是问题的答案，特别是因为我对召回和叫停的定义可能并不比其他人的好。不过，既然我们已经谈到了这个话题……

我一直认为召回与叫停有很大的不同，尽管我见过很多训练员使用的许多变体。对我来说，召回是一种训练过的行为。你发出召回信号（无论你选择什么刺激），动物回到原位（被召回），然后动物就像其他行为做到后一样得到强化。根据动物的强化历史，你可以用食物、触摸、玩具，甚至是新的提示（区辨刺激）进行强化。在我看来，召回只是要求动物表现出特定行为的另一种刺激，在这种情况下，这是"返回起点"。这是一个宝贵的行为，可以在许多训练场合使用。它应该始终是一种积极的体验，就像任何其他行为一样。

另一方面，叫停是一种警告，让动物知道将有一个厌恶刺激出现。假设一头动物重新冲向大门，在拉起围网之前，我们会发出一个信号以警告动物在拉网之前停下（Pepper & Defran, 1975）。这个例子中的警示信号在技术上被称为叫停。我还见过一个类似的例子：一头动物一直透过闸门盯着对面的同伴，并不断地远离站台，当这种情况一直持续时训练员决定终止训练。在这样做之前，训练员会发出叫停的声音，警告动物在厌恶刺激出现之前还有一次机会（即结束训练）。如果叫停被过度使用或者由缺乏经验的训练员操作，则会造成负面影响。另一方面，我看到资深训练员使用叫停，就像父母对孩子偶尔使用坚定的"不"一样。由于存在误用的可能性，许多训练员完全避免使用叫停。

我也看到了上述定义的许多衍生。我希望我的哲学性论述和后续的定义对大家能有所帮助。训练愉快！

肯·拉米雷斯
约翰·谢德水族馆

《训练员论坛》，1999年。冒着使读者混淆的风险，我在下面的问答专栏中收录了关于召回的训练和使用的内容。虽然我坚信召回和训练信号应该是截然不同的工具，但一些作者表示，它们的区别并不大。我把这个专栏内容收录在此以飨读者，因为每个答案都提供了非常有深度的观点，特别是在实际训练召回方面。此外，只有通过对各种技术的比较，我们才都能成长为合格的训练员——每个机构都在以下描述的技术上取得了各自的成功。我（和维克·沙尔福罗斯）则在本专栏中的一篇文章中对召回进行了解释。

如何训练和应用召回行为？

问：我们很想知道其他机构用什么作为召回信号。我们的动物还没有接受过召回的训练。你们会如何开始训练？召回的重要性是什么？

答1：你的问题对我们来说是一个很好的提醒，因为我们机构近些年经历了一些大的人事和项目的变动。我们在训练中已经很多年没有使用召回信号了，但由于我们正计划开展一项涉及加州海狮（1.3岁）和灰海豹（1.2岁）的研究项目，其中召回的重要性是不可否认的。我们的训练员丽贝卡·辛格（Rebecca Singer）有在研究训练中使用召回的经验。她汇编了以下信息，这些信息将作为我们训练召回行为的指南。

召回为什么重要

- 召回的含义：召回可以是积极的，也可以是消极的。如果召回仅用于负面含义，例如，当要求的行为做得不正确时，召回可能会成为一种厌恶刺激。避免因挫折而导致的攻击性行为（因为总是错），是练习正面召回的主要方式。
- 召回在研究训练中很重要，用以表明动物对某个问题的回答或反应是错误的。
- 如果你的研究涉及某种对动物有诱惑力的仪器，那么召回对于保持仪器的完整性以及对情况的控制至关重要。换句话说，如果动物有咬或弄坏仪器的倾向（以非预期的方式），在适当的时候（在该物品变得比训练员和食物更有强化作用之前），召回将重新建立控制并保持仪器的安全。
- 何时使用召回。召回是用来表明你的动物所做的行为是不正确的，或者要求动物回到训练员身边。要求动物回到训练员身边可能是为了动物自身的安全或附近其他人的安全。

用什么作为召回的“信号”

- 训练员召回的大多数情况是因为动物太远了或动物看不到训练员的时候，因此，召回信号必须能传播一定距离，且该信号必须与训练过程中使用的所有其他信号相区别。

- 挑选一个能传播至整个展览区或训练区的声音信号，即选择一个动物在水下和整个大展区都能听到的信号。简而言之：确保你的信号不会被展区的障碍物所遮挡，而是能够传遍整个展区。
- 信号必须清晰，减少动物对训练员意图的误解。

怎么训练召回

- 当发出召回前，要确定动物的预期目的地。训练员是想让他们的动物每次都回到训练区域内的一个固定的地方？还是想让召回这一训练程序更灵活。（即无论训练员在哪，都要求动物回到训练员身边）？
- 如果训练员是在动物被召回的目的地，那么从动物在几英尺外开始，就发出召回的声音，让它们在训练员指定的位置定位。如此训练员就可以开始在声音和回到训练员身边的动作之间建立联系。下一步将是在动物越来越远的情况下进行召回。在更远的距离上，使用目标杆可能更有用。手势或目标杆的提示将是最后一步。
- 继续在积极的情况下练习召回，有助于将该行为建立为动物的常规行为。

训练团队

国家动物园（National Zoo）

答 2：我是澳大利亚海洋世界新建的海豚湾的一名训练员，非常有幸与一个多样化和熟练的团队一起工作。下面是有关我们使用召回的大量小组讨论的摘要。

《牛津词典》（*Oxford Dictionary*）指出，召回是指。

- 召唤回来
- 发出返回的信号
- 废止、废除或取消

召回的解释有多种，而它对我们来说是一个有价值的声音刺激，使训练员能够对动物说：来这里。当使用召回时，必须始终保持召回作为一个积极的刺激，否则这个工具就会变成一个叫停。

召回的初始训练可以像训练其他信号一样简单：召回、食物强化等。在开始训练时，动物们接受的第一个刺激是召回。实际上你是将食物、训练或任何积极的刺激与召回行为匹配。

我们发现使用召回，特别是在群体背景下，有许多不同的好处：

- 基本的“从 A 到 B”概念。
- 使我们能够准确地识别出那些不正确行为发生的时间点，特别是那些返回后未得到强化的动物。
- 防止了不良行为的继续。
- 在没有水下提示系统的设施里，当因各种原因不能使用口哨时，召回是一种有效的强化物。

• 可以作为一种提示。

• 是一种分隔的工具，表演中有时能用到。

我们这里使用的两个主要的召回信号是：

1. 用训练员戴在手指上的不锈钢环敲击硬表面（金属、玻璃或混凝土）时产生的声音刺激作为召回信号。
2. 不锈钢中空盒子，里面有骰子大小的铁球，摇晃时产生声音刺激作为召回信号。

在提倡使用召回信号的同时，我们也需要认识到使用这种工具的缺点：

• 不允许动物独立思考行为怎么失败了。

• 突出不理想的行为。

• 如果在叫停环境下反复使用，可能会引发攻击性倾向。

• 可以导致对响亮声音的依赖性，例如，在尾鳍拍水训练中，会使动物对响片变得不再敏感。

如果让我们强调使用召回的一个注意事项，那就是通过每天不断地维护来保持其有效性。

尼娜·菲茨杰拉德（Nina Fitzgerald）
澳大利亚海洋世界

答 3：我们使用两种类型的召回。第一种类型是我们在水上训练工作时使用黑色的塑料口哨（与我们作为正常信号使用的金属口哨相比，声音更大，音调也不同）。当开始水上训练时，我们觉得训练召回是至关重要的，以便在紧急情况下或在训练员对海豹离开甲板感到不安的情况下使用。在我们开始下水之前，我们要确保召回行为已经稳定地建立。召回的训练是相对直接的，最后的行为是让所有的动物在听到口哨声后立即从水池的任何地方返回到站台。因此我们首先让所有的动物都站在甲板上，然后吹响召回口哨（声音大且长，所以毫无疑问，所有的动物都能听到）。在吹响召回口哨的同时，我们开始强化所有的动物。这个声音比海豹们习惯的要大一些，所以有些动物花了一些时间才对这个声音脱敏。当我们看到海豹听到召回口哨声露出感兴趣的表情时，我们就进入了下一个步骤。包括让动物们进行短暂的外出，等到它们的注意力集中在我们身上时，我们就吹响召回口哨，同时给出回到站台的提示。一旦动物们回到指定位置上，它们就会得到大量的强化。掌握了这一点，我们就可以开始在其他行为中使用召回：当动物的注意力没有集中在我们身上时，或当训练员在水中训练时，等等。由于我们必须在集体环境中进行训练，所以每头动物的进度都不一样：有些动物仍在进行训练的第 1 步，而其他动物已经进展到第 3 步了。在这个阶段，训练员之间的协调是非常重要的，以保证在所有人和动物都准备好之前召回口哨不会响起。随着训练的进行，我们便逐渐加入“惊喜”的元素，即一位训练员在训练中选择一个“惊喜”的时间来进行召回。随着动物们对召回的熟练掌握，我们开始改变强化时制。我们总是用初级强化物来强化任何正确的召回反应，但现在的时制安排更加灵活。好的反应会得到更多的鱼。

我们每周都要练习几次召回，以保持行为的新鲜度（我们发现有可能练习得太多了，从某一个时间点开始反应时间开始变慢）。我们的召回环节就是：我们到甲板上，召回动物，然后喂完整桶鱼。训练时要记住，召回本质上是一种信号，所以当召回响起时，动物的任何行为都会得到强化。

除了水上训练的召回（对群体中的所有动物都有影响），我们还对两头有视力障碍的海豹进行了单独的召回训练。我们的海豹站在甲板上看塑料字母，对这些动物的召回提示是敲击甲板上的字母。这种召回的训练方式与水上训练的召回方式相同，效果也非常好。我们在训练开始时轻拍，让海豹知道我们来了和我们所在的位置，或者召回一个错误的提示（考虑到召回是一种信号，我们并不经常使用这个选项！）。

训练团队

新泽西州立水族馆（New Jersey State Aquarium）

Conference Proceedings

《会议论文集》，1985年国际海洋动物训练员协会会议，于美国佛州奥兰多。这个研究项目的训练赢得了1985年的年度行为奖。该项目的独特性并不是获奖的唯一原因，项目还创新地使用了叫停，这使会议变得热闹起来。在会议上，许多训练员对这个项目中使用的训练概念难以理解（在某些情况下还会争论不休），但训练是成功的，而且这一点是无可争议的。虽然我很少提倡使用叫停，但这是一个很好的例子：资深训练员有效地使用了一种重要的训练工具。

用微型计算机辅助瓶鼻海豚（*Tursiops truncatus*）的训练

特里西娅·卡莫尼克

海科集团

哈尔·戈弗斯（Hal Goforth），埃里克·卡泰格纳（Eric Cartegena）

海军海洋系统中心

摘要

我们进行了一项测力研究，以研究海豚游泳时力量产生的特性。用一台微型计算机（具有模拟和数据功能）和一个正弦波信号发生器给海豚提供音信号，同时海豚对着固定的力传感器做游泳动作。在每次实验过程中，水听器会发出四种音调（10000赫兹、5000赫兹、3000赫兹和1000赫兹）中的一种，以表示一种特定的条件。10000赫兹的音调示意动物继续保持目前的游泳力度。3000赫兹的声音表示动物游泳水平很低，不能被训练员接受。如果海豚游泳力度水平增加到可接受的水平，并且持续时间满足标准，则播放5000赫兹的脉冲音。如果海豚游泳力度太小且没有增加，则播放1000赫兹的提示音表示失败。计算机上编写的程序可用来收集模拟力数据（144赫兹），并确定所做的游泳活动是否符合一套预定的标准（如摆尾的力量和游泳持续时间）。微型记录器使动物和训练员能够立即收到游泳的反馈信息，并使训练员有精确评判的标准，连贯的信号刺激，并对力量的产生进行实时评估。警告音的使用减少了失败的次数（特别是在长距离游泳时），并减轻了动物和训练员的压力和挫折感。计算机提高了测量、评估和调节海豚行为和生理表现的精确性。

目的

圣迭戈海军海洋系统中心的研究人员开发了一个训练项目，以评估瓶鼻海豚（*Tursiops truncatus*）在水表以不同强度游泳时的力量和功率。其目的是建立相关生理参数之间的关系，如呼吸速率、摆尾频率和海豚在特定的肌肉强度下运动产生的相对力量。这是一个试点项目，是为夏威夷海军海洋系统中心的一个大型项目所做的前沿性的研究，旨在确定海豚游泳的能量输出，以计算其水动力效率。

系统设备

项目使用一个计算机系统，用于训练和收集数据。计算机提供了一种快速收集、分析和存储数据的手段。在这项研究中，计算机作为动物行为和训练的设备，发挥了额外的作用。我们开发了软件来收集输出力的数据，并确定海豚在运动实验中所做的行为是否符合一套预定的标准，如摆尾的力量和时间。海豚在“游泳”时，我们对尾鳍产生的力进行了测量，该力是在一个装有良好软垫的压力秤上测量的，实时数据由计算机以每秒 144 个样本的速度收集。这一速度使计算机能够立即评估数据，并由可变波形发生器产生特定的音调。该发生器将信号发送到水下传感器，将四种音调（1000 赫兹、3000 赫兹、5000 赫兹和 10000 赫兹）中的一种播放给海豚。训练员在整个实验过程中借助耳机和水听器接收和监测这些音调。这个综合系统能够接收、分析和储存输出力的数据，同时模拟和控制四种音调。实际上，微型计算机系统可以对海豚的游泳参数进行实时定量，并迅速做出反馈，这对本实验的成功发挥了关键性的作用。

训练场地

研究对象为一头叫伊万（Ivan）的雄性瓶鼻海豚（*Tursiops truncatus*），其体重为 309 千克，年龄 21 岁。实验场地为加利福尼亚州圣迭戈湾码头旁的海豚浮动围栏，围栏尺寸为 7.6 米×7.6 米、深 2.4 米，每侧有 0.9 米宽的木制走道。在码头和海豚区之间的浮桥上有一个设备棚。设备棚内放置了用于本实验的计算机和其他电子设备。压力秤被安装在一块不锈钢板上，该钢板通过螺栓固定在设备棚屋正前方的围栏角上。一个金属框架斜着固定在同一个角落作为麦克风的支架，麦克风悬挂在海豚气孔上方 45.7 厘米（18 英寸）处，用于记录游泳期间的呼吸声。为了记录测试期间海豚的摆尾动作，我们在距离海豚右侧水下约 1 米位置安置了一台水下摄像机。

动物训练

在制定运动、训练和测试期间的行为训练方法时，我们充分考虑了海豚的形态特征和环境参数。训练过程重点放在正强化而不是负强化上。剥夺食物等手段被明确排除在训练方式之外，以保持动物的高水平动机。我们用标准的操作制约技术来训练伊万水平地定位在栏杆边上，接着要求它摆动尾鳍往前“游泳”，同时保持它的喙一直接触垫子（目标物）。语音命令“靠起”与上述动作相配合。在定位行为稳定之后，我们立即对它的尾鳍施加压力，以模拟游泳的动作。语音命令“游起”与这个动作相配合。在几个训练周期内，正式实验就开始了，为了保护伊万的喙不受持续的压力影响，我们在压力秤表面垫了厚厚的 1.27 厘米（1/2 英寸）氯丁橡胶，并覆盖了一块麂皮布。我们还给伊万的口吻部戴上了一个定制的保护套，保护套由 0.64 厘米厚的氯丁橡胶制成，外面包裹物为尼龙衬里。当伊万水平定位在压力秤之前，一个目标杆轻轻地放在它背部的中轴线上，位于背鳍前方。这是为了帮助伊万与压力秤保持对齐，这对准确测量水平力是至关重要的。伊万在得到了语音指令后，就开始了游泳运动。起初，它在整个实验过程中都屏住呼吸。它游泳方式的特点是短促的爆发力和不稳定的摆尾。通过连续渐进法，随着游泳时间延长，摆尾推力变得更加稳定，当游泳时间延长到 30 秒以上，伊万就开始在游泳过程中规律地呼吸。

这时，计算机被引入了训练计划，用作数据收集和存储，扬声器发出的声音向训练员提供游泳力量的即时反馈。然而，训练员很难监测、评估和回应这些音调，以便在准确的时刻发出信号。由于强化（信号或叫停）的时机是这一训练程序的关键特征，我们决定绕过训练员，直接用计算机为动物提供反馈。这样在信号给予和叫停方面会更加准确和快速，以避免因音调延时而使动物感到困惑，并导致游泳方式不佳和输出力量不足。

当选择信号音调时，我们需要考虑海豚和训练员的听力范围。海豚的听觉图显示其听力范围在 75 赫兹到 150000 赫兹之间。人类的听觉灵敏度范围是 20 赫兹到 20000 赫兹。伊万对 1000 赫兹以下的音调都有反应，而 10000 赫兹的音调恰好在训练员听力范围的上限之内。

由于最初训练员在扩音器听到的基本都是 10000 赫兹的音，而且动物已经适应了 10000 赫兹的音，所以我们决定保留这个音作为信号刺激。当声音通过换能器播放到水中时，伊万保持了一个相对平稳的游泳模式。通过将 5000 赫兹的脉冲音与之前已经形成条件反射的口哨音匹配，5000 赫兹脉冲音被引入作为制约强化物（信号刺激），然后口哨声就逐渐淡出。一种 1000 赫兹的音被用作条件性的诱发物（叫停刺激），之后是 1 ～ 3 分钟的休息时间。伊万对这一音的反应是在几秒内大幅增加摆尾的频率和力度，然后停下来，离开工作区。

当试图努力延长实验时间失败时，很多困难也同时出现了。很多时候，伊万一直保持着力量水平和摆尾频率，直到达到标准时间前的几秒钟。根据训练规则，它努力付出但力度太小时会得到一个叫停刺激，这引起了很强的挫折感，阻碍了训练的进展。在对这种情况进行评估后，我们在程序中增加了一个被称为“警告音”的命令刺激，其频率是 3000 赫兹，因为它在频率上接近叫停刺激，但海豚和训练员都能将其与其他声音区别开。引入警告音使动物有机会恢复摆尾的力量并达到标准，而不至于直接被告知失败并失去随后的奖励。它对警告音的第一反应是停止游泳，可能是混淆了警告音和叫停刺激，当然它没有被奖励。在随后的实验中，它对警告音的反应与对叫停刺激的反应基本相同。这种反应使它的游泳逐渐回到了标准水平，警告音消失，工作音又响起。动物很快就学会了进行必要的调整，并施加足够的力量以重新达到预定的标准。随着警告音的加入，训练取得了快速进展。实验变得更长，而且从开始到结束的力量更加一致。一旦可靠地达到了 3 分钟游泳的要求，力量水平的标准就会随之增加。在 3 分钟的实验之后，伊万被带到相邻的角落里，在手势的信号中，它配合我们进行了尾鳍采血。这就完成了测试所需的一系列行为。

这个海豚反馈系统的开发是渐进过程。动物的表现和态度在实验中会被不断评估。经过许多软件和硬件的修改，我们开发了一套系统，以便对精确的参数提供快速的处理。伊万对这套系统适应起来没有什么困难，而且似乎能很好地理解训练员的意思，能以最小的整体力量水平来满足预定的标准。

在开发该软件程序时，我们考虑了许多因素。摆尾产生的力量范围从零到某个正值［如 159.1 千克（350 磅）］，然后再回到零。因此，有必要使用一个时间窗口来对数据进行采样。例如，力的阈值被设定为 159.1 千克，窗口是两秒，那么四个摆尾力度中的任何一个达到 159.1 千克，都会满足条件并被记录。如果没有一个摆尾力度达到 159.1 千克，那么一个 2 秒的警告音将被播放给海豚，允许海豚再做四个摆尾行为并达到要求的水平。在这两秒内，任何一次达到或超过 159.1 千克读数的水平的摆尾将激活工作音，并重新设置采样时钟。这个过程将持续下去，直到满足预定的时间标准。海豚要么圆满完成训练并收到强化信号，要么任务失败并收到召回信号。

训练计划和数据收集

海豚的任务是在规定的游泳输出力水平下，对着压力秤连续游三分钟。为了达到这一要求，动物每次训练 1 ～ 1.5 小时，每天两次，每周 5 ～ 6 天。每天的训练时间间隔为 4 ～ 5 小时。每节训练的单个游泳时间为 30 ～ 180 秒，我们以工作和休息 1∶4 的比例进行。每天的总运动时间平均为 8 分钟（范围：5 ～ 16 分钟）。经过 6 个月的行为调节，海豚达到了测试标准（最大力持续 180 秒）。由于实验设计的固有缺陷，海豚的真正最大持续力可能会超过上述人为定的值。

我们收集了 6 次 3 分钟的测试数据，在 5 个不同的平均力水平下进行，相当于最大持续力的 100%、95%、90%、65% 和 57%。血液中的葡萄糖和乳酸水平是在每次实验后 5 ～ 10 分钟内采集测定的。这些代谢物被用来评估海豚在不同工作水平下的能量代谢情况。

为了评估海豚的能量代谢，不同活动水平下的代谢产物量之间的对比是非常有必要的。因此，总共六项测试期间，在每次不同活动水平测试后的 5 ～ 10 分钟内，我们采集并测定了代谢的血糖和乳酸水平。

讨论

当所有程序被开发，尤其是引入警告音后，失败的次数大大减少。警告音所占的百分比从约30%下降到1%以下。在整个研究过程中，许多环境变量是不可控的，例如许多船只在海湾中行驶、直升机和喷气式飞机在头顶飞过、打桩机在邻近的码头上运行、野生海狮在训练场地附近自由游荡。这些变量是随机的，而且在整个训练和测试期间都对动物产生了影响。收集的数据显示了一个有趣的趋势。起初，警告音在整个实验中零星出现，但随着伊万对这些音的适应，警告音的数量急剧增加。这一趋势使我们推测，伊万是在利用警告音来寻找达到实验标准所需的最低力量水平。它似乎已经学会了“驾驭”警告音。同时，伊万的风格开始发生变化，它的动作变得不稳定，力的峰值时高时低。为了减少这种行为，有必要将采样窗口缩短到 1 秒，以增加它的摆尾频率。这迫使它将更多的精力投入到摆尾运动中，并减少上半身和头部的运动。伊万的游泳风格有所改变，对警告音显示出明确的反应模式（图 1，图 2）。

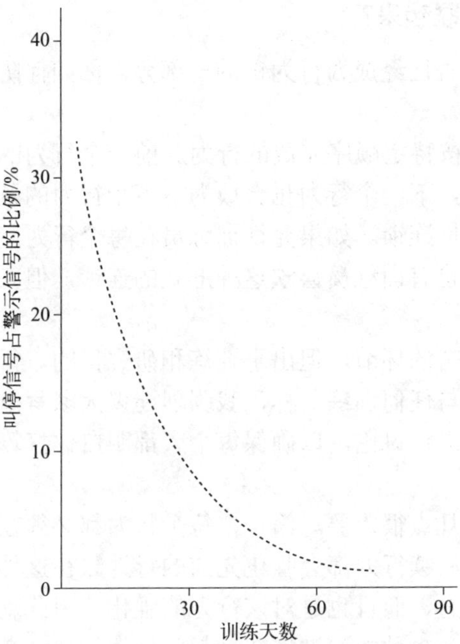

图 1　叫停信号变化趋势

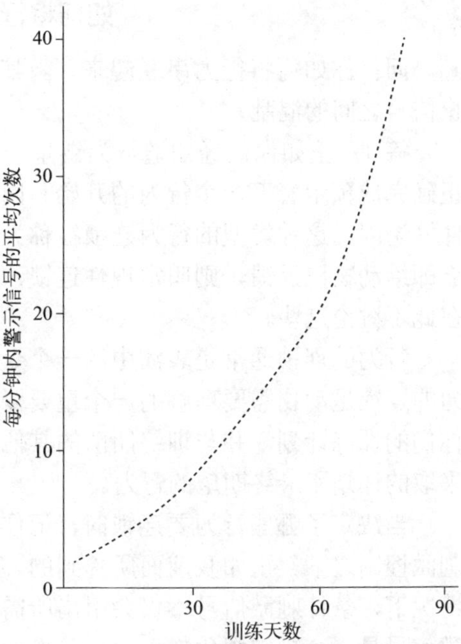

图 2　警示信号的变化趋势

尽管游泳是一种自然行为，也是海豚最先学会的行为。但让海豚在限制性的、厌恶性的条件下游泳是一项困难的任务。如果没有计算机的帮助，训练海豚以高度的体力对着一个固定位置进行游泳，并在三分钟内保持这种高输出是更难做到的。在研究的最后阶段，预先确定的标准可以提高或降低到任何水平。伊万能够以最大的努力完成任务，如果将它的努力降低到 50% 则需要数周的实验和试错。在本实验中，计算机也是一种训练工具，减少了我们实验中的大量精力消耗。它通过提高测量、评估和调节海豚的行为和生理表现的精确性和连贯性来加强训练。

致谢

在此特别感谢那些为本项目的成功做出贡献的人：海军海洋系统中心的比

尔·斯克朗斯（Bill Scronce）、克拉克·鲍尔斯（Clark Bowers）、米洛·麦克马努斯（Milo McManus）、唐·卡德（Don Carder）、唐·米勒、吉姆·卡达内（Jim Kadane）、莱斯·毕文斯（Les Bivens）和杰夫·豪恩（Jeff Haun），以及海军海洋系统中心的兽医人员；海科集团的德布拉·斯卡尔，以及整个海科集团训练团队。

《训练员论坛》，1998 年第 23 卷第 3 期。定义连锁行为的文献相当多，但关于如何实际训练连锁行为的文献则并不多见。连锁行为是一个高阶概念，因为一旦连锁行为出现问题，只有资深的训练员才能解决这个问题。在这篇文章发表之前的 14 年，《训练员论坛》的另一个专栏中讨论了连锁行为的问题，见本文后续内容。

如何将行为串联起来？

问：你如何将行为串联起来？当某个信号已经成为行为链的一部分，你如何防止信号之间的混乱？

答 1：正如你已经知道行为链是一系列按特定顺序完成的行为。前一个行为的正确完成预示着下一个行为的开始。同样地，下一个行为也会成为下下个行为的条件性诱因。这种类型的行为连锁被称为技术性连锁。如果允许训练员在每个行为后立即给动物以反馈，则叫常规性连锁，尽管也有训练员喜欢这种形式的连锁，但我在此不讨论这些。

行为的连锁通常是表演中的一个令人兴奋的环节，但出于训练和研究目的，行为的连锁是动物需要理解的一个重要概念。与任何训练一样，我强烈建议大家写出你们的训练计划，并与训练团队的其他成员进行讨论，以确保每个人都明白你打算采取的计划和最终期望的行为。

当决定了哪些行为要连锁时，记住以下几点很重要。第一，每个行为都必须在刺激控制之下。正如我前面所提到的，每个后续行为都会强化先前的行为。在这种情况下，条件刺激信号不仅会引出所需的行为，而且也是对该行为的强化，因此刺激信号是一个制约强化物。第二，你希望有多少种行为被连在一起？行为越多，实际的行为链就越复杂。如果可供训练时间很短，行为多少就是个很重要的因素，更不用说维持行为所需的时间了。第三，如何使用这个行为链？它是否会被用在一个特定的环境中（如一个研究项目），它是否会作为节目的开场，或者它是否会在特定的背景下？一个特定背景下的连锁行为将使动物更容易区分连锁行为中的个别行为和实际的连锁行为本身，并且可能不需要新的区辨刺激来触发连锁行为。如果连锁行为在你的表演中被随机使用，而没有其他明显的区分方式，你就需要一个新的区辨刺激来启动它。第四，你的动物目前在什么样的强化时制下工作？当你使用连锁行为序列时，你的动物将需要熟悉可变强化时制。对于习惯连续强化时制的动物来说，从一种行为到下一种行为之间必须要有初级强化物，正确的反应后没有强化物是这些动物无法想象的概念。因此，在你开始训练连锁行为之前，你要把这个概念教给你的动物。最后，如何向动物传授连锁的概念？在实际的训练过程中，你需要知道行为的具体顺序，因为你需要从最后一种行为开始训练连锁行为。

连锁行为的训练一般是要倒着来的。从行为链中的最后一种行为开始，确保是在刺激控制之下，然后引入倒数第二个行为，并以此类推，直到所有需要的行为都完成。当实际做动作时，你的动物将从行为链中最新的行为开始，即行为链中最弱的行为到行为链中较强的行为。任何在学校背诵过长篇文学作品的人都可能有这样的经历：从文章的开头开始，向结尾努力。这最终会从开始强项的部分到弱项的部分，这并不总是一个正强化的设置，而且可能是相当令人沮丧的。但是，如果从结尾部分开始，逐渐向之前的你最熟悉的部分努力，你就可能会完成得很好，这就是强化的力量。通过这样的练习，整个段落都会变得很好记。行为链训练也是同样的。

如果所有的行为都训练到位了，你如何保持每个行为的标准？你必须偶尔打断这个行为链，用行为链中下一种行为以外的其他事物来强化某一特定的行为，这样可以使行为链中的各个行为保持牢固，不至于出现大问题。我建议开始时，随机强化行为链前面的部分行为，如以 25% 左右的比例进行分类。这意味着至多每隔四次，行为链就被触发一次，导致触发的上一种行为就会被强化一下。这也意味着 75% 的强化将发生在最后一种行为之后，即行为链全部完成。当然这只是一个建议，你可以根据你的情况决定行为链早期的强化频率的比例。请记住，如果不止一个训练要重复这个行为链，那么你们之间良好的沟通是必不可少的，以确保这个行为序列中的所有部分都得到定期的强化。

你问题的第二部分是关于如何维持链上的某一种行为。我们已经提到过了。如果你有一个特定的环境来使用行为链，那么动物在辨别方面应该没有什么困难。然而，如果你需要在不同的情况下随机使用行为链，你可能会发现有必要对一个单独的区辨刺激进行调节，以便让动物做出正确的反应。祝您好运！

格雷戈·戴伊和训练团队
布鲁克菲尔德动物园

答 2：在海洋剧场（Oceana），我们将连锁行为定义为：一系列的行为按照固定的顺序联系在一起。我们通常是在连锁行为完成后给信号并强化，而不是对个别行为进行强化。我们训练的连锁行为的例子是许多海狮表演中常见的连锁行为：捡球、翻身和倒立。另一个例子是海豚做一系列的跳圈动作。

当训练一个连锁行为时，两个或更多的行为被要求按固定的顺序进行。最初，每个单独的行为用一个区辨刺激强化。随着行为的不断重复，行为连接成为条件反射。每个单独行为的强化都可以免去，只需要在行为链完成时给予强化。随着时间的推移，就没有必要为链中的每个行为提供一个区辨刺激，而是只在行为序列的末尾提供。当行为链中的第一个行为被提供区辨刺激的时候，其他的行为就会被前面的行为所激发出来。你往往可以看到，如果训练员按照固定的、可预测的顺序表演或训练行为，就会无意中导致连锁反应。

在海洋剧场，我们不喜欢使用很多行为的连锁。因为这会限制你在一个节目中的变化量。由于每个行为的区辨刺激、信号和强化物都不能单独存在，因此标准会更难维持。为了维持动物们的标准，在行为链中随机地对独立的行为进行强化是一个好主意。

任何两个或更多行为的集合都可以称为连锁行为，如要求海豚在发声时做放松动作（呼啦圈、跳舞、旋转）。在我们的设施中，我们有一个专门信号告诉动物表演连续的行为。当动物看到这个信号时，它们就知道要等待一个以上的区辨刺激。

在最初训练时，我们在执行另一个行为时，可以给予一个行为的区辨刺激。一个例子是训练一个屏气 / 吐水的行为。当动物正在屏气的时候，我们向它们泼水，这是让动物吐水的信号。一旦动物理解了需要两个行为一起做的时候，我们就引入某个区辨信号。有了这个提示，动物们很快就学会等待所有的区辨刺激。一旦动物习得这个概念，无穷的机会大门就会对我们训练员打开。我们仅用一个训练阶段就训练出海豚的倒速快游的行为，方法是在给出信号后，再给出后退和快游的提示。在其他时候，我们总是给每个行为的区辨刺激，希望动物们执行，然后将这些行为作为一个组合进行衔接和强化。

训练团队
海洋剧场

答 3：你的问题其实包含有两个内容要回答：一是如何去训练连锁行为，二是如何防止动物混淆提示。首先我想说的是，训练连锁行为是向动物明确传达如何发出一连串可预测的行为。对训练员和动物来说，把 些已经知道的行为组合成一个行为链是很有意义的。如果采取了适当的措施，就能让动物清楚地了解所要求的是什么，并对正确的反应进行强化。在一个真正的行为链中，一个行为的完成是下一个行为开始的区辨刺激，以此类推，直到行为链完成。训练行为的方法有很多，训练连锁行为的方法也很多。其中一种方法是先从最后一个行为开始，然后按反向顺序逐渐增加前面的行为。可以使用一个独特的区辨刺激建立对行为链的刺激控制。道具和其他刺激物可以用来引导动物从一个行为到下一个行为，然后随着学习的进行而逐渐拿走刺激物。由于这些行为是作为一个行为链被强化的，你很有可能会看到一些单独的行为受到干扰。因此，在整个训练过程中，组成行为链的行为应该以个体为基础进行强化。将行为连锁起来是为动物生活增加多样性的另一种方式。

举一个例子，我想建立一个假设的行为链。首先请记住，有很多方法可以训练一种行为。而且孩子们，请不要在家模仿，你们现在还不是专业的训练员。我们给瓶鼻海豚一个区辨刺激，它就会开始后空翻，紧接着是弧形出水瞭望，并以跨越人体结束。但是，当训练这些单独的行为时，为了动物和训练员的安全，我们必须让海豚清楚地理解我们的每个要求。

开始训练时，我们将在身体前面拍手作为开始一系列行为的区辨刺激（称为 C-区辨刺激）。假设海豚已经学会了所有的行为，第一个渐进的行为从弧形出水瞭望开始，并以跨越人体结束。在训练过程中，训练员常用手轻轻击打水面来提示海豚的空中动作和帮助动物在正确位置准确落水。在池边的一位训练员（简称 1 号）将控制整个训练。首先呈现的是 C- 区辨刺激，紧接着是弧形出水瞭望的区辨刺激。当海豚出水时，用轻拍来协助海豚在正确的位置展现弧形出水瞭望这一行为。这一行为顺利完成后，水中的训练员可以再次轻拍水面提示海豚进行人体跨跃。在人体跨跃也顺利完成后，1 号可以使用召回信号，让海豚回到池边，并给予强化物。这样的排练需要进行几次，以确保海豚在特定的 C- 区辨刺激或弧形出水瞭望区辨刺激给予之前不会错误地做出动作。

下一个需要训练的是增加后空翻的动作。考虑到安全问题，这可以在训练员不在水中的情况下进行。在 C- 区辨刺激后，再加上后空翻标示。当海豚出水时，可以通过轻拍来确定后空翻的位置。后空翻完成后，可以使用目标杆在弧形出水瞭望这一动作应当发生的位置轻轻敲击，在动物实际练习这些行为动作时，最好将目标杆稍微置于水面下，以继续起到引导的作用。如果海豚做出的行为正确，可以用一个临时信号来加强从后空翻到弧形出水瞭望的过渡。在重复连续渐进法几次后，信号可以淡化为轻拍。一旦海豚全部行为都稳定后，训练员可以开始在一个安全的位置重新入水，以确保海豚后空翻和弧形出水瞭望的整个动作都在正确的位置完成。当人体跨跃正确完成后，1 号再使用召回来加强完成连锁行为的力度。当行为完全稳定时，训练员就可以进行表演了。在 C- 区辨刺激之后，是后空翻区辨刺激。当海豚出水时，可以通过轻拍水面来给海豚提示后空翻的位置。当后空翻正确发出时，继续轻拍水面提醒动物弧形出水瞭望。弧形出水瞭望的动作正确完成后，水中的训练员应继续轻拍水面引导动物进行人体跨栏。当人体跨栏正确完成后，1 号再使用召回来加强完成连锁行为的力度。（非常重要的是！！！！海豚必须进行过召回训练，以便在任何行为不正确的时候，1 号可以把动物叫回来，以避免任何可能的事故！如果不幸发生这种情况，不要继续训练。退后几步，以确保海豚行为一致。）如果成功了，继续排练直到你可以轻拍一下海豚就可以做出所有的动作。此时，一个行为的完成就是进入下一个行为的区辨刺激。

在训练连锁行为的同时，后空翻作为一个单独的行为可能会受到一些干扰。有一些措施可以用来避免这种干扰，比如在给单独后空翻的区辨刺激之后，在动作完成之后使用召回。另外在训练连锁行为时，在后空翻区辨刺激之前使用 C- 区辨刺激，以及水中有人的环境刺激，将有助于区分这两种行为。

一旦连锁训练完成，就应该通过间歇性地强化链式的各个部分来维持整个行为。我们也可以用类似的方法把另一个行为放在后空翻的前面，使每个行为都成为行为链上的有力环节。请记住，一个强大行为链只有在其最薄弱的环节上也是强大的才是真的强大。

迈克尔·奥斯本

夏威夷海洋生命馆

Trainer's Forum

《训练员论坛》，1984 年第 9 卷第 4 期。创建一个行为链是一项复杂的任务。答案 4 在第一段给出了一个教科书级的定义。由于行为链训练的复杂性，纠正中间的问题也成为一个挑战。然而如果从一开始就认真规划，可以将保障措施训练到链中使行为易于维护。当你阅读这些回答时，请注意行为链对不同的训练员来说意味着不同的东西。你可能还注意到，在不同的答案中，叫停、召回和“不”等术语的意思是相似的（这些术语在本章前面有更详细的讨论）。在一些回答中还提到了使用可变强化时制。连锁行为的复杂性让许多操作原则同时出现在了训练中。

修复连锁行为中的某一问题行为

问：在连锁行为中，你如何让动物知道它们在连锁行为中做错了哪一部分？

答 1：我们让海狮知道连锁行为中哪一部分做得不对的方法是，在连锁行为中问题行为出现时召回动物。海狮表演的大多数行为都是在陆地上完成的，所以要打断海狮的连锁行为并不困难。在停止错误行为后，我们让它重复刚才不正确的部分。如果行为问题做正确了，动物就会得到强化，最后重新完成行为链。其他时候，特别是在表演的情况下，我们可能会让动物继续不正确的行为以完成行为链，但只给很少或完全没有强化。表演结束后，我们会对错误的那一步动作进行训练，或者让海狮重复整个行为链。当有问题的部分被正确修复后，我们在给信号强化，最后让动物完成行为链其余部分的行为。

对于海豚，我们有时会使用一种叫作召回的工具。我们的召回信号是一个金属管的敲击声。当海豚听到这个敲击声时，它就会停止正在做的事情（连锁行为），回到训练员身边。当海豚回来时，它要么被强化或重复这个行为（连锁行为），要么继续表演。在以后的训练中，我们会对连锁行为进行专门训练，如果可能的话，也会对连锁行为中不正确的部分进行训练。当有问题的步骤被修复后，我们就给信号并进行强化。

比尔・温霍尔（Bill Winhall）
太平洋海洋乐园

答 2：在某个不良行为发生的时候，应该立即中断行为链。你甚至可以通过某种形式的叫停来使行为的暂停时刻更精确，以便向动物传达具体哪个行为是错误的。如果有必要，可打破行为链，从头开始训练。一旦该行为训练得稳固了，再将其重新纳入行为链。补充建议：如果你还没有随机强化行为链的组成行为，那么当动物有信心且状态好的时候及时去做。

迪尔德雷・巴鲁（Dierdre Ballou）
圣迭戈动物园

答 3：我试图在动物犯错的地方停止行为链。然后，我可以获得一个可接受的行为并继续进行行为链的训练。对于在舞台上工作的海狮，在动物犯错时停止行为链可能比较容易。如果我没有成功，我会在接下来的几次重复中，待在动物身边，然后迅速抓住再次出现的错误，并进行纠正。

吉姆・亚历山大
圣路易斯动物园

答 4：当一个表演产生了刺激条件，从而使下一个表演成为可能时，就可以说这两个行为是一个行为链。连接这两个行为的刺激物同时起到了以下作用：作为第一个行为的制约强化物，对第二个行为起到了刺激作用。

每当我们试图解决动物在一个行为链中的某个错误行为的问题时，我们必须首先确定这个问题的原因。如果动物还只是在学习行为链，那么每一个行为都必须在刺激控制下发出来。在这一点上，你可以将行为按照已经选择好的序列进行连锁。在早期阶段，如果一头动物在行为链中做出了不正确的行为，那么就有必要在这一点上停下来。如果你允许动物继续下去，那么根据定义，你是在为不正确的行为给信号，不正确行为的频率会增加。

另一方面，如果动物在相当长的一段时间内都很好地做出了所有的行为，然后突然开始在这一连串的行为中做出不正确的行为，你可能需要采取另一种修复方法。如果一个特定的行为开始慢慢恶化，这很可能是由于它已经被上述定义“弥合”了，已经被调教为正确的行为。因此请忽略行为链中突然出现的不正确的行为，完全不要强化这个错误的行为。由于饲养环境调节的任何变化对动物来说都是一种强化，所以不要试图阻止这个错误的行为，因为这会引起训练员对不正确行为的注意，并不自觉地强化它，反而导致其频率的增加。

在所有的行为链式序列中，必须定期中断链式，用链式中的后续行为以外的东西来强化一个特定的行为。这将使行为链中的所有行为单元保持良好的水平，以避免可能出现的问题。

大卫·福斯和兰迪·怀特（Randy White）
佛州海洋世界

答 5：如果你在一个行为链的某个部分遇到问题，一个替代方法是在动物做这些动作时，为其他每个部分标记信号，当它到达问题点时，给一个叫停或一个召回信号，终止反应。然后你就可以把这一部分隔离开来，单独进行训练。然后将前面的部分和后面的部分加入到问题点中去，而不是立即回到整个连锁反应中，这可能是有帮助的。这样可以把问题点放到更大的背景中，同时继续加强它。

盖尔·劳勒
太平洋海洋乐园

答 6：①在特定的错误点上使用召回；②训练中，在特定的错误点上重新开始连锁反应（将注意力集中在该点上），然后对正确的反应给予重奖；③将连锁反应的每个部分都联系到错误点上，然后在特定的错误点上大声说“不”。

蒂什·弗林（Tish Flynn）
太平洋海洋乐园

答 7：想象一个涉及一些跳跃的行为链（或任何空中行为，但只是一种）。你主要的关注点往往是每一次跳跃的质量、跳跃的方向、跳跃的位置、跳跃的高度，以及跳跃之间的时间间隔。通常情况下，所有这些和其他被忽略的行为链中的任何一个行为，都可以通过改变跳跃的信号并立即进行某种形式的强化来控制。这样一来，行为链的每一部分都得到了间歇性的强化和改善，因为信号不仅仅是一个次级强化物，它也是对所需行为的再次提醒，是对所需行为进行努力的肯定，并有助于消除错误行为。改变跳跃的给信号方式可以使你有机会纠正轻微的问题，而不必打破行为链来单独处理问题部分。

如果你没有对行为链使用间歇性强化时制，或者由于某种原因你选择不这样做，那么在错误发生时使用召回是最有效果的。除了标准的音频和金属棒的敲击信号，让动物学会视觉召回也是简单有效的，例如你平常一切正常时是站着的，在动物做出不良行为时突然蹲下，伸出一个目标物来召回动物，或者提起鱼桶告诉动物它的行为不对。在这种情况下，也可以尝试在该动作会被做出来的位置，如水池中的规划区域，对有问题的行为进行训练。你的强化时制在此时有着无比重要的作用，因为这些行为需要能被轻易打散并能在行为链中再次完整重建。这种潜在的问题可以通过改变信号和行为链的长度来避免，这使你能够控制行为链的每一部分。如果可能的话，改变行为链的起始位置也会有帮助。

当行为链上的行为涉及道具时，如铁环、障碍物、球、平台、人和其他动物时，你可以很容易将某个问题行为暂时从行为链中剔除或者重新安排行为链中行为的顺序。你可能会发现，有些行为如果在行为链的开头进行，就不是真正的问题，而有些行为则在行为链的结尾处更可靠。如果你不愿意改变行为链的长度，你可以在不减少行为链中行为数量的情况下，间歇性地直接强化（immediacy of reinforcement）行为链中的每一个行为。

在一个行为链中，如果训练员本身为区辨刺激，或者能为行为链中的每一个不同的行为建立不同的信号，并且在距离上跟动物挨着，如水中芭蕾，这时候错误的行为可以很容易地被纠正，且丝滑过渡到下一个正确的行为，召回或者打断行为链是没有必要的。人与动物的近距离，也允许训练员使用声音或触摸强化行为链的每个部分，并不断地给动物的表现提供反馈

凯西·克里格（Kathy Krieger）

国际海洋动物训练员协会主办的《探索》杂志，1998 年第 23 卷第 3 期。

行为组合在许多训练场合都是有用的。这个概念对一些认知项目训练尤其重要，它也是为动物提供多样性的一种方式，最后它还可以成为创造新行为的一种方式。一些机构出于各种原因将行为结合起来，而训练这项特殊任务的技术也像其用途一样多样化。本文将详细介绍海豚研究中心训练这项任务的方法。

训练行为的组合：以瓶鼻海豚为例

芭芭拉·洛斯奇（Barbara Losch）

海豚研究中心

训练海豚是许多人梦寐以求的职业！有幸从事海洋哺乳动物训练工作的人都

会认真对待这份责任。训练员努力使他们训练的动物在身体和精神上保持愉悦。这一责任中最困难的方面之一是提供更多精神上的挑战。几乎每个人都喜欢偶尔的挑战，海洋哺乳动物也不例外，它们学习新事物的能力和解决问题的热忱不断地让我们感到惊讶。在海豚研究中心，我们开始尝试在训练中加入对训练员和海豚的精神和身体的刺激。

约瑟芬（Josephin）是一头退休后加入海豚研究中心的海豚，实际上正是它让我们萌生了将行为组合的想法。约瑟芬以前在加州圣克鲁斯的长海海洋实验室与诺瑞斯博士一起参与研究项目，它的训练员之一是米歇尔·杰弗里（Michelle Jefferies）。米歇尔与我们分享了约瑟芬是如何喜欢“负责”的，而且一旦你了解了它，就会觉得它有一种滑稽的幽默感。我们基本上让约瑟芬做它想做的事（和我们人类一样的退休）。我们会对它进行医疗和行为方面的训练，但几乎没有固定的训练计划。约瑟芬不想这么无聊，开始自己训练自己。它的第一项发明是边吐水边下潜，正是这项发明启发了海豚研究中心的训练员走上行为组合的道路。约瑟芬将它已经知道的两种行为结合起来，创造了一个新的动作高空俯冲下潜，并在俯冲下潜的最深处吐水，并在这两个招牌动作之外添加了一个奇妙的旋转。训练员决定毫不犹豫地采纳这个非常棒的组合行为！

我们想出了两种训练组合行为方法。第一种方法是教海豚一个“组合”信号。这个全新的信号意味着把已知的行为组合在一起。第二种方法是将两个信号组合在一起，或者说将两个信号连在一起，看海豚是否会想出将行为组合在一起。如果我们以后一种方式训练行为组合，我们就不需要教海豚新信号的含义。我们决定采用第二种方法。事实证明，训练员和海豚一样得到了精神上的愉悦，想出了如何把两个信号结合在一起。下面是一个例子，说明我们如何结合信号来要求海豚做出吻舞组合。两头海豚亲吻的训练是通过你把手握成拳头，然后把它们放在一起使它们接触。我们的舞蹈信号是以逆时针的方式旋转一只手。把两个信号放在一起，现在的信号是两只手和拳相握，保持并拢，以逆时针的方式旋转双手。

训练过程

就像所有的训练一样，当你把一些新的内容引入到一个既定的行为中时，你应该对该行为给予宽松的期望。这一规则在训练行为组合时也是如此。在训练过程中，执行已知行为时的标准将不会那么高。训练团队决定开始进行吐水训练。吐水是一种非常直观的行为，也是一种信号（手在水中拍打出水花），而且很容易与其他信号一起执行。我们试图训练其他海豚学会约瑟芬发明的“水中吐水”。事实证明，这比预期要困难得多。海豚会起跳，在水池中央入水，然后由于看不到训练员在码头上泼的水而忘记后面的动作。于是我们决定靠近码头，让它们知道我们准备给它们的信号。

在海豚研究中心，我们训练海豚站在水中将双眼露出水面看向训练员。我们称这种为站位行为。当海豚看到一个站位信号时，它被翻译成：“看着训练员，信号或提示即将到来”。站位有助于行为组合，因为海豚一直在仔细观察训练员，并“翻译”信号的组合。我们一开始做了一些短的连锁动作。连锁行为是指海豚在做完一个行为后立即做另一个行为。下面将介绍我们是如何训练收腹吐水这一行为的。

吐水行为，始于海豚含口水，然后把水喷出来。而收腹行为则是海豚翻身并腹部朝上。为了结合这两种行为，我们先向海豚发出吐水的信号，等到海豚吐得很好的时候，对它们进行奖励。奖励过后，稍作定位并再次发出吐水信号。当海豚开始吐水时，我们立即发出腹部向上的信号。一般来说，海豚在这个时候会停止吐水并翻转肚皮。训练员这时可以朝动物泼水来给它们一个提示，如果海豚试图吐水，训练员就需要抓住机会给信号并强化。在海豚开始吐水的时候快速且精确地给信号是这部分训练成败的关键。有些海豚看到我们泼水的信号时，确实会开始含水，但同时会转身。我们需要精准地抓住含水的行为并给信号，迅速地再发出仰卧的信号。重复上述步骤，推迟给信号的时间，看海豚是否会保持腹部向上。如果它们试图转身，我们会重复腹部朝上的信号，以鼓励它们在腹部朝上时吐水。对于大多数海豚来说，只需要重复三次就能初步理解腹部向上吐水的要求。在一次训练阶段中就能对一个行为进行新的改变，这对海豚和训练员来说是多大的乐趣啊！

我们持续对海豚做一些简单的训练。我们让海豚腹部向上边游边吐水（即海豚仰泳着离开码头，保持腹部朝上并吐水）、吐水舞（海豚直立于水中，边旋转边吐水）、吐水行走（海豚抬头，向前移动，同时吐水），以及吐水口哨（海豚发出口哨声音并同时吐水）。等这些行为都训练好了后，是时候尝试在离码头更远的地方训练高能量的行为了。我们之前整合行为的想法，现在则变成了实实在在的经验且有扩展的前景。而且我们的海豚似乎也“明白了”。

我们决定，我们的第一个高能量行为是约瑟芬发明的水中吐水。训练过程类似于训练腹部向上吐水。我们定位海豚，发出吐水的信号，当海豚吐水时，我们就给肯定的信号。然后我们立即站立并再次发出吐水信号。当海豚吐水时，我们立马发出潜水信号。就像腹部向上吐水的训练一样，海豚潜入水中，有时会忘记吐水。哪怕训练员在码头上疯狂地泼水，但海豚对这种提示仍视而不见。我们注意到，如果海豚停止潜水（终止行为）并在回到码头的过程中看到训练员泼水时，它们就会再次开始吐水。训练员立即对吐水的动作给予桥接信号。这听起来可能是不寻常的训练，但由于以前的训练经验是将腹部朝上和吐水结合起来，我们觉得这有助于为海豚建立起两个信号的联系。海豚迅速地回到码头时，会注意到在疯狂泼水的训练员，这时它们会热情地从水里出来，并做完美的吐水动作。而这种动作正是我们想要捕捉的。我们也开始在海豚离开时给它们信号。我们把离开定义为海豚离开码头去做一个行为的时刻。海豚在离开码头的时候，实际上做了一个小的海豚跳。时不时，我们会在动物们吐水的中间时刻发出潜水的指令如果我们在正确的时间执行潜水信号，海豚会做一个小的飞跃，并意外地吐出水。可见，一个快速的信号能让我们捕捉到这一时刻。海豚们非常兴奋，它们开始密切关注训练员，而我们很快就能在它们潜水时捕捉到吐水。他们仍然存在潜水期间忘记吐水的问题。它们潜水结束回来时，会做一个高身出水的动作并吐水。我们则给动物一些消化和理解的时间。经过几次反复训练，它们的动作基本都非常到位了。在起跳时吐水会得到奖励，潜水结束时吐水也会得到奖励。我们的努力得到了回报，我们获得了高速俯冲下潜并一直吐水的行为。这个下潜吐水的信号是我们用右手顺时针画一个大圆圈，并在画圈结束后给击水信号。在海豚掌握了水中吐水这个行为后，这时将该下潜吐水行为与其他高能量行为配对就很容易了。其他高能量行为的训练时间很短，有些海豚在一次训练中就学会了。现在我们的海豚可以做后潜式吐水、螺旋式吐水和翻转式吐水，仅举几例。这些吐水的组合似乎可以无穷无尽。

开始新的尝试！我们的下一个组合是扭动组合。在做扭转动作时，我们让海豚把它们的头从一边移到另一边。我们再次从简单动作开始，先训练腹部朝上扭动、扭动摇摆以及扭动舞蹈，它们成功了！！海豚们很快就学会了这些扭动组合。我们期望在高能量行为方面也能有同样快速的训练结果。训练并不像我们预期的那样容易，因为海豚一旦离开码头，就会恢复到吐水的组合。有一头海豚非常喜欢吐水，它实际上是以扭动行为开始，一旦离开码头，就会停止扭动开始吐水。我们不得不对高能量的扭动行为采取更缓慢的训练计划。在这些训练中，我们决定排除任何吐水行为。我们希望如果我们不要求它们在训练的任何部分吐水，它们就不会增加吐水的组合。我们开始得很慢，主要是让海豚在跃起时扭动身体，对此进行了几次训练。然后我们开始不在跃起时给信号，等着看它们在潜水时干什么。有些海豚增加了一个吐水动作，有些继续潜水，有些则迅速回到了平台。在所有这些情况下，训练员的反应都是一样的，他们在海豚返回码头时向它们发出扭动的信号，如果它们开始扭动，就会被提供强化物。我们开始交替使用信号，有时我们会在海豚开始下潜时给它们信号，有时我们会在海豚下潜后给它们信号。目前还不清楚交替使用信号是否是最好的方法，但这对训练扭动和吐水组合很有效。

群体组合

群体行为是有趣和令人兴奋的。这些令人难以置信的行为总是非常吸引我们的游客。我们怎样才能将涉及两头或更多海豚的行为纳入组合呢？是的，动物们会出水也会吐水，但如果我们把它们的行为组合在一起，让它们在行为期间有一些生理上的接触呢？在俄亥俄州桑达斯基的雪松点海洋馆（Cedar Point），我与训练员谢丽尔·杨（Cheryl Young）以及克雷格·瓦德加（Craig Vadja）一起工作了三个夏天。他们想训练他们的海豚嘭嘭（Striker）、珂珂（Cocoa）、米什提（Misty）和布瑞兹（Breeze）做一个亲吻行为。海豚会把它们的喙碰在一起，模拟亲吻的动作。两头海豚还做了一个亲吻且旋转行为，它们身体旋转的同时，喙会一直保持接触。这是一个组合行为，海豚保持着彼此的接触。我们决定这将是我们组合游戏的下一个尝试，即教会两头海豚亲吻、亲吻旋转和亲吻仰浮。令人惊讶的是，教亲吻旋转和亲吻仰浮也非常简单。海豚们会在池子里游泳，试图让它们的喙一直保持在一起。看上去真是太有趣了！通过运用前面描述的技术，我们能够完成一个新的独特行为的训练。将所有的信号匹配在一起有时是很有挑战性的，但训练员们已经能够熟练地完成一些非常独特和复杂的行为了。

海豚研究中心的训练员最喜欢的组合行为是：海豚亲吻并在水中飞快地“用尾鳍行走”。这种行为不仅语言上很难描述，而且需要动物彼此合作才能完成。飞快的尾鳍行走看起来是这样的：海豚直立并以尾鳍摆动来模仿人类行走行为，这一过程中尾鳍始终在水下，而身体的大部分则露出水面。海豚先来一段“尾鳍行走”热热身，然后潜入水中，然后以直立姿势再次开始“尾鳍行走”并同时“亲吻”。两头动物会一直保持该动作，并沿着环礁湖快速“尾鳍行走”。请你想象一下，两条海豚以这种亲密的方式绕着水池模仿人类的行走，并要一直保持喙之间的相互接触。其中的精确性是惊人的，行为所需要的强化时机要无可挑剔。

正如你所预料的那样，亲吻并用尾鳍出水“行走”的训练需要更长的时间来实现。我们沿用了之前制定的行之有效的训练公式，首先训练容易的亲吻行为。快速给信号是抓取这种行为的关键。训练员会发出让动物亲吻的信号。一旦海豚将它们的喙靠在一起，训练员就会发出尾鳍出水“行走”的信号。这两个信号有点类似，我们相信这有助于随后串联两个行为。如上所述，亲吻的信号是双拳相握；尾鳍出水“行走”的信号是双手相握，然后将动物迅速向右移动一下，并转动其身体。一旦海豚在看到亲吻信号并完成亲吻行为时，训练员就会移动它们的鳍肢，转动它们的身体，同时给出口头指令：“走！走！走！”。在海豚研究中心，我们经常用这样的声音来鼓励我们的海豚。

你可以看到海豚对这种行为的积极反馈。它们会试着维持它们的喙在一起，我们会奖励这些努力。如何使它们的喙保持在一起是它们自己必须要想办法的事情。我们则把训练保持得简短而温馨，在起跳时为它们提供精确的信号，促使它们的喙碰到一起。训练员有时会在它们起跳后刚凑到一起时就迅速发出亲吻的信号。训练员甚至会走遍整个码头，与海豚一起奔跑，看它们是否会再次做出这一行为。几周后，海豚们开始一起亲吻，并保持该行为飞快地游过水池。我们还成功地教会了海豚们在水下亲吻、亲吻相伴下潜，还在研究边亲吻边换气。我们还没有尝试训练亲吻并翻转，但这肯定会很有趣。

这就是海豚研究中心训练的行为组合。我们希望其他机构也能尝试一下，并向我们报告他们的有趣经历。请做好准备，在你最没有想到的时候，海豚会加入它们的组合。这可能是教授组合的最有意义的部分。海豚们非常喜欢表演这些动作，它们想一直这样做。我们的理念是，愉悦的有精神刺激的训练对海豚来说应该是最有趣的。海豚研究中心的海豚给出的种种迹象表明，我们正在实现这一目标！

《训练员论坛》，1995年第20卷第2期。有趣的是，这个并不是许多关于训练的书籍所讨论的主题，但在海洋哺乳动物界却经常有争论。在1994年于华盛顿州塔科马举行的国际海洋动物训练员协会会议上，至少有45分钟是关于这个问题的讨论。本栏目将回答限制在四个设施，其中两个设施用结束信号，另外两个不使用。当然，每个答案都有好的观点。最后的决定通常取决于特定项目的情况和需要。

训练结束信号，用还是不用？

问：你是否使用训练结束的信号？使用这种信号的好处和坏处是什么？

答1：与大多数训练情况一样，这个问题的答案可能因设施、训练员和动物不同而异。在海洋剧场，我们没有一个“正式的”结束信号。然而，我们以不同的方式故意向动物表明，训练或表演已经结束了。例如，对于我们的海豚，我们提着水桶离开舞台。这使得在动物获得积极的训练体验和因不太理想的行为而暂时离开一段时间之间具备了显著的差异。

当与不希望训练结束的动物一起工作时，使用结束信号的缺点肯定会更加明显，特别是当该动物有能力危及训练员时。例如，对于我们的海狮，我们要确保在它们安全地回到自己的围栏后，我们会有食物或次级强化物留给它们。同样，我们期望的结果是，训练员和动物都能以积极的方式结束训练。

克雷格·瓦伊达（Craig Vajda）
海洋剧场

答2：尽管对结束信号的必要性存在分歧，但我们的欢乐海洋馆（Oceans of Fun）使用这种信号取得了相当大的成功。

我们大约在五年前开始使用结束信号，以提示动物们主要的强化物将被移除。我们觉得这很有必要，有几个不同的原因：第一个原因是有关我们的初级强化方法，第二个原因是我们在表演后与公众互动的承诺。在公开表演过程中，动物们会在剧院内的各种喂食点间歇性地得到强化。这种方法减轻了携带水桶的需要，使动物能够完全专注于训练员的工作。由于动物在表演的特定部分没有得到食物的强化，我们认为，表演结束的信号有助于（对动物来说）明确表演何时结束。当两头或更多头动物在一起工作时，这对避免动物之间的攻击性特别有利。当表演结束公众离开时，动物仍留在主池中。这可以让公众更清楚地看到这些动物，而训练员则留在水池周围，回答观众的任何问题。训练结束的信号向动物们表明，虽然训练员仍在池区，但主要的强化物已经被带走。不过，我们确实使用了次级强化物，并取得了积极的效果。

训练团队
欢乐海洋馆

答3：在约翰·谢德水族馆，我们不使用结束时的区辨刺激。这是我们在最初设计训练项目时就做出的一个决定。我们中的一些人来自那些经常使用结束信号的机构。在回顾了每次使用结束信号时遇到的各种问题后，我们决定不使用结束信号。有些机构非常成功地使用了结束信号，而且在一些研究项目中，有必要明确训练的结束。然而一般来说，我们发现，避免与训练结束信号相关的问题是有益的。下面，我们概述了与结束信号相关的问题，以及不使用该信号的好处。

问题：当给动物发出结束信号时，有时会出现一些问题。下面是三个非常不同的潜在问题。

攻击性——当鲸豚类以攻击性的方式（性或其他）进行互动时，训练课程可能会暂时中断攻击性。但当训练结束时，训练结束的信号可能会被认为是再次开始攻击性的区辨刺激。攻击者会把它作为一个提示，开始追赶一个级别低的动物。此外，如果训练员不小心，级别低的动物可能会开始将攻击与训练员的提示联系起来。这最终会使训练成为级别低的动物逃避的活动。

冲向大门——鳍足类、海獭和其他陆地动物经常在训练员试图离开时冲向大门。这通常被描述为动物试图阻止训练员离开。这似乎是由动物能够知道训练结束的时间而引起的。在许多情况下，正式的训练结束区辨刺激甚至可能没有被使用，只是离开围栏的信号就导致动物的行为。无论哪种方式，其效果都是一样的：表明训练结束的信号已经引起了动物的不良行为。这个问题通常会通过以下几种方式之一得到纠正。

- 改变训练员退出围栏的方式。
- 训练员离开后，继续通过栅栏喂食。
- 频繁地返回展区，这样动物就不能确定训练何时结束。

在每一种情况下，解决方案都源于避免任何表明训练结束的信号（有意或无意）。

误用——这也许是一个最大的问题，那就是结束的区辨刺激很容易被新手训练员误用。在训练员对动物缺乏进展感到沮丧的情绪下，会出现误用“结束训练”的情况。在最沮丧的时候，新手训练员可能会趋向于简单地使用结束区辨刺激就走了。这时区辨刺激就成了暂停前的一个指标，从而开始有了负面的含义。诚然，任何训练概念都有被滥用的可能，不应该谴责结束时的区辨刺激。当然，资深训练员在了解了这种潜在的负面潜力影响后，可以避免其被滥用。但是如果不仔细监测，在没有经验或过于情绪化的训练员手中，这种结束时的区辨刺激会对动物产生非常负面的影响。

不使用结束区辨刺激的好处：

种类——对我们的动物来说，最有力的强化物之一往往是种类的变化，无论是训练的类型、训练的长度、强化物的数量和类型，还是训练中行为的创造性使用，等等。使用“结束语”可以突然结束训练课程，向动物表明你已经结束了。由于我们尝试将训练课程与游戏课程相结合，将食物强化物与触觉和其他强化物混合使用，我们不希望动物预料到一个训练已经完成。我们发现，动物可能会留下来玩，或者我们可能想在最后一刻为训练添加一些东西，而当没有结束训练信号时，这些选择就更容易了。这种类型似乎能更长久地吸引动物的注意力，并为训练员提供更多的选择。

减少问题——尽管我们已经看到许多训练员有效地使用了结束信号，但我们还是选择不使用结束信号，以减少使用信号时遇到的许多问题。与结束信号相关的潜在问题似乎超过了其使用的任何积极影响。

结论：在约翰·谢德水族馆，我们强烈主张不使用结束信号。但我们也相信，如果有些东西没有坏，就不要去修理它。换句话说，如果有人成功地使用了结束信号，你可能会因为试图停止使用它而造成更多的问题。然而，如果你确实使用了一些信号表明你的训练已经完成，而且你遇到了上述任何问题，你可能要考虑结束的区辨刺激是否促成了这个问题。最后，我们对使用或不使用这样的区辨刺激是成功的训练项目的秘密持严重怀疑态度，但这肯定会成为一个有趣的讨论。训练愉快！

肯·拉米雷斯

约翰·谢德水族馆

答4：在所有的海洋世界海洋馆中，我们都不使用结束信号。因为我们的行为项目是建立在可变性和不可预测性的基础上的，所以使用与非强化相配的信号作为一个环节的结束对我们的项目来说是不必要的。

在与来自不同机构的许多训练员交谈后，我听到和看到了使用这种技术的成功和失败的不同例子。然而，对大多数人来说，结束信号的应用已经变得相当混乱。因此，在我们进一步讨论之前，将这种技术定义为一种学习技术。

结束信号的常见理论是传达训练员的中断或停止互动信号。有人认为，这可以让动物知道强化物将不再被给予，动物可以“自由”地做它“想做的事”。事实上，“一个始终与没有强化物相关的刺激可能会变得令人厌恶”（Azrin & Holz, 1966），这种信号或刺激通常被称为“叫停刺激”。强斯（Chance）（1994）这样描述这两种类型的前因刺激：“区辨刺激表示反应将被强化，而叫停刺激表示反应要么不被强化，要么将被惩罚”。卡兹丁（Kazdin）（1989）将叫停刺激定义为“一个刺激，其存在与非强化相关”。他的词汇表进一步阐明了叫停刺激是“一个表明某种反应不会被强化的先决事件或刺激”。

这些都是什么意思？简单地说，当我们使用一个信号表明一个过程（和强化）已经结束时，我们就在应用叫停刺激。这种刺激会成为一种厌恶，并会产生行为问题。实际上，当使用结束信号时，诸如海狮阻止训练员离开围栏、海豚阻止你离开水池、动物过早地结束训练、社会迁移、攻击性或恢复刻板模式等问题都可能产生。

在某些情况下，这些问题从来没有发生过，在这些情况下，结束信号实际上是其他强化活动的一个提示。因此，结束刺激实际上是一个区辨刺激并预示着更多的强化。

可以说，所有的动物最终都能识别出结束前的信号，如果形成一种可预测的模式，它们当然能识别出来。我们教训练员通过注意自己的行为来避免这种情况，以免他们遇到上述一些潜在的问题，但更重要的是，我们教训练员明白与动物的互动是一种动态的、不断变化的、积极的体验，在白天或晚上的不可预测的地方和时间，甚至在一个训练“似乎”结束后立即发生。我们认为，这为训练员、观众和动物提供了最安全和最有趣的环境。

参考文献

1. Azrin, N.H. and W.C. Holz (1966). Punishment. In W.K. Honig (ed.), Operant Behavior: Areas of Research and Application (pp. 380-447). Appleton-Century-Crofts: New York.
2. Chance, P. (1994). Learning and Behavior (3rd Ed.) (p. 194). Brooks/Cole: Pacific Grove, California.
3. Kazdin, A.E. (1989). Behavior Modification in Applied Settings (4th ed.) (p. 44). Brooks/Cole: Pacific Grove, California.

第十章

动物的攻击行为

这是动物天性

每当讨论动物的攻击性行为时，我们必须首先时刻提醒自己，这是动物的自然行为谱的一部分。攻击是表达恐惧、紧张和支配地位的一种方式。性活动、疾病或保护幼崽的本能都会促使攻击行为发生。了解攻击性行为的原因和理由是解决攻击问题的第一步。群居动物的社会动态是导致攻击性行为的重要因素之一。正如第七章“社群性动物——多头动物一起训练”中所讨论的那样，训练员必须理解动物社群的重要性。攻击性行为的产生有很多不同的原因。为了正确解决攻击性问题，训练员应该认识到导致攻击性行为的各种不同的因素。导致攻击性的原因一般有三大类或其组合：

- **反应性**——这指的是动物们别无选择只能自卫的情况。反应性不一定是学来的，也不一定是动物正常行为谱的一部分。如果被环境或其他动物所逼迫，所有生物都会变得具有攻击性。
- **先天性**——许多动物可能由于机体预设的或先天的反应表现出攻击性。例如，荷尔蒙的变化会导致动物做出攻击性行为。
- **习得性**——许多类型的攻击性行为是动物从群体中其他动物（包括父母、朋友）那儿学会的，或者是训练员无意中塑造了一些攻击行为。

正确对待动物的攻击行为

切莫惊慌失措

当处理动物的攻击行为时，训练员的惊慌失措可能会影响到清晰的思维从而让问题更严重。攻击行为的危险性可能会导致训练员在解决问题时变得情绪化。当这种情况发生时，正确的操作性训练原则往往被抛在脑后。因此，在问题出现之前，训练员应该花时间去了解和练习攻击性行为处理的法则。许多技巧可以有效地降低攻击性情况和数量。它们会让你保持冷静的头脑并始终走在正确的轨道上。

操作原则的应用

应用操作原则来解决攻击性问题并不容易。然而，基本的操作原则是非常简单的。

- **成功行为被强化**——如果一头动物成功地恐吓了另一头动物，那么这头具有攻击性的动物就会得到强化，并可能会寻找更多的机会来维护其统治地位。
- **失败令人厌恶**——在一次遭遇中被击败的动物更有可能在未来避免与其他动物接触。

一旦训练员理解了这些简单的事实，就可以帮助他们评估攻击行为的情况，并认识到为什么这些行为可以迅速升级。然而即使理解了这些事实，解决攻击性问题的办法也很难找到。本章收录了两篇解决攻击性问题的文章。第一篇主题是如何解决海洋哺乳动物攻击性行为《动物的攻击性：原因探索和消除技术》（*Aggression: Exploring the Causes and Possible Reduction Techniques*, Turner & Tompkins, 1990，参见 369 页）；第二篇讲的是《宠物狗攻击行为的诊断和治疗》（*Aggression Mediation in Pet Dogs*, Sobie, 1995，参见 377 页）。

特纳法则：攻击行为的操作

我一直认为海洋世界的泰德·特纳是处理攻击行为的执牛耳者之一。他在这个问题上写了大量的文章，他的实践经验和技术知识使他成为许多训练项目上受人尊敬的导师。本章节很短，并不是因为攻击性不重要，而是因为特纳和他的同事查克·汤普金斯（Chuck Tompkins）已经对这一主题进行了出色的和深入的阐述。他们的文章是所有海洋哺乳动物训练员都争相传阅的参考资料。特纳和汤普金斯深入探讨了攻击性的原因（由社会性事件、激素因素、塑型行为和时制引起），并给出了很多案例，总结了一些攻击性的“规则”，并提出了减少攻击性的方法。特纳和汤普金斯总结的如何减少攻击性行为的五点法则值得我们熟记于心：

1. **了解情景**——我们必须知道并了解攻击行为最可能发生的各种情况。
2. **识别前兆**——大多数动物在变得具有攻击性之前会发出信号。我们要了解我们的动物并能识别这些前兆。特纳和汤普金斯列举了许多鲸豚类和鳍足类的前兆例子。
3. **区别强化其他行为（DRO）和不相容行为差别强化（DRI）**——这些形式的“替代反应”对处理攻击性和其他行为问题非常有效。这两个概念的详细解释，以及其他解决行为困难的技术在第十一章“训练问题解决指南”中有着详细的讨论。
4. **防患于未然**——如果你在训练过程中发现动物有攻击性的迹象，请结束训练或改变训练计划。
5. **保持记录**——正如本书中多次提到的，良好的训练记录和文档的保管是跟踪趋势和监测变化的关键。

何时介入最佳?

面向训练员的攻击行为

攻击行为有多种形式，但一般分为两大类：对人的攻击或对其他动物的攻击。

显然，如果攻击行为威胁到训练员或游客的安全，我们必须立即干预。本章所述的原则的应用往往是一个复杂的过程，因此必须提前熟练和掌握好。如果训练员在动物训练过程中受到攻击，有几种方法可以成功地解决问题，请阅读《海豚对游泳者的攻击行为的问题和解决》（*Dealing with Cetacean Aggression towards Swimmers*，《训练员论坛》，1994，参见 382 页），以及《海豚不断升级的攻击行为：一个复杂的问题》（*Handling Escalating Dolphin Aggression: A Complex Problem*，《训练员论坛》，1998，参见 384 页）。如果短期没有更好的解决方案，将训练员从动物的环境中暂时移除则是必要的。保护式接触训练是为应对潜在攻击性动物的反应而开发的。对大象的保护式接触训练的讨论请参考第十二章“综合性训练和应用”。

面向其他动物的攻击行为

当攻击行为是针对群体中的另一位成员时，如何、何时、是否进行干预并不总是那么明确。正如第七章社群性动物中《微妙的平衡：训练的目标行为与正常的社会性和主导性行为之间的关系》（Laule, 1991）一文中所讨论的那样，社会支配地位不仅是自然的也是必要的。

但是不能因为它是自然的行为就允许一头动物严重伤害另一头动物。如此严重的攻击行为可以通过一些方法来处理，请阅读《公共区域的动物攻击行为的问题和解决》（*Dealing with Aggression in a Community Pool*，训练员论坛，1990，参见 390 页）。

用信号制约攻击行为

“张嘴”实例

摆脱不受欢迎的行为的技术之一是把它跟提示信号相关联。一旦该行为被训练出来，就永远不再给予提示（《训犬书》，第 124 ～ 131 页）。这种技术对某些行为很有用，但攻击性行为往往不在这个范畴之内。在谢德水族馆，我们训练了两头太平洋斑纹海豚在提示下“张开大嘴”，这是动物界常见的威胁性行为。我们通过将这个行为置于信号的支配下，减少攻击性行为发生的频率。加州大学圣克鲁兹分校的泰德·克兰福德博士（Dr. Ted Cranford）正研究鲸豚类的张大嘴巴的特征和含义。他注意到，我们的白边海豚经常对门另一侧的两条瓶鼻海豚张大嘴巴。克兰福德问我们是否可以训练它们在信号的控制下张大嘴巴，对水下定位的一个目标发出这种动作（整个过程可以被记录下来）。由于张大嘴巴被认为是一种威胁性或攻击性的行为，我觉得教我们的动物根据提示弹出下巴，就像强化两个孩子的争吵。我与许多同事讨论了这种训练的可能后果，我们最终同意用我们的两头海豚进行实验。海豚很好地学会了这种行为，我们也收集了一些有价值的数据。令我们着迷的是，嘴巴张大的现象虽然没有完全消失，但确实有了明显的减少。

护卫犬实例

故意训练攻击性行为的另一个例子是对护卫犬攻击行为的训练。把攻击性的行为置于刺激信号控制之下的概念并不被大多数训练员所接纳。但在护卫犬上获得了成功，请阅读《正强化技术在护卫犬的受控攻击行为训练中的应用》（*Positive Reinforcement Techniques for Training Controlled Aggression in Schutzhund and Protection Dogs*, Kirkpatrick-Sanchez, 1995，参见 393 页）。

文章精选

国际海洋动物训练员协会主办的《探索》杂志，1990 年第 15 卷第 2 期。攻击性是每位动物训练员都绕不过去的一个话题。毕竟，它是动物行为方式的一个自然组成部分。泰德·特纳和海洋世界的查克·汤普金斯对这一话题进行了相当详细的阐述和探讨。这篇文章是一个非常好的参考资料，并且提供了关于处理海洋哺乳动物攻击性的最全面的操作性术语。这篇论文首次发表在 1989 年阿姆斯特丹举行的国际海洋动物训练员协会会议上。

动物的攻击性：原因探索和消除技术

泰德·特纳　俄亥俄州海洋世界，查克·汤普金斯　佛州海洋世界

摘要

对海洋哺乳动物的攻击性行为的认知和了解紧密关乎我们动物的健康和福祉。攻击行为在实际发生前，某些先兆行为会经常表现出来，而且某些行为的持续性可能会导致实际的攻击性。本文将探讨早期预警“迹象”，常见的训练错误，导致攻击性的情景，以及利用操作制约，特别是对不相容行为差别强化来减少攻击性行为。

前言

可以说，几乎所有观察过动物的人们都看到过某种类型的攻击性行为。无论是微妙的威胁姿态还是明显的攻击反应，攻击行为在任何动物群体中都很常见。这并不是说它的起源可以用简单的术语来解释，也不是说攻击性行为可以严格按照可观察到的事件进行分析或归类。相反，攻击行为的起因和结果是错综复杂的，且往往不容易识别。然而，大量的经验表明，攻击行为是可以预测、控制和减少的，但现在这方面关于海洋哺乳动物的文献很少。

对动物行为学家来说，攻击行为的控制是一个重要研究课题。因为攻击如果发生，不仅我们的动物有受伤的危险，而且我们的训练员也有受伤的危险，特别是当我们试图干预时。很多时候在干预过程中，攻击性行为实际上是升级了。对攻击行为的干预形式通常是厌恶或积极刺激的形式（无论我们是否认识到这一点），而且通常只会意外强化攻击的频率或强度。训练员通常会允许动物自行“解决他们的

分歧”。然而，越来越多的证据表明，将攻击作为一种宣泄工具，只会使问题升级（Huntingford & Turner, 1988）。换句话说，“从他们的系统中释放出来”的哲学实际上会增加战斗的频率（Johnson, 1972）。在这种自由竞争的过程中，最终可能会形成社会等级制度，随着支配-服从关系的发展，行为虽然会稳定下来（Scott, 1975），但受伤的风险不应该使其成为训练员推荐的形式。那么，我们如何控制或减少攻击行为？回答这个问题之前，我们必须首先了解其原因。

攻击行为的原因

正如动物伦理学家康拉德·洛伦兹所说的：“攻击性行为是动物正常行为的一部分，使它能够应对其环境”。攻击行为会刺激内分泌腺，产生肾上腺素。这个过程能使身体准备好攻击或逃跑（激活综合征，activation syndrome），在这一点上，某些可观察到的行为变得很明显。细心的观察者可以将这些前兆识别为“先发制人的攻击性行为”，并采取措施来避免本不可避免的结果。海洋哺乳动物物种也有它们自己的前兆行为，我们将在后面的章节中介绍。简单地说，攻击的原因是受生理学的影响，包括荷尔蒙因素、内分泌、生物化学等等。从现在开始，我们将重点关注决定攻击性行为的外部因素。

社会性攻击行为

动物学到的很多东西都是由社会群体控制的。随着个体的发展，来自群体或环境的惩罚物和强化物决定了动物所学到的东西，这些学到的行为会不断地表现出来。科学家发现，社会性的攻击性行为主要学习自三个方面：父母、同伴的竞争和与猎物的“游戏”（Wolgen, 1982）。在这种学习的情况下，会有更多的行为被发展出来。我们经常看到幼年圈养虎鲸到成年后失去猎食能力。幼年动物很大程度上通过观察性学习（observational learning）来掌握捕食性行为。

社会心理学家阿尔伯特·班杜拉（Albert Bandura）的理论常被大家高度认同和传播，他认为很多攻击性行为可以通过学习而获得。我们在训练中看到的情况支持这一观点。攻击性环境为动物提供了学习和演练攻击性行为的机会，从而增加了攻击性行为的可能性。我们在瓶鼻海豚的社会动态中看到了这个过程。约翰逊（Johnson）和诺瑞斯（1986）在他们的观察中提出，海豚的社会动态包括一个基于威胁行为的统治等级，据此，一头雄性首领通常掌握了最高的社会地位和最多的繁殖机会。占主导地位的动物通过对尚未接受社会等级的成员进行侵犯和攻击来控制这些个体。从属动物通过惩罚性后果的学习，掌握了来自主导动物的攻击行为发展的前兆（一种区辨刺激），如点头、侥幸的拍打或其他微妙的威胁表现，这也反过来成为主导动物控制群体的必要信号。这个社会学习过程最终稳定下来，只需要零星的战斗就可维持种群的等级稳定。然而，增加或减少新成员会导致社会动态的变化，从而增加威胁行为和争斗的频率，直到新成员找到它所属的等级位置或取代之前的主导动物（Goodall, 1986）。显然，许多其他因素也影响着社会攻击性的进化，然而，大多数社会性战斗、威胁姿态和掠夺行为都是通过社会环境形成和被学习的（表 1）。然后在训练中表现出来的很多东西都是社会群体学习的替

表 1　攻击行为的类别和成因

攻击行为的成因

社会性事件	激素因素	塑型行为
新成员加入 等级阶层变化	偶发性波动 发情和交配	无意的或 错误的

攻击行为的类型

社会性攻击	训练诱导性攻击	意外塑型性攻击
• 排他性攻击 • 发情期 (地位争夺) • 新成员/训练员的加入 • 观察学习 • 捕食行为	• 强化之间间隔过长 • 反复要求相同行为 • 设定过高标准，动物在当天无法完成该行为 • 反馈不明确 (散漫的S^D信号，失误的强化应用，严重迟滞的强化和奖励)	• 散漫投喂 • 无意间且错误的强化了某种支配性或攻击性行为

代过程（Kazdin, 1984）。

现在让我们看看一个训练场景，它可以进一步说明社会攻击性。

最近一群海狮从两个动物园转移到你的设施。起初，一切都很平静，这些动物看起来非常融洽。三天后，打斗行为开始发生，而且频率越来越高。最后，打斗减少了，该地区变得稳定，只有一些偶尔爆发的攻击性事件。

这是一个正常的事件过程，通常是由以下原因造成的：

1. 争夺首领地位
2. 建立主要领地
3. 争夺空间分配
4. 争夺繁殖权
5. 争夺食物
6. 争夺训练员的关注（强化）

现在我们再进一步，我们发现这些海狮中的两头已经开始在场上表演了。当这两头海狮表演时，占主导的动物开始通过吠叫和朝它们靠近来威胁这两头从属动物。从属动物跑开了，主导动物则“如愿以偿”地被留下来进行表演。

在分析中，我们发现主导动物因被允许继续表演而得到正强化，同时，从属动物因逃避可能的攻击而得到负强化。根据定义，强化（无论是正强化还是负强化）将有助于增加之前的行为。因此，同样的事情还会在下一次表演中发生。

下一个场景代表了社会等级制度和塑型训练意外强化的结合。一位训练员开始给一头小海豚喂食，同时也在给一头成年海豚喂食。当训练员给小海豚喂食时，偶尔有一条鱼失手落入水中。成年海豚迅速转过头来，吃掉了那条鱼。在接下来的几天里，成年海豚开始抢夺小海豚的食物，并开始欺负小海豚。到了下个星期，成年海豚将小海豚赶走，并迅速转身回到训练员身边，准备吃掉给小海豚准备的食物。

如果训练员在这个时候进行强化，那我们建议开除这位训练员。这两种情况都是社会性攻击的例子，意外强化会使问题更加严重。通过采取预防措施，这两种情况都是可以避免的。

1. 注意警示信号（先兆）
2. 转移动物注意力
3. 强化除攻击性行为以外的任何行为（区别强化其他行为 / 不相容行为差别强化）
4. 更精准地喂食

强化时制引起的攻击性

在使用一些强化时制的过程中，如固定比例 / 固定间隔时制和可变比例 / 可变间隔时制，内在行为可以被规则诱导形成（Houston, 1986）。这也可以表现为攻击性，并被称为时制诱发的攻击行为（Staddon, 1977）。时制诱发的攻击行为可以被看作是使用部分强化时制造成的挫折感的积累。当这种条件性情绪挫折存在期间，强化发生时，问题就更复杂了。动物很快就学会了“受挫”是强化的一部分（Houston, 1986）。攻击性的意外塑型训练再次开始。从下面的情景中可以更清楚地了解时制引起的攻击性。

训练员给伪虎鲸一个出水跳跃的手势信号。然而动物没有做出正确的行为，训练员没有给动物强化，并再次发出手势信号，动物再次做出错误的反应。训练员第三次给出手势信号，该动物立即游走，并大声发声。另一个类似的例子是这样的。两头虎鲸被要求做水波游泳。一头做了，另一头没有做。正确的虎鲸得到了强化。错误的一头则没有。然后这两头虎鲸被要求做喷水动作。同样，第一头虎鲸做出了正确的行为，第二头则没有。训练员重复要求喷水的动作，于是这次第二头虎鲸开始追赶第一头虎鲸，无视训练员的任何信号。

在前面的两个情景中，这两种类型的时制引起了沮丧、回避和攻击行为。许多训练中的因素都在控制随后的反应。第一个例子可以通过“换挡”和利用区别强化不相容（其他）行为的程序来处理（Kazdin, 1984）。在这种特殊情况下，伪虎鲸可能只是在区辨刺激的控制下进行威胁性的“发声”。“发声”也可以置于若干区辨刺激的控制下，这样动物就好像在精神上被“困住了”。在没有强化的情况下继续给动物区辨刺激并假设它是在“玩游戏”，这种常见的错误想法会导致攻击性或负面的学习历史。区别强化其他行为是在除发声反应之外的任何反应之后提供强化物（Kazdin, 1984）。这个程序将减少威胁性“发声”，以增加另一种积极的行为。在人类行为矫治项目中，区别强化其他行为被非常有效地用于消除儿童的打人行为（通过非强化），并通过强化任何其他合作反应来逐渐增加儿童的配合行为，即区别强化其他行为来强化儿童不再去做某种不好的行为。这种方法可以用在一群已知相互攻击的海豚中，如果它们那天停止攻击性活动便得到强化。如果动物停止攻击，那么它们的行为就很有可能是在休息，游泳，或探索它们的设施，等等，这些正常的行为应该得到加强，以帮助减少社会攻击性。上述的第二个例子显示，一头虎鲸对一头从属虎鲸表现出攻击性行为。这是由训练时制诱导产生的攻击行为。这个例子最好的解决方式是再次“换挡”，转到一个不同的行为。如果这种模式在下一个区辨刺激中继续重复，可以平静地走开几分钟（训练暂停）。在这种情况下继续训练是行不通的，这会让一头动物有机会伤害另一头动物，这不值得我们去冒险。

不相容行为的差别强化

控制攻击性（表 2）的最有效方法之一是对动物使用不相容行为差别强化（排他性行为差别强化）（Kazdin, 1984）。这是一种积极的解决攻击性行为的方法。不相容行为的差别强化会强化那些与攻击性行为不相容的行为。其效果是增加不相容行为（如注意或保持位置）的频率，减少不好行为（如咬人或打人）的频率。例如，一头海狮开始吠叫并挑战取代另一头海狮。这时可以要求动物趴在地上，动物这样做了，就没有办法打架了，然后两头动物都被奖励了，表演得以继续进行。

表 2　有关动物攻击性行为的普遍“规则”。这些规则通常适用于所有物种

攻击行为的“规则”
1. 有机会进行攻击的动物会更频繁地进行攻击（Johnson, 1972）。
2. 使用惩罚性或厌恶性控制会导致攻击性（Kazdin, 1984）。
3. 攻击性可以被意外奖励所强化（也可以是故意的，例如：警犬的攻击行为）（Skinner, 1963）。
4. 稳定环境的动物往往有着更多的有利反应（条件变化缓慢而积极）。
5. 被剥夺食物的动物会更容易攻击人（Staddon, 1977）。
6. 大多数动物都有某种程度的攻击性行为（康拉德 · 洛伦兹）。

理想情况下，训练员敏锐地意识到动物这次吠叫与其他时间正常吠叫的细微差别。如果在这个时候给出一个不相容的行为区辨刺激，就有可能防患于未然。换句话说，越早识别和应用排他性行为差别强化就能越有效地控制攻击行为。一旦攻击性行为开始了，就越难转移打斗动物之间的注意力。最好的防守是早期识别和快速使用排他性行为差别强化（Kazdin, 1984）。

预警信号

如上所述，了解攻击行为发生之前的信号，并在此时采取行动，可以预防实质攻击导致的伤害。以下是一份攻击性行为发生前兆的清单。像人一样，动物在变得暴力之前，通常会有很多警示信号。这些前兆包括：

鲸豚类

1. 摇头
2. 不寻常的发声
3. 拍打尾鳍或胸鳍
4. 快速的爆炸性呼吸
5. 张大嘴巴
6. 咬合动作
7. 无视训练员信号
8. 突然喷水

9. 故意的、缓慢的运动

10. 吐出食物

11. 探索性地用嘴咬

12. 逃避

13. 挡住其他动物

14. 沉入水面下

15. 吹气泡

16. 背部或身体紧绷

17. 动作僵硬

18. 眼睛睁大

19. 其他不正常的行为（滑出）

鳍足类

1. 脖子向后拉 / 眼睛睁大
2. 躲避
3. 跃起
4. 吠叫
5. 摇头
6. 挡住其他动物
7. 长时间的眼神接触
8. 探索性地用嘴咬
9. 狂奔
10. 不寻常的发声（海象的“口哨声”）
11. 突然改变表情
12. 谨慎或冷漠的表情
13. 其他不正常的行为

这份清单可能不够完整，可能没有涵盖所有海洋哺乳动物物种特有的行为特质，然而，对于希望为动物和人创造安全环境的训练员来说，对这些基本的警示信号的认识是必须的。

惩罚和厌恶性控制

希望在座的大多数人已经读过相关文献并理解一个基本概念，惩罚或强迫性厌恶控制会引起动物的各种负面的表现，包括攻击（Staddon, 1977; Kazdin, 1984; Ferster & Culbertson, 1982; Houston, 1986）。尽管惩罚或厌恶性控制可能立即减少或暂停上述清单中的不良行为，但动物为了避免惩罚，会很快学会无预警的攻击行为。这是一个极其危险的情况，没有“警示信号”会招致更大的灾难。而且，它还会破坏你与动物之间的“信任”。请记住，动物的攻击企图或其他不良的反应不应该被认为是对训练员的人身攻击。动物和我们一样，有好有坏，强制控制或惩罚只会增加坏行为的数量。没有什么可以取代训练中的耐心、宽容和与动物的积极互动。

危险情况

深入了解前兆信号是控制攻击行为的一个好的开始（表 3）。多年的经验告诉我们，有一些特定的突发事件也会增加动物攻击行为。了解这些突发事件将使我们能够尽可能避免将自己置于攻击性情景中。同样，下面是我总结的一些情况，但肯定有不足之处。本文希望抛砖引玉，引出更多有用的信息。

1. 动物分离设施差
2. 对区辨刺激有许多不正确的反应
3. 将动物们分开单独喂养
4. 动物在多次正确行为后没有得到强化
5. 强化条件的改变
6. 训练中的强度、标准或动机较低
7. 破坏求爱或性活动
8. 社会攻击性“溢出”到训练中
9. 将动物置于易受其他动物攻击的位置（将从属海狮与占优势的海狮放在一个池子里）
10. 对动物太严厉，造成挫败感
11. 使用厌恶性控制
12. 可能引起不适的医疗治疗
13. 利用行为削弱法［削弱突破现象（Kazdin, 1984）］
14. 动物受到惊吓
15. 动物生病或受伤

表 3　减少或消除攻击性的方法

减少攻击性
1. 了解攻击行为通常发生的情况。
2. 了解预示攻击性的警示信号和前兆。
3. DRI/DRO/DRL，都是替代性反应训练，训练员可准备训练的替代方案。
4. 在攻击性行为发生之前就暂停训练，不要试图继续训练！
5. 保持良好的训练记录，以便训练员能从自己的错误中学习。

削弱法使用说明

当消除一个强化过的行为时，动物有时会产生一定程度的挫败感，以至于出现明显的攻击性行为。这在削弱法实施的最后阶段尤其如此，该阶段的现象称为削弱突破现象。显然，停止强化先前的强化过的行为是一种厌恶行为，并导致和惩罚同样的副作用（Kazdin, 1984）。削弱突破现象是指在动物行为大幅度减少之前，行为的强度和 / 或频率的增加。最好是通过缓慢地（如果需要的话，可持续几个月的时间）消除反应来避免攻击性，特别是对有着攻击性倾向的动物。这可以通过给区辨刺激的方式来实现，也不要试图在一次训练中消灭一种行为。同时做好削弱突破现象的预测，确保该行为不会被意外强化，否则动物可能不小心学成沮丧是训练反应的一部分。

阈值训练

一头虎鲸被训练在三个不同位置上连续跳高。其中训练主管觉得跳六次的舞台效果会更令人印象深刻，并建议无论如何都要多加训练。所有的人都同意从现在开始只接受六跳。虎鲸像往常一样，在第三次跳高后就停止了，回到训练员身边。"有洞察力"的训练员觉得动物没有明白信号的含义，于是再次给了动物继续一组动作的信号区辨刺激。当虎鲸拒绝做动作并期望奖励时，训练员们认为这头动物是在"玩游戏"，并决定再次发出信号。他们叫来了刚入职的训练员。这个勇敢的人发出信号，动物飞出水面，冲向我们刚来的同志，并张开大嘴发出啪啪的声音。此时所有的训练员都在更衣室里换衣服。

阈值的增加应该遵循慢慢地接近的原则。利用在动物终止之前的次级区辨刺激，为动物提供"提醒"，以避免令人沮丧的后果。

更多案例及解决方案

你在与一头可爱的海豚进行看似安静的互动游泳时，该动物开始咬你的手臂。这可能是强化时制引起的挫折反应的初始阶段，是由于强化物之间的间隔时间太长所导致的。任何类型的控制行为都可以转移动物的注意力，并为适当的反应提供应急强化措施。同时训练员应该知道动物的控制能力不足，并在今后的训练中，在张口发生之前使用排他性行为差别强化，在动物终止最初的反应之前，通过给予次级区辨刺激慢慢提高动物的控制阈值。注意不要让动物有机会持续地张嘴，否则很快就会导致动物攻击性行为的发生（意外的塑型训练）。你可能想忽略它的第一次张嘴，那么在第二次的张嘴发生之前使用排他件行为差别强化。

一头公海象今天对一头母海象非常感兴趣。今天是你休假后上班的第一天，你决定在水上训练雄性海象。在训练过程中，你突然感觉到有一个物体接触到你的橡胶服的背面。你迅速离开水面，祈祷你不会赢得美国动物园和水族馆协会（AAZPA）大奖，并拥有第一个人类和海象的混血儿。

在动物发情期间，训练行为反应不佳是必然的。你还要知道试图将公海象从母海象身上移开，会被公海象认为是一种厌恶行为。攻击性就难以避免。如果你不得不在此期间训练动物，带上很多鱼，或带上很多干衣服。

总结

我们很难知道攻击性会突然从哪里爆发出来，也不能希望它自己消失。因此，我们需要在这样的论坛上不断地交流信息，以便为我们所关心的动物提供一个更安全的环境。而且，我们必须要有坚实的理论基础和敏锐的认识，以便巧妙地处理这些攻击性行为。以下是处理攻击性行为的三点总结：

1. 了解这些情况
2. 了解前兆

3. 利用排他性行为差别强化

最后，我们必须继续向他人传授我们的经验和知识：每头动物都是独立的个体，没有什么可以取代耐心。

致谢

我们要感谢几个有耐心的人，没有他们的耐心，我们不可能如此有效地训练。辛迪·谢佩克（Cindi Sheppeck）对准备工作给予了充分耐心；福恩·布莱恩（Fawn Bryan）从图书馆借阅了大量的文献用于搜索，导致她在图书馆有数不清的逾期罚款；斯坦·塞尔（Stan Searles）提供了很多的轶事和安慰；哈维·巴尼特（Harvey Barnett）给大家带来了创造性想法。

参考文献

1. Ferster, C.B., & Culbertson, SA (1982). Behavior Principles (3rd ed.). Englewood, NJ: Prentice Hall.
2. Goodall, J. (1986). The Chimpanzees of Gombe. Cambridge, MA: Belknap Press.
3. Houston, J.P. (1986). Fundamentals of Learning and Memory (3rd ed.). New York: Harcourt-Brace.
4. Huntingford, F., & Turner A. (1988, August). Aggression: A Biological Imperative? New Scientist, pp. 44-47.
5. Johnson, C.M., & Norris, K.S. (1986). Delphinid Social Organization and Social Behavior. In R.J. Schusterman, J.A. Thomas, & F.G. Wood (eds.), Dolphin Cognition and Behavior: A Comparative Approach (pp. 335-346). Hills-dale, NJ: Lawrence Carlbaum.
6. Kazdin, A.C. (1984). Behavior Modification in Applied Settings (3rd ed.). Homewood, IL: The Dorsey Press.
7. Reynolds, G.S., Catania, A.C., & Skinner, B.F. (1963). Conditioned and Unconditioned Aggression in Pigeons. Journal of the Experimental Analysis of Behavior, 6(1), 73-74.
8. Scott, J.P. (1972). Animal Behavior (2nd ed.). Chicago, IL: The University of Chicago Press.
9. Scott, J.P. (1975). Aggression (2nd ed.). Chicago, IL: The University of Chicago Press.
10. Staddon, J.E.R. (1977). Schedule-induced Behavior. In W.K. Honig & J.E.R. Staddon (eds.), Handbook of Operant Behavior (pp. 125-152). Englewood Cliffs, NJ: Prentice Hall.
11. Vander Zanden, J.W. (1985). Human Development (3rd ed.). New York: Random House.
12. Wolgen, D.L. (1982). Motivation, Activation, and Behavioral integration. In R.L. Isaacson & N.E. Spears (eds.), The Expression of Knowledge: Neurobehavioral Transformations into Action (pp. 243-290). New York: Plenum Press.

ABA - S.I.G.
Association for Behavior Analysis
Animal Special Interest Group Newsletter

《行为分析协会—动物特别兴趣小组简报》，完全从操作性技术角度来分析狗的训练文章现在好像不太多。精通操作性技术的资深训练员不是大多数宠物训练文章的潜在读者。《动物特别兴趣小组简报》的编辑珍妮弗·苏比（Jennifer Sobie）写了一篇关于解决宠物狗咬人的问题。她对如何确定问题的原因并有哪些解决方案进行了非常深入的分析。

宠物狗攻击行为的诊断和治疗

珍妮弗·苏比

宠物狗的攻击行为比大多数人意识到的要普遍得多。然而，基于行为分析原则的调解技术可以用来治疗这些攻击行为。

有效治疗狗的咬人问题有两个前提：咬人的诱因和咬人的后果。两者都必须被非常好地解决才能消除问题。有时候狗狗咬人问题只是其中一个原因导致的，有时候是两个原因共同导致的。狗的主人可以通过调解技术来解决这个问题。

攻击性行为

咬人是一种动物本能的行为，与动物其他本能行为一样，其原因可能是因为其结果导致的。

在一些狗的攻击性案例中，我们发现这种行为是操作性的。狗学会了咬人，因为咬人对它来说是有效的。咬人在过去得到了强化。现在可能仍然存在强化咬人和维持这种行为的条件。

在其他情况下，该行为是反应性的。某些过去的刺激与狗咬人的厌恶性事件相联系。狗对这些刺激的反应是激动的情绪。

在其他狗身上，咬人是一种辅助行为，是某些品种特有的遗传性行为。例如，牧羊犬类型的狗常常有放牧本能的咬人行为，这些咬人情况通常有某些提示性的情况。

攻击性调解

攻击性调解的主要方向是改变行为背后的偶然因素，并改变狗对某些突发事件的反应。

攻击性调解的大部分内容专注于咬人行为的后果。咬人后果必须被强调。这往往是主人在调解中最难做到的一个方面。与流行的观点相反，成功的调解并不依赖于咬人后的暴力或恐吓，而是取决于消除咬人后的奖励，通过积极的忽视而不是积极的惩罚来消除这种行为。

惩罚很少能解决攻击性问题。相反，通常会加剧这些问题。因为惩罚会带来负强化（咬人终止厌恶性刺激），或者导致应答条件（厌恶性刺激与咬人匹配）。比惩罚有效的是消极的惩罚。然而，狗的主人一般很难改变他们的自身习惯，特别是那些习惯于愤怒或暴力惩罚狗的那些人。

攻击性调解着眼于发现和控制早期情况，并通过改变狗对某些信号的反应，来减少和控制咬人的行为。某些品种狗的咬人行为也可以从信号方面进行调节。通过了解狗的品种特征，了解品种特定的关键情况，并改变这些情况的设置，可以减少狗咬人的行为。

行为调解过程

对于家庭中的宠物狗来说，因为狗的潜在主人太多，有效的攻击性调解可能是非常困难的。因此，该项目的第一步是对家庭的人际关系动态进行调查：

- 家里有孩子吗？孩子和他们的朋友会潜在增加狗攻击性或激动行为模式。因此，家里的孩子必须被纳入调解计划，否则该计划不会成功。
- 家里的主人是否有时间和信念来投入到狗咬人调解计划？如果负责照顾狗的人不确定他们是否有精力来投入到该计划，那么该计划就不可能成功。
- 家里有人害怕他们的狗吗？如果情况已经发展到有的家人害怕他们的狗的地步，这种恐惧将使每个人对狗的反应变得非常难以控制。

- 这个家庭是否正在经历重大的情绪波动，如离婚或严重的疾病？普遍的情绪激动也会影响狗的行为，使训练难以进行。

取样和行为的分解

下一步是说服家人不要再把狗和它的攻击性表现看成一件事情。他们必须将狗和它的攻击性行为视为不同的事情。

将攻击性行为表现与狗本身分开有两个目的。第一个，它有助于避免给狗贴上“坏”的标签。贴标签会干扰主人对狗行为的控制能力。第二个也是最重要的，在任何情况下，如果狗已经建立了激动性表现的不同时制，如果不逐个对行为进行调解，调解任务就会失败。以下的行为都是些攻击性行为的表现。

- 吠叫并影响主人的行为，这包括守护财物，吠叫不让人们靠近，吠叫着让你停止做某事，等等
- 对某些家庭成员的不容忍
- 专注于某个家庭成员
- 偷窃孩子们的玩具
- 专注于孩子们的玩具
- 直接从儿童或成人那里偷取食物
- 从厨房的水槽里喝水
- 不容忍别人抚摸它的头
- 不容忍被束缚；被抱着时身体姿势僵硬
- 在不熟悉的环境中，明显地激动不安
- 沉溺于逃避行为，如躲在桌子下面
- 对特定事件或人，有着明显而强烈的情绪变化
- 对家里的客人或路人有夸张的警惕反应
- 激烈的身体性问候；费力的全身跳动，或用胸部压住新来者的身体
- 喜欢站在家庭成员上方往下看，如站在楼梯顶端或家具上
- 直接的、毫不留情的眼神接触

意外事件的界定

一旦你确定了目标行为，你就可以继续进行你的调解计划。下一步是确定攻击行为构成的部分。然后，你可以通过改变狗对提示性刺激的反应，改变该反应的结果，或通过简单地避免提示性刺激（如特定品种的咬人）来改变行为。分析和定义目标行为的秘诀如下。

行为——定义你的目标行为。具体定义你必须努力消除哪些行为。

前因——识别建立或围绕该行为的环境，如狗在什么时候最有可能做出不受欢迎的行为？你能消除这些情况吗？确定该行为的具体诱因，如哪些景象、声音或行动最可能引发该行为？

结果——确定奖励。狗为什么要这样做？狗咬人后会发生什么？哪些事情或事件是强化物？

与许多行为干预一样，在攻击性行为的调解中，通常确定某些攻击性行为的前因和强化物的唯一方法是进行记录，记录下目标行为发生的所有情况，如行为，导致行为的事件，以及主人和任何其他相关的生物对该行为的直接反应。

向家庭每个成员提供一份常见的攻击性行为的前因和强化因素的清单，让大家都开始记录狗的攻击性行为。这有助于集思广益，记录可能被忽略的提示和结果。以下是一些促使狗咬人的常见情况。

- 有威胁的情况，如体罚
- 束缚，如捆绑、紧身绳或被抱住的情况
- 有食物存在
- 异性的存在
- 挑战权威
- 看到害怕的人、动物或事件
- 快速或突然移动的人或物
- 非家庭成员进入房屋
- 非家庭成员离开房屋
- 非家庭成员在屋内的移动
- 对狗做出伸手的动作
- 任何人接近或接触主人

以下是攻击行为的一些强化物：

- 来自主人的关注或赞许
- 入侵者的退却
- 情绪表现
- 另一只狗的接近

下一步是对这些记录的数据进行分析。如果记录表明，狗的行为结果不足以控制狗的反应，那么就需要进行反应性调节。这种方法是将信号与中性的、非厌恶性的刺激匹配，来降低攻击性行为的频率。以下是建立条件反射的标准步骤。

前因：确定促使行为发生的环境。狗在什么时候最有可能做出不受欢迎的行为？你能消除这些情况吗？

训练员的反应：在看到前因时，给予非条件性的关注。无论狗的行为如何，都要向它提供分散注意力的措施。

如果记录显示，结果不能控制狗的攻击性，则需要对狗进行操作制约训练。这样做的目的是消除现有的条件，并消灭相关的行为。以下是建立操作制约的标准步骤。

建立操作：如果激动性行为是由社会因素引起的，则需要解决社会因素。

行为：训练狗之前未曾有过的行为。行为管理试图阻止狗在某一特定场合尝试该行为。行为矫治则是将每个场合作为一个训练机会。

结果：忽略行为，不提供强化物。奖励好的行为。强化任何非激动性的行为。

另一个处理方式如下。

结果：取消奖励，使该行为对狗没有好处。或让该行为变得不愉快，惩罚该行为。或奖励好的行为，强化任何不具攻击性的行为。或重复所有步骤，直到狗停止尝试该行为。当你看到期望的行为取代旧的行为时，要强化这种行为。

社会动机的攻击性

有些狗会攻击自己的家人。在这些情况下，社会原因是问题的根源。在绝大多数情况下，在一个家庭中出现问题行为的狗，不会在另一个家庭中出现这些相同的行为。这和狗与家庭的互动方式有关，狗想要和需要什么，以及家庭如何与狗互动。那些认为自己有权威的狗是如何学会了通过使用攻击性行为来阻止他人篡夺其社会地位的。

为了有效地处理这些情况下狗的攻击行为，最好的方法是努力消除这些行为背后的动机。要做到这一点，主人必须坚持自己的主人地位，把领导权从狗身上拿走，并建立狗对他们的依赖。做到这一点是非常重要的。

不再有免费的奖励

这个技巧非常简单，任何家庭都可以完全训练好他们的过度无礼的狗。让你的狗知道它并不是它所认为的高级成员，只需将它想要和需要的东西掌握在你的手里，直到狗承认一位家庭成员的地位并为那个人做一些事情。应该让狗坐下来“等待”，直到它被告知它做得很好，然后给它奖励。

如果一个家庭能够将这一概念融入对狗的日常照料中，将会润物无声但极大地改变他们与狗的关系。每当他们给狗喂食，让它出去，给它玩具，和它玩游戏，它就会被提醒，它的家庭中的人控制着它的环境。

平时需要把这些东西都放在狗够不着的地方，直到它按照要求安静地坐下来，等待主人的信号，它就会明白主人是重要的。它将学会必须通过讨好主人来获得奖励，而不是在主人之上。

这样的做法有三个目的。首先，它改变了狗对自己地位的看法，而不再认为自己比周围家庭成员更有地位，它不再会积极捍卫自己“发现的物品”。其次，它教会狗依赖家庭成员，顺从就会得到奖励。最后，在改变权威地位时，你改变了角色和职责；狗不再负责决定谁或什么被允许与家庭成员接触。

控制自己

然而，让狗等待并不是故事的终点，更重要的是如何让它等待。狗必须控制自己，而不是被主人用暴力控制。它必须学会自己通过家庭成员获得东西，而不是通过家庭成员阻止它获得东西。它只能通过自己主动保持静止，不受主人的指导或干扰来学会这一点。主人应该控制狗接触那些它想要的东西，而不是对它进行身体控制，在狗没有学会自己保持不动，每次在狗被告知可以行动之前把狗想要的东西拿走，直到它学会自己保持不动为止。

教会“等待”

准备好一个狗食碗，一把狗粮，还有你的狗。让狗知道你带着狗粮，然后把食物放进碗里，碗放在椅子上或柜台上，或方便你拿的地方。让狗坐下（可以引导狗坐下，在它上方放一点食物）。一旦它坐好，用你最灵巧的右手控制食盆。接下来，告诉狗“等等”，把碗放在狗面前约两英尺处的地板上。当它站起来时，不要告诉它“不”或伸手去抓它。相反，你只需要迅速地拿起碗。你对碗的控制就是你对狗的最终控制。然后，其间不要和狗说话或皱眉头，只需要把碗放回原位，重新开始。跟狗说“等等”，然后放下碗。你的手始终保持对碗的控制，这样你就可以在狗冲动的时候迅速把碗拿开。

你可能要“拿起碗重新开始”五次或更多次。但是，随着每次的重复，你会注意到狗的行为有了变化。它最开始可能会更快地站起来（削弱突破现象），它可能会躺下（尝试新的行为），它可能会开始等待，或者它可能会离开。如果它离开了，就让它走吧，它迟早会饿的。但是，你只需要不断重复这个训练，直到它安静地坐下来时，你觉得很满意，然后把食物给狗。你可以说“去吧！”并向碗点头，以帮助狗明白它现在可以吃东西了。

《训练员论坛》，1994 年第 19 卷第 1 期。与动物在水中互动是一种丰富的体验。然而，一旦训练员将自己置于动物的环境中，攻击行为就有可能出现。与大型动物的游戏行为常常会对训练员造成潜在的危险。安全问题一直是训练员在与大型动物自由接触时重要的话题。以下是两个机构对这个问题的回答，虽然相隔七年，但训练的关注点仍然是相似的。因为在训练领域，新的技术并不是很常见，通常是对经典技术创造性的应用，有创造力的训练员会不断找到新的途径来应对他们的动物。

海豚对游泳者的攻击行为的问题和解决

问（摘自 1986 年春季刊）：我们目前正在训练一头 2 岁的瓶鼻海豚（*Tursiops truncatus*），这头海豚与它的母亲在同一个水池中。它已经学会了大约 20 种行为。我们现在集中训练水中行为，两头动物通常对游泳者都有良好的态度。偶尔，小海豚会发脾气，然后变得非常有攻击性。目前，每当小海豚表现出攻击性时，游泳者会很快离开水面。我们希望在训练水中行为方面更有经验的人能够给我们一些建议。

答 1：除了增加水中玩耍的多样性，你们可以进行由训练员从池边控制海豚的水上训练，然后，另一位训练员进入水中，先停留在池边附近。甲板上的训练员训练海豚的各种行为，当它在水中经过水中的训练员的时候，加强它平静的行为。由于水中的训练员对海豚的吸引力非常大，你不能阻止海豚停下来查看水中的训练员。因此，当动物返回时对其进行强化。换句话说，水中的训练员成为训练中一个被忽略的道具。

随着动物忽略能力的强化，水中的训练员可以增加在泳池中的活动。当动物表现良好，水中的训练员可以开始喂食和训练动物，始终保持 A-B 和 B-A（在水中的训练员和甲板上的训练员之间）的交互刺激。最终，海豚将适应水中的训练员。

对于玩耍中的攻击行为，我们建议训练员们立即离开水池。

1986 年训练团队
太平洋海洋乐园

答 2： 攻击性行为可以通过基本的操作制约来控制。当训练员进行水中互动时，对可能导致攻击性行为的条件的了解是很重要的。对攻击性行为事件的早期识别有两种技术，而且我们的经验发现这些技术可以成功地减少这种行为。区别强化其他行为和不相容行为的差别强化是指通过强化与攻击行为相竞争的行为来减少攻击行为。有关攻击性的话题和这些训练技术在《攻击性的探索和解决》（*Aggression: Exploring the Causes and Possible Reduction Techniques*）中有着详细的介绍（1990 年春季第 15 卷第 2 期）。

除了需要了解有关攻击行为的基本原则外，巴尔的摩国家水族馆也有一些关于攻击性行为的训练经验。

巴尔的摩国家水族馆在开始跟海洋哺乳动物进行水中互动之前，需要遵循特定的准则。首先，对动物进行条件反射训练，确保它们对阶段性的刺激信号做出正确的反应。我们使用拍打甲板的方式，动物收到这种刺激信号需要回到舞台上，然后会得到强化。一旦动物对舞台呼唤建立了积极的学习历史，我们接下来就开始训练员入水脱敏的程序。一位训练员进入水中，同时强化动物保持平静。甲板上的第二位训练员是实际控制动物的人。一旦动物的行为模式保持稳定，并最大程度地忽略水中的训练员，那么动物就可以转移到水中的训练员那里继续训练。通过使用“舞台召唤”，使动物对水中的训练员不再敏感，这为安全和积极的水中训练奠定了坚实的基础。我们的要点是：训练员慢慢地进入水中，同时稳定地让动物保持冷静，能克服任何中性或厌恶的刺激。信号使用要连贯，水中训练可以成为动物积极的互动和新的、不同类型的强化来源。

1993 年训练团队
巴尔的摩国家水族馆

注意： 这期《训练员论坛》问题是从《探索》杂志中提取出来的。我们认为过去的问题依旧适用于今天的训练。

《训练员论坛》，1998 年第 23 卷第 2 期。当攻击性成为一个问题时，训练员往往对如何解决这个问题感到迷茫。下面提出的问题是《训练员论坛》有史以来收到的最复杂的问题之一。因为这个问题有着相当复杂的背景信息，这使得答案比简单地解决“我们如何才能减少攻击性”这一问题更加复杂。每个回答者都以细微不同的方式来回答这个问题。你可能会认识到特纳在本章前面描述的许多技术都包括在答案 1 中。答案 2 通过与谢德水族馆的训练员合作，不仅提供了建议的解决方案，而且着重介绍了该特定问题的历史。答案 3 集中回答攻击性的一般操作中的原则。所有回答的机构都有常规的水中训练动物的项目，最后三个回答（3 ～ 5）是来自那些与公众交流的机构。

海豚不断升级的攻击行为：一个复杂的问题

问： 我们有两头体型非常大的海豚，都是在我们的机构中出生的，分别为 9 岁和 13 岁，它们都对水中的训练员表现出攻击性。在这些动物很小的时候，我们就尝试过水上表演，当时只是把游泳者作为一个道具。和大多数动物一样，当它们开始接触游泳者的时候，它们会用嘴咬住游泳者的脚、手、腿、胳膊，甚至会咬破。不幸的是，这种情况在当时并没有得到解决，我们便完全放弃了水上表演。当训练员不小心掉入水中时，海豚还表现出其他的攻击行为。今天，情况已经恶化到训练员实际上被拉入水中的地步，而且此时海豚会忽略对池边甲板上的控制训练员的命令。

我们一年前开始了一个异物脱敏项目，以治疗动物摄入异物的问题。不管有什么东西被扔进水里，动物们都被训练待在原地。下一步是引入一个真人大小的假人，穿上潜水服，打算教动物们在不接触假人的情况下正常玩耍。六头具有潜在攻击性的动物通过这种方式进行训练，但有三头雄性动物对玩偶仍有很强的攻击性。攻击性没有明显的前兆，使用最小强化刺激意味着海豚对训练员攻击的时间只有 2 ～ 3 秒的延迟。我们已经尝试了很多方法来处理这个问题。我们想要的结果是动物对水中的训练员没有攻击行为。我们欢迎任何建议。

答 1： 你可能需要的是一个水中脱敏训练计划。这种脱敏训练有两方面的作用：一是教会动物们在水中忽略训练员，二是给动物们提供其他适当的、可强化的行为，这些行为与任何攻击性行为不相容。在最初的水中脱敏训练中，你需要训练一个“召回”行为。继续脱敏训练过程，也会加强你对动物的控制，当训练员开始滑入池中时，会保持动物的稳定和可靠。召回信号被训练好后，可以应用到许多不同的场景下，而且在一天中不同的训练时间里，都应该能获得可靠的回应。对这种行为的强化应该保持很高的水平，以增加正确反应的数量。

训练开始时，先让训练员坐在池边，脚放在水中。当动物很稳定时，可以让训练员下水。当动物适应一位训练员时，可以增加水中训练员的数量。随着行为强化的进行，你可以增加水中训练员的活动量。这种活动应该包括基本的水上表演行为。这个脱敏计划也可以用在其他的海洋哺乳类动物身上。

我们也强烈建议你停止使用穿训练员衣服的假人。这只是让海豚在演练攻击训练员。我们虽然不能阻止动物查看水中的训练员，但我们可以做一些事，以减少动物对人的攻击行为数量。

虽然你们动物的攻击性的起因似乎很神秘，而且是在没有警告的情况下出现的，但实际上有许多正在进行的因素导致了攻击性行为的升级。在处理一般的攻击性问题时，有许多要点需要考虑。以下是我们的一些想法。

首先要仔细观察，看看何时何地会发生攻击行为。如果有的地方训练员不小心掉进去或者被拉进去，从今以后就不要在这个地方训练动物。

积极寻找前兆。前兆是能用于预测攻击性的警示信号。它们开始时几乎是难以发现的，但会不断升级。如果动物们对训练员不感兴趣，或者是快速游动或者相互之间身体活动频繁，你就知道这不是进行水上训练的好时候。

使用区别强化其他行为、不相容行为差别强化。在处理攻击性行为时，对不相容的行为进行强化是至关重要的。关注动物其他行为。训练那些平静的行为或者对训练员不感兴趣的行为，而不强化关注水池中训练员的行为。

在攻击行为发生之前结束训练。不要通过训练来锻炼动物的攻击行为。使训练保持简短而积极。在攻击行为发生之前，鼓励动物其他的成功行为，尽量使动物的挫折感转变为兴奋感。

为攻击性行为制定一个详细的计划，并向所有的训练员传达这个水中脱敏训练的计划。训练过程应该被记录下来，以便未来的训练员可以从这些训练历史中学习，确定过去发生过攻击性模式的时间和地点。如果是在某一特定地点，让其他人知道不要在这个地点训练动物。如果是在一天中的某个时间，再次与其他人沟通，选择其他的训练时间。

这些信息可以应用于不同的情况和不同的动物。我们希望这对你能有帮助。祝您好运。

训练团队

俄亥俄州海洋世界

答 2：这是个多么吸引人的问题，你们有着多么独特的环境啊！如果你把这种情况当作是在训练一群新动物，你可能会采取一种新的方法。有时，我们很容易陷入困境，试图摆脱不需要的行为，而不是专注于获得期望的行为。事情的真相是，视角的不同可以改变你训练动物的整个方法。如果你努力教导动物与水中的游泳者进行积极的互动，你就会把注意力放在积极的方面而不是消极的方面。对动物的经历和对过去所做的事情有完整的了解仍然很重要，但不要让这些因素阻止你把这种情况作为一项新的训练任务来对待。

在重新开始之前，让我们研究一下动物的训练历史。很明显，你已经尝试了很多方法，你也了解了哪些是有效的，哪些是无效的。以下是对最初的问题和所述情景的一些初步想法。

咬人行为——你说“大多数动物”会通过舔舐训练员的脚、手、腿和胳膊来探索游泳者，但情况可能并不一定如此。如果你在刺激控制下与动物互动，你的信号和其他强化物可以用来加强积极的互动，并熄灭任何用嘴咬的行为。训练员不应该把咬人行为当作是不可避免的情况。

控制训练员——如果动物在陆地上对训练员的控制很弱，这通常表明对游泳者的攻击性互动更有强化作用。这可能是由多种原因造成的，包括之前缺乏强有力的强化历史，缺乏足够的多样性（在强化时制或行为选择的多样性方面），或者缺乏一个强有力的召回信号。

真人大小的玩偶——玩偶的使用是一个有趣的实验，但这种方法可能有几个问题。第一个问题在于动物是否能真的区分玩偶和真人。其次，即使你成功地训练玩偶与游泳者联系起来，动物们与其中任何一个互动时，反应也将非常不同，以至于你将无法控制互动的强化价值。

最小强化刺激（LRS）——不清楚你是否尝试过在攻击行为中使用最小强化刺激，还是仅仅认为在这种情况下使用这种工具是不合适的。因为最小强化刺激是为了使动物的环境仅发生微小的变化，以防止强化不良行为，对于你的情况，不能完全照搬斯特普斯（1991）所描述的真正的最小强化刺激。攻击性的本质是为动物的环境提供了许多变化，这也是攻击性对动物具有强化作用的原因之一。

对于你的情况，训练海豚忽略水中的游泳者可能是一个最终的目标，但它可能不是消除攻击性的最简单方法。攻击性似乎得到了强烈的强化（尽管是无意的），因此更现实的目标可能是专注于改变海豚与游泳者的互动方式，而不是消除这种互动。关键是海豚与游泳者的积极互动，让这个积极的互动比攻击性互动更有强化作用和乐趣。

第一步，你需要检查训练计划的整体情况。训练课程是否有趣和多样化？攻击性也可能是无聊的结果，因为训练或表演总是让动物做完全相同的事情。这可能会导致动物寻找其他事情来保持他们的注意力（如攻击行为）。你的强化训练计划是否能使你的动物保持积极性？重要的是，要确保你的强化物足够大、足够多、足够有趣，以保持动物的兴趣。否则，就会产生挫折感，这也可能是造成攻击性的另一个原因。最后，你是否关注了整个强化物的情况？训练课程是最关键的丰容形式之一，但训练只占动物一天中的一小部分比例，我们必须始终意识到它们在训练课程之外是如何度过它们的时间。自由玩耍、社会互动、栖息地改变、玩具种类、环境因素、公众接触等都对我们的动物产生影响。如果整个丰容的环境是停滞的、令人沮丧的或不健康的，则可能会导致并增加动物的攻击性。在本讨论中，我们姑且认为上述这些变量已经被考虑在内，且不再是影响因素。

下一步可能是让动物对水中的训练员进行脱敏。先让训练员坐在池边，脚和腿悬在水中，训练员不用完全暴露在有攻击性海豚面前。在这个位置上，可以训练各种基本行为，并建立强大的强化经历。如果你真的担心你的海豚会在这个位置咬你的脚，请穿上厚厚的保护性钢头靴，这样可以避免你受伤。任何咬人行为都不要回应，随着时间的推移，这种行为会自然减少；同时，海豚对水中的脚不予理睬的行为会得到更多的强化。最终，你可以让动物到另一个同样在水中悬着脚的训练员那里。一旦动物们行为做得很好，你就可以进入下一步了。

最关键的步骤之一是让另一个位置的训练员进入水中配合训练。目标是让去水中的人那里成为一种积极的和强化的体验。当然，关键是要让它在你的控制下成为积极和强化的体验。至关重要的是，在致力于这一步骤之前，你已经与每头动物建立了牢固和积极的关系，这将促成一个良好的强化结果。如果你对动物仍然担心，你可以采取一些安全预防措施。穿上防护服，以便在动物咬人时尽量减少对自己的伤害。如果可能的话，从浅水区或受保护的部分开始，这可以防止动物从后面袭击你。

慢慢地，你将能够进入更深的水中，增加与海豚互动的多样性。应该强调的是，你正在努力创造一种新的关系。过去的问题持续了很长时间，所以你必须慢慢地来。每头动物对训练的反应都不一样，所以要让你的训练计划适应每头动物。一旦动物们学会了与游泳者积极互动，那么在训练中教它们不理会其他游泳者就会比较容易。重要的是，动物要学会留在原地，除非被要求去与游泳者互动。要做到这一点，就必须确保“待命”和其他行为一样都会得到强化，并确保你的训练时制是不可预测的。

最终，你的动物会学会在刺激控制的情况下与游泳者积极互动。然而，由于你的动物有如此长的攻击性历史，上述目标在近期内实现可能并不现实，你可能会发现只有在动物处于定位状态时进入水中才是最安全的。成功取决于深思熟虑的计划、全体员工协调一致的方法以及建立一个良好的强化经历。

总有一些障碍和陷阱会使一个好的训练计划偏离轨道。预测所有的这些障碍是不可能的。如果有两个人立即想到了，也许应该讨论一下。

脱敏训练期间有人游泳。当水中脱敏训练和训练正在进行时，不要让动物有机会从事过去的攻击性活动。虽然这一点看起来显而易见，但可能会出现需要您派遣游泳者或潜水员进入水中进行维护、清洁或取回一个物体的情况。在游泳者进入水中之前，你应该把动物从那个水池中赶出来。虽然耗费时间，但不这样做会给攻击性动物提供攻击性和继续不良行为的机会。即使这只是偶尔发生，也会对你的谨慎且积极的训练产生影响。

召回信号。虽然你在问题中没有提到召回信号，但你确实提到你的动物对陆地上的控制训练员没有反应。如果你要使用召回信号，它必须要有良好的训练基础。召回是和其他行为一样的行为，并且应该像动物的其他行为一样得到强化。如果只有在动物做错事时才使用召回，那么这个信号就有了负面的含义，使用时可能会使动物感到沮丧和愤怒。当然，如果你打算在有攻击性的情况下使用召回，可能会出现你最不希望看到的事情。如果你想使用召回，请将它与你的水中脱敏训练分开训练，不要让它与攻击性联系起来。确保你的召回是经常在积极的情况下使用。在具有攻击性的情况下，有效地召回通常需要资深训练员来进行。我们建议在早期的水中训练中不要使用召回，否则你可能会加剧问题的严重性。如果使用得当，召回可以是一个非常有效的工具；但是，如果使用不当，就会造成巨大的问题。最终，每个机构必须确定召回是否是适合他们的工具。

毫无疑问，你的问题是复杂的，但并不是无法解决。有许多方法可以来处理你的情况。我们只是提供一个建议。希望对你有用。祝您好运！

训练团队

约翰·谢德水族馆

答 3：当你的海豚表现出攻击性行为，你需要考虑很多因素来解决这个问题。不幸的是，当动物在最开始表现出攻击性行为时，这些问题往往没有得到解决。以下是我们机构使用的，用以减少不良行为频率和强度的技术。

我们要记住的是，动物的攻击性行为也是由强化物来控制的。所以，首要的是确定强化物是什么，并将它们从动物的环境中移除。训练员对动物攻击行为的注意和一些不当的处理方法，可能会适得其反地强化了这种行为，从而导致动物攻击频率的增加。

心理学家发现，有机会进行攻击的动物会更频繁地进行攻击。因此，消除动物攻击的机会可能有助于从源头解决攻击行为，因此，你可以制定一套计划，来慢慢消除动物环境中给攻击行为提供机会的因素。我们的一个有效方法是让动物的所有护理人员都列出他们认为的导致攻击行为机会的环境因素。这些因素可能包括环境因素、社会因素、强化物和强化时制。我们从不允许理所当然地认为动物可能在想什么，因为我们不可能知道。但资深训练员会运用特定动物行为历史来缩小选择范围。有了动物饲养历史和记录等信息，我们就可以很容易地确定最有效的行动计划以便来纠正这个问题。

确保不良行为不被强化的有效方法之一是在动物的不良行为出现后提供最小强化刺激。当你给出一个翻转的区辨刺激信号（既定的标准是旋转一圈半），但动物只做出了一圈旋转，这时候训练员就可以不给任何信号并等待动物回到原位，训练员通过利用最小强化刺激，而没有强化上述低标准的行为。训练员对动物做出的任何反应都有可能不经意地强化动物的不良行为，特别是那些改变身体位置或态度（如跺脚、翻白眼）的行为。关于最小强化的技术和使用内容，我们推荐阅读《通过削弱法来减少不良行为的频率：应用于训练海洋哺乳动物》（国际海洋动物训练员协会，1991）。

一般来说，导致攻击性行为的原因有以下几个：社会变化、激素波动和意外强化导致的反常行为。最后一种情况就是动物的攻击性问题因训练员的意外强化而更加严重。控制攻击行为的最有效方法之一是使用不相容行为差别强化。不相容行为差别强化通过强化那些与攻击行为不相容的行为来减少攻击行为出现的频率。应用不相容行为差别强化将增加与攻击行为不相容行为的频率，并减少攻击性行为的频率。举例来说，一头海狮正在接受从后脚蹼抽血的训练，然后，在某一次训练中，海狮把头向后伸试图去咬训练员。在以后抽血的训练中，训练员会让海狮把嘴对着前面的一个定位目标，这样动物就无法回头咬人，往前定位和往后试图咬人是两个不相容的行为。这样，训练员就能在没有被攻击危险的情况下继续训练抽血行为。

另一个可以减少攻击行为的方法是区别强化其他行为。本质上，区别强化其他行为是指强化任何不受欢迎行为以外的行为。例如，一头白鲸在站立定位时会持续发出恼人的声音。训练员决定应用区别强化其他行为来减少发声的频率，通过强化它发声以外的任何其他行为，随着时间的推移，白鲸的发声次数减少了并逐渐消失了。关于攻击性的原因和更多解决方案，我们推荐阅读《攻击行为：原因探索和解决技术》（国际海洋动物训练员协会，1990）。

如果我们遇到与你类似的问题，我们会坚持运用上述的技术来解决攻击行为的频率。如果攻击行为非常顽固，我们也会选择从“原点”开始，制定一个长期的训练计划，以便再次建立与动物之间的积极互动关系。除了上述技术的应用，训练计划的首要目标之一是确定攻击性的前兆。尽管很多前兆可能不明显，而且很容易被忽略。这些前兆往往很微妙，比如动物避免目光接触的行为，沉入水面下，或者只是无视一个手势。如果你能辨别这些前兆行为，及时使用不相容行为差别强化 / 区别强化其他行为就可以帮助动物积极地重新集中注意力，并有效地阻止攻击行为的发生。

另外，需要让动物们对水中的游泳者脱敏。脱敏行为是基于非常稳固的定位行为，当游泳者进入水池时，动物必须时刻保持这种定位。一开始可以让游泳者只在训练员控制下的动物附近。如果动物不对游泳者做出反应，就会得到强化。下一步是让游泳者把脚放进水里，继续强化动物的平静反应。这样渐进训练会一直持续下去，直到动物完全忽略水中的游泳者。如果在训练过程中动物出现不良行为，可以利用最小强化刺激、不相容行为差别强化和区别强化其他行为等技术来控制这些不良行为。

我们发现，这些技术的应用将我们动物的攻击行为降到了最低。

培训人员
海豚联盟海洋馆

答 4：我们所有的海豚都有参与公众的互动项目的任务，因此，识别和扑灭攻击行为是我们训练团队的首要任务。根据你问题中提供的信息，我们建议你最好是从头开始：换句话说，把水中作业或水中互动当作一种全新的行为来重新训练。我们建议以训练员和动物 1：1 的比例来进行训练，而且一次只有一头动物在池子里，那将是最理想的；否则就应该在池子周围建立单独的训练点，并保持每一头动物都有专门的训练员陪护。

最初的水中脱敏都应该由主训练员来完成。脱敏过程是从脚在水中，腿在水中，然后在浅水中站立。如果你们机构没有浅水区，可以模拟一个小型水下平台。在这个训练阶段，应大量使用初级强化物来强化动物的正确行为。如果你们也有次级强化物，则应在脱敏过程中加入这些次级强化物。下一步是引入另一位训练员作为副手，以便在训练中使用 A 到 B 等不同的训练技术，并逐步进行水中脱敏。

在脱敏训练的进行过程中，我们建议让动物经常做对该动物有高强化历史的行为，动物在进行该动作时，你可以确信不会表现出攻击性倾向。在水中进行训练时，最好多尝试动物与训练员合作的互动行为（如脚推和背拉），而不是训练员只充当道具的行为（如人体跨越）。

在进行水上训练的同时，我们建议你建立起有效的召回方式（如振铃器或水下声）。这种召回行为应该是高度强化的，以便每当使用它时动物都会回到训练员身边。请记住，召回应该始终得到强化，而且不应过度使用。一旦发生攻击行为，召回可以作为训练员一个宝贵的安全工具。

在处理任何训练问题时，工作人员之间的沟通是一如既往的至关重要。所有与动物打交道的训练员都应该了解训练的进展，并应遵守既定的训练协议。

训练工作人员

遇见海豚海洋馆

答 5：无论什么时候，当动物的攻击性行为不断恶化，你需要尽快消除导致不良行为的场景和机会。如你们所描述的那样，当雄性海豚不时攻击水中训练员（咬人、冲撞等）并发展到将训练员拉入水中，最好的方法是在一段时间内停止与动物的所有水中互动。不要让它们有机会继续其不良行为。你需要动物按照你的条件进行互动，而不是你按照它们的。一旦你消除了动物的攻击性机会，那么就是时候建立一个训练计划，以实现动物对水中训练员没有重大攻击行为的目标。

通过使用大量的初级强化物（食物）来最大强化动物的正确行为，这样你就可以取得最积极的进展。在行为退步的时候保持动物的基本食物供给，这样做虽然会失去一些标准，但好处是你有一头更放松的动物。对那些有攻击历史的动物，要进行单独训练，以避免动物的注意力分散和夺食行为。训练计划的主要目标应该是加强训练员和海豚之间的关系，并发展出相互接近且积极的互动。训练员在训练初期要避免进入水中，不让动物有机会表现出攻击行为。你们可以用玩具和想象力来创造一个有趣的训练课程，进行触觉和视觉控制的训练。这些创意训练方法有让动物侧身漂浮，从训练员 A 到训练员 B，手放水中模拟脚的动作，直至使用冲浪板或充气船。如果上述训练进展顺利，你可以让另一位训练员穿上救生衣漂浮在水面上。这一训练过程的关键是要强化正确的、非攻击性的行为，并让训练员逐渐进入水中。这是一个缓慢的过程，在过程中需要训练员不断强化动物的正确行为，千万不要强化任何与攻击性有关的行为。

就像许多类似的问题一样，三言两语的答案往往无法解决问题。如果您还有兴趣，我们很乐意与您再进行更深入的交流。祝您好运！

训练人员

百慕大海豚探索海洋馆（Dolphin Quest Bermuda）

《训练员论坛》，1990 年第 15 卷第 2 期。现在没有动物隔离设施的老旧场馆已经很少见了，但新场馆的动物分离也有可能难以做到。下面这个问题和它的三个答案都非常实用。不过阅读时请注意技术和术语上的细微差别。答 2 和答 3 提出了一种解决方案并使用了非常标准的操作性术语。其他两个答案中解决问题的原则与答 1 类似，但表述方式不同。

公共区域的动物攻击行为的问题和解决

问题：在交配季节，我们最年长的雄性海豚对群体中的其他海豚非常有攻击性。我们没有能力把这头动物从群体里分开。有没有人有处理这个问题行之有效的方法？我们欢迎任何想法和建议。

答 1：你所提供的你们的动物和场馆的信息非常有限。因为我们对你所说的雄性动物的攻击行为了解不多，而且我们对非常具有攻击性的行为的理解可能与你们非常不同。如果我们能更多地了解你的场馆的规模，动物的总数，以及你每天的表演和/或训练计划，我们或许能提供更多的帮助。我们给你提供一些处理这类问题的基本信息，希望可以帮助你减少或消除这些攻击行为。

我们一般将攻击行为分为两种不同类型的情况，是出现在表演或训练过程中，还是出现在动物的自由活动中。无论你是单独训练动物还是做群体训练，在这过程中，训练员都需要尽量地控制动物行为。训练员必须对动物非常了解，并有很强的观察力。训练员需要能够识别攻击行为的早期信号，这些信号是动物攻击的前兆。能正确识别前兆，那训练员就可以比动物领先一步，并采取一些行为，将动物的注意力转移。更有效的做法是在识别微妙的攻击性行为后，忽视这些不良行为。如果你的雄性动物的攻击行为妨碍了其他动物的训练，一个好的解决办法是等所有的动物都安静下来再进行训练和奖励。你需要尽量保持你训练的积极性，多做一些雄性动物平时喜欢的行为，同时避免其不喜欢的行为，不要给动物离开或生气的理由，因为这可能会增加攻击行为的问题。

另一种情况是动物在自由活动期间出现的攻击行为。在这些时间的行为往往超出训练的控制，因此我们建议找一些让你的雄性动物有事可做的玩具和活动。如果你的动物被长时间留在水池中且没有任何事情可以让它们忙起来，攻击行为就可能难以避免。你可以安排志愿者或者休班的训练员在那里和动物一起玩耍，或者给动物它们平时喜欢的玩具。

因为我们并不非常了解你的动物和机构情况，你的问题可能比我们想象的要复杂得多。我们希望上述的建议对你有所帮助。我们也欢迎你随时打电话来讨论。祝您好运。

训练团队

美国非洲海洋世界

答 2：像任何行为一样，攻击性行为也可以通过成功且成熟的经验和技术来消除。虽然社会攻击行为（激素波动和性活动）一直是一个棘手的问题，但它并不是不可克服的。控制攻击行为的关键因素是在公开的攻击行为或打斗行为发生之前就尽快地应用行为控制技术。很多时候，训练员试图在攻击行为发生后再去修补问题。坦率地说，这种事后修正行为的努力是徒劳的。在某些情况下，训练员甚至会意外地强化攻击行为的频率、强度或持续时间。因此了解攻击行为的警示信号，是有效控制攻击行为的重中之重。这些攻击行为前兆包括：点头、张开嘴巴、发声、尾鳍拍打等等。

资深训练员甚至可以识别出更细微的攻击前兆行为。一旦识别出这些攻击前兆行为，就可以使用不相容行为差别强化原则来消除攻击行为升级风险。不相容行为差别强化通过训练一种与攻击行为不相容的行为，导致动物无法做出攻击行为。例如，你的狗狗在发出攻击行为之前，总是会先对其他狗狗张开嘴巴，那么训练一个抬头行为或目标定位的行为将导致你的狗狗无法继续做出攻击性行为。通过不断地强化，动物攻击行为越来越少。最终，通常会导致它攻击前兆行为的减弱，而动物的冷静会更加得到加强。

你的第二个问题是如何在非训练期间减少攻击性。这可以通过利用区别强化其他行为的技术来实现。区别强化其他行为强化除攻击行为以外的任何行为。区别强化其他行为的目标是减少未强化行为的程度和频率。假如有一群会相互攻击的海豚，如果它们有一天被观察到没有进行攻击性活动，它们就会被强化。如果动物没有相互攻击，那它们的行为可以是休息、游泳、玩耍或探索它们的场地。无论是上述什么行为，通过强化这些行为将增加良好行为，减少社会攻击行为。正确使用上述这些原则应该能够大大减少你们动物的攻击行为。以下是我们总结的三点：

1. 了解前兆，早期发现是你最好的防御。

2. 当攻击性实际发生时，使用不相容行为差别强化。

3. 使用区别强化其他行为来加强动物间的任何良好的互动行为。

泰德·特纳
俄亥俄州海洋世界

答 3：我们发现可以用行为训练技术和理论来解决你所提到的攻击问题，而且很多经验表明这些技术在其他海洋馆取得了相当大的成功。如果一头动物对其他动物表现出攻击行为，这通常会引发其他各种问题。除了物理伤害外，动物的社会结构也会受到负面影响，训练课程和表演也往往会被打乱，因为在主导动物面前，从属动物会变为拒绝表演和训练。这种情况就是主导动物表演和训练做得很好，而其他从属动物却拒绝表演和训练。

对于这种情况，我们的策略是强化任何主导动物与其他动物的和平合作的行为，而不是恐吓这些主导动物。有多种方式可以实现这一目的，我们的建议是训练你们的主导动物与其他从属动物一起工作。为简单明了地叙述，我将称主导动物为 A，从属动物为 B，A 在配对训练中被非常明确地告知允许 B 训练和进食。根据 A 对 B 的影响程度随时调节训练方式，如果 B 非常紧张和害怕，你需要从小事做起。比如要求 B 做一个非常简单和简短的行为（摇头或挥动胸鳍），如果期间 A 没有影响 B，你就可以同时给两头动物信号和奖励，你看你就已经达到了预期的小目标。

当你喂 B 的时候要尤其小心，不要让 A 偷走 B 的奖励。我还建议采用一比二的奖励比例。B 每得到一条鱼，A 就得到两条鱼。精确的给信号时机也很关键。当 B 得到它的鱼时，精确的信号可以帮助 A 理解为什么它也会得到报酬。如果 A 干扰了 B 的某个行为，给它们两个短暂的训练暂停（10 秒），然后再试。

表演也是强化合作的重要时机。如果有几头从属动物正在做串联行为，你可以在奖励这些动物的时候也对 A 进行强化。在你的一天上班时间中，都可以抓住任何机会进行加强。我建议一开始都使用食物作为奖励，因为食物是最有力的强化物。当动物行为稳定后可以使用次级强化物，让 A 和 B 一直都保持积极的行为。

并让它们知道自己被强化的原因：合作、不侵犯、允许 B 训练、吃饭、社交、玩耍等等。

盖尔·劳勒
活跃环境公司

ABA - S.I.G.
Association for Behavior Analysis
Animal Special Interest Group Newsletter

下面这篇文章发表在《行为分析协会—动物特别兴趣小组简报》1995 年 12 月的简报中，描述了使用正强化训练护卫犬的经过。因为大多数人从来没有见过训练有素的护卫犬，它们可以不戴嘴套地与训练员合作，所以许多人对护卫犬常有一种误解。对于这些狗来说，咬人、咆哮或攻击等行为是在信号刺激控制之下的，它们只有在训练员发出信号时才会表现出这种行为。莎朗·柯克帕特里克 - 桑切斯（Sharon Kirkpatrick-Sanchez）描述了她在训练护卫犬过程中的个人经验和使用的技术，我们可以从字里行间看出她对动物显而易见的爱。

正强化技术在护卫犬的受控攻击行为训练中的应用

这篇文章不是关于解决宠物的攻击行为问题。恰恰相反，它是关于如何训练狗在训练员的信号下表现出攻击行为。这些训练有素的狗是高度社会化的动物，因此它们在人群中是安全的，也不会无故攻击儿童，这些动物对人类具有侵犯性行为的特征有完美的识别能力。

护卫犬在公众中的名声并不好，因为人们并不了解它们，狗咬人行为是令人深恶痛绝的，但这往往是由于那些主人没有尽好训练他们狗的责任。然而，并不是所有咬人的狗都是不好的，恰恰相反，那些被训练成在特定情况下做出攻击行为的狗却是守护安全的卫士。警察、缉毒队和武装部队都需要这样的狗来帮助执行任务。

从另一个角度来说，当你告知有些主人不应该依赖狗来看家护院时，这些主人往往会感到沮丧。这些狗的主人应该早些知道，他们没法依靠没有受过训练的宠物狗来攻击闯入他们家的陌生人。哪怕你的狗可能会这么做，但是你不应该指望它在没训过的情况下这么做。虽然在栅栏后面、在前门、在狗链拴着的时候，狗的咆哮是很常见的，但狗真的攻击人是很罕见的，这种行为需要大量和严格的训练。

定义

护卫犬是一种德国牧羊犬。在美国，这些护卫犬首先被用于竞赛运动，现在也用于狗的选美或者气质比赛。

护卫犬可以是指在特定情况下被训练成咬人的任何狗，例如，守护其领地内的狗或者是某人家中的狗，或是公共场合中守护人的狗。在最后一种情况中，这些护卫犬是守护公共财产，对陌生人友善的好狗，在它没有受威胁的情况下是不会威胁到人类的，这种狗只会在训练员的口令下做出攻击行为，不会因为自身恐惧而咬人。

这种狗的选择从幼犬便开始。我们往往会选择那些表现出高度捕猎行为的幼犬：检索、追逐移动物体并叼回该物体。因为一些行为是可以遗传的，选择那些已经被训练得很好的狗所生下的幼犬是捷径之一。早期训练有着至关重要的影响，如果幼犬被训练成不会咬人，成年后也往往不会这样做。

如果从成年狗中选择，你需要请有资质的护卫犬训练员来测试这只狗在压力下或受威胁时的反应。这位训练员需要检测那些未经训练的行为，以测试狗的本性和品质。

狗的训练

让狗对你的命令时刻做出正确且迅速的反应。为了达到这一点，你需要做好基本的服从行为的训练和塑造。使用食物、玩具或任何对狗有强化作用的东西来进行训练，并同时把自己变成一个强大的条件性强化物。这样一来，在没有食物时狗也会服从你的命令。

服从性训练

护卫犬的服从性训练是由希拉·布斯（Sheila Booth）和戈特弗里德·迪尔泰（Gottfried Dildei）首先提出和总结的。他们描述了护卫犬服从性定义以及训练技术。该书没有用行为学术语来写，而是用大众耳熟能详的俗语编写的，但所用到的训练技术则是基于正强化操作性训练的。

对侵犯性行为的辨别与社会化

合格的护卫犬不应该害怕任何人，尤其是表现出正常行为的人们。当人没有表现出侵犯行为时，你的狗是否也会表现出恐惧和威胁行为（如抬头和吠叫）？如果是这样，我们通常认为这只狗气质上有缺陷，很难成为一只好的护卫犬。许多幼稚的主人认为，他们的狗无缘无故地对陌生人狂叫是很好的行为。他们认为自己有一只出色的护卫犬。然而，这是狗基于恐惧的攻击行为，对于护卫犬或警犬来说，这是完全不可以的，因为它们要攻击的人可能在 100 码以外，而不是就在旁边。因为试图通过狂叫让陌生人走开的狗不会去追赶远处的一个人。因此，我们会对那些因为恐惧而攻击人的狗做密集的社会化训练，并强化恰当的社会化反应。

如果一只狗在这些训练中没有迅速取得进展，那这只狗可能不是一个好的苗子。它可能因为恐惧等原因控制不住地咬人，而不是只在训练员口令下才进行攻击。当然，有一些训练员会有意地训练狗在恐惧下咬人的行为。但护卫犬和警犬训练员则完全不会，因为恐惧性咬人不是一种有用的行为。恐惧咬人的行为是狗对自身的区辨刺激的反应，并非源于主人的授意。

护卫犬会被教导辨别哪些人在表现出攻击性，如眼神、衣着、身体姿态、大喊大叫、挥舞手臂，或手中拿的什么东西。起初，我们会训练狗对这些人做出正确的攻击准备：脸部僵硬，耳朵向上或向前，身体姿势僵硬，尾巴向上，吠叫，或朝着目标人前进。训练开始于目标离狗 30 ～ 50 英尺的地方，以防止狗出现逃避行为。如果狗后退，那我们就犯了一个错误，因为我们引起了狗的回避反应，而不是向前攻击。当这种情况发生时，目标模拟人就会从头再来，并以夸张的姿态重新开始。

这些初始的攻击行为的暗示是由表现出攻击性的目标模拟人（也就是“坏人”）提供的，而不是由训练员提供的。当狗表现出哪怕是一点点的攻击性，“坏人”就会从狗身边溜走或跑开，而狗就“赢得”了这场小小对抗的胜利。通过强化狗在“坏人”跑开之前的攻击行为，攻击性就会慢慢形成。

在训练期间，周围的其他人不能对狗表现出攻击性。只有受过训练的“坏人”才能这样做，因为他是负责塑造狗的攻击性的人。主人可以在旁边表扬狗的正确反应，但我们的经验一再证明，“坏人”跑开的行为比主人表扬的强化效果更大。

拔河运动

我们鼓励你把拔河作为一种好玩的游戏。这是咬合训练的开始。在这个阶段你可以不做任何服从性训练，只需要让狗知道它总是赢的就行了。自然情况下，持续的时间、咬合的强度、咬合的平静程度都会被塑造出来。

训练员还需要训练的两种操作性课程是狩猎行为和防御行为。猎物追逐是指动物追逐移动的物体并咬死。这个自然本能行为链的终极强化物是食物和杀死猎物（正强化的咬）。防御是保护自己、训练员和领地不受入侵者侵犯。这种情况下的强化物则是赶走坏人（负强化的攻击性，作为狗的攻击性的结果，坏人从环境中移除），或赢得对抗（正强化的攻击性）。咬人且只得到负强化的狗被称为恐惧咬人者。

在训练狗攻击人的实际训练中，两种咬人的反应类别会被结合起来。狗已经学会识别那些具有攻击性的人类，并同时知道如何在拔河比赛中咬住不放。训练员开始将他的动作变成对狗的某种威胁，比如横向跑动或远离狗，并在跑动或退后时给狗以拔河式的咬人机会。当狗尝试咬人时，他可能会转身面对狗，增加攻击行为的强化。

如果训练员看到狗表现出压力的迹象，如咆哮和抬头，那么缓解压力也是他的责任。这个时候“坏人”需要背对着狗，以消除目光接触（这是一种威胁）。在狗咬人的时候，他实际上可以用空闲的手轻轻地抚摸狗。狗被教导要紧追“坏人”，直到咬到“坏人”的袖子。以这种方式训练出来的狗，会将训练作为缓解压力的一部分，在咬人前几乎从不咆哮或抬头。相反，它们往往会因为兴奋 / 激动而摇摆尾巴。因此，它们不会给人以咆哮、发怒、猛扑等被控制的野兽的感觉，而这种野兽恰是一些人心中攻击犬的样子。

咬人的服从性

无论是否有绳子牵着，护卫狗都必须有出色的服从性，这样才不会发生未经授权的咬人事件。因此，在学会了基本的服从性和基本的咬人动作后，就要训练护卫狗的服从性。在这个阶段，咬人本身已经变成强化物了。狗不会对用于训练常规服从性的食物或玩具强化物做出反应。

状态依赖性学习则在此发挥其作用。其程度如此之高，以至于有效强化物的类别会发生变化。此外，普雷马克原则（Premack principle）也适用于此：高频率行为被用来强化低频率行为。咬人是训练得来的高频反应。狗被允许做一大类自然行为（追逐、咬人、支配地位的展示），只有当这些行为是对被教授的区辨刺激做出的正确反应时，才会得到强化。

因此，虽然一开始听起来很奇怪，但狗的正确服从行为的强化物是允许狗咬人。狗学会了对主人的指令做出非常迅速的反应，以获得强化物。

其他实际考虑的问题

在实际工作中，护卫犬通常没法带上绳索。因此，如果攻击训练全部采用负强化或惩罚（绳索“纠正”），就会导致狗在不拴绳的情况下经常对攻击指令没有反应。取而代之，绳索则成为一种区别性的刺激，鉴别哪一组应急措施在什么时制上生效。因此只要没有牵绳的情况下，狗的表现就会变得不可靠。

因此，最好将负强化物和惩罚物限制在真正需要的时候。例如当狗有能力通过咬人来强化自己，但主人没有给出咬人的提示。这种情况可能发生在狗离“坏人”比离主人更近的时候，因此当主人不在身边，它可能会擅自咬人。

综上所述：护卫犬在公共场合必须是安全的。由于刺激控制不好而咬人的狗，在公共场合必须戴上口套。一只训练有素的狗，是在严格的刺激控制下才将咬人作为一种强化的行为。这样的狗是健全的、社会性的动物，是主人的财富。这种狗本身就是人们对训练员的最高评论，“哇，我从来不知道狗可以被训练成这样”或“我希望我有一只这样的狗”，或“这样的狗要多少钱？”（我个人最喜欢的评论）而这些问题的答案是：“它是我的朋友和保护者，它是无价的。”

训练问题解决指南

解决流程

行为问题会时不时地出现。即便是最好的训练员和最棒的动物，行为问题也会发生。比如，动物养成了一个坏习惯，之前稳定的行为开始崩溃，新行为的训练遇到了障碍，动物似乎忘记了它所学到的东西，所有的这些都是常见的问题。这些看似简单的问题，其解决方案有时却非常复杂，以至于训练员不知道该从哪里开始。然后经验告诉我们，成功解决一个行为问题的关键是谨慎的计划。本章详细总结了行为问题解决的基本步骤。

发现问题

这是一个直截了当的步骤：承认并认识到动物的行为出现了问题；只有先认识到问题，你才能着手纠正它。

确定原因

确定问题的真正原因往往需要很多时间，而且不是所有时候都可以做到。有些时候，你就是无法确定是什么导致了行为的崩溃，但这并不意味着你不能解决这个问题。首先你必须清楚地阐述你的目标，仔细分析记录有问题的行为。任何能提供有价值想法的员工都应该被纳入小组讨论。行为问题通常有八个常见的原因，这些原因将在后面详细讨论。

解决方案

一旦你确定了行动方案，就要非常谨慎地执行。行为问题往往无法轻易解决，特别是那些长期存在的行为问题。通常情况下，一个行为的崩溃可能涉及多个问题。如果你成功地解决了表面问题，却发现下面隐藏着另一个问题，这时候你必须耐心地寻找解决方案。

持续监控

一旦问题行为得到纠正，后续的检测和评估也很重要。如果不密切关注动物的行为，动物很容易恢复原来的坏习惯或有问题的行为。

问题溯源

找到行为问题的原因是件说起来容易做起来难的事情。行为问题的根本原因常常不明显，而且训练员应该准备接受这样的事实，即行为问题的原因可能永远找不到。不过即使找不到问题的原因，行为问题也是可以解决的。行为问题往往表现在八个方面，将这八个方面作为一个检查表，可以帮助训练员尽快找到问题的起因。即使找不到原因，这样一份清单也可以帮助排除某些可能性。几年前，活跃环境公司的盖尔·劳勒和蒂姆·德斯蒙德首次向我介绍了这种行为问题检查表。我发现这种技术非常有帮助。用这种方式解决问题就像当侦探一样，那些喜欢挑战的训练员应该会发现这种做法很有趣。但不可避免的是，有些训练员则会发现检查表使用起来很麻烦。无论如何，我们都应该记住动物是希望成功的，因此我不相信动物是故意犯错的。

行为问题常见的八个方面原因：环境、社群、心理、健康、训练员、训练、行为回溯、脱敏训练。

环境因素

动物所在环境的变化往往会导致动物的行为异常。有些变化不会立即显现出来，但如果所有动物的行为都受到同样的干扰，那么环境中的某些东西可能就是问题所在。环境的变化也可以只影响到个别动物。在考虑环境条件时，要注意真正的问题可能存在于一些不太明显的地方。

- **天气**——在室外环境中，烈日、强风、雪或大雨都可能导致动物的行为与平时不同。即使在室内场馆中，阳光、温度、湿度和气压也会成为影响行为的因素。
- **设施变化**——栖息地或设施的任何物理变化都会或多或少地导致动物行为的变化。比如，梯子支撑在一个不寻常的地方，附近建筑工地产生的噪声或振动，或者故障的过滤器，这些都是可以影响动物行为的事情。
- **道具变化**——出乎意料的小事物也会使动物的行为出现偏差。一个比原来稍大的或更新的道具，一个破损的目标物，甚至是训练员制服的改变都可能引起行为问题。
- **公共活动**——动物栖息地周围人们的活动有时会分散动物的注意力或导致其行为崩溃。一群异常吵闹的孩子或照相机发出的闪光灯都是可能影响动物行为的因素。

社群因素

我们在以前的章节中已经详细地讨论了这一主题。社群动态对其中每一头动物的行为都有很大的影响，并可以直接导致各种各样的问题。

- **支配性 / 服从性**——处于社会等级两端的动物的生活会非常紧张。即使还没有导致明显的攻击行为，支配性 / 服从性也往往会成为很多行为问题的根源。
- **攻击性**——这个话题已经在上一章中详细讨论过了。
- **竞争性**——各种社会活动都会在动物之间导致竞争行为。训练过程中训练员有些不公平做法也可能会造成竞争。详情请见第七章“社群性动物——多头动物一起训练”中关于公平的讨论。

- **性活动**——动物的性冲动及相关内驱力是非常强烈的，性冲动也往往是行为问题的根源所在。

心理因素

由于无法与动物直接沟通对话，心理方面的问题可能很难确定，但它们往往是由无意间的塑行或差劲的训练技术造成的。心理问题有些是由训练员的原因导致并发展出来的，这在动物的行为问题中往往比较根深蒂固，纠正它们可能需要时间。

- **厌烦**——长期缺乏多样性会造成很大的问题。短期的无聊应该比较容易解决，但仍然是一个严重的问题。关于这个问题的更多讨论，请参见第八章“强化的多样性”。
- **神经质行为**——这类反常行为不是由明显的身体疾病或损伤引起的。这些行为的症状包括不安全感、焦虑、抑郁和非理性的恐惧，而且我们可能不知道动物正在经历这些折磨。这些问题的根源通常是来源于这两个方面：与社群动物互动和与训练员的互动。仔细的行为观察有助于及早地诊断出这一问题。更多内容请参考第五章“非正式互动”。在极少数情况下，基因异常或健康问题也会导致反常的行为。
- **迷信行为**——详情请见第四章“操作制约的基本训练”。

健康因素

有些行为上的问题，是由于动物身体上不舒服或者生病导致的。

- **健康**——当看某头动物在表演过程中出现行为崩溃时，要问的第一个问题是：“这头动物会不会生病了？”如果行为问题只与特定类型的行为有关，如空中行为或嘴部行为，那么该动物特定部位可能不舒服甚至有病变。
- **体力极限**——这种行为是动物的体力所能做到的吗？对那头动物来说，是否超过了其极限？

训练员因素

当动物行为出现问题时，你也需要问自己：“我是问题所在吗？”

- **技术水平**——训练的任务是否超过了你的能力？你是否试图使用一种你还没有完全掌握的技术来训练动物？
- **基础知识**——你的区辨刺激是否正确和精确？你的信号给予的时机准确吗？你的强化措施是否适当？即使是资深训练员有时也会发现，他们必须重新审视和练习这些基本概念，并依此解决崩溃的行为。
- **情绪**——训练员的情绪对训练的质量和准确会产生难以想象的影响，这一点在第三章“训练中人的因素”详细论述过。

训练因素

训练员训练的方式或方法也会影响到动物的行为，并可能导致行为出问题。以下是一些需要考虑的因素：

- **训练的计划**——计划是训练成功的保障和问题预防的关键，特别是当几位训练员同时训练同一头动物时。
- **训练的次数**——训练次数太多，可能会使动物产生厌烦情绪，训练次数太少，可能会因为一次喂得太多而造成动物的饱腹感并导致动物失去继续训练的动力。
- **训练的频率**——如果训练时间相隔太近，动物还没有获得所需的休息和社交时间，或者它前一次训练的饱腹感还在，可能都会影响训练。
- **训练的节奏**——你的动作对动物来说是否太慢或太快，或者你训练中的渐进动作是否以舒适的速度进行？

行为回溯

当训练一个新的行为时，行为回溯是行为学习过程中的一个重要部分。有时我们只是需要退后几步，然后让动物重新开始。同时你需要注意的是，动物的行为不能一直退步，不然这将会导致另一个问题。但请记住，在学习所有新行为的过程中都会出现自然退步，这并不一定是行为问题的表现。

脱敏训练

动物不可能对所有的干扰或新刺激都不敏感，因此，脱敏训练是一个持续的过程。我们要理解，没有任何动物是对任何事情“完全脱敏”的，因此我们的训练员要认识到脱敏训练每天都需要进行。

解决方案的执行

一旦你确定了问题的原因并选择了解决问题的方法，那么你就该开始行动了。有条不紊地执行你的计划对问题的解决是很有帮助的。圣迭戈动物园和野生动物公园这两个地方都聘用了同一名行为学家来解决圈养动物的各种行为问题。他们分析问题的方法和计划实施的方案发表在《圣迭戈动物园和野生动物公园的动物行为管理》（Priest, 1991）。盖瑞·普瑞斯特着重挑选了一些代表性问题并做了详细的分析。

问题行为的纠正（布莱尔的八种方法）

假如你很幸运，你找到了问题行为产生的原因，并发现问题很容易补救，比如移走梯子，更换口哨，调整训练时制，或其他容易的解决方案，也许只需要“修复”一个行为问题。然而，即使问题的原因已经确定，问题本身已经被消除或纠正，也可能会产生其他的行为问题。这时，你就不得不拿出你的训练百宝箱，找到下面这个人的文章。布莱尔在《别毙了那只狗》的第 98 ～ 147 页中列出了解决问题行为的八种方法。她的这篇文章是所有训练员必读的，以下是她这些基本技巧的一个总结。

“毙了动物”

当然，布莱尔并不是指字面上的意思，但其背后的想法，即通过摆脱动物来摆脱问题启发了她图书的命名：《别毙了那只狗》。当宠物主人因为不能再容忍某些行为而将他们的动物送到收容所时，这就是“毙了狗”的含义。如果一个动物园中出现有问题的动物，动物园会把该动物送到有意愿的机构收养，或者完全停止对该动物的训练。这种做法不会改变动物的问题行为，但它确实让训练员避免了一个尴尬的局面。这不是首选的方法，但有时是训练员的最后手段。

惩罚

虽然惩罚可以摆脱一些行为，但它也可能导致更多的其他问题。惩罚的利与弊已经在第九章“高阶技术和概念”中详细讨论过。惩罚的使用通常意味着训练员专注于摆脱不需要的行为，而不是试图塑造理想的行为。正如我们所强调的，专注于理想的目标是一种更有成效的解决问题的方法。

负强化法

负强化法是处罚的另一面，因为它把注意力集中在期望的结果上。在一些非常困难的情况下，这可能是一种有效的技术。关于负强化法的使用和讨论，请再次参考第九章“高阶技术和概念”。

削弱法

这个操作性概念表明，如果你忽略不需要的行为，它就会消失。通过不关注一个不受欢迎的行为，你就不会再次地强化它。这是最小强化刺激理论的一部分（见第四章“操作制约的基本训练”）。削弱法在处理小问题或单一的错误行为时会很有效，但当你需要面对多重问题时，削弱法可能需要很长时间才能产生效果。但无论如何忽略不需要的行为在任何时候都是明智的，因为这可以确保你不会在无意中强化不需要的行为。

强化不相容行为

这在操作技术上也被称为不相容行为差别强化。训练动物做一些与不良行为不能同时产生的行为，从而达到消除不良行为的目的。例如，如果两头海豚在训练过程中不断地在定位位置上相互替换，那么这一替换过程就会与相互推搡的行为不相容，动物在目标上良好定位行为就会得到很好的强化。关于使用排他性（不相容）行为差别强化和区别强化其他行为的更多例子请参考《动物的攻击性：原因探索和消除技术》（Turner & Tompkins, 1990，参见 369 页）和《训练、丰容和动物行为》（Lacinak et. al., 1998，参见 269 页）。

将行为置于信号控制下

一旦一个行为被放在提示信号上，理论上你就可以控制这个行为的出现时间。在谢德水族馆，我们的白鲸会时不时向路人"吐"出一口水。我们相信，人们被水击中后的惊慌反应不断地强化了这种行为。忽视这种行为虽然也可以解决问题，但我们觉得训练白鲸根据提示吐水会更有帮助。由于这种行为可以自我强化，动物仍然可能不时地在没有信号提示的情况下吐水，但我们每隔一段时间就会提示动物吐水，现在这种行为的出现频率已经降到最低。

区别强化其他行为

这种技术在操作技术上被称为区别强化其他行为（DRO），即对其他行为的差异性强化。这与不相容行为差别强化相似，只是这里被强化的其他行为并不总是不相容的。也就是说，你只是在强化任何其他行为以排除不需要的行为。如果一群海豚对彼此有攻击性，你可以等着，直到看到所有的动物在某一时间平静地一起游泳。然后你可以大量地强化这一行为，以排除动物的攻击性行为。

改变动机

如果你知道是什么导致了行为问题，并能改变或消除动机因素，这个问题往往会迎刃而解。例如一头海豚不断地离开定位点去和门的另一侧的海豚交流，那么这种情况下离开的动机则是另一头海豚的出现。如果你在训练的同时让另一头海豚也一起参与训练，你可能会消除这个问题。只要训练员能确定某个动机是导致不受欢迎行为的确切原因，这种技术就能迅速发挥有效的作用。然而，训练员经常会关注到无形的动机，这便会导致他们做出拟人化的决定或假设。第三章"训练中人的因素"中讨论了这种决策的危险性。

多重问题的解决

大部分时候的行为问题是有多个原因，或者第一个问题产生了更多的问题，因此你需要几个解决方案来解决这些多重问题。由于每个问题可能都是独特的，你需要从一系列的解决方案中选择一个或几个，同时还需要对每个问题有一个扎实的理解。阅读其他人解决复杂问题的经验和文章也会很有帮助。下一章中有几篇文章描述了一些问题解决的技巧和例子。本章中有关该主题的文章包括：

- 《你所教的就是你所得到的》（*What You Teach is What You Get*，参见 413 页），该文探讨了如何处理需要多个区辨刺激的动物。
- 《鳍足类在公共区域的训练和表演》（*Teaching Pinnipeds to Work in Public Areas*《训练员论坛》，1989，参见 414 页），本文讨论了如何关怀一头对离开家感到紧张的海狮。
- 《如何通过心灵和身体建立新的行为方式》（*How the Mind and Body Build New Behaviors*，参见 415 页），盖瑞 · 威尔克斯在其中讨论了为什么有些医疗问题变成了行为问题。
- 《偷鱼的海狮！》（*The Case of the Fish Stealing Sea Lion*!《训练员论坛》，1993，参见 416 页），该文探讨了如何解决海狮偷鱼的行为。
- 《如何破解狗狗拆家的恶习》（*Sinking Your Teeth into Destructive Chewing*，《训练员论坛》，1993，参见 419 页），该文主题是纠正狗狗咬东西的坏习惯。
- 《如何训练一头失明的海狮》（*Training a Blind Sea Lion*，《训练员论坛》，1990，参见 420 页）。
- 《你失去对动物的控制了吗？》（*Have You Lost Control*?，《训练员论坛》，1999，参见 423 页），我们需要重新考虑“行为控制权”是什么意思。

文章精选

Conference Proceedings

《会议论文集》1991 年国际海洋动物训练员协会会议，于美国加州瓦列霍。圣迭戈动物园是最早启用训练员来训练和管理动物的先驱机构之一。他们是从哪里雇佣具有合适资质的行为训练专家呢？你猜对了，就是从海洋哺乳动物领域。盖瑞 · 普瑞斯特有着从蛇到猎豹的各种动物的训练经验，并做了一些非常创新的训练工作。在这里，他介绍了一些解决行为问题的案例。

圣迭戈动物园和野生动物公园的动物行为管理

Animal Behavior Management at the San Diego Zoo and Wild Animal Park

盖瑞 · 普瑞斯特

圣迭戈动物学会（Zoological Society of San Diego）

动物饲养期间，我们需要对圈养动物进行行为管理。对于这些机构或海洋馆来说，主要的需求包括：

- 日常维护
- 医疗护理
- 研究目的
- 环境和行为丰容

• 训练员和游客的安全

有些动物，由于其进化、自然历史和学习能力，很适合采用操作制约技术来进行行为的管理，这也是本文讨论的重点。安全地管理每个与人类接触的物种的行为是非常有必要的。即使对于那些操作性技术对其不太有效的物种，如爬行动物，行为管理也是必要的。

爬行动物的训练员偶尔需要安全地管理毒蛇。对动物的自然经历和本能能力的了解有助于制定安全的动物行为管理政策。为了避免暴露在捕食者面前，大多数蛇喜欢封闭的空间。因此，需要管理蛇的训练员可以为动物提供一段透明的有机玻璃管，蛇会自然而然地进入玻璃管以寻求安全的封闭的空间。如果管子的直径足够大，可以让动物爬进管道的一部分，如果直径太小，蛇全部爬进去后就无法后退，这两种方法都可以安全地进行管理，而且无需进行行为矫治或训练。我们需要利用动物的自然行为来方便我们进行检查和管理，尤其是对于非常危险的动物。因此，我们开发了一种技术，这种技术既能满足饲养的需要，又符合动物的自然天性。

解决问题的方法

我们发现由心理学家为人类开发的企业管理和相关问题解决方案对动物管理也很适用。我们经常采用下述方法来解决动物的行为管理问题，该方法是一个简单的五步公式，公式的五个部分如下：

1. 问题的识别 / 动物的需求（照顾毒蛇）
2. 确定总体的目标 / 计划具体的目标（安全地处理毒蛇）
3. 收集资料（了解动物的生理和心理能力以及它的天性）
4. 方法的选择（选择有机玻璃是因为它的可视性和可用性等）
5. 结果评估（我们能不能改进这个技术？确定哪种尺寸的有机玻璃管更适合这条蛇）

行为问题通常不难识别。然而要将总体的目标可视化则要困难得多。为了确定特定的目标，你可以这么问自己：当问题得到纠正时，会是什么样子的？通常情况下，一个行为问题的成功解决是通过简单地消除问题的原因来完成的。在解决问题的过程中，建立目标是成功的关键，而目标则应该是消除产生问题的原因。如果消除问题的原因不可能做到，那至少要控制并减少该因素的影响。具体的目标必须与总体的目标一致。数据收集则是另一个重要组成部分，问题的实际原因往往在这一阶段被确定，并可能为解决方案提供线索。方法只是决定了如何完成目标，以及将使用哪些工具。最后，对所有这些步骤的仔细评估将提供一个完善的可供将来应用的技术，提供一个跟踪进展的机制，以及标准化程序。

数据收集

在评估动物是否有潜力接受以操作制约技术为特征的行为管理项目时，首先要了解目标物种的自然历史（Priest, 1991a）。

• 该物种是如何利用其自然环境并与之互动的？
• 该物种在放松、兴奋、激动或具攻击性时的典型姿态是什么？

随着物种的情况逐步被了解，评估范围也会逐步缩小，并重点转移到具体的个体行为、特征和特异性上。我们还需要了解该特定动物是否有任何身体上的限制？限制因素可能包括年龄大小、性状态、体型尺寸、敏捷性、健康问题和可能丧失的感官能力。

方法选择

圈养动物的行为管理可以使用各种强化策略和工具。下面的案例研究将介绍三种常用的工具，这些工具都可以用来解决或纠正行为问题。这些工具都是基于操作制约、系统性脱敏训练和随机化自动喂养等理论和技术。虽然在下面的不同的案例研究中使用了不同的强化策略，但在每个案例中解决问题的方法论都是相同的。

案例研究 1

常规的动物管理

让动物妈妈养育自己的后代总是最好的。但由于各种原因，这有时是不可能的，因此我们人类必须进行干预。玛格丽特（Margarita）是一只雌性黑冠猕猴（*Macaca nigra*），它第一次分娩并不容易，胎儿在产道中滞留，不得不通过紧急剖宫产来保证母子平安。玛格丽特经受住了手术的考验，但它的宝宝却没有了。两年后，玛格丽特再次怀孕。22 周的怀孕过程很顺利，但由于它在自然分娩方面有困难的经历，因此我们决定这次进行剖宫产，顺便做子宫切除手术。在医护人员的努力下，玛格丽特生下了一个强壮而健康的女宝宝，叫糖布（Tamboo）。

玛格丽特是个完美的母亲。尽管它自己正在从大手术中恢复，但它对于宝宝的每一个需要还是都精心照顾到了。玛格丽特会不知疲倦地检查、抚摸、呼唤它的宝宝。尽管玛格丽特的母性护理堪称典范，但是动物园的兽医们却发现糖布的体重却在下降，这让他们很担心。我们很快发现，虽然糖布花了许多时间试图从妈妈那儿吸取乳汁。但由于子宫被切除的原因，玛格丽特的泌乳量不足以喂饱糖布。而且这种情况下药物治疗是徒劳的，如果糖布要存活，我们就必须进行必要的行为干预。

需求 / 问题识别

灵长类母亲对其幼崽的抚养是该物种学习社会技能的重要方式。玛格丽特是个好母亲，所以让它继续养育它的宝宝是很有利的。但相同的问题是，每次我们需要给宝宝喂食时，都必须先对玛格丽特进行麻醉，以便将宝宝从它的怀里抱出来。但打麻醉剂（通过兽医的挤压笼完成）给玛格丽特带来了很大的压力，它正在从大手术中恢复，而且伴随着与它的宝贝分离的焦虑，对它来说这些都实在是太难承受了。兽医们正在考虑将宝宝糖布永久安置到动物园的新生儿场馆中抚养。

目标 / 目的

在讨论问题的解决方案时，训练员和兽医提出了一个有趣的问题："能否训练玛格丽塔把它的孩子交给我们？"这个想法被拒绝了，因为这不可能实现，但它引出了另一个问题："我们能否训练玛格丽特允许我们远距离喂养宝宝，其间它可以一直抱着它的宝宝？"我们认为这是一个可以通过操作制约的技术来实现的项目。

方法选择

我们设计了一个训练计划，其中的每一步都能合乎逻辑地向着完成我们的目标迈进，玛格丽特首先学会将信号刺激（强化物传递前响片发出的声音）与食物奖励联系起来。一旦它理解了这个强化系统，我们就开始奖励它在兽医挤压笼子期间的任何放松的行为，这是训练计划中一个非常重要的步骤，其中的原因如下。首先，很多猕猴会携带 B 型疱疹病毒而不表现出任何症状，但被携带病毒的猕猴意外抓伤对人类来说是致命的，这样最大程度地保证了训练员的人身安全。其次，在它信任我们和理解我们喂养它的宝宝的意图之前，我们知道它将本能地把它的宝宝藏起来，这将使我们无法把奶瓶送到幼崽手中。由于笼子有限的空间使它不能轻易地背对着我们，而且它很快就知道放松的态度会得到食物的奖励，直到最后，我们可以将它放入更大的笼子里。玛格丽特很快就学会在一天的某个时间里待在笼子的前面，在那里它可以很容易地得到食物的奖励。

最后一步是要求玛格丽特熟悉我们为幼崽设计的哺乳装置。这个装置包括一根长的外科手术管子，一端连着塑料乳头，另一端是注射器。乳头固定在一个杆子上，这样我们就可以任意移动塑料乳头的位置了。一旦玛格丽特对乳头、杆子和注射器装置（后来被一次性奶瓶取代）不再敏感，并意识到这些物体不会伤害它或它的宝宝，糖布就可以吃奶了。幸运的是，糖布有一种令人难以置信的吸吮反应，可以接受任何与它母亲的乳头相似的塑料乳头。

通过操作制约技术和精心安排的训练计划，我们拥有了像故事书结局那样的完美。玛格丽特在我们的人为干预下成功地养大了它的女儿。

案例研究 2

特殊的兽医护理

在目前公认的 200 种灵长类动物中，约有七分之一是濒临灭绝的物种。灰狒狒（*Mandrillus leucophaeus*）是其中的一个濒危物种，而且其种群数量在不断减少。我们的雄性灰狒狒是全美国仅有的 19 只灰狒狒之一，但在 1989 年 7 月的体检中被诊断出患有糖尿病。像人类的糖尿病患者一样，卢恩（Loon）需要每天注射胰岛素。兽医的挤压笼可以将这只难缠的动物固定起来，以便每天注射胰岛素。

需求 / 问题识别

卢恩是一只野生的、60 磅重的灰狒狒，它有三英寸长的犬齿。注射的胰岛素在动物体内产生压力并导致各种攻击性、异常的、神经质的行为（Priest, 1991 B）。很明显，这种注射方式不是一个可接受的长期解决方案，因为用来拯救卢恩生命的方式使它的生活更加糟糕，安乐死肯定会被认为是一个很好的选择。

目的 / 目标

自愿性静脉穿刺经常在训练有素的海洋哺乳动物（Cornell, 1983; Schroeder, 1990）以及实验室猕猴（Vertein, 1989）中看到。我们的目标是拯救卢恩的生命，并减少治疗所带来的压力。这个实验性的行为矫治计划的目标是训练动物自愿接受每天的胰岛素注射以获得食物奖励，如果可能的话，训练它允许我们定期抽取血液和尿液样本进行常规分析。

数据收集

该项目有几个独特的挑战。虽然卢恩的病情已经稳定下来，但它并不健康。卢恩被戳、被探、被挤、被测试的病史，使它成为一个非常危险的动物，而训练员的安全是其中一个重要的考虑。我们需要一种不相容行为训练策略，以便减少针对训练员的攻击性。此外，饮食对糖尿病患者的恢复至关重要，但操作制约的行为矫治计划基于食物奖励。作为终极挑战，无论卢恩是否选择为获得食物工作，它必须接受每天给予的所有食物。

方法选择

动物的身体状况决定了我们的训练重点。首先需要让卢恩接受胰岛素注射，因为如果不注射，它就会陷入糖尿病导致的休克并很快死亡。我们开始使用挤压式笼子来固定它进行注射，并将该事件与食物奖励结合起来。卢恩很快就学会了安静地接受胰岛素的注射，以获得食物奖励。没多久，卢恩就开始主动展示它的背部，期待着注射和食物奖励。渐渐地，我们的限制措施越来越少，直到最后完全消失。动物的整体行为有着显著的改善，我们的例子又一次证明了这种技术的行之有效。

在训练抽血时，卢恩被要求将手伸进一根不锈钢管中并抓住一根横放在管子末端的钢棒，不锈钢管长度正好跟它伸出的手臂一样长。它前臂上的血管正好可以露出来，以便进行静脉穿刺。我们的想法是，只要动物一直抓着杆子它就没有办法去抓训练员。握住棒子的行为与针对训练员的攻击行为是不相容的。握杆的行为会得到很多强化，从而减少攻击性行为。在一个积极和奖励的环境中，动物的行为被塑造为符合圈养动物管理的需要。

经过几天的训练，卢恩学会了抓着棒子，并保持姿势直到信号响起，然后会得到食物的奖励。卢恩允许我们触摸它前臂，这种行为对卢恩来说特别有意义，因为从本质上讲，狒狒喜欢这种与同种动物的社会性接触行为。随着训练的进行，卢恩的前臂裸露的皮肤熟悉了各种物体，对这些物体的触碰刺激也不再敏感。在几个星期内，卢恩自愿允许兽医从它的前臂抽血。自此之后，卢恩从未在任何训练过程中伤害过任何训练员或兽医。事实上，卢恩已经忍受了我们连续六次从它前臂的血管中抽血的失败，但它的手没有一次从管子和棒子上缩回。

由于卢恩手臂上的血管变得伤痕累累，卢恩后来被训练提供它的两条腿进行静脉穿刺。现在静脉穿刺的部位是轮流的，以减少对任何单一血管部位的损害。两年多来，卢恩自愿接受每天的胰岛素注射和血液提取。

案例研究 3

野生动物公园的猎豹繁殖项目

1985 年，在野生动物公园有一只年幼的雄性猎豹名叫佩萨克（Pesach），这只猎豹由资深训练员特丽·帕特森（Terri Paterson）负责照顾。随着这只猎豹的成熟，特丽注意到这只动物与各种无生命的物体之间产生了性游戏行为。她与濒危物种繁殖中心（Center for Reproduction of Endangered Species, CRES）生殖生理学家芭芭拉·杜兰特博士（Dr. Barbara Durrant）和研究主管苏珊·米勒德（Susan Millard）讨论了猎豹的性行为观察结果。该小组共同制定了一个计划，利用该动物性成熟的机会，进行精液采集这方面的训练。他们最初的策略是试图训练猎豹，目标是一个假的母猎豹模型，但实验结果没有成功，尽管发情的尿液被泼在模型上作为诱惑，雄性猎豹也没有被吸引。芭芭拉博士后来为猎豹设计一个类似于母猎豹的人工阴道。最终这个装置取得了成功。

数据收集

对于很多猫科动物来说，其交配行为往往是非常暴力的。尽管目前还不知道猎豹是否有诱导性排卵的机制，但其他大多数猫科动物都有类似的机制。大多数猫科动物在第一次交配后才开始排卵。在交配过程中，雄性通常通过咬住雌性的颈背将其固定住。雄性的行为很可能是一种防御机制，因为雌性猎豹总是通过猛烈地转向来试图咬雄性并终止交配。一些研究人员认为，由于雌性猎豹在野外喜欢独处，交配后的攻击行为可能是为了把雄性猎豹赶出它的领地。鉴于它们的遗传的性行为倾向，精液收集是一种非常危险的行为。

方法选择

跟其他大部分训练一样，与攻击性不相容的行为被开发出来。类似于有机玻璃管中蛇的例子，在这个行为规则中，训练员用方块奶酪作为食物奖励，训练猎豹进入一个狭窄的箱子。一旦进入箱子，猎豹就不能转身。这样就给了训练员充分的时间。如果猎豹变得具有攻击性，我们就终止收集程序并开门让他出去。只要动物还在箱子里时，我们就可以安全地收集猎豹的精液。而且有趣的是，这种行为很快就成为内在强化物。

杜兰特博士和苏珊主管在这个成功计划的基础上，扩大了采集动物的范围。研究人员现在也可以从人工饲养的母猎豹身上收集卵子了。然而他们发现，他们的成功很大程度上取决于动物的性情。通过不断地评估和实验，该小组发现除了精液收集之外，其余时间不与动物互动是比较安全的。这可以防止猎豹把负责其日常护理的训练员作为性关系的对象。这也可以帮助动物避免混淆个体存在的目的。到目前为止，我们可以在五只雄性猎豹身上定期收集精液样本了。

案例研究 4

阿拉斯加棕熊的环境与行为丰容

这个实验项目还正在开发中。该研究的特点是整合很多的训练过程。

需求 / 问题的确定

15 年前，圣迭戈动物园废除了游客喂食动物的做法。那是 1991 年，当动物园的巴士司机开始告知游客停止在参观时给熊喂食饼干，这宣告了这一传统的结束。很显然，黑熊对这一事件的转变并不高兴，巴士司机们一致认为这种形式的互动是游客参观的高潮部分。但另一方面，动物护理人员则强烈地认为，确定喂给动物食物的确切数量和质量是他们的责任。因此我们采取了必要的行动，以便保证动物的健康，并向游客传达照顾动物的信息。

每年有超过 150 万人次在圣迭戈动物园享受巴士游览服务。平均每天有 25 至 30 个旅游团，最繁忙的一天时这个数字甚至会翻倍。而且超过 40% 的游客都会购买有巴士游览的联程门票，因此这仍然是我们向公众宣传我们的动物保护理念最有效的方式之一。而且巴士游览也给我们创造了近 300 万美元的年收入。

目标 / 目的

在这种情况下，我们的目标很明确。我们需要开发一个新的解决方案，以满足动物的心理需求，满足训练员确定饮食的需要，并满足游客体验的需要。我们确定了几个分目标。通过几次会议，所有各方都同意让我们的动物得到最好的照顾是最重要的。所有的人也都同意为黑熊提供表达天性行为的机会，来防止刻板的、神经质的甚至破坏性的行为。此外，大家都认为有必要开发一个更接近自然的展览模式来取代过时的展览模式。

数据收集

自然界可以提供多样性和变化的环境。而且现有廉价的、现成的技术，可以为人工环境中的动物提供几乎无穷无尽的行为丰容。随机化的动物展览（Markowitz, 1982）能加强游客体验经历，并提供饮食的控制，而且最重要的是将提供一个更健康的环境。据报道，生活在活跃环境中的动物体质会明显地变好（Schmidt & Markowitz, 1977; Markowitz et al., 1978）。也有资料显示，在有选择的情况下，动物通常会更加努力地获取食物（Neuringer, 1969; Stevens, 1978）。

方法选择

通过提供自然觅食行为的机会，我们可以在人工环境中提供更多的环境丰容机会。在一个活动丰富的环境中，动物的行为谱中的反常行为会慢慢消失。

我们黑熊的随机环境将由训练员根据每个展览中的不同要求来设置，这些投食机制由定时器来控制。每个展览有三到四种不同的机制，以不同的方式（即滴落、散落、滚动、吹动和倾倒）来提供不同的食物类型（即蜂蜜、葵花籽、葡萄、苹果）。这种简单的带有机械螺线管的重力式食物分配器，将大大增加熊展览中的随机化。

该设备将为熊提供更多游戏的机会，它们开始抓住掉进池子里的活鱼，滚下山去追赶葡萄，或追逐捕捉活的小动物。这些事件将由巴士司机远程触发来强化游客体验，但食物数量则由训练员控制以满足动物护理需求。分配器将在每天早上一次加载完一整天的食物量。

每个展览馆设定为每 15 分钟触发一个活动，每小时最多有四个活动。如果每 15 分钟发生一次事件，每小时四次，有六种展览馆，那么每小时就有可能发生 24 次事件。在我们最繁忙的日子里可能会有 70 趟巴士观光，但几乎每两分钟就会有一个活动在熊展览馆的某个地方出现。这种速度将提供足够多的行为机会供游客观赏，同时也不会使动物太疲惫。

根据熊的行为管理计划，训练员将只加强那些被训练员确定过的良好行为。这些被强化行为包括发声、运动、游泳、挖掘、咀嚼、撕碎。攻击人类行为将不会被强化。

马科维茨指出，给动物增加行为机会的一个巨大好处是它们会发现使用这些行为的独特方式。因此，这个项目可以无限期地保持动物的活力。当熊学会利用这些随机的环境刺激时，我们将需要更多的灵感和想象力来使我们始终领先于熊。

案例研究 5

圣迭戈野生动物公园的大象管理

大象是聪明的、高度社会性的和潜在致命性的动物。过去的 15 年中，在美国就有 15 位训练员被大象杀死（Lehnhardt, 1991）。为了保持大象的健康，在圈养环境中需要训练员能完全接触到动物。三千年来，大象训练员通过体罚来行使社会支配权。这种控制体系是以野生大象自身的社会行为和社会等级为模式的。这些传统的控制方法是在印度那里发展起来的，一位马夫（印地语中的大象训练员）往往与一头大象相伴一生。训练员的统治地位在关系的早期就已经确立，随着训练员和动物之间社会关系的发展，对体罚的需求也会减少。不幸的是，这种控制体系要求动物 100% 的时间内 100% 的服从，而且不允许任何偏离的余地，训练员也不能允许任何行为的崩溃，因为这可能导致灾难性的结果。

尽管有数百名大象训练员因训练的失败而被杀死，但这一制度从来没有受到挑战，也根本没有改变。没有提出过任何替代方案。而且这个制度被许多优秀的马戏团训练员带到了本世纪的动物园。现在社会的转变正促使我们重新思考新的大象管理制度。

需求 / 问题识别

今天的社会流动性越来越大。因此，就业行为也发生了变化。我们不能再期望大象训练员终生只与一头动物在一起，甚至几年的时间与一头动物在一起都是一种奢侈。在这种新的环境中试图维持旧的系统，那么人和动物的关系就会越来越不稳定。在这种情况下，大象的挑战以及使用体罚来维持控制的需要将变得更加频繁。动物学机构已经将动物与饲养环境调节的危机联系起来。这种新的意识非常自然地提高了人们对动物的敏感性。传统的大象管理方法可能会被公众认为是令人反感和不人道的。

目标 / 目的

“保护式接触”系统的目标是开发一种非体罚的方法，使用操作制约来管理大象的行为。这种方法不依靠体罚或社会支配力来控制行为。相反，已经开发出的行为模式允许动物在合作并获得奖励和不合作没有奖励之间进行选择。因此动物的合作是完全自愿的。超时并失去获得奖励的机会是对攻击行为最大的惩罚。

方法选择

所有的“保护式接触”行为都是只允许饲养所需的接触，同时动物没有办法对训练员做出侵犯行为。这个系统提供了以下许多好处：

- 如果动物选择偏离训练计划，灾难性的后果不会产生，训练员也不会有生命危险。
- 攻击性被控制住了。
- 该系统允许训练员对具有攻击性的动物进行必要的饲养行为训练。
- 通过使用食物奖励这一通用货币，新训练员可以很快变得和老训练员一样熟练地强化动物的行为。
- 这个系统为新训练员提供了时间，使其在传统的“自由接触”系统中接触动物之前，就已经与动物建立了“受保护”的工作关系。
- 该系统提供了一个机会，可以控制动物群中动物的积极社会互动，并远程控制动物从 A 点到 B 点的移动，而不需要让饲养员面临受伤的风险。

时代在变，动物园就像生物个体一样，也必须对环境的变化做出反应，否则就会承受外界强加的后果。我们每一个从业者都踏上了激动人心的航程，今天，我们的唯一目的是尽可能多地保护地球上的生物多样性，供后人欣赏和享受。在这一航程中，我们看到我们展示和照顾动物的行为方式发生了许多好的变化。虽然已经走了很远的路，但现在我们刚刚面临一个新的局面，我们有了照顾动物的心理和身体健康的有力工具。我们现在即将进入一个令人振奋的时代，对圈养的外来动物进行护理、管理和展览。对于任何愿意接受变化和技术带来的挑战的人来说，新的机遇正在等着你。

参考文献

1. Cornell, L. (1983). Hematology and Clinical Chemistry Values in the Killer Whale (*Orcinus orca*). Journal of Wildlife Diseases V. 19 #3, pp. 259-264.
2. Lehnhardt, J. (1991). Elephant Handling-A Problem of Risk Management and Resource Allocation. Proceedings of the National AAZPA [American Association of Zoological Parks and Aquariums] Conference, San Diego, Calif. AAZPA, Wheeling, W. Virginia, (in Press).
3. Markowitz, H. (1982). Behavior enrichment In the Zoo. New York: Van Nostrand Reinhold.
4. Markowitz, H., Schmidt, M.J., and Moody, A. (1978). Behavioral engineering and animal health in the zoo. International Zoo Yearbook, 18:190-194.
5. Neuringer, A. (1969). Animals respond for food in the presence of free food. Science 166:339-341.
6. Priest, G. M. (1991). The Use of Operant Conditioning in Training Husbandry Behavior., with Captive Exotic Animals. Proceedings of the National AAZK [American Association of Zoo Keepers] Conference 16: 94-108, 1990.
7. Priest, G. M. (1991). The Psychology of Animal Care, Part 11: Protecting Primates. Zoonooz. February 1991.
8. Schmidt, M.J. and Markowitz, H. (1977). Behavioral engineering as an aid in the maintenance of healthy zoo animals. Journal of the American Veterinary Medical Association. 171 (9): 966-969.
9. Schroeder, P., and Keller, K. (1990). Artificial Insemination in the Bottlenose Dolphin, pp, 488. [In] Leatherwood, S. & Reeves, R. (Eds.), The Bottlenose Dolphin. San Diego: Academic Press.
10. Stevens, V.J. (1978). Basic operant research in the zoo. In Markowitz H. and Stevens, V.J. (Eds.) The Behavior of Captive Wild Animals.Chicago: Nelson Hall: pp. 209-246.
11. Vertein, R. and Reinhardt, V. (1989). Training female rhesus monkeys to cooperate during in-home cage venipuncture. Laboratory Primate Newsletter, 28, 1-3.

A Behavior Sampler by Gary Wilkes

《行为样本》，当动物对第一个提示没有反应时，重复信号是许多训练员常犯的一个错误。这样做，我们在不知不觉中制造了行为问题，这使得以后纠正起来更加困难。

你所教的就是你所得到的

盖瑞·威尔克斯

毕夫（Biff）是一只聪明的狗。它已经学会了如何完美地取悦它的主人吉姆（Jim）。每次毕夫听到一个命令，它都会尽职尽责地忽略它 30 秒。耐心等待后吉姆再次发出命令，这次的声音更大了，但毕夫也不理会第二个命令。只有当吉姆发出第三个命令时，并且已经大声到可以震碎玻璃，这时毕夫才会接受了命令。

反复大喊命令可能是最常见的训练错误之一。如果毕夫没有立即对一个提示做出反应并且吉姆再次说出来。这种重复的信号意味着毕夫可以安全地忽略前面这个命令，而且仍然可以得到食物和爱抚。在批评吉姆之前，我们不妨了解一下这种行为的发展过程，因为这会对我们的理解有所帮助。

人类有概念性思维，也有通过语言交流的能力。这两种能力往往有联系。因为我们在类似的情况下说了一些特定的话语而得到了强化，而不是因为这样做很聪明。

几年前，我和我的妻子在西雅图附近的一个野生动物公园参观，这个野生动物园是可以开车进去的。一只母麋鹿试图把头伸进我们的敞篷跑车。这头动物巨大的头挤在车窗和布顶之间。我不自觉地喊道："不！"而我的妻子突然大笑起来。麋鹿继续它的行为。我更大声地喊着："不！"当我把车轻轻向前挪动时，麋鹿终于把头从窗子里拔出来。我的喊声对麋鹿没有任何影响，然而我却不假思索地再次大喊。这种反应的原因很简单但并不明显。我重复自己的话，并不是因为我"知道"这会影响麋鹿，而是因为这在过去有着成功的经验。

当我们说话时，我们假设我们的话会被理解。如果一个人对我们的讲话没有反应，我们就认为他没有听到我们的话，我们就会自动重复这句话。如果第二次尝试成功了，我们就会在类似情况下继续重复同样的事情。只要每个人都与你说同一种语言，重复自己成功的可能性就很大。如果对方是个外国人，不说英语怎么办？如果你把一个词说得更大声或者说两次，除非听者已经知道这个词，否则你依旧无法沟通。这就是吉姆犯错的地方：毕夫不会说英语。

在教毕夫躺下的早期阶段，吉姆遵循传统，一边喊着"躺下，躺下，躺下"，一边强迫毕夫倒在地上。吉姆没有意识到他在每次重复这个行为时都会说好几遍这个词。毕夫自动将所有三次重复的命令连接成一个信号。当毕夫学会躺下这个行为时，它有时在第一次或第二次重复提示时就躺下了。于是吉姆认为毕夫现在"知道"怎么躺下了。其实毕夫认为自己在第一次或第二次躺下时是错误的。很快毕夫和吉姆就形成了一个特有的模式。吉姆会命令"躺下"并等待几秒钟。毕夫想："好吧，这是第一个，还有两个命令！"毕夫会完美地保持自己现有的位置，以便等待下一个信号。吉姆会对毕夫仍然保持着坐姿感到沮丧。他于是又说了一遍命令，"躺下！”这一次，他的声音大了一些。毕夫则在想，“这是第二个。还差一个！”并继续保持它的坐姿。最后，吉姆以极大的力量喊出命令“躺下！！”。毕夫则想“现在是时候了”，于是顺从地躺下。它知道自己已经完全按照主人的要求完成了这一行为，心里非常地美滋滋。

在自然界中，野生犬类必须充分利用其敏锐的感官来求取生存。它们必须对美味的兔子或饥饿的美洲狮首次出现的迹象做出即时反应。为了充分利用宠物的潜力，记住只说一次，而且要轻声说。说两遍是不行的。

Trainer's Forum

《训练员论坛》，1989 年第 14 卷第 4 期。教导动物进入新的区域或熟悉新的事物可能是一个挑战。这通常只是能否使用良好脱敏训练技术的问题。下面介绍的方法对进入公共区域或进入任何新地方的动物都很有用。

鳍足类在公共区域的训练和表演

问：我们一直在努力使几头海狮到公共区域表演和训练。到目前为止，我们已经取得了部分成功，但有一头 14 岁的雄海狮还不愿意，这头海狮离开家大约三分钟后，就会变得非常紧张，如果不迅速带它回家，它就开始自己寻找回家的路。我们采取了与其他海狮相同的步骤，但结果却不尽相同。我们已经变得非常灰心丧气，并在想它是否是一个不可能训练的案例。请问大家是怎么看的？

答 1：与鲸豚类不同，鳍足类可以在与它们通常居住的地区不相关的遥远的地方进行表演。这种能力的发展是鳍足类成为训练员理想训练和表演动物的原因，但对动物来说，失去家的安全感常常会引起恐惧和不安。因此，训练员的目标是在家以外的地方为动物创造一个积极的氛围。为了做到这一点，我们采用了以下几个步骤。第一步是与动物建立一种信任的关系。一旦建立了这种关系，动物就会因为训练员的存在而感到安心。第二步是在动物的家里使用特定的定位目标，我们使用的是一个座位。这个座位是一个积极的暗示，动物在那里接受训练、被喂养而有安全感。尽管这前两个步骤很简单，但它们是实现所有目标的基石，也是经常容易被忽视的步骤。从这几步开始，我们将动物从家带到展览区的其他地方。这一阶段过程中，我们必须始终允许动物自由进入它的家，所以千万不要关上你身后的门！这一训练过程中一个常见的错误是在最初的脱敏训练中不让动物进入围栏，以强迫动物适应新的环境。这只会使问题复杂化，动物的恐慌会使情况变得更糟。当动物觉得受到了干树叶、真空管和垃圾桶等“怪物”的威胁时可以随时回到家中，那它就会对这个新环境逐步建立起信心。随着时间的推移和动物信心的建立，它对返回家的需求就会消失，这时候就可以关上它身后的大门。我们发现只要移动定位的道具，动物就可以适应任何新的区域。

道格·梅辛格（Doug Messinger）和谢丽尔·斯奈德（Cheryl Snyder）
嘉娱乐海洋馆（Entertainment Plus）

答2：这种情况下，我会尽量让我的海狮忙起来，经常要求它做一些简单的行为，例如，举起脚蹼，“说话”，等等。在它出去的时候，你走的路线和它出去的时间的多样性也可能会有帮助。这两种方法都可以让它在神奇的三分钟内左右分心。它肯定不是一个不可能的案例，但在公共区域表演可能不是它的强项。我曾遇到过一些海狮，它们稳如泰山，也有一些海狮一秒钟就能让人兴奋起来。

吉姆·亚历山大

圣路易斯动物园

答3：也许最好的办法是让海狮时刻带着它的家。通过训练动物乘坐小车或滚笼，你可以很容易地使动物对新的区域进行脱敏，同时又能提供一个家在身边的安全感。当动物感到紧张或不舒服的时候，它总是能够跑回它的小车，享受一些积极和安全的时刻。随着它的汽车之家变得越来越舒适，动物将会从车上或你选择的有车的任何地方安全地查看越来越多的区域。一定要记住，无论何时只要动物回到自己的车内，而不是跑回家，都要加强对它的奖励。当然，这里最重要的想法是帮助动物了解到许多地方都可以提供安全感，并且和家一样具有强化作用。一个特殊的长凳或野餐桌（甚至是一个鸭子池）可以作为第二工作站，以便海狮在紧张时有最近的安全区域。祝你好运，阿罗哈[1]！

克里斯蒂安·哈里斯（Christian Harris）

海豚探索海洋馆

A Behavior Sampler by Gary Wilkes

《行为样本》，当某一行为出现问题时，一种方法不一定能轻易地解决这个问题。纠正问题的行为可能需要多层次的方法，特别是原来的问题已经导致了更多的问题时更是如此。

如何通过心灵和身体建立新的行为方式

盖瑞·威尔克斯

弗拉斐（Fluffy）得了膀胱炎。在它使用猫砂盆时我们发现了这个问题。它排泄的动作逐渐变得痛苦起来。弗拉斐作为一只猫是不可能知道细菌和感染的问题。它认为这种疼痛是由猫砂盆引起的。

为了弥补它的不适，弗拉斐开始不断地自我探索，尝试新的位置。它第一个尝试的位置是新鲜泥土的表面。它用爪子划过表面，直到它感觉到和在猫砂上排泄是一样的痛苦为止。

弗拉斐的下一个目标是餐厅的地毯。这是它发现的离猫砂盆最远的地方。地毯的紧实感给它的爪子带来了和猫砂一样的感觉。它闻了闻地毯，确认了那个地方很干净，就开始排泄。然而弗拉斐却再次粗暴地感受到震惊，它仍然很疼。

它尝试的另一个地方是客人卧室的床。当它用爪子拉过被子时，罗纹被子给了它舒服的感觉。当它拉动被子时，被子表面如愿移动。但不幸的是，它的尝试再次受到挫折，排尿依旧很痛苦。

[1] 夏威夷最常用的打招呼用语，为 Aloha。——译者注

几周后，弗拉斐的主人开始闻到屋里有一股特殊的气味。毫无疑问的是，弗拉斐在地毯的不同地方都撒了尿。

主人迅速带弗拉斐看了兽医，兽医的诊断证实了其猜测。它的主人松了一口气，知道弗拉斐的行为是由身体问题引起的。一旦药物发挥其作用，一切都会恢复正常。

在看完兽医后，弗拉斐再次使用了猫砂盆进行排泄。抗生素需要几天时间才能开始起作用，所以回到猫砂盆里是很痛苦的。弗拉斐进一步确信是猫砂盆引起了疼痛。它继续寻找一个无痛的地方来排泄。

随着药物开始起作用，弗拉斐的不适感减少了。这证实了它可以通过避开猫砂盆来减少疼痛。至此，弗拉斐距离不再使用猫砂盆只有一步之遥。

要让弗拉斐回到正轨，必须做如下几件事。第一，必须防止它在家里其他地方排泄。第二，必须强迫它使用它的猫砂盆。第三，必须对它正确的排泄行为进行强化。

防止到处排泄的简单方法是将它限制在一个只有光滑地板的房间里（比如洗衣房）。弗拉斐本能地偏爱可以移动的表面。混凝土或瓷砖地板与地毯相比更加不可能刺激排泄。弗拉斐要在洗衣房里待上几天。

具光滑地板的房间让弗拉斐只有一个合适的地方可以排泄——它的猫砂盆。第一次它被迫使用猫砂盆时，它会预感到之前经历的痛苦。它可能会尽量憋尿，憋得尽可能地长。当它最终排泄时，它会感到不再有疼痛的惊喜。如果它的主人很聪明，当弗拉斐使用猫砂盆时，就应该给予大量的表扬和食物奖励。它会了解到使用猫砂盆是一种愉快的经历。

很明显，疾病带来的疼痛会改变一只完美宠物的行为。重要的是要记住，缓解问题的生理原因不一定会自动纠正行为。要让弗拉斐回到猫砂盆里去，需要结合医疗和行为解决方案。

《训练员论坛》，1993 年第 18 卷第 1 期。纠正一个自我强化的行为问题可能是训练员的最大挑战之一。以下这个问题在海狮身上非常常见，但正如所有四位受访者所指出的那样，虽然很困难，但它是可以被纠正的。训练员在这种情况下最常犯的错误是：他们会生气，坚持认为他们的动物“了解”怎样做才是更好的。当然，这并不准确，也不是解决问题的好方法。

偷鱼的海狮！

问：作为训练员，我们最近遇到了一个具有挑战性的情况。我们的一头加州海狮学会了从我们的喂食桶里偷鱼。这头特别的动物年龄较大，而且训练有素。它的偷鱼行为比较有趣，因为它每次潜入水桶的情况都不一样。我们已经尝试了各种方法来纠正它的行为，但并不觉得它能理解。我们希望在这种行为成为习惯之前加以纠正，并希望过去处理过类似情况的训练员能给予建议或经验。

答1：从你的问题中，我们不清楚你们所使用的喂食桶是否是固定的？你们是用手柄提着，还是挂在训练员身上。不同类型的喂食桶需要不同的策略，让我们讨论一下这些策略。

有把手的或固定的水桶。你可以设计一个盖子，从而轻松解决这个事情，这既能满足训练员的需要，又能消除动物接触到鱼的可能性。在动物多次失败后，它就不会再尝试潜入桶中了。

挂在训练员身上的桶。这种情况则带来了不同的问题，因为如果动物从训练员佩戴的鱼桶里偷鱼，训练员的人身安全就会处于危险之中。如果动物真的想从鱼桶中获取食物，训练员可能会被视为“障碍”，并可能在此过程中被咬伤。

偷鱼往往是很大问题的一个小的表现症状。如果动物感到困惑，不确定，或发现所做的事情没有得到强化，训练员可以尝试通过使用替代行为来终止这种情况。通过强化与偷鱼不相容的行为，如让它们向目标倾斜或保持头部远离水桶的位置，应该可以很容易解决这个问题。

维克·沙尔福罗斯
圣迭戈动物园

答2：有几种方法可以阻止海狮从水桶里偷鱼。但海狮偷鱼是一个很难解决的问题，因为它们每次偷鱼行为都会得到自我加强。

一种方法是使水桶的吸引力降低。海狮可能会把水桶看作是一个漂亮的、有包装的容器，这个容器里面可能有好东西。空的水桶不会有这样的强化作用，它们只是另一个道具。如果动物经常接触到空桶，那么桶本身就不会是一个有吸引力的刺激。训练海狮“潜入”空桶可能也会使桶以后变得不那么受欢迎。

当然，解决这个问题的最简单的方法是把水桶移走。把你的鱼分散放在几个地方，也许是放在不同类型的容器里，让海狮看不到或够不到它们。对于海狮来说，鱼会从各种渠道神奇地出现。而且动物会更加注意你。因为你现在是强化物的来源，而不是桶的保卫者。

吉姆·亚历山大和杰基·奥特（Jackie Ott）
圣路易斯动物园

答3：不幸的是，我有过很多与偷鱼动物打交道的经历：海狮、海象甚至海豚。每一次都是一次难得学习的经历，也是一种有意思的娱乐。

我不知道你尝试过什么方法来纠正这种行为，也不知道你的具体情况是什么，我把我们尝试过的各种方法分享在这里，希望对你有帮助。

第一个也是最好办的（在我看来），是使用挂在腰上的水桶（如果你像我一样矮的话，要加一个盖子）或者把鱼放在动物无法触及的地方，这样一来动物便无法偷鱼了。如果没有水桶，它就不能从水桶里面偷鱼。当然，如果你以后重新使用水桶，偷窃行为可能会再次发生。在这种情况下，你可能想先用空桶做一些训练，当动物开始无视桶时，你就要强化动物。最终，你再把鱼放进桶里。这一过程需要使用简短的和积极的训练方式，在它忽视水桶时立马强化动物。然后逐渐延长训练的时间。你必须确保动物能保持忽略水桶的行为，并确保你不会在无意中强化它对水桶的关注。训练员之间信号使用要连贯是非常重要的。很多时候，新训练员可能无法判断动物何时出问题，而这些问题行为最终会导致偷窃的行为。另一方面，有经验的训练员可能会过于放松，忽视了一些问题行为。

你提到这只偷鱼的动物是只年长的、训练有素的动物。你可以尝试通过改变行为顺序、强化时制或增加新的训练来提高训练的效果。这些训练课程的变化可能会让动物更关注训练员而不是桶。我们还稍微提高了动物的饮食量，这似乎可以消除偷窃的问题。

你说你想在这种行为成为一种习惯之前纠正它。我敢肯定如果它已经成功偷了几次的鱼，它是很难忘记这种刺激的成功经历的。以下是我们总结的一些办法，希望对你有帮助：

1. 牢记“骗我一次，你的错；骗我两次，我的错”的理念。训练员有责任不给动物提供任何偷窃的机会。
2. 确保所有训练员在与动物打交道的过程中保持行动一致。作为一个团体来决定如何防止偷窃，以及在发生偷窃时如何处理。如果再次发生偷鱼行为，我会带着剩下的鱼离开，并仔细观察海狮随后的行为（是否有攻击性行为）。
3. 如果你认为海狮可能会去偷东西，不要去给它任何机会。只有在它准备好的时候才继续做训练。始终做好准备，千万不要认为你的动作可以比它快。互相争抢鱼会使这个过程变成一场游戏，而我保证你几乎总是会输。

祝你好运。

马蒂·塞维奇（Marty Sevenich）

布鲁克菲尔德动物园

答 4：对从你的水桶里偷鱼的行为，最困难的部分是这种行为是自我强化的。我们不了解你的情况，所以无法对你的问题给出确切的答案。最简单的答案是把水桶移到你的动物够不着的地方。这可能说起来容易做起来难，这取决于你们场馆的布置。很多训练员们会努力地教动物不要偷鱼，而不是简单地消除诱惑。无论海狮受到多么好的训练，一个容易拿到的鱼桶对它来说有强大的诱惑力。一旦它因偷鱼而得到强化，除非你能让它在很长一段时间内不被强化，否则将很难打破它再次尝试的习惯。让水桶无法被动物触及的几种方法是：

1. 把水桶放在足够高的地方，而且只有训练员才能够到它。
2. 使用盖子，防止动物再轻易拿到鱼。
3. 使用可以穿在腰间的侧袋，其开口要足够小，使动物的头无法伸进去。
4. 使用各种喂食站，其中的水桶或容器是隐藏的，动物不知道它们的位置。

根据你的训练情况，很可能还有其他方法。你应该发现，一旦打破偷鱼这种自我强化的模式行为，动物会越来越少地试图偷鱼。祝您好运。

海洋哺乳动物训练团队

约翰·谢德水族馆

A Behavior Sampler by Gary Wilkes

《行为样本》，解决棘手的行为问题需要从大局出发，客观地看待整个问题。有时候训练员过于接近问题，无法认识到自己何时犯了训练错误。如果训练员采取了错误纠正的措施，问题就会变得更加严重。这篇文章也说明了训练过程中拟人化的危险性。

如何破解狗狗拆家的恶习

盖瑞·威尔克斯

琼恩（Joann）今天下班回家，本以为会看到她的布奇（Butch）热切地来迎接她。然而，布奇却蜷缩在桌子下面，试图与地毯融为一体。琼恩一看就知道，布奇又把电视遥控器咬坏了。

此时，所有的宠物主人都有的一个信念是：他们的动物知道做错了。既然布奇在我们看起来像是有罪的样子，那它显然知道咬坏遥控器是“不对的”。

琼恩确信她的狗狗布奇咬东西是出于怨恨。它似乎总是挑选对琼恩特别重要的东西来发泄，从来不对或有或无的东西下手。

琼恩有这种感觉是可以理解的。虽然看起来布奇选择咬坏的东西都是会让它的主人不高兴的。但布奇真的是根据它对琼恩的了解来选择要破坏的东西吗？

首先，布奇是一只非常爱咬东西的小狗。当它的恒牙长出来后，它就开始咬它能碰到的一切东西。起初琼恩用一只旧网球鞋来吸引布奇。很快布奇就咬坏了琼恩的那一双 75 美元的透气运动鞋。琼恩还喜欢用一些扁平的生皮片挑逗布奇，布奇特别喜欢啃这些生皮片。有一天，当她把鞋脱下来打盹时，布奇啃完了它的生皮片，并寻找下一个替代品。琼恩的那 60 美元一双的皮鞋是一个完美的替代品。

琼恩对布奇的这种破坏行为感到沮丧，琼恩开始把它留在后院。布奇一开始很喜欢这样，但那种旧的咀嚼欲望很快就回来了。布奇找了一个合适的物品进行拆解。滴灌系统是完美的目标。黑色的塑料有着和生皮片一样的纹理。而且提供了恰到好处的嚼劲，这真是有意思的挑战。

几个小时后，琼恩下班回家，看到了被拆烂的家。虽然布奇高兴地摇着尾巴和流着口水向她走来。但琼恩却疯了，她咆哮着，把布奇吓得半死。她把她的钱包扔向它。布奇吓得躲在一张草坪椅子的下面。过了一会儿，琼恩把布奇叫过来并向它道歉。布奇不明白这些，但它很高兴暴力事件已经结束。接下来的日子里，更多的拆家行为发生了。每次事件发生后，琼恩都变得更加愤怒、更加暴力。布奇试图通过仰面翻滚和畏缩来投降。它没有办法知道她为什么生气。每当她回家时，它都会小心翼翼地等待，看她是否在为什么事情生气。

琼恩认为布奇只是没有长记性。她开始带布奇去看任何它破坏的物品并责骂它。布奇立即学会了避开这些东西，尤其是当琼恩在场时。只有当她不在时，它才会去探索这些东西。布奇发现，如果琼恩不在，这些东西就不会与惩罚联系在一起。当它真正咬这些东西时，布奇总是确保琼恩不在身边。如果布奇在黏土中挖出了这些东西，那么当琼恩下班后进入房间时，它就完全吓坏了。布奇不知道破坏是不好的行为，它只知道在同一个房间里同时出现被拆烂的物体和琼恩是一个坏主意。这种恐惧的表情就是琼恩认定的内疚。琼恩试图将惩罚与破坏联系起来，但这是徒劳的。她认为把东西放在布奇的鼻子上并惩罚它，会让布奇“意识到”拆家行为是不好的。尽管这种训练方式并不奏效，不过她的一些其他努力还是更有效果的。

通过给布奇提供一只旧运动鞋和生皮片，她让布奇尝到了鞋子和皮革的味道。滴水系统的塑料开关很像遥控器。她没有教它什么该咬什么不该咬，却在无意中教会它该寻找什么物体。

狗是简单的动物。在自然界中，它们可以挖掘、撕咬和吠叫，而没有任何不良后果。人类货币或情感价值的概念完全超越了它们的理解能力。它们的生活是从一个时刻转移到另一个时刻，不考虑未来。几小时后惩罚一只狗，只会让它们感到恐惧和困惑，并且看起来“有罪”。

认为你的宠物只是想让你生气是一个常见的错误想法。指责宠物的破坏行为会使你更加愤怒，但不会纠正这种行为。改变宠物行为的第一步是改变你自己的行为。

《训练员论坛》，1990 年第 15 卷第 4 期。鳍足类是众所周知的眼神不好的动物，这一问题会随着动物年龄的增长而更加严重。许多种类的动物其实也有类似的视力下降的问题。我们没有理由因为动物开始视力不好而放弃与这些动物已经建立的关系。新的训练研究可以正常开始，即使动物已经看不见了。很多情况下，有残疾或有医疗问题的动物反而更能从一个好的训练计划中受益。

如何训练一头失明的海狮

问：如果有谁能给我一些建议，告诉我如何训练一头失明的加州海狮，我将非常感激。我知道传递信号必须得触摸，但除此之外，我有些迷茫。谢谢你们的帮助。

答：几年前，我在另一个机构上过班，并有机会参与一头失明的海狮的训练工作，这头海狮叫琼斯（Johns），是一头体形非常大的动物，并表演了很多年。随着它年龄的增长，琼斯开始出现白内障和其他视力问题，最后完全失去了视力。我们考虑过为其做手术，但由于琼斯年事已高，我们认为手术可能是不明智的。多年来，我们继续训练它，让它继续参加日常演出。在某种程度上，随着视力的减退，大自然将琼斯逐渐从视觉能力动物，转向听觉能力动物。

当我们知道琼斯完全失去了看清手势信号的能力，我们就开始将手势与触觉或声音刺激相结合。过渡工作在它视力完全消失前就已经开始了。我们的情况可能与所问的问题没有直接关系，因为看起来你想开始训练一头已经失明的动物。不过，即使在琼斯失明后，我们仍继续与它一起工作和玩耍，希望以下的一些经验能对你有所帮助。

座椅位置——在失明之前，琼斯已经学会了一个牢固的定位行为。在我们看来，那就是它的“座位”。当琼斯失去视力时，它的座位变得更加重要。它需要一个安全的地方，以便我们没法与它直接接触时，它可以很舒服。由于琼斯看不见，所以当我们离开它去捡起掉落的鱼，或者去拿道具，或者去喂别的动物时，它需要知道它没有被我们抛弃。因此，牢固确立的定位行为使我们能够继续与琼斯一起工作，而不必每时每刻都在它的身边。琼斯学会了在得到进一步的指示之前，待在位置上的行为。这个重要的行为有两个功能：

1. 使我们能够在任何时候都保持行为控制。
2. 当我们不与琼斯直接交流时，它有事情可做，等待也是一种事情。

姓名识别——我们认为另一个因素是与琼斯合作的关键，就是让琼斯对自己的名字做出反应。我们会和其他几头海狮一起训练它，所以它变得非常习惯于大量的活动和噪声。因此，每当我们想招呼它，给它喂食，或以任何方式与它互动时，我们都会大声地叫它的名字。通过在任何类型的互动之前让它听到自己的名字，琼斯对我们接下来所做的任何事情都不会感到惊讶或害怕。虽然这起初看起来很傻，但你可能会惊讶于当你单纯地触摸失明的动物时，它们会变得多么害怕（因为它们看不到，它们不知道你要做什么）。在给它喂食之前，在触摸它之前，在开始一种新的行为之前，我们都会叫它的名字。

移动动物——我们总是需要把琼斯从一个区域带到另一个区域，要么是不同的围栏，要么是新的水池，要么是训练区。大多数视力良好的动物会简单地跟随我们到任何地方，并能避开沿途的所有障碍物。为了方便琼斯，我们教它把鼻子贴在我们拳头上，一开始慢慢地走动。它就像跟着目标棒一样跟着我们的手走。随着它和训练员对这一过程越来越熟悉，我们就能越来越快地移动。它最终发展到我们可以在任何地方、以任何速度移动，一只手伸到背后，琼斯就会跟着移动。当然，我们必须更加注意我们走过的地方，以确保没有任何可能对海狮造成伤害的东西。任何一头看得见的动物在快要接近一个物体或一堵墙的时候都会放慢速度，但琼斯却忠实地跟着我们。它对我们的信任就在我们的手中！如果我们转弯太快或在距离一个物体太近的地方转弯，动物一翻身就会很容易受伤。通过对这些问题的解决，我们让动物从一个地方走到另一个地方的过程变得更加简单安全。

喂食——由于琼斯属于一个较大的社会群体的一分子，我们想让它在公共区域里与其他动物同时喂食。同时，我们想避免让其他动物占琼斯的便宜并偷走它的鱼。为了达到这个目的，我们要求每头动物在池子里占据一个特定的定位位置，并且只在这个位置上喂它们。琼斯也在群体里，而且必须在我们的一臂的距离之内，这样我们就可以把鱼放在它嘴的正上方。通过在动物之间均匀地分配鱼，我们可以确保琼斯得到全部食物。需要注意的是不要把太多的鱼扔到水里，否则琼斯就会试图去找，有些鱼不可避免地被其他动物抢去。然而，以有控制的方式进行喂食，我们从未遇到任何真正的问题。而且，和其他事情一样，我们练习越多，事情就越容易。在喂食时，我们必须注意的另一个因素是琼斯的意外咬伤。当接近它的嘴时，它无法分辨那是一条鱼还是一根手指，直到为时已晚。为了缓解这个问题，我们总是从它的头顶上喂它。我们会轻拍它的头顶或后脑勺，它就会把头往后靠，然后我们就把鱼丢进去。由于从不直接拿着鱼接近它，当我们想用手做定位目标或做口腔检查时，它不会感到困惑。从长远来看，我们认为这使它免于迷惑，也使我们免于使用过多的创可贴。

塑造——每当我们想对琼斯进行新的行为训练时，几乎所有的行为都必须经过塑型训练。换句话说，如果我们想让它抬起脚蹼，我们就会抬起它的脚蹼，然后再给信号强化。琼斯很快就明白了，以后只需要触摸它的脚蹼就能让它抬起来。如果我们想用声音而不是触觉提示它的行为，我们只需在塑型训练行为的同时使用声音提示，久而久之，就只需要声音了。如前所述，它的许多行为都是在它还能看见的时候训练的，但我们确实通过塑型过程训练了一些新的行为，我们也设法保持了它的大部分行为谱。由于饲养行为主要是通过触觉来激发的，这些行为往往很容易维持。

复杂的行为——当琼斯失去视力后，我们就没有再尝试训练任何复杂的行为序列。然而，我们确实试图保持它原来的各种行为。我们发现，只要我们不重新布置家具，它就能正常活动。当我们需要改变道具或座位的位置时，必须慢慢地带它走过这个区域，直到琼斯熟悉新的安排。令人惊讶的是，任何不知道琼斯已经失明的人，通常都不知道琼斯已经看不到任何东西了。一旦适应了一个区域，琼斯就能很好地利用它自己的空间分配。

限制——我们发现，不把失明看成是一种限制对琼斯和我们自己都非常有益。通过对待琼斯和其他海狮一样的做法，它从未在社会等级制度中失去自己的位置。在失去视力之前，琼斯是这个群体中的主导动物。即使在失明多年后，琼斯仍然成功地击退了其他年轻雄性的挑战。我们还发现了一些好处。由于琼斯看不见，新的环境、陌生的人或其他类似的干扰从未困扰过它。只要我们在附近，它就会完全信任我们，愿意跟着我们去任何地方。

当然，我们的情况跟你们的可能有所不同，但我们希望这些信息能对你和你的动物有一些帮助。我们认为，琼斯能够过上正常和健康的生活，得益于训练计划的健康发展。我们很有兴趣听到你的故事，并乐意回答你任何进一步的问题。祝你好运。

肯·拉米雷斯和谢丽尔·梅辛格

约翰·谢德水族馆

Trainer's Forum

《训练员论坛》，1999 年。寻找行为问题的解决方案也就是在寻找重建秩序或重新获得行为控制的方法。当训练出现问题，动物不合作时，我们经常觉得我们失去了控制。事实上，我们从未真正拥有过控制权。

训练是成功的，因为训练员和动物是合作的。这是大多数训练员在提到行为控制时所寻求的合作努力。

你失去对动物的控制了吗?

问：什么是行为控制？你如何保持行为控制？如果你因为自己缺乏经验或因为动物的性行为而失去对训练行为的控制，你有什么步骤可以重新获得它？

答1：也许行为管理是一个比行为控制更合适的术语。通过各种训练技术，我们能够与动物建立一种良性的对话，或培养某些类型的互动，并要求动物执行选定的行为模式。然而，不管我们的强化技术如何，有时其他东西比我们提供的东西更有强化作用。因此，我们实际上从未对动物进行过有效的行为控制。为了解决这个理解上的问题，我们将行为控制定义为：动物对特定的条件刺激做出不适当的反应时，可以成功地保持动物的注意力，并使动物对条件刺激的正确反应率达到90%。我们发现，完成这种水平的“控制”的最有效方法是关注动物的身体和情绪状态，并将行为训练与动物的生理周期同步。这使训练员能够预测动物对各种方案的准备情况和接受能力，以确定哪头动物最适合特定的训练。意识到并考虑到动物的生存状态，有助于训练员制定一个以成功为导向的方案，并可以避免训练员和动物之间的对抗和意志考验。

考虑到动物的身体或情绪状态，有助于训练员理解为什么动物有时会做出不恰当的反应。在某些情况下，不要求动物做出某些行为似乎是维持行为控制的最好办法。例如，当我们的雄性动物进入发情期后开始增加体重时，它们往往会拒绝做翻转站立的行为。我们不确定它们为什么拒绝，但很可能是在体重增加到200磅后，对它们来说做脚蹼站立会更加困难或不舒服。同样，当我们的海狮在蜕皮时，它们会变得有些昏昏欲睡，并会拒绝高能量消耗的行为，如奔跑和空中跳跃。由于这些反应的变化是可以预测的，我们会改变我们的训练时制，以适应动物的状态，并在实际情况中保持恰当的控制。根据过去的经验，我们知道动物在蜕皮期间会拒绝执行某些行为，但一旦蜕皮结束，它们会很容易恢复这些行为，而且不需要任何补救训练。因此，没有理由固执地在动物不愿意做这些行为的时候去强求，也没有理由在动物处于不接受状态时浪费时间重新训练它们。

另一个例子是发情期，我们的海狮会变得有点咄咄逼人，经常测试我们的极限。它特别喜欢在围栏门打开时推开训练员，它显然要挑战我们的地位。而在一年中的其他时候，它则完全合作，没有任何问题。我们以各种方式解决这个问题。有时我们会做一些不需要打开门的训练。其他时候，当大门打开时，要求它定位在水中，而不是在甲板上的某处目标，这样做它就会更加合作。如果我们必须进入围栏，我们就会把大门开到底，给它足够的空间让它从我们身边经过，并且在它经过时不理会它。当它在门槛处没有受到挑战时，它通常会短暂地犹豫一下，然后回到自己的围栏里。也许它意识到，它的参与是无事生非的。有时你可以通过减少控制来保持更多的控制。

有些人认为，当一种行为被拒绝时，动物是在控制训练员，从而建议训练员暂时从一个项目中退出。动物有很多理由拒绝对训练员的指令做出反应。它们拒绝做一些事情并不只是为了反对。当动物对条件刺激做出不适当的反应时，训练员可以重新引导动物的注意力，使其不再成为一个问题。如果动物只是感到困惑，那么增加训练课程、改变训练技术或不同的强化时制都有可能提高动物对刺激信号做出适当反应的概率。

有些时候训练员不能有效地控制动物的行为。例如，妈妈对新生儿的保护，主导动物对新引进同伴的攻击，对新事物的畏惧，对环境变化的反应，或者是性欲或微妙的社会互动所导致的行为。在某些情况下，训练员可以采用习惯化技术和使用调节反应的准则来使动物做好准备，就像鼓励没有经验的母亲给孩子喂奶那样。然而，训练员不能完全控制动物之间的互动以及它们对环境变化的反应。

训练团队
新英格兰水族馆

答 2：简单来说，行为控制是指动物在站台上保持纪律，克服任何可能的分心，接受训练员的指令。

我们通过对动物进行小规模的纪律训练来保持行为控制。如果我们因动物的性行为而失去控制，动物们通常会在“完事后”回到训练员身边。如果动物们没有回到训练员身边，我们就任由它们继续它们正在做的事情。我们有什么资格在这样的关键时刻打断它们的“爱情游戏”?

我坚信，如果动物们享受了性互动，它们会很高兴。它们可能需要几天的时间来度过这个“性爱时光”，之后行为再次恢复正常。

至于因训练员没有经验导致的问题，请仔细训练你的员工，让他们为这些情况做好准备，这是维持行为控制的最佳解决方案。

丹尼尔·华雷斯（Daniel Juarez）
马略卡岛海洋乐园（Marineland Mallorca）

答 3：动物的行为矫治和控制包括两个主要部分：常规（一般）行为和刺激控制。

在与动物互动时，我们会随时监测常规的行为。这些行为包括但不限于：整体注意力、能量水平、攻击性、攻击前兆以及与其他动物的相对关系。任何互动环节都允许动物有机会了解什么是可以接受的，什么是不可以接受的。即使是在游戏时间，动物也会学习什么是可以或不可以。如果动物的行为在训练中不可取（例如，过度兴奋），那该动物行为就需要改正，不然训练就不可能取得进展。为了保持理想的行为，我们在非正式和正式的交流中利用间歇性的强化措施。

刺激控制是指动物在提示下进行某种特定反应的能力。简单地说，当一头动物得到一个信号，它就会去做这个信号要求的行为。大多数刺激控制项目，包括我们在神秘海洋馆的项目，都包括三个主要元素：一个前兆刺激（信号提示），一种行为反应，以及一个结果（对反应的认可）。如果这三个要素中的任何一个在互动中缺失，刺激控制就无法建立。

为了给动物一个正确的行为反应的机会，我们要保持前兆刺激（区辨刺激）的一致性。所有训练员必须以相同的方式呈现刺激。无论这种刺激是通过语言、视觉、触觉还是其他方式呈现，它都必须被动物清楚地接收到。以不明确的方式给予的前兆刺激，相当于老板在另一个房间里口齿不清地跟你说话，显而易见，结果不可能是理想的。

行为反应本身必须得到仔细的监测。动物不仅需要做出适当的行为，而且行为必须达到适当的标准水平。同样，为了保持清晰的沟通和互动，任何问题都必须由提出刺激信号的训练员持续监控。

每一个被激发的反应之后都必须有某种形式的结果。结果向动物传达了它们的反应是否达到了可接受的标准水平。当给动物一个选择，要么不接受任何东西要么接受想要的东西时，动物会选择它想要的东西。尽管这句话很直白，但它是提供有效结果的指导准则。我们事先并不能知道动物会发现什么是积极的（有时，受虐待的狗会爬到施虐者身边，以寻求更多的关注，斯德哥尔摩综合征），但在动物做出不适当的反应时，什么也不提供比惩罚更有效。如果你已经理解到了这一点，当它们的行为可以接受时，我们就使用已知的正向强化，而当它们的行为不可接受时，我们就使用最小强化刺激，即 3 秒钟的中性反应。

如果省略了刺激控制的三个要素中的任何一个，行为控制就可能丧失。当行为控制已经丧失，最好的办法是将成熟的行为分成几个发展阶段（渐进步骤），通过这些渐进步骤重新训练动物，并最终再次使行为达到标准水平。

如果行为控制的一般方式已经崩溃，必须分析崩溃的原因。当动物看起来性情散漫时，有几种方法有助于重新获得动物的注意力。通常情况下，当将这种动物与其他动物分开，并在受控的训练中慢慢将它重新引入它们时，会更容易对它进行训练。通过在训练前观察动物，我们可以将我们的互动安排在性活动水平较低的时候。在动物没有性行为的时候提供间歇性强化（其他行为的差异强化或 DRO），以便有效地减少性活动的数量（特别是当提供 DRO 的人在场时）。

如果是由于训练员缺乏经验导致的控制崩溃，我们会向训练员解释一般行为的标准是什么，如坐着不动，不玩弄食物，紧紧跟随，对第一个刺激的快速反应。一旦训练员了解了什么是可接受的行为，以及如何通过间歇性强化来维持这种行为，那么“失控”动物的行为就需要被重新修复。

无论哪种方法，首先让动物把注意力集中在训练员身上。对于失控动物的训练应保持简短，并逐渐增加训练时间长度。随机的行为可能被激发出来，重点是让动物的注意力紧紧地集中在训练员身上的行为。如果动物确实表现出不受欢迎的行为，那么应该在动物再次专注于训练员的时候开始使用最小强化刺激措施。如果恢复注意力所需的时间超过了可接受的范围，训练员可以选择暂时离开动物（训练暂停），以避免意外地强化任何不受欢迎的行为。通过强化动物的注意力或专注力，结合对不良行为的中性反应，你就可以加强整体的行为控制。

这些技巧已被证明对我们的动物非常有效，我们希望它们对你也有帮助。祝您好运！

训练团队

神秘水族馆（Mystic Aquarium）

第十二章

综合性训练和应用

综合的理论和实践

对于如何将所有的动物训练理论和技术有效地结合起来的问题，其实并没有神奇的答案。动物训练的理论和技术组成部分是相当简单的，但要掌握像动物训练这样复杂的东西需要时间。

务必熟知你的动物

对于你所训练的每一头动物，你再努力去学也未必能完全了解。你与它们建立的关系是有效训练中的一个无形但重要的因素。

丰富你的知识储备

学习训练理论并深入理解这些理论。当你获得经验之后重新审视这些文献时，你会发现这些理论会有新的意义。随着你经验的增加，以前未被发现的细微差别也会出现。多观察其他训练员，不管他们的经验比你少还是多，也不管他们是否在训练类似的动物，虚心向别人请教，分享信息，并加入专业的训练组织。每一次训练都是一个学习的机会，如何成为一名合格的训练员请详见第十三章“如何成为专业训练员——寻资源和找工作”。

多练多积累经验

无论你读了多少专业书，无论你知道多少理论，经验是永远无法替代的，而且经验积累没有捷径。许多训练员在他们的职业生涯中到一个时间点时，他们会认为自己知道足够多了。如果你也是这种情况，请做好再次谦卑的准备。每头动物、每座场馆和每位训练员都有值得你学习的新东西。本章旨在为你提供有趣的训练故事和精选文章，以帮助你更好地从别人的经验中学习。

交叉型项目

交叉型项目现在发展很迅速，这是对复杂动物训练的统称。它们将训练员、动物和游客置于同一环境中。互动训练其实并不新鲜。动物园多年来一直在提供骑骆驼和骑大象的服务，许多海洋哺乳动物项目也会在表演中让游客有机会近距离接触动物。但较新的项目在互动方面更进一步，允许游客长时间地近距离体验动物。当这种项目在 20 世纪 80 年代末刚刚开始时，“与海豚一起游泳”的项目引起了社会上的一些争议。但由经验丰富的训练员开发的创新项目证明，这些项目对游客和动物都是安全的，同时也是对游客的一种令人难以忘怀的教育体验。许多新的交叉型项目正在发展，关于它们的文献在未来几年肯定会越来越多。本章的两篇精选文章对这些项目做了很好的介绍。

- 《海豚交叉型的训练项目》（*The Initiation of a Dolphin Interactive Program*, Messinger & Messinger, 1998，参见 432 页），该文介绍了在海豚中心启动的一个新的互动项目。
- 《交叉型项目的原则和其中不当行为的管理》（*Interactive Programs: Protocols and Managing Inappropriate Behavior*，参见 436 页），该文介绍了如何处理不恰当的行为，这同时也是第十一章训练问题解决指南的主题。

保护式接触训练

保护式接触训练既不是一个新概念，也不是一个特别先进的概念。然而，随着训练变得越来越大众化，训练的动物越来越危险，保护式接触训练就变得越来越重要。在一些圈子里，它甚至变得非常有争议。许多传统的大象训练员都不愿意从自由接触转为保护式接触训练。许多保护式接触训练的例子散见于本书中，本章将重点介绍与大象进行保护式接触训练的案例。

- 《大象管理的风险评估和资源分配》（*Elephant Handling - A Problem of Risk Management and Resource Allocation*, Lehnhardt, 1991，参见 441 页）中讨论了保护式接触训练的管理问题。
- 《保护式接触训练技术在大象上的应用》（*Protected-Contact Elephant Training*, Desmond & Laule, 1991，参见 442 页），该文介绍了大象保护式接触的案例。
- 《亚洲象辛迪：一个历史性案例》（*"C" is for Cindy: A Case History*, Miller et al., 1993，参见 449 页），该文讲述了对一头孤独大象的保护式接触训练。
- 《保护式接触训练的原则和规范》（*The Politics of Protected Contact*, Desmond & Laule, 1993，参见 453 页），该文讨论了针对保护式接触的误解和争议。
- 《圣迭戈野生动物公园使用保护式接触管理多头大象》（*Managing Multiple Elephants Using Protected Contact at San Diego's Wild Animal Park*, Priest et al., 1998，参见 459 页），该文概述了机构在使用该系统数年后对保护式接触项目的认识和评价。

其他动物园经验

本书的重点是海洋哺乳动物的训练，并希望提供一种适用于任何环境的操作技术。动物园环境也提供了独特且优秀的例子，这些案例证明了操作制约技术适用于任何动物训练。关于动物园动物训练的文章将重点罗列在下一章里面。以下是收录在本章中的文章：

- 《喜欢紫罗兰的犀牛》（*The Rhino Likes Violets*，参见 465 页）里的布莱尔很多年前就参与了将操作制约引入动物园的尝试。该文中描述了其中的一些努力。
- 《训练动物园里的北极熊和疣猪》（*Polar Bears and Warthogs: Training in the Zoo*，《训练员论坛》，1997，参见 470 页），国际海洋动物训练员协会训练的重点动物通常是鲸豚类和鳍足类，但该组织的成员也会参与其他物种的训练工作。
- 《大猩猩在动物园救出小男孩：母性情感的力量》（*Maternal Feelings Prevail as Gorilla Rescues Tot at Zoo*, Bils & Singer, 1996，参见 471 页）。媒体的注意力往往被吸引到高调的动物身上，但我们更应该重视背后的训练。

科研训练

只有少数训练员可以在设计研究方案和实施训练计划两方面都收放自如。大多数训练员依靠请来的研究人员来帮助设计研究项目。但这并不意味着训练员可以不用学习科研项目的运作流程。训练员对研究项目了解得越多，就越有可能节省训练时间，避免训练中出现无效行为结果情况。虽然对各种研究项目的深入讨论超出了本书的范围，但本书选择了一些描述具体的科研训练原则和概念的文章，以飨读者。即使研究不是训练员的工作重点，研究也可以成为表演项目中的一个重要组成部分。完全进行研究训练的训练员会发现，本章中的文章只是涉及研究训练的表面。我们希望所有的训练员都觉得这些综合性训练情况是有趣的。

- **表演中的研究**——将为科研而训练的行为用于表演并不罕见。公开表演中最常见的科研行为之一《训练海豚在表演中使用回声定位识别》（*Training Echolocation Discrimination in a Show*《训练员论坛》，1990，参见 473 页）。
- **"是或非"范式**——使用"走，不走"范式在许多类型的研究项目中很常见。两篇描述用这种范式训练动物的文章是：《训练伪虎鲸进行水下听力的测试》（*Training a False Killer Whale for an Underwater Audiogram*, Chun et al., 1986，参见 475 页）和《太平洋瓶鼻海豚和加州海狮的味觉实验》（*Conditioning a Pacific Bottlenose Dolphin and a California Sea Lion in a Taste Experiment,* Hall & Richards, 1982，参见 480 页）。
- **与样本相匹配**——"与样本相匹配"的概念是研究项目中另一个经常使用的范式。这个概念的使用详见于《训练动物通过回声定位来识别不同的形状和材料及其内部结构》（*Echolocation for Shape, Material, and Internal Structure*, Xitco, 1990，参见 483 页）。
- **二选一范式**——"二选一范式"有时会与"是或非范式"相混淆。然而，这两种范式在训练和对结果的解释上有重要的区别。科研训练中使用了"二选一范式"，该范式被用于《海牛的思维：西印度海牛的感知测试》[*The Manatee Mind: Discrimination Training for Sensory Perception Testing of West*

Indian Manatees (*Dicheachus manatus*), Gerstein, 1994，参见 492 页］中描述的研究训练。

- **认知训练**——很少有研究领域能像认知研究一样吸引公众和训练员的注意力。设计一个好的认知项目是一个真正的挑战，为该项目进行训练也是如此。有两篇文章描述了这类工作，分别是《海豚键盘交流系统简介》（*An Introduction to the Living Sea's Dolphin Keyboard Communication System*, Xitco et al., 1991，参见 502 页）和《教海狮认识代表物体数量和特性的行为和信号》（*Teaching Sea Lions that Signals Represent Objects, Object Qualities, and Behaviors*, Shusterman & Krieger, 1982，参见 508 页）。如果你对认知项目的更多信息感兴趣，请参见本书末尾的参考文献。
- **异物接受**——许多研究项目要求训练动物携带或佩戴对其来说是陌生和不寻常的物体，这通常需要基本的脱敏训练技术。但有的研究项目往往需要更复杂的脱敏训练以便让动物接受放入身体内的异物。有两篇文章提供了非常好的案例分别是《录像记录海豚回声定位时的鼻腔通道运动》（*Video Recording the Nasal Passage of an Echolocating Dolphin*, Marrin-Cooney, 1989，参见 510 页）和《训练太平洋瓶鼻海豚（*Tursiops truncatus*）穿有遥控水下摄像机的背带》（*Training an Atlantic Bottlenose Dolphin (Tursiops truncatus) to Wear a Harness and Remote Underwater Camera*, Gouvin & Wood, 1988，513 页）。
- **开阔的海洋训练**——在开阔的海洋中训练动物的内容需要至少一整个章节才能介绍完。许多研究机构都尝试在公海中训练动物。当然，这种训练的先驱者是美国海军海洋哺乳动物项目的训练员。在开放性海洋环境中训练的挑战是独特的，而在这种环境中完成的研究，其结果和意义是不可估量的。开放性海洋环境中研究的一个例子是在《太平洋瓶鼻海豚（*Tursiops truncatus gilli*）自由潜水研究的训练》（*Conditioning Bottlenose Dolphins* (*Tursiops truncatus gilli*) *for Voluntary Diving Studies*, Shippee et al., 1994，参见 517 页）。

宠物及其他家养动物训练

本书经常讨论狗和其他家养动物的训练，特别是通过引用盖瑞 · 威尔克斯的文章来介绍这些理念和技术。他的许多文章都写得很好。虽然我是海洋哺乳动物的训练员，但我喜欢用宠物来打比喻。因为任何人都能多多少少理解或听过宠物行为的故事。在动物训练的许多领域都需要大量的优秀训练员，这些领域包括搜救犬训练、残疾人服务动物训练和其他宠物训练。每年因为宠物主人没有准备好或者没有训练好，而导致被送入坟墓的宠物数量令人震惊。由于了解狗和其他宠物行为的重要性正变得越来越明显，越来越多的兽医行为学家出现了。这一新领域在《菲多的问题不仅仅是行为不端》（*When Fido More than Misbehaves*, Shaw, 1996，参见 525 页）中有详细的描述。我很遗憾本书篇幅有限，没有空间收录更多关于这些主题的文章，但它们确实也已经超出了本书的范围。下一章将进一步介绍与这些主题有关的资源。

文章精选

Conference Proceedings

《会议论文集》，1998年国际海洋动物训练员协会会议，于葡萄牙，阿尔布费拉。以下文章曾发表在第26届国际海洋动物训练员协会年会上。20世纪90年代末期，交叉型项目已经变得非常流行，一些非常好的项目已经建立起来。但关于这种新的海洋哺乳动物训练方法的文献还相对较少。以下文章是最早解释这种训练概念的文章之一。

海豚交叉型的训练项目

道格·梅辛格和谢丽尔·梅辛格

前言

公众态度的改变，对生态认识的提高，以及丰富的生态旅游和度假机会，都表明公众对直接参与饲养环境调节和人工饲养动物互动的积极愿望。由于公众的这些积极愿望，全国各地的海洋公园所提供的互动节目的数量和范围都在大幅度增加。在有经验的专业动物护理人员的直接监督下，游客有机会与海洋哺乳动物进行近距离接触，这是游客们以前从未体验过的方式。人与动物互动的概念在动物界有着悠久而成功的历史。毫无疑问，游客在这种令人难忘的接触中所受到的教育和保护信息，将使他们对自然环境的爱护产生巨大且积极的影响。

我们认识到，在这股发展浪潮中出现了两种不同类型的人与动物的互动模式。虽然这种区别可以简单地认为是语义学上的差别，但训练员往往对其项目的特征性术语描述得非常具体，主要是为了不误导公众对人与动物体验的预期。游泳项目通常是指允许游客全部或部分地在动物的环境中自由游泳的项目。而互动或接触项目则是游客可以站在或坐在水中与动物进行互动的项目，但这些项目中不允许游客自由游泳。无论是什么方式，游客都有机会在经验丰富的训练员的监督下与各种海洋动物进行互动。这一刻往往将在游客心中留下持久而难忘的印象。

我们已经在我们的海洋馆中开发出具有我们特色的瓶鼻海豚（*Tursiops truncatus*）的水中互动项目。我们开发的这一种节目形式，可以让训练员有最大的灵活性，让动物有更多变化刺激，同时让游客更有安全感。无论是开发一个全新的项目还是简单地重新设计一个现有的项目，我们希望我们的见解对这个领域的其他人也有帮助。

项目形式

课程

游客与海豚的最初接触是通过一个介绍性的课堂来进行的，其目的是为参与者提供基本知识，以强化他们的体验。介绍性课堂主题包括鲸豚类的分类和自然历史，然后介绍他们将接触到的具体物种的生活史，同时会对栖息地的建设和保护进行宣传。我们把重点放在瓶鼻海豚对整个海洋生态系统的作用，之后，我们的教育范围会缩小到保护佛罗里达州（Florida, FL）属群岛的珊瑚礁，这是大部分游客在度假期间可能会遇到的实际情况。

在与训练有素但非驯化的动物互动时，让游客了解适当的礼仪是非常重要的。诸如如何正确地进入水中和接近动物等细节往往包括在这个课程里面。因为整个项目对游客来说是一个体验式的学习机会，所以建议在这种实践氛围中时刻保持课堂学习的连贯性。训练员需要时刻提醒游客如何操作道具、如何进行互动，这些将有助于保持游客的兴趣和安全。

虽然课程的信息内容可以很容易超过几个小时，但我们觉得游客与海豚互动更适合较短的课堂时间。出于这个原因，我们把整个互动过程当作一个“课堂”，从开始到结束提供持续的指导内容。这有效地使我们保持了相对较短的课堂时间。通过在整个项目中持续不断地进行讲解，我们既满足了游客见到动物的直接愿望，又实现了提供广泛的教育信息的目的。而且，在与动物直接互动过程中，通过不断地提供信息可以达到更好的教育效果，基于实践的学习方法的有效性已经被世界各地的教育工作者充分证实。

码头时间

毋庸置疑，游客们非常希望跳过这些步骤，直接与海豚互动，但当他们真的面对这些体格强大的哺乳动物时，大部分人往往会突然从兴奋到沉默。出于这个原因，我们在开始介绍动物的时候，加入了码头时间的互动。码头让游客有机会从一个不那么可怕的位置体验他们人生中与海豚的“第一次”：第一次近距离观察海豚，第一次听到海豚的呼吸声，第一次给海豚发号施令，第一次给海豚喂食，以及第一次触摸海豚。码头时间使游客能够适应动物的声音、动作和体形。如果直接下水和动物互动的话，很多人可能会害怕。而且，这也使训练员有机会评估不同游客接触动物的舒适程度。

训练员也随时保持可变的强化规则，以鼓励动物参与这些互动项目。这些可变的食物奖励制度可以由游客或训练员自己来执行。可变性是提高动物积极性的关键，因此我们进一步扩展这部分项目，使其不以地点为限。因此，训练员有机会在主水池、副水池、两个饲养池中的任一个按排码头时间，或将码头时间随机分配在四个区域中。此外，每次互动时间所需的动物数量可以是 1 头到 3 头不等，这些动物可以全部参与，也可以只参与部分区域。总之，这个方案为训练员提供了最大的灵活性，为海豚和游客提供了一个多样且刺激的互动。

在码头时间结束时，动物们会从刺激控制中被释放一段时间。这种休息使训练员能够舒适地将游客安置在水中与动物直接接触，同时记得再次强调适当礼仪的重要性。我们可以使用相同或者不同的动物来进行这个项目。

浅水区互动

许多项目为游客提供了多样的水下体验形式，这些形式有浅水区涉水互动、浮潜互动和自由游泳互动等。为了进一步替代自由游泳，我们开发了一个刺激性项目，即浅水和深水交互式平台。浅水区互动可以紧随码头时间，也可以紧随下面描述的深水区互动。这两个环节的互换性可以允许更丰富的可变性因素加入。然而需要注意的是，我们发现浅水区的互动非常适合那些身体有缺陷的人。而且这些参与者仅在浅水区就能享受到漫长而舒适的互动体验。

游客们也可以通过坐在浅水平台上进行浅水区的互动，浅水平台的设计目的是增加游客与动物的互动时间。浅水平台上互动项目包括：动物背部向上或者腹部向上的平躺、让游客抓尾、B超姿势侧躺、张嘴和吐泡泡。这些平时训练有素的行为给训练员的选择带来了很多灵活性，并使动物在一天中几乎没有重复。尽管饲养行为需要可变的间隔时制桥接来维持，但这些行为的持续时间相对较长，这使得游客和动物在互动环节中可以有较长的接触时间。有趣的是，训练员们经常观察到动物们在互动期间闭上眼睛，似乎处于完全放松的状态。在互动环节中的行为实际上强化了动物的整体行为的反应。

浅水区互动结束后，海豚要么被引导到互动水池，要么被放回到相邻的区域，享受一段自由时间。如果需要的话，训练员也可以在这个时候把其他的或不同的动物带出来进行互动。

深水区互动

从项目的角度来看，深水区互动与浅水区互动是可以互换的。与在浅水区的平静体验相比，通过海豚的高能量行为，深水区的互动为游客提供了更多的刺激体验。为了展示海豚的自然游泳能力，深水区体验通常以高空飞跃、快速游动和尾鳍行走为内容。由于游客现在站在齐腰深的水中，这给海豚提供了一个完美的机会，可以对游客喷水、甩尾、溅水，以及任何其他与游客互动的行为。这里的互动是最有趣的！同样，我们有大量的行为可供选择，动物在一天中很少重复某一个行为。

正如人们所猜测的那样，在一个不同的地方执行低能量的行为，而在另一个地方执行高能量的行为，最终会导致行为上的崩溃。此外，在一个地方和另一个地方建立大量的接触互动也同样会产生问题。由于这些原因，我们提供的上述信息只是一个概述。与任何训练项目一样，这些互动必须是动态的、不断变化的、多功能的和可变的，以满足动物、训练员和游客的需要。

回到教室

当体验完刺激的互动后，我们会把游客再次带回到教室，对游客来说，这是一个交流体验的时刻，并把他们从与动物接触的刺激体验中带出来。我们发现这是一个高度情绪化的时刻，游客还沉浸在刚才的兴奋之中，而且他们脑海中充满了许多问题。对于训练员来说，这是最后传达信息的重要时间。我们会感谢游客与这些人类照顾下的海豚互动，并告诫大家不要与野生海豚互动。

这也是获得游客反馈的良好时间。评价是一个有价值的工具，可以获得顾客体验、教育效果和数据统计等重要信息。我们选择从一小部分游客那里收集上述这些信息，我们的调查问题包括他们在参加我们的项目之前知道什么信息，以及这些信息是如何获得的（通过电视、书籍、其他交叉型项目等）。这些信息保证了我们的教育内容和我们的训练项目一直处于动态，让我们可以为老顾客不断提供新的东西。

成功的关键

1. 为训练员提供最大的多样性

多样性包括项目的动物种类，每个项目使用的动物数量，调整项目的框架、顺序和组成等部分，激发哪些行为，激发行为的顺序，以及决定提供的各种次级强化物的种类。这种广泛的可变性最终转化为我们动物的高度积极性。

然而在多样化的方案中，也必须存在一个稳定的框架。监管人员需要随机观察项目，以确保训练员在手势、行为标准和初级强化时制等方面连贯一致。监管人员还需要确定，即使项目差别很大，但在教育内容和动物互动时间方面，仍然需要保持信号使用的连贯性。

2. 以大纲形式确定教育内容

在制定项目的内容时，训练员需要提前收到一份涵盖所有信息的大纲。大纲的概念和内容应该能激发训练员分享他们个人的热情和兴奋，这对到访的游客来说是很有感染力的。大纲的存在可以使训练员不用死记硬背这些内容，所以互动中信息的传递是自然而然且有吸引力的。此外，我们发现我们的员工能更轻松地根据游客的年龄、教育水平或兴趣领域进行授课，同时不影响整体项目的一致性。这使得每个项目有更多个性化的感觉和方式。

3. 保持互动环节的简短

尽管我们每个节目里，动物与游客互动时间平均为 25 分钟，但这一时间被分为三个小段，有些是码头段，有些是水面互动段。每个小片段之间都有一个短暂的休息时间，训练员能利用这一机会回答游客们的问题，同时将游客带入到下一个新区域，并为下一个互动活动做好准备。短暂的休息也为动物们提供了互动的准备。因此，我们利用休息时间作为另一种变化的强化手段，以便于提高动物的注意力和驱动力。

4. 为游客和动物建立标准

应该为互动项目的所有参与者确定适当的礼仪标准，并传达基本的安全准则，以及在水中与动物相处时应该或不应该做什么。这将大大有助于在问题发生之前消除它们。我们已经将我们的安全准则总结成一份书面文件，所有参与者在参与动物互动之前必须阅读并签署这份书面文件。此外，我们的训练员在课堂部分会介绍这些材料。我们需要保证我们的游客能清楚地了解这些安全准则，以便使他们的互动尽可能地愉快和安全。

为动物制定不当行为的准则也同样重要。我们已经确定了一份不恰当行为的清单，一旦发生此类行为，我们将采取最小强化刺激措施。对这些“非黑即白”领域的透彻了解，将有助于确保训练员不会因判断错误而无意中强化不当行为，因为训练员的任何反应都有可能强化这些行为。如果出现了不当行为的前兆，可以在一开始就采用不相容行为差别强化和 / 或区别强化其他行为，并立即将动物重新引导到可以强化的行为上。这有助于消除不需要的行为，并有效地营造一个让动物成功的环境。

5. 花点时间训练控制行为

在训练互动中灵活轮换动物有很多好处，不仅可以让动物得到休息，增加了丰容项目；也可以阻止不受控制的行为发展，这些不受控的行为常来自水中的游客对动物注意力的分散。这种注意力分散的威力足够大，可以导致成熟的过闸行为表现不佳乃至训练员对动物失去控制。出于这个原因，我们将控制行为与过闸训练匹配，以提高整体正确行为的响应，以此作为一个额外的安全预防措施。在给予过闸训练区辨刺激后，行为完成的关键取决于动物对位于闸门对面固定目标的保持程度。当训练员执行该行为时，动物们就处于刺激控制之下，并准备接受进一步的指令。

6. 小心信号刺激的反应

动物任何时候都应该对信号刺激立即做出反应。虽然这个说法是正确的，但在互动环境中，这可能会带来一些危险。动物对信号刺激的快速反应，即使其相对平静，有时仍会因力度过大给没有做好准备的游客带来伤害。为了避免动物的热情给游客带来安全隐患，我们在互动中加入了释放行为。当游客与动物互动结束后，动物就会被推离游客，直到达到一个安全距离。这样，训练员就可以在一个不太可能发生意外伤害的地方给动物信号刺激，而动物也可以毫无顾虑地迅速做出反应。此外，我们还引入了第二种信号刺激，即在动物的侧面拍打两下，我们将其训练为缓慢而温和的反应。这两个信号都已经成功地纳入了我们的互动计划中。

7. 抵制在水下提供初级强化物的冲动

虽然在水中的游客为动物提供初级强化物很容易，但我们要避免这样做。因为被强化的行为是在水下张嘴向人靠近，这正是我们要阻止的不可接受的基本行为（张嘴[1]）。因此，我们为所有的动物都制定了一个“抬头”初级强化行为。

结论

我们绝不能忽视世界各地众多交叉型项目所提供的任何经验。人与动物互动的巨大潜力不仅仅是传授知识和经验，而在于改变大众的态度和价值观。当人与动物直接接触时，个人便与海洋环境永远联系在一起了。每年有成千上万的海豚被无谓地杀害，而且海洋被污染，栖息地被破坏，整个全球生态系统受到威胁，因此必须利用一切有效的教育工具来影响人们支持海洋哺乳动物的饲养和研究。交叉型项目能做到这一点！

《训练员论坛》，1996 年第 21 卷第 4 期。随着交叉型项目在 20 世纪 90 年代的兴起，多样的互动形式被设计出来，更多的海洋馆开始实施互动项目。同时一些问题不可避免地出现了。例如，如何监控游客与动物的互动，以及如何管理游客或动物的不恰当行为。以下是三个最早引入此类项目的机构：海洋剧场、海豚探索和海豚研究中心。

交叉型项目的原则和其中不当行为的管理

问：在你们的游泳或其他互动项目中，对于游客与动物的互动中动物的不恰当行为，你们有哪些规定？

[1] 张嘴这一行为在海洋哺乳动物中，被普遍认为是一种威胁或攻击前的行为。——译者注

答 1：海洋剧场自 1987 年 5 月开始提供与海豚共游（Swim-with-the-Dolphin, SWTD）项目以来，我们先后有五头雌性海豚和三头雄性海豚参加这个项目。我们总共接待了 53000 名游客，但接待期间只发生了一起事故。

在互动之前，我们会要求游客阅读和签署互动协议，这一过程旨在防止海豚和人类互动过程中不恰当行为的出现。我们要求执行与海豚共游项目的训练员至少有三年与海豚训练和工作的经验，这些训练员对海豚的行为极为熟悉。此外，我们的训练员是作为一个团队来进行工作的，这可以帮助处理这些项目中个别动物的任何不正常行为。参加这个项目的海豚都是经过精心挑选的，它们的气质和条件都很好，可以与游客进行很好的互动。

在准备游泳互动的过程中，游客被要求进行 30 分钟的游泳前准备和相关指导。除这些事项外，游客会被告知，如果他们不遵守指示，他们将会被随时从体验项目中请出去。此外，我们还要求他们能理解英语并能用英语交流。

与海豚共游项目是一个受控的互动，这意味着海豚是经过训练的，由一位资深训练员指导人类和海豚之间的互动。美国国家海洋渔业局对游泳项目的研究表明，受控互动对人和海豚的风险都较小（相对于自由或自发的游泳），而且他们推荐这种互动方式。

每次互动都由我们的两名员工参与进行。一位训练员负责管理动物，一位观察员则关注任何异常行为（人或海豚），并在发生事故时提供协助。所有员工在参加与海豚共游项目之前必须完成一个指导和评估的训练。

每个游泳区都有安全设备，包括一个救生圈、捞东西的钩子和一个呼叫器。呼叫器有两个音调，一个是召回海豚，召回的奖励是至少三条鲱鱼，从而保持强烈的强化作用；另一个是给游客的紧急提示音，他们被要求在听到提示音时迅速游到楼梯上，以保证他们的安全。我们有定期的安全培训，以模拟紧急情况的发生。然而训练员并没有接受过救生员的培训。

如果在互动之前我们没有得到动物们的充分注意和配合，那么我们就不会继续进行游泳互动。而且在游泳互动过程中，我们可以对内容随时进行修改，以防止动物不好的行为。如果观察到任何不受欢迎的行为或不受欢迎行为的前兆，我们会将所有游客从水中移出，并暂停甚至取消游泳互动。

贝弗利·阿比特（Beverley Abbitt）

海洋剧院（Theater of the Sea）

答 2：在开发互动式海豚体验项目时，设计一个详细的行动方案以防动物对游客做出不恰当行为是非常有必要的。正如后面讨论的那样，通过强有力的训练和适当的管理，我们是可以将攻击行为的可能性降到最低，但如果这种行为真的发生，我们的概念是：游客的安全是第一位的。

为了最大限度地减少不适当行为的发生，并保证游客的安全，以及获得互动过程中的最大控制，应遵循以下做法：

1. 提供足够的空间分配给动物，让不参加互动的海豚远离互动场所。

2. 在所有水中互动过程中，至少要有一位训练员在水中陪伴游客。

3. 保持水池的透明度，以便在任何时候都能观察到海豚的行为。

4. 除非有训练员协助，否则不允许游客抚摸或握住海豚身体的任何部分。

5. 参与互动的游客必须穿上救生衣。

6. 所有操作必须经由有三年以上训练经验的训练员进行监督。

7. 海洋馆中必须有足够数量的动物，同时根据现有的动物行为决定当天参与的动物。

8. 如果不幸发生了事故，海洋馆必须填写事故报告表，评估原因并提出解决方案。

即使有了上述的这些做法，训练团队也必须做好充足的准备，以防在与海豚接触的过程中出现人类受伤的情况。如果这种小概率事件不幸发生了，建议立刻采取以下处理步骤：

- 将游客立马从水中救出，如果需要的话，提供急救服务
- 通知保安和监督员
- 将其他所有游客从水中带走
- 评估动物的情况和产生攻击性的原因
- 在全面评估完成之前，相关的海豚禁止参与互动
- 主管对事件做出完整的书面声明

如前所述，在进行互动体验之前，训练团队必须完全了解什么是合适的行为，什么不是。辨别攻击行为是日常训练的重要组成部分。所有的生物都能表现出攻击性行为，但在真的攻击之前往往会有一些前兆行为，这些前兆是一种威胁的形式，而不是实际的身体接触。此外，所有的攻击性行为都是对一些刺激的反应，并且这些刺激会有一些明显的先兆。训练员必须要全面了解导致增加攻击行为的所有前兆和情况，以及攻击即将发生的迹象。只有当训练员完全忽视或不能识别威胁时，攻击性行为才有可能实际发生并带来伤害。

攻击行为可能发生的几个典型场景有：争夺食物、争夺繁殖、人类骚扰和突袭。虽然这个清单并不包括所有的情况，但它强调了作为训练员，我们需要了解每一种影响海豚攻击行为的因素。遇到这些情况时，海豚可能会表现出攻击性的前兆，如拒绝回应区辨刺激，做出不符合标准的行为，从训练员 / 游客身边离开，玩弄食物，高声尖叫或张开嘴巴，徘徊，或其他异常行为。如果这些前兆行为发生了，训练员需要及时做出反应，以防止攻击行为的进一步升级。

下述措施的正确应用可以大大减少攻击行为出现的机会。

第一，海豚的社群结构在不断变化，需要我们密切关注。如果动物感到不舒服，不要强迫它们继续工作。避免竞争，无论这种竞争是对于食物、训练员的注意力，还是对其他动物。要强化主导和顺从动物之间的合作。

第二，建立一个强大的海豚与训练员的关系。在游客惊恐、不舒服或互动不佳的情况下，海豚通常会转向它们尊重和信任的训练员。这种关系往往是比食物或其他次级强化物更强有力。训练员必须始终陪同水中的游客，观察攻击性的前兆，并

在发生任何问题时随时介入。

第三，互动项目的设计要保持足够的灵活性，以便在任何突发情况下，能够立即做出改变。我们需要在体验过程中逐步引导游客，以免因为游客过度兴奋或恐惧导致攻击行为的发生。因此，游客的行为必须像海豚的行为一样也要受到密切关注。

第四，训练员应该准备好随时应用不相容行为差别强化。通过强化攻击以外的行为，海豚的行为就会从攻击性转向更积极的方面。

总而言之，如果训练团队在整个互动过程中完全了解行为，那么攻击行为的可能性就会降到最低。通过不断观察和沟通，我们可以一直保持积极的人与动物互动。

巴德·克雷姆斯

海豚探索海洋馆

答 3：我们的海豚研究中心有几个体验式的教育项目。这些项目有与海豚一起游泳，与海豚进行信息交流，以及上面所说的“码头时间”。在这些项目中，我们不允许游客给海豚喂食。码头时间的独特之处在于，在这些环节中没有训练员或食物强化。而码头时间的参与者仅限于训练员、游客和海豚实验室人员（1 周的项目）。

我们上述这些项目中的任何一个都与对游客的宣传教育有关。我们会定期举办研讨会，由训练员向游客讲授如何与海豚进行恰当的互动。海豚研究中心的训练员会为活动提供具体的指导，告诉游客在活动中应该做什么，不应该做什么，并解释原因。对于水下游泳活动，我们会在讲解中使用海豚模型来帮助大家理解，我们还会通过播放录像带向游客展示他们将如何与海豚互动。在下水游泳之前，训练员会在码头边再次嘱咐和强调这些规则。根据我们的经验，解释得越多越明白（重复的次数越多越好），当你把游客和动物放在一起时，问题就越少。

参加我们结构化游泳项目的海豚都是经过良好训练的，它们在水中对游客都很温和且耐心。而且在我们的体验项目中，我们已经找到了与海豚不恰当行为有关的三个方面：与挫折有关的，与性有关的，或与海豚之间的冲突有关的。海豚研究中心的海豚已经学会了理解游客给它们的信号，我们很少看到它们对信号困惑或沮丧。我们的训练员会一直在浮动的码头上指挥人与海豚的游泳互动，如果他们看到海豚有困惑行为或游客由于某种原因不能完成这个行为，训练员会指挥这个人游回码头。这时候，海豚通常会跟着游客游回来，并时不时提供背鳍帮助游客游泳。他们将海豚提供背鳍辅助游客游泳训练为一个成功的行为，带游客回到码头之后，海豚会赢得食物奖励。背鳍拖曳是我们最有吸引力的互动行为之一，而我们的海豚一直在稳定地提供这种行为。

我们海豚研究中心的海豚体验活动有以下这些规定：游客和海豚之间不允许有任何主动的互动，这意味着当人们在码头准备下水的时候，海豚不会自由地游过来；无限制地抚摸，游客可以不受限制地在游泳时抚摸海豚的背部。当然，偶尔我们会观察到一些性行为的前兆，就是海豚到码头的两侧或游客的下水扶梯把手那里不断地摩擦，同时“梦幻般的”半闭着眼睛。但是这种情况在海豚研究中心是非常罕见的。如果训练员看到这种情况，他们会加快互动环节的节奏，同时混合一些非游泳的行为来提高动物的注意力。这方面我们没有明确的规定，训练员会根据海豚、游客和当时的情况做出实时评估。

海豚研究中心的游泳课程经常包括两头海豚在同一个码头上。在大多数情况下，这两头海豚的行为是非常友善的。它们生活在同一个水池中，它们除了游泳互动外，还一起参加其他类型的训练课程。在游客下水之前，训练员就会先与这两头海豚一起游泳，以便评估它们的行为、注意力和友善性。如果海豚有不情愿的行为（通常会在这个时候表现出来），我们就会在游客下水之前做出改变（更换另一头海豚）。极少数时候，我们在游泳的过程中遇到了支配性冲突的问题。一头占优势的海豚会在码头上张嘴接近一头从属地位的海豚，来恐吓这头海豚。这种情况下我们会让游客离开水面，甚至离开码头。游泳互动可以在不同的海豚组合中继续进行，也可以与单一的海豚进行。

如果游客做出不恰当行为怎么办？这种情况实际上比海豚的不当行为更常见。如果游客一直拒绝听从指示，训练员会要求他们离开水面。在游泳互动过程中，游客不允许跳入和跳出水面。我们更不会强迫受惊吓的孩子与海豚进行互动，我们也不允许家长这样做。训练有素的监督员会在旁观察每一个游泳环节，并会提醒游客在浮动的码头安静地等待，直到轮到他们与海豚互动。如果训练员需要下水帮助受困游客，监督员会尽可能帮助所有游客离开水面。

在结构化的海豚互动课程中，游客与训练员一起在浮动码头上向海豚发出信号并触摸海豚。在这些环节中，除了海豚选择不参与或注意力不集中外，训练员没有观察到其他不适当的行为。我们会根据个别游客的情况和海豚的情况来及时处理这些情况。我们的另一个码头互动项目则是由受过基本训练的训练员或实习生来进行监督。与海豚互动的实习生被带到浮动的码头上，为水池中的海豚提供背部按摩等行为。这种情况我们允许海豚主动发起互动，海豚有时拿海草跟实习生们来回抛掷玩耍。码头时间的监测员会密切观察所有发生的行为。如果海豚之间有任何性活动、支配行为或激动的迹象，实习生们就会被要求离开码头。如果海豚对码头上的实习生表现出任何不良行为，或者干脆对互动没有兴趣，我们也会带着实习生们离开。

我们对自己在海豚研究中心的所有体验式教育项目感到非常自豪。我们的海豚每个月都会与数百名游客进行亲密互动。游客们离开时都会带着一份特别的礼物（如湿透的衣服），而且往往会承诺帮助保护我们的环境。由于良好的规划（对人和海豚都是如此），海豚对这些课程特别有兴趣。海豚们对互动环节比它们参加过的任何其他训练都更积极主动。

琳达 · 埃尔伯
海豚研究中心

下文是约翰·莱恩哈特（John Lehnhardt）的论文《从管理者的角度来看大象的管理》的摘要。约翰在国家动物园从事渐进式训练工作，这一方法对所有领域的训练都有非常积极主动的作用。他于 1991 年 9 月在圣迭戈报告了这篇论文。我只收录了其中的摘要，其中一些关于死亡数字的统计数据是惊人的，以下是管理良好的培训计划的证据和有力论据。请参阅以下文章，其中更详细地讨论了保护式接触训练。

大象管理的风险评估和资源分配

约翰·莱恩哈特

国立动物园（National Zoological Park）

摘要

在北美的动物园中，大约有 600 头人工饲养的大象和同等数量的训练员。在过去的两年半时间里发生了多起大象伤人事件，其中六起导致人的死亡，因此人们对管理大象的风险给予了更多的关注。大象伤人的真实数据无据可查。我们目前正在进行一项问卷调查，以便建立关于这些事件的频率和情况的数据库。没有这类数据的分析和文献支持，北美地区大象伤人事件的原因就不能完全确定。由大象导致人的死亡事件却有比较好的记录，这类事件在过去的 15 年中发生了 15 起，或者说每年每 600 位训练员中就有 1 人死于训练大象。这是美国劳工统计局和国家安全委员会记录的所有职业中死亡率最高的职业。大象训练员在工作中死亡的可能性是采煤（第二种最危险职业）的三倍。在 15 起死亡事件中，有 7 起涉及成年公象。由于目前雄性大象在北美大象种群中的比例不到 20%，因此，雄性大象致死率比雌性大象的致死率高 4 倍。10 起死亡事件发生在大象训练员离开其他训练员的视线范围时。所有的 15 起事故都发生在训练员与大象之间没有保护措施的情况下。从这个小样本数据和分析来看，通过减少训练员与公象的接触，并要求在任何人接触到大象时有一个以上的训练员在场，并为有攻击倾向的大象提供保护屏障（大象约束槽），可以减少死亡事故。事实证明，管理者对问题的重视直接影响着工作安全。管理人员控制着资源，因此有能力也有义务通过资源分配来减少大象管理的风险。

《会议论文集》，美国动物园和水族馆协会会议。蒂姆·德斯蒙德和盖尔·劳勒都是海洋哺乳动物训练员，他们成立了一家备受尊敬的咨询公司：活跃环境公司。他们一直努力将海洋哺乳动物的操作技术应用于其他各种动物的训练。他们一直活跃在大象保护式接触技术发展的最前沿，并取得了一些显著的成果。他们对动物行为的研究方法是非常系统的，而且有着充分的记录。如果你只愿意读一篇关于保护式接触技术的介绍和应用的论文，我推荐这篇。这篇文章首次发表于 1991 年在圣迭戈举行的美国动物园和水族馆协会（当时称为 AAZPA）会议上。

保护式接触训练技术在大象上的应用

蒂姆·德斯蒙德，盖尔·劳勒

活跃环境公司

简介

如今，大象展览是一项复杂的任务。美国职业安全与健康管理局（OSHA）的规定在训练员安全问题方面发挥了更积极的作用。动物保护者、媒体，甚至立法者都在试图对大象的训练方法进行策略上的指导。公众也正在施加更多的压力，以使训练方法更符合审美要求。大象训练问题似乎已经进入了公共领域。

所有这些争论都在质疑几个世纪以来大象的训练和管理的传统。物理支配和惩罚的方法，尽管有可能是必要的，但它们正在成为越来越不被接受的训练方法。各机构正面临着如何训练数量不断增长，但却极具攻击性的成年象的困境。但除了传统的体罚笼和随之而来的伤亡，以及人和动物伤亡带来的重大损失外，目前还没有其他方式方法可用来应对大象的训练。

圣迭戈动物协会要求活跃环境公司设计并实施一个试点项目，在加州埃斯孔迪多的圣迭戈野生动物公园探索训练大象的替代方法。这个项目的第一个目标要求保障训练员的安全，同时不对大象进行惩罚，并且在不使用约束或麻醉的情况下训练必要的饲养行为。该项目的第二个目标是为动物园制定初步的功能规范，以支持这种类型的大象训练项目。

活跃环境公司随后开发了现在被称为保护式接触的训练系统，该系统完全依赖于正强化操作制约。然而需要强调的是，这个系统与大象传统的训练系统的区别并不仅仅在于使用操作制约上。事实上，无论有意还是无意，操作制约是每个训练系统的一部分，包括传统的大象自由接触训练方法。这个系统独特和新颖的地方是在应用操作制约的背景下，训练员和大象之间没有自由接触，没有惩罚或负强化，大象参与训练是完全自愿的。唯一使用的“惩罚”是训练暂停，这只是训练员在恢复训练之前将注意力从大象身上移开一小段时间。最极端的情况也是结束实际训练并在以后回来再试，但动物总是会被定时定量投喂其每天所需要的食物。

这个方案与美国动物园和水族馆协会大象小组所描述的禁闭接触系统有两个不同之处。首先，动物不受任何约束。接触是通过一个保护屏障进行的，这个保护屏障是定制的，可以在保护训练员不受伤害的同时，还允许训练员接触到大象的身体。其次，保护式接触不是一个远程或放手的系统。大象和训练员之间有大量的身体接触和互动。

我们认为这种身体接触和互动对于保持大象的心理健康至关重要。不幸的是，在大多数情况下，当大象从自由接触系统转移到封闭接触系统时，它们会失去自由接触工作所能提供的所有优点。一个经常被忽视的事实是，自由接触为大象和训练员之间提供了大量积极的互动行为的机会，这有助于提高动物的生活质量。这些积极的因素必须在新的系统中以更安全的形式保留下来，否则结果就是训练出一头无聊的、神经质的动物。训练员也可从人与动物的互动中受益，因此，为训练员提供持续的、更安全的与动物的接触是很重要的。

这个项目分两个阶段进行。最初的工作涉及两头公大象，一头亚洲象（*Elephas maximus*）叫兰奇普尔（Ranchipur），另一头非洲象（*Loxodonta africana*）叫奇科（Chico）。第一阶段的目标是开发保护式接触技术，测试其作为训练方法的可行性，并初步确定场馆的规格。在完成了这一任务后，第二阶段是开发利用保护式接触技术训练大象的操作系统的组成部分。本文将重点讨论第二阶段。

方法

在对大象应用操作制约的原则时，我们的基本训练工具仅仅是一个作为制约强化物的口哨以及一桶切好的苹果和胡萝卜。我们塑造身体动作的计划来自于我们在海洋哺乳动物上积累的经验，特别是对虎鲸的训练经验，虽然生态位不同（一个在水中，一个在陆地上），但虎鲸与大象有着很大相似性：都有着巨大的体量。我们还有一个训练工具是一端有一个泡沫浮子的玻璃目标棒，目标棒有多个长度选择从 3 ～ 15 英尺长不等。

使用目标来塑造行为是海洋哺乳动物训练中一种行之有效的方法。使用目标的原则是，当目标出现时，动物会朝向并触碰目标。我们从头部触碰目标开始，以控制动物在围栏内粗犷的动作。通过这个目标棒，动物可以从围栏的任何一点被带领到任何一个特定的位置。然后用其他目标来控制大象身体特定部位的运动或位置，如让动物与工作地点平行排队，以及接触脚、臀部、肩膀、耳朵、象牙等。

用钩子惩罚大象的自由接触训练变成使用目标棒的训练，会出现一些有趣的复杂情况。钩子的作用是通过惩罚来物理操纵大象的运动。换句话说，当钩子接触到腿的背面时，大象会感到疼痛，所以大象会将腿向前移动以避开钩子。因此大象物理运动是远离钩子的。这种行为一旦建立起来，无论是否以惩罚的方式使用钩子，动物都会对钩子做出逃避的反应。目标的作用恰恰相反。目标接触到腿的前面，腿就会向它移动。虽然这听起来是一个小问题，但从大象的角度来看，这是一个非常大的区别。经历过任何极端训练方式的大象，对任何向它们靠近的物体都会非常警惕，并自然倾向于尽量避开。

这就是脱敏训练过程的重要性所在。在非常基础的术语中，脱敏训练是旨在训练出克服恐惧的过程。通过将积极因素与任何引起恐惧的行动或物体匹配，恐惧的实体会慢慢变得更加积极，从而减少恐惧。尽管脱敏训练表面上看起来很简单，但它是一个好的训练系统的关键组成部分，需要专业的技术和恰当的强化时机才能成功，而且这是一个持续的训练过程。我们在不同程度上使每头动物对训练中无数的物体和经历脱敏，这些物体包括：目标棒、修脚工具、橡胶盆、针头、酒精棉球、大门的新开口、不同的人、麦克风的响声、在正常程序之外的事物等等。通常情况下，在你开始塑造一个理想的行为之前，必须进行彻底的脱敏训练。有时候，动物的运动会被完全忽视，这个过程更接近于反应性调节，而不是操作制约。

训练项目的一个必要部分是对现有设施进行改造。最简单的方法是修改动物围栏之间的现有大门，以提供训练员和大象之间的保护式接触。我们在非洲公象奇科所在的院子的门上开了些孔，这些孔允许我们接触它的脚、耳朵和眼睛。这些孔被装上了小门，除了训练期间，这些门都是锁着的。在大门顶部焊接了一根横杆，以防它将鼻子伸过来。后来实心门板的上部被换成了金属门板，以提供更好的视觉效果。亚洲公象的院子大门也做了类似的改造，但形式上更简单，有开放的区域供训练员进入（见图 1 和图 2）。幸运的是，圣迭戈动物园和野生动物公园的焊接人员很有耐心，因为他们不止一次地回来扩大现有的洞口或新开一个门洞。

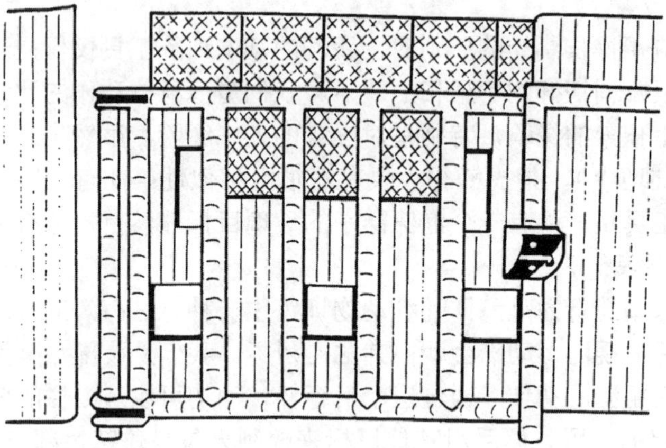

图 1　非洲公象奇科所在围栏的大门示意

注：所有孔洞都有活动门

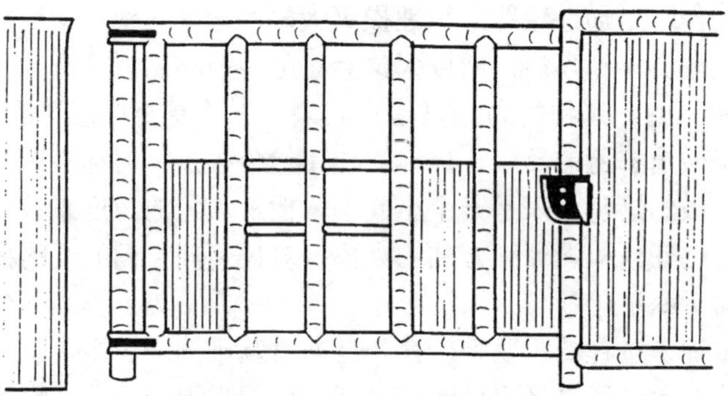

图 2　亚洲公象兰奇普尔所在围栏的大门示意

注：所有孔洞都有活动门

虽然这些改造是功能性的，没有任何重大的新设计，但我们对动物的接触会受到限制。在大多数情况下，我们只能从一侧的门洞上接触到它们。因此，我们已经学会了创造性地操纵目标，并从大象的可塑性和合作中获益匪浅。

这个构造中有一个特殊的结构，即亚洲象舍中一个叫作引导槽的房间。该引入槽位置参考了体罚笼，位于外面的院子和里面的谷仓之间。特别之处是该房间两边是挡板，一边挡板上有通往外面的门，而另一边挡板则挨着墙。另外两头没有挡板，而是用间隔 11 英寸竖条作为隔离栏。在这些隔离栏上，我们添加了水平链，以防动物抛出它们的象鼻来骚扰我们。由于这个开放的两边都能完全接触到动物，这给我们提供了一个更好的训练环境。

保护式接触计划的一个关键特征是训练员需要避免被大象伤害。物理屏障只是保护策略的一部分。动物必须处于这么一个物理位置，在这个位置上它没有办法攻击训练员。训练员则处于在动物重新转动身体开始攻击时很容易离开的一个位置。这一策略得到了大家的一致支持，训练员会成对工作，其中一人专注于要进行的行为训练，另一人则观察动物。当需要通过一个门洞工作时，训练员决不会将手臂伸过洞口，不给动物创造伤害人的机会。训练员的手臂总是处于一个可以直接向后迅速收回的位置。当对脚进行训练时，训练员的位置是这样的：如果动物踢人，它的脚会在碰到训练员的身体之前撞击到洞口的边缘。

目前的项目涉及四头大象，第一阶段工作中的两头公象，兰奇普尔和奇科，以及两头母象，非洲象叫萨布（Sabu），亚洲象叫库琪（Cookie）。公象是我们显而易见的选择，因为它们已经处于远程训练的情况下，无法进入饲养或兽医程序。选择雌性象是因为在自由接触系统中存在一些训练问题，不是因为它们有攻击性，而是因为它们有逃避的天性或在某些程序中缺乏合作。以下是圣迭戈野生动物公园提供的这些动物的简要情况。

奇科

非洲公象，年龄 26 岁。具有攻击性，被认为非常危险。年轻时在自由接触系统内训练过，但从未接受过抽血或修脚的训练。10 多年来没有与训练员进行过自由接触。

兰奇普尔

亚洲公象，年龄 25 岁。作为一头公象，它相当温顺，但非常多疑，对新事物感到恐惧。它来自一个马戏团，在那里经历过高度惩罚性措施的训练。4 年前，训练员可以用一头母象作为盾牌对其进行修脚。从那以后，没有做过任何工作。它有很长的象牙，需要定期进行麻醉才能进行修脚。

库琪

亚洲母象，年龄 35 岁。被自由接触系统训练过。在社群中的地位排名第三，它比较爱乱跑，不愿意配合抽血。

萨布

非洲母象，年龄 31 岁。被自由接触系统训练过。在社群中的地位排名第三，它很好动，是唯一拒绝配合常规抽血的雌性。对任何兽医程序都非常怀疑。

被自由接触系统训练过的动物引起了训练员的关注。动物们能否区分两种系统，分清这两种系统有不同的规则、标准和结果？它们能轻易地从一个系统过渡到另一个系统吗？最重要的是，一旦动物们接触到保护式接触系统，自由接触的人员是否会有更大的风险？

由于这两种系统之间的内在差异，训练员的安全是一个关键问题。在自由接触系统中，训练员的安全取决于对大象的完全控制，需要对其进行社会支配。动物的任何表现失误，或未能对命令做出反应，都可能是对这种支配地位的挑战。如果是这样的话，训练员的安全就取决于迅速和一致的反应。训练员必须让大象在任何时候都做对的事情，必要时会大量使用惩罚。然而在保护式接触系统中，参与是自愿的。如果动物没有反应，或者没有达到表现标准，不会有任何后果。即使是公开的攻击行为，也会被忽视，最多就是用训练暂停来回应。但这些情况都不会给训练员带来风险。

与雌性大象一起工作也让我们有机会探索被自由接触系统训练过的动物的潜在好处。我们可以利用它们每天听到的控制命令，如后退、稳定、过来等，来帮助操控它们的运动。我们还可以利用它们已经知道的行为，如修脚，并将其转换到新的系统中，而不是从头开始训练这种行为。然而，最重要的是，与雌性动物一起工作可以探索将它们转换到保护式接触系统需要什么，会有多大的困难。

训练课程每周进行 2～4 天，公象每天安排三节训练课，母象每天两节训练课。训练由作者和动物行为专家盖瑞·普瑞斯特主持。大象主管阿兰·罗克罗夫特（Alan Roocroft）也参加了第二阶段的训练，他也曾在第一阶段的训练中与作者合作。

结果

截至目前，训练已经进行了三个半月的时间。在此期间，我们共进行了 47 天的训练，每头动物参加的训练次数如下。库琪 72 次，萨布 78 次，奇科 105 次，兰奇普尔 11 次。在这段时间里，所有的动物都学会了基本的行为，而且每头动物都被调教得自愿配合饲养行为。奇科还学会了一些丰富的、示范性的行为。表 1 列举了行为目标的清单，以及每头动物取得的成绩。我们认为以下几个因素影响了训练结果：

第一，判定、安装和限制设施改造的成本和复杂性对结果有重大影响，直接影响了某些行为的进展，在某些情况下，直接决定了哪些行为可以或不可以进行。

第二，很难维持完整的训练计划。最初的工作安排是每周四天。很快就变成了每周三天，而在训练的最后一个月，我们平均每周安排两到三天的时间。毫无疑问，每周五至七天的训练计划会大大加快进度。然而，重要的是要注意到，即使在我们有限的时制下，所有的大象都能保持良好的状态，而且进展有增无减。

第三，动物健康问题影响了训练。亚洲象库琪在项目开始时患上眼部感染，左眼视力严重受损，右眼视力略有下降。我们开始在公象院子里对它进行训练，我们的位置在它上方周围的墙上。训练进展极其缓慢，它的反应程度也很低。大约四个星期后，尽管它的眼睛正在好转，我们还是考虑使用另一头动物。我们选择继续与它在一起，但把工作移到地面上，在足够近的距离内与它直接接触和互动。它的反应能力明显加快了。仅仅用了 6 次，它就习惯了进入步道。它也很快就达到了其他动物的进步水平，在某些情况下甚至超过了其他动物。看来，近距离和直接接触（在受保护的情况下）对它的表现水平提高至关重要。

有几个良好的结果没有列举在行为清单上。在第二阶段的训练中，亚洲公象兰奇普尔在整个项目的大部分时间里都处于饥饿状态，它的右前脚出现了脓肿，左前脚的指甲过长导致疼痛和不适。人们对它的状况表示严重关切，并正在考虑对它进行麻醉，以处理这种情况。它还没有学会自愿配合修脚，而且它现在的病情也使它

表 1　目标行为与训练进展报告

统计到 1991 年 9 月 1 日

目标行为	奇科	萨布	库琪	兰奇普尔
哨音识别训练	完成	完成	完成	完成
目标训练 / 头	完成	完成	完成	完成
目标训练（#2）	完成	完成	完成	完成
左前脚抬起训练	完成	完成	完成	完成
右前脚抬起训练	完成	完成	完成	完成
左后脚抬起训练	完成	完成	完成	完成
右后脚抬起训练	完成	完成	完成	完成
左前脚修剪训练	完成	75%*	75%*	完成
右前脚修剪训练	完成	75%*	75%*	完成
左后脚修剪训练	完成	75%*	75%*	25%
右后脚修剪训练	完成	75%*	75%*	25%
向右侧身训练	完成	完成	完成	完成
向左侧身训练	完成	完成	完成	完成
鼻子抬起训练	完成	完成	完成	完成
鼻子放下训练	完成	完成	完成	完成
取物训练	完成	—	—	—
过门训练	完成	—	完成	完成
右耳伸出训练	完成	完成	完成	完成
左耳伸出训练	完成	完成	完成	完成
耳朵采血训练	完成	50%	75%	50%
肛门 / 阴部脱敏训练	—	25%	50%	—
后退行为训练	完成	75%	完成	完成
站立不动训练	完成	75%	完成	完成
前进行为训练	完成	完成	完成	完成
进入引导槽训练	—	—	完成	完成
将物品放入桶中训练	完成	—	—	—
从 A 到 B 训练	完成	—	—	50%
眼部触摸脱敏训练	完成	25%	完成	—
象牙修剪训练	—	25%	—	50%
前脚浸入水槽训练	—	50%	完成	25%
后脚浸入水槽训练	—	—	50%	—

注：—表示未训练；* 表示训练已经完成，实际修剪还在进行，自由接触情况下的修剪较为费时。

不太配合训练。然而，在兽医和艾伦的同意下，我们试图从行为上处理这种情况。我们定期给它洗脚，尝试训练它在橡胶盆里泡脚；并继续进行修脚的工作。在大约 4 周的时间里，我们让它习惯了忍受逐渐延长的修脚和洗脚的时间。通过这种方法，它的病情得到了缓解，并避免了麻醉的程序。

另一个值得注意的结果是奇科的行为发生了变化。在第一阶段训练中，我们见识过这头非洲公象的攻击性行为。在看到目标后，往往会试图抓住或吃掉它，或者对目标进行疯狂的冲撞。当它真的很恼火时，它会把它的前脚跳到我们工作的墙上，模仿哥斯拉的样子。由于保护性屏障的存在，这种攻击行为对我们来说并不危险。因此，我们的反应是无视它，同时加强对目标或任何温和或非攻击性动作的强化。在整个第一阶段，它的攻击性行为几乎完全消失了。

在第二阶段的工作中，低水平的攻击性行为一直在继续。事实上，它们这种行为几乎只限于在困难或混乱的情况下。大多数攻击性事件发生在训练它的后脚时。由于设施的限制，为了展示它的后脚，奇科必须向目标旋转 180 度，然后后退，将它的后脚移到左边，向后看它的肩膀，并将我们要求的那只后脚（由第二个目标拍打它）伸到它身后的门洞。这过程和听起来一样复杂。在某些情况下，它在去找第一个目标之前，会用头撞门来表示抗议。然而，它又以极大的耐心和毅力继续工作，平静地把脚放在洞里让我们进行擦洗或修剪。

总的来说，奇科被认为是馆中最危险的大象，但又一直是这个训练项目的明星动物。它似乎很喜欢这些训练课程，经常发出隆隆的快乐的声音。它有惊人的耐力，偶尔可以持续工作一个多小时。它还对我们现在提供给它的关注和触摸做出反应。它靠着门允许我们对它进行摩擦和抓挠，偶尔会调整自己的位置，以便通过门洞进行眼神交流。动物园中的训练员似乎对它行为的改变感到非常惊讶。它是保护式接触训练项目中最引人注目的例子。

对曾在自由接触系统中训练过的雌性大象的训练工作似乎并没有对动物产生任何负面影响。大象从一个系统切换到另一个系统，对不同的命令做出反应，没有发现混乱或破坏的行为。最重要的是，没有证据表明与这两头大象进行自由接触的训练员的风险有增加。然而，这仍然是一个值得关注的领域，引入或整合这两个系统的任何尝试都必须进行仔细评估。

我们的最后一个观察结果是，动物们对新刺激的容忍度总体上有所增加。动物在对特定的刺激物脱敏的同时，对不寻常的刺激物的容忍度也会普遍提高，这也是这种训练的一个重要组成部分。其中有些是训练员有意为之，有些则是强化动物对新事件的容忍度的副产品。我们的观察表明，大象对新刺激的恐惧反应开始减少，即使有的话，也会很快恢复并继续训练。

结论

在保护式接触作为训练大象的操作系统之前，还有许多工作需要实施。这个项目已经在几个层面上被证明是成功的。在第一阶段，我们证明了保护式接触的方法可以用来训练所需的行为，同时满足训练员安全的要求。我们还确定了实施该计划所需的初步设施改造。第二阶段表明，保护式接触项目可以应用于各种情况和危险的动物，并且保护式接触有可能发展成为一个训练系统。

保护式接触系统的几个明显的好处已经在我们的案例中出现了。保护式接触的处理方法提供了一个丰富的行为环境，因为行为是自愿的而不是被强迫的。在一个安全的环境中，它为训练员和动物之间的积极互动创造了机会，同时避免了可能诱发攻击行为的情况。通过消除惩罚和使用正强化，保护式接触解决了动物权利问题和公共关系问题，并彰显了我们对动物福利的承诺。保护式接触还提供了更多的机会来加强人与动物的合作，以提高个体在群体中的社会化程度。最后，使用保护式接触技术可以开发各种创新的演示。

在我们看来，保护式接触是一个可以解决动物园中大象和管理人员所面临的许多棘手问题的办法。我们的初步工作表明，大象的保护式接触系统是值得进一步仔细研究的。

致谢

感谢阿兰·罗克罗夫特的洞察力、宝贵的意见和值得称赞的灵活性；感谢盖瑞·普瑞斯特的合作训练；感谢拉里·基尔玛（Larry Killmar）的后勤和运营支持。感谢圣迭戈野生动物公园的驯象师对项目的协助和兴趣；感谢道格·迈尔斯（Doug Myers）和圣迭戈动物协会的远见卓识和尝试新事物的意愿；感谢大象让我们看起来如此出色。

《会议论文集》，美国动物园和水族馆协会会议。判断一种新方法的有效性（如保护式接触）最好的方法是让它在不同的场馆中实施。许多动物园开始使用与德斯蒙德和劳尔（Laule）1991 年所描述的类似的系统。而且几乎每次美国动物园和水族馆协会会议都至少有一两篇关于这个主题的论文。下文于 1993 年在内布拉斯加州的奥马哈首次发表。

亚洲象辛迪：一个历史性案例

盖瑞·米勒，克雷格·威尔考克斯（Craig Wilcox），

莎莉·拉托雷斯（Sally Latores）和布鲁斯·厄普切奇（Bruce Upchurch）

捍卫角动物园和水族馆

捍卫角动物园和水族馆的大象管理计划包含了自由式接触和保护式接触系统。与许多机构一样，我们管理的前提是，保证大象的福利和训练员的安全。保护式接触系统和自由式接触系统不应该被认为是相互排斥的两个系统，这不是“一山不容二虎”的问题，而是什么系统是适合大象训练项目的问题。两个系统都利用了操作制约，它们都需要时间来发展必要的正确管理所需的技能。我们认为保护式接触是有着以下优点的系统，①利用操作制约技术，包括用目标训练来完成动物的所有饲养需求；②通过将训练员置于大象躯干的范围之外来提高安全性。

目前在捍卫角动物园和水族馆，我们饲养了两头 12 岁的雌性非洲象（*Loxodonta africana*）。它们从一岁左右开始就生活在捍卫角动物园和水族馆，并一直在自由式接触系统下进行饲养和照顾。这个项目包括提供公众骑乘和训练表演。此外，我们还饲养了一头雌性亚洲象（*Elephas maximus*），它已经 31 岁了，它的名字叫辛迪（Cindy）。许多人都见过辛迪，或听说过辛迪。有些人则见识过它的行为。辛迪是本次报告的重点。

辛迪在一个干净的沥青和水泥修建的展览馆里待了 17 年。它没有接受过任何

正式的训练，不过它会提供一些行为来换取食物。随着它年龄的增长和体形的增大，它对训练员逐渐变得更加挑剔。它只接受我们中的几个人，其他的人它则不能容忍，而且会受到它的攻击。它成了园区管理上一个令人头疼的问题。1982 年，它被转移到圣迭戈野生动物园，希望它能发展出一些社会技能，甚至可能繁殖后代，但这没有成功。它只接受少数人的模式仍在继续。在七年的繁殖期结束后，它被转移到俄勒冈州波特兰的华盛顿动物园。在那里，它被以和对待成年公象相同的方式来对待。很多人觉得它基本上成了一个讨厌鬼，这是很轻描淡写的说法。事实上，它已经成为一头非常非常危险的大象。它至少在不同程度上攻击和伤害过 12 个人。

1992 年 2 月，辛迪回到了捍卫角动物园和水族馆。它搬进了一个新的场馆，里面有约束的滑道、站立的位置、宽敞的院子和水池。然而，不到一个月，辛迪便已经表现出一个似曾相识的模样：它变得对一位训练员有明显的好感，对其他人则有攻击性。它过去的经历给它的记忆是，它喜欢的训练员会消失，当然是因为工作调动。我们觉得这已经动摇了它对人的基本信任，这实际上更加强了它对少数几个驯养人的依赖性。很明显，我们需要一个可以让不同的训练员都能进行训练和照顾的系统，这个系统要能长期保持一致，并且对训练员尽可能安全。

由于这些因素，我们决定对它进行完全保护式管理和训练。接下来的挑战是如何在不危及训练员的情况下，让这种动物拥有自由接触的所有优势。我们知道我们的方法已经在几头大象身上已经取得了一些成功。当然，我们可以按照训练许多公象的方式来训练它，但我们觉得有很大的潜力来探索保护式接触系统中应用的操作制约技术。

1992 年 11 月，我们开始了对辛迪的密集保护式接触训练。总的目标是观察保护式接触能为辛迪和大象管理项目带来什么，并尝试确定可能存在的限制因素。为了节省时间，我们决定在一篇题为《探索大象管理替代方法的方案》的论文中使用活跃环境公司提出的行为代码。在 33 个原始行为中，我们选择忽略其中 8 个行为，因为它们不适合我们目前的项目需要。我们在捍卫角动物园和水族馆已经训练了 13 个额外的行为，其中大部分是任务导向的，旨在更好地刺激辛迪的精神和身体。到今天为止，我们可以通过 33 个单独行为来训练辛迪（表 A)。在为期 10 个月的工作中，我们已经完成了 500 多次训练，辛迪只有一次完全拒绝训练，即在项目的早期，每次训练平均持续 10 ～ 15 分钟。每个训练的行为和辛迪的反应都被记录下来。辛迪愿意对四位不同的训练员（其中一位是在项目开始六个月后引入的）做出反应。它肯定有起伏不定的时候，但无论它当天的情绪如何，我们都能让它继续接受训练。

在这一点上，我们想谈谈辛迪的攻击性历史。在参加这个项目之前，辛迪有一些极端的、非常厉害的脾气，摔打栏杆、冲撞门，冲撞它不喜欢的人。随着项目的进展，它的攻击行为在频率和强度上都有所下降。一般来说，我们用训练暂停来处理这种攻击行为。我们把自己从对它的注意力中移开，有时只是离开工作区的外围，有时则完全离开场馆。这对它的态度转变有很多好处：它会平静下来，并且开始合作。就像在自由接触训练中一样，我们制定了规则和预期的反应。一个需要进

目前在保护式接触下的训练行为

下面列表 A 中的 33 种行为以及用于训练记录和文档保管的代号发表在活跃环境公司的一篇论文中，题为《探索大象管理方法的方案》。列表 B 包括那些由捍卫角动物园和水族馆（PDZA）的大象工作人员添加的行为。

列表 A：

1. 口哨刺激
2. 头部目标条件反射
3. 口哨信号引入
4. 左脚前部接触目标
5. 右脚前部接触目标
6. 后左脚触及目标
7. 后右脚触及目标
8. 左侧靠向障碍物，头部和臀部对准目标
9. 右侧靠向障碍物，头部和臀部对准目标
10. 左前脚修整
11. 前右脚修整
12. 后左脚饰板
13. 后右脚饰板
14. 抬起鼻子
15. 放下鼻子
16. 后退
17. 稳住
18. 来到训练员处（向前移动）
19. 听从指令穿过大门
20. 卧倒
21. 伸出左耳 / 抽血
22. 伸出右耳 / 抽血
23. 取回一个物体
24. 露出象牙之间的头部
25. 侧面呈示象牙*
26. 左眼呈现*
27. 右眼呈现*
28. 能忍受肌肉内注射*
29. 发声*
30. 肛门 / 阴道检查*
31. 鼻孔向下
32. 泡脚*
33. 旋转 360 度（逆时针）

列表 B：

1. 伸腿
2. 排队
3. 右侧卧倒
4. 旋转 360 度（顺时针）
5. 推一个物体
6. 踢球
7. 抬起 / 放下轮胎
8. 抬起左前、后右脚
9. 抬起右前、左后脚
10. 抬起同侧两脚
11. 进入浴缸
12. 平衡术（包括在平衡木上的行为 8，9，10）
13. 尾巴呈现

* 表示还未训练的行为 / 还未完成训练的行为。

一步调查的有趣现象是，辛迪表现出类似于暴躁公象的时间性发泄。更重要的是，这种发泄似乎是周期性的。伴随着它的发泄，通常会有行为上的改变。它变得更有攻击性，注意力的时间更短，而且更没有耐心。然而，即使在这些时期，我们也能为它做一些训练。有时它的反应会比较慢，我们也不会要求它做那么多的行为。我们不会给它施加压力，但我们仍然可以进行必要的护理。重要的是，它会为每位训练员做 38 种行为中的每一种。任何训练员都可以在任何一天、任何时间训练任何

行为，或者训练新的行为。尽管它仍然选择和最喜欢的人做训练，但这一切都没以前那么执着。而且，最重要的是，它没有伤害过任何人。辛迪现在可以在一个有人员变化但仍能保持一致的项目中工作。

对任何保护式接触系统的一个重要测试是，在不诉诸极端措施（麻醉）情况下是否有能力满足大象的医疗需求。辛迪学会的行为使我们能够满足辛迪的所有日常医疗需求，而不需要借助于麻醉。

在开始时，我们问了一个问题："保护式接触有用吗？"对辛迪来说，答案是肯定的。而且它发挥作用的原因很简单：①经验丰富的训练员，其中两位训练员在大象身边工作了 20 多年。另一位有 20 年的操作制约的训练经验，第三位有着丰富的海洋哺乳动物训练经验；第四位是我们的"菜鸟"，也有着 9 年的大象饲养经验。②由大象管理委员会管理我们的团队和训练方法，这一委员会包括主任、总馆长、教育馆长、大象经理、兽医和大象训练员。③明确且全面的程序手册。④一个为灵活、安全和正确饲养而设计的设施。每个参与的人都致力于完成这个项目。我们都是为了大象，我们致力于它们的未来，我们相信辛迪在此期间得到的关注和训练比它一生中的任何时候都多。仅仅这一点就足以称得上是项目的成功，但我们仍在继续着眼于未来。我们有计划扩增一个院子，并扩大我们的饲养场地。我们强烈地感到项目中唯一的限制是我们自己的想象力和创造力。我们的目标是让辛迪与其他年轻非洲大象保持行为上同步。

保护式接触系统是非常新的概念，这对我们提出了许多问题。我们的系统对一头反社会性的母象起作用，它能否对象群发挥作用？当初生的小象需要干预时，它能发挥作用吗？是否有可能应用于困难的物种引入？如果大象生病了怎么办？诸如此类的问题都还没有答案。

每个机构都有一套不同的处理方法。对一个项目来说可行的解决方案，但对另一个项目来说可能就是错误的选择。现在是动物学界紧密协调的时候了，我们需要努力地创建护理系统，给动物提供高质量的护理，同时建立一个安全的工作环境。如前文所述，保护式接触系统和自由式接触系统只是一种训练工具。高水平的自由式接触技能需要花费时间和训练员的付出，保护式接触也是如此。作为大象训练员，我们对这个项目的成功以及对大象管理的未来感到兴奋和鼓舞。

AZA Conference Proceedings

《会议论文集》，美国动物园和水族馆协会会议。对许多训练员来说，保护式接触训练似乎是一种与大象或其他具潜在危险性的动物安全互动的合理方式。然而，随着保护式接触训练项目在各个动物园的开展，反对者开始发表他们的意见。通常情况下，反对意见是由于对有关概念的误解而产生的。有时，如果保护式接触技术应用得不好或不正确，人们就会认为这种技术是不好的，而没意识到是应用上有缺陷。活跃环境公司的蒂姆·德斯蒙德和盖尔·劳勒发表了他们的保护式接触工作的成果后，问题和批评都伴随着这种相对较新的大象训练的方法而来。为了回答一些最常见的问题，蒂姆和盖尔在 1993 年在内布拉斯加州奥马哈举行的会议上发表了以下论文。

保护式接触训练的原则和规范

蒂姆·德斯蒙德，盖尔·劳勒

活跃环境公司

简介

保护式接触是“……一种监禁大象的概念，主要包括消除与人类的触觉接触……”，“……将大象降级为一种刑罚性的禁闭”，“……回到了不愉快的强制隔离时代”。

有了保护式接触，“……那些关系（人类/动物）将成为一种机器人式的远程关系。”，“……我们可能会有一代无法管理的动物园的野生大象”。

保护式接触将，“……降低这些神奇的动物的生活质量”。

阅读来自各种报纸、杂志和简报的评论时，很难想象保护式接触是一种积极的替代传统大象训练的方式。看看全国各地出现的许多保护式接触的训练形式，很多都明显偏离了保护式接触的基本原则。是的，保护式接触确实有一些基本的原则，这些原则在很多机构中变得有点扭曲。

迄今为止，保护式接触技术发展的道路相当坎坷，这是意料之中的。虽然这不是一个新的想法，但它一旦被组织成一种连贯的方法论，构成一个真正系统的开端，就从根本上挑战了现状。这不是意图，也无关紧要。对保护式接触的情感抵制来自一个承受巨大压力的社团。具有讽刺意味的是，保护式接触是由危机驱动的动物园管理部门推动的，这些部门也有可能破坏其结构和意图。因此，为了理清混乱的局面，解决人们的担忧，我们觉得从保护式接触的开发人员的角度来回顾一下保护式接触的基本原则是有必要的。

1. 训练员的安全

保护式接触计划的基石是训练员的安全。保护来自于三个因素：物理屏障、大象位置和训练员位置。首先，当训练员在靠近大象的地方工作时，需要一个物理屏障以便允许训练员安全地接近动物。其次，大象必须处于一个物理位置，在这个位置上它无法在不调整自己位置的情况下攻击训练员，最后，如果大象调整位置，训练员所处的位置可以很容易保证训练员安全地离开。这种策略需要伙伴系统的支持，其中一位训练员专注于训练行为，而另一位训练员则负责观察大象。

虽然风险水平远远低于自由式接触，但保护式接触并不是一个万无一失的系统。安全性最终取决于人的判断，容易受到人为错误的影响。所以训练员和管理人员都必须要了解安全的基本规则，并遵守这些规则，否则就会有人受到伤害。

人类与动物的互动

适用于训练员安全的保护式接触规则允许人类与动物互动，而不是禁止。如果有适当的便利条件，训练员就可以与大象身体的每一寸肌肤进行接触。如果动物在饲养行为和兽医程序中允许训练员接触其身体，那就可以而且应该多进行身体接触。保持人与动物的互动并不是一个独特的概念。与绝大多数动物园动物打交道的训练员与动物建立并保持持久的关系，也是通过铁框、网眼、栅栏或护城河等屏障进行互动。

一方面，那些哀叹自由式接触被中止后失去了人与动物特殊关系的人，必须承认自由式接触系统必须使训练员保持对大象的社会支配地位。我们有理由认为，这一因素影响并在一定程度上限制了人与动物的关系。另一方面，有保护的接触对身体接触虽有一些限制，但同时也消除了人类支配动物的问题。每个系统都有其成本和效益，总之，人类与动物关系的程度和质量取决于人与动物个体的发展和保证。

2. 主要依靠正强化的处理方法

在正强化系统中，动物会因为提供人类所需的行为而得到它们喜欢的奖励。在操作上，这意味着在使用任何一种形式的负强化之前，我们已经用尽了所有的积极方案。在极少数情况下，当需要使用逃避技术时，如将大象限制在滑道中，这种方式被保持在最低限度，并在绝大多数情况下由正强化平衡。惩罚只在对人有生命威胁的情况下使用。唯一使用的“惩罚方式”是训练暂停，这只是训练员在恢复训练之前将注意力从大象身上移开一小段时间，或者在极端情况下，实际结束训练，以后再来尝试。大象总是被投喂每天应分配给它的食物。

这种训练不依赖于训练员在大象社会中的主导地位。大象的参与是自愿的。对于资深的训练员，其训练的大象行为的水平和信号使用连贯性都会保持很高。我们的记录显示，在四头大象的 365 次保护式接触训练中，动物 99% 的时间都选择了自愿参加训练（Laule, 1992）。

消极与正强化

优秀的自由式接触训练员在训练中经常使用正强化技术。然而，自由式接触作为一个系统，更多的是依赖于负强化或惩罚。这一点可以通过对比是使用钩子还是使用目标杆（一根带软头的杆子，是保护式接触的基本工具）来引发大象的物理运动来说明。

最初，钩子通过惩罚来控制大象的运动。当钩子扎入到腿的背面时，大象会感到疼痛，所以大象将腿向前移动以避开钩子。这个动作是远离钩子的。一旦形成，无论是否以惩罚的方式使用钩子，大象都会对钩子的提示做出逃避的反应。如果动物没有做出适当的反应，钩子就会再次被用作惩罚。但是目标物的作用则相反。目标触及或呈现在腿的前面，腿就会朝向它移动。目标不是以厌恶的方式（即用力拍打腿部）来引起动物的行为的。

目前有些机构在封闭的接触环境中使用自由接触技术的组合，并称之为保护式接触。训练员在屏蔽的位置工作，但继续使用钩子和自由式接触的语音命令来获取动物的行为。了解这种混合方式的效果是很重要的。在某种程度上，是通过利用一个负强化的过程来维持动物行动的，而且会使动物回想起社会支配结构。尽管钩子和目标都能引起运动，但钩子在保护式接触中既无必要也不可取。它可以让人觉得训练员在试图支配动物，而训练员却不再有能力进行支配。这可能会导致大象更多的挑战性和攻击性行为，这也剥夺了正强化训练大象带来的所有好处。利用保护式接触的设计，依靠正强化，可以达到预定的目标，同时将攻击的可能性降到最低。

更多的选择和控制

在正强化环境中，动物们可以自由地尝试更多的行为，而且这些尝试没有负面后果。事实上，熟练的训练员不仅对动物的正确反应进行奖励，而且对更微妙的主观行为，如解决问题、提供“创造性的解决方案”和“努力尝试”进行奖励。

动物们也可以自由地表达不满、挫折和攻击性，而不会产生负面的影响。因为训练员不是在不稳定的“首领”位置上工作，因为“首领”位置总是容易受到挑战，恰恰相反，训练员是在受保护的位置上工作，所以他们可以忽略攻击性行为，有选择地加强发生的任何温和或非攻击性行为。在三头不同的公象身上，训练员、经理和兽医都证实了使用保护式接触技术后攻击性行为的大幅减少（Desmond & Laule, 1991; Maddox, 1992; Flanagan，私人通信，1993）。

积极主动的技术

正强化训练提供了以积极主动的方式解决行为问题的技术。通过脱敏训练的过程，动物学会了容忍可怕或不舒服的刺激。这是用于训练兽医程序中自愿合作的程序，这些程序可能会导致身体上的不舒服（如抽血）。基本而言，脱敏训练是一个旨在训练出克服恐惧的过程。在使动物对特定的刺激物脱敏的同时，也对不寻常现象有更高的容忍度，这是保护式接触训练的一个组成部分。其中有些是训练员有意为之，有些则是加强对新事件的容忍度的副产品。我们的观察表明，大象对新刺激的恐惧反应越来越小，即使对动物有影响，动物们也会更快地恢复并继续工作（Desmond & Laule, 1991）。这与我们对海洋哺乳动物（Laule, 1983）和许多其他动物的广泛训练和观察结果相一致。这对训练员的安全有重大影响。一项关于大象造成的伤害的研究表明，攻击往往是由于暴露在惊吓或意外刺激下导致的（Bernirschke & Roocroft, 1992）。一些训练员说，在自由式接触的系统中，“……大象会向训练员寻求安全感……”（E.M.A., 1992）。我们可以认为，通过积极利用脱敏训练，大象被教导独立地获得安全，而不是依赖人类训练员给予安全。

3. 为大象提供最佳护理的能力

那些考虑实施保护式接触的人最关心的问题是，它是否能够为大象提供最佳的照顾。所提到的具体问题有：训练可靠的和必要的饲养行为的能力；接触生病或受伤动物的能力；解决社会问题的能力，包括动物之间的介绍和攻击；处理新情况的能力，如接触小象。

训练过程和饲养行为

保护式接触训练需要两个过程：将大象现有的行为转移到一个更安全的、正强化的环境中，以及训练新的行为。只要满足保障训练员安全的要求，在保护屏障的加持下，这些技术就可以在各种训练环境中使用，如在开放的院子里或在约束槽中。根据我们的经验，只要有熟练的人员和足够的设施，所有基本的饲养行为训练都可以在合理的时间范围内完成，并且可以达到可靠的水平。关于各种动物的正强化训练的报告表明，在压力水平较低的情况下，动物更自愿配合饲养训练和兽医检查行为（Reinhardt, 1990; Turkkan, 1990; Reichard & Shellabarger, 1992）。这些动作可靠性不是100%。然而现实中，没有一个系统能保证100%的可靠性，而且由于保护式接触训练的动物可以进行反复尝试，这个技术带来的成功率在80%～90%之间，这么高的成功率足以维持基本饲养行为。

接触生病或受伤的动物

这是任何动物管理系统中公认的一个问题。正如前面所讨论的，尽管保护性接触有着高可靠性，但有时动物会选择不合作。不幸的是，当动物生病或受伤时，不合作更有可能发生。这种情况下，有两个因素对提高问题动物的积极性至关重要：训练员的技能水平以及设施的保障。我们最初在圣迭戈野生动物公园工作时，两头公象在项目中都遇到了健康问题。亚洲公象在治疗脚部疼痛问题的漫长过程中给予了合作。非洲公象成功地接受了兽医的检查，并配合治疗了需要经常用药的眼睛问题。这两项工作都是通过保护式接触技术完成的（Desmond & Laule, 1991）。

解决社会问题和攻击性

另一个值得关注的领域是保护式接触系统监测大象群体中社会问题的能力。在传统的自由式接触系统中，当动物在展览中自由活动时，训练员在一定程度上会对大象之间的社会纠纷进行干预。然而，由于训练员受伤的高风险，一些自由式接触项目不再允许训练员在任何情况下干预大象的社群纠纷。许多项目仍然要求大象套上链子或在晚上分开，以控制它们的行动，从而消除威胁生命的社群纷争的可能性。

在使用保护式接触系统时，我们不再有可能通过物理干预来结束动物之间的争斗。如果需要的话，设计合理的设施应允许在夜间用链子拴住动物，同时也提供让动物不用链子的机会。我们有理由相信，保护式接触技术可以正确地处理和缓解社会问题。利用我们称之为“合作喂养”的训练技术有可能解决与社会性支配地位有关的问题，并减少攻击性。这种技术已经成功地用于各种海洋哺乳动物和几种灵长类动物（Laule, 1991）。数据显示，这种方法可以减少社会攻击性，增加群体成员之间的积极社会互动（Desmond et al., 1987; Cox, 1987; Bloomsmith et al., 1992）。但到目前为止，同样的程序还没有在大象身上尝试过，因此也没有结果。随着越来越多的成果涌现，该技术可能也适用于其他大型哺乳动物。同样，训练员的技能水平和该设施提供的动物通道的数量和类型是成功处理社会问题的关键因素。

处理新情况

专业地和创造性地利用正强化训练形成了一个强大的解决问题的过程，在处理新情况时非常有用。通过识别潜在的问题场景，如接触新生的小象，可以提前设计训练来解决这些问题。一个保护式接触系统必须有能力管理一群动物，也能单独训练一头动物。这可以通过以下几种方式来实现。第一，控制行为，如“来”、“去”（到一个特定的位置）、“回来”和“稳定”，并在各种社会环境和物理位置上进行训练和维持。第二，动物们可能需要对每一个环境都完全脱敏。第三，定期进行积极的社会化训练，如合作喂养，以促进动物在群体中的定期流动。

即使没有大象的100%合作，有了这种程度的控制，训练员也有很多选择，可以安全地接触某头或某些动物。在不使用暴力手段下，训练员可以通过保护屏障来解决动物的各种新问题，这一系列的成就在各种文献和记录中都有据可查（Joines, 1976; Desmond, 1985）。

4. 解决大象的心理需求

如果不解决动物的心理需求，任何大象管理和护理系统都是不完善的。使用正强化技术最有力的论据之一是它们所提供的丰容价值。我们对四只成年雄性黑猩猩进行了一项研究，以评估正强化训练的丰容价值（Bloomsmith, 1992）。结果显示，在训练过程中发生了三种积极的变化：我行我素的行为减少了，不活跃和死板的行为减少了，社交游戏增加了。这些行为变化中的每一个都被认为是丰容过程的积极结果。此外，在两项涉及社会化训练的研究中，神经质和我行我素的行为也因正强化训练项目而明显减少（Cox, 1987; Bloomsmith, 1992）。如前所述，正强化是保护式接触中的首选方法，因为它为动物提供了更多的选择和控制。这些因素已被证明对动物的心理健康很重要（Hanson et al., 1976; Mineka et al., 1986）。

在实际操作中，保护式接触系统是建立在训练计划和活动预算的基础上的，它涉及自由接触系统所有的良好心理和生理健康的因素。这包括定期的训练，为大象提供以下好处：为食物工作的机会；精神刺激；增加体力活动；扩大行为范围；人与动物的互动。

需要重申的是，人与动物互动是保护式接触项目中不可或缺的组成部分，也是解决心理健康问题的关键因素（Bayne, 1993）。行为和环境丰容也是如此。在保护式接触中，能够轻松和频繁地将动物移入和移出展览，这就为以下方面创造了最大的机会：轮换丰容措施和玩具，为展览和饲养区添加新物品，对饲养环境进行微小的调节改动，增加新的展览设施，并在日常训练中接触动物。

结论

鉴于这四项基本原则，保护式接触有可能解决现在大象饲养机构所面临的许多棘手问题。然而，它必须以一种能够满足训练员和管理人员需求的方式来实施。因此，第一步是一个计划过程，允许充分讨论所有的问题，并就大象计划的目标、方法和目的达成正式的机构共识。接下来，必须确定详细的设施和其他支持性要求。最后，必须建立一个考虑到所有资源要求的时间表和预算。只有到那时，该计划才能实施。

一旦开始实施，仔细监测和记录保护接触的实施情况是至关重要的。重要的是要学习并与社区分享哪些技术可行，哪些不可行。尽管任何训练大象的系统都会因机构的不同而有所不同，但从一开始就尽可能地使保护式接触训练计划标准化是很重要的，而了解并接受保护式接触的基本原则则是第一步。

致谢

作者感谢乔·弗拉纳根博士（Dr. Joe Flanagan）和休斯敦动物园（Houston

Zoological Gardens）的大象训练员斯科特·马多克斯（Scott Maddox）和卡德维尔动物园（Caldwell Zoo）的大象训练员，以及圣迭戈野生动物公园对本报告的贡献。

参考文献

1. Benirschke, K.; Roocroft, A., Elephant Inflicted Injuries.BER.ERKRG.ZOOTIERE 8:239-247, 1992.
2. Bloomsmith, M., Chimpanzee Training and Behavioral Research: A Symbiotic Relationship. AAZPA Annual Conference Proceedings, Toronto, 1992.
3. Bloomsmith, M.; Laule, G.; Thurston, R.; Alford, P., Using Training to Moderate Chimpanzee Aggression. AAZPA Western Regional Conference Proceedings, Dallas, 1992.
4. Cox, C., Increasing the Likelihood of Reproduction Among Drills. AAZPA Annual Conference Proceedings, Portland, 1987.
5. Desmond, T., Surrogate Training with a Pregnant *Orcinus Orca*. International Marine Animal Trainers Association Annual Conference Proceedings, Orlando, 1985.
6. Desmond, T.; Laule, G., Protected Contact Elephant Training. AAZPA Annual Conference Proceedings: 606-613, 1991.
7. Desmond, T.; Laule, G.; McNary, J., Training to Enhance Socialization and Reproduction in Drills. AAZPA Annual Conference Proceedings: 435-441, 1987.
8. Hanson, J.; Larson, M.; Snowdon, C., The Effects of Control Over High Intensity Noise on Plasma Cortisol Levels in Rhesus Monkeys. Behavioral Biology 16:333-340, 1976.
9. Joines, S., A Training Programmed Designed to Induce Maternal Behaviour in a Nulliparous Female Lowland Gorilla. International Zoo Yearbook 185-188, 1977.
10. Laule, G., Training pinnipeds to Work Without Walls. International Marine Animal Trainers Association Annual Conference Proceedings, Minneapolis, 1983.
11. Laule, G., Meeting Behavioral Objectives While Maintaining Healthy Social Behavior and Dominance -k Delicate Balance. IMATA Annual Conference Proceedings, Vallejo, 1991.
12. Laule, G.; Desmond, T., Addressing Psychological Well-Being: Training as Enrichment. AAZPA Annual Conference Proceedings, Toronto, 1992.
13. Maddox, S., Bull Elephant Management: A Safe Alternative. AAZPA western & Central Regional Conference Proceedings, 1992.
14. Mineka, S.; Gunnar, M.; Champoux, M., The Effects of Control in the Early Social and Emotional Development of Rhesus Monkeys. Child Development 57:1241 -1256, 1986.
15. Reichard, T.; Shellabarger, W., "Training for Husbandry and Medical Purposes." AAZPA Annual Conference Proceedings, Toronto, 1992.
16. Reinhardt, V.; Cowley, D., Training Stump-tailed Monkeys (*Macaca arctoides*) to Cooperate During Inhomecage Treatment. Laboratory Primate Newsletter 29 (4):9-10, 1990.
17. Turkkan, J., New Methodology for Measuring Blood Pressure in Awake Baboons with Use of Behavioral Training Techniques. Journal of Medicine and Primatology 19:455-466, 1990.

SOUNDINGS

国际海洋动物训练员协会主办的《探索》杂志，1998年第23卷第1期。以下文章是关于圣迭戈野生动物公园使用保护式接触训练方式的最新情况。它是本书中所有关于保护式接触的文章中最新的一篇。这篇文章对大象保护式接触的使用做了一个很好的概述，该机构已经使用该系统相当长的时间，因此他们能够从更广泛的角度评估其有效性。

圣迭戈野生动物公园使用保护式接触管理多头大象

盖瑞·普瑞斯特，詹妮·安特里姆（Jennie Antrim），
简·吉尔伯特（Jane Gilbert）和瓦莱丽·哈雷（Valerie Hare）
圣迭戈动物学会

《探索》杂志编者按：为了将杂志的内容集中在海洋动物训练技术和进步的基础上，下面的文章强调了操作制约原则是如何成功应用于大象管理的。

简介

很多事实证明大象是非常聪明的，而且大象具有社会性，能够学习和执行复杂的任务。训练饲养行为使用的传统方法，目前在一些动物园中被保护式接触训练方法所取代（Green et al., 1992; Maddox, 1992; O′Sulivan, 1993; Flint, 1993; Miller et al., 1993; Parrott, 1993）。自 1992 年 12 月以来，圣迭戈野生动物公园的一大群亚洲象一直完全用保护式接触方法来进行管理。1994 年 7 月，为期一年的项目评估结束。该计划的评估内容包括审查训练员接触动物的能力，动物的行为和健康，以及训练员使用新技能的能力，以便评估完全通过保护式接触来维持动物行为的可能性。由于这个项目的巨大成功，圣迭戈动物协会对其大象设施进行了改造，以支持这种管理方式，并正在将其所有三个大象设施转变为保护式接触管理。

圣迭戈的大象管理计划采用了一个三方面的策略，为大象提供全面的健康护理。这三种方法按优先顺序排列如下：①通过行为矫治和保护式接触进行常规接触。②通过约束槽进行不定期接触。③在罕见情况下，才通过化学约束进行兽医干预。

保护式接触这一术语是为了区别传统大象训练的系统。在这个新的系统中，训练员不和动物一起进入围栏。相反，他们使用食物强化来与大象形成合作关系，并在围栏外的遮蔽位置训练动物，因此不需要通过惩罚来确保训练员的安全或保持对大象的行为控制。前提是，在保护性屏障后面工作的饲养员可以有选择地强化、塑造和维持适当饲养所需的所有行为。试点研究证明了这个想法的可行性（Desmond & Laule, 1991）。

社会趋势影响大象管理

在过去的十年中，几个不同的社会趋势汇聚在一起，创造了一个可以考虑改变传统圈养大象管理方法的新环境。新环境下，传统方法往往不能满足动物园的新需要。

风险增加

确保能日常接触圈养大象的脚是非常重要的，以便进行清洁和定期维护。然而，由于大象具有巨大体形和力量，它们可以轻易伤害训练员（Benirschke & Roocroft, 1992）。在过去的几年里，动物园负责人和经理对传统圈养大象管理中迫在眉睫的危机越来越敏感。在美国，大象对训练员的伤害比任何其他动物伤害的总和都要多。在 1976 年至 1994 年期间，美国有 17 位训练员被大象杀死，其中有 8 人是在近十年中死亡的（J. Lehnhardt，私人通信，1994）。统计数据表明，与传统管理方法相关的风险似乎正在增加。令人震惊的训练员死亡的报告继续发生。目前没有统计数据表明，训练员遭遇的险情或大象造成的伤害数量有多少。美国劳工统计局和国家

安全委员会将饲养大象列为美国最危险的职业，仅次于煤矿开采。在美国，大象训练员在工作中死亡的风险比警察和消防员都要大 (Lehnhardt, 1991)。

劳动力的流动性

今天在美国，雇员平均每五年就会更换一次职业。这种高的员工流动率影响了使用传统的自由式接触或“马夫”式来安全管理大象的能力。传统方法的基础是建立在亲密的、长期的关系上的，在大象的生命早期就已经形成。现在自由接触的训练员队伍中出现了断层。自然减员和现代就业行为已经有效地减弱了许多机构使用传统方法安全管理其圈养大象的能力。

动物权利

在过去的 20 年里，人类社会已经被多次警告我们的全球生物多样性正在以惊人的速度丧失。科学家们预测，如果趋势继续下去，地球将进入一个自恐龙时代以来前所未有的物种消亡期。人们对不断增长的人口危险性的认识不断提高，同时也了解到栖息地加速丧失和野生动物数量减少，这些都助长了被称为动物权利运动的社会现象。美国人现在对每个物种的独特性有了更多的认知和理解。

这些认知的积极结果是，所有圈养动物的护理和管理正受到来自内部和外部越来越多的审查。

管理圈养大象行为的传统方法，需要时不时地使用惩罚。用传统的方法来管理濒临灭绝的动物的行为越来越不被大众接受，公众对任何动物体罚的容忍度在逐渐降低。野生种群正在减少，如果大象要生存到 21 世纪以后，人类的干预是必要的。圈养大象在争取公众支持和充当野生大象的形象大使方面发挥着重要作用。在这种背景下，动物园负责人和馆长发现自己在如何继续满足大象的饲养需求和公众需求方面，正处于越来越不舒服的两难境地。

行为科学的进步

在一些重大社会变革的压力下，越来越多的人接受了一种更积极的动物训练方法。操作制约已被证明广泛适用于各种海洋和陆地动物（Priest, 1990; Mellen & Ellis-Joseph, 1996）。不满足是推动人类思想革命的引擎。上述三个因素在改变北美的大象管理方面都发挥了作用。

1990 年，鉴于影响圈养大象管理的大趋势，圣迭戈动物园开始质疑自己管理大象的目的。这个批判性自我评估结果激发了协会决心和承诺，投入必要的资源，为展览和繁殖而安全地管理大象。为了与过去决裂，并考虑到未来的应用，我们不再认为骑大象是合适的，因为它们与协会的教育和保护目的不一致。

背景介绍

1991 年 3 月，野生动物公园的一名亚洲象训练员在自由式接触训练时，被这头亚洲象意外地踩死。这次死亡事件激发了公园管理层改革的决心，要继续努力开发一种更安全的管理大象的方法。

到 1991 年 4 月，在试点项目成功的基础上，进行了第二次更复杂的测试。其目的是开始完善基于正强化应用的大象训练项目。第二次实验涉及四头动物，两头公象和一头亚洲象和一头非洲象。在这个扩展项目中，野生动物公园的大象经理和主管认为动物现在处于“最坏的情况”，因为它们的个体状况或攻击性倾向很严重。6个月保护式接触训练实验期结束后的成果，使管理人员受到了的巨大鼓舞，并开始制定新的计划，以便将这些技术应用于大象群的管理（Priest, 1992a; 1992b）。整个大象训练员团队都参加了行为理论和操作制约的培训课程（Stephens, 1992）。

连贯的技术应用是行为矫治的一个重要组成部分。训练员需要参加并通过笔试，考试内容包括在自由式和保护式接触下的大象训练，大象伦理学和饲养学。

在1992年的春天和夏天，协会投资了近50万用于设施改造，以支持象群的保护式接触管理。1992年12月，随着设施改造和训练员培训的完成，公园开始对一大群亚洲象（15头）进行专门的保护式接触管理。

设施改造

对于我们的亚洲象，圣迭戈野生动物公园建造了五个独立的象棚，这些区域可以从中央走廊或沿后墙进入，而且还设计了具有远程功能的液压门，并安装了可以从大象圈舍外操作的锁扣。我们还使用5厘米 × 5厘米 × 0.6厘米的焊条面板，放置在8英寸（20厘米）的钢制立柱之间，以保护大多数训练员工作的地方。

亚洲公象被单独安置在一个相邻的混凝土建筑中。这种设施提供了一个更安全的工作场所，设施里面功能齐全，并为训练员提供了各种管理选择。我们的三个大象设施中的每一个都有一个限制性的滑道。我们还重新设计了超过一英里（0.4公里）的护城河线路，这将使我们在天气允许的情况下，让大象在展览馆中过夜。最后，整个表演区被重新设计，在舞台后面有两个小的饲养区，并在舞台区周围配置了钢制护柱和电缆。通过这种方式，大象可以为观众进行行为表演，训练员可以在围栏外进行指导和增援。

方法

在保护式接触中，训练员保持在围栏和大象社群之外。训练员与大象一起工作，以形成一种合作关系。在自由式接触中，训练员的生命取决于大象的服从，而保护式接触中的大象是自愿参与的，训练员完全依靠定时或有选择地正强化来完成他（她）的目标。

保护式接触是一个“手动”的系统，旨在保持与圈养大象身体接触的同时，最大限度地保证训练员的安全。保护式接触管理的要素包括以下几个方面：设施设计、动物和训练员相对于保护屏障的位置，以及鼓励动物自愿配合的操作制约技术。在保护式接触系统中，行为矫治是通过使用积极的奖励来实现的，包括各种各样的食物、触觉和社会强化物。在我们的大象身上，从来没有使用过体罚或剥夺食物的方法。大象的日常饮食是燕麦、干草和苜蓿。为了提高奖励的强化能力，我们使用灵长类的食物配方、切好的胡萝卜、苹果、红薯、玉米棒和其他时令水果。

当动物对一个特定的信号做出正确的反应时，就会进行强化。如果动物的行为不正确，或者行为方式不符合标准，训练员会再给它一次机会来帮助它获得强化。大象行为的改变完全是通过熟练地使用操作制约来实现的。

操作制约是一个系统化的条件反射过程，用于改变或塑造动物的行为，使其达到预期目标。从本质上讲，操作制约是一种通用语言，动物可以理解并利用它来获得好处。对这种语言持续和熟练的使用为动物提供了关于其环境的信息，以及使动物学会了如何去获得它想要的东西。这些行为矫治技术属于行为理论的既定原则（Holland & Skinner, 1963; Mazur, 1990）。

通过调节，我们的大象很快就学会了将狗哨声与食物奖励联系起来。狗哨实际上对大象来说起到一个信号的作用。狗哨提供了重要的信息，帮助动物将其行动与积极的结果联系起来。它还弥补了动物执行行为和提供奖励之间的时间差距。奖励可以采取各种形式，只要它们是动物想要的东西。在非技术意义上，操作制约是一个受控的过程，使动物能够自然地获得、处理和使用所发现的关于其环境的信息。这是一种适应性的学习策略，只要在动物的遗传和身体能力范围内，对任何物种都有效。

用于将大象从一个地方移到另一个地方的技术是从海洋哺乳动物训练员那里学来的。在哨声信号下，大象被训练的第一个行为是将其躯干接触到一个目标上。一旦大象学会了这种行为，我们就用目标把大象移到一个理想的位置，即从一个地方移到另一个地方。大象还学会了在群体中的其他大象存在时保持自己的位置。

在很大程度上，我们在保护式接触方面的训练依赖于在自由式接触中已经完成的训练。在圣迭戈，我们很幸运地拥有许多训练有素、性情温顺的大象。当我们向它们引入保护式接触时，在许多情况下，这只是改变我们使用的训练工具的背景和方向，以使动物理解、概括和遵从我们的意愿。大象确实花了一些时间才了解到目标和钩子的使用方法非常不同。使用钩子时，大象已经习惯了远离刺激物；相反，当目标物出现时，大象需要靠近并触摸它以换取奖励。当然，大象一开始都很警惕，但这种转变往往能在三个星期时间内，总计几个小时的训练后达成。

我们的公象几年来都没有进行过自由式接触训练，但它们已经能够学习和执行与母象相同的饲养行为。所有圈养的大象至少都接触过某种程度的传统训练。虽然这一点还没有在完全无知的大象（幼象或野生捕获的大象）身上得到证明，但作者相信，完全依靠操作制约和正强化的行为矫治也会同样成功，尽管这可能需要比我们以往的经验更长的时间。

丰富的内容

我们在制定丰容计划时考虑到了几个问题。首先，由于训练员不再是象群结构的一部分，如果大象之间发生争斗，他们将无法进行干预。因此，丰容被用作一种工具，将攻击性转为其他更和平的活动。其次，我们想借此提高大象的“生活质量”。最后，我们用丰富的活动，即增加它们在整个围栏空间内的运动量来改善大象的总体健康状况。

我们野生动物公园的亚洲象围栏有三英亩（1.2 公顷），大象可以进入一个 9 英尺（2.7 米）深，100000 加仑（378540 升）的水池。当护城河被重新设计时，我们还铺装了 53000 平方英尺（1500 平方米）的草皮。大象现在通宵展出。在这种环境下，我们尝试了各种丰富嗅觉的方法。食物被定期藏在展览馆中，各种提取物的气味（香水、香料、油）被放置在展览空间周围。大象们对肉桂、肉豆蔻、丁香、香菜、辣椒粉和香草的兴趣最大。每周两次训练都会在展品中放置这些物品。我们提供的其他玩具包括回旋球、圆木和用链子悬挂在悬崖上的轮胎。

训练课程和大象表演为动物们提供了解决问题的机会。我们相信这些活动是有丰容作用的，因为在评估的年度里，我们进行了 1500 到 2000 次的训练，总共只有 7 次被拒绝，其中大部分是在项目的早期。自 1993 年 4 月 3 日以来，每天至少进行两次大象表演。到目前为止，我们还没有因为大象拒绝参加而取消过一次表演。

结果

为了使保护式接触管理成为可行的选择，兽医必须能够接触到动物，以满足其健康护理的需要。在评估年内，进行了两次完整的医疗检查。在年底，兽医团队得出结论，大象的总体健康状况一直保持良好。兽医们还报告说，他们对在检查期间动物的接触能力感到满意。但是口腔检查和接触生殖器仍然是个问题。

以下是我们与保护式接触大象管理相关的一些更重要的好处。

- 安全——通过大象和训练员的自愿合作，以及动物与保护屏障的相对位置，保护式接触可以减少训练员受伤的可能性。
- 员工流失——在有经验的训练员监督下操作时，保护式接触可以为新训练员建立一个更安全的训练环境。
- 技术的持续应用——不论是什么物种或系统，技术的一致性在动物训练中始终是一个至关重要的问题。根据美国动物园和水族馆协会大象物种生存计划小组的说法，缺乏一致的训练方法往往会导致大象无法被管理。操作制约在大象训练员内部的一致性和统一性中建立了一个明确的公式和共同的基础。
- 操作制约建立了一种动物和训练员都能理解的共同语言，并在两者之间提供了一种交流媒介。这个系统会在短时间内让新训练员变得和动物们熟悉的训练员一样强大。
- 公共关系敏感：它向公众展示了一个更加持续的积极形象。大象可以“自由”地成为大象，不受人类的支配。
- 该系统为大象的自愿合作提供了积极的奖励，并消除了建立和维持社会支配地位的身体纪律的需要，这种支配地位有时是控制大象的自由接触行为所必需的。

自从几年前本文首次在国际海洋动物训练员协会会议上发表后，圣迭戈动物园和野生动物公园已经完成了对其所有的三个大象设施的重新配置。他们所有的大象现在都是通过保护式接触来管理。在同一时期，只用正强化和保护式接触管理大象的概念在动物学界获得了更广泛的认可。全国各地的许多机构已经、正在或计划在不久的将来，对他们的大象训练项目进行同样的过渡。许多斑斑可考的因素促成了这种趋势。也许最强烈的是许多机构感到需要更多地保障他们大象训练员的安全，同时保持他们大象的健康。

参考文献

1. Bennirschke, K. & Roocroft, A. (1992). Elephant inflicted injuries. Paper presented at the Symposium on Erkrankungen der Zoound Wildtiere, Spain.
2. Desmond T. & Laule, G. (1991). Protected contact elephant training. In Proceedings of the 1991 Annual Conference of the American Association of Zoological Parks and Aquariums ((pp. 606-613). Wheeling, West Virginia: AAZPA.
3. Flint, M. (1993, Winter). Elephant safety and protection at the zoo. Reid Park Zoo. PP.1-2.
4. Green, R., Olsen, T. & Ruhter, D. (1992). Elephant management at the Houston Zoo. In Proceedings of the 1992 Western Regional Conference of the American Association of Zoological Parks and Aquariums (pp.730-733). Wheeling, West Virginia: AAZPA.
5. Holland J. & Skinner, B.F. (1961). The Analysis of Behavior: A Program for Self-Instruction. New York: McGraw-Hill.
6. Lehnhardt, J. (1991). Elephant handling: A problem of risk management. In Proceedings of the 1991 Annual Conference of the American Association of Zoological Parks and Aquariums (pp. 569-575). Wheeling, WV: AAZPA.
7. Maddox, S. (1992). Bull elephant management: A safe alternative. In Proceedings of the 1992 Central Regional Conference of the American Association of Zoological Parks and Aquariums (pp. 376-382). Wheeling, WV: AAZPA.
8. Mazur, J. (1990). Learning and Behavior (2nd Ed.). Engleewood Cliffs, New Jersey: Prentice-Hall.
9. Mellen, J. & Ellis-Joseph, S. (1996). Learning and training. In S. Lumpkin and D. Kleiman (Eds.), Management of Wild Animals in Captivity (pp. 88-99). Chicago: University of Chicago Press.
10. Miller, G., Wilcox, C., Latores, S., & Upchurch, B. (1993). "C" is for Cindy: A case history. In Proceedings of the 1993 Annual Conference of the American Association of Zoological Parks and Aquariums (pp.32-34). Wheeling, West Virginia: AAZPA.
11. O'Sullivan, T. (1993). Protected contact at the St. Louis Zoo. Paper presented at the Elephant Mangers Association Conference, Vallejo, CA.
12. Parrott, J. (1993). A new modified protected contact elephant management program to maximize keeper safety. In Proceedings of the 1993 Annual Conference of the American Association of Zoological Parks and Aquariums (pp.35-38). Wheeling, West Virginia: AAZPA.
13. Priest, G. (1990). The use of Operant Conditioning in training husbandry behaviors with captive exotic animals. In Proceedings of the 1990 Annual Conference of the American Association of Zoo Keepers (pp. 94-107). Topeka, Kansas: AAZK.
14. Priest, G. (1992a). Caring for elephants and reducing the risks. Zoonooz, LXV(2), 12-15.
15. Priest, G. (1992b). Elephant training: Creating contrast between two training systems. In Proceedings of the 1992 Western Regional Conference of the American Association of Zoological Parks and Aquariums (pp. 369-374). Wheeling, West Virginia: AAZPA.
16. Stephens, B. (1992). Keeper staff development programs. In Proceedings of the 1992 Western Regional Conference of the American Association of Zoological Parks and Aquariums of (p. 375). Wheeling, West Virginia: AAZPA.

《论行为》，当今，越来越多的动物园认识到行为管理项目对动物的好处。训练是一件好事，但一些动物园仍然对这种想法皱眉头。布莱尔在《今日心理学》（*Psychology Today*）的这篇文章中谈到了这个问题。她的故事是为了帮助动物园管理员了解训练对他们所照顾的动物的好处。现在许多大型动物园都有训练员监督所有动物的行为需求。这些人中的许多人开始都是海洋哺乳动物训练员。

喜欢紫罗兰的犀牛

凯伦·布莱尔

玛丽（Mary）是一头成年雌性犀牛，每当我们坐在犀牛围栏外的草地上，玛丽都会把它那个非常大的头穿过栅栏，搁在底部的栏杆上，这样它的下巴就悬在我的腿上。由于我坐在一片紫罗兰中，我摘了一些紫罗兰的叶子递给它。它显然很高兴地接受了我的礼物。它似乎也喜欢让我抚摸它的嘴和脸，它的皮肤摸上去像盔甲一样的厚重，又感觉像麂皮。它的视力似乎很不好，即使我把树叶举到它眼前，玛丽也看不清食物在哪，但如果我用树叶碰它的脸，它就会很容易地感知到树叶，并巧妙地把树叶折进嘴里去。

玛丽的耳朵平静而愉快地斜躺着，时刻定位它孩子的行踪，并聆听训练员梅兰妮·邦德（Melanie Bond）和我这个顾问之间的对话。我们刚刚完成了大猩猩的训练课程，这是动物园实验项目的一部分，目的是看看现代非暴力行为矫治技术是否可以用于训练动物园的动物。现在当我们在春天的阳光下休息时，梅兰妮正在和玛丽的孩子玩耍。她用紫罗兰和抚摸作为给小犀牛们的奖励，这些孩子刚学会在命令下抬起一只前脚，就像马和大象被训练的那样。小犀牛发现了可以通过这么简单的方法来赢得梅兰妮的注意，它们相当地兴奋，在抬脚的间隙，它们也会笨拙地乱跑，并时不时地撞到它们的母亲。

这半个小时的游戏让我重新明白了一个我早就知道的概念。如果你有一些动物想要的东西，你几乎可以训练任何动物。人们往往没有意识到，即使是再困难再危险的动物，要训练它们也是很容易的，你不需要把它们打翻在地或者狠狠地惩罚它们。我做梦也不会进入犀牛的围栏里，更不会像老式马戏团的训练员那样试图用暴力训练这两种动物。但很明显，人们可以用正强化来塑造犀牛的行为：在这种情况下，绿色的植物可以让动物转移注意力。

正强化的塑型行为训练是由斯金纳博士定义的一种动物学习法则，一般也称为操作制约。在过去的20多年里，这种技术已经彻底改变了动物训练界。所有的海豚表演都完全基于正强化技术，而不是厌恶性控制技术。鸟类表演涉及许多种自由飞翔的鸟类，这些鸟类完全不能用暴力来训练，暴力惩罚只会让它们惊慌失措，但为了食物奖励，这些鸟们会努力地工作并学习。在好莱坞，正强化的塑型训练被称为“亲情训练”，它产生了过去被认为是不可能的结果：哈特福德保险公司的雄鹿就是一个例子。

我在夏威夷的海洋生命馆担任首席训练员和护理师时，学会了操作制约的应用技术，我们在那里训练了数十头海豚、小型鲸类、鸟类和其他生物用于表演和研究。正强化加上道具的使用可以产生壮观的表演场景。不过有些时候，我对它在日常维护动物方面的实用价值印象更深。例如，有些鲸豚类太大，根本无法用暴力束缚，所以当我们的动物需要兽医照顾时，我们会训练它们伸出尾鳍，并允许我们抽取血样或者注射药物，动物则会因此获得食物和抚摸的奖励。奖励的数量和种类并不重要，重要的是动物知道它必须做什么才能得到奖励。我们所有的动物都被训练成听从命令从一个水池转移到另一个水池，它们不需要被追赶或强迫来做这些转移行为。此外，我们还利用训练来缓解单独饲养下海豚的无聊情绪，对于海豚来说，无聊简直可以说是要命的。

然后，我会观察同样的技术是否可以应用于动物园的野生动物，因此，我现在就在给犀牛喂食紫罗兰。国家动物园园长西奥多·里德（Theodore Reed）读了我写的一本关于训练鼠海豚的书，他认为这些技术可能对他的训练员有用。他向我提到了他馆中动物的一些具体的行为问题：北极熊每一小时就会不停敲打熊舍的铁门；长颈鹿有时在寒流来临之前拒绝进入室内，而不得不被10个人拿着棍子追打着进去；黑猩猩整天坐在角落里，因为无聊而拔掉胳膊上的毛。

里德（Reed）是一名兽医，他也很担心训练员的无聊问题。他为自己感到自豪，因为他发现他的员工都是聪明能干的人，对他们所照顾的动物有着浓厚的兴趣。但是照顾动物工作都是些苦差事：喂食和清洁，清洁和喂食。里德认为，对于那些愿意进行训练工作的人来说，持续的训练互动可能会给训练员的生活以及动物的生活增添乐趣。

我同意担任动物园的顾问，然后尽我全力向训练员们传授训练技术。第一节课有25人参加：年轻人、老年人、男性、女性、黑人、白人。我不仅被各种活泼的面孔所吸引，也被他们所要训练的各种动物所吸引：鸟类、爬行动物、猿类、大象，以及我甚至从未听说过的动物，如南美灰鼬和熊狸。我解释说，我的工作不是训练动物，也不一定是解决具体问题，而是给训练员提供方法，让他们可以各自设计需要的训练。我概述了一个基本技巧：你需要教会动物一个简单的道理，即每当你吹口哨，它就会得到一块食物。然后你让它发现，它做的某些事情（比如向它的巢穴靠近）可以引起你吹口哨。你就可以训练动物自动回窝。或者相反，动物在训练你在吹口哨和给食物方面的可靠性，两种截然不同的结果完全取决于是动物训练训练员还是训练员训练动物。

每个人都必须挑选一种动物来练习，并塑造一种行为。我建议选择一种活泼、贪婪的动物。大猩猩馆的梅兰妮·邦德有两个很好的训练对象：两只年轻的猩猩。训练员一直被禁止与猩猩玩耍或互动，理由是这样做很危险，但现在这一规定将被放宽，梅兰妮现在可以进行动物训练了。爬行动物馆的贝拉·德米特（Bela Demeter）对蛇或蜥蜴是否可以训练持怀疑态度，但我知道爬行动物是可以训练的。已故的爬行动物学家格雷斯·威利（Grace Wylie）多年前曾有过一些训练有素的鳄鱼。在培训课程中，鸟类、驯鹿、大象等场馆中的每个人都选择了各自很好的子项目。然而，狮子/老虎区的阿特·库珀（Art Cooper）却一心想要训练他那只最好的老虎：皮拉［实际上阿特和其他训练员都称这只老虎为阿贾克斯（Ajax），但动物园坚持要我在本文中使用他的正式名字：皮拉（Peela）］。

"不，阿特，"其他人抗议说，"那只老虎从来不做任何事情！它只是整天躺在它那假山顶上。你要加强什么？"

"嗯，它很冷静，"阿特解释说，"它在保存自己的力量。"阿特打算训练这只

“酷猫”：①来到展览的前面，来到护城河的边缘；②进入护城河的水中；③捞起一个漂浮的啤酒桶，这个啤酒桶有时被放在护城河中作为老虎的玩具（和所有其他猫科动物一样，老虎也喜欢游泳，它们喜欢玩移动的物体）；④把啤酒桶放在沙滩上；⑤自己回到岸上。这是一个五步连锁行为，即使对一位经验丰富的训练员来说也相当困难，尤其是对一个不感兴趣的动物更困难。我建议他先做一些更简单的事情，但阿特已经下定决心。

训练是很耗时的，有些人发现他们无法将其纳入已经非常紧凑的日常工作中。馆长有时也反对训练员把宝贵的时间浪费在明显琐碎的任务上。一位领导对我说：“我不认为训练熊猫用头站立会给其他训练员留下什么深刻的印象或有什么价值。”当然，价值在于过程，而不是产品：训练员正在学习训练技能。他（她）选择什么作为练习行为与我无关。我发现如果训练员自己选择任务而不是接受分配给他们的任务，他们会取得更好的进展，所以我让他们做他们喜欢的事情。但我能理解那些实用主义的动物园管理层，他们不仅认为这种特殊的行为没有意义（毕竟谁需要一只会捡啤酒瓶的老虎呢？），而且觉得这也干扰了动物的“自然行为”，尽管我们在动物园内就没看到许多行为正常的“自然行为”。

几周后，一些人有了成功的经验，并向全班做了展示。梅兰妮训练了一只小红毛猩猩，让它打扫笼子，把垃圾扔进垃圾桶里，动物所需要的回报不仅是食物奖励，而是为了有机会听到口哨，小红毛猩猩似乎对口哨很着迷。在它的笼子旁边，有一只大的雌性红毛猩猩，在我看来，它似乎患有临床抑郁症。它整天靠墙坐着，看起来就像一个购完物的疲惫不堪的女士。梅兰妮用食物作为奖励教它玩了一个简单的西蒙游戏（Simon Game[1]）。我拍我的头，你拍你的头；我拍我的手，你拍你的手；我揉我的肚子，你揉你的肚子。在大家的欢呼声中，这只猩猩发现它可以和公众玩这个游戏，特别是和一群小学生。看到它活跃的眼神，拍拍手，然后揉揉肚子，而满走廊的孩子们都在模仿它，这场景真是令人欣慰。

梅兰妮也开始与忧郁的黑猩猩哈姆（Ham）玩训练游戏（哈姆是我们的第一只美国黑猩猩。），哈姆现在是一只成年雄性，有可怕的獠牙。梅兰妮用食物来激励它的各种行为，慢慢地，它开始参与到游戏当中。一天早上，梅兰妮告诉我们，它在给哈姆吃完早餐后准备让它到户外活动。当它看到梅兰妮要打开外面的门时，哈姆慷慨地给了她一片芹菜作为回报。它已经明白这个游戏了。

格雷森·哈丁（Grayson Harding）在小型哺乳动物馆里训练了一只龙猫，教它在一个篮子里跳来跳去，然后跳到秤上称体重，这比用网子在笼子里追着它跑来跑去要好得多。在爬行动物馆，贝拉训练了两只大约 18 英寸长的瘦小的绿色蜥蜴，教它们从镊子的尖端取昆虫。然后他把镊子举得更高，塑型训练一个向上跳跃的捕食行为。当他向全班同学展示这一行为时，他一打开笼子门，蜥蜴就跑到门边，然后眼睛鼓起，粉红色的有牙齿的嘴张开，以一种凶猛的程度直接跳到镊子尖上，让

[1] 西蒙游戏是一种指令反应类游戏，以淘汰未能准确重复指令的玩家。类似于“我说你做”的游戏。此处简化为我做动作，动物重复。——译者注

人看了很好笑。贝拉现在真的有只会跳跃的蜥蜴，虽然他自己并没有觉得这有什么厉害的，但这种奥林匹克式的直接跳跃是所有海豚表演的高潮，而且是以完全相同的方式训练的。

与此同时，阿特实际上也在皮拉的训练上取得了进展。皮拉逐渐进入了状态，当它看到阿特的时候，就从山上飞奔下来。它学会了入水和出水，还玩起了小桶。训练课程需要很长的时间，皮拉似乎很难下定决心。它可能要花 20 分钟才能下水，45 分钟才能再出来。这是猫科动物的一个共同特点，任何人都知道打开门让一只不听话的“家猫”出去是多么的难。而皮拉则是一只更大的“猫”。

从长远来看，阿特确实完成了他的连锁行为，而且我确信在这个过程中，他获得了宝贵的训练技能，这些技能以后可以应用于他所照顾的任何动物。在项目结束时，梅兰妮对猿猴的工作被普遍认为是最有价值的。芭芭拉·宾汉姆（Barbara Bingham）有一些经过部分训练的驯鹿，并发现咖喱对它们有很好的强化作用。现在，当训练员敲响电铃时，鹿就会主动进到室内。这些训练项目让训练员和动物们都受益了。这个项目对参与者来说很有趣，但它对整个动物园有什么价值吗？

六个月后我又去看了看。在大象馆，以前的训练课程是简短的，有固定程序的，只在开放时间之前进行的。然而现在每天都为公众进行训练示范。在大猩猩馆，情绪低落的哈姆现在则经常开心地笑，玩起了游戏，甚至允许自己被别人挠痒痒；大猩猩会应要求开门，整理自己的笼子。动物园把梅兰妮送到夜校学习美国手语，她正在教小詹姆斯手语。

训练员是被专门雇来训练动物技能的。一位受过好莱坞训练的训练员可以让所有的熊按他的指令进入室内，以获得食物奖励；而以前为了清洁院子，需要用消防水枪把这些熊赶进室内。我在动物园工作期间，一个新的海豹和海狮展区“海狸谷”一直处在建设之中，并由一位经验丰富的训练员负责管理。在这个地方，我曾经听到馆长的担心，由于水池太大，他们不知道如何抓住其中一头海豹来进行医疗护理，现在我已经看到了完工的水池和听到了动物们的叫声。现在馆长告诉我，每头动物都在接受训练，根据特定的调节信号从水中出来，他现在坚持认为训练是训练员日常工作的一部分。

海狸谷训练员也负责照顾北极熊。我被告知其中一头熊的犬齿断了，需要兽医治疗，不然断牙会感染。通常情况下，这头熊必须被“放倒”，即用麻醉枪麻醉，而且剂量要足够大，因为你肯定不希望北极熊在你检查它的牙齿时醒过来。为了使北极熊免于这种麻醉危险甚至可能是危及北极熊生命的操作，训练员主管凯斯·科夫和她的训练员训练北极熊把头从门上的缝隙中伸出来，并张开嘴以便进行治疗。当这种行为训练完成后，他们打电话给兽医，训练员向熊发出信号，熊把头伸出来，兽医轻松地检查了牙齿并宣布没有感染的好消息。你看这些训练一点都不麻烦，而且只需要一些葡萄。

我想，这正是里德博士所希望将训练作为动物园管理工具的原因。这件事与我和我教授的班级没有直接关系。训练员们从别人那里也学到了出色的训练技术。但他们的成功取决于管理层面的良好氛围，在这种氛围中，训练员与动物之间的互动不是被禁止的，而是被允许的，也许是被鼓励的，甚至是被期待的。我想，我们的课程可能已经打破了之前的僵局。

那其他动物园呢？纽约动物园下辖的布朗克斯动物园园长威廉·康威（William Conway）和他的一些馆员也对操作制约感兴趣。他们已经安装了一些自动化的设施，比如一棵“蜂蜜树”，可以让熊完全站起来，并需要伸出它们的长舌头以获得偶尔分发的蜂蜜。他们还开展了一个试点训练项目，并聘请了一位经验丰富的海洋哺乳动物训练员杰里·温瑟特（Jerry Winsett）担任一年的训练员。解决这些行为问题在杰里看来就像是例行公事，但对训练员来说却很辛苦。例如，当训练员想清理笼子时，某只大猩猩就坐在门口，并拒绝进出。无论训练员怎么挥舞香蕉都不能把它从那个位置上哄下来，它用它巨大的力量阻止了门的关闭。杰里指出，挥舞香蕉是一种贿赂，你在强化尚未发生的行为，而训练员本身也知道这并不真正有效。杰里建议，当大猩猩坐在门口时，不要理会它，当它自己出去时，就奖励它。就这样问题解决了。

布朗克斯动物园有一个夜行生物展览，名为“黑暗世界”，其中有许多小鸟和哺乳动物在昏暗或红色的灯光下过着正常生活。训练员们很难在黑暗中检查每头动物的健康状况，甚至很难判断动物是否还活着。杰里向训练员传授了“塑型训练”动物的技术，以便让动物们自己走到训练员面前。让一只婴猴（一种小型灵长类动物）和胆小的夜猴（一种夜间活动的猴子）从你手中接过食物可能需要数周的耐心训练。然而，要塑造动物这样做，你可以首先把食物放在盘子里或树枝上，让动物很容易就能拿到，然后通过用零碎的食物来强化接近你计划的每一步，这只是几个五分钟的训练课程就可以达到的目标。现在，该展览中几乎每一头重要的动物都被塑造成每天从训练员手中接过食物，这不仅使训练员能够检查这些弱小的动物，而且也有利于捕捉那些必须进行治疗或移除的动物。

芝加哥布鲁克菲尔德动物园在自动化展览方面有着广泛的经验，在这些展览中，动物被训练成做出自然行为（如狩猎），当行为正确时，动物会从自动分配器中得到食物。动物园社区经常有反对这种动物训练“机械化”的声音，但让它们保持活跃肯定比让它们在无望和冷漠中打瞌睡更有意义。预先设计的自动化展览似乎对动物来说很有趣。布鲁克菲尔德的美洲狮被训练出躺在树枝上的动作，直到一只旱獭从洞里伸出头来，然后被美洲狮捕获吃掉，在食物分配器空了之后，美洲狮还会继续玩下去。

人文主义者通常认为操作制约或任何使用斯金纳技术的行为，都是不人道的、畸形的、马基雅维利主义[1]的。然而对于圈养的动物来说，没有使用这些技术才是不人道的。正强化训练是一种以行为换取奖励的平等交换，其中会产生一种愉快的交流，一种动物和训练员之间有益的平等关系。一个人不能离开另一个人而工作，两个人都必须做他们各自部分的工作才能得到良好的互动关系。互动本身就是一种强化，对双方都是如此。犀牛玛丽从我手中接过紫罗兰时，我同样感到高兴，也同样得到了强化，因为它很乐意吃紫罗兰。小犀牛这么快就学会了抬起它的脚，这对

[1] 马基雅维利主义是指个体利用他人达成个人目标的一种行为倾向，暗含非合作的剥削性行为。——译者注

梅兰妮也是一种强化。动物园的操作制约不仅是对动物管理实践的一种良性补充，而且对训练员和动物也都是一种奖励。我相信斯金纳博士听到这个消息不会感到惊讶，他可能只是想知道为什么要花这么长时间。

《训练员论坛》，1997年第22卷第4期。毫无疑问，训练在整个动物学界有一个日益增长的趋势。这里有两个具体的问题，一个是关于教北极熊对信号刺激的反应，另一个是关于疣猪的训练。对于我们这些在职业生涯中大部分时间都在进行训练的人来说，看到新的环境中的训练是非常开心的。

训练动物园里的北极熊和疣猪

问 1：有没有人对北极熊进行过响片训练？

答 1a：有！圣迭戈动物园的训练员已经成功地用响片、口哨和口头上的“好”对我们的许多动物进行了信号训练，动物园里的五头北极熊［32 岁的聋哑母熊邦妮（Bonnie）除外］都对响片有反应。我们所有的训练课程都是在熊舍里近距离进行。所有的熊对操作制约的反应都非常好，而且似乎很享受与训练员的互动。

训练课程所提供的刺激有很多积极的效果。其中一个显而易见的好处是，巢穴区成为训练员和熊的一个积极的地方。饲养行为是我们的主要训练重点，同时也是大量训练工作的部分。训练动物张嘴、每周称重和常规的身体检查是常态。我们也在使用我们的熊约束笼子（BRC）。如果黑熊平静地接受门的关闭，它们就会得到奖励。这将有助于我们的兽医团队在不需要麻醉的情况下安全地检查黑熊。

其他训练的动物有狒狒、棕熊、德兰士瓦狮子和大熊猫。

杰明·安特里姆（Jermine Antrim）
圣迭戈动物园

答 1b：我们最初是用响片来训练北极熊，但后来改成了口哨信号。我们改用口哨的主要原因是我们可以腾出两只手来做提示、奖励和目标训练。你的手会沾满肉和鱼的黏液，谁会想让这些东西沾在自己的响片上呢？这就对了！问题解决，短小精悍。

海洋哺乳动物训练员
北卡罗来纳州动物园

问 2：有人对疣猪进行过目标训练吗？

答 2：我们对疣猪没有既定的训练计划，但我们在鳍足类、灵长类、马来貘和鹿豚的训练计划中使用过目标训练。

对于貘和鹿豚，我们的训练目标只是协助兽医护理，并加强我们的饲养实践。这两个物种是我们在四个独立展区之间随机轮换的五种哺乳动物的一部分。为了最大限度地提高我们将这些动物随机移入和移出这些区域的能力，我们在动物到达动物园之前就确定了训练的关键作用。

训练开始时，我们会站在隔间门口让貘和鹿豚对我们的存在脱敏。一旦它们变得好奇并平静地走近我们，我们就会给它们一个食物强化物。下一步是建立一个制约强化物。我们将食物强化物与口哨配对。

然后我们开始对这些动物进行训练。我们起初准备了一个盾牌，为了安全起见，训练总是在两个人在场的情况下进行的。口哨被引入训练中，以帮助促使动物从一个地方移动到另一个地方。这包括训练貘爬上和爬下。这是在为它们爬台阶做准备，这些台阶在我们的饲养池和四个展区之间的转移槽中。

这项训练在很多方面都非常成功。我们不仅能够在展览中转移动物，而且还能够完成一些任务，如为貘脸上的脓肿做移除手术，以及为雄性鹿豚修剪獠牙。我们发现，这些动物和许多其他动物的训练成果已证明我们的饲养计划非常有价值。

简·安妮·富兰克林（Jane Anne Franklin）

路易斯维尔动物园

《芝加哥论坛报》（*Chicago Tribune*）1996 年 8 月 18 日星期日的头版报道了以下文章。这是一个国际性事件，两天后再次登上芝加哥的头版，并出现在国家电视台上。它显示了公众对动物的迷恋以及将人类的品质赋予动物的愿望。这只大猩猩被称为“英雄”。在这篇报道之后，许多动物情感专家接受采访，讨论母猩猩是否对男孩感到“同情”，它是否“知道”他受伤了，它是否“有意识地想救他？”虽然这个故事对动物园来说是一个重大的公关事件，但它也可能存在一种完全不同的性质，如“男孩被凶猛的猿猴抓伤”或“动物园因对大猩猩的攻击缺乏反应而受到批评”。值得庆幸的是，这个故事的现实结果对动物园、大猩猩和男孩都有好处。然而，这篇文章中提到了一个所有文章都没有提到的关键点，那就是大猩猩为了学习良好的母性技能而接受了训练。它把孩子带到它的训练员身边的行为是在动物园环境中建立信任和关系的一个例子。谁能真正说它是否知道或出于某种原因而采取了某种方式？但可以肯定的是，如果它过去与人打交道的经历不是积极的，它对这个男孩的行为可能会非常不同。

大猩猩在动物园救出小男孩：母性情感的力量

杰弗里·比尔斯（Jeffrey Bils）和斯泰西·辛格（Stacey Singer）

《芝加哥论坛报》

这是一个大猩猩的母性本能得到回报的案例。

试图拯救一个濒危物种的动物园管理员没有想到，他们教给一只雌性大猩猩良好的育儿技巧的努力，最终导致了一个人类幼儿的迅速获救，这个幼儿周五从 15 英尺高的地方跌入布鲁克菲尔德动物园的展区。

当一群惊恐万分的动物园顾客大声呼救，以为这个 3 岁的男孩会在 7 只大猩猩附近的水泥地上受到伤害时，一个不可能的英雄出现了。

宾蒂 - 朱亚（Binti-Jua），一只不为公众常见的西非低地大猩猩。它接受过如何成为一个好母亲的训练，似乎纯粹是出于对人类孩子的母性同情而采取行动。

这只猩猩好心把自己的孩子紧紧地抱在背上，蹒跚地走到男孩身边，轻轻地把他抱起来，然后把他带到了门口，把他轻轻地放在等待的医护人员的脚下。

动物园发言人桑德拉·卡特森（Sondra Catzen）说：“它抱起男孩，有点像抱着它自己的孩子，并带他走了一圈送到医护人员手上”。

“另一只大猩猩向男孩走去，它转过身去，离开了其他大猩猩，试图保护这个人类的孩子”。目睹这一事件的动物园游客卡莉·斯图尔特（Carrie Stewart）说。

卡特森说，宾蒂对男孩的母性反应是在“行为强化训练”之后发生的，该训练的目的是“从根本上教它如何做一个母亲”。

宾蒂还是一只小猩猩的时候，它经常被它的母亲遗弃，最后不得不由人类抚养长大，所以训练员后来用玩偶与它一起玩耍，努力教它从未亲身体验过的良好的育儿技巧。动物园馆长梅琳达·普瑞特-乔利斯（Melinda Pruett-Jories）称，这样做的目的是确保宾蒂不会遗弃自己的后代。

普瑞特-乔利斯说，这个男孩似乎头部受了伤，但展览馆中的七只大猩猩“对这个男孩没有任何攻击性行为”。

动物园训练员对坑内的其他大猩猩用三条消防水龙进行喷水，以防止它们接近宾蒂和人类宝宝。

“训练员们反应很快”，她说，“整个事情在10分钟内就结束了”。

目击者告诉动物园的训练员，起初，这个男孩似乎被摔晕了。但是，“当医护人员来接他的时候，他很警觉，还在哭”。卡特森说。

医院发言人迈克尔·马吉奥（Michael Maggio）说，这名男孩被送往梅伍德的洛约拉大学医疗中心，周五晚上医生宣布他脱离了危险。

动物园和医院都没有公布孩子的身份或家乡，马吉奥说男孩的父母不希望接受采访。

卡特森说，布鲁克菲尔德动物园大猩猩坑是动物园热带世界展览的一部分，建成14年以来，这是第一次有人掉进这个坑里。动物园管理层还没有确定这个孩子到底是如何掉进去的。

卡特森说，这个坑周围有一个大约3.5英尺高的栏杆。

她说：“他必须爬上去，才会掉进去，我不知道他是失去了平衡还是什么”。

卡特森说，这个男孩当时和其他八个孩子以及包括他母亲在内的三名成年人一起参观动物园。他是在下午2点10分左右掉进坑里的。

她称，动物园管理层还没有确定是否有必要改变坑周围的屏障设置。

“这是一个安全的展览区域，”她说，“现在我们关注的是孩子的健康和大猩猩的健康。然后我们将研究为什么会发生这种情况”。

卡特森说，动物园最近的一次类似事件发生在两三年前，当时一个孩子爬过石头墙，登上了狒狒岛。那个孩子没有受伤。那起事件中的屏障设置与周五事件中涉及的屏障设置不一样。

普瑞特-乔利斯说，宾蒂是布鲁克菲尔德动物园10只西非低地大猩猩中的一只。这种濒危物种原产于非洲，世界上仅存约 35000 只。

她说，这只雌性大猩猩已经从旧金山动物园被借出四年，作为繁殖计划的一部分。这只猩猩在生产前接受了母性训练，并学会了如何照顾它 17 个月大的女儿库拉（Koola）。

据圣迭戈动物园的保育员和大猩猩行为研究员杰基·奥登（Jackie Ogden）称，宾蒂对人类孩子的反应并不是前所未有的。

几年前，在泽西岛动物园，也就是位于英吉利海峡的一个岛上的英国动物园，一个小男孩掉进了大猩猩展区，然后是被一只占主导地位的银背公猩猩看管着，直到救援人员到来。

“这并不是说大猩猩是完全无害的”，奥登说，“它们非常大，很强壮，而且有獠牙”。

奥登说她对宾蒂的行为“感到惊讶，但并不意外”，但补充说：“我们不是鼓励人们尝试跳入大猩猩的栖息地”。

《训练员论坛》训练员——威廉·穆伦（William Mullen）和《美联社》（*The Associated Press*）对本文均有贡献。

Trainer's Forum

《训练员论坛》，1990 年第 15 卷第 2 期。国际海洋动物训练员协会的《训练员论坛》的最佳用途之一是直截了当地问问题，如“你是如何训练的？”下面是对同一行为的两种类似处理方法。答案 2 利用一步一步的方法来“绘制”或“设置”训练计划。这种制定训练计划的方法就是前面几章中所描述的方法。

训练海豚在表演中使用回声定位识别

问：我们正试图通过让海豚取回环形物来训练海豚的回声定位能力。我们的动物已经被训练成戴上眼罩并取回环形物。我们需要的是一个训练大纲或想法，如何教它们区分不同密度的环，并只取回一种类型。

答 1：在布鲁克菲尔德动物园，我们的两头海豚都会蒙眼取环形物的行为，一头动物被训练去寻找含有沙子的环，另一头则被要求取回装有铅弹的环。这些环是由空心塑料管做成，它们挂在一根长绳上，一头连接到塑料浮筒上，并悬挂在水面下半米处。

由于你的海豚已被训练好蒙眼捞东西的行为，你已经成功了一半。你的下一步是调节辨别力，并将其与现有的回声定位任务相结合。

开始这种训练的一个好方法是让你的动物非常容易做出正确的选择。一开始让不同环的直径差别越大越好，以便动物区别。随后缩小直径的差别，不过环的密度是不一样的。在我们最初的实际训练中，不同直径的环挂在水面以下的不同深度。此外，其中一个环完全是用沙子填满的，而另一个环则只装了一半的铅弹珠。

一开始要对每头动物进行单独训练，只给它们出示正确的环让它们进行抓取。一旦它们对自己的环有了很好的“感觉”，就开始同时出示不同的环，并只加强对正确环的强化。

当两头动物各自且每次都能成功辨别自己的环时，可以尝试让它们同时取回各自的环。一旦它们掌握了一起取物的方法，就可以开始修改环形物的外形，使两个环的密度不同，但形状都一样。这一渐进过程可能很慢，而且你要非常谨慎地确定动物们确实是仅依据环的密度来做出选择。如果它们不是，你很快就会发现，你可能不得不退一步。祝您好运！

P.S. 如需进一步信息，请联系夏威夷海军海洋系统中心的兰迪 · 布里尔博士。当布里尔成功训练出上述行为时，目前的训练员还大都只是孩子。

七海全景海洋馆的训练员

布鲁克菲尔德动物园

答 2： 和大多数行为一样，训练这种行为的方法可能和训练员一样多。在我们中间，我们知道有三种截然不同的方法可以成功地训练回声定位辨别能力。我们选择描述最简单的方法。根据你的问题，我们在回答时考虑了以下的假设：

1. 相关动物已经知道如何佩戴眼罩和拾取定位环。
2. 你想让动物取回一个特定密度的环形物，而忽略其他任何环形物。
3. 最重要的是，所期望的行为是为了表演，而不是为了具体的研究或数据收集。

第三点很重要，因为研究或数据收集所需要的训练可能是一种特殊的训练方法。例如，你可能想抛出两个不同密度的圆环，并记录在你的动物能够准确区分这两个圆环之前的实验次数。但是，除非这种方法有特殊目的，否则你很可能会给你的动物造成混乱。因此，为了表演的目的，我们建议采用一种简单的方法，帮助动物清楚地了解目标。以下是我们建议的步骤：

1. 训练动物用回声定位法持续地取回一个特定密度的环（如装满沙子的环）。这应该是很简单的，因为你的动物基本上已经在做这个了。
2. 在水池中加入一个明显不同形状的物体（如篮球或圆锥体）。这让动物了解到其他物体存在，而且应该被忽略。通过选择一个明显不同的物体，动物将其与环形物混淆的可能性很小。
3. 在不同的训练中，不断改变所使用的其他物体是很重要的。这有助于确保动物不只是在辨别那个特定的物体，而是真正在寻找想要的环形物。
4. 最终，引入一个大的环形物来代替其他物体，这个大的环形物应该比正在寻找的环形物大几倍。多大取决于你的动物是否有能力不把它和所寻找的环形物混淆。
5. 慢慢地把它变成一个越来越小的环形物，直到它的尺寸跟你的目标环形物相似。一旦你引入了大环（在步骤 4 中），要确保它的密度始终与目标环不同（用完全不同的物质填充）。
6. 保持这种行为应该不是问题。为了避免任务变得枯燥，我们建议增加环的数量，并偶尔重新引入不常见的物体（步骤 3）。但要注意的是，种类太多，速度太快，也会让动物感到困惑。要慢慢来，保持目标明确。

根据你特定动物的训练情况，你可以取消步骤 2 和 3。然而，我们发现，这些额外的步骤似乎可以保证动物对辨别概念的理解，并减少动物进一步做出错误选择的可能性，同时减少训练员和海豚的困惑和沮丧。通过小而清晰的渐进，回声定位训练是个很容易越过的训练障碍。我们希望尽快听到你的好结果。

海洋哺乳动物训练
谢德水族馆

Conference Proceedings

《会议论文集》，1986 年国际海洋动物训练员协会会议，于加拿大温哥华。许多研究项目需要使用“是或非”的模式。本文介绍了一个测试动物听力极限的训练项目。研究项目的训练往往会带来新的挑战，因为有对照实验才能被认为在科学上是有效的。如果提前列出研究目标和动物限制，研究人员和训练员的互动会变得更容易。

训练伪虎鲸进行水下听力的测试

诺尔曼·秦（Norman Chun），凯安娜·普格（Kiana Pugh）和
珍妮特·托马斯（Jeanette Thomas）
海军海洋系统中心和海洋生命馆（Sea Life Park）

摘要

在六个月的时间里，夏威夷海洋生物海洋馆的一头雄性伪虎鲸（*Pseudorca crassidens*）接受了听力训练，以测试其水下听力的敏感性。该动物在每天进行两次训练的同时，还被要求每天进行三次表演，并学习新的表演程序。在听力测试中，该动物被训练成身体靠在水下的弯曲定位目标上，并关注一组定义听觉间隔的灯光。动物的行为由一系列的音调控制：一个 3000 赫兹的音调让它定位，一个测试信号（范围从 1000 ～ 160000 赫兹），一个 3000 赫兹的释放音和一个 7000 赫兹的信号音。每个部分都被单独训练，然后组合成最后的测试行为。

该程序是一个“是或非”的范式。当动物在站点定位时，两个水下灯被打开，示意动物“听”。其中一半的实验是对照组（无信号），动物必须等待 14 秒，直到灯光关闭和发出 3000 赫兹的释放音。在信号实验中，灯光打开 3 秒后出现一个测试音，如果动物听到这个音，它就会从目标上退出来，这时候会响起 7000 赫兹的声音，并且训练员会奖励鱼。如果动物没有听到提示音，它就需要耐心等待，直到灯光关闭并发出释放音。

目标

该项目的目标是测量伪虎鲸在 1000 赫兹到 160000 赫兹的频率范围内的水下听觉灵敏度。实验中收集的数据将用于与其他齿鲸类的听觉数据进行比较。已经获得行为听觉数据的齿鲸物种包括：瓶鼻海豚（Johnson, 1967）、亚马孙河海豚（Jacobs & Hall, 1972）、港湾鼠海豚（Anderson, 1970）、白鲸（Ljungblad et al., 1977）和虎鲸（Hall & Johnson, 1972）。动物听觉灵敏度的数据是用来评估这些不同物种回声定位能力的重要背景信息。

方法 / 仪器

我们使用一头 20 岁的雄性伪虎鲸（*Pseudorca crassidens*）作为测试对象，并命名为伊阿努伊（Ianui）。听力实验是在欧胡岛海洋生命馆的捕鲸湾进行的。测试仪器被安装在捕鲸船埃塞克斯号（Essex）的一侧，这艘船是个复制展览品，并放置于捕鲸湾作为一个景点。该仪器装置包括一块由两条垂直杆支撑的木板，这条垂直杆向下延伸 12 英尺，一直延伸到贮水池的底部。水中的木板和垂直杆可以通过一个电机驱动的绞盘系统从水中拉出。每次训练和测试结束后，仪器被拉出水面，以防止动物受伤。当拉出水面时，垂直杆可以折叠在木板旁边，便于安置。

在训练和测试期间，信号从水下 3.5 英尺的水听器投射出来。传感器由一根长杆悬挂在木板的一端。由于测试的频率范围很广，在实验中使用了两种不同类型的传感器。我们使用 J-9 传感器来发射 1000 ～ 85000 赫兹的信号，使用海军海洋系统中心开发的高频传感器来发射 85000 ～ 160000 赫兹的信号。在某些频率下，将使用 J-9 采集数据，并使用高频传感器再次采集数据，以重复动物在两种情况下的表现。这是为了确保听力数据是可靠的，并且真实反映了动物的听觉阈值，而不是传感器投射声音特性带来的一些假象。

一个弯曲的、直径为两英寸的铝管被焊接在平板的两个垂直杆之间，作为动物的定位目标。铝管距离传感器 10 英尺远，与传感器的深度大致相同。目标物有助于确保动物的头部与传感器光束的中轴保持一致。如果动物的头部偏离光束轴线 5 度，可能会导致接收到的信号强度损失高达 6 分贝，因此，投射信号和动物接收器的几何形状布局是极其重要的。

另一个重要的考虑因素是控制传输声音的信号反弹，这在一个封闭的动物空间（如游泳池）中进行水下听力测试时特别重要。来自传感器的信号可能会在水面以及水池两侧反射，从而导致接收的声级变化。为了防止这种情况发生，在水池底部和水面的关键点都放置了声音挡板。声音挡板是由 1/4 英寸厚的氯丁橡胶和珊瑚纤维垫制成的，并压在 1/4 英寸厚的铝板上。珊瑚材料在声学上是不透声的，可以防止信号反射。水池壁的不规则形状及其与测试仪器的距离足够大，所以水池侧壁的信号反弹在这个实验中不是一个重要因素。在进行测试之前，通过用水听器测量声压级，绘制了动物停靠站周围投射声音的声场。我们测量了每个测试频率下水听器的接收水平，并将使用这些测量值来确定动物的听力阈值。

用一个函数发生器、放大器和衰减器来控制测试信号的频率、波形和振幅。门控电路与该系统连接，将初始上升时间限制在投影的振幅上。电子设备位于船的甲板下。测试协调员从下方操作电子设备，监控设备并选择要呈现的测试信号的振幅。与此同时，训练员在船外的平台上使用控制箱和水下水听器来控制动物，水下水听器发出 3000 赫兹和 7000 赫兹的音。双向无线电耳机使训练员和测试协调人能够相互沟通。

训练

最初，我们开始训练动物在手势提示下，将头露出水面，直接站在平台前面。

然后训练动物定位到长杆末端的浮子目标。伪虎鲸被要求在浮子上保持定位直到它被召唤并得到鱼的奖励。然后，我们把伪虎鲸在目标上保持的时间延长到 14 秒。起初，目标被放置在平台的正前方，然后逐渐降低到水下约 3.5 英尺的位置。

在训练的早期阶段，当目标被降低到水下位置附近时，动物很难在水下保持适当的身体位置。肺部的空气将迫使它浮出水面。当它上升到水面时，它会不自觉地滚到平台的一侧，或者它会通过快速拍打胸鳍来保持它的头在目标上。此时它身体的其他部分则漂浮在水面，这种头朝下的姿势很尴尬，显然不能用于测试，所以我们尝试首先通过训练伪虎鲸在瞄准目标时呼气，来消除浮力问题。我们通过延长水下瞄准时间来做到这一点，并在它呼气的时候对它进行强化。当它学会了呼气后，它就很容易在水下保持定位，而我们在初步训练中看到的胸鳍和身体运动基本就消失了。随着动物越来越熟练地在水下定位，3000 赫兹的定位音与浮子的呈现相匹配。3000 赫兹的声音作为动物呼气的提示，也是实验的开始的标志。这时的训练重点是将目标转移到一个较小的物体上，如绳子末端的铅锤，然后完全移除该物体。通过使用较小的目标，我们可以更精确地训练动物的头部定位行为。当行为稳定后，我们用一个更小的铅锤悬挂在单丝线上，并逐渐将目标完全淡化。当训练到重物被消除时，动物只是在 3000 赫兹音调的控制下驻足在水中。

当动物在水中的定位反应变得更加稳定时，我们又通过将第二个 3000 赫兹的音与鱼的呈现结合起来，训练它的召回。只要听到鱼落水，动物就会自然而然地离开定位位置。通过将第二个 3000 赫兹的音调与鱼的呈现匹配，并经过多次实验，音调可以独立引起“从原地释放”行为。之后，动物立马就会得到鱼作为奖励。

为了便于动物在特定时间段内更专注地倾听，我们还使用了一组水下灯光来划分倾听间隔。当动物正确地就位时，灯光被打开。因此，当灯光熄灭时，动物将被 3000 赫兹的提示音召回。当它听到第二个音调时，它将从定位位置退出来，然后收到奖励和一个 7000 赫兹的信号。这种行为顺序构成了对照试验（无信号）(图 1)。

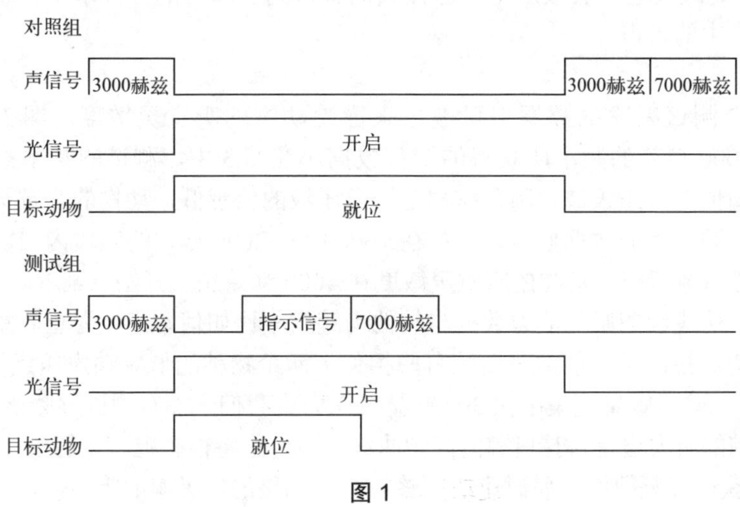

图 1

在“信号存在”的实验中，测试音是在间隔开始后 3 秒发出的。由于动物知道在听到 3000 赫兹的释放音时退位，因此在该时间间隔内将“从原地释放”的行为转移到任何音上是很容易做到的。这种反应程序被称为“是或非”范式，也是动物心理学中常用的技术，特别是在信号检测实验中。使用这种程序，实验者可以通过观察动物是否脱离站位或在规定的时间间隔内保持其位置来确定动物能或不能听到信号。

测试程序

在伪虎鲸的测试程序中，动物首先将自己定位在仪器前面，表示它准备好接受测试。然后，训练员用 3000 赫兹的音调呼叫动物进站。当动物听到这个音时，动物呼气沉入水中，然后摆好姿势。当测试协调员通过水下舷窗确定动物在特定的位置上时，她会在动物的正前方打开一组灯光，告诉它“听”。在对照试验（无信号）中，灯光保持 14 秒，然后关闭，同时再次打开 3000 赫兹音。这预示着动物要退出来以获得奖励。然后，鱼的强化与 7000 赫兹的声音匹配。在“信号存在”实验中，测试音保持了两秒钟。如果动物听到了测试信号，它就会立即从站内退出来，以获得奖励。然后可以改变测试频率的振幅，以确定动物对每个测试频率的听力阈值。

我们使用的是阶梯式方法的下调模式，从高振幅开始，然后逐渐降低振幅，直到动物无法再听到信号。图 2 是一个 16000 赫兹的测试程序的例子。我们首先在一个非常高的信号水平上给动物做三个热身实验。热身实验以 5 分贝为单位减少。当测试开始时，信号以 2 分贝的速度降低，直到动物不再听到信号。当动物不能检测到信号时，信号源的声音会增加 2 分贝，直到它再次检测到信号。未检测到信号和检测到信号之间的过渡被称为“反转”，而这两个值的平均值被称为“反转水平”。以这种向上 - 向下的技术继续测试，直到我们得到 5 个反转信号。信号的振幅在每个时段的 5 次反转中取平均值。如果连续两次反转的平均值在彼此 3 分贝以内，我们就把平均值计算为衰减的阈值。当我们在动物定位位置绘制声场时，得到的声压级（SPL）要减去这个衰减水平。这样我们就得到了阈值的分贝水平，用来绘制动物听力曲线中的各点。

结果

每一个测试频率的数据点可被用来描绘动物的听觉灵敏度。图 3 描述了从 2000 ～ 85000 赫兹的频率所获得的初步数据。在图 3 中，测试的频率被绘制在横轴上，而阈值的声压级被绘制在纵轴上。声压级的值越低，动物的听觉灵敏度就越好。因此，图 3 中的数据显示，动物在 16000 ～ 32000 赫兹的频段内最敏感。在接近频谱的极低频段时，动物的听觉灵敏度在 4000 赫兹左右开始急剧下降。

那么，伪虎鲸的听觉能力数据与其他齿鲸类相比如何？迄今为止收集的低频数据表明，伪虎鲸的听觉能力与白鲸有些相似。两个物种的低频端声压级均约为 100 分贝（dB），峰值敏感度集中在 30000 赫兹左右。我们还没有测试过频谱的高频段，看看伪虎鲸的听力谱是否与白鲸的高频曲线一致，这将很有趣。我们预计在 1986 年 12 月中旬获得高频数据，届时应该能够勾勒出完整的伪虎鲸的听力谱。

上下阶梯法案例

16000赫兹　1986/10/01　预热级：45+　50+　55+

测试：

强度	反应	反转	
56	+		
58	+		
60	−		
58	+	1	反转水平 = 59
60	−		
58	−		
56	+	2	反转水平 = 57
58	+		
60	+		
62	−		
60	+	3	反转水平 = 61
62	+		
60	+	4	反转水平 = 61
62	−		
60	−		
58	+	5	反转水平 = 59

反转均值 = 59.4 分贝且衰减

动物接收到的强度 − 衰减 = 分贝阈值强度

图 2

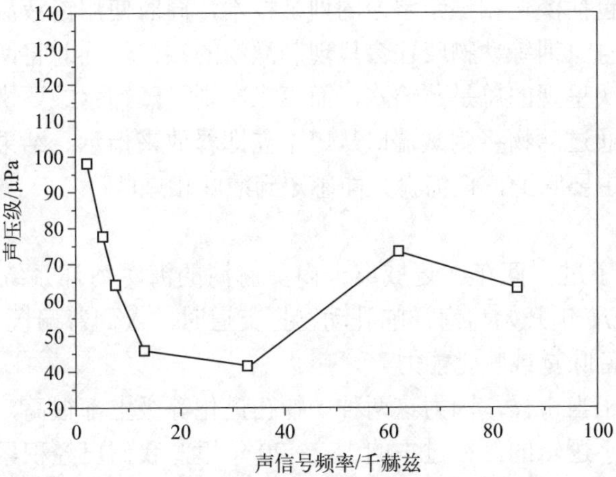

图 3　伪虎鲸听力图

参考文献

1. Anderson, S., 1970. Auditory sensitivity of the harbour porpoise *Phocoena phocoena*, In: "Investigations on Cetacea," G. Pilleri ed., Bentell: AF., Berne.
2. Hall, J.D. and Johnson, C.S., 1972. Auditory thresholds of a killer whale *Orcinus orca* Linnaeus. J. Acoust. Soc. Amer. 51: 515-517.
3. Jacobs, D.W. and Hall, J.C., 1972. Auditory thresholds of a freshwater dolphin, *Inia Geoffrensis* Blainville. J. Acoust. Soc. Amer., 51: 530-533.
4. Johnson, C.S., 1967. Sound detection thresholds in marine mammals, In: "Marine Bio-Acoustics Vol. 2," W.N. Tavolga ed., Oxford: Pergamon Press.
5. White, M.J., Ljungblad, D., Norris, J. and Baron, K., 1977. Auditory thresholds of two beluga whales. Proceedings (abstracts) Second Conference on the Biology of Marine Mammals, San Diego, California.

Conference Proceedings

《会议论文集》，1982 年国际海洋动物训练员协会会议，于美国夏威夷檀香山。许多研究项目需要一种明确的方式来让动物理解它做或不做的意思。一种重要的科研训练技术可以起到这种效果，它被称为“是或非”。这种方法也被用于海豚的味觉实验。尽管下文对训练方法的叙述并不详细，但这是一个使用“是或非”范式的好例子。

太平洋瓶鼻海豚和加州海狮的味觉实验

理查德·霍尔（Richard W. Hall）和詹姆斯·理查兹（James L. Richards）
海军海洋系统中心

摘要

我们对一头海豚和一头海狮进行了“是或非”反应范式的训练。通过训练这些动物辨识溶解在蒸馏水中的物质味道的方法，以确定它们对味道的辨别能力。这种方法包括训练定位、上岸、接受咬合板、对声调的反应，以及味觉辨别行为本身。最初的味道辨别包括淡化和试错学习的训练技术，同时使用溶液流速作为标准溶液和测试溶液的信号。训练动物咬住会呈现刺激物的端口，同时将两股液体连续注入动物口中。第一次呈现的总是蒸馏水，而第二次则是蒸馏水或要辨识物质的稀释溶液。溶液的味道通过动物将刺激端口从口中立即释放来指示。结果表明，海豚可以感知到所有四种主要味道，但海狮只能感知到酸味和咸味。

味觉实验

本报告描述了过去两年在夏威夷卡内奥赫湾的海军海洋系统中心进行的味觉实验。当我在 1971 年开始与海洋哺乳动物打交道时，人们普遍接受的一个事实是，海豚和海狮不具备味觉或嗅觉能力。

这在我看来相当奇怪，因为这两种动物在进化等级上都很高，它们会有一些味觉能力似乎是合乎逻辑的。在过去的 15 ～ 20 年里，我们已经积累了大量关于海洋哺乳动物的知识，然而，关于海洋哺乳动物味觉和嗅觉的化学感知能力的文献信息非常少。仅有的一点资料仅限于解剖学和行为学两大类。

解剖学证据表明海豚拥有类似味蕾的结构，这些结构主要位于舌头的后部。这些结构位于后部的小坑中，而不是分布在舌头的表面。一些研究人员已经开始研究这些小坑，并推测它们含有味蕾。

行为学研究主要限于几位俄罗斯科学家库兹涅采夫（V. B. Kuznetsev）和索科洛夫（V. E. Sokolov）的发现。他们以瓶鼻海豚（*Tursiops truncatus*）为对象，研究了味觉的四个基本方面：咸、酸、苦和甜。此外，他们还同时测试了许多其他有机化合物。他们的结果表明，海豚可以感知到许多物质的味道。

俄罗斯科学家使用了一个小型数据库来支持他们的结论；他们的方法很难复制，而且存在许多变量。正是考虑到这些因素，我们自主地设计了我们的实验。我们依旧研究了味觉的四个基本方面，我们将待测试物质溶解在蒸馏水中。因此，我们的测试溶液是溶解了一些物质的蒸馏水，而我们的标准溶液只是蒸馏水。由于我们的研究对象是太平洋瓶鼻海豚（*Tursiops truncatus*）和加州海狮，因此必须设计两个结构不同但功能相似的输送系统。

海狮的实验设备包括一个安装在支架上的咬合板，通过该咬合板可以允许我们将溶液注入动物的口腔，特别是舌头区域。支架的后面安装了一个阀门，使训练员能够精确分配测试溶液或标准溶液。它还可以方便地完成清洗程序以避免污染。我们在动物和测试员之间放置了一个不透明的挡板，以减少无意中的提示。

海豚的设备被设计成以下样子。首先，我们制作一个玻璃托盘，以便动物脱离周围的海水，滑到上面。这样做是为了在溶液测试过程中尽量减少周围海水对其口腔的污染。此外，在托盘的末端安装了一个为我们海豚设计的咬合板。

海狮和海豚的设备都放在同一个化学设备棚里，里面有进行实验所需的泵、溶液和管道。一名操作员坐在该设备棚里，与训练员共同决定每次实验的操作顺序。

使用的方法如下。动物用嘴含住咬合板（海狮对训练员的手势做出反应，海豚对 9000 赫兹的音调做出反应），并在一段精确的时间内接受蒸馏水（海狮，5 秒；海豚，8 秒）。在第一次注入结束后，动物仍然保持咬着咬合板几秒钟，直到第二次注入的到来。标准的实验测试流程是，动物保持姿势并一直咬着板，直到注入结束后 5 秒，训练员给出一个信号音，随后立即进行食物强化。如果是一个正式测试，动物会收到一定量的测试溶液。如果它辨识到该物质的存在，正确的反应是离开并释放咬合板。训练员立即给予信号，然后进行食物强化。通过这种方式，动物能够在每次实验中立即与蒸馏水进行比较。

以海豚为例，我们需要训练的行为如下。

1. 定位——在实验间歇期，动物被训练定位在装有浮子的板子旁边。这控制了动物在此期间的行为，同时，通过放置这个定位装置，动物可以对齐以进行下一个行为。
2. 出水——在 9000 赫兹的音调刺激下，海豚滑到水面上的玻璃托盘上。
3. 接受咬合板——当它滑到托盘上时，用嘴咬住另一端的咬合板。

4. 标准实验——让动物定位在托盘上，嘴咬住咬合板，按顺序进行整个标准演示（3 秒）。这一行为的桥接信号是一个 5000 赫兹的音调。在进行下一步之前，动物的表现要恢复到基准水平。

5. 引入测试溶液——我们选择了 0.5 摩尔 / 升的柠檬酸溶液作为第一个测试物质。这是一个酸度测试，但溶液已稀释到一定程度以避免对舌头的软组织产生任何有害影响。该溶液被引入动物嘴里，并伴有一个高流量（120 毫升而不是 70 毫升）信号提示。

动物顺利地做出了反应，一旦测试溶液到达它的嘴里，它就松开了咬合板。然后，我们能够逐渐地（七次训练）将流量提示减少到相当于标准实验的第二次注入水平（70 毫升）。接着，我们通过随机数字系列的实验来确认动物对 0.5 摩尔 / 升柠檬酸的辨识。

对海狮采用了类似的程序，它也检测到了溶液中的柠檬酸。

由于我们的目标不仅是确认辨识到或未辨识到物质，而且还要确定阈值的位置，因此我们用一个渐进程序来确定阈值的区域。我们采用了一种修改过的方法，将在许多次训练中收集到的实验物质的六个不同摩尔浓度值用于绘制图表，我们有六个数据点，每个数据点代表 100 次实验（50 次标准实验，50 次测试实验），以说明我们的阈值曲线。我们画出了一条 75% 性能的阈值线，并依此确定了我们的阈值水平。在确定了柠檬酸的辨识阈值后，我们又研究了硫酸奎宁（苦）、蔗糖（甜），和氯化钠（咸）。

下面的阈值比较表概述了我们的结果。这些结果证实了其他解剖学和行为学的结果：海豚有一定的味觉，并首次证明了加州海狮可以检测到酸和咸的物质。如果再次问，海豚和海狮拥有味觉的能力吗？它们当然拥有！只是需要我们想办法测试出来。

阈值比较表

单位：摩尔 / 升

物质	人类	海豚	海狮
氯化钠（食盐）	0.01	0.09	0.2
柠檬酸	0.0023	0.017	0.003
硫酸奎宁	8.0×10^{-6}	1.36×10^{-5}	未检测
蔗糖	0.016	0.07	未检测

Conference Proceedings

《会议论文集》，1990 年国际海洋动物训练员协会会议，于美国伊利诺伊州芝加哥。在研究项目中，从动物那里获取信息的一种常见技术是训练“与样本匹配”的任务。本论文介绍了匹配样本（matching-to-sample）的训练方法，但该项目实际上更加复杂，因为动物必须通过使用回声定位而不是视觉来完成匹配任务。

训练动物通过回声定位来识别不同的形状和材料及其内部结构

马克·西特科（Mark J. Xitco）
海洋生命海洋馆，未来城主题公园

摘要

两头青春期雄性瓶鼻海豚（*Tursiops truncatus*）正在接受匹配训练，它们的任务是从三种样品里选出与回声匹配的物体。一套结构化的 17 个三维物体被用作刺激物。这些物体沿着三个维度变化：形状、材料组成和内部结构。刺激物被放在水下的黑色塑料薄片后面。虽然这些薄板在视觉上是不透明的，但在声音上却几乎是通透的，因此可以允许动物通过回声定位识别后面的物体。两头海豚都非常熟练地完成了匹配任务，表现远远超过了偶然水平（概率 $p < 0.01$）。对海豚出错的数据分析表明，当海豚确实犯错时，它们的错误主要是受到了样本物体形状的影响。

前言

许多人认为回声定位的发展是齿鲸类大脑增大（Bullock & Gurevich, 1979; Morgane et al., 1986）和海豚复杂认知能力发展的主要力量（Ayrapet'yants & Konstantinov, 1974; Herman, 1980; Jerison, 1986; Morris, 1986）。回声定位的过程可以被描述为信号发送和主动倾听。海豚首先产生一系列在频带上短而宽的“咔嗒声”，对人的耳朵来说，这常常听起来像水下的嗡嗡声。回声系统的定位回声，就像大多数海豚的叫声一样，被认为是通过空气在海豚鼻腔内的空气通道系统来回运动而产生的。然后，这些声音通过海豚圆鼓鼓的、充满脂肪的前额，以光束聚焦的模式向外发出。当定位回声从远处目标反弹时，它们会产生独特的、“指纹状”的回声。这些回声穿过位于海豚颌骨后部的脂肪填充的空腔到达海豚的内耳（Popper, 1980）。

通过各种辨别研究（Popper, 1980; Ralston & Herman, 1989），回声提供给海豚的认知信息的数量和质量被认为不亚于通过视觉系统提供给人类的认知。海豚可以通过各种声学信号来确定目标的速度、大小、形态、组成，甚至质地和内部结构。在测试中，它们已经能够辨识到一个足球场大小范围内的铅球的存在，并且已经学会辨别复杂的水下人工设备。

仪器

本研究中使用的刺激物是一套三维物体，沿着三个刺激维度变化：a. 材料成分，b. 大小和形状，c. 内部结构。我们制作了一套 18 个上述三个维度不同的物体用于训练匹配，并生成基线回声数据（表 1）。这组物体有四种形状：①一块直径 26 厘米（10.25 英寸）的扁平圆板；②一个高 30.5 厘米（12 英寸）、直径 3.8 厘米（1.5 英寸）的圆柱体；③一个由 17 根 30.5 厘米（12 英寸）×6.35 毫米（1/4 英寸）的杆组成的烤架，其中 14 根垂直杆排列在 3 根水平杆上；④一个立方体，每个边的尺寸为 10. 16 厘米（4 英寸）。这些物体由以下三种材料中的一种制成：铝、木头或表面涂有商业釉料或玻璃树脂的低温火黏土。圆柱体和立方体有的是实心的，有的是空心的，空心的里面则装满了水。空心圆柱体和立方体的板和壁的厚度从 3.2 毫米（1/8 英寸）到 6.35 毫米（1/4 英寸）不等。许多回声定位研究的结果（Au &

Hammer, 1980; Au & Moore, 1986, 1984; Pawloski, 1986; Au et al., 1980; Bagdonis et al., 1970; Barta, 1969; Caine, 1976; Evans & Powell, 1967; Hammer & Au, 1980; Johnson, 1980; Titlebaum, 1976; Murchison, 1980; Nachtigall, 1980; Nachtigall et al., 1980; Norris, 1980）表明海豚能够在每个刺激维度内轻松做出区分。然而，没有数据表明当在每次实验中呈现不同的刺激维度和刺激值的组合时，海豚的表现如何。

表 1　用于匹配概念训练和获取基线及对比参数的 18 种结构化刺激物说明

物体材料和形状	缩写	补充描述
铝制实心板	MSP	3.2 毫米（1/8 英寸）厚
铝制实心圆柱	MSC	详见文本
铝制空心圆柱	MHC	壁厚 3.2 毫米（1/8 英寸）
铝制实心栅格	MSG	详见文本
铝制实心立方体	MSU	详见文本
铝制空心立方体	MHU	壁厚 3.2 毫米（1/8 英寸）
陶制实心板	CSP	6.35 毫米（1/4 英寸）厚，商业釉面，深度 2.54 厘米（1 英寸）
陶制实心圆柱	CSC	壁厚 3.2 毫米（1/8 英寸），填充物为砂浆和玻璃纤维树脂
陶制空心圆柱	CHC	壁厚 3.2 毫米（1/8 英寸），玻璃纤维树脂
陶制实心栅格	CSG	玻璃纤维树脂
陶制实心立方体	CSU	壁厚 6.35 毫米（1/4 英寸），填充砂浆，商业釉面
陶制空心立方体	CHU	壁厚 6.35 毫米（1/4 英寸），填充砂浆，商业釉面
木制实心板	WSP	6.35 毫米（1/4 英寸）胶合板
木制实心圆柱	WSC	硬木
木制空心圆柱	WHC	壁厚 3.2 毫米（1/8 英寸）硬木
木制实心栅格	WSG	硬木
木制实心立方体	WSU	经过处理的硬木
木制空心立方体	WHU	壁厚 6.35 毫米（1/4 英寸）胶合板

刺激物会放在黑色塑料薄膜［聚乙烯，0.004 毫米（6 密耳[1]）厚］后面，塑料薄膜在聚氯乙烯（polyvinyl chloride, PVC）管的框架上被拉紧。虽然这些塑料屏在视觉上是不透明的，但它们对声音的折射和反射特性与周围的水几乎一样，因此它们在声学上对海豚的回声定位是类似水一样透明。

程序

预训练

最初，海豚会对一组三个刺激物进行脱敏，并接受训练，当这些物体在水下一次出现一个时训练海豚定位在这些物体之前。然后要求海豚跟随这个目标物体，它从一侧到另一侧扫过水面。在下一个步骤中，物体首先被呈现在海豚的正前方，然

[1] 6 密耳厚度为 0.1524 毫米，此处原著应有误。——译者注

后从水中拿起，再次从左侧或右侧被放入水中。海豚被要求首先停在物体的中心位置，然后当物体再次出现在任何一侧时，海豚需要再次定位在同一物体上。最后，作为全面匹配任务前的最后一个渐进步骤，先将物品放在中心位置，然后逐渐引入一种替代选择，即把一个新的物体放在一边，对面同时出现一个重复的样品。

然后引入一个大的塑料屏幕，并在屏幕后面放置之前的一系列物品。然后，使用由三个物体和一个大屏幕组成的初始训练组让海豚完成匹配任务。在每次实验中，训练员首先将物体放在屏幕中心的后面。直到海豚接近屏幕中心，并做出回声定位所特有的头部左右扫描动作后，样品被移开，并将两个替代物体放在屏幕后面，一个在右边，一个在左边。其中一个物体（S+）与样品相同。另一个替代物则是作为分散注意力的物体（S−）。S+ 的形状和位置在不同的实验中是不同的。海豚的任务是定位在与样品“相匹配”的替代品前面。在对初始的三组刺激物进行了连续 25 次实验，达到 20 次正确反应的表现标准后，我们从单屏幕程序转为在整个研究期间使用的多屏幕配置。

训练“匹配”的概念

在训练匹配概念的过程中，我们使用了多个屏幕。在这个过程中，训练员和海豚在同一个浮动的平台上工作，这个平台位于主水池的中间，且位于一个人造的珊瑚礁上面。在水面下约 15.2 ～ 30.5 厘米（6 ～ 12 英寸）的地方，有一个悬挂在平台上的屏幕，屏幕后面是放置样品的位置。当训练员收回 S+ 时，海豚转过身来，搜寻刚才物体的替代物。两种替代刺激物被单独安置于悬挂在水面下约 3.05 米（10 英尺）的立方体状屏幕中。海豚们分别使用了两套不同的替代立方体。海豚鲍勃（Bob）的立方体被放置在珊瑚礁的一侧，而海豚托比（Tobbe）的立方体被放置在另一侧。每个立方体的正面和侧面都被塑料布覆盖着，因此训练员和海豚都无法用视觉识别物体，而立方体的顶部、底部和背面则是开放的，以便于更换替代品。海豚的任务仍然是定位在与样本相匹配的替代品前面。海豚反应的状态是由位于立方体后面的潜水员判断的，他对 S+ 的身份一无所知。实验者从水面上或从游客区的水下观察台观看这一环节。根据潜水员的判断，实验者告诉训练员海豚给出的结果是正确还是错误。然后训练员对海豚进行适当的强化。实验者记录了实验的结果，然后示意潜水员改变下一次实验的替代方案配置。

为了训练抽象的“匹配”概念，我们采用了最初由哈洛（Harlow）（1949）开发的技术，其被称为概念形成的学习集方法。这种技术已经成功地应用于前面提到的许多匹配研究中。在学习集方法中，最初在实验范式中一组有限的刺激物被呈现给受试者。当受试者在这套训练中达到一定的标准水平后，再呈现第二套刺激物。概念形成的特点是，在使用这些新刺激物达到标准表现之前，所犯错误的数量会减少。受试者将表现转移到新的刺激物上的能力，证明他们已经掌握了抽象的概念（即独立于给定问题的任何特定范例进行操作）。

表 2 显示了在匹配概念训练中呈现给海豚的几组刺激物。每组包含三个刺激物。每组个体的结构使海豚不能根据刺激物的任何单一维度来进行辨别。例如，用

于最初训练的道具组合里，两个刺激物的形状相同，两个刺激物由相同的材料制成，两个刺激物都是实心体，还有一个刺激物是空心的。这种集合搭配有助于确保海豚在训练中的某个阶段注意到三个刺激维度中的每一个。我们对两头海豚应用了相同的初始训练道具组合。在训练集之后，我们向海豚展示了五个转移集，即五种不同的道具组合，并以平衡的方式展示，以控制顺序效应。

表 2　匹配概念训练期间所呈现的刺激组（缩写见表 1）

组名	组内刺激物	对比维度	呈现的顺序	
			鲍勃	托比
训练				
初始组	钢制栅格，链环 HC，WSC	任意两个		
新转移				
A	CSG CHU WSG	材料 + 另一维度	第 1 轮	第 5 轮
B	CSC WSU WHU	实心 / 空心 + 另一维度	第 2 轮	第 4 轮
C	MSC MSU CHC	形状 + 另一维度	第 3 轮	第 3 轮
D	MSP WSP WHC	材料 + 另一维度	第 4 轮	第 2 轮
E	MHU CSP CSU	形状 + 另一维度	第 5 轮	第 1 轮

为了简化训练中概念习得阶段的匹配问题，在每次实验中只向海豚展示两个替代刺激物。因此，每组三个刺激物有六种替代方案组合，并且根据两个替代物中哪一个是 S+，产生 12 种可能的实验类型。呈现给海豚的实验是这样的：a. 在任意连续的 24 次实验中，这 12 种实验类型每种至少要用上一次；b. 任何一个单独的刺激物作为 S+ 在不同的实验中连续出现的次数不能超过三次；c. S+ 从未在连续三次以上的实验中出现在同一替代位置。

采用这种伪随机实验的呈现方式是为了阻止基于特定刺激或空间偏见的替代策略的扩散，这种策略通常被证明在以真正随机方式呈现的简短的一连串实验中是成功的。海豚在最初的训练中经常采用这样的策略，即使是短期的成功也会促进其使用。

海豚针对每个转移组进行工作，直到它们满足在 25 次连续实验中做出 20 个正确反应的表现标准，再把它们转到下一组。对于任何一组，在满足表现标准之前的错误数量都会被记录下来。然后进行回归分析，以确定当海豚在连续的转移组中达到标准时，它们所犯的错误数量是否有明显的减少。

基线回声定位数据

在海豚展示出它们已经掌握了匹配概念后，改变程序，加入第三个替代刺激物。使用三个替代物为分析海豚在复杂回声辨别方面的表现提供了更广泛的数据，并为检查物体之间的潜在混淆提供了更多的机会。在基线数据收集期间，匹配训练的 18 个物体中只有 17 个被使用。一个完整的复制，将每个对象作为样品与所有潜在的替代对象组合进行比较，将需要几千次实验才行。相反，训练员选择部分复制方式。每个样本与其他 16 个对象分别配对四次。每次实验中，随机选择不同的组合。每头海豚总共会进行 544 次实验。呈现给海豚的实验是这样的：在任何连续的 36 次实验中，17 个物体中的每一个都至少有一次作为 S+，而且 S+ 从未在同一替代位置上连续出现超过三次。

通过记录连续 25 次实验中正确反应的数量来跟踪海豚在基线程序中的表现。此外，还使用对数线性模型对海豚的反应（包括错误的）进行检查。通过检查海豚的错误和正确的反应，希望能更准确地确定特定刺激值或维度对海豚的相对显著性。

实验过程中，每头海豚会进行 5 ～ 12 次实验，一般持续约 40 分钟，每天进行一次，每周进行 5 或 6 天。海洋生命海洋馆的游客可以从甲板上的水下观察窗观看实验，训练员在那里会回答问题并描述研究训练的情况。该实验于 1988 年 11 月 9 日开始。预训练和单屏幕匹配程序于 1988 年 12 月 29 日完成。1989 年 2 月 28 日开始使用多薄膜程序进行匹配概念的训练。1989 年 8 月 3 日，托比在它的最后一组新物体上达到了标准水平，而鲍勃在 1989 年 9 月 8 日在它的最后一组物体上达到了标准水平。海豚于 1990 年 5 月 1 日开始了研究的基线数据收集阶段，并于 1990 年 9 月 27 日完成该程序。

结果和讨论

匹配概念的获得

图 1 显示了海豚在新刺激物集上的表现。达到标准前的错误次数被绘制成连续刺激集的函数。托比和鲍勃在最初的训练中分别出现了 201 次和 191 次错误，勉强达到了标准水平。用这些刺激物进行的训练在大约八周的时间内完成。海豚在随后的转移集上的表现显示出其强大的学习潜力，表现为在连续转移集上达到标准水平之前的错误数量减少。对海豚表现的回归分析表明，两头海豚在连续几组中达到标准水平所需的错误数量明显减少（对于托比，相关系数 $r = -0.78$，自由度 $df = 5$，概率 $p < 0.05$；对于鲍勃，$r = -0.73$，$df = 5$，$p < 0.05$）。

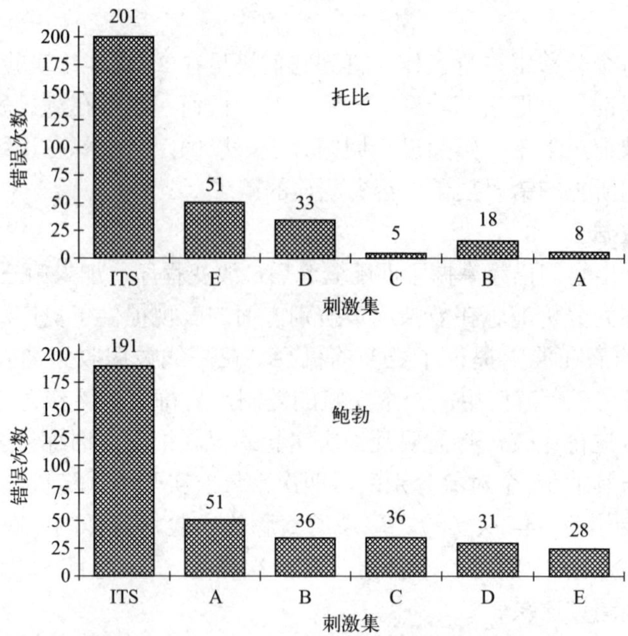

图 1　托比和鲍勃掌握匹配概念的过程

达到标准表现前的错误次数与刺激集的函数关系图。两只海豚都接受了相同的初始训练集（ITS），然后是五组新的刺激集（A ～ E）。为了控制顺序效应，海豚在接受新刺激集时采取了平衡方式。两只海豚在连续几组刺激中出现标准错误的次数明显减少（托比：相关系数 $r = -0.78$，自由度 $df = 5$，概率 $p < 0.05$），这表明海豚成功掌握了匹配概念。

基线回声定位数据

海豚在基线程序中的表现如图 2 所示。其中，每 25 次试验为一组，作为一个试验区块，每个试验区块的正确响应数被绘制成连续区块的函数。除了第一个区块外，在剩余其他基线程序中，两头海豚的表现都明显高于随机水平。随后的回归分析表明，在托比和鲍勃获得匹配概念的过程中，两头海豚的表现都有明显的改善。

连续的区块（对于托比：$r = 0.86$，$df = 20$，$p < 0.01$；对于鲍勃：$r = 0.73$，$df = 20$，$p < 0.01$）在基线程序的最后三分之一，托比对 182 次实验中的 173 次作出了正确的反应（95%，$p < 0.001$，二项式检验总和），而鲍勃对 182 次实验中的 146 次作出了正确的反应（80%，$p < 0.001$，二项式检验总和）。

此外，使用对数线性模型对海豚的反应（包括其错误）进行了分析。最佳拟合模型显示，海豚的反应是基于样本的所有维度（即形状、材料和内部结构）。这仅仅意味着，海豚得到了正确的答案。此外，该模型表明，即使托比犯了错误，它也倾向于对正确的形状做出反应。例如，当看到一个立方体时，托比总是选择一个立方体，尽管它并不总是正确的立方体。该模型还显示，随着时间的推移，海豚在空心与实心维度上的表现越来越好。也许这表明空心与实心的维度对海豚来说是比较困难的，它们需要经过一些练习才能搞清楚。

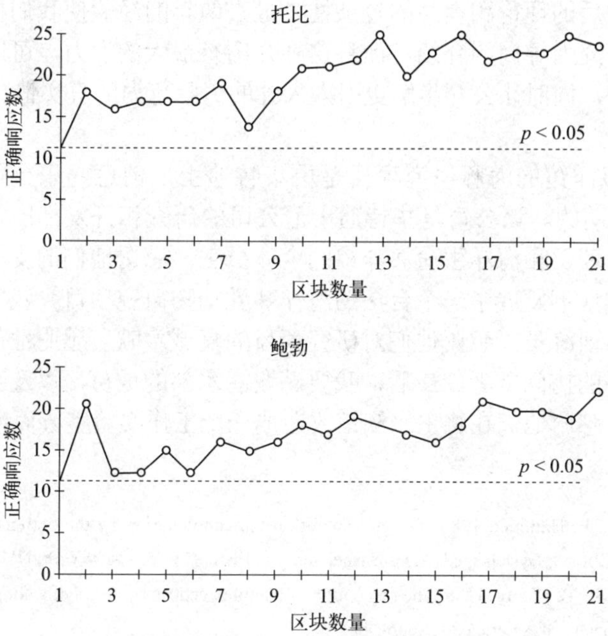

图 2　托比和鲍勃在基线匹配过程中的表现

每块 25 次试验的正确响应数被绘制成连续区块的函数。除了第一个区块外，在整个基线程序中，两头海豚的表现都明显地高于随机水平。回归分析表明，两头海豚的表现在连续的区块中都有明显的改善（对于托比：相关系数 $r = 0.86$，自由度 $df = 20$，概率 $p < 0.01$；对于鲍勃：$r = -0.73$，$df = 20$，$p < 0.01$）。在基线程序的最后三分之一期间，托比在 180 次试验中的 173 次反应正确（95%，$p < 0.001$，二项式检验总和），而鲍勃在 182 次试验的 146 次反应正确（80%，$p < 0.001$，二项式检验总和）。

讨论

海豚对匹配任务的掌握为我们的研究项目提供了一个灵活的实验工具，用于未来对海豚认知和行为的研究。我们已经利用海豚的匹配能力来帮助设计和开发通信项目的设备。目前，我们正在调整基线匹配范式，以用于一项研究，该研究将尝试确定一头海豚是否可以监听到另一头海豚对刺激物的回声检查。未来也将利用匹配任务研究海豚跨不同感官模式整合信息的能力。

参与该研究项目是海洋生命海洋馆开展更严格的训练项目的催化剂。这项研究让海豚和训练员都学到了新的技能，提供了一个更加多样化的训练环境，培养了训练员和海豚之间更复杂的工作关系。这些发展不仅有利于目前的研究项目和其他类似的研究项目，也有利于海豚整体训练项目的持续发展。

我们的研究项目已经成为我们的“海豚表演”项目。作为华特迪士尼世界的一部分和未来城主题公园的一部分，我们发现自己处于一个独特而令人羡慕的位置。我们有机会每年向 600 多万人展示我们的工作，并谈论我们的海豚，其中包括数千名在实地考察中访问我们的佛罗里达州当地的学生。在我们的研究会议上，客人们的反应非常积极。只需要简单的解释，我们的客人就很容易理解每个实验的操作，他们似乎对海豚的回声定位能力着迷。此外，数量惊人的客人表示有兴趣了解更多关于这项研究背后的理论和程序的复杂性。过去两年的经验使我们相信，公众已经准备好接受以研究为导向的介绍，而且这种介绍有很大的潜力，可以揭开围绕这些动物的神秘面纱，同时让公众了解更引人入胜的海豚行为的真实情况。

致谢

海洋生命海洋馆的海豚研究项目是由华特迪士尼创意娱乐公司（Walt Disney Imagination）资助的。该公司是华特迪士尼公司的研究和开发部门。我想感谢未来城主题公园的管理层和海洋生命海洋馆的全体员工，感谢他们的支持，感谢他们致力于在灰姑娘城堡下发展了一个合法的海洋哺乳动物研究项目。我特别要感谢海洋哺乳动物中心的训练员，感谢他们对研究项目的真诚奉献，感谢他们以开放的态度接纳了越来越多的访问学者。最后，我要感谢潜水部的成员，以及我们过去和现在的本科实习生，感谢他们在将主水族馆改造成一个工作实验室方面所提供的帮助。

参考文献

1. Au, W. W. L and C. E. Hammer. 1980. Target recognition via echolocation by the bottlenose dolphin, *Tursiops truncatus*. In Animal Sonar Systems, ed. R. G. Busnel and j. F. Fish, 855-858. New York, NY: Plenum Press.
2. Au, W. W. L. and P. W. B. Moore. 1986. The perception of complex echoes by an echolocating dolphin. The Journal of the Acoustical Society of America 80 (Suppl. 1) YY8.
3. Au, W. W. L and P. W. B. Moore. 1984. Receiving beam patterns and directivity indices of the Atlantic bottlenose dolphin *Tursiops truncatus*. The J. of the Acous. Soc. of America 75:255-262.
4. Au, W. W. L., P. W. B. Moore and D. Pawloski. 1986. Echolocation transmitting beam of the Atlantic bottlenose dolphin. The J of the Acous. Soc. of America 80:688-691.
5. Au, W. W. L., R. J. Schusterman and D. A. Kersting. 1980. Sphere-cylinder discrimination via echolocation of *Tursiops truncatus*. In Animal Sonar Systems, ed. R. G. Busnel and J. F. Fish, 859-862. New York, NY: Plenum Press.
6. Au. W. W. L. and C. W. Turl 1983. Target detection in reverberation by an echolocating Atlantic bottlenose dolphin *Tursiops truncatus*). The Journal of the Acoustical Society of America 73:1676-1681.
7. Ayrapet'yants, E. S. N. and A. I. Konstantinov. 1974. Echolocation in nature. Nauka, Leningrad (JPRS 63328-2).
8. Bagdonis, A. V., M. Bel'kovich and N. L Krushin-skaya. 1970. Interaction of analyzers in dolphins during discrimination of geometrical figures. Journal of Higher Neural Activity. 20:1070-1075. In A Collection Of Foreign Language Papers On The Subjects Of Biological Sonar System, ed. K. J. Diercks, 74-79. University of Texas, Austin: Applied Research Laboratory Tech. Rep. 1974.
9. Barta, R. E. 1969. Acoustical pattern discrimination by an Atlantic bottlenose dolphin. Unpublished manuscript, Naval Undersea Center, San Diego, CA.
10. Berryman, R., W. W., Cumming, and J. A. Nevin. 1963, Acquisition of delayed matching in the pigeon. Journal of the Experimental Analysis of Behavior 6:101-107.
11. Bullock, T. H. and V. S. Gurevich, 1979. Soviet literature on the nervous system and psychobiology of Cetacea. International Revue of Neurobiology (21):47-127.
12. Caine, N. G. 1976. Time separation pitch and the dolphin's sonar discrimination of distance. Unpublished master's thesis, San Diego State University, San Diego, CA.
13. Chun, N. K. W. 1978. Aerial visual shape discrimination and matching-to-sample problem solving ability of an Atlantic bottlenose dolphin. Naval Oceans Systems Center, TR. 236, San Diego, CA.
14. D'Amato, M. R., D. P. Salmon, and M. Colombo. 1985. Extent and limits of the matching concept in monkeys *Cebus apella* Journal of Experimental Psychology, Animal Behavior Processes 11:35-51.

15. Evans, W. E., and B. A. Powell. 1967. Discrimination of different metallic plates by an echolocating delphinid. In Animal Sonar Systems, Biology and bionics ed. R. G. Busnel, (1):363-382. Jouy-en-Josas, France: Laboratorie de Physiologie Acoustique.

16. Fujita, K. 1983. Formation of the sameness-difference concept by Japanese monkeys from a small number of color stimuli. Journal of the Experimental Analysis of Behavior 40:289-300.

17. Hammer, C. E., and W. W. L Au. 1980. Porpoise echo recognition., (in analysis of controlling target characteristics. Journal of The Acoustical Society of America 68:1285-1293.

18. Haelow, H. E. 1949. *The formation of learning sets.* Psychological Review 56:51-65.

19. Herman, L. M. 1980. *Cognitive characteristics of dolphins.* In Cetacean Behavior, Mechanisms and Functions, ed. L. M. Hennan, 363-429. New York: Wiley-Interscience.

20. Herman, L. M., J. R. Hovancik, J. D. Gory and G. L. Bradshaw. 1989. Generalization of visual matching by a bottlenose dolphin (*Tursiops truncatus*): Evidence for invariance of cognitive performance with visual or auditory materials. Journal of Experimental Psychology: Animal Behavior Processes 15:124-136.

21. Herman, L M., and R. K. R. Thompson. 1982. *Symbolic, identity and delayed matching of sounds by the bottlenose dolphin.* Animal Learning and Behavior 10:22-34.

22. Hunter, G. A., J. M. Osumi, J. D. Gory, H. L Roitblat, and L. M. Herman. 1987. *The bottlenose dolphin's concept of figure and ground.* Poster presented at the Seventh Biennial Conference on the Biology of Marine Mammals, Miami, Florida, December 5-9, 1987.

23. Jerison, H. J. 1986. *The perceptual worlds of dolphins*. In Dolphin Cognition and Behavior, A Comparative Approach, ed. R. J. Schusterman, J.A. Thomas and F. G. Wood, 141-166. Hillsdale, New Jersey: Lawrence Erlbaum Associates, Inc.

24. Johnson, R. A. and E. L. Titlebaum. 1976. "Energy spectrum analysis" A model of echolocation processing. Journal of the Acoustical Society of America 60:484-491.

25. Morgane P. J., M. S. Jacobs, and A. Galaburda. 1986. Evolutionary morphology of the dolphin brain. In Dolphin Cognition and Behavior, A Comparative Approach, ed. R. J. Schuster man, J. A. Thomas and F. G. Wood, 5 -30. Hillsdale, New Jersey: Lawrence Erlbaum Associates, Inc.

26. Morris, R. J. 1986. *The acoustic facility of dolphins*. In Research on Dolphins, ed. M. M. Bryden and R. Harrison, 369 -399. Oxford, England: Clarendon Press.

27. Murchison, A. E. 1980. Detection range and range resolution of echolocating bottlenose porpoise (*Tursiops truncatus*). In Animal Sonar Systems, ed. R. G. Busnel and J. F. Fish, 43-70. New York, NY: Plenum Press.

28. Nachtigall, P. E. 1980. *Odontocete echolocation performance on object size, shape and material.* In Animal Sonar Systems, ed. R. G.Busnel and J. F. Fish, 71-96. New York, NY, Plenum Press.

29. Nachtigall, P. E., A. E. Murchison, and W. W. L. Au. 1980. *Cylinder and cube shape discrimination by an echolocating blindfolded bottlenose dolphin.* In Animal Sonar Systems, ed. R. G. Busnel and J. F. Fish, 945-947. New York, NY: Plenum Press.

30. Norris, K. S. 1980. *Peripheral sound processing in odontocetes*. In Animal Sonar Systems, ed. R. G. Busnel and J. F. Fish, 495-509. New York, NY: Plenum Press.

31. Premack, D. 1983. *The codes of man and beasts*. The Behavioral and Brain Sciences 6:125-167.

32. Premack, D. 1976. *Intelligence in ape and man*. Hillside, New Jersey: Lawrence Erlbaum Associates, Inc.

33. Popper, A. N. 1980. *Sound emission and detection by delphinids*. In Cetacean Behavior Mechanisms and Functions, ed. L. M. Herman, 7-52. New York: Wiley-Interscience.

34. Ralston, J. V. and L. M. Herman, (in press). *Dolphin auditory perception*. In The Comparative Psychology Of Complex Acoustic Perception.ed. J. R. Dooling and S. H. Hulse. Hillsdale, New Jersey: Lawrence Erlbaurn Associates, Inc.

35. Roitblat, H. L. 1987. *Introduction to comparative cognition*. San Francisco, CA.: Freeman.

36. Anti ago, H. C. and A. A. Wright. 1984. *Pigeon Memory, Same/different concept learning, serial probe recognition acquisition and probe delay effects on the serial-position function*. Journal of Experimental Psychology, Animal Behavior Processes 10(4):498-512.

37. Zentall. T. R., D. E. Hogan, D. E. Carter, and D. A. Eckerman. 1976. *Pigeons can learn identity difference or both*. Science 191:408-409.

《海洋哺乳动物：公众展览与科学研究》，1994 年第 1 卷第 1 期。这里介绍的论文很有意思。首先，它描述了许多研究中常见的“二选一范式”或“是或非范式”。其次，该论文描述了实际研究之外的动物护理和训练的各个方面。最后，它是关于海牛训练和研究的，海牛的研究文献并不常见。事实上，世界上只有少数机构饲养有海牛，近年来，人们对训练这些动物的兴趣越来越大。

海牛的思维：西印度海牛的感知测试

埃德蒙·格斯坦（Edmund R. Gerstein）

佛罗里达大西洋大学（Florida Atlantic University, FAU）

生物科学系和动物学 / 行为学顾问

摘要

试点性听力研究证明了圈养海牛能够理解辨别任务（Gerstein et al., 1987）。目前，在佛州坦帕（Tampa, FL）的洛瑞公园动物园（Lowry Park Zoo, LPZ）和布拉登顿（Bradenton, FL）的南佛罗里达博物馆（South Florida Museum, SFM），几头圈养海牛正在接受训练，以进行精细的行为研究和饲养管理。

正在接受训练和测试的海牛显示出复杂的学习迹象，这可以通过广义任务的成功概念转移和相关长期记忆来证明。在一系列二选一范式的测试中，受试者表现出复杂的辨别能力和任务学习能力，这与海豚和鳍足类在类似的声学和视觉研究中不相上下。

在一个充满活力的动物园环境中，对九头海牛进行训练是一项独特的挑战。动物们在训练中的游戏技巧，加上竞争性的社会互动，以及它们微妙的、有时难以区分和欺骗性的行为指标，都被我们研究人员和训练员深入讨论了。人们普遍认为海牛是不可能被激励和训练来进行长期的行为研究的，但与之相反的是，这些海牛受试者正在为这个濒危物种的学习和感官能力提供重要的定量数据。

简介

西印度海牛（*Sirenia Trichechus manatus*）是一种濒危的海洋哺乳动物。尽管该物种具有特殊的保护意义，并且很容易在野外被观察到，但很少有研究人员对其进行过行为研究。直到最近，关于海牛的大部分生物信息都来自于形态测量和分布调查。技术不断更新的无线电和卫星遥测研究提供了海牛运动和栖息地利用的急需数据（O’Shea & Kochman, 1990; Mate et al., 1987; Reid & O’Shea, 1989）。由于栖息地的退化和人类对其栖息地水源的直接影响，海牛的数量在不断减少，因此许多关于活体海牛的研究都集中在种群生物学方面。人们对动物如何感知它们的环境知之甚少，关于动物的定向、导航、听觉、视觉、味觉等方面的问题尚未被揭示。除了少数生理诱发电位的研究（Bullock et al., 1980; Bullock et al., 1982; Klishin et al., 1990）和我们的初步研究（Gerstein et al., 1987）之外，还没有其他研究进行过对照定量测试来测量这些动物的感觉能力。这些感官问题不仅具有学术意义，而且被证明对保护工作至关重要。

海牛可以被训练

Gerstein、Patton 和 Tavolga（1987）首次记录并量化了圈养海牛史努特（Snooty）的频率分辨能力。该研究使用一个简单的“二选一范式”，受试动物被训练对浸在水中的两个桨进行辨别：如果检测到水下的声音，就推动一个桨，如果没有检测到声音，就推动另一个桨。桨上的远程开关保证了对测试选择结果的可靠记录，而且双盲和随机的开 / 关声学演示则是为了预防实验者偏见和类似“聪明的汉斯”[1] 那种情况出现。这项实验研究证明了该动物的辨别能力，并表明海牛对较低频率的敏感性比以前的生理诱发电位研究所测量的更高。

史努特表现出的辨别能力和任务学习能力有助于消除专业人员普遍持有的怀疑，即海牛头脑迟钝，不可能进行扩展感官或认知研究的训练。

自这项试点研究开展以来，在布拉登顿的南佛罗里达博物馆对史努特正在进行关于听觉、记忆和模式识别的扩展研究，并在佛州坦帕的洛瑞公园动物园对斯托米（Stormy）和邓迪（Dundee）也在进行研究。

该研究已经积累了 3000 多次实验和数百小时的观察数据。这些研究目前正在进行中，虽然初步数据对于测试的频率和条件来说是很重要的，但结果仍然不完整。目前，关于进一步训练的方案已经提出。

听力研究的基本原理

界定海牛的听觉范围和整体声学敏感度对我们了解和保护这种濒危动物至关重要。海牛虽然具有躲避船只的体力，但许多海牛个体都有多处遭遇船只撞伤的伤痕。如果海牛在听觉或探测船只的位置方面有劣势，这项基础研究将提供有价值的信息，可用于帮助保护野外的海牛。这项工作的结果也将给我们提供更多的信息，以了解船的噪声可能对海牛的接收种群内信号、声源定位和准确导航能力的影响。

视觉和触觉的基本原理

在一些文献中，海牛的视觉被认为是很差的（Wall, 1967），然而动物的视觉实验却表明了它们可以跟踪动态目标，初步结果表明，它们可以识别形状、大小和模式的差异，甚至个别训练员。训练中的动物在水面和水下的低光照条件下都能准确地检测出大型视觉形态和动态目标。

虽然一些圈养的海豚似乎很谨慎地接近放在它们池子里的新物体，但圈养的海牛却无畏地接近水中的这些物体。也许在这些情况下，海豚会选择从远处用声音或

[1] “聪明的汉斯”是一匹马，看似能完成很多高难度智力任务，但后来发现它是通过观察周围人的细微反应来做出回应，并非真的具备相应智力，这里用来说明要避免实验中出现类似误导性情况。——译者注

视觉扫描物体，而海牛可能只是需要利用一套不同的方式来调查物体。一旦海牛游到一个新的物体旁，它们很容易用嘴或用胸鳍将物体举到它们的胸前。嘴巴周围的面部胡须或刚毛被广泛用于触觉其他海牛，操纵食物，并调查它们的周围环境。这种积极的探索行为可能是动物具有并可能依赖于发达的触觉模式的结果。海牛面部发达的肌肉组织和与口腔和面部胡须相关的特殊神经的发育，进一步表明了动物的触觉和感觉能力。

虽然生理测试（Bullock et al., 1980; Bullock et al., 1982; Klishin et al., 1990）和形态学校正（Cohen et al., 1982; Reep et al., 1989; Johnson et al., 1989）已经给了我们有关该物种潜力的宝贵参考资料，但濒危的西印度海牛的感觉能力还有待确定。关于这个问题的详细参考文献可见（Patton et al., 出版中）。尽管海牛可能利用视觉、听觉、触觉和嗅觉，但我们不知道海牛采用哪种感觉模式或模式的组合来在水中导航。进一步确定这些模式的感官限制，以及它们如何整合在一起影响海牛的感知和行为，将有利于目前的野外保护工作（Gerstein et al., 1987）。

认知的基本原理

传统的自然选择压力有利于复杂认知技能的发展（如捕食的威胁、合作狩猎和公认的强大的社会组织），虽然海牛似乎缺乏传统的自然选择压力，但它们似乎有从简单到复杂的认知和理解各种任务的能力。这些动物可以执行“是和否”（相同 - 不同）的反应，并对样本进行匹配辨别（Gerstein et al., 1987; Patton & Gerstein, 1992; Woodward，私人通信）。动物做出认知性选择和记忆联想的能力对它们在快速变化的环境中生存至关重要。海牛的寿命很长，依靠累积的经验进行学习可能一直在进化出比预期更高的认知能力方面发挥作用。正在进行的感官研究可能会进一步揭示这种未知思维的丰富性。对比较神经解剖学和大脑形态学的同步研究正在发现支持性指标，以补充这些海牛所表现出的声音辨别和学习能力。

攻击性行为

与野生种群相比，在洛瑞公园动物园圈养的海牛似乎有强烈的社会倾向。我已经记录到多起有组织的群体对个体的攻击事件，包括水中排挤推搡和偷窃对方食物等明显的竞争行为。海牛的这些社会行为需要高阶认知能力来支撑，而这一能力在动物园的雄性群体中似乎得到某种增强。这些动物表现出稳定有序的阶层关系。它们也有更强的攻击性和驱逐性行为，包括咬（用嘴夹）、抓、用尾鳍 / 胸鳍击打。

受试者

斯托米和邓迪都是圈养环境中出生的 7 岁雄性海牛，被安置在洛瑞公园动物园。在洛瑞公园动物园选择斯托米和邓迪之前，我有机会与另外两头海牛一起工作：史努特（一头 9 岁的圈养环境出生的雄性海牛）和基恩（Gene）（一头年龄未知的野生康复的雄性海牛）。斯托米是为这些实验训练的第一头动物，目前正处于听觉图的测试阶段。邓迪是目前为这些实验训练的第二头动物。史努特是我训练过的第一头海牛，它被安置在南佛罗里达博物馆，目前正在接受纯音频率的声学顺序匹配、视觉模式识别和长期记忆的测试。

设施对行为的影响

有两种截然不同的设施可用于这些研究。洛瑞公园动物园是一座新的多水池展览和康复设施，目前有 9 头海牛。它由两个大型的不规则形状的展览池（100000 ～ 130000 加仑）组成。这些水池里有五到八个大型水下观察窗，以及不规则的表面和底部轮廓，有岩石、壁架、原木和其他动物，如海龟和鸟。长长的通道将两个展览池与后面区域的三个直径为 35 英尺的蓄水池连接起来。

在这个设施中，动物的分离一开始由沉重的通道门完成，这些门最终被容易操作的落地门取代。该设施的规模和动物的社会组合提供了一个丰富的和动态的环境。这种环境的复杂性给动物的注意力集中在训练员和具体的学习任务上带来了不同的挑战。在洛瑞公园动物园，雄性动物之间的主导性活动导致了很多的骚扰行为，如骑乘、抱持、磨牙或用嘴咬（用它们的骨腭咬），以及肛门插入。然而，大部分的雄性之间的性活动是没有攻击性的，并且是由洛瑞公园动物园的所有雄性所参与的。

种群内的社会舒适度是训练员必须面对的最强烈的分心障碍。尽管海牛对训练员很感兴趣，并且实际寻求与水下和水面的人类接触，但跨物种的水上工作并不能充分满足海牛对社会接触的需求。虽然通过水中训练进行社会化的效果有限，但过度矫正技术——将更多的动物（2 ～ 3 头）转移到一起，并在不进行训练或测试时为测试对象提供充分接触其他动物的机会——降低了海牛的社会联系强度。在其他动物的注视下，对动物进行饲养或控制行为的训练也创造了一个竞争环境，有效地激励动物，并促进训练的进展。

南佛罗里达博物馆饲养海牛史努特已超过 40 年。它出生在圈养环境中，是个孤儿，从未与其他海牛接触过。该设施是一个小型的 20 英尺 ×12 英尺 ×5 英尺（6.1m×3.6m×1.5m）的瓷砖池，在我开始训练之前，没有任何水下结构或物理丰容设施（模块结构、岩石、抓挠表面，或添加的新奇物品、玩具等）。与洛瑞公园动物园相比，这个水池是相当简陋的。在环境控制方面，这里可以被认为是类似于一个简单的斯金纳箱。游泳池是在室内，有人工照明可以控制。在这样一个受控的环境中训练一头单独的动物，使我能够很快地集中注意力并激励动物做出反应。与其他海牛相比，这头动物在更短的时间内达到了每节课 20 次实验中 80% 正确率的高阶辨别标准（图 1）。环境和生活史是影响高阶辨别任务如此巨大差异的最主要因素。我们特别注意训练这种动物接受其环境的变化。虽然它的物理环境与洛瑞公园动物园相比更单调，但它的心理健康通过与细心的饲养员进行无数次的社会互动得到了照顾。自从增加了行为丰富性后，训练和维持辨别任务变得更加具有挑战性，因为史努特已经开发出了新的回避行为或游戏。六年前，当我第一次训练它进行试点研究时，它的社交和环境方面都被剥夺了。它非常容易被激励，学习不受其他竞争因素的影响，如社会交往、玩具、光线变化、不同类型的食物和其他训练行为。随着随后的丰容和关注，它已经变得更加独立。虽然它仍然是一个很好的训练对象，但现在激励它更具挑战性。

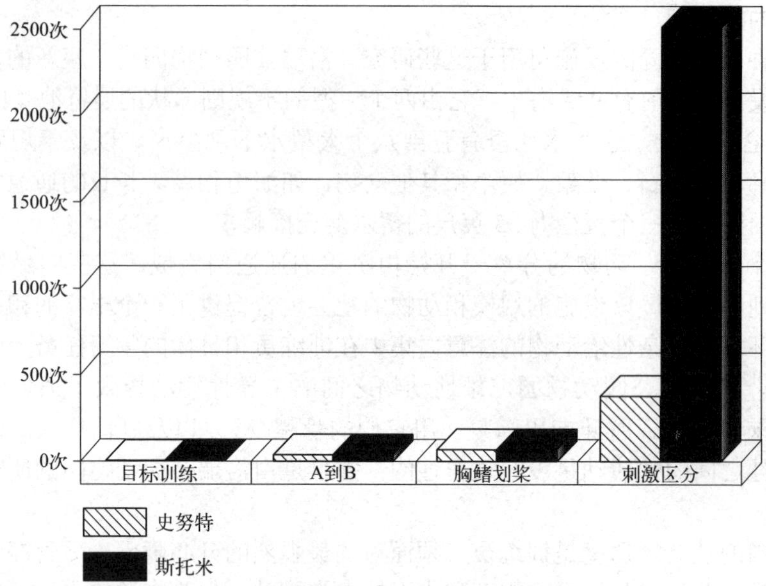

图1　训练流程

食物奖励

每个受试者每天接受高达100磅（45.5公斤）的长叶生菜，混合有胡萝卜、维生素和水芽菜。海牛最喜欢的食物被保留在训练和测试期间，然而，即使是生菜有时也可以有效地作为奖励。海牛周围可能都是生菜，但从训练员那里得到的东西有时更令人向往。

各种各样的食物奖励已经在这些动物身上进行了尝试。其中最方便和普遍接受的是猴子饮食配方。应该指出的是，每头动物在不同的时间都有不同的偏好，最好是准备好所有的食物强化物，以便在信号后为动物提供选择。我在使用苹果和菠萝片、香蕉、水葫芦、芽菜、水培菜、胡萝卜和整条鱼（包括胡瓜鱼和毛鳞鱼）方面取得了良好的效果。

其他强化措施包括擦拭身体、抓挠（用塑料锤子上的爪子）、推搡游戏、用嘴咬玩具、喷淡水、按摩振动器、温柔和用力的爱抚、拍打、水上活动、目标触摸、定位滚桶、身体展示和其他训练有素的行为方式。

为了避免由于喂食清单而产生的动机问题，首选的（最受动物喜爱的）食物仅在训练和测试过程中使用。经验表明，即使成排的生菜筏漂浮在水面上，海牛仍会为首选食物而努力。

饲养行为

在训练期间，控制行为已被作为行为工具以在整个训练和测试期间操纵动物并保持它们的动力。科研训练的许多附带成果可以被纳入饲养这些动物的机构的整体饲养活动中。这些动物正在接受训练，以进行分离、尾鳍和胸鳍的展示，以及未来人工授精工作中的生殖裂展示。

测试程序

我们采用双桨选择范式（双选择范式，二选一范示）来测试海牛的感官能力。之所以采用双选择范式，是为了确保选择任务的能量需求是相等的。与“是或非”的范式相比，双选择范式需要一个平等的示范性动作来表明动物的理解。当测量海洋哺乳动物的反应时，经验表明，是或非范式对海豚和海狮等更活跃的动物更有效。此外，双选测试避免了对一种行为的偏爱，如定位和推桨。

明确的桨叶展示有助于缩短辨别训练时间（Gerstein et al., 1987）。在建立了一个可靠的行为基线后，准确的桨叶选择率为 80%，之后可以进行测试以量化听力灵敏度、模式识别、记忆和与样本的顺序匹配。在“相同 - 不同”的实验中，无颜色的桨表示“不同”，而白色的桨表示“相同”。

所有的测试都是使用修改过的盖勒曼系列方法，进行随机开 / 关、相同 / 不同实验的双盲演示。在测试过程中，桨叶是无人操作的，以确保不会无意中发出提示。在洛瑞公园动物园，桨叶之间的距离足够远，动物只要轻轻一碰就能表明其选择，这些信息会立即输入电脑。在南佛罗里达博物馆，桨叶相互之间距离较近，所以当动物用足够的力量推动时，桨叶上的电子传感器会远程记录受试动物的选择。

设备

在声学测试中，一个定位环被固定在水中距离传感器两米（6 英尺）的位置。一个 USRD H56 水听器（Groves, 1974）被悬挂在定位环上方，以监测声压级和环境噪声。定位的位置保证了受试者的头部是声场的中心。两个明显不同的 PVC 电枢被放置在传感器的两侧。在发出信号或不发出信号后，一个定时的频闪灯将动物从定位的位置释放出来。这个装置是用于视觉实验的，只需要两个桨状电枢的演示和水池另一端的一个薄膜演示箱。

电脑设备

一台专门配置的 486 电脑，经过艾尔（Aiel）信号处理和鳄鱼技术公司（Alligator Technologies）多通道滤波器的修改后可以生成并记录 1 赫兹至 50 千赫兹的信号。这台计算机是专门用来产生纯音正弦波、宽频和窄频噪声，并进行数字存储和再现野生噪声。它将以规定的 Db 增量衰减信号和噪声，以及门上升 / 下降速率，监测输出信号，绘制频谱，控制频闪闪光灯闪烁和记录桨叶选择。计算机是一个便携式装置的控制箱和信号发生器。拥有一台专门的机器就可以进行培训、测试和实时分析。一台机器就替代了设置控制箱、独立振荡器、过滤器、继电器、波形和噪声发生器以及张力器。信号控制的电子装置被安置在海牛研究馆内。操作者可以通过一个屏幕看到水下的动物。信号输出通过一个 1200 瓦的放大器发送到两个水下传感器中的一个。对于次声波和 10 赫兹至 50 赫兹的低频，使用改进的 USRD J-13（Groves, 1974）水下传感器。对于较高的频率，则使用一个改良的 USRD J-9（Groves, 1974）播放出 40 赫兹至 40 千赫兹的频率。传感器悬挂在中间深度，与受试者头部站位保持 2 米（6 英尺）的距离。

一个 USRD H56 水听器、多通道滤波器和双轨示波器同时记录环境噪声和测试信号的声压级。接收到的信号和背景噪声用数字记录仪进行记录和时间标记。在每次实验开始时，训练员用视觉手势提示将海牛送入环内。平台上的训练员和计算机信号控制器的操作人员用耳机进行交流。当海牛处于定位状态时，训练员开始进行计算机控制的实验。

当前表现

斯托米在短短六个月的训练中就学会了声音辨别的实验。成功识别有声与无声桨叶的双辨别实验需要 2500 次实验才能达到 80% 以上的正确反应标准。之后我们在洛瑞公园动物园的后池中开始训练斯托米，因为对它听力的严格测试需要在大型丰富的展览池中进行，那里的声学环境可以被充分控制和监测。它的训练从一开始就是为它的最终转移作准备的。在训练池（后池）中移动桨、定位环和空间方向转换都是在它在后池的整个训练中进行的。将"二选一范式"测试和程序性行为链转移到展览池需要额外的设备和空间方向的转变。当斯托米转移到主水池后，环境转移的影响似乎很小，因为斯托米成功地转移了行为链和终点辨别任务，在不到 10 次的时间里达到了 80% 或更高的一致标准。

史努特在六年前学会了同样的不涉及定位的双选辨别实验，在两周内进行了不到 400 次实验。它成功地完成了一项关于听力的实验研究，虽然它的生活因南佛罗里达博物馆的工作人员增加了互动而变得更加丰富，但自 1986 年以来，它从未有机会再次推动桨。1992 年 8 月，史努特在一次实验测试中成功地理解了推桨的手势，并立即推开了它泳池另一头的一个桨。此后，它又接受了双选模式"是或非"辨别力的测试，在两次测试中，仅 40 次实验就达到了 80% 的标准。而在六年前，最初的辨别需要 400 次实验。这是海牛对一项具体任务长期记忆的第一个迹象。在这个时候，它正在学习匹配样本的任务，以便进行延迟的短期记忆测试。

海牛可辨认行为的最大特点是有着强度的分级。游泳、头部运动、磨蹭、滚桶、抓挠、呼吸、吱吱作响的发声和振动器的紧张程度的变化，可以表明一头动物的情绪或动机，然而，这些微妙之处需要时间来识别。海牛只有有限的面部表情，它们的眼睛通常是浑浊的、没有表情的。它们的肢体语言是相当单一的，虽然拱形的强度，弯曲程度和特征性的桶状翻滚可以预示一头动物的意图（慢的是良性的，快的是对抗的），但这些动物喜怒无常，我们对其行为判断非常慎重。

按照我的定义，"游戏技巧"是指动物个体为达到或保持一个理想的位置而采取的策略，无论是身体还是心理状态。当动物对已知的命令信号（或刺激）表现出回避和 / 或一连串不适当的行为时，游戏就开始了。如果训练员继续进行训练，游戏就会升级。如果动物是熟练的，或者训练员特别不熟练，游戏就可能不被察觉。奖励是在不听话的情况下与训练员进行长时间的互动。目的是在不完全合作的情况下保持互动，但要足够微妙，以免导致对话（或游戏）的终止。在各种形式的训练中，动物会使用不同程度的回避行为。大多数动物都希望对自己的处境有一定的控制，根据训练员的标准，某些水平或形式的控制——回避或不服从——被认为是"健康的"，可以被容忍。然而，可能需要定期检查这些事件，以重新建立或维持一定程度的控制或纪律，以防止支配趋势升级。动物能够发展出非常微妙的行为，以降低被训练员察觉的阈值，因为这可能导致训练员停止（或终止）训练。正是通过这些微妙的行为，动物们展示了它们的游戏技巧。

海牛以及其他哺乳动物所表现出的与游戏规则相关的回避行为可以包括典型的低头或转身，闭眼，以及在训练员面前定位时忽略手或音调信号（就像“你说什么？”或“我没看到”的老招数）。这是第一层次的回避行为，这可能会让训练员在一次训练中至少重复一次信号。第二层次的回避行为是慢慢地做一个不同的行为或昏昏欲睡地做适当的行为，并慢慢地远离训练员。这种行为有时会导致训练员轻拍一下动物以及重复信号。第三层次的回避行为是直接做出不正确的反应，然后例行公事地回到训练员身边。这时的游戏技巧变得很有挑战性，在辨别训练中很难被识别。我一直在训练的那些做辨别任务的动物，有时成功地通过装出不理解辨别任务，延长了辨别训练的时间。起初很难确定这些动物是真的感到困惑还是故意捣乱。它们的反应能力一直很稳定，在训练期间也没有表现出明显的回避行为。虽说这些动物之前已经达到了训练标准，但它们当时看上去似乎真的很困惑。最终，这些动物通过太明显或前后不一致的错误反应暴露了自己是在捣乱。采用一个固定的定时训练时制，以便减轻判断它们是捣乱还是没捣乱的困扰，而且无论动物的表现如何，训练都会在 15 分钟内结束。固定训练时间的设置很快解决了辨别困难问题。

性能比较

当将各头动物在辨别实验里的学习效率进行比较时，很快就会发现，诸如环境设置、竞争性分心以及个体的生活史和训练经验等变量会极大地影响受试者的进展。所有五头海牛都学会了定位，从 A 到 B，并且在这些简单的行为中以同样的熟练度进行划桨推动。然而，史努特仅在 400 次实验中就达到了 80% 的高阶双桨辨别实验标准，而斯托米则需要 2500 次实验。毫无疑问，环境因素是重要的。

两头海牛学会条件下的对 / 错这个概念，所花的实验次数和一些海狮、海豚在做是或非（go / no go）范式中的实验时所用的次数差不多，甚至还要少。尽管它们的学习阐明了高阶认知的各个方面，但物种之间的交叉比较很难可靠地测量。因为与不同训练员、不同环境有关的变量太多，很难把控。要想成功地进行精细辨别实验的训练，需要训练员迫使动物在整个过程中进行思考。训练动物思考可能是训练动物关注以及接受和应对变化的同义词。这可以通过改变辨别项目的方向和选择来实现，并以这样一种方式向动物展示物体，使动物不得不改变其位置以获得更好的物体视野。训练员可以向动物提供挑战，使它们必须通过这些挑战。例如，物理障碍可以促进创造性地解决问题，迫使动物游过或翻越物体，以达到一个特定的点从而完成该任务。这些障碍物可以是动物所处环境中简单的物理或位置变化，也可以是更复杂的“动态迷宫”。在“动态迷宫”里，训练员要求动物首先打开一扇门或移动一个障碍物以进入水池，然后选择一个区别性的桨叶。

发掘潜力

许多动物的认知潜力可以通过仔细地训练和运用动物的全部感官来解锁，从而使辨别过程更容易。就海牛而言，提供视觉模式的干扰（黑白桨与纯白的桨）以及声音和触觉信息（桨的不同形状和纹理），有助于使辨别不那么模糊。

训练员对于标准应始终保持灵活性。利用受试动物概念识别活动的一个关键是，即使预设的标准没有实现，也要做好抓住机会的准备。标准的建立是衡量动物熟练程度的一种方式，然而，一旦动物有了认知的表现，就必须通过加速选择来给予奖励，有时在标准实现之前就要这么做。熟练程度的展示指标迟早会到来，但正是这种认知实现让动物不断思考，训练员需要对这些情况做出快速反应。斯托米成功地将它的听觉辨别任务从后池转移到了展览水池，并在短短十次训练中达到了80% 的正确率标准。应该注意的是，我并没有等它在后池达到稳定的标准就把它移到了前池（因为它已经准备好了）。在正确的时刻做出的改变，为它能在主展览池里顺利地将这种能力转移到对脉冲音的辨别上打下了基础。此后，斯托米进行了2000 次成功的阈值实验，为迄今为止测试的频率提供了海牛听力的准确数据。

致谢

听力研究设备由美国陆军工程兵团资助，同时感谢水路实验站，密西西比州维克斯堡；佛州内陆航行区，佛州朱庇特（Jupiter, FL）；佛州自然资源部，佛州塔拉哈西（Tallahassee, FL）；美国海军研究实验室，水下声音参考支队提供了额外的技术支持。针对斯托米和邓迪开展的听力研究是由美国鱼类和野生动物管理局授权的，华盛顿特区（Washington, D. C.）的濒危物种研究许可证编号为 PRT-761873。

我希望对匿名的同行评审员表示感谢，他们的意见和建议有助于使这一非正统的文章更有说服力。佛州坦帕的洛瑞公园动物园的总策展人莱克斯·索尔兹伯里（Lex Salisbury）和工作人员兽医戴夫·墨菲（Dave Murphy）为开展海牛听觉研究提供了独特的机会和巨大的设施支持。珍妮弗·汉密尔顿（Jennifer Hamilton），馆长和卡罗尔·奥德特（Carol Audett），佛州布拉登顿的南佛罗里达博物馆的海牛饲养员，为史努特提供了第一次和持续的培训和学习机会。研究助理杰弗里·巴顿（Geoffrey Patton）、安东尼·芬尼（Anthony Finney）、苏西·塔皮亚（Susie Tapia）、艾米（Amy）和阿特·鲍姆（Art Baum），以及我多才多艺的妻子劳拉·格斯坦（Laura Gerstein），她的坚定支持、组织能力、出色的动物训练见解和无私的奉献使所有事情成为可能。

参考文献

1. Bullock, T.H., D.P. Domning, and R.C. Best, (1980). Evoked brain potentials demonstrate hearing in a manatee (*Sirenia Trichechus inunguis*). J. Mammalogy 61:130-133.

2. Bullock, T.H., T.J. O'Shea, and M.C. McClune, (1982). Auditory evoked potentials in the West Indian manatee (*Sirenia Trichechus manatus*). J, Comp, Physiology 148:547-554.

3. Cohen, J.L,, G.S, Tucker, and D.K. Odell, (1982). The photoreceptors of the West Indian manatee. Journal of Morphology 173:197-202.

4. Gerstein, E.R., G.W. Patton, and W.N. Tavolga, (1987). Preliminary underwater acoustic thresholds of a captive manatee, *Trichechus manatus*, a quantitative behavioral approach. *Proceedings of the Seventh Biennial Conference*

on the Biology of Marine Mammals, Miami, Florida, December 5-9.

5. Groves, I.D., (1974). Twenty years of underwater electroacoustic standards. Naval Reference Lab. Rep. 7735, NRL/USRD, P.O. Box 8337, Orlando, Florida.
6. Johnson, J.I., R.L. Reep, R.C. Switzer 111, J.A.W. Kirsch, W.I. Welker, (1989). Well-developed auditory nuclei in manatees, *Trichechus manatus*. Society for Neuroscience Abstracts 14(1), p.491. 18th Annual Meeting, Toronto, Ontario, Canada, November 13-18.
7. Klishin, V.O., P. Diaz, V.V. Popov, and A.Y. Supin, (1990). Some characteristics of hearing of the Brazilian manatee, *Trichechus inunguis*. Aquatic Mammals 15.3:139-144.
8. Mate, B.R., J.P. Reid, and M. Winsor, (1987). Long-term tracking of manatees through the Argos satellite system. In *Proceedings of the Argos International Users Conference* (pp. 211220). Landover, Maryland: Service Argos, Inc.
9. O'Shea, T.J. and H.I. Koch man, (1990). Florida manatees: distribution, geographically referenced data sets, and ecological and behavioral aspects of habitat use. In J.E. Reynolds, 111, and K.D. Haddad, (Eds.), Report of the Workshop on Geographical Information Systems as an Aid to managing Habitat for West Indian manatees in Florida and Georgia (pp. 11-12). Florida Marine Research Publications 49:1-57.
10. Patton, GW and E.R. Gerstein, (1992). Toward understanding mammalian hearing tractability: preliminary acoustic perception thresholds in the West Indian manatee, *Trichechus manatus*. In D.B. Webster, A.N. Popper and R.R. FAy-(Eds.), *Evolution*, biology of hearing (p.783). Proceedings of the First International Conference on the Evolutionary Biology of Hearing, Sarasota, Florida May 20-24, 1990. New York: Springer-Verlag.
11. Patton, G.W., E.R. Gerstein, D.P. Domning, M. Sutherland, and R. Perinetti, (in press). U.S. Army Corps of Engineers Technical Publication. An Annotated Bibliography of Sirenian Hearing.*
12. Reep, R.J., J.I. Johnson, R.C. Witzer, and W.I. Welker, (1989). Manatee cerebral cortex: cytoarchitecture of the frontal region in *Trichechus manatus latirostris*. Brain, Behavior, and Evolution 34:365-386.
13. Reid, J.P. and T.J. O'Shea, (1989). Three years operational use of satellite transmitters on Florida manatees: tag improvements based on challenges from the field. In *Proceedings of the 1989 North American Argos Users Conference and Exhibit* (pp. 217-232). Landover, Maryland: Service Argos, Inc.
14. Walls, G.L, (1967). The vertebrate eye. New York: Hafner.

这篇手稿囊括了90多篇关于海牛听觉行为、听力范围以及相关解剖学和生理学方面的综述和文章。如需复印件，请致函埃德蒙·格斯坦，由佛罗里达大西洋大学动物学/行为学顾问代收。

Conference Proceedings

《会议论文集》1991年国际海洋动物训练员协会会议，于美国加州瓦列霍。本文描述了一个在培训开始前计划的研究项目。项目的目的是在会议上获得训练员的反馈。这个项目的抽象方法引起了不少人的兴趣，和往常一样，也有一些人持怀疑态度。然而，正是这样的创意不断地挑战着我们的动物，并为许多新概念打开了大门。此外，这三位有创意的作者处于当今海洋哺乳动物认知研究的前沿。这个领域曾经由卢·赫尔曼（研究海豚）和罗恩·舒斯特曼（研究海狮）的工作主导。现在许多非常有才华的科学家都在进行海洋哺乳动物的认知研究。在本书出版时，马克已经将他的研究转移到海军的项目中，约翰继续在未来城主题公园工作，而斯坦在与海洋世界合作的同时保持着与南卫理公会大学（Southern Methodist University, SMU）的联系。

海豚键盘交流系统简介

马克·西特科，约翰·戈里（John D. Gory）和斯坦·库扎伊
海洋生命海洋馆，未来城主题公园和南卫理公会大学心理学系

摘要

海豚键盘交流系统代表了一种与海豚互动的新方法。这个项目是以最近成功的黑猩猩的人工语言项目为模型。一个大型的水下键盘作为人类和海豚之间的交流媒介，每个键都包含一个独特的多维符号。符号指的是代表人、物体、行动、位置、修饰语或语法标记。通过根据指定的语法激活按键序列，可以创造出话语。海豚将通过观察人类在社会背景下对交流系统的正确使用来学习理解这些符号。使用键盘，海豚和人类可以提出要求或描述日常活动，如觅食、玩玩具和使用工具。

海洋生命海洋馆的海豚键盘

今天，我们想向大家介绍一个过去两年里在我们海洋生命海洋馆开发的项目。我们称它为海豚键盘交流系统。它是与海豚互动的另一种方式，一个用于研究和训练、工作和娱乐的系统。对于这个项目，我们有两个相关的动力来源。一个是理论上的，另一个是实践上的。在理论层面上，我们设计这个系统是为了评估我们的海豚利用符号系统与人类进行更有效交流的能力。我们打算研究它们在使用该系统时的复杂程度，寻找原始语言学符号使用的证据。在实践层面上，我们也觉得该系统作为一种更复杂的交流方法，在海豚和它们的训练员之间有着很大的应用前景。我们确信，像我们一样，这里的许多人在训练课程中与海豚互动和交流的能力都很有限。训练员和海豚之间的交流方式充其量是粗略和间接的。在目前有限的方法下，我们都做得很好，这很令人惊讶。

所有的训练都涉及人和动物之间的交流。在传统的强化训练中，人类通过使用区辨刺激和强化偶发事件来传达他们的期望和认可。训练员手臂的上扬使海豚开始了壮观的跳跃，或者也许一对刺激物的呈现会让海豚将做出相似性判断。然而，这些信息通常只是以训练员对动物命令的形式单向传递，动物的任意反应都可能出现。

相比之下，我们的动物似乎经常试图与我们交流并影响我们的行为。当你走近时，一头动物会发声，并游向卡在出水口中的玩具。你把玩具从出水口里拿出来，扔给海豚，它就玩了起来。然而在另一个场合，在同样的情况下，当你把玩具扔给它时，海豚却没有表现出兴趣。还有一个更有趣的例子，想象一下在训练过程中，一头海豚无缘无故地对训练员发出叫声和张开嘴巴。在这种情况下，动物们提供的信息往往很有限，也不是很具体。在后一种情况中，是什么激怒了海豚，使它发出叫声和张开嘴巴？我们怎么知道前一个案例中的海豚是否想要出水口的玩具？难道不应该有一个符号系统，以提供更明确的信息，让人类和海豚就对动物重要的事情互相交流吗？

以前在科瓦罗盆地海洋哺乳动物实验室对海豚进行的人类语言的研究工作（Herman, 1986, 1987; Herman et al., 1984）提供了部分证据证明海豚可以学习符号

系统。大多数人可能都很熟悉在符号匹配和顺序学习范式的组合中利用强化训练来研究语言问题。卢·赫尔曼和他的许多同事训练海豚理解物体、动作以及修饰语的手势和声音符号。海豚在面对新颖的和可逆的符号串的表现表明，它们确实能理解顺序对符号串含义的影响。它们可以识别符号串中指定物体存在与否的这一能力，也部分证实了海豚可以用符号指代物体（Herman & Forestell, 1985）。此外，海豚阿克雅·卡迈（Akea kamai）使用不同的大脑半球来处理复杂程度不同的符号串（Morrel-Samuels et al., 1989）。虽然这项工作在一定程度上显示了类似语言的表现，但具体内容还需要继续研究（Herman, 1988, 1989; Savage-Rumbaugh，出版中；Schusterman, 1988, 1989），但这些数据综合来看，似乎证明了海豚所具备的能力不仅仅是简单的条件辨别和序列学习，不过又比不上人类的语言能力。

赫尔曼等人开展的人工语言工作，在设计上使用了任意的物体和动作，以便对海豚表现进行客观的评估。当时在猿类语言项目中，由于研究人员对数据的解读被批评为主观性过强，所以整个动物语言研究领域面临的大环境变得越发充满敌意（Ristau & Robbins, 1982）。虽然这种方法是富有成效的，但这种方法并不适合研究一些语言问题，因为它不利于个体间社会互动的信息交流。符号串的作用是指挥海豚用一些人造物品执行任意行动，在此背景之外，海豚通常对此兴趣不大。这些符号没有被用来标记与训练员的社会互动，而这正是海豚似乎最感兴趣的地方。学习理解这些符号串的重要性可能仅限于获得统一的奖励（即食物和社会互动），因为动物对符号的理解与达成特定目标所需的有用的信息之间关系不大。海豚在结束所参与的符号谜题和辨别游戏后，就又回到它们更感兴趣的日常生活和现实互动中去了，包括与人类、玩具、其他海豚玩耍，以及喂食活动。尽管训练员确实做出了非常有意识的努力，关注并适当回应海豚使用的身体动作、发声和其他公开的情感信号，但后面的这些互动是由前面提到的、各地训练员所使用的相同类型的交流来支配的。

我们一直在开发的系统是按照一种截然不同的方法建模的。它受到亚特兰大语言研究中心的苏·萨瓦格 - 伦鲍夫（Sue Savage-Rumbaugh）和她的同事对黑猩猩所做工作的影响最大（Saveage-Rumbaugh, 1988, 1991; 出版中；Savage-Rumbaugh et al., 1986; Rumbaugh et al., 1985; Rumbaugh et al., 1990）。她的工作旨在研究黑猩猩的符号学习、指代符号使用和符号交流。黑猩猩和人类会使用在键盘上排列的小型二维词汇表符号来就一些相关互动进行交流，如寻找和分享食物、玩玩具，甚至做家务。特别是，我们是以侏儒黑猩猩康子（Kanzi）的研究成果为参照来构建我们的方法。康子不是通过使用传统强化方式的符号匹配练习来学习词组，而是通过观察人类使用符号来交流日常活动的非常自由的互动而学会的。在一个典型的训练中，康子和它的训练员在一个 55 英亩的森林中漫游，并使用便携式键盘上的符号来讨论它们接下来会去哪里，它们可能会去拜访谁，以及最喜欢的食物或玩具可能藏在哪里。我们把这种活动的集合体称为“森林漫步”。康子的表现远远超过了动物在更传统的训练模式中的成就。有一些证据表明，康子对英语口语的理解达到了幼儿的水平。它学会了一百多个词组，以指代的方式使用这些词组，并在它的作品中采用了简单的语法来阐明它话语的含义。

萨瓦格-伦鲍夫认为，这种方法成功的关键包括使用动物可以发出的符号，以及同样重要的是，应用符号来标记复杂的、非任意的例行程序和社会互动，这些程序和互动是自我强化的，而且是黑猩猩希望能够控制的。看着康子与训练员一起玩耍，一手拿可口可乐，另一只手拿着它前一天晚上收集的一袋万圣节糖果，仅仅通过观察它的训练员，康子就学会了玩测试记忆的视频游戏，这让我们非常羡慕。这也让我们问自己，类似的方法是否可以用在海豚身上。海洋生命海洋馆似乎是创造一个相当于"穿越森林"的完美场所。这个海豚的水池相对较大，也很复杂，因为它是按照加勒比海的珊瑚礁环境来设计的，里面有许多能引起海豚兴趣的构造物和动物。在过去的两年里，我们一直在开发一个海豚和人类都能轻易使用的符号系统，并且我们一直在建立一种复杂的、自我强化的海豚和训练员之间的互动，我们可以用这些符号来描述。

在我们的海豚系统中，通信媒介是一个由不规则的多维按键阵列组成的键盘。每个键由一个空心塑料管组成，其两端开口，以便动物可以更好地回声定位放置在距离每个管子前部开口约 4 英寸处特定的三维物体。这些物体作为通信系统中的符号发挥作用。不同的物体由不同的材料组成，具备不同的形状和亮度。根据我们参与的视觉匹配样本研究（Herman et al., 1989），以及我们之前在海洋生命海洋馆对这些海豚进行回声定位的工作（Xitco, 1990），我们相信海豚应该能够用回声定位和/或视觉来区分这些符号物体。我们还将符号排列成不规则的图案，以提供区别化的空间信息，方便动物对符号的分辨。我们希望提供尽可能多的冗余维度，以使符号的定位对海豚来说尽可能容易。

键盘被悬挂在一个浮舟下面，浮舟上有控制键盘和自动记录数据的电子设备和计算机。键盘悬挂在船的下面，那么它就可以在直径 200 英尺、深 27 英尺的水箱中任意移动。我们目前正在使用幻灯片中所示的包含 15 个键的原型面板开展工作。不久之后，我们将把这个面板与"A"形框架上的另外三个面板结合起来，这样我们总共就有大约 60 个键了。

海豚或人类可以通过激活一个键来"说出"一个符号。一道红外感应光束投射在每个键的前端开口处。该光束可以很容易被海豚的喙或人的手遮挡。当传感器光束被遮挡时，计算机会开启这个键周围的灯，从而提供关于哪个键被激活的即时视觉反馈。当灯光亮起时，计算机就会播放代表符号的声音。声音的形式则是以人类说与符号等效的英语的数字化录音的形式出现的。

每当一个键被激活时，该符号的身份就会被记录在计算机会话文件中，同时还有一个时间戳，为我们提供了动物用键盘"说"的所有内容的完整记录。一个带着潜水麦克风的水下观察者在与海豚的对话中会对发生的事件进行评论。观察者的评论也会被数字化记录下来，打上时间戳，与按键数据一起记录在数据文件中。观察者的评论包括每次海豚或人类发声时激活按键说话者的身份，以及按键前后发生的事件。每个会话中的数据集应使我们能够重建事件的顺序和它们的时间分布图。我们还将能够确定海豚的行为是否与人类或海豚使用的符号有关。此外，我们将在定期取样的时间段内对整个过程进行录像，这样我们就可以客观地验证我们的观察者评论的可靠性，并为其他希望分析海豚键盘使用情况的科学家提供纵向记录。

这套符号，或者说词汇表，基于我们在环境中与海豚建立的互动关系。这些符号将使我们能够与海豚谈论去水池哪个位置、拜访哪个同伴、寻找食物、使用工具和玩玩具等。符号含义包括聊天对象、各种类型的物体、位置、动作和修饰语。符号的分布是随机的，因此，同一语法类别的符号不会在键盘上的同一区域内出现。也有一些符号只作为语法标记使用。例如，我们将在后面添加一个这样的键，把动作的时态改为过去式。这就类似于在动词中加入后缀“ed”。当我们在一个对话中产生一个以上的符号时，我们将大致遵循英语的语法习惯。然而，也会有一些明显不同于英语的语法规则，由此产生的符号串听起来就像一个破碎的英语句子。例如，想象一下，我想向我们的海豚托比宣布，我打算去两个水下亚克力潜水钟❶（我们称之为圆顶屋）中较大的那个。用英语我可能会说“我要去大圆顶屋”。在我们的海豚符号系统中，我们会说“人类去大圆顶屋”。

我们对这个系统的培训课程其实根本不涉及什么培训，至少不是传统意义上的培训。人类只是为海豚示范如何正确使用键盘符号来交流，交流内容包括人类和海豚在我们的环境中共同参与的社会活动。早期，我们主要使用这些符号来宣布我们将要从事的活动。例如，我们可以说“去大圆顶屋”，然后托比则会意地游向一个潜水钟。在圆顶屋内，可能有一个潜水员拿着一个重要工具，海豚知道如何使用这个工具来打开一个装有鱼的装置。然后我们可能会说“人类给重要工具”，要求潜水员把重要工具给动物。当托比拿到工具后，我们可能会说“使用工具”，再说“获取食物”。然后，我们将期望动物使用工具，以获得里面的鱼。这是我们可以在这种情况下与海豚定期进行的例行活动之一。

在人类示范如何正确使用该符号系统的早期阶段，海豚不需要做出任何反应。它们只是看着人类使用这个系统。海豚会自愿参与到符号使用的活动中，因为这些活动本身对海豚来说是自我强化的。它们似乎已经喜欢和它们的潜水训练员一起在水池里游泳，寻找食物。它们似乎也喜欢自己使用工具，从各种设备中获取食物。就像侏儒黑猩猩项目一样，我们预计随着时间的推移，海豚将开始学习符号与随后的行为和活动之间的联系。在这一过程中，海豚也将开始体验键盘，之后激活各种按键。我们不会试图提示海豚去激活按键，而是等待它们自己去尝试按键。起初，它们可能不理解它们所激活的按键上的符号代表什么。即便如此，训练员也会对这种早期的“咿呀学语”做出反应，就好像这是海豚有意为之的，其方式类似于人类父母对婴儿早期行为的引导。我们希望海豚能从中了解到，当特定的键被激活时，人类的行为会有特定的结果。海豚将了解到它们可以通过使用符号来控制和决定哪些活动发生。这是它们学习这个系统的动机。它们可以决定我们在水池里的位置，我们接下来该做什么，它们可以玩哪些玩具，什么时候获得食物，等等。

---

❶ 是一种潜水装置，主要用于运送和容纳潜水员，因其形像钟而得名。非计时类装置。——译者注

在实验早期，我们对海豚说的话语将会十分简单，可能只包含 1 ～ 3 个符号，就像父母对婴儿说话那样。当海豚开始显示出对我们话语的理解，并开始产生一些它们自己的话语时，我们将逐渐增加我们话语的长度和语法的复杂性。我们可以预估，我们的大部分话语的复杂程度海豚将能够应付，少部分比例的话语将有稍高的复杂程度。随着海豚话语复杂程度的提高，我们将期望它们能在目前的最佳水平上理解生成的符号串。我们的下一步，是让海豚在更高层次的语言复杂度上进行对话。有时我们会表现得好像我们不明白海豚对一个符号串的确切意思，试图促使它们产生更复杂的、更具体和更有信息的话语。例如，想象一下，在海豚和训练员的附近有几个工具。海豚说“给”，并清楚地指向一个工具。在训练的早期，训练员可能会回应，并把这个工具给海豚。然而，在训练后期，当海豚开始正确使用“给”这个单一的符号时，训练员可能会有几种选择来促使海豚发出更具体的声音。训练员可以给海豚一个不同的工具，或者通过生成一个字符串，比如说“给木棒”来宣布他打算给海豚一个不同的工具。另一种选择是让训练员生成字符串“给什么”？在每一种情况下，海豚都可以选择生成一个更具体的两个符号的字符串，指定它想要的工具。例如，“给重物”。这种在现有能力水平上，逐步提高期望值的过程类似于一种学习过程，这种过程被称为“脚手架”，是人类父母在儿童学习语言时经常使用的。脚手架可以被描述为一个复杂的塑型训练过程，它在符号系统的习得过程中起重要作用，主要能改善交流。

我们打算在整个项目过程中搞清楚一些问题。一般来说，我们想看看海豚是否可以学会使用这些符号。它们是否可以使用这些符号尝试向人类传达具体信息？它们是否会用这些符号来谈论自己的行为？它们能理解我们对其环境的描述吗？它们在理解和生成一连串的符号方面能变得多么复杂？总的来说，海豚是如何使用这个系统的，又是在什么样的条件下使用这个系统的呢？

在什么条件下使用这个系统?

我们还想知道，海豚是否学会了以原始语言的方式使用这些符号。它们会不会学会以指代的方式使用这些符号？当海豚生成符号串时，它们会使用人类使用的语法规则吗？它们会发明自己的规则吗？它们会犯什么样的错误？我们确信，随着我们项目的进展，还会有其他问题不停地出现。

1991 年 10 月 31 日，我们上周正式向海豚介绍了键盘系统。海豚们表现出了极大的好奇心，争先恐后地游到键盘前。它们静静地看着，从训练员的肩膀上看过去，人类第一次用键盘来宣布即将到来的活动。在这个时间点上，期望海豚理解什么是键盘或符号的功能还为时尚早。在接下来的几周里，我们将把键盘更全面地融入我们的日常训练中。随着项目的进展，我们会让各位读者及时了解最新情况。

参考文献

1. Herman, L. M. (1986). Cognition and language competencies of bottlenosed dolphins. In R. J. Schusterman, J. A. Thomas, & F. G. Wood (Eds.), Dolphin Cognition and behavior A comparative approach (pp. 221-252). Hillsdale, NJ: Erlbaum.

2. Herman, L. M. (1987). Receptive competencies of language trained animals. In J. S. Rosenblatt, C. Beer, M. C. Busnel, & P. J. B. Slater (Eds.), Advances in the study of behavior (Vol. 17, pp. 1-60). Petaluma, CA: Academic Press.
3. Herman, L. M. (1988). The language of animal language research: Reply to Schusterman and Gisiner. Psychological Record, 38, 349-362.
4. Herman, L. M. (1989). In which procrustean bed does the sea lion sleep tonight? Psychological Record, 39, 19-49.
5. Herman, L. M., & Forestell, P. H. (1985). Reporting presence or absence of named objects by a language-trained dolphin. Neuroscience and Biobehavioral Reviews, 9, 667-68 1.
6. Herman, L. M., Hovancik, J. R., Gory, J. D., & Bradshaw, G. L. (1989). Generalization of visual matching by a bottlenosed dolphin (*Tursiops truncatus*): Evidence for invariance of cognitive performance with visual and auditory materials. Journal of Experimental Psychology. Animal Behavioral Processes, 15, 124-136.
7. Herman, L. M., Richards, D. G., & Wolz J. P. (1984).Comprehension of sentences by bottlenosed dolphins. Cognition, 16, 129-219.
8. Morrel-Samuels, P., Herman, L. M., Bever, T. G., & Rettig, E. J. (1989). Cerebral asymmetries for gesture recognition in the dolphin. Paper presented at the Eighth Biennial Conference on the Biology of Marine Mammals, Pacific Grove, CA.
9. Ristau, C. A., & Robbins, D. R. (1982). Language in the great apes: A critical review. In J. S. Rosenblatt, R. A. Hinde, C. Beer, & M. C. Busnel (Eds.), Advances in the study of behavior (Vol 12). New York: Academic Press.
10. Savage-Rumbaugh, E. S. (1988). A new look at ape language: Comprehension of vocal speech and syntax. In D. W. Leger (Ed.), Comparative perspectives in modem psychology. The Nebraska symposium on motivation, 1987, 35, 201-256.
11. Savage-Rumbaugh, E. S. (199 1). Language learning in the bonobo: How and why they learn. In N. Krasnegor, D. M. Runibaugh, M. StuddertKennedy, & R. L. Schiefelbusch (Eds.), Biological and behavioral determinants of language development (pp. 209-333). Hillsdale, NJ: Erlbauin.
12. Savage-Rumbaugh, E. S. (in press). Language learnability in man, ape, and dolphin. In H. L. Roitblat (Ed.), Comparative cognition. Hillsdale, NJ: Erlbaum.
13. Savage-Rumbaugh, E. S., McDonald, K., Sevcik, R. A., Hopkins, W. D., & Rupert, E. (1986). Spontaneous symbol acquisition and communicative use by pygmy chimpanzees (*Pon paniscus*) Journal of Experimental Psychology: General, 115, 211-235.
14. Savage-Rumbaugh, S., Rumbaugh, D. M McDonald, K. (1985). Language learning in two species of apes. Neuroscience & Biobehavioral Reviews, 9, 653-665.
15. Savage-Rumbaugh, S., Sevcik, R. A., Brakke, K. E., Rumbaugh, D. M., & Greenfield, P. M. (1990). Symbols: Their communicative use, comprehension, and combination by bonobos (*Pan paniscus*). In C. Rovee-Collier & L. P. Lipsitt (Eds.), Advances in infancy research (Vol. 6, pp. 221-278). Norwood, NJ: Ablex.
16. Schusterman, R. J., & Gisiner, R. (1988). Artificial language comprehension in dolphins and sea lions: The essential cognitive skills. Psychological Record. 38, 311-348.
17. Schusterman, R. J., & Gisiner, R. C. (1989). Please parse the sentence: Animal cognition in the Procrustean bed of linguistics. Psychological Record, 39, 3-18.
18. Xitco, M. J. Jr. (1990). Echolocation matching for shape, material, and internal structure. Paper presented at the Eighteenth Annual Conference of the International Marine Animal Trainers Association, Chicago.

Conference Proceedings

《会议论文集》1982年国际海洋动物训练员协会会议，于美国夏威夷檀香山。认知训练需要精细地控制和借助各种先进的技术才能有效。这里介绍了为一个认知项目里两头海狮所进行的初步训练。

教海狮认识代表物体数量和特性的行为和信号

雷诺·舒斯特曼（Ronald J. Schusterman）和凯西·克里格
加州州立大学海沃德分校（California State University-Hayward）

摘要

两头加州海狮，一头六岁的雄性海狮洛奇（Rocky）和一头三岁的雄性海狮巴奇（Bucky），接受了象征性匹配范示的训练。训练员的手臂和手的运动所产生的手势符号表示对象、修饰语和动作类型。两头海狮最终都接受了由修饰语 + 对象 + 动作组成的三符号结构的训练。三符号序列的一个例子是“黑 + 球 + 嘴咬”[其释义为游向黑色的球（而不是灰色或白色的球，也不是黑色、白色或灰色的管子），然后把嘴张开放在球上]。洛奇的修饰语由大小和颜色两种属性组成，而巴奇的修饰语由物体的不同位置组成。经过 24 个月的训练，洛奇能理解的词汇量为 20 个符号（5 个修饰语、10 个物体和 5 个动作），经过 20 个月的训练，巴奇能理解的词汇量为 16 个符号（2 个修饰语、8 个物体和 6 个动作）。如果一个生物体对一系列命令中的每个符号都能理解并能与其他符号形成对比，我们就认为能够动物能听懂指示，那么语义理解能力就被认为得到了证明。目前，洛奇的语义理解能力包括 190 个三符号组合，而巴奇的语义理解能力包括 64 个三符号组合。

如何教海狮……

直到最近，对婴儿、智障人士以及动物的认知能力研究的最大限制依旧是如何训练他们只对特定环境刺激物做限制反应，这种反应是一种相对简单的、工具性的反应（Blough & Blough, 1977）。这类研究曾发表在舒斯特曼（1981）对研究非人类语言动物的感觉和知觉能力的操作方法的评论上。语言学上的说法是非人类语言动物是用整体命令来训练的，也就是说，当且仅当一个信号或刺激（刺激控制）被给出时，动物要以特定的方式行动（例如触摸或接近）。命令信号包含一个完整的短语，其中包括对象类别、对象质量、对象位置和要采取的行动。研究人员没有尝试使用刺激控制程序指令，在程序指令中，信号以不同的方式重新组合。因此，很少有人考虑过非人类语言动物能否以不同方式重组信号指令，即它们是否有能力进行语义理解（Premack, 1976）。关于动物学习能力的研究在动物园、马戏团和海洋馆的动物上也有过很多尝试和部分成功的案例。例如，通过斯金纳式的塑型训练、变化和消退等技术，海豚和海狮被训练来辨别一系列复杂和微妙的动作和行为。然而，训练员的手势或初级词汇作为整体性的命令，既指动作、对象，也指对象的品质。因此，海豚似乎并不能理解要去取回球而不是圆环（除非训练员指着球），同理，也不会理解越过环而不是越过球。甚至在训练一只卷尾猴作为四肢瘫痪者的助手时，也没有使用信号来指代饲养环境调节的各个环节。相反，猴子的表现似乎取决于一系列“成型”和“连锁”的行为，主要是基于训练员的口头命令“做这个”或“取那个”的行为控制（Willard et al., 1982）。正如理查德指出的那样，“大多数非人类语言的动物比它们在自然栖息地还是在给它们做实验的心理学家手中看起来要聪明得多，也更有实力”（Soloman, 1981），我可以补充说，这也适用于大多数训练员训练的动物。

然而，这些为了探究动物的认知能力的限制性研究技术最近都已经被攻克了。诸如处理空间记忆（Menzel, 1978）、抽象推理和符号交流（Premack, 1983; Savage-Rumbaugh, 1981）、手势符号（Gardner & Gardner, 1969）、塑型符号（Premack, 1983）、带有符号的键盘（Rumbaugh, 1977）和计算机生成的声音符号（Herman, 1980）等方式方法都已经用在黑猩猩、山羊和瓶鼻海豚的实验中。在非洲灰鹦鹉的实验中则使用了英语口语单词（Pepperberg, 1981）。现场进行的实验表明，疣猴发出的“未经训练的”声音是以初级语言的方式来表达的，这种初级方式能够指代对象或事件（Cheney & Seyfarth, 1982; Sey-farth et al., 1980）。本文对海狮的研究与赫尔曼对海豚的研究最为相似（Herman, 1980; Herman et al., Note 1），其重点在于对词汇的理解而不是组词造句。格里芬（Griffin）（1981）则总结了这种比较心理学方法。

我们位于海沃德的实验室和美国非洲海洋世界一直在训练两头加州海狮（*Zalophus californianus*）进行象征性交流实验。使用的手势符号指的是对象的类型、属性和位置，以及要采取的行动。这些独特的手势符号是由训练员的手臂和手的运动产生的。目前我们对洛奇经过 24 个月的训练，对巴奇进行了 20 个月的训练。在此期间，我们收集了大量关于洛奇和巴奇理解手势能力的数据，这些手势可以组合成由两个或多个手势（也就是“单词”）组成的短语，每个符号序列或结构都传达着一个独特的指令。理解能力是基于海狮对手势短语反应的准确性和信号使用的连贯性来衡量的。我们用大写的单词来代表具有特定意义的手势。两个手势的组合总是以“对象 + 动作”的形式出现，例如：飞盘 + 胸鳍触摸（被解释为“走到飞盘前，用你的胸鳍触摸它”）。修饰语被加在“对象 + 动作”字符串之前，因此，目前的三个符号串是由“修饰语 + 对象 + 动作”按顺序组成的。目前，海狮能理解的修饰语包括对象的属性（灰色的阴影或物体的大小）和对象的位置（位于陆地或水中）。三符号序列的一个例子是“黑 + 球 + 嘴咬”［被翻译为“走到黑球（而不是灰球或白球）旁边，把你张开的嘴放在上面”］。物体修饰语是在相同的一对或三对物体同时存在时使用的。在相同颜色修饰语的情况下，至少要提供六个对象，例如，三个球是黑色、白色和灰色的，三个棒球棒是黑色、白色和灰色的。

Conference Proceedings

《会议论文集》，1989 年国际海洋动物训练员协会会议，于荷兰阿姆斯特丹。当面临挑战时，我们希望看到训练员以创新的结果迎接挑战，这样的故事总是令人耳目一新。下文中描述的项目需要精心计划的脱敏训练。虽然研究项目的结果还未完全公布，但在动物训练方面已经取得了巨大的成功。

录像记录海豚回声定位时的鼻腔通道运动

德布拉·马林-库尼
美国非洲海洋世界

摘要

海豚如何发出声音是多年来一直备受科学家关注的话题。这个项目的目的是更好地确定回声定位点的来源。1988 年，美国非洲海洋世界的一头雄性瓶鼻海豚（*Tursiops truncatus*）被训练成在其鼻腔内接受光纤镜，以便在回声定位时观察这些部位的运动。

视频记录……

海豚到底是通过什么方式和部位发声的是近三十年来科学家一直激烈争论的一个话题。人们普遍认为，超声波是由鼻腔内的结构通过前额发出的。自 1961 年以来，许多研究项目提供的证据都支持这一观点。然而，始终没有人能够准确地指出回声定位的确切来源。本报告主要介绍海洋世界在帮助研究人员获得新数据方面的贡献。首先，我觉得有必要向大家介绍一下该研究的背景信息。

泰德·克兰福德于 1983 年开始研究海豚的发声机制。利用现代 X 射线技术，他于 1985 年通过 CAT[1] 扫描图像研究了长吻飞旋海豚（*Stenella longirostris*）的头部结构。这些二维图像显示了许多新的内容和细节。通过这些 CAT 扫描图像，克兰福德发现了背囊（兔耳）。兔耳是埋藏在鼻腔边缘的脂肪块。由于这一结构在别的动物中不存在，他认为（或希望）这个结构一定有很重要的作用。他对兔耳的深入研究发现它们与猴唇结构相连，而这是有弹性的结缔组织。1972 年，诺瑞斯博士和哈维提出，猴唇是抹香鲸（*Physter macrocephalus*）的发声源。这给了克兰福德一个更充分的理由来相信他的发现是重要的。克兰福德对十种不同的齿鲸做了 CAT 扫描后，发现所有的齿鲸中都有兔耳和猴唇两种结构。

1986 年，克兰福德去了瑞典后与马茨·阿蒙丁（Mats Amundin）一起工作。他们使用小型冷冻切片技术研究了瓶鼻海豚的头部结构。这项工作使 CAT 扫描的结果更加精确。这些结果展示了兔耳在气道两侧的位置，以及它们靠近哪些重要的空气结构。

1987 年，克兰福德、阿蒙丁和大卫·贝恩（David Bain）在迈阿密的海洋哺乳动物协会会议上合作发表了一篇论文。他们在文中认为兔耳和猴唇一起工作，产生振动，这些振动是所有的齿鲸中回声定位咔哒声的声音源。他们已经对死亡的动物作了足够的研究，他们的下一个步骤是找到一种新的方法来观察这些结构在活海豚身上的作用。

1988 年，肯·诺瑞斯（Ken Norris）向海洋世界研究基金会提交了一份研究提案。该提案计划训练海豚接受内窥镜探头进入上鼻腔，然后通过发出回声定位的咔哒声，将使研究人员能够在咔哒声发出的同时进行视频和音频记录。如果这个项目成功，我们就可以获得更多的有关声音起源的知识，并有希望彻底了解定位回声产生的机制。

[1] 即为 CT 扫描，CAT 为早期名字。——译者注

咔哒声是如何产生的

在提案被批准后，研究实验需要几个月的准备工作。我们的第一步是去圣克鲁斯与克兰福德、贝恩和诺瑞斯会面并听取他们以前工作的介绍。在听完了专业的介绍后，克兰福德为我们解剖了一条真海豚（*Delphinus delphis*）的头部，以便我们能更好地了解我们的动物和要记录的数据。解剖的标本与我们要研究的动物不完全相同，但仍然可以让我们了解我们要做的实验和记录的数据是什么样，以及探头必须插入鼻腔的深度：探头需要放到兔耳和猴唇结构附近，这两个结构只在出气孔下面一英寸左右。

那天晚些时候，医生将这些设备借给我们。不幸的是，这些设备不能用于训练。我们只能在实际实验中使用它们。我们当时所做的只能是测量所有设备的尺寸。通过了解探头的尺寸，我们估计了其对动物运动有多少限制，以及需要多少人操作这些设备。这次拜访促使我们开始思考训练内容，我们场馆的水池不是为研究而专门设计的，我们需要考虑将所有的这些设备放置在哪里。在圣克鲁斯的一天行程结束时，我们已经准备好开始为我们的项目进行训练。

这个项目计划中最重要的一个环节是挑选合适的动物。我们选择的动物是一头叫史舒纳（Schooner）的雄性瓶鼻海豚。史舒纳大约 14 岁，在海洋世界有着 10 多年的表演经历。在这个项目的开展过程中，它还需要保持日常表演，维持饲养行为，以及学习其他新的行为。

史舒纳已经知道如何佩戴眼罩。九年多来，它蒙住眼睛需要完成的唯一任务就是取回环形物。我们必须教它一项新的任务，让它接受保持在内窥镜允许的有限范围内。它接受了触觉信号的训练，从教练那里去到一个定位杆那里，并保持定位直到信号出现。史舒纳必须保持在离墙几英寸的范围内，并且只能潜入水面以下几英寸。最初，它被训练成将它的出气孔停留在水面上。但戴上眼罩后，它就习惯把整个头浸入水中。之后这种行为被修改为限制它的深度，而不是要求它把出气孔保持在水面上。

由于训练期间没有实际的内窥镜探头可用，我们便通过往它的鼻腔里插入一根 3/8 英寸的软塑料管来进行模拟。当实验日期到来时，我们就将管子套在探头上，而史舒纳在实际实验中不会感觉到任何不同。

在史舒纳接受了鼻腔内插管子的训练和回声定位的训练后，这两种行为被放在一起。我给它戴上眼罩，插上管子，然后让动物发声。

在训练过程中，唯一需要让史舒纳熟悉的是水听器和放置设备的盒子。这些都是在训练过程中加入的，在实验时这些仪器并没有打扰或分散它的注意力。我们还让贝恩博士在一些训练课程中进行声音检查，以确保我们能在水听器上接收到发出的信号声。

当所需要训练的行为完全成功并且稳定时，我们通知了所有人并确定了实验日期。2 月 27 日是第一天实验的日期，在这一天场馆关闭了，我们把一天的大部分时间都用于研究。虽然正式实验开始得很晚，但仍然成功地进行了三场实验。3 月 11 日，我们又做了一次实验，但由于设备故障，没有记录到数据。设备连夜修好后，第二天我们又做了三场实验，之后在我们的演出日程的间隙，我们总共进行了19次实验。

实验前，我们有很多设备需要提前安装并检测功能。这些设备都放在游泳池旁边，设备包括一台监视器、一个扬声器、一个高频录音机和一个示波器。在我们走道的另一个盒子里，还放有内窥镜和录像机。摄像机和探头之间通过光缆相互相连。在设备箱旁边的水里是定位杆和水听器。

当所有的设备都安装好后，正式实验的情况如下。一位训练员会控制和史舒纳在同一个水池中的另外两头动物。我和另一位训练员则与史舒纳一起工作。我们给史舒纳戴上眼罩，然后将探头插入它的鼻腔。屏幕监测员会告诉我们是否能看到兔耳结构。如果监测员没看到，我们就会继续移动探头寻找它们。如果搜索时间过长还没有找到，我们就会释放动物并对其进行强化。如果我们顺利找到了兔耳和猴唇结构，我们就会给动物一个发声的信号。当它在水听器前发声时，兔耳和猴唇的动作就会被录下，同时记录下来的还有超声定位信号。

在实验过程中，除了设备故障外，我们还发现了一些其他无法预见的问题。首先，动物在水听器前有时候会非常的放松，眼睛被蒙住的动物会安静定位着，不发出任何声音。在另一些实验中，当我们依旧向水中投掷相同的物体，试图引起动物发出更多的、更长的定位回声时，动物却完全地安静下来。我们分析动物不发声的最大可能是由于探头的移动，导致兔耳和猴唇会失去视野或焦点。幸运的是，史舒纳渴望成功并工作得很好。在两天的时间里，我们总共进行了54次实验。在这些实验中，大约有7分钟的磁带可以提供非常有用的信息。

视频和音频记录被送到圣克鲁斯进行分析。由于很难将视频记录与咔哒声的记录相匹配，因此对所收集的数据进行分析将会是一个漫长的过程。到目前为止，我们所了解到的是，兔耳和猴唇在咔哒声产生的过程中都在振动。这与之前的理论是一致的，这些结构的运动可能只是偶然的，也可能是决定性的。

尽管没有获得关于咔哒声的确切来源的定论性信息，但我们认为我们的项目是成功的。史舒纳允许我们在它的鼻腔内进行录像。我们了解到了与咔哒声产生有关的新信息，并没有排除兔耳和猴唇作为咔哒声产生部位的潜在可能性。更多的工作需要进行以进一步确认研究结果，诺瑞斯、贝恩和克兰福德正提出另一项研究研究计划。

致谢

我想感谢以下人士的贡献。菲利普·贝谢恩伯格（Phillip Scheinberg），汤姆·贝波尔斯（Tom Boles）和格伦·贝哈丁（Glenn Hardin）借给我们的设备，以及分享他们设备操作的专业知识。艾米·特拉克斯勒（Amy Traxler），吉姆·穆伦（Jim Mullen），乔恩·劳伦斯（Jon Lawrence），保罗·波维（Paul Povey）和泰瑞·萨曼斯基（Terry Samansky）在培训课程和研究实验中提供的建议和帮助。感谢桑尼·艾伦（Sonny Allen）在这个项目提供的帮助。最后但很重要的是，大卫·贝恩博士（Dr. David Bain）在这个项目的所有阶段提供了帮助。

Conference Proceedings

《会议论文集》1988 年国际海洋动物训练员协会会议，于美国得州圣安东尼奥（San Antonio, TX）。教导动物在任何时间佩戴东西都是困难的。设计物品并使动物对其脱敏的过程可能是很困难的。无论你是想让狗穿上背包，还是让海豚戴上水下摄像机，许多因素都需要考虑。

训练大西洋瓶鼻海豚（*Tursiops truncatus*）穿有遥控水下摄像机的背带

吉娜·高文（Gina Gouvin）和迈克·伍德（Mike Wood）
海洋剧场

摘要

今年 3 月，我有幸和迈克·伍德与英国广播公司（British Broadcasting Corporation, BBC）合作进行了一个名为“超级视角”的项目，这是一部关于动物世界生活的纪录片。海洋剧场被要求训练一头瓶鼻海豚戴上遥控水下摄像机，以获得海豚对其环境的观察视角。在拍摄过程中，海豚将执行包括捕食活乌贼在内的各种任务。拍摄过程中，我们在水下放置了一个麦克风来记录海豚的回声定位性能。

简介

今年 3 月，我有幸和迈克·伍德与英国广播公司合作进行了一个名为“超级视角”的项目，这是一部关于动物世界生活的纪录片。它通过各种生物的眼睛和感官为观众提供动物所经历的视觉感知。它的六期节目中的每一期都集中在某一特定动物的一个方面。在“超级视角”这一期节目中，我们被要求训练一头瓶鼻海豚戴上遥控水下摄像机，以获得海豚对其环境的观察视角。在拍摄过程中，海豚将执行包括捕食活乌贼在内的各种任务。一个水听器被放置在水下以记录海豚的回声定位性能。这些录音被用来为影片配音，同时也会被英国拉夫堡大学声呐和信号处理小组的古德森先生（Mr. Goodson）用来进行研究。他正在研究发出的声音脉冲和正在执行的任务之间的相关性。

水下摄像机被安装在海豚背鳍上的背带上。摄像机的角度是这样设置的：在回声定位过程中，海豚头部的一部分可以被拍摄到。

在我们的训练开始之前，我们需要选择我们认为最适合佩戴摄像机的海豚。工作人员一致认为，16 岁的公海豚布顿（Buttons）是最佳选择。它一直是一个非常活泼的动物，喜欢在水中与训练员互动。它体长约 2.43 米（8 英尺），体重约 204 公斤（450 磅），我们认为它很适合携带这些重达 5.9 公斤（13 磅）的设备。

我们的下一个任务是选择一个适合我们训练这些新行为的场地。海洋剧场的海豚饲养设施很独特，它是一个 1.8 平方公里（4.5 英亩）的盐水湖，这里原来是 20 世纪初为修建佛罗里达东海岸铁路而开凿的采石场。盐水以每分钟 24605 升（6500 加仑）的速度从海洋直接泵入水池。海豚与其他类型的海洋生物一起居住在这片水域。

我们选择的训练场地是一个大约33.5米×18.3米（110英尺×60英尺）的围栏，这个围栏位于水池的南端。在围栏的一侧，水深为0.9～1.2米（3～4英尺），这使得训练员可以很容易地站起来训练动物和操纵设备。在这个地方还有一个码头，为我们提供了一个定位和工作区。

第一阶段

通过让布顿水平地漂浮在码头上，同时训练它的喙朝向浅水区，我们建立了这个定位地点。一旦这种行为稳定下来，训练员将站在海豚旁边的水中，轻轻地把它从一边转到另一边，并对它的胸鳍和背鳍进行脱敏。这有助于布顿更加适应穿脱设备所需的过程。它很快就适应了在新的定位位置，并在水中配合设备的穿戴。我们觉得它已经准备好进行下一阶段的训练了。

第二阶段

为了让海豚作好穿戴设备带的准备，首先要让它对设备带各种带子和材料进行脱敏。在训练过程中，我们首先把一条7.6厘米（3英寸）宽的弹性材料制成的带子变成玩具，让布顿在训练的同时触摸和玩耍。通过半保护式接触，我们逐渐使它有条件戴上带子，带子用尼龙搭扣固定在它身体中部、背鳍前方的位置。然后我们以同样的方式引入第二条带子，佩戴在第一条带子前面7.6～10厘米（3～4英寸）处。

在接下来的几次训练中，布顿被要求在佩戴带子时执行特定任务。我们观察到当带子变湿时，会在动物游泳时拉伸并滑出身体，因此我们需要寻找更合适的材料。我们发现了一种5厘米（2英寸）宽的尼龙带，用一个塑料卡扣固定，非常符合我们的需求。因为布顿已经熟悉了佩戴带子的必要程序，所以只花了几天时间，它就适应了新带子。

在接下来的四五天里，我们一直保持着这种行为，因为我们在等待一个特别设计的、由弹性材料制成的全长背带。它可以包裹着海豚的身体，用尼龙搭扣固定在侧面。并增加了开口以容纳背鳍和胸鳍。背带固定在动物出气孔后12.7厘米（5英寸）到背鳍后约15厘米（6英寸）的位置。我们认为这种设计可以提供良好的支撑，防止摄像机在拍摄过程中滑落，并尽量减少对动物皮肤的摩擦。

问题

在接下来的一周时间里，当布顿穿戴上新的背带时，我们发现了越来越多的问题。其中最主要的问题是海豚对穿戴设备的必要步骤感到不舒服。尤其是将背鳍和胸鳍装入背带的开口处是一项非常耗时的工作。此外，材料在潮湿的时候穿起来很不方便。经过无数次勉强成功的尝试后，我们把全尺寸的背带脱了下来。布顿也松了一口气。

随着拍摄日期的临近，我们又把精力转移到了海豚在早期训练中穿得很好的那两条尼龙带子上。为了固定这两条带子，我们设计了一个固定装置，可以牢牢地把摄像机固定在那里。在设计固定装置时，我们考虑到了几个要求。首先，它要适合海豚，但又要有足够的硬度，使相机的位移降到最低。其次，安全带还必须可以调节，以保证适当的拍摄角度。最后但最重要的是，摄制组到来的期限马上就到了，所以我们必须快速完成。

为了建造这个固定装置，我们从一块弧形塑料板上切割了一块 43 厘米 ×35.6 厘米（17 英寸 ×14 英寸）的长方形板作为底座。在这个长方形板一端切开一个槽来容纳背鳍。在每一侧增加两个开口用于放置尼龙带。在塑料可能与海豚皮肤接触的地方粘上两到三层 7.6 厘米（3 英寸）的泡沫橡胶，以最大限度地提高舒适度。塑料底座上固定着一个泡沫橡胶填充的圆柱体，这将在拍摄过程中用来固定摄像机。圆柱体上的铰链式盖子可以让人很容易地拆卸摄像机。

第三阶段

在将海豚引入新设备之前，它需要熟悉背上携带重物的感觉。为了模拟相机在水中产生的阻力，我们在其中一条尼龙带上绑了一个塑料壶。每天我们都会在壶中加入更多的水以逐渐增加重量。经过几天的努力，我们觉得动物已经完全准备好了，可以向它介绍和安装摄像机了。我们要求动物定位在那里，而训练员在它旁边拿着固定装置。因为动物还在接受强化训练，一旦它适应了，我们会轻轻地把设备放在它的背上，而不系上带子，并再次进行行为强化。到了第三天，设备已经就位，一条带子已经系好。到了第五天，两条带子都系好了，布顿已经准备好探索它的游泳池了。

我们鼓励它游泳、潜水和跳跃，看看是否有任何需要调整的地方。我们注意到，在它游泳的时候，设备会有很大的移动，一旦开始拍摄，就会产生潜在的问题。由于我们的时间很紧，任何重新设计都是不可能的。然而，我们发现，通过收紧带子，移动被降到了最低限度。其他调整包括在塑料圆柱体的背侧增加几层泡沫橡胶，以提供适当的摄影角度，以便拍到海豚头部的一部分。

第四阶段

英国广播公司为我们提供了一台“模拟摄像机”用于训练。它是一个简单的塑料圆柱体，大小和重量与工作摄像机相同。一旦装上之后，它将增加 1.8 公斤（4 磅）的额外重量。布顿携带模拟相机一两天后，就习惯并可以进行最后阶段的训练了。

水下摄像机和外壳是由英国拉夫堡大学的古德森先生设计的。铝制外壳里面是一台高速摄像机、电池电源和电路板。一个亚克力窗用螺钉固定在外壳的两端，并用标准的 O 形环密封。一个 27.9 厘米（11 英寸）的球形水听器连接到 45.7 厘米（18 英寸）的导线上，将信号传输到声学控制电路板上，以控制继电器的开 / 关。在设计相机的控制系统时，古德森先生考虑了七种因素。当使用声学控制时，海豚自身的声呐可能会干扰系统，这可能会给电路板带来错误的指令。海豚也可能故意模仿控制声音来干扰系统。他考虑过使用海豚口哨频谱以外的非常高的频率，但高频声音在海水中的衰减太快。古德森先生选择了一个 80000 赫兹的高频超声编码信号来激活摄像机。

考虑到水下的声音不会穿过海豚，因为呼吸空气的哺乳动物在声学上是不透明的，古德森先生这个系统可以处理自池底或水面的多路径反射信号。摄像机的开关上放置了一块外部磁铁，以防止摄像机在不使用时因环境噪声而意外触发。然而，在拍摄休息期间，一位工作人员将摄像机放在码头边缘，球形水听器在水中，但却没有将磁铁放在开关上。当我们返回时，摄像机正在运行。我们认为布顿很好奇，在近距离对水听器发出了嗡嗡声后导致了摄像机开机。这个失误使英国广播公司损失了一盒胶卷！

第五阶段

在训练的最后阶段，真正的水下摄像机被介绍给海豚。我们意识到摄影机运行的声音布顿可以清楚地听到。为了确保它不会受到惊吓，我们首先让它戴上背带固定装置，而训练员站在它旁边的水里拿着相机。我们先把摄像机打开再关上，每次间隔时间很短，然后逐渐增加间隔时长，我们会打开然后关闭摄像机，同时对它进行奖励强化。最初的几次，布顿似乎有点惊讶，但很快就适应了新的声音。

我们的下一个训练课程致力于让动物穿上装有水下摄像机的设备。同样，这也是通过先让它保持站位，然后把摄像机固定到位，再在短时间内打开和关闭摄像机来完成。在我们的下一次训练中，布顿渴望在佩戴设备时执行任务并探索它的水池。在这一点上，工作人员和训练员认为是时候把摄像机装上进行试运行了。

拍摄

在摄像机拍摄的时候，我们要求海豚从池底捞起一些重环。我们曾考虑过让它为这一环节做一些跳圈的动作训练，但在看到它有些笨拙的尝试后，我们决定放弃了，因为我们不想让它感到任何不适。在接下来的训练课程中，拍摄主题围绕着海豚捕食活乌贼而展开。虽然海洋剧场的水池里有活鱼，但没有乌贼这样的美味。不用说，在任何吃鱼的场景中，布顿都非常乐意配合。

结语

在本周结束时，摄制组觉得他们有足够的镜头素材了，于是便返回了英国。不幸的是，他们仍在编辑这些视频材料并为在电视上公开播放做最后的准备，所以我们还没有得到任何成品。总的来说，我们对这个项目非常满意。回顾过去，我们认为有几件事可以改进。最重要的是希望有时间设计一个更复杂的装置，以便有更好的摄像角度。这反过来又能在拍摄过程中提供海豚头部的更好视野。然而，从训练员的角度来看，我们实现了我们的目标：成功地训练海豚穿上背带和水下摄像机。在我们获得海豚对其环境的观察角度时，与摄制组和科学工作者并肩工作是一个愉快和积极的经历。

《海洋哺乳动物：公众展览与科学研究》，下面这篇论文最初是1992年在巴哈马举行的国际海洋动物训练员协会会议上发表的。它获得了杰出行为训练奖的亚军。这篇论文是综合性训练的一个很好的例子，因为它训练了许多不同的行为。最具挑战性的行为之一是在开放的海洋中与动物一起工作。世界上有几个机构在开放的海洋环境中与海豚一起工作，但海军的项目无疑一直处于这类工作的前沿。在这里，动物们戴着深度记录器接受深潜训练，然后它们被要求在返回时自愿提供血液样本。这是另一个说明训练可以被巧妙利用的例子。这篇论文发表在《海洋哺乳动物：公众展览与科学研究》1994 年第 1 卷第 1 期。

太平洋瓶鼻海豚（*Tursiops truncatus gilli*）自由潜水研究的训练

史蒂芬·施皮（Steven F. Shippee），
诺尔曼·秦，特里·威廉姆斯（Terrie M. Williams）
海军作战与实战压力管控中心下辖的海军研究与发展部
（Naval Research and Development Division）

摘要

潜水的行为和生理学已经在几种鳍足类和海洋鸟类中得到了广泛的研究。但我们对完全的水生动物——鲸豚类的潜水适应性了解甚少。早期对海豚潜水能力的研究是在实验室中使用强制潜水方法进行的，并导致了动物极端的生理反应。在 20 世纪 60 年代末和 70 年代初，海豚在公海中接受潜水训练这种研究和训练技术得到了改进，我们得以从这些动物的自然潜水中获得生理学的初步数据。在本研究中，两头太平洋瓶鼻海豚（*Tursiops truncatus gilli*）被训练下潜到特定深度，然后返回站台自愿配合采血行为。血液样品会进行乳酸含量的分析，以提供潜水期间无氧呼吸的数据。动物佩戴的时间 - 深度记录仪（Time-Depth Recorder, TDR）则可以记录潜水时间和深度，并可以计算出游泳速度、潜水时间和上升 / 下降速度。同时进行的其他实验包括训练动物在自愿憋气时配合采集血样，从而提供溶氧变化的信息。之外还进行了心率测量，以验证强制潜水的心跳过缓现象在自由潜水中不会存在。这些研究表明有条件的自愿反应训练在科学研究方面的价值，该研究可以为医疗行为提供更多的信息。

简介

超过 70 种鲸豚类在海洋生态系统中发挥着重要的不同作用，它们进化出一种高能量消耗的捕食生活方式，以便在充满挑战的海洋环境中生存（Kanwisher & Ridgway, 1983）。为了生存和发展，这些动物必须适应海水比空气更高的导热性，并且能够承受压力和氮气积累所带来的严酷考验，这些都是它们在潜水获取食物时肯定会遇到的。许多鲸豚类被认为是获得了现代人无法捕获的食物资源，如抹香鲸以深海鱿鱼为食（Clarke, 1980）。其他鲸豚类则是和人类分享共同资源，是多物种群落的重要组成部分，例如在东热带太平洋的远洋金枪鱼和海豚之间的联系。由于它们完全在水中生存，而且在水下很难观察到它们的活动，我们对自由潜水的鲸豚类，特别是海豚潜水的生理生态学方面了解得相对较少。对远洋环境中鲸豚类的觅食模式和运动的研究主要依靠无线电跟踪技术和从海岸线和船上直接观察（Pryor & Norris, 1989; Scott et al., 1990）。然而，关于这些动物的自然潜水行为的信息仍然非常简略（Kooyman, 1989）。人们对远洋鲸类和海豚生态学的了解，大部分来自捕鲸数据和死亡的标本（Pryor, 1990），其他数据则完全来源于水手的传闻。

为了进一步了解海洋动物的潜水能力，鲸豚类的实验室研究在本世纪初开始兴起（Scholander, 1940）。通过对从鸭子到海豹等不同物种进行实验，我们了解了很多关于潜水和窒息的生理反应 (Eisner et al., 1966)。对鳍足类使用强迫潜水技术的研究让我们对这些动物的潜水能力和行为有了重要发现。然而，试图强行让被束缚的港湾鼠海豚潜水，会导致极端的心血管反应，动物在相当短的时间内便会死亡 (Scholander, 1940)。

在 20 世纪 60 年代，人们对小型齿鲸潜水生理学的兴趣逐渐增加。随着现代训练技术的出现，我们有可能对动物进行训练使其能够进行生理学实验，如用训练诱发潜水等自愿行为（Kooyman, 1985）。鼠海豚在封闭的水池中被训练成戴着仪器进行自愿潜水，并接受心率测量（Kanwisher, 1965; Eisner et al., 1966; Baldwin, 1965; Ridgway, 1972）。这也是之后在公海中用无约束的动物进行潜水实验的初始尝试（Irvine, 1970; Wood, 1973）。到现在为止，很多研究人员已经用训练有素的鲸豚类进行了各种无约束的潜水实验（表 1）。其中值得称道的是里奇韦等人在 1969 年和 1979 年进行的大量生理学研究。1978 年进行的深潜研究证明了瓶鼻海豚的潜水能力。该动物完成了一个超过 500 米深度的（1640 英尺）训练性潜水，这一壮举海豚只需要 6 分钟便可完成（D. McSheehy，私人通信）。另一个重要的发现是在 1984 年，一头白鲸进行了有记录以来最深的自由潜水，达到 647 米（2122 英尺），这一过程花了 16 分钟便完成了（Ridgway et al., 1984）。

表 1　人为训练海豚的潜水研究汇总

主要研究者	年份	物种	最大潜水深度 / 米	研究重点
诺瑞斯等人	1965	糙齿海豚（Pono）	30	潜水能力
艾尔斯纳（Elsner）	1966	瓶鼻海豚	3	心率
里奇韦，斯克朗斯，坎威舍（Kanwisher）	1969	瓶鼻海豚（Tuffy）	300	潜水生理学
霍尔	1970	太平洋斑纹海豚	215	潜水能力
鲍尔斯，亨德森（Henderson）	1972	短肢领航鲸	610	潜水能力
		虎鲸	265	
麦希伊（McSheehy，未发表）	1978	瓶鼻海豚（Lili）	535	深潜能力
里奇韦，霍华德（Howard）	1979	瓶鼻海豚	100	氮气吸收与排除
里奇韦，鲍尔斯	1984	白鲸	647	潜水能力与生理学

1971 年，通过安装无线电跟踪装置，我们可以测量自由潜水的真海豚（*Delphinus delphis*）的潜水深度，并记录到最大深度为 260 米（853 英尺）(Evans, 1971)。此后，其他研究人员成功地对其他鲸豚类进行了无线电跟踪［例如：港湾鼠海豚、飞旋海豚、暗色斑纹海豚（*Lagenorhynchus obscurus*）、太平洋斑纹海豚、瓶鼻海豚、领航鲸和虎鲸］(Scott et al., 1990)。即使如此，从这些自由潜水的齿鲸类身上所收集的实际潜水数据非常少，远远不能满足我们的好奇心。

范围和培训要求

之前在山姆·里奇韦博士（Dr. Sam Ridgway）的指导下，用一只经过训练的海豚塔菲（Tuffy）进行的实验测量了动物浮出水面时漏斗中收集的呼出空气中的 O_2 和 CO_2 含量（Ridgway & Scronce, 1969; Ridgway & Harrison, 1986）。第二个实验是训练两头海豚进行连续潜水，以测试动物组织中氮气负荷的影响，这种问题通常称为潜水病（Ridgway & Howard, 1979; Kan wisher & Ridgway, 1983）。然而，对于潜水的海豚体内乳酸堆积情况和心血管指标的测量数据仍然相对缺乏。这些类型的生理值在韦德尔氏海豹（*Leptonychotes weddelli*）和海洋鸟类中都有很好的记录（Kooyman, 1989）。有鉴于此，我们在去年开始了对潜水生理学的进一步调查。我们的研究试图为无约束潜水的动物建立基线值，并测量其在公海中自由潜水时的乳酸水平。我们的研究范围包括两个部分：罩子呼吸实验和开放水域潜水实验（表 2）。

表 2　研究范围

建立基线值
（人工环境下的测量研究）
• 血溶气水平（氧气、二氧化碳和 pH 值）
• 屏气情况下的血液中的乳酸积累
• 心率（EKG）值，用于随后验证潜水的“自愿”性
主动潜水的研究
（开放海洋下的测量研究）
• 使用时间 - 深度记录仪记录并绘制潜水剖面图
• 潜水后的呼吸频率记录和研究
• 血液中的乳酸水平测量和累计研究

为了评估在公海中自愿潜水的行为，我们训练动物携带仪器是有必要。对其他海洋动物如海豹和企鹅的潜水行为的研究表明（Kooyman, 1989; Gentry & Kooyman, 1986），时间 - 深度记录仪可以很好地收集非常有用的数据。我们希望使用表 3 的训练要求。在我们训练的海豚身上安装时间 - 深度记录仪，以确定它们在开放水域训练中的潜水行为的数据特点。

因此，训练要求包括以下内容（表 3）：使每头动物自愿憋气，这涉及定位装置的使用，并取决于动物是否愿意保持安静直到发出释放信号，在尾鳍上的采血训练，并接受心率电极的连接来测心率。这些动物还被要求在公海上自由潜水并携带仪器，以便对潜水行为表现出可靠的刺激控制，并在潜水后自愿配合血样采集。

两头成年雌性太平洋瓶鼻海豚（*Tursiops truncatus gilli*）被选为研究对象，选择原因是基于它们之前的开放性海洋训练、医疗行为和潜水能力。该物种在整个太平洋地区普遍存在，并经常在北美洲、南美洲、亚洲和太平洋岛屿的沿海水域觅食。

方法和设备

呼吸罩实验

为了提供关于海豚呼吸极限的基线数据，有必要让海豚在人工环境下进行呼吸

表 3 训练要求

人工环境下的测量研究
• 屏气时间需要在 6 分钟以上。 • 屏气过程中，同时进行尾部展示。 • 对心率电极脱敏且接受安装在身体上。
开放海洋下的测量研究
• 穿戴时间 - 深度记录仪。 • 进行自愿下潜，深度需达 200 米。 • 自愿展示尾鳍，允许进行潜水后的血样采集。

采样的实验。因此，血液中乳酸、pH 值、血液中 O_2 和 CO_2 浓度的变化可以被确定下来。为了达到这个目的，每头动物都要接受训练，以便在表面憋气时可以连续地抽取血样。一块安装在垂直板上的软垫咬合板为动物提供了一个在腹部朝上时保持不动的辅助位置，同时也是一个定位的焦点。训练员稳住动物的尾鳍，用蝴蝶针头在腹侧血管上进行静脉穿刺。在憋气过程中，每隔一定时间抽取一些血样，用于测量乳酸浓度和血氧含量。血氧样本的抽取需要非常谨慎，以避免环境空气进入密封的注射器。在 1 ～ 6 分钟的屏气期间，对每头动物进行了几次重复的取样。两头海豚在 3 ～ 5 分钟后开始出现躁动的迹象，但在训练员发出信号之前，它们很少会从咬合板上松开。

为了确保憋气过程反映了自愿下潜，而不是强迫下潜，我们在两个场合均进行了模拟的心率测量。这涉及训练两头动物接受沿胸骨和侧面放置吸盘电极和导线。在进行准备性呼吸后，动物被要求腹部朝上定位。然后我们将吸盘连接到海豚身上，并调整以获得最佳心电图信号。然后在憋气期间连续监测心率。一旦所有测量完成，吸盘被移除，动物被示意浮出水面。我们在海豚直立的情况下，在正常呼吸周期内进行了心率测量，以给出比较值。

除了提供基线潜水值外，我们这一阶段的研究还展示了在常规饲养和医疗保健范围之外，训练有素的医疗行为的创新应用。

开放式海洋潜水

在夏威夷欧胡岛上的卡内奥赫湾和莫卡普半岛海岸进行了开放水域潜水实验。在海军海洋系统中心实验室的 8 千米（5 英里）范围内，很容易就能抵达各种深度的位置。为了这项研究，我们在 250 米（820 英尺）深的地方建立了工作站。海豚先前已经接受过训练，可以用专门设计的船只运送到工作地点，从而减少转运时间（Shinder, 1983）。

我们开发了两个仪器，可以很容易地连接到海豚的胸鳍上。一个是时间 - 深度记录仪（Wildlife Computers, Woodinville, Washington），尺寸为 1 厘米 ×4 厘米 ×6 厘米，即大约是一个金属打火机的大小。微处理器储存了每次潜水期间的深度、水温和光照度变化的信息。这些数据随后被下载到计算机上，并在每次潜水后进行分析。另一个是模拟深度计，它使用一个布顿压力线圈（Sierra Precision Instruments,

Cucamonga, California）来指示最大的潜水深度，可立即显示海豚的潜水努力。每个仪器包都由一条软带连接，软带由 3/4 英寸的尼龙丝带组成，尼龙带上面铺有天鹅绒布，快速释放扣（Fastex®）和一个魔术贴（Velcro®）用于快速固定或者释放装置。装置固定在动物胸鳍的腋下区域，那里的周长最小。海豚被训练成侧身翻滚，并允许在任何时候都能连接、调整带子和检查仪器。在正常的游泳、跟船或潜水过程中，仪器的紧凑性和带子的软垫似乎并没有引起动物的不适或妨碍动物的运动。

在 20 世纪 60 年代和 70 年代的早期潜水训练实验中，海豚被训练下潜到一个绑定的声波发生器处，该装置在水中被逐渐深置（Norris, 1966; Ridgway & Scronce, 1969; Ridgway & Howard, 1979; Ridgway et al., 1984; Hall, 1972）。每头动物都被简单地训练以进行常规潜水到已知深度的锚定的浮标上，然后直接返回到船上。船只使用导航仪来准确地停在浮标上方。这种方法使船很容易被操纵，并消除了打捞声波发射器所需的时间。潜水后，船可以很容易地定位，以便让动物驻足，进行随后的采血训练。

声波被用来提示海豚下潜并返回船上。一个 12000 赫兹的声波发生器作为标准的召回装置，用于指示动物返回站台，并可在训练期间的任何时间使用。潜水过程的启动需要被严格控制，以防止未经允许的自愿潜水。为了达到这个目的，海豚被训练成定位在船尾，等待训练员的信号。然后训练员将装有水听器的手持棒放入水中，并启动一个恒定的 5000 赫兹音。海豚会进行最后一次吸气，触碰棒子，然后在那个位置开始下潜。使用这种技术，训练员可以控制潜水前的动作、呼吸和潜水的起点。同时，动物可以预测到即将到来的潜水，并提前作好生理和行为上的准备。

一旦海豚从潜水中返回，观察者开始记录出水时间和呼吸频次。并给予动物一分钟的恢复时间，然后要求它为采集血样保持定位。训练员稳住海豚的尾鳍，团队中的第三位成员从腹腔血管中抽取了 10 毫升的样本。在这种姿势下，动物能够舒适地漂浮在水面并在抽血时正常呼吸。我们都可以在各种海况下通过这种方式轻松获得样本。

准确记录采样和注射到采集管（Vacutainer®）中的时间。然后将采集管放入便携式冰箱中储存起来，以便之后进行实验室分析。海豚的努力总是会得到很好的回报，这一个过程中的应激反应很小。

为了确保之前的潜水运动不影响所采样本的乳酸水平，在开始任何采样潜水之前，总是给动物至少 5 分钟的水面休息时间。两头海豚都被训练成在 60 ～ 200 米（197 ～ 656 英尺）范围内潜水。在采样前后的每一次训练中，可能会进行几次训练性潜水。在这些训练性潜水中，用时间 - 深度记录仪不断收集潜水数据，为我们自由潜水的海豚的正常潜水行为提供更多的信息。

初步研究结果的讨论

我们的研究结果在不久的将来会在杂志上进行总结和发表。本讨论包括了对所收集的数据类型的简要概述，以及如何应用它。

通过测量心率和呼吸频率，我们可以验证在憋气和训练性潜水期间采集的数据是代表自愿行为的。水面呼吸时的心率符合以前在自由游动的海豚身上测量的数值（Kanwisher & Sundries, 1965; Eisner et al., 1966; Ridgway, 1972），强制潜水的呼吸周期里心跳会过速，而在自愿潜入水后心率则会下降。

我们对憋气期间的血氧变化的测量将回答有关氧气分配、CO_2 耐受性以及海豚潜水期间发生的代谢过程的问题。测量深潜后的血液乳酸水平将使我们进一步了解这些动物的潜水能力。例如，血液 O_2 和 CO_2 水平的数据使我们能够计算出休息的海豚的有氧潜水极限约为 4.5 分钟（Williams et al., 出版中）。相比之下，人类的有氧潜水极限被计算为 2 分钟左右。

通过在训练有素的海豚身上使用时间 - 深度记录仪，我们可以计算下降 / 上升率和最大潜水时间，并对潜水效率进行预测，这些数据可以回答关于潜水动物觅食策略的问题（Dolphin, 1987; Kramer, 1988; Houston & Carbone, 1992）。为了说明这一点，图 1 中显示了时间 - 深度记录仪测量光线、温度和深度的三个通道的代表性结果。横轴表示时间，每隔 30 秒有一个标记。第一次下潜是在一个没有浮标的区域向海底进行搜索下潜。在第二次潜水之前，船被重新定位在一个浮标之上。动物下潜，先是搜索，最终找到了浮标，然后它在浮标上绕了一圈，再迅速回到船上。在短暂的水面间隔之后，动物再次被要求下潜到浮标处，但这次它在较短的时间内

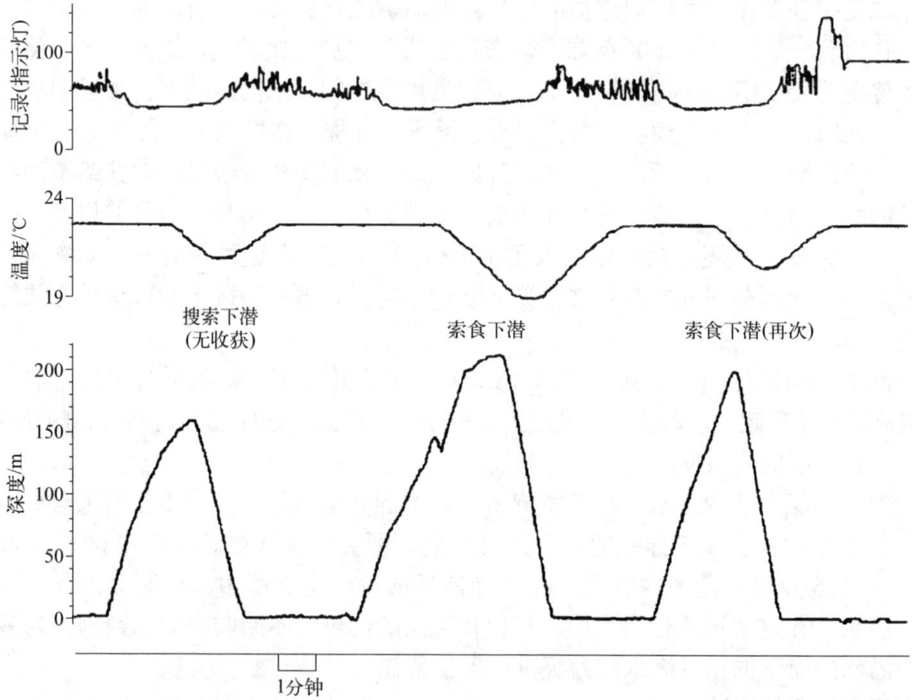

图 1　使用野生动物计算机公司（Wildlife Computer）的时间 - 深度记录仪和条形图程序收集的三次不同潜水的数据

通过对这些数据的分析，可以了解动物在不同目的潜水时的行为变化

进行了更直接和从容不迫的下潜。图 2 显示了训练潜水的剖面图和计算机计算的下降和上升速度，训练的潜水深度为 200 米（656 英尺），时间为 4.3 分钟。这种类型的数据将使我们更加了解自由潜水的海豚所采用的行为策略，也就是它们如何在能量消耗、潜水速度和持续时间之间达成平衡的策略（Williams et al., 出版中）。

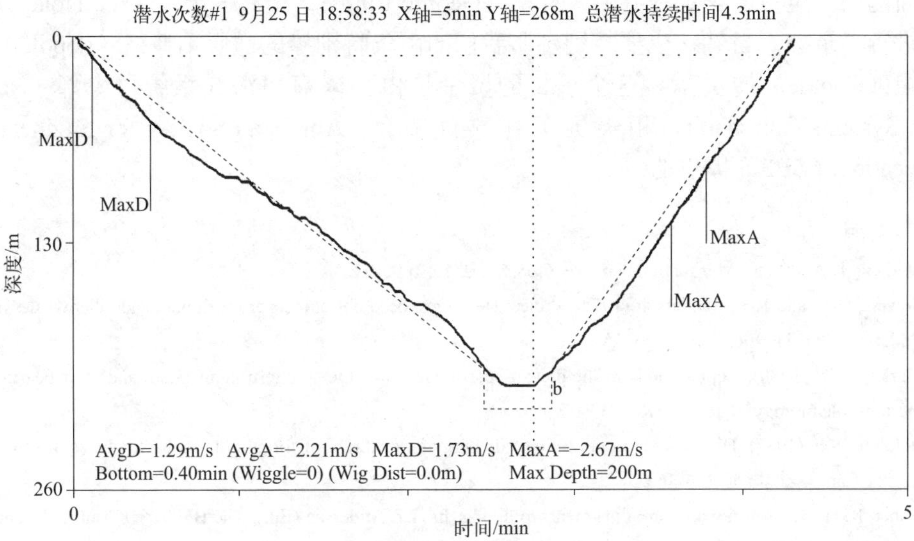

图 2　血液乳酸采样前的潜水示意图

使用野生动物计算机公司的潜水分析程序绘制的游泳速度和时间分配示意图，

数据来自时间 - 深度记录仪，动物进行了一次常规的垂直潜水

AvgD：平均下潜速率；AvgA：平均上升速率；MaxD，MaxA：最大下潜速率，最大上升速率，基于总潜水深度的 15% 或更大比例；Bottom：触底时间；Wiggle：扭动次数；Wig Dist：扭动距离；Max Depth：最大深度

这些测量的综合信息可以使生态学家能解释观察到的野生海豚的潜水行为，并确定不同深度的猎物聚集是否是重要的食物来源，也许可以解释海豚在海洋生态系统中占据的生态位的许多奥秘。这些知识最终将有利于渔业管理和海洋哺乳动物的保护计划。

结论

本文的目的是证明行为调节在海洋哺乳动物的自然历史研究中的作用，就本文而言是在生理生态学方面。通过操作性技术，我们能够引导海豚在公海上自愿进行自然潜水行为，并允许在没有应激反应的情况下进行生理取样程序。本研究除了提高我们对这些动物的基本生理学的理解外，也展示了训练有素的海豚在开放的海洋中与人类合作的能力。我们还提高了人类对海洋哺乳动物的自然历史和它们在全球生态系统中的重要性的认识。我们希望在未来继续进行类似的研究，以进一步研究海洋哺乳动物对海洋生活的适应性。

致谢

这项研究中的许多人做出了重要贡献：奇普·福格（Chip Fogg）、迈克·纳什

（Mike Nash）、蒂姆·沙利文、凯利·沙利文（Kelly Sullivan）和基普·劳森（Kipp Lawson）对创新的训练技术、硬件设计和后勤支持做出了贡献。夏威夷实验室的兽医人员，特别是皮得·施罗德博士（Dr. Pete Schroeder）、卡尔·凯勒、埃里克·胡贝尔（Eric Huber）和艾琳·拉维茨（Eileen Rawitz）等在采血协议和分析方面提供了宝贵的帮助。乔治·林格（George Lingle）和乔·诺兰（Joe Nolan）协助进行了录像。当然，也要特别感谢我们的两条特别棒的海豚珀普洛（Popolo）和库琪（Cookie）的贡献。这个项目的资金是由美国海军海洋系统司令部（Naval Sea Systems Command）和美国工程教育学会（American Society for Engineering Education, ASEE）提供的。

参考文献

1. Baldwin, H.A. (1965). Marine biotelemetry. *BioScience*, 15(2):95-97.
2. Bowers, C.A. and R.S. Henderson (1972). Project Deep Ops: deep object recovery with pilot and killer whales. Nav. Undersea. Cen. TP-306, San Diego CA.
3. Clarke, M.R. (1980). Cephalopods in the diet of sperm whales of the southern hemisphere and their bearing on sperm whale biology. *Discovery* Rep. 37:1-324.
4. Dolphin, W.F. (1987). Dive behavior and estimated energy expenditure of foraging humpback whales in southeast Alaska. Can. J. Zook, 65:354-362.
5. Eisner, R. (1969). Cardiovascular adjustments to diving. In H.T. Andersen (Ed.), The Biology of Marine Mammals (pp. 95-145). New York: Academic Press.
6. Eisner, R., D.L. Franklin, R.L. Van Citters, and D.W. Kenney (1966). Cardiovascular defense against asphyxia. *Science*, 153:941-949.
7. Eisner, R., D.W. Kenney, and K. Burgess (1966). Diving bradycardia in the trained dolphin. Nature (London), 212:407-408.
8. Evans, W.E. (1971). Orientation behavior of delphinids: radio telemetric studies. Ann. N.Y. Acad. Sci., 188:142-160.
9. Gentry, R.L. and G.L. Kooyman, (Eds.) (1986). Fur Seals: Maternal strategies on land and at sea. New Jersey: Princeton Univ. Press.
10. Hall, J.D. (1970). Conditioning white-striped dolphins, *Lagenorhychus obliquidens*, for open- ocean release. Nav. Undersea Cen. TP-200, San Diego CA.
11. Houston, A.I. and C. Carbone (1992). The optimal allocation of time during the diving cycle. Behav. Ecol., 3(3):255-265.
12. Irvine, B. (1970). Conditioning marine mammals to work in the sea. Mar. Tech. Soc. I., 4(3):47-52.
13. Kan Wisher, J.W. and S.H. Ridgway (1983). The physiological ecology of whales and porpoises. Sci. Am., 248: 110-120.
14. Kan wisher, J. and G. Sundries (1965). Physiology of a small cetacean. Hvairadets Skr., 48:45-53.
15. Kooyman, G.L. (1985). Physiology without restraint in diving mammals. Marine Mammal Science, 1(2):166-178.
16. Kooyman, G.L. (1989). Diverse divers. Springer-Verlag, Berlin.
17. Kooyman, G.L. and H.T. Andersen (1969). Deep diving. In H.T. Andersen, (ed.), The Biology of Marine Mammals (pp. 65-94). New York: Academic Press.
18. Kramer, D.L. (1988). The behavioral ecology of air breathing by aquatic animals. Can. J. Zool., 66:89-94.
19. Norris, K.S., H.A. Baldwin, and D.J. Samson (1965). Open ocean diving test with a trained porpoise (*Steno bredanensis*). Deep-Sea Res., 12:505-509.

20. Pryor, K. (1991). Mortal remains: studying dead animals. In K. Pryor and K.S. Norris (Eds.), Dolphin Societies: Discoveries and Puzzles (pp. 245-248). Berkeley: University of California Press.
21. Ridgway, S.H. (1972). Homeostasis in the aquatic environment. In S.H. Ridgway (Ed.), Mammals of the Sea: Biology and Medicine (pp. 590-747). Springfield, IL: Thomas Books.
22. Ridgway, S.H., C.A. Bowers, D. Miller, M.L. Schultz, C.A. Jacobs, and C.A. Dooley (1984). Diving and blood oxygen in the white whale. Can. J. Zool., 62:2349-2351.
23. Ridgway, S.H. and R.J. Harrison (1986). Diving dolphins. In M.M. Bryden and R. Harrison (Eds.), Research on Dolphins (pp. 33-58). Oxford: Clarendon Press.
24. Ridgway, S.H. and R. Howard (1979). Dolphin lung collapse and intramuscular circulation during free diving: evidence from nitrogen washout. Science, 206:1182-1183.
25. Ridgway, S.H. and B.L. Scronce (1969). Respiration and deep diving in the bottlenose porpoise. Science, 166:1651-1654.
26. Scholander, P.F. (1940). Experimental investigations on the respiratory function in diving mammals and birds. Havlradets Skr., 22:1-131.
27. Scott, M.D., R.S. Wells, A.B. Irvine, and B.R. Mate (1990). Tagging and marking studies on small cetaceans. In S. eatherwood and R. Reeves (Eds.), The Bottlenose Dolphin (pp. 489-514). San Diego: Academic Press.
28. Shinder, D. (1983). Separation and removal of marine mammals for medical examination [Abstract]. In M.T. Chunko, E. Krajniak, and J Horwich (Eds.), Proceedings of the 11th Annual IMATA Conference (p. 93). Apple Valley, MN: Minnesota Zoological Gardens.
29. Williams, T.M., W.A. Friedl, J.E. Haun, and NX Chun, (in press). Balancing power and speed in bottlenose dolphins (*Tursiops truncatus*). In I.L. Boyd (Ed.), Symposia of the Zoological Society of London, Recent Advances in Marine Mammal Science. Oxford University Press.
30. Wood, F.G. (1973). Marine Mammals and Man: The Navy's Porpoises and Sea Lions. New York: R.B. Luce, Inc.

DOG WORLD

AUGUST 1996 ■ VOLUME 81 ■ NO. 8 A PJS PUBLICATION

《宠物狗世界》，1996年第81卷第8期。宠物主人和兽医越来越多地寻求动物行为学家来帮助解决宠物的行为问题。通常情况下，只有在情况变得严重时（如攻击性），这些宠物的主人才会求助于专业的行为学家。本文探讨了对获得认证的动物行为学家日益增长的需求。讨论的主题包括正强化、团队合作、家庭成员训练以及拟人化的危险。

菲多的问题不仅仅是行为不端

弗兰·佩诺克·肖（Fran Pennock Shaw）

菲多长着一双大眼睛和可以拖地的耳朵，怎么看起来都不像是一只危险的狗。然而这只七岁的可卡犬却咬伤了主人家两岁的孩子，它的主人因为担心孩子，因此不得不放弃这只从幼年起就拥有的狗狗。

狗的主人约翰·莫尼耶（John Monnier）和特雷莎·莫尼耶（Teresa Monnier）认为有一个办法可以尝试。他们接受了宾夕法尼亚大学兽医院（University of Pennsylvania Veterinary Hospital, VHUP）行为诊所专家的家庭咨询服务，随着动物行为学的成熟，全国各地爱狗的家庭越来越频繁地选择这种家庭咨询服务。

一个新兴领域

“我们诊所的服务是由宠物主人的需求驱动的。大多数人意识到他们的宠物有着服从训练或普通训练无法解决的问题，他们不想赶走或者杀死狗。”宾夕法尼亚大学兽医院诊所的主任凯伦·奥勒姆（Karen Overall）跟我们这么说。她补充说越来越多的社区兽医通过继续教育接触到行为学论。

根据美国动物医院协会的数据，动物不受欢迎的行为仍然是人们放弃宠物的主要原因，而这些宠物中的大多数最终都被安乐死了。然而，1994 年的一项调查显示，被安乐死的宠物数量似乎正在下降。美国动物医院协会发言人艾米·阿什比（Amy Ashby）说，“幸运的是，事情正在发生变化，我们人类在动物不当的行为处理上越来越聪明了。”

越来越多的主人似乎愿意花费他们的时间和金钱来改变一只狗的行为，即使这些改变可能需要数周、数月或数年。根据康奈尔大学兽医学院的《动物健康简报》的统计估计，在为其攻击性狗寻求咨询的主人中，60% 至 85% 的人认为行为矫治“改善”了动物的行为。

既是堪萨斯州韦斯特伍德动物医院的兽医博士，也是美国动物行为协会主席的韦恩·亨索森（Wayne Hunthausen）也认为：“在过去的 15 年里，人们的关注点已经转向了动物的行为动机……因为宠物已经变得更像家庭成员，主人对行为问题有了更多的认识，并且不太可能再对动物实施安乐死”。

对动物行为的广泛关注也受到越来越多的法律的推动，如狗链法、噪声条例和品种禁令，这使主人对其狗的行为承担了更多的经济责任。

事实上，动物心理学是兽医的最新专业领域。美国兽医行为学家学院（American College of Veterinary Behaviorists, ACVB）于 1993 年刚刚成立，其认证成员负责诊断和治疗动物行为问题。美国兽医行为学学院主席、得州农工大学（Texas A&M University, TAMU）的邦尼·比弗（Bonnie Beaver）说，兽医成员在医学和行为科学方面都有一定的教育背景，并完成了大多数训练员没有经历的课程。

“它太有攻击性了”

宠物狗的典型问题是具有攻击性，只要人们要求它坐下或去哪，狗狗就会开始咆哮或咬人。即使这只狗已经完成了服从性课程，并在专业训练员那边表现良好，然而，回到家里后，它的行为则是另一回事。

奥勒姆说：“在三到四周的时间里，你要教会狗为了得到它想要的任何东西（食物、爱、关注），它必须坐下或躺下，平静地等待几秒钟”。这种训练对那些有控制欲望的，甚至觉得它们才是家里主人的狗很有效。她补充说：“如果你试图用暴力来证明自己，这些狗的行为总是会变得更糟”。

总的来说，主人经常误解动物用来交流的许多信号，所以她教来诊所的客户阅读他们宠物的身体语言。主人还可以通过识别导致犬类产生压力应激反应的情况来避免许多问题，如搬家、家庭争吵或新生婴儿。

主人会被教授一些以奖励为基础的服从训练技术，这样狗就会学会自然地服从主人，同时，主人也能学会识别他们的狗是放松还是紧张。例如，在菲多的案例中，家人学会了每天在家里做 15 分钟的行为矫治练习，例如在每次散步或治疗前让狗坐下并等待。

亨索森认为最常见的犬类行为问题当然是对人类的攻击。然而，他建议人们认识到，“大多数（有问题的）狗表现的其实是正常的狗的行为，如想占据支配地位，只是主人觉得不可接受”。其他最常被咨询的行为是弄脏房子、焦虑和一般的不服从行为。

医疗问题

“总的来说，这些行为往往标志着疾病问题”。很多时候，这些情况是可以治疗的。主人应该经常带他们行为不端的宠物来医院进行全面的医疗检查，首先排除疾病或神经系统问题。但如果狗的攻击性问题太严重，她建议立即转介给行为学家，而不是拖延必要的治疗。

总的来说，她认为许多在宾夕法尼亚大学兽医院诊所就诊的狗并不是行为不良，而是不正常的。她认为，1 至 3 岁的狗有时会出现类似于精神病的奇怪行为，如攻击性、恐慌、恐惧症和自残。

另一个理论是，一些行为问题是由化学或荷尔蒙不平衡引起的，这些问题可以用药物控制。例如，强迫症行为可以用抗焦虑药物治疗。总的来说，他们正在进行研究，以确定这种行为是否与血液中的代谢物相关。

她指出，宾夕法尼亚大学兽医院诊所的一半以上的狗都服用镇静剂，至少是暂时性的，且总是与行为矫治练习结合在一起。

在大多数出现问题行为的情况下，如果彻底的医疗检查没有显示出疾病的迹象，当地的兽医会简单地把主人介绍给有经验的宠物狗训练员，让它们参加服从性训练或一对一训练。即使主人已经上过服从学校，兽医也会推荐一位训练员。

团队合作是关键

比弗强调社区兽医、合格训练员和认证行为学家之间的“团队合作”。她解释说：“当地的兽医最有资格说这只狗需要训练还是需要行为治疗。我们每个人都有特殊的资格”。

训练员与得州农工大学的行为诊所密切合作。由于该大学地处偏远，比弗通过电话与全州的训练员进行协商，这些训练员是由当地兽医推荐给客户的。由于主人通常每周只能去一次或两次行为诊所，行为矫治练习通常由当地训练员监督完成。

宠物通常是在尝试了标准训练后才来到宾夕法尼亚大学兽医院的诊所。总的说来，“我们建议人们（首先）拜访两到三位训练员和治疗师，让他们评估需要什么”。

行为学家通常关注每个家庭成员如何与攻击性狗互动。除了“领导力练习”（在这一过程中，狗被教导要服从人类）之外，亨索森表示，常用技术通常还包括用口套或缰绳对狗进行物理控制，并重现那些触发狗行为的情况，并慢慢使它对这些情况脱敏，并通过奖励所需的行为来重新调整狗的反应。

训练家庭

治疗犬类行为问题实际上意味着训练主人。“我们经常看到有人把他们的狗当成四条腿的朋友”，比弗解释说，“但狗不是人。它们确实有不同的需求，而且你训练它们的方式与训练孩子的方式不同”。

拟人化导致主人相信他们的狗是出于恶意，而实际上它们只是像狗一样行为。“这可能会导致越来越差的关系，是一个恶性循环”。她补充说。

比弗提供了两个关于这种错误推理的例子。下班回家的主人发现狗在家里排便，于是用狗的鼻子蹭它的便便。当狗再次排便时，主人认为宠物在报复。或者是主人对着吠叫的狗大喊安静，但它只会叫得更大声，而主人认为动物只是在固执。

行为治疗方法因宠物和问题的不同而不同。比弗说，为了阻止狗的吠叫，主人可以简单地忽略它，使用温和的负强化，如用花园水管喷洒，或者在宠物停止吠叫的同时使用命令和正强化。

“误解狗的思维方式的人们甚至可能导致狗的攻击性”。她继续说，“当主人放任地养狗而不发挥领导作用时，我们经常看到狗做出支配性攻击”。“这些人让小狗在它想睡的地方睡觉，做它随便做想做的事，并把小狗当作一只成年狗，这样一来，狗会惊讶于自己能控制一切”。

并非所有的狗在这种情况下都变得具有攻击性。比弗研究了不同类型的攻击行为，她说这与个别狗的性格、遗传和品种、性别、过去的经历、环境和主人的个性有关。治疗一种类型攻击性的行为矫治方法可能无效，甚至可能加剧另一种类型的攻击。

因此，主人的行动可能会使问题更加恶化，比如说暴力会引发更多的暴力。主人也会因为忽视或不了解行为问题的警告信号而不作为，从而造成问题。

行为问题的防范

- 立即为你的宠物制定规则，并坚持执行。
- 杜绝不当行为可能出现的机会。
- 认真监督新来的狗，例如将其限制在家中有限的区域内，或用长绳拴住它。
- 提供关注和训练。
- 用表扬和奖励来鼓励良好的行为。
- 通过提供替代物来纠正不良行为。
- 不要用暴力强迫它服从。
- 不要粗暴地玩耍，不要鼓励攻击性，更不允许咬人（玩耍性的咬也不行）。
- 让宠物接触不同的人、动物和环境。
- 如有行为问题，请咨询宠物医生。

注：引自美国动物医院协会

比弗补充说：“当主人有正确的气质和能力来重新确立自己的领导地位时，我们才有最大的成功机会。这其实是一个误解”。

根据康奈尔大学简报中比弗的一项研究表明，每年大约有200万人被狗咬伤。许多受害者是年幼的孩子，他们根本没有被教育如何与狗进行安全的互动。该简报还指出，每年执行的犬类安乐死中有50%至70%是由于行为问题，其中主要是攻击性。

“行为疗法不会解决所有问题”，比弗继续说道，“有时，性格不匹配意味着家人和狗永远无法相处。有的狗太有攻击性 ... 由于危险，安乐死仍然是唯一的答案”。

“我不认为我们能治愈所有问题，我们尝试控制它”。约翰 · 莫尼耶说，尽管行为矫治练习在菲多的案例中“有很大帮助”，但家人依旧无法容忍狗对陌生人和孩子的吠叫。“我们必须得面对这个问题似乎真的很不合理。我们的儿子那么小，我们总是很担心。我们无法想象还要面对另一件令人痛心的事情”。

由于试图为狗狗寻找其他主人的努力也不成功，这只狗在行为咨询开始大约一年后被送进了收容所。

“这很令人难过 ... 因为我们确实看到它的行为得到了一些显著的改善”，莫尼耶说，“我们从行为诊所（宾夕法尼亚大学兽医院）的人那里学到的东西对我们帮助很大。在另一个只有成年人的家庭里，狗狗的命运可能会有不同的结果”。

动物行为医学的未来是有希望的，但不得不承认，它是一门新兴的科学。经过认证的行为学家仍然很稀缺。全国 27 所兽医学院中只有不到一半的学院要求学生学习行为科学课程，而且只有大约 10 家行为诊所在为公众服务。

美国兽医行为学家学院（ACVB）大约有 15 名成员。这些成员中的大多数是兽医学院的教师，他们正在积极培训这个领域的新学生。比弗说，行为矫治是当今执业兽医关注的头号话题。

弗兰 · 佩诺克 · 肖是一位来自宾夕法尼亚州兰开斯特的获奖自由撰稿人，专门从事宠物行为和旅游文章的撰写。

如何成为专业训练员

——寻资源和找工作

知识 + 历练 = 专业经验

我强调的还不够吗？阅读完这本书或完成培训课程不会保证你成为一名好的训练员。读几本书甚至读万卷书也未必保证你一定会成为一名好的训练员。知识只是起点，是积累经验的平台。然后，你必须实践你所学到的东西，然后再读一些书，再实践一些。这一切加起来就是经验，而这需要时间。从技术上讲，当一位训练员获得报酬去训练动物时，他（她）就被视为是一名专业人员。这个词更好的解释是说：专业训练员永无止境！一名专业的训练员是一位有知识和经验的人，并可以将操作制约技术应用到各种实际情况中。

进入训练行业

每一个动物饲养和护理机构，无论是动物园、水族馆、行为研究实验室，甚至是马戏团。其在教育、经验和技能方面都有自己的特殊要求。我们在谢德水族馆招募训练员的基本条件在题为《动物护理专家一天的工作》的教育讲义中有清晰的概述。此外，还有一篇《训练员论坛》的文章（1997）也探讨了这个问题，该文标题为《进入该领域：如何找到一份训练员的工作》Getting into the Field: How to Get a Job as a Trainer，参见 535 页。

职业动物组织机构

许多优秀的组织可以让你有机会了解动物行为领域的工作机会、趋势和发展。还有许多组织直接致力于人工饲养环境中的动物护理和管理。鉴于这些机构和组织数量众多，无法在此一一列举，我将重点介绍那些我认为与训练和动物行为最直接、最相关的组织。

国际海洋动物训练员协会（IMATA）

国际海洋动物训练员协会全称为 International Marine Animal Trainer’s Association（IMATA）。本书中的大部分文章都是转载自国际海洋动物训练员协会的出版物。这是一个专门关注训练和训练员的优秀组织。虽然机构的关注重点是海洋哺乳动物，但也包含了许多其他物种和所有环境下的训练。

IMATA
南湖滨大道 1200 号，芝加哥市，伊利诺伊州 60605
http://www.imata.org

美国动物园饲养员协会（AAZK）

美国动物园饲养员协会全称为 American Association of Zoo Keepers (AAZK)。这个组织最近才开始更多地关注动物训练。对于在动物园环境中直接与动物打交道的人来说，它是一个重要的组织。该协会的月刊《动物园饲养员论坛》为动物护理专业人员提供关于各种主题的实用信息。

AAZK
盖杰西南大道 635 号，托皮卡市，堪萨斯州 66606-2066
https://aazk.org

美国动物园和水族馆协会（AZA）

美国动物园和水族馆协会全称为 American Association of Zoos & Aquariums (AZA)。这个大型组织囊括了北美最好的动物园和水族馆。AZA 也在逐渐增加对动物行为和丰富性的关注。

AZA
科尔斯维尔路 8403 号 710 室，银泉市，马里兰州 20910-3314
http://www.aza.org

国际鸟类训练员和教育家协会（IAATE）

国际鸟类训练员和教育家协会全称为 The International Association of Avian Trainers and Educators (IAATE)。这是一个较新的组织，与国际海洋动物训练员协会一样，该机构专注于动物训练和训练员。它的重点是在动物园环境中的鸟类训练。

IAATE
转寄：明尼苏达动物园
动物园大道 13000 号，苹果谷市，明尼苏达州 55124
https://iaate.org

大象管理协会（EMA）

大象管理协会全称为 Elephant Managers Association (EMA)。这个国际组织专注于动物园内的大象护理。虽然培训不是该组织的重点，但它是大象管理协会新闻简报和杂志的一个经常性话题。

EMA
华盛顿西街 1200 号，印第安纳波利斯市，印第安纳州 46222
https://www.elephantmanagers.org

环境丰容公司

环境丰容公司（The Shape of Enrichment）是个相对较新的国际组织，该组织致力于解决人工饲养环境中动物的丰富性需求。该组织的会议和简报涉及到丰容的策略、设备、项目和环境。重点始终与丰容相关，而且主题与物种一样多种多样。从最小的树鼩到最大的动物，包括大家耳熟能详的水生哺乳动物到鲜为人知的鸟类，每一头被服务的动物都受到平等时间的对待，并共享有价值的创造性信息。

明登大道 1650 号，圣迭戈市，加利福尼亚州 92111

Email: shape@enrichment.org

https://theshapeofenrichmentinc.wildapricot.org

《行为信号》

《行为信号》(The Behavior Bridge) 首次出现在 1998 年，旨在解决动物学界的培训问题。它从行为分析的角度（作为一门科学）来看待操作制约，并将这些技术应用于动物园的实际训练中。该简报每季度发行一次，接受来自美国各地动物园的投稿，并在每期中设置一个问答栏目，以及专题文章和至少一篇技术文章。作为一个新的企业，该简报起步规模较小，不过订阅价格也不高（1998 年为 6 美元）。

《行为信号》杂志社

阳光巷 2005 号，诺克斯维尔市，田纳西州 37912

Email：BhvrBridge@aol.com

https://www.behaviorbridges.com

其他信息

还有其他一些专业组织也专注于犬类训练、马类训练、医疗类训练、工作动物类训练、各种鸟类训练等等，不胜枚举。这里只列出其中一些代表性的个人和组织。

凯伦·布莱尔（Karen Pryor）

凯伦·布莱尔的“别毙了那只狗”网站和她的公司“阳光书店”提供了各类训练文章、书籍和视频目录，以及其他训练网站的链接。我认为凯伦·布莱尔和她的出版物是所有专业和业余训练员的宝贵资源，这是公开的秘密！！！

阳光书店

沿河街 49 号 3 室，沃尔瑟姆市，马萨诸塞州 02453

https://www.clickertraining.com

盖瑞·威尔克斯（Gary Wilkes）

如果你喜欢阅读盖瑞关于宠物训练的文章，我建议你购买他的《行为样本》（*A Behavior Sampler*）一书，在书中你会发现更多令人惊奇且富有洞察力的文章。你可以从他的网站上了解到其他的训练资源（和其他文章）。

训练工具和奖励品店

阿尔卑斯东大道 2344 号，梅萨市，亚利桑那州 85204

http://www.clickandtreat.com

行为分析协会（ABA）

行为分析协会全称为 Association for Behavior Analysis (ABA)，这个庞大的组织并不专门处理动物训练问题，而是专注于行为分析的科学和应用。想了解训练背后的技术原理的训练员可能会发现这个组织很吸引人。该组织的年度会议重点关注从训练智力未发育的人到训练吸烟者戒除烟瘾的各种行为。会议的重点是科学，有许多交叉学科参与其中，还包括一个动物行为管理的特殊兴趣小组。该特殊兴趣小组被大家称为“动物训练员论坛”，并在剑桥行为研究中心的网站（http://www.behavior.org）上有内容展示。

ABA

西密歇根大学 213 号西报告厅，奥利弗街 1201 号，卡拉马祖市，密歇根州 49008-5052

http://www.wmich.edu/aba

网站

无论是想与专业的还是业余的训练员建立联系，另一个方便快捷的途径是上网。许多网站、主页和新闻组都是值得一看的。几乎所有可以想象到的培训类型都有其网站。我建议你简单地浏览一下网络，你可能会对你的发现感到惊讶。下面是我最喜欢的几个。

响片列表（Clicker List）：一个互联网电子邮件列表，你可以在里面发布问题、查看答案或进行激烈的讨论，上面置顶有一些关于在各种场景中使用操作制约的优秀帖子。以摘要形式订阅可能是最明智的做法。

电子邮箱：majordomo@listservice.net

留言内容：订阅响片列表

响片杂志（Clicker Journal）：响片杂志是互联网响片列表中最佳文章的汇编。科拉里·伯马斯特（Corally Burmaster）是这份期刊的编辑，期刊包括关于所有类型的动物训练的文章。如果你有电脑使用方面的障碍，或者更愿意阅读这个新闻组中的纸质文章，也可以写信订阅。

响片杂志编辑部

格利兹维尔路 20146 号，利斯堡市，弗吉尼亚州 22075

- 特种犬训练员协会（Association of Professional Dog Trainers, APDT）http://www.apdt.com
- 美国救援犬协会（American Rescue Dog Association, ARDA）https://www.ardainc.org/xcontent.htm
- 全国搜索和救援协会（National Association For Search And Rescue, NASAR）http://www.nasar.org
- 美国训犬师网络（American Dog Trainers Network）：该网站有数百个网站链接的资源。救援犬协会、服务犬组织、特殊犬种团体等。http://www.inch.com/~dogs

- CCI：犬类独立伙伴组织（Canine Companions for Independence）http://www.caninecompanions.org
- 导盲犬（Guide Dogs for the Blind）http://www.guidedogs.com

我可以列出成千上万的网站，但事实上，一旦你进入互联网，你会发现自己的最爱。我只是简单地列出了那些我认为有趣和最有帮助的网站。大多数网站都提供其他网站的链接，所以如果我必须给出我认为的前五名名单，那就是下面的五个。

- 国际海洋动物训练员协会（IMATA）
- 美国动物园和水族馆协会（AZA）
- 凯伦·布莱尔（Karen Pryor）
- 盖瑞·威尔克斯（Gary Wilkes）
- 美国训犬师网络（American Dog Trainers Network）

文章精选

Trainer's Forum

《训练员论坛》，1997年第22卷第2期。毫无疑问，这是许多海洋哺乳动物机构的参观者最常问的问题之一。虽然每个雇主都有不同的要求，但下面的两个答案可以为那些有兴趣从事训练员职业的人提供一些有用的信息。

进入该领域：如何找到一份训练员的工作

问：我怎样才能找到一份训练员的工作，我需要什么样的经验，雇主们都看重什么？

答1：毫无疑问，刚开始进入海洋动物训练领域时，似乎很难找到一份好的工作。今天令人仰视的这些训练员，他们每个人都曾经面临和你同样的情况，并成功地找到了工作，这应该为你提供一些希望。从一开始，这个行业的竞争就很激烈，即使一个初级职位，每年收到的简历数量依旧很多。这就是为什么出色的简历是如此重要的原因。对我们来说，一个优秀的候选人会在他们的简历上列出以下四项资格。

1. 学术上取得的学位：无论是生物学、动物学、保护学、海洋科学等等，这些专业都是可以的。所有的研究领域都可以应用于海洋动物训练的职业，而且，你最大的学习量将在工作中完成。
2. 潜水员认证：因为与海洋动物打交道需要整天在水里工作，所以强烈建议你具备强大的游泳技能，包括拿到潜水证书。特别是对于我们这样的机构来说，潜水技能和潜水证是必须的，因为你几乎每天都要潜水。
3. 公开演讲和沟通能力：任何类型的公共交流技能和公开演讲的经验都是可

取的。因为我们的职业有很大一部分是致力于教育公众，对不同的群体进行动物和信息介绍是非常重要的。

4. 与动物打交道的经验：不要绝望，这并不意味着你需要有专门与海洋动物打交道的经验。但是与任何动物打交道的经验，包括志愿服务或实习，都将为你提供助力达到你理想的结果。你会认识到照顾动物的工作很辛苦，有时很脏，时间也很长。简历上的这段经历让我们知道，当你发现这份工作除了整天和海豚玩耍之外，还有其他更多的琐事时，你不会感到失望（即使与动物玩耍是我们最喜欢的部分）。

这听起来可能令人惊讶，但很少有一份简历同时具备上述四个条件。因此，符合这些条件的简历几乎可以保证获得工作机会。

最后，我们还建议你注意以下其他方面。第一是错别字！对求职者来说，没有什么比一份拼写错误和版面不整齐的简历更糟糕的了。花点时间把它改好。

第二是不相关的经验。请列出任何你认为可能获得的技能，并可以应用于你未来工作的东西。然而，不相关的工作经验可能并不重要。请在你获得面试机会时，当面讨论这些问题。

记住，我们都是过来人，所以不要放弃希望。祝您好运！

谢丽尔·梅辛格
海豚互动海洋馆（The Dolphin Connection）

答 2：这是个经常听到的问题。“如果没有经验，没有人愿意雇用我，但没人雇用，我如何获得经验？”这对于急于寻找机会的新人来说，似乎是一个恶性循环的问题。今天我们有很多人在动物训练这个领域工作，所以这并不是一个不可能的情况。然而，这确实需要耐心和毅力。此外，重要的是要记住，每个机构对申请人有不同的要求和期望。以下是我们给对约翰·谢德水族馆感兴趣的申请人的建议。

教育：大多数机构要求申请人至少有一个相关领域的学士学位。这可以是生物学、海洋生物学、动物学、心理学、教育学，以及其他相关学科。一些机构可能会集中寻找具有特定类型学位的申请人，但大多数机构一般寻找具有广泛经验的人。通常，海洋哺乳动物训练员需要做的不仅仅是训练动物。水化学、营养学、动物健康、公共演讲、计算机、研究技术等方面的背景往往也很有帮助。我们建议学生在自己喜欢的领域内努力攻读学位，同时获得尽可能多的实践经验。

经验：多年的大学学习和多个学位不一定是成为一名好的训练员的保障。雇主想知道申请人是否有耐心和充分了解工作的内容，因此通常需要申请人有一定相关的经验。获得实习经验并不像看起来那么困难。很多时候，那些有兴趣与海洋哺乳动物打交道的人都是马马虎虎，并没有意识到许多拥有的经验可以证明他们能胜任申请领域的工作。许多组织提供实习机会或有志愿者计划，这些都可以提供丰富的实践经验。几乎任何与动物有关的畜牧业职位都会为你提供宝贵的实习经验，不一定非得是与海洋哺乳动物有关。在兽医办公室做助理，在马厩或狗窝做清洁或整理工作，以及在动物饲养池和康复中心的各种工作都是很好的起点。这些动物饲养经验可以成为实现与海洋哺乳动物一起工作的最终目标的宝贵基石。甚至照顾家庭宠物也是很有价值的经验，但通常不会算作简历上的实际经验。雇主通常会寻找一些有更正式经验的申请人，这样可以核实推荐人；雇主永远不知道申请人在多大程度上或多好地照顾了宠物。

特殊技能：许多机构也会寻找有着特殊技能的申请人。潜水认证、游泳技能、心肺复苏认证、急救培训、研究经验、特殊设备处理技能、表演背景、教学经验、客户服务背景，以及许多其他技能都是有价值的。没有刚才提到的任何技能，你也可以被雇用，但尽可能地多才多艺总没有坏处。一些机构可能会特别寻找上述的一些技能。如果有，在简历中展示这些是很重要的。

简历：无论你的学历水平有多高，无论你的经验有多丰富，你的简历通常是未来雇主对你的第一印象。如果一份简历没有整理好，它也可能是最后的印象。通常情况下，简历在传递给动物护理部门的主管之前，会由人力资源部门查看。简历应该是有条理的、整洁的、易于阅读的。没有一种标准的格式可以保证你的简历能在其他简历中脱颖而出。当然，简明扼要是有必要的，但是，也不要亏待自己。简历应该代表你，只有你最了解自己的长处和短处。信息应易于查找，语法正确，而且真实。对许多简历来说，最致命的是虚假信息。这是个小社会，雇主会向前雇主查询你的信息。列出可能与之相关的工作、经历和爱好也是明智之举。服务员可能表明你有良好的客户服务经验，办公室工作可能暗示良好的计算机技能，还有许多其他看似无关的工作可能有助于你获得面试机会。

面试：在面试过程中，有许多无形的因素在起作用。这是你推销自己的机会。你不可能知道雇主在寻找什么，所以你最好的选择是做你自己。除非你得到特别的指示，否则不可能为面试做相关的准备，只能是充分休息，并努力以最好的方式展示自己。你应该把面试看作是你提问的机会，大多数雇主想知道你的兴趣所在。你应该让面试官定下基调，引导你完成整个过程。你应该真诚和诚实地回答问题。如果有机会，准备好你可能想问的问题往往是有帮助的。

现在一定很明显，没有明确或确定的方法来保证你获得一份训练员的工作。耐心和毅力是从事海洋哺乳动物事业的重要美德。扎实的教育和尽可能多的实际动物经验是非常重要的入职资格。也许最重要的是，记住经验可以有多种形式。祝您好运！

肯·拉米雷斯
约翰·谢德水族馆

动物护理专家一天的工作

什么是动物护理专家?

在约翰·谢德水族馆，与海洋哺乳动物和鸟类打交道的工作人员被称为动物护理专家。每个设施可能有一个专门与那些动物打交道的人（训练员、饲养员、生物学家等），这些人可能有着不同的头衔或名称，但工作性质是一样的。他们的工作是为我们的动物提供一个安全、健康、刺激的环境。每位动物护理专家必须了解或知道：

A. 动物的生物学、解剖学和生理学

B. 动物的自然历史

C. 动物的营养和饮食需要

D. 兽医护理的基本原则

E. 水化学和过滤

F. 动物行为

成为动物护理专家的资格是什么?

每个机构都有不同的素质要求，因此他们对动物护理人员的要求也不同。以下是约翰·谢德水族馆所需要的一些最重要的资质。

1. 生物学、海洋生物学、动物学、心理学、教育学或其他相关专业的学士学位或文学学士学位。虽然没有一个单一的学位计划可以为一个人在动物护理领域的职业生涯做好充分准备，但所有提到的背景都是有用的。

2. 动物护理经验，任何有兴趣在人工饲养环境中工作的人，应该尽可能多地获得实际操作经验。这种经验可能来自在动物园或水族馆做志愿者，在兽医诊所工作，在马厩、牧场或农场工作。所有这些经验都有助于一个人更多地了解照顾动物所需的奉献精神。

3. 有团队精神，善于沟通，敬业耐心。

4. SCUBA 潜水证书。并非所有的机构都要求有潜水证书，但有一点很重要且需要大家牢记在心里，就是大多数动物护理岗位对体力要求很高。

5. 理解并相信动物学机构作为教育和保护组织的理念和作用。

典型的一天是什么样的?

一位典型的动物护理专家的一天分为以下几个部分：

25% 动物互动	10% 记录和报告
20% 清洁和做卫生	5% 潜水任务
20% 食物准备	5% 与公众交流互动
10% 会议和总结	5% 其他（讨论、维护）

样本页：这是给那些有兴趣了解谢德水族馆动物护理专家职位的人参考的，这是公司手册中的一页，该职位是初级训练员。下一页展示了每位训练员都可能会拥有的繁忙工作日的几个示例时间表。

动物护理专家的一天是非常忙碌的。繁忙日程背后的主要目的是动物护理，为动物提供最好的护理和保健。我们机构每天至少有 9 名动物护理专家在工作，以下用其中三位半天的日程为例：

<table>
<tr><th>时间</th><th>护理专家 #1</th><th>护理专家 #2</th><th>护理专家 #3</th></tr>
<tr><td>7:00</td><td>到班打卡</td><td>到班打卡</td><td>到班打卡</td></tr>
<tr><td>7:15</td><td>穿戴工服，查看任务</td><td>穿戴工服，查看任务</td><td>穿戴工服，查看任务</td></tr>
<tr><td>7:30</td><td rowspan="4">准备食物</td><td rowspan="6">水下维护</td><td rowspan="3">准备食物</td></tr>
<tr><td>7:45</td></tr>
<tr><td>8:00</td></tr>
<tr><td>8:15</td><td rowspan="3">投喂企鹅</td></tr>
<tr><td>8:30</td><td>新动物训练</td></tr>
<tr><td>8:45</td><td>卫生清洁 & 信息记录</td></tr>
<tr><td>9:00</td><td rowspan="2">投喂海獭</td><td>海豹训练</td><td rowspan="4">企鹅展厅保洁</td></tr>
<tr><td>9:15</td><td>卫生清洁 & 信息记录</td></tr>
<tr><td>9:30</td><td>海獭展示窗清洁</td><td rowspan="2">白鲸训练</td></tr>
<tr><td>9:45</td><td rowspan="4">海獭食物准备</td></tr>
<tr><td>10:00</td><td>卫生清洁 & 信息记录</td><td>记录整理</td></tr>
<tr><td>10:15</td><td>游客交流和互动</td><td>游客交流和互动</td></tr>
<tr><td>10:30</td><td>新动物展示</td><td>新动物展示</td></tr>
<tr><td>10:45</td><td>记录整理</td><td>卫生清洁 & 信息记录</td><td>卫生清洁 & 信息记录</td></tr>
<tr><td>11:00</td><td>海獭训练</td><td>海豹训练</td><td rowspan="2">白鲸呼吸实验</td></tr>
<tr><td>11:15</td><td>卫生清洁 & 信息记录</td><td>卫生清洁 & 信息记录</td></tr>
<tr><td>11:30</td><td>新动物训练</td><td>冷柜整理</td><td>新动物训练</td></tr>
<tr><td>11:45</td><td>游客交流和互动</td><td>新动物游乐时间</td><td>游客交流和互动</td></tr>
<tr><td>12:00</td><td>新动物展示</td><td>白鲸游乐时间</td><td>新动物展示</td></tr>
<tr><td>12:15</td><td rowspan="4">午餐</td><td rowspan="4">午餐（潜水待命）</td><td rowspan="4">午餐</td></tr>
<tr><td>12:30</td></tr>
<tr><td>12:45</td></tr>
<tr><td>下午 1:00</td></tr>
<tr><td>下午 1:15</td><td rowspan="3">海獭游乐时间</td><td>游客交流和互动</td><td>白鲸训练</td></tr>
<tr><td>下午 1:30</td><td>新动物展示</td><td rowspan="2">卫生清洁 & 信息记录</td></tr>
<tr><td>下午 1:45</td><td>卫生清洁 & 信息记录</td></tr>
<tr><td>下午 2:00</td><td rowspan="4">海獭展区保洁</td><td>新动物训练</td><td rowspan="3">企鹅喂食 & 清洁</td></tr>
<tr><td>下午 2:15</td><td rowspan="2">浮潜区域保洁</td></tr>
<tr><td>下午 2:30</td></tr>
<tr><td>下午 2:45</td><td>游客交流和互动</td><td>投喂企鹅</td></tr>
</table>

剩下则是上述内容的重复，有时候会持续到晚上 6:30 到 8:00，直到所有任务完成，动物休息为止。

欢迎加入
国际海洋动物训练员协会（IMATA）

本组织致力于组织和服务训练员以及其他为海洋哺乳动物科学服务的人群。训练员为从事训练、公众展示、研究、饲养、保护和教育等方面的专业人士。

我申请加入以下类别的会员（请勾选一项）：

[ ] 专业级会员：

在过去 5 年内，有着累计至少 3 年以上经验且积极参与海洋哺乳动物的训练、饲养和 / 或管理的人士。

需要两名或以上信誉良好的专业会员的推荐，其中至少一名必须是与申请人不同单位的会员。

年费：75.00 美元。

[ ] 活跃级会员：

在过去 3 年内，有着累计至少 1 年以上经验且积极参与海洋哺乳动物的训练、饲养和 / 或管理的人士。

需要两名或以上信誉良好的专业级或活跃级会员的推荐。

年费：60.00 美元。

[ ] 关联级会员：

任何对本协会所致力的目标有浓厚兴趣并希望支持本协会达成这些目标的人士。

年费：60.00 美元。

[ ] 学生会员：

任何对协会目标感兴趣、希望支持协会，并是国家认证的全日制教育机构的学生。

申请时必须提供合法合规的学生身份的证明。

年费：40.00 美元。

[ ] 机构会员：

希望支持协会目标的团体或机构。我们欢迎愿意支持我们的任何团体和机构。

年费：200.00 美元。

申请人姓名：________________

岗位职称：________________

单位机构：________________

联系地址：________________

____

工作电话及传真：________________

家庭住址：________________

（需要将邮件寄到家的会员方需要填写，如无此需要，则勿填写）

海洋动物领域的工作经历：

动物园 / 水族馆　　岗位职称　　起止年份

____

____

____

____

海洋动物领域的总工作年限：

请同时列举期间所发表的论文 / 海报、出版的书籍、获得的奖项 / 荣誉：

____

____

____

您是如何了解到 IMATA 的？　[ ] 海报　[ ] 宣传册　[ ] 期刊　[ ] 其他

未完待续，请参见第二页

国际海洋动物训练员协会（IMATA）

会员申请表第二页

我在此郑重申请加入国际海洋动物训练员协会。如有幸被接受，我将恪守协会的道德准则、规则制度、章程细则及集体决议，并支持其目标。我理解，任何违反组织的制度和行为都可能导致我的会员资格被取消。

（申请人签名）　　　　　　　　　　　　　　　　（日期）

会员类别（请勾选）

□ 专业级会员	75 美元	请在该表推荐人信息栏里提供推荐签名或附上推荐信。
□ 活跃级会员	60 美元	请在该表推荐人信息栏里提供推荐签名或附上推荐信。
□ 关联级会员	60 美元	
□ 机构会员	200 美元	
□ 学生会员	40 美元	请提供国家认证的全日制学生身份证明。

付款必须随申请表一起提交。此后，会员续费需在每年的 1 月 31 日前支付。

如果会员在 2 月 1 日仍未支付会费，其会员资格将被取消。

支票抬头请写 IMATA。

非美国居民可使用国际银行汇票或汇款单支付，但必须是驻外美国的银行所开具的汇票或汇款单。

如使用信用卡付款，请提供付款信息：

VISA 卡　或　MASTER 卡

信用卡号：____________________ 到期日期：____________________

持卡人姓名：____________________ 持卡人签名：____________________

推荐人信息栏

（仅适用于专业级会员和活跃级会员申请人）

作为在以下信息栏签名的推荐人，我确认且推荐此申请人加入国际海洋动物训练员协会。作为了解该申请人的推荐人，我保证且见证该申请人符合以下要求会员要求：

专业级会员：在过去 5 年内，累计至少 3 年积极参与海洋哺乳动物的训练、饲养和 / 或管理。符合专业级会员的资格。

或活跃级会员：在过去 3 年内，至少连续 1 年积极参与海洋哺乳动物的训练、饲养和 / 或管理。符合活跃级会员资格。

推荐人 1：____________________ 推荐人会员级别：____________________

签名：____________________ 日期：____________________

推荐人 2：____________________ 推荐人会员级别：____________________

签名：____________________ 日期：____________________

请将申请表、会费付款、推荐信和学生身份证明邮寄至：

国际海洋动物训练员协会秘书处

南湖湖滨大道 1200 号

芝加哥，伊利诺伊州 60605，美国

专业词汇及术语

专业词汇及术语[1]

国际海洋动物训练员协会承担了为训练界各人士使用的术语编纂一份全面专业的词汇表的任务。其目的是让训练界的每个人都使用一种通用的和专业的词汇和语言。然而，即使是那些受人尊敬和认可的技术参考资料，不同的文献在某些术语的定义上也有不同。因此，编纂和统一这份词汇表的艰巨任务则落在了动物训练和咨询委员会的肩上。到 1997 年，珍妮弗·赫尔利和珍妮·斯卡莫齐诺（Jeanine Scaramozzino）已经从众多的机构和参考书中汇编了一个包含众多词汇的统一的专业术语词汇表。国际海洋动物训练员协会正在努力规划如何使该词汇表对其成员发挥最大的作用。虽然还是个草案（1998 年完成），但这个词汇表是一个非常好的资源。我个人认为，其中最有益的是大多数术语都包括了使用过的所有定义，并注明了是谁使用了该专业术语。在阅读本手册中的文章时，你会发现有不同的定义在手边作为参考是很有帮助的。由于不同训练员使用的术语非常不同，因此，看到印刷品中（也就是本书中）的各种定义会非常有帮助。

动物训练及行为术语表

INTERNATIONAL MARINE ANIMAL TRAINERS ASSOCIATION

I.M.A.T.A.

国际海洋动物训练员协会（IMATA）认证的

动物训练及行为术语表

珍妮弗·安妮·赫尔利博士　珍妮·玛丽·斯卡莫齐诺　编

（加州大学圣克鲁斯分校 - 长海海洋实验室）

[1] 本章部分内容参考及引用吴乃江老师和姚梅林老师的译作。——译者注

A 字母开头的词汇和术语

Absolute Threshold——绝对阀限

感觉阀限的一种。个体感觉器官接受某种刺激时刚能引起反应或刚能停止其反应的刺激强度。操作定义是：有 50% 的次数被试者能够感觉到，另 50% 的次数被试者感觉不到的刺激强度。

Abstract Control By A Stimulus——抽象属性引发的刺激

有时可能无法在任何单个刺激实例中找到控制操作性能的刺激属性。在这种情况下，控制可能是通过刺激物的一个抽象属性起作用，如其形状、位置或大小。在每一种情况下，刺激的控制属性都存在于一类刺激中，而强化是由这类刺激的共性而不是由特定形式的刺激决定的。

Abulia——意志丧失，意志力丧失

意志丧失是一个非技术性术语，它描述了一头动物的表演或行为发生频率越来越低，以至于为了维持该行为所需的强化越来越高。动物的意志活动出现障碍，表现为对任何活动都缺乏明确的动机，没有任何要求，行为表现为消极、懒散、孤僻、退缩等。该术语通常指的是由于强化时制而以较低频率被激发的行为或者动作。

Accidental Reinforcement——意外奖励，意外强化

意外强化描述了某一行为被意外地、不经意地赋予了强化物。即使动物的行为和动作没有被特意和强化物联系起来，但该行为或者动作出现的频率一直增加。在意外强化中，被强化的行为形式是不稳定的。然而在刻意的强化训练下，动物会在强化物出现之前就做出特定的行为或动作。意外强化是虚假或迷信的条件反射和偶然强化的同义词。这也是机体做出非刻意行为而获得了奖励，因此增加了非预期的反应。

Activation Syndrome——激活综合征

由环境引起的群体性反应，通常与恐惧或愤怒等情绪匹配，并以逃跑或战斗为特征。这一专业术语用以描述由特定刺激物导致的群体反应现象。

Adaptation ——适应，适应性

①感官对任何稳定且持续的刺激停止强烈反应，并进行适应的过程。如在持续的刺激之后，感官对一种感觉会逐渐失去当初的反应能力，这一现象与感官本身属性也有关。②动物逐渐适应新环境，表现之一是其兴奋性下降。

Adjustable Stimulus——可调整刺激，可调节刺激

可调节刺激是指可以因动物自身行为改变而变化的刺激。一个可调节刺激的例子就是一只鸟啄食一个信号键，则某条线的长度就增加，而啄食另一个信号键，则对应线的长度就会减少（参考“动物学习的惊人成就”）。

Adventitious Reinforcement ——参考“意外强化”词条。

Adverse——作对

① 导致（训练员或动物）沮丧、麻木、丧失信心的行为或者事情。②不配合的行为，往往跟意愿反着来的行为。

Affiliation——关系建立

① 一种维持与亲近对象的关联形式。②将自己和某对象联系起来。

Aggression——攻击性，侵略性，进攻性

① 个体试图伤害其他个体或精神的心理或行为。可能表现为一种心理情绪状态或性格特质，如愤怒、激动、敌意等；这种突如其来的攻击行为可以经过耐心培养和引导向好的方向发展；但如果不小心，则会愈演愈烈，积重难返。②外在表现出来的（无论是有意识还是无意识的）伤害其他个体的行为或动作，有时候是一念之间的冲动。③由敌对动机或敌意引发的一种行为，并往往表现出争论性、轻蔑、讽刺、身体和精神折磨，或者打斗等形式。

Alternate Response Training ——替代响应训练

一种在治疗中常见的自我控制的策略和手段，该个体通过训练达到对一种更好的反应（如放松），这种反应会干扰或替代之前的需要得到控制甚至消除的反应。

Anti-Social Behavior ——反社会行为

①违反社会公认的行为规范，损害社会和公众共同利益的行为。②一组特定的行为，其特点包括没有公德心、社会责任感和为他人着想的意识；这类行为往往包括自私自利、无情无义和说谎成瘾。

Anxiety ——焦虑，烦躁

①个体预料会有某种不良后果或模糊性威胁出现时产生的一种不愉快的情绪。②由厌恶和不适刺激引起的行为变化的心态。之前可以缓解厌恶或不适刺激的行为变化，现在出现的频次可能会意外地增加。③一种特定动机主导的心理紧张状态：对某些不明刺激的忧虑、恐惧、预感。是一种模糊的恐惧。④神经质反应所共有的先兆。个体往往有一个模糊但强烈的预感，即某种可怕的灾难即将发生。

Approach-Approach Conflict ——双趋冲突，纠结冲突

①某个个体想要某事物但又害怕得到它的情况，欲望和恐惧这两种不相容的反应倾向之间的对立。②心理冲突的一种。个体必须对同时出现的两个具有同等吸引力的目标进行选择时产生的难以取舍的心理冲突。

Approximation——渐进法

①从简单行为到更复杂行为的许多渐进步骤之一，通过逐渐提高对强化的要求（渐次逼近），所有这些都会辅助完成期望行为或动作。②行为塑造细化过程中的一个步骤。其基本想法是每个选择性强化会塑造一种行为，新塑造的行为在以前基础上更接近最终期望的行为。③为实现预期目标而分解的一系列阶段措施或手段之一。

Assimilation——同化

①一种能将旧的想法和反应应用于新的对象或问题的倾向。②将新的外界刺激或新的经验有效地整合于个体已有认知结构或行为模式的过程。③通过现有规则或方案获取新信息的过程。

Association——联想，举一反三

①个体将相关元素（如知觉、记忆或想法）相互联系起来的过程。②隶属于学

习的一个方面，能将两个或多个同时出现的刺激事件或想法联系起来的能力。

Attitude Shaping——态度，态度培养

调节动物心态以引发行为的过程。

Autonomic Conditioning——自主反应调节，条件反射控制

一种操作制约技术，用于控制通常不受生物体控制的自主反应。

Aversive Conditioning——厌恶条件作用

①一种反调节，经典条件作用（conditioning）的一种；学习对厌恶性刺激做出条件反应的过程。②一种将痛苦或难受刺激与另一种刺激匹配起来，以消除对后一种刺激导致不良行为的技术手段。

Aversive Event or Stimulus——厌恶刺激，逆刺激

①刺激的一种，其终止会增加行为或动作的频率，这种刺激称为厌恶刺激。这种频率的增加被称为负强化，通过终止来导致行为增加的这种厌恶刺激被称为负强化物。它可以降低随后行为的频率（如惩罚），它也可能会引发反射（无条件刺激unconditioned stimulus, US），或者它可能会改变正在进行的操作性行为（情绪或焦虑）。②一种可以抑制随后行为的刺激，该刺激消除则会导致行为增加。

Avoidance-Avoidance Conflict——双避冲突，两害选择

个体被迫在两个都是负面目标情况下的选择。心理冲突的一种，两害相权取其轻。

Avoidance or Avoidance Behavior——躲避（回避），躲避（回避）行为

回避行为是指通过推迟了厌恶刺激的出现，导致一种行为频率增加的现象。在经典实验中，由于老鼠每次按下控制杆都会将电击推迟一小段时间。因此老鼠往往会不断增加按下控制杆的频率，以避免触电。回避与逃跑不同，后者实际上是终止厌恶刺激。

Avoidance Conditioning——回避条件作用

一种个体必须学会做出某种反应以避免有害或厌恶刺激的条件反射。

Avoidance Learning——躲避学习，回避学习，防患学习

①个体为了避免不适刺激而做出反应时发生的学习行为。②通过学习而产生的行为，该行为能防止、减少和消除厌恶事件。

B字母开头的词汇和术语

Baseline——基线，初始值

①基础值或初始值，指训练项目启动之前的行为或者动作频率，该数据常被用于评估项目的效果和效率。②在实验工作中，该术语通常指对照组，作为评估实验组数据的基础。

Behavior——行为，动作

①任何可观察或可测量的行为或动作，行为和动作可当作同义词。行为的广泛定义也可包括认知反应、心理反应和感觉，其中有些无法直接观察到的部分不属于

行为，行为只包括可以使用各种评估策略来观察的部分。②动物展现的特定动作。出于训练目的，这些行为由训练员定义并命名。③动物或人展现出任何可直接观察到的动作，并得到两名或更多观察者的认可。

Behavioral Chain——行为链

一组有着特定顺序的行为集合，形成了一种更复杂的行为，并被定义为动物的一个动作组。

Behavioral Drift——偏差行为，行为偏差

改变或偏离正常的动作或者行为，日积月累之下便会成为偏差。

Behaviorism——行为主义，行为学派

①最早由约翰·沃森（John B. Watson）提出的一个观点，其认为心理学应该关注可以量化的行为和动作的研究。②一种学派的思想观点，认为心理学家应该专注于研究外显行为而不是精神生活或意识。

Behavioral Enrichment——行为优化，行为丰容

①将刺激和方法用作一种工具手段，来美化环境及增加动物对环境的兴趣。②向动物提供多样的刺激以丰富环境，并减少其刻板行为和自伤行为。

Bond——连结，关联

一头动物与另一头动物保持的一种关系连结，导致某些特定或不寻常的行为。

Bridge——信号，桥接信号

①一种可以将特定且精确时刻下的行为与随后奖励衔接的刺激。②一种被训练成替代强化物的信号，因其与强化物进行了配对，可以发挥训练中精确定位的作用。过程信号是向动物表明，它所做的动作正确，但是还没有完成所有动作。最终信号则昭示动物成功完成了所有要求的行为。③该信号表示强化物马上到来。该信号通常也被称为次级或条件强化物，因为它与初级强化物，如食物，有着长期且稳定的匹配过程。

C 字母开头的词汇和术语

Chain or Chain Behavior——行为连锁，连锁行为

①行为链是由两个或多个行为组成的。前一个行为的发生也是下一个行为发生的条件。将行为联系在一起的刺激既可以作为条件强化，维持所产生行为的形态和频率，也作为刺激成为下一个行为发生的契机。②一系列由信号刺激连起来的行为或动作，这些信号刺激既作为条件强化又作为区辨信号。

Chaining——连锁作用，连锁学习

学习按确定顺序半自动发生的一系列行为的过程，之前的最后一个反应或行为是决定下一个行为的提示。

Classical or Respondent Conditioning——经典条件作用，经典条件反射

①也称为巴甫洛夫条件反射，一种调节形式。在这种形式中，来源于自然属性刺激的相关刺激，更容易成为刺激本身的替代品，并引发类似的反应。从技术上讲，

条件刺激（CS）与无条件刺激（US）的配对会引发条件反应（CR），该条件反应类似于无条件刺激（US）最初引发的无条件反应（unconditioned response, UR）。②一种基本的学习形式，最初不能引起某些反应或行为的刺激通过与能够引起这种反应的其他刺激反复匹配而获得这样做的能力。③最早由巴甫洛夫提出，本质是获得性条件反应。它与机械调节的不同之处在于，获得性行为显然取决于特定的刺激，因此它可以说是由该刺激引起的行为。④经典条件反射中由某种信号导致的反射（相对于行为）。反射是由初级刺激引起的——例如，食物引起唾液，疼痛引起快速退缩，等等。在经典条件反射中，不带有特定意义（中性）信号与诱发刺激相匹配，并最终成为一种诱发刺激。这种类型的调节不涉及动物做出的任何自愿选择，而只是一种反射反应或行为。

Communicative Delta (CD) ——警示信号，制止信号

当动物做错事情时及时给出的信号，以便让动物及时明白，使动物能够更快地学习。与桥接刺激结合起来使用，提供“冷 / 热”反应的信息。

Conditioned Aversive Stimulus——厌恶性条件刺激

最初是中性的事件，但由于各种原因与方式获得厌恶特性，这些厌恶性事件在没有任何强化情况下便能起同样的作用。

Conditioned Reinforcer——条件强化物，参考二级强化物

①一种强化物，由于其与初级、先天或无条件强化物的关联而获得价值。②一种与快乐或者享受元素相匹配的刺激，有着条件反射的刺激功能，如抚摸、玩具、哨声（给狗狗的）、水下信号（给海豚的）等。

Conditioned Response (CR) ——条件反应

①在经典条件反射中，条件刺激与非条件刺激多次匹配后，在没有非条件刺激的情况下，仅由条件刺激引起的反射反应。它类似于但不完全等同于无条件反应。②一种条件反应，由条件刺激引起的生物体行为的变化。其一般过程为：给狗喂食（非条件刺激）的时候始终提供蜂鸣器（条件刺激），在经过足够多次的匹配后，蜂鸣器本身就可以引起唾液的分泌（条件反应）。③由刺激引起的反应，往往需要学习。

Conditioned Stimulus (CS) ——条件刺激，制约刺激

①具有通过配对或关联产生反应的特性的刺激。②一种具有引发先前无条件反应特性的刺激。最初对血压（无条件反应）几乎没有影响的蜂鸣器（条件刺激）在与电击（无条件刺激）匹配时会引起血压变化（条件反应）。这一整个的事件称为条件反射。③具有特定含义的刺激——通常表示成功完成行为标准。信号也是一种条件刺激，通常简写为 S-delta。

Conditioning——条件作用

①条件作用是用于描述操作性和响应性行为的术语。其指由于环境的影响而导致的生物体行为的频率或形式的变化。在操作制约中，当个体与环境相互作用时，表现的频率会发生变化。在反应性条件反射中，中性刺激（neutral stimulus）与无条件刺激匹配后会引发反应。②将行为或对象与刺激相关联，并改变或塑造行为的

操作过程，是个体对定期呈现给它的刺激做出一致反应的过程。③学习信号、行为和结果如何建立联系的过程。

Continuous Reinforcement（CRF）——连续强化

①连续强化是一种有计划、有规律的强化，其中每个行为都伴随着强化物。连续强化与间歇强化不同，间歇强化是指强化计划中，其中某些表现未得到强化。②强化计划中每个选定的行为都得到强化。特定行为形式在每次发出时都会得到强化的条件。

Control——控制组，对照组

①术语“控制”表达了行为与其作为函数的变量之间的函数关系。因此我们说，“一个行为是在特定的控制下”同义语句是“行为是特定控制的函数”。②实验中未受干扰的一组变量。受试者在这种情况下的行为，常常作为基线，用以评估实验治疗效果。

Counter-Conditioning（Active Desensitization）——对抗性条件反射，对抗性条件作用

由厌恶刺激（例如电击）引起的正常防御反应，通过与正强化物相关联而被改变的过程，如将新刺激与强化物相关联来加速其脱敏。

Cue——信号，提示

将引发特定行为或反应的信号，是一种学习关联的结果。参考条件刺激。

D 字母开头的词汇和术语

Delay of Reinforcement——强化延迟

行为的展示（结果）和强化（奖励）的递送之间的时间间隔。

Delta——禁止，暂停

参见“叫停指令”。

Deprivation——剥夺

对个体发育必需条件的取消。对个体的行为和心理发展有重要影响。

Desensitization——脱敏

①让动物持续不断地接触刺激物，经过足够长的时间或经验，动物对刺激物的反应趋于中性。②将动物对事件的看法（负面或正面，但通常是负面的）改变为中性看法的过程，与先前的基线相比，其结果是动物对事件缺乏反应。③一种用于改变动物敏感的态度，使其在不安的情况下变得更加自在的过程。参见习惯化和反调节。

Differential Reinforcement——差别强化，分化性强化

①差别强化是指强化一组行为或表演之间或之后的一种特定行为状态，而不强化另外的行为状态。例如，训练员有时候需要差别强化动物用力压杆的行为，而不强化轻轻压杆的行为。②当某种行为的反应没有得到加强时，另一种类似行为的反应则反之得到加强。③仅强化那些类似于或越来越接近最终期望行为的操作训练技术和过程。在动物提供的所有操作性行为中，有选择地加强类似于最终期望行为的

近似行为，直到行为成型。这实际上是一个逐渐逼近或塑型的过程。训练者的策略是选择性强化或差别强化。参见“选择性强化”。

Differential Reinforcement of Incompatible Behavior（DRI）——不相容行为差别强化，排他性行为差别强化

强化与不期望行为不相容或竞争行为的方法。其作用是通过增加不相容行为反应（如共同玩耍）的频次，以减少那些未期望目标反应（如打斗）的发生频次。

Differential Reinforcement of Other Behavior（DRO）——区别强化其他行为

①区别强化其他行为是指强化动物除了指定行为外的所有行为。因此，该模式主要针对不需要加强的行为或动作，而不强化指定行为。这种强化的结果是导致指定行为的频率逐渐降低，而这种行为频率降低是由于排他性行为频率增加所导致的。②强化任何与指定行为相互不能共存（排他性）的行为的技术手段。通过这种方式，我们可以在不使用惩罚的情况下阻止动物的某些行为。

Discipline——惩戒，管教

一种正式的管理技术，是指管理者凭借权力，利用惩罚手段，旨在纠正、控制或影响下属与管理者要求相悖的行为。

Discrimination——辨别，区分

①通常是指通过区辨刺激（discriminative stimulus, SD）对操作性行为的控制。因此，当区辨刺激能引发不同的操作性行为的发生频率时，辨别的效果就出现了。②学习对不同的刺激做出不同的反应。这种学习是通过加强对特定刺激的反应而不是对任何其他刺激的反应来实现的。③辨别是区分和控制操作性行为的能力，这是经典条件反射和操作制约中的一个要素。

Discriminative stimulus（SD）——区辨刺激，分辨刺激

①具有产生特定行为特性的条件刺激。②某种反应将得到加强的前兆事件或刺激。抑或存在区辨刺激的情况下得到强化的响应。事件通过与强化物匹配成为区辨刺激后，其出现可以增加行为或者反应发生的可能性。③具有特定含义的刺激信号，在动物训练中，通常表示那些会引发特定行为或提示的刺激，记为 S-delta。④区辨刺激是强化特定场合或者时机的行为，而不是其他任何场合都强化。该术语具有日常用语中区分刺激的含义。然而，日常用语中的这个词也指区分个体的意思，而不是指环境中刺激的技术特性。参见“正向区辨刺激”。

Displaced Aggression（Displacement）——转向性攻击，移置性攻击

①一种将攻击从不可攻击的目标转向到可攻击的（虽然有时非最优解）目标的机制。②将某人或某物作为攻击替代目标，以转移导致动物愤怒的原始人或事物。

Distractions——分心，分散物

会导致动物分心或者注意力分散的环境事物，例如铃声、掌声、观众、动物、压力感，以及其他动物或飞行物体等。

Dominance——支配，主导，主导性

①群体动物中的社会结构，由该群体成员之间的相对地位来定义。②在相当稳

定的权力等级中，一种动物相对于另一种动物的更高的地位排名。

Dominant Behavior——支配行为，主导行为

即行使控制权，主导或影响力的反应结果。

Drive——驱力，内驱力

①由于缺乏满足生理需求的手段而引起的生物体的亢奋状态。②支撑行为或积极性的强烈内在动力。③动力发源于内部身体状态的（例如饥饿）或后天习得的行为（例如获得认可的动力）。

E 字母开头的词汇和术语

Elicit——引发，导致

①引起自发行为或反应。由非条件刺激引起的行为反应或反射行为。②诱发行为是指由环境强制产生的行为。

Emit——发出，散发

①发出的行为会导致环境发生变化。操作性行为属于此类，且发出的行为是由个体主观意愿产生的。②我们之所以说操作性行为是发出的行为，是因为控制行为频率的主要变量是导致行为改变的环境。操作性行为的发出性质与反射行为的引发性质有所不同。在操作性行为中，主要强调的是行为发生之后的刺激，而反射行为则主要强调先于行为的刺激。因为该刺激导致了操作性行为，达到了其目的，这与反射行为的高度确定性形成强烈的对比。③通过条件刺激引起操作性行为的行为。

Escape or Escape Behavior——逃避或逃跑行为

①该术语用以描述逃避行为与厌恶刺激之间的关系，逃避行为可以终止厌恶刺激。逃避与回避有所不同，只要回避表现继续延后，厌恶刺激就根本不会发生。②动物为了终止厌恶刺激的实际行为。

Escape Learning——逃避学习，逃脱学习

①通过学习获得的行为，以逃避当下的厌恶事件，例如，如果房间太热，一个人会离开房间以避暑。如果人或动物可以预测房间何时会太热，那么他们就可以在房间变热时离开房间。因此回避学习的行为可以随时变成逃避学习的行为。②个体学会逃避或终止不愉快或厌恶刺激的条件反射行为。

Extinction——消失，消退

①以前强化的行为不再产生相应强化结果的过程，行为发生频次在将来会下降。②一个条件刺激（CS）不再与非条件刺激（US）相伴，CS 逐渐停止引起条件反应（CR）。

Extinction Burst——消失爆发

当一种行为不再被强化，该行为在下降之前的频率或持续时间或强度会突然增加的现象。也会出现奇怪的行为或情感反应在消失前突然爆发的现象。

F 字母开头的词汇和术语

Fading——渐消，逐渐消除

①将控制某种行为的一种刺激改变为另一种刺激的过程。②该术语用于描述将控制个体行为的刺激逐渐改变为另一种刺激的过程。例如，一只鸽子一开始学会了啄绿色按键，如果在绿色按键上加一个十字标志，并且将按键的绿色逐渐抹去，则鸽子学会了去啄带有十字标识的按键，因此新的刺激物（十字标识）能刺激出鸟类的相同行为，而不会发生任何其他无强化的啄啄。无论该术语的常见用法如何，渐消并不总是指刺激的消失。有时在渐消过程中，刺激从低值开始，然后强度则逐渐增加。如果刺激的变化率与生物体的行为进行同步，则可以将行为控制从一种刺激转移到另一种刺激，而不会出现有些鸽子因为不适应新的刺激（十字标识）而停止或者错误啄食的情况。③逐渐消除区辨刺激（SD），包括物理或非物理的提示。然而，在大多数情况下逐渐消除提示是训练的重点。逐渐消除也可以指逐渐消除强化，如强化时制的逐渐减弱。

Fine-Grain Repertoire——微调行为谱，微分行为谱

微调行为谱是指通过刺激物的微小变化完成对操作性行为的控制。这方面的例子有临摹画或驾驶汽车。短语“刺激物的变化和表现的相应变化之间的点对点对应关系”指的就是微调行为谱。

Fixed-interval Schedule（FI）——固定间隔时制

①在固定（时间）间隔的强化计划中，强化发生在每个行为之后的固定时间段。时间间隔是从上一个行为发生后开始计算的。因此，FI 5 可以表示动物在前一次强化至少五分钟后，再次对首次正确的行为给予强化。②基于系统时间基础上所应用的强化手段。③一种强化形式，“规则”就是在自上次强化后经过特定时间段后才再次强化，强化之间的时间间隔是一样的。

Fixed-ratio Schedule（FR）——固定比例时制

①在这种强化时制中，个体在预设数量的行为后得到强化。②一种固定比例强化时制，每次强化都安排在固定数量的行为（从上一次强化算起）之后。因此，FR 50 则表示上一次强化后的第 50 次行为将会被强化。比例是指每个强化间隔所需的固定比值。

Frustration——挫折，沮丧

①个体动机、愿望、需要和行为受到内外因素阻碍的情境，以及相应的情感状态。②该术语有两种不同使用情况。一种使用情况是指动物的动机满足过程中的任何干扰。另一种使用情况下，挫折指的是这种干扰目标导向行为所导致的后果或间歇状态。

G 字母开头的词汇和术语

Generalization——泛化，归纳

①是指在个体能够淡化刺激之前，个体能进行概括的过程。也指当一个类似但不同的刺激物得到强化后而获得对动物反应行为的控制。②动物通过比较具有某些共同特征的事件、结果或对象，并认识到这一共同特征的过程，并且随后有将该特

征应用到新情况的能力，该过程中无须专门训练动物去了解或者学习这些新情况。例如，如果教育孩子当路上有轿车、公共汽车和自行车的时候不要过马路，那么孩子也会知道当路上有摩托车时等待（即不过马路）。最终，孩子会形成一个概念，即将路上跑的所有车辆归为一类，即“机动车”。在动物训练中，一开始可以训练动物只允许特定的人触摸它。最终，这头动物会让所有人抚摸它，即使他们是陌生人。③倾向于对相似一类刺激做出反应，而不仅仅是对动物最初习惯的特定刺激做出反应。

Generalized Reinforcer——类化强化物，泛化强化物，普遍强化物

一个条件强化物与各种强化物相伴随，例如钱和表扬对许多人来说是一个泛化的条件强化物。

Group Contingencies（“Team Behavior”）——群体事件，团队行为

有多个个体参与的事件。其有两个主要的特征：一是个体的行为可以传递给群体中其他个体，并能导致相应的结果；二是群体的整体行为反过来也决定了群体内每个成员的行为和结果。

H 字母开头的词汇和术语

Habit——习惯

①通过经验获得的，并反复出现的行为模式，然后通过各种强化直至永久化。②动物在没有训练员的提示下也可以经常发出的行为。这种行为最初可能是由某位训练员训练出来的，也可能是动物自学获得的。例如：一个人最初是由他的母亲教他饭后刷牙的，一旦这种行为形成习惯，以后这一个人在没有母亲提醒的情况下仍会继续饭后刷牙；一个人在说话时可能会有某些手势，这些手势没有人专门教过，也没有什么实际作用，但这个人就是有不断地重复这些手势的习惯；一个人可能养成了到点吃饭的习惯，那他以后往往会在那个时候吃东西，这是身体内在调节主导的一种生物钟行为。

Habituation（Passive Desensitization）——习惯化（被动脱敏）

①新刺激反复出现后，动物对此的反应减弱或消失。②由于刺激反复出现后没得到任何形式的强化，相应的行为反应则持续减弱直至消失。③一种学习形式，因为它是一种相对稳定的行为变化，这种变化是个体学习经验的结果，并不是由疲劳导致的。④发生在正常个体上，由于重复新的刺激而导致行为反应弱化的过程。这与其他类型的行为反应减弱有所不同，后者是由于个体适应、器官反应能力丧失或各种类型的抑制导致的。

High Probability Behavior——高频行为，大概率行为

当个体有机会选择不同行为时，某些行为则会以相对较高的频率出现。

Husbandry——护理，饲养

①以确保机体健康为目标的心理及生理上的维护，一般是长期性的。②牛、马、羊等家养动物的照料和饲养。③与家畜饲养有关的农业分支。

I, J，和 K 字母开头的词汇和术语

Immediacy of Reinforcement——直接强化，实时强化

调节的一个关键特征。为了避免奖励特定目标行为以外的行为，因此，当目标行为出现时，立刻进行奖励，完全遵循旨在增加目标行为频率。如果强化延迟了几秒钟，它可能会遵循其他行为。

Imprinting——印随，印随行为

①幼小动物对某些物体（通常是父母）形成持久依恋和偏爱的过程。②在发育的关键时期，通常出现在早期，特定刺激产生的反应（或学习的进度）非常迅速，这些特征在鸟类及相关物种身上特别明显。

Incentive——诱因

因外界引诱或刺激而促使机体去做出特定的行为或反应。

Incompatible Behavior——不相容行为，排他行为

①一种不可能与另一种行为同时发生的行为。②当两种行为不可能同时发生时，这种行为就称为另一种行为的不相容行为。比如，双手在背后紧握的行为与伸手去拿桌子上物体的行为是相互不相容的行为。

Innovative Training——创新性训练，创造性训练

通过自我实验或自我创新等过程，成功地完成渐进性训练并强化动物学习的过程。

Instinct——本能

个体在进化过程中形成的，并通过遗传固定下来的，不需要通过学习就掌握了的行为或内驱因素。本能行为是通过一系列无条件反射表现出来的刻板且外显的行为。同一类动物共同拥有的行为特征，如老鼠打洞、燕子筑巢、候鸟迁徙、雏鸭印随，以及动物的单居、双居、群居等生活习性。

Instrumental Conditioning——器械制约，工具条件作用

参见“操作制约”。

Intelligence——智力，智慧

①从过往经验中获取和学习新信息、新内容以及适应新情况的能力。②狭义的定义是指，适应新环境，处理复杂或抽象内容，或解决需要一定智力的问题的能力。③通常被定义为有目的地行动、理性思考以及对环境有效应对的综合能力。

Inter-Stimulus Interval（ISI）——刺激间期

①在经典的条件反射中，条件刺激和非条件刺激之间的时间间隔。②在习惯化或驯化过程中，刺激间期被定义为接触刺激物之间的时间。

Intermittent Reinforcement——间断强化，间歇强化，非连续强化

①在这种强化手段中，正确的行为不会在每次出现时都得到强化，只有一部分正确的行为才会得到加强。②其常常应用于需要跳过一部分操作性的操作行为，间歇性强化手段因不同的强化时制而异。③任何不是在每次正确行为之后都一定提供强化的强化时制，即部分强化。

L 字母开头的词汇和术语

Latency——时差，延迟，延时

刺激与其引发的行为之间的时间间隔，是衡量习惯强度的一种指标，也指刺激与受体个体的行为之间的时间间隔。在条件反射中，延迟往往指的是刺激和反应之间的时间间隔。而在操作性行为的情况下，延迟指的是区辨刺激的出现与其导致的操作性表现之间的时间间隔。

Latent Learning——内在学习，潜伏学习

①非特意情况下的学习。其发生几乎是偶然的，并不表现出来，直到被特定强化激发出来。②个体在学习时没有表现出明显的学习行为，但在随后阶段突然显现出来。

Law of Effect——效果律

①桑代克（Thorndike）给出的定义是：产生积极结果的反应会得到加强，而产生不愉快结果的反应会被削弱。②这一概念是指动物会倾向于重复和学习具有令其愉悦、开心或有好的结果的行为，而引起疼痛或不舒服的行为则不会被动物重复或学习。

Learned Helplessness——习得性失助，习得性躺平

①动物由不可避免的厌恶事件造成的状况。这会阻碍甚至阻止后续可能逃脱或回避情况下的学习。②由于试图控制某种情况的努力失败了，动物本体陷入自己很无助的状态。有些动物最终会放弃尝试，直接躺平。这就是为什么训练员要为动物设置可以达成的门槛，这样一来，动物就能做到，并因此获得信心，并通过自我归纳总结，相信既然它能解决至今为止所遇到的任何挑战，也就能解决之后任何出现的情况。因此，它将会努力配合，迎接挑战，而不是放弃和被动地接受结果。

Learning——学习

个体通过练习或经验而导致行为持久正向改变的过程或结果。

Learning Plateau——学习停滞，学习平台

①一个时期，在这一时期里，早期飞速进展的学习状态消失了，然后进入学习缓慢甚至停滞的状态，且没有改善的迹象，这是一种常见的情况。顶峰期过后会是一个新的学习进步期。②一段间隔，在这段间隔里，随着学习和训练的继续，没有表现出进一步提高的状态。

M 字母开头的词汇和术语

Matching-to-Sample——匹配样本

一种程序，在选择了与样本刺激相匹配的刺激后得到强化的程序模式。在“匹配样本”程序中，比较典型的是动物触碰到了呈现样本刺激的按键。在另外两个按键上出现两个刺激，强化了样品刺激的性能，这些刺激与样本刺激相对应。如果动物选择了与样本刺激相对应的刺激出现的按键，就会得到最终的强化；如果动物选择了与样品刺激不对应的刺激按键，那么就会叫停或者再次呈现样品刺激。

Method of Approximations——渐进法

①塑造个体行为的一种方法，在这种方法中，对所期望的行为进行连续的、渐进的强化以获得最终行为。②一系列分步骤中的学习过程，其中，动物的学习能力和内容会一直增长，虽然有时快有时慢，但最终会完成行为学习。

Mimicry——模仿，拟态

①模仿其他动物个体的外表或行为、做法或技巧。②一个物种对另一个物种的颜色、形状或行为模式的学习，并用于自身的伪装和保护。

Modeling——示范法，模仿法

参见“观摩性学习（Observational Learning）”。

Motivation——动机，内驱力

激发和维持个体行动并使该行动朝向一特定目标的心理倾向或内部驱力。具有三方面功能：①激发功能，激发个体产生某种行为；②指向功能，使个体的行为指向一特定的目标；③维持和调节功能，使个体的行为维持一定的时间，并调节行为的强度和方向。

Motive——动机，内动力

①动物内在的动力、力量或自我激励，在一定程度上决定了高等生物体对特定情况的反应方向和强度，这种内动力源自个体的内在属性。②调节行为的所有力量，这些内在力量是由驱动力、内在需求或欲望组成，并且有非常明确的目标性。它是控制行为的非刺激变量，一个生物体的行为在方向和强度上部分由自身的性质以及内部状态这两者决定。③一种能使行为活动明显增加的心理状态。产生这种心理状态的一个最有效方法是通过增加刺激的复杂性，由于这种复杂性，大脑很难处于一种不健康的无聊或者厌烦的状态。

Multiple Schedule——多样日程表，多重计划表

多重计划往往是两个或者更多不同强化计划的组合。每一个强化都伴随着一个特征刺激。例如，在出现红灯的情况下，对鸟类啄按键（或其他东西）的行为按固定比例强化。而在绿灯的情况下，动物啄按键（或其他东西）则按固定间隔时间进行强化。

N 字母开头的词汇和术语

Negative——负面，消极

移除或减弱刺激的程度。

Negative Discriminative Stimulus——负区辨刺激

在操作性条件反射中，动物的反应或者行为没有被强化或被负强化的刺激物，也被称为刺激暂停。

Negative Punishment——负惩罚，负向惩罚

将刺激的程度减低，甚至取消，致使该刺激所引发的反应的频率降低的过程。

Negative Reinforcer——负强化物

①通过移除动物不喜欢的事或物，而导致动物特定行为频率的增加。值得注意

的是，这一过程没有惩罚性在里面。例如：婴儿在不停地哭泣，妈妈抱起婴儿，婴儿的哭泣停止。这一过程中婴儿的哭声得到了正强化；当婴儿停止哭时，母亲得到了负强化。②负强化是一种操作性的行为。由于其终止了厌恶性的、不好的刺激，导致其后特定行为的频率增加。负强化和正强化都会导致行为频率的增加。所不同的是，在负强化的作用下，行为频率的增加是由于刺激的终止，而不是像正强化，行为频率的增加是由于刺激的增加而产生的。③在操作性条件反射中，任何刺激物在减少甚至被移除时，会导致特定行为增加的事件。

Neutral Stimulus or Cue——中性刺激，中性信号

①任何在未匹配之前对行为没有影响的刺激。②一个没有初始意义的随机信号。随着与初级强化物和条件反射相联系而获得其意义，即在条件反射情况下，被确定为条件刺激物最初并不会引起或诱发非条件反应。然而，中性刺激并不总是中性的。尤其是就生物体的其他方面而言，可能不是中性的。

Novelty Affect——新奇效应，恐新症

动物接触到新的事物或刺激，导致内在恐惧的反应。

O 字母开头的词汇和术语

Observational Learning——观察性学习，观摩性学习

①通过观察他人的行为及其结果而获得新行为的过程。这一学习模式特点是，观摩者不需要真的做该行为，也不需要为这个行为承担后果。只是通过观摩其他个体的行为及其结果而掌握新行为的内涵。②通过观察和模仿另一头动物的行为，而获得知识的方式。

Ontogenetic History——本体发育史，个体发育史

①指生物体发育行为的不同类型，主要是由基因和个体与现有环境的相互影响驱动的。②个体发育史的结果在每个个体身上都可能不一样，并且导致不同且独特的个体行为，因为孕育这些行为的环境对每个个体可能都是不同的。

Operant or Operant Behavior——操作性或操作性行为

①行为由某件事情所引起，或由事情产生的结果或环境的结果所诱发。②是指由难以觉察到的刺激对个体本身发出的自发的行为反应［见应答性行为(Respondent Behavior)］。

Operant Conditioning——操作条件作用，操作制约

①通过学习，无关的操作性行为逐渐与特定刺激相关联的过程。②条件反射的一种形式，且动物行为的持久性取决于环境对它的影响。操作制约过程则是在动物做出特定行为后立即提供强化，“行为由其结果决定”是操作性条件反射的基本原则。③一种学习形式，在这种学习过程中，正或负的强化物会改变相应行为发出的频次。④“制约”一词在特定语境下是学习的同义词。与经典条件反射不一样的是，操作性条件反射行为主要是由特定的强化物导致的。⑤学习类型的一种，其行为的改变主要是通过操作制约训练导致的，而操作性行为的频率会随着行为结果的不同

而不同。

Orienting Response——最初反应，初体验

①生物体对新刺激反应的初始阶段，是一种新奇效应。②动物对某一刺激源的反应。

P 和 Q 字母开头的词汇和术语

Partial Reinforcement Maintenance——局部维护性强化，部分维护性强化

参见“间断强化（Intermittent Reinforcement）”。

Perception Modification——感知改变，认知变化

改变动物对某一事件或刺激感知的过程，与之前的基线相比，动物对某一事件或刺激的反应发生了变化。最有效的训练方法是通过使事件 / 刺激与一个条件性强化物或惩罚物相关联的过程，将强化物或惩罚物的功能转移到事件 / 刺激物上。

Performance——行为，动作，表演，表现

可观测行为的衡定、测量和判定。

Phylogenetic History——系统发育史

①系统发育史是指物种的进化历史。具有特定基因特征的个体的发育产生了多种多样的遗传模式和选择。因此，特定物种的发育史往往是由适者生存的进化过程决定的（不适者被淘汰），而不是由生物个体的发育经验决定的。②指某一物种逐渐产生物种特定行为的过程，它是由进化史决定的，其最终目的是该种群的生存和繁衍。

Positive——正面，积极的，好的

①将某对象加入到环境中。②直接指向刺激源

Positive Punishment——正惩罚，正向惩罚

一种惩罚程序。在这种程序中，根据动物的行为给予厌恶刺激或事件，使未来该行为发生的可能性下降。

Positive Reinforcement——正强化

①随着行为之后的正强化物的出现，行为发生的频率增加。正强化物是指当其出现时，会增加行为或反应发生概率的事件 / 事物。②在动物做出正确的行为或反应后，给予一个奖励，以便增加该行为或反应再次出现的概率，这一奖励便是正强化物。③任何有助于加强某一事件或行为再次发生的事或物。④在动物做出正确行为后立即给予动物的事或物，并且这些事或物是动物想要的，以便增加动物行为的频率。

Positive Transfer——正迁移

迁移的一种。一种学习对另一种学习产生积极促进作用，或两种经验之间的相互借鉴和促进。

Pre-Aversive Stimulus——前兆厌恶性刺激

通过泛化而形成条件的刺激，并且是厌恶刺激的前兆。

Precursor Stimulus——前体刺激

在某一特定事件之前发生的事件，预示着该特定事件的到来。

Premack Principle——普雷马克原则

美国心理学家普雷马克于 1965 年提出的行为强化原理。他认为，自发性行为中有些发生频率高，有些发生频率低，高频率行为可用来强化低频率行为。

Primary——初级的，主要的，天生的

①动物天生就会对某些事或物做出特定的反应，不需要人类的任何调节。初级强化物可以是食物、性、水或睡眠。一个初级惩罚物可以是剥夺上述任何一项，也可以是导致动物恐惧或痛苦的其他事或物。②动物任何与生俱来的，且不用学习就知晓的事或物。

Primary Drive——原始驱力，本能驱力

个体本能的驱动力，如口渴。又称未经学习就存在的内在驱动力。

Primary Reinforcement——初级强化，一级强化

①对动物来说有着内在奖励性的刺激物，通常是可以满足饥饿或口渴需求等具有生物属性的刺激物。②一种不依赖任何学习就可以实现其强化特性的事或物。③具有强化特性的事或物。食物、水和性是主要的初级强化物。

Proactive Inhibition——前摄抑制

①学习特定东西会对未来的学习产生负面影响的过程。②过去学到的东西干扰了新知识的学习。③在学习新东西的过程中，新的学习受到以前所学知识的干扰。

Prompt——促进

可以用于增加个体在正确的时间做出正确行为的可能性。促进可以是训练者的行为（反应促进）或者辅助环境刺激（刺激促进）。

Property of a Stimulus——刺激物属性

指刺激物的某一特定的、单一维度的，可以在这一单一维度上产生刺激作用的，且不同于其他维度刺激作用的属性。比如，某一个刺激物是一个大的、红色的直角三角形，正因为其中一个属性，如尺寸很大，所以其对动物的刺激效果会更好。

Punisher or Punishment——惩罚物或惩罚

①任何一个刺激或事件，可以降低立即要发生的行为的概率。②根据降低反应概率的反应，是呈现了厌恶事件或删除了积极事件。③一种实际行为，该实际行为是用厌恶性刺激追随操作性行为。惩罚会引起焦虑。

R 字母开头的词汇和术语

Recall——召回

利用条件刺激来指示或召回动物，即让动物从一个指定地方到另外一个地方的过程。

Recognition——再认，再识别

①属于记忆检索的一种过程，判断眼前的特定情况、物体、人物或事件是否是

动物曾经经历过的。②衡量学习效果的一种方法，受试者被要求能够记忆或者重复它所学到的东西——例如，在众选项中选出正确的答案。③伦理学中，这一术语常常被用来描述动物对物种具体特征的感知，这些特征是在物种之间和物种内部都公认的存在。

Redirected Activity——转移目标行为

动物转移目标的动作。即指向对目前处境无关的刺激的活动。典型的人类例子是，一个好斗的人用拳头猛击桌子，而不是击打对手。

Reflex——反射，条件反射

①反射是诱发性刺激和诱发性反应之间的关系，如灯光照射眼睛导致瞳孔收缩，轻拍髌腱导致膝跳反射，暖气导致汗液的分泌，巨大噪声导致的血管收缩。这些都描述了生物体在环境刺激下的行为和反应。②生物体对某些特定的刺激自动做出的快速肌肉反应，这种反应是由脊髓而不是大脑控制的。③由环境导致动物不由自主的行为或反应，并往往与刺激物有着一对一的关系。比如雷声越大，你跳得越高。④生物体对某一刺激的自动和不假思索的反应。反射是与生俱来的，而不是后天习得的，这取决于神经系统的遗传特征。

Refusal——拒绝

对指令没反应，或反应偏离原意或方向。

Regression——衰退

①由高级活动向较低活动的退却，是一种挫折。②回归到早期的心理或行为水平。③回到早期的学习阶段。

Reinforcement——强化

①能导致行为频率增加的事或物。②紧随行为之后的事件，且导致该行为之后的频率增加。可以是赋予正强化物或移除负强化物。③增加行为发生概率和频率的任何情况或事件（正面或负面）。④一些心理学家将其定义为导致驱动力降低的任何刺激，另一些心理学家则将其定义为促进学习的任何刺激。⑤通过将期望的行为与动物渴望或期望的事或物匹配，并辅助动物学习的过程。

Reinforcement Contingency——强化偶联，偶联强化

斯金纳操作制约理论中的术语，某一行为与发生在行为之后的强化之间的关联为偶联，这是操作行为建立的过程。

Reinforcement Schedules——强化程序

一种强化规则，以确定什么样的或多大程度的行为或反应会得到强化。

Reinforcer——强化物

①任何可以增加行为频率的事或物。②强化物或强化刺激，会增加特定指向行为的频率。强化物还可能对行为产生其他影响，如会引发无条件反应的反射。③可以让个体感受愉悦，且增加随后行为频率的事或物。

Reintroduction——放归，野化放归

保护生物学中的一种技术手段，其核心是通过将圈养动物或圈养出生的动物通过一定合理的程序，放入该物种在野外的自然栖息地中，以补充已被自然或人为灭绝的种群。放归的最终目的是保护濒危物种的自然种群，而非针对那些过剩或不需要的圈养个体。

Repertoire——行为谱

①行为谱是用于表示生物体在其自然环境中由各种条件产生的所有行为的集合。②特定物种类别的个体所有可能的行为集合。

Repression——压抑

①由先前的厌恶所导致行为控制上的失败。这是一种不同于自然或时间流逝导致的行为遗忘和丢失。②一种防御机制，处于这种机制中的动物个体会对自己的动机感到焦虑，从而似乎会驱逐这些想法，将它们推向无意识中。

Respondent Behavior——应答性行为

①由前期刺激引起的或自动控制下产生的行为。应答是因，行为是果，因为行为是由某些特定刺激导致的。无条件反射的受体与控制他们的前期事件之间的联系是未知的。而在经典条件反射中，受体则会受到其他中性刺激的影响或调控。②一种环境强行产生的行为模式。这种受环境引发的受体行为不是自愿产生的。③极其依赖于特定刺激引发的行为。

Response——反应

个体对作用于自身的某种刺激产生的任何内隐或外显的活动。

Retroactive Inhibition——追溯抑制

①新学习的内容干扰先前学习内容的过程。②新的学习或其他新的活动对回忆以前学过的东西有着负面影响。

Reward——奖赏，奖励

①对刺激做出正确反应的回报。②在成功完成任务后给予的强化，会给动物本体带来满足感。③在成功执行完任务后，获得的具有满足感的刺激或刺激物。

S 字母开头的词汇和术语

Satiation——过度强化

①由于提供了过量的强化物（如食物），动物的行为、效果和动力出现下降。②某种强化物（如食物）被过度使用到不再具有强化价值的地步。③动物不再继续有为了满足某些身体需要（如食物、水或性行为）的事或物而努力的一种状态。④与食物剥夺相反，指在动物喂养和训练中，食物作为强化物的有效性会随着动物饱食而降低，但适当减少反而会增加动物积极性的过程。

Schedule of Reinforcement——强化时制，强化过程

①任务完成后给予强化的类型、数量和频率。一般有三种基本的强化时制：连续的、固定的、可变的。②在操作性行为的强化过程中，强化发生的特定时间表称为强化时制（例如固定比例，固定间隔，可变间隔和可变比例强化时制）。③指应用强化的各种方案。④强化给予的规则和管理。当应用特定的强化时制时，只有动

物满足特定要求才能获得强化。

Secondary——二级，次级

能让动物做出行为或者反应的一种事或物，其属性是有条件的或习得的。

Secondary Reinforcer——次级强化物，二级强化物

①任何通过与初级强化的事或物相关联，从而获得强化属性的刺激事或物。②通过动物的学习，其成为对动物有着强化效力的事或物。其过程是与已经具有强化属性的初级事或物匹配。相对初级强化物而言，相匹配的后者则成为次级强化物。表扬和关注是常见的次级强化物。③一种从初级条件反射中获得强化属性的刺激，这种条件反射因为与初级强化物相关联成为次级强化物。④次级强化物是最初对动物没有意义的东西，但因为其与初级强化物（往往是食物）相关联，而成为动物所需要的或想要的事或物。一旦次级强化物建立起来，它会变得非常强大，会像初级强化物一样强大。

Selective Reinforcement——选择性强化，偏向性强化

参见“差别性强化（Differential Reinforcement）”。

Sensitization——敏感化

因重复的强烈刺激而引起动物个体行为或反应量增加的现象。与“习惯化”不同的是，其影响的关键因素是刺激的强度。微弱刺激的重复出现则容易导致习惯化，强烈刺激的重复出现会导致敏感化。但若先呈现很弱的刺激，然后逐渐增加其强度，这种训练往往会导致习惯化。

Shaping——塑造，塑型

①有选择地加强特定行为，以便使这些行为越来越接近最终需求行为的整个过程。本质上是一种修改和提升行为的方法。②通过渐进化加强过程行为，来逐渐逼近终端需求行为的训练模式。③通过选择性或差异性强化来修改或创造行为，或将行为置于约束之下的过程。④一种基于操作性条件反射原理的技术，通过细化管理正强化过程，将个体的行为逐渐塑造成期望的模式。⑤通过操作性条件作用进行复杂行为学习的过程，通过这一过程，复杂行为或动作就可以在简单动作上建立起来。

Socialization——社会化

①动物获得并参与具有其种群行为特征的社会性行为的过程。②以任何方式向其下一代传授其社会规则的过程。③年幼个体学习正确的社会处事方式的过程。④塑造符合群体标准的个体行为的过程。

Spontaneous Recovery——自然恢复，自发恢复

①已经消退的行为在消失一段时间后能够再次发生的现象。②消失行为的暂时性恢复，即使该行为没有得到任何强化，也可能在消退过程中突然重新出现。这种突然的、自发恢复的行为强度通常低于之前的强度。

Station——定位，定姿

①训练人员为动物所指定的地方。②动物在训练员的指示下，到指定的位置保持一种稳定的姿势，并维持一段时间。

Stereotypic Behavior——刻板行为，机械行为

①长时间且重复性的行为。刻板行为通常是由于动物缺乏新的环境刺激而产生的。②动物（特别是像猴子和狼这样活跃的动物）经常可能会出现的一种机械动作，例如在小笼子里不停地上下来回跳或来回踱步。有人认为，这种机械行为表明动物正在遭受禁闭之苦。

Stimulus——刺激

①能影响动物感官的任何环境条件或物理事物，也包括个体的自身行为。刺激可能与生物体的功能存在许多不同的关联，它可能是反射行为的诱发刺激、先于操作性行为的区辨刺激、条件强化物或初级强化物。它也可能是一种厌恶刺激，其终止会增加操作性行为的频率。最后，刺激本身可能对生物体的正常功能并不会有明显的影响。②引起个体行为改变的外部或内部事或物，一种足以激活感觉受体的物理能量来源。③可能对行为产生影响的可测量的事或物。

Stimulus Control——刺激控制

①操作制约理论术语。在存在一种刺激的情况下进行的行为的可预测性，而在另一种刺激下则不明显。②刺激控制指在一种刺激下，行为表现出的不同的方式或频率，这种变化在另一种刺激下则不明显。③当行为反应频率在刺激下发生变化时。

Stimulus Delta——叫停指令

一个信号或指令，作用是向动物表示其行为或反应是不对的，且须立刻返回训练员身边并等待进一步指示。该信号或指令也表示动物之前的行为是不会被奖励的。

Stimulus Generalization——刺激泛化，刺激类化

①将训练成熟的行为或反应转移到新的环境或者新的刺激条件中的过程。②当个体通过训练可以对一种特定刺激做出行为或反应时，就可以训练动物对类似的刺激产生同样的行为反应。③随着刺激相似性的降低，反应量也会减少。

Strain——焦虑竭力

①焦虑竭力这一术语常用于描述在固定比例时制中，尽管加大强化力度，但动物行为表现频率仍下降的现象。在大多数情况下，焦虑竭力可能会发生在长时间无行为表现期和持续出现行为爆发期之间的阶段。“意志丧失”这一术语常被用作焦虑竭力的同义词。②与意志丧失同义，一般是由精神因素而非身体疲惫引起的行为失败。

Successive Approximation——连续渐进法

动物行为塑型的一种操作制约方法，常用于对目前尚不在动物自然行为谱中的新行为的训练。将欲塑型的目标行为分解排列成一个难度逐次递增的子行为系列，使之逐渐接近要学习的目标行为；对每一个接近目标行为的子行为均予以强化，以鼓励动物做出进一步的子行为，并最终学会目标行为。

Superstitious Behavior——迷信行为

动物被置于随机的、无必然联系的强化条件下所形成的行为。这是巧合强化的结果。

T字母开头的词汇和术语

Tactile Reinforcement——接触强化，触觉强化

任何可察觉的触摸强化行为。

Target——（作名词）目标棒，目标物

在训练中指示动物去接触某一特定地点的道具或物体。

Target——（作动词）目标训练

刺激动物去接触某一特定对象（道具或物体）的过程。

Team Bases Contingency——团队激励

根据团队表现，所有团队成员均获得强化物的一种团体激励模式。推荐采用团队或者小分队的组合模式，这样有利于通过团队之间的竞争来促进每个小团队的共同进步。

Terminal Response——终端响应

①动物在完成行为塑型后的最终行为模式。②行为塑型结束后所获得最终的行为或模式。

Threshold——临界点，阈值

①刚好足以引发行为或导致操作行为的刺激强度。②引起反应或行为所需的最少刺激量。刺激可被动物感知，且足以引起动物反应的强度。

Time-Out——训练暂停

①训练员对刺激信号和反馈有意暂停一段时间的方法。在此期间，动物不会从训练员那里收到任何提示，也无法从训练员那里获得诸如食物或表扬，这一过程一直持续直到"暂停"结束。②移除所有动物可以获得强化的环境条件，用于抑制不正确的非强化行为。

Trial and Error——尝试错误学习，试错

①一种解决问题的方法，通过对问题的连续尝试（实验），直至最终成功为止。这是一种常见的、启发式的问题解决的方法。其中往往存在隐形的内在逻辑，不一定是直观的。②一种学习方式，这种方式是一个接一个的尝试，直到最后做出成功的响应。③一种解决问题的方法，通过尝试各种想法直到找到解决方案。其过程可能是隐蔽的或公开的。

U，V，W，X，Y和Z字母开头的词汇和术语

Unconditioned Reflex——无条件反射（非条件反射）

引起个体产生无条件反射的刺激。从性质上看，它可以是某类个体全体成员具有的，对某些非条件刺激产生的，且比较稳定的天生反应。如手碰着火会立刻往回缩、饥饿时看到食物会分泌唾液等。

Unconditioned Reinforcer——无条件强化物

参见"初级强化物（Primary Reinforcer）"。

Unconditioned Response（UR）——无条件反应

①在没有事先训练的情况下，由无条件刺激引起的行为反应。任何本能的表现都是无条件的反应。②对刺激的一种自动的、未经学习的反应。③无条件反应（反射行为）是由无条件刺激引起的行为。这种行为经常反映动物的内部运行模式。其形式通常是由生物个体的系统发育历史决定。④在经典条件反射中，这是动物在条件反射程序开始之前表现出来的反应。

Unconditioned Stimulus（US）——无条件刺激

①任何在没有事先调节控制的情况下引起生物体反应的刺激。②自动引发无条件反应的环境事件。③一种天生能够引起反射动作的刺激。④在经典条件反射中，一种刺激会引发未习得的先天反应。

Variable Interval Schedule（VI）——可变间隔时制

①一种管理强化的时间表。在可变间隔时制（VI）中，在特定时间间隔后首次出现的行为会得到加强。但是，这个时间间隔不是固定的，而是每次都是变化的。②一种强化时间表，在最后一次强化后，再次强化要等待不同的时间间隔。③在一对一强化模式之外的其他事或物的强化应用方式。在这种情况下，无论动物行为对不对，都将在随机时间间隔后，对正确的行为进行强化。在这个时间表中，在经过不同时间间隔后，强化动物做出正确的行为，这个不同的时间间隔最好是围绕一个提前设定的平均值而变化。

Variable Ratio Schedule（VR）——可变比例时制

①可变比例强化是一种间歇性强化的时间表，即在不同次数的正确行为之后再进行强化。这种时间表的强化可以提前设置一个平均次数。比如，VR-10（可变比例 -10）表示平均每十次正确行为后，进行一次强化。②一种类型的强化管理时间表。在所有可变比例时制中，多次的正确行为是给予强化的必要条件，且每次给予强化时的行为次数应是不相同。

参考文献

1. Barlow, G.W. (1977) Modal action patterns. In How Animals Communicate, ed. T.A. Sebeok. Bloomington, Indiana: Indiana University Press.
2. Baron, R.A., Byrne, D. and Kantowitz, B.H. (1977) Psychology: Understanding Behavior. Philadelphia, Pennsylvania: W.B. Saunders Company.
3. Beach, L.R. (1973) Psychology: Core Concepts and Special Topics. New York, New York: Holt, Rinehart and Winston, Inc.
4. Brill, R.L. (1995) *Return to the wild...an option for managing Atlantic bottlenose dolphins*. Soundings. 20.3:5-6, 19-20.
5. Chicago Zoological Society (1994) Training Systems Protocol. Chicago, Illinois: Chicago Zoological Society, Marine Mammal Programs.
6. Cover, K. (1991) The Syn Alia Series on Animal Training, Volume I: Bridge and Target Technique Made Easy. Sarasota, Florida: Syn Alia Animal Training Systems.
7. Dolphin Experience (1995) Glossary. Submitted to the International Marine Animal Trainers Association (IMATA).
8. DuBois, T. (1992) *An exhibit for drills: from drab to dazzling*. The Shape of Enrichment. 1.1:1-2.

9. Ferster, C.B. and Per rot, M.C. (1968) Behavior Principles. New York, New York: Templeton-Century-Crofts.
10. Flaherty, C. F. (1985) *Animal Learning and Cognition*. In Habituation and Sensitization, Chapter 2, pp. 14-29.
11. Gazzaniga, M.S. (1973) Fundamentals of Psychology: An Introduction. New York, New York: Academic Press.
12. Harre, R. and Lamb, R. eds. (1986) The Dictionary of Ethology and Animal Learning. Oxford, England: Basil Blackwell Ltd.
13. Harris, J.D. (1943) *Habituatory responses decrement in the intact organism*. Psychological Bulletin. 40:385-422.
14. Hinde, R. A. (1970) Animal Behavior: A syn thesis of ethology and comparative psychology, second edition. New York, New York: McGraw-Hill.
15. Joseph M. Long Marine Laboratory (1996) Glossary. Submitted to the International Marine Animal Trainers Association (IMATA).
16. Kagan, J. and Havemann, E. (1976) Psychology: An Introduction, third edition. New York, New York: Harcourt Brace Jovanovich, Inc.
17. Kazelin, A.E. (1984) Behavior Modification in Applied Settings. Homewood, Illinois: The Dorsey Press.
18. Kastelein, R.A. and Wiepkema, P.R. (1989)*A digging through as occupational therapy for Pacific walruses* (Odobemis rosmarus divergens) *in human care*. Aquatic Mammals. 15.1:9-17.
19. Lana, R. (1972) Introduction to Contemporary Psychology. New York, New York: Holt, Rinehart, and Winston, Inc.
20. Lorenz, K. Z. (1996) On Aggression.New York, New York: Brace and World Inc.
21. Neufeldt, V. ed. (1994) Webster's New World Dictionary, second college edition. New York, New York: Prentice Hall.
22. Parker, S.P., ed. (1989) McGraw-Hill Dictionary of Scientific and Technical Terms, fourth edition. New York, New York: McGraw Hill Book Company.
23. Pearce, J.M. and Dickinson, A. (1977) *Pavlovian counter-conditioning: changing the suppressive properties of shock by association with food*. Journal of Experimental Psychology: Animal Behavior Processes. 104.2:170- 177.
24. Sea World Australia (1995) Glossary of Marine Mammal Training Terms. Submitted to the International Marine Animal Trainers Association (IMATA).
25. Sea World of California (1994) Animal Training Vocabulary List and Definitions. Submitted to the International Marine Animal Trainers Association (IMATA).
26. Thorpe, W. H. (1956) Learning and Instinct in Animals. Methuen, London: Cambridge Press.
27. Whittaker, J.O. (1977) Introduction to Psychology, third edition. Philadelphia, Pennsylvania: W.B., Saunders Company.
28. Wickler, W. (1976) *The ethological analysis of attachment*. Zeitschrift fur Tierpsychologie. 42:12-28.
29. Williams, G.W. (I960) Psychology: A First Course. N.Y., N.Y.: Harcourt, Brace and Company.